U0137405

Selected Works of Genetics

虽然在生命中我不得不经历许多痛苦的时刻，但我得心怀感激地承认，美丽和善良无处不在。我的科学研究给我带来了满足，而且我确信，不久它就会被世界承认。

——孟德尔

在 1865 年孟德尔发表了《植物杂交的试验》，揭示出遗传的基本规律以来，遗传研究才纳入了科学的轨道，形成了一门严谨的自然科学——遗传学。

——谈家桢

本书列入"十四五"国家重点图书出版规划

科学元典丛书

The Series of the Great Classics in Science

主　　编　　任定成

执行主编　　周雁翎

策　　划　　周雁翎

丛书主持　　陈　静

　　科学元典是科学史和人类文明史上划时代的丰碑，是人类文化的优秀遗产，是历经时间考验的不朽之作。它们不仅是伟大的科学创造的结晶，而且是科学精神、科学思想和科学方法的载体，具有永恒的意义和价值。

科学元典丛书

遗传学经典文选

Selected Works of Genetics

[奥地利] 孟德尔 等著　梁宏　王斌 译

北京大学出版社
PEKING UNIVERSITY PRESS

图书在版编目(CIP)数据

遗传学经典文选/〔奥地利〕孟德尔等著;梁宏,王斌译.—北京:北京大学出版社,2012.2
(科学元典丛书)
ISBN 978-7-301-19837-7

Ⅰ.①遗… Ⅱ.①孟… ②梁… ③王… Ⅲ.①遗传学-文集 Ⅳ.①Q94-53

中国版本图书馆 CIP 数据核字(2011)第 252283 号

书　　　名	**遗传学经典文选**
	YICHUANXUE JINGDIAN WENXUAN
著作责任者	〔奥地利〕孟德尔 等著　梁 宏　王 斌 译
丛 书 策 划	周雁翎
丛 书 主 持	陈 静
责 任 编 辑	陈 静
标 准 书 号	ISBN 978-7-301-19837-7
出 版 发 行	北京大学出版社
地　　　址	北京市海淀区成府路 205 号　100871
网　　　址	http://www.pup.cn
电 子 信 箱	zyl@pup.pku.edu.cn　　新浪微博:@北京大学出版社
微信公众号	科学元典(微信公众号:kexueyuandian)
电　　　话	邮购部 010-62752015　发行部 010-62750672　编辑部 010-62707542
印 刷 者	北京中科印刷有限公司
经 销 者	新华书店
	787 毫米×1092 毫米　16 开本　27 印张　8 插页　500 千字
	2012 年 2 月第 1 版　2022 年 4 月第 5 次印刷
定　　　价	89.00 元

弁　言

Preface to the Series of the Classics in Science

这套丛书中收入的著作，是自文艺复兴时期现代科学诞生以来，经过足够长的历史检验的科学经典。为了区别于时下被广泛使用的"经典"一词，我们称之为"科学元典"。

我们这里所说的"经典"，不同于歌迷们所说的"经典"，也不同于表演艺术家们朗诵的"科学经典名篇"。受歌迷欢迎的流行歌曲属于"当代经典"，实际上是时尚的东西，其含义与我们所说的代表传统的经典恰恰相反。表演艺术家们朗诵的"科学经典名篇"多是表现科学家们的情感和生活态度的散文，甚至反映科学家生活的话剧台词，它们可能脍炙人口，是否属于人文领域里的经典姑且不论，但基本上没有科学内容。并非著名科学大师的一切言论或者是广为流传的作品都是科学经典。

这里所谓的科学元典，是指科学经典中最基本、最重要的著作，是在人类智识史和人类文明史上划时代的丰碑，是理性精神的载体，具有永恒的价值。

一

科学元典或者是一场深刻的科学革命的丰碑，或者是一个严密的科学体系的构架，或者是一个生机勃勃的科学领域的基石，或者是一座传播科学文明的灯塔。它们既是昔日科学成就的创造性总结，又是未来科学探索的理性依托。

哥白尼的《天体运行论》是人类历史上最具革命性的震撼心灵的著作,它向统治西方思想千余年的地心说发出了挑战,动摇了"正统宗教"学说的天文学基础。伽利略《关于托勒密与哥白尼两大世界体系的对话》以确凿的证据进一步论证了哥白尼学说,更直接地动摇了教会所庇护的托勒密学说。哈维的《心血运动论》以对人类躯体和心灵的双重关怀,满怀真挚的宗教情感,阐述了血液循环理论,推翻了同样统治西方思想千余年、被"正统宗教"所庇护的盖伦学说。笛卡儿的《几何》不仅创立了为后来诞生的微积分提供了工具的解析几何,而且折射出影响万世的思想方法论。牛顿的《自然哲学之数学原理》标志着17世纪科学革命的顶点,为后来的工业革命奠定了科学基础。分别以惠更斯的《光论》与牛顿的《光学》为代表的波动说与微粒说之间展开了长达200余年的论战。拉瓦锡在《化学基础论》中详尽论述了氧化理论,推翻了统治化学百余年之久的燃素理论,这一智识壮举被公认为历史上最自觉的科学革命。道尔顿的《化学哲学新体系》奠定了物质结构理论的基础,开创了科学中的新时代,使19世纪的化学家们有计划地向未知领域前进。傅立叶的《热的解析理论》以其对热传导问题的精湛处理,突破了牛顿《原理》所规定的理论力学范围,开创了数学物理学的崭新领域。达尔文《物种起源》中的进化论思想不仅在生物学发展到分子水平的今天仍然是科学家们阐释的对象,而且100多年来几乎在科学、社会和人文的所有领域都在施展它有形和无形的影响。《基因论》揭示了孟德尔式遗传性状传递机理的物质基础,把生命科学推进到基因水平。爱因斯坦的《狭义与广义相对论浅说》和薛定谔的《关于波动力学的四次演讲》分别阐述了物质世界在高速和微观领域的运动规律,完全改变了自牛顿以来的世界观。魏格纳的《海陆的起源》提出了大陆漂移的猜想,为当代地球科学提供了新的发展基点。维纳的《控制论》揭示了控制系统的反馈过程,普里戈金的《从存在到演化》发现了系统可能从原来无序向新的有序态转化的机制,二者的思想在今天的影响已经远远超越了自然科学领域,影响到经济学、社会学、政治学等领域。

科学元典的永恒魅力令后人特别是后来的思想家为之倾倒。欧几里得的《几何原本》以手抄本形式流传了1800余年,又以印刷本用各种文字出了1000版以上。阿基米德写了大量的科学著作,达·芬奇把他当作偶像崇拜,热切搜求他的手稿。伽利略以他的继承人自居,莱布尼兹则说,了解他的人对后代杰出人物的成就就不会那么赞赏了。为捍卫《天体运行论》中的学说,布鲁诺被教会处以火刑。伽利略因为其《关于托勒密与哥白尼两大世界体系的对话》一书,遭教会的终身监禁,备受折磨。伽利略说吉尔伯特的《论磁》一书伟大得令人嫉妒。拉普拉斯说,牛顿的《自然哲学之数学原理》揭示了宇宙的最伟大定律,它将永远成为深邃智慧的纪念碑。拉瓦锡在他的《化学基础论》出版后5年被法国革命法庭处死,传说拉格朗日悲愤地说,砍掉这颗头颅只要一瞬间,再长出这样的头颅一百年也不够。《化学哲学新体系》的作者道尔顿应邀访法,当他走进法国科学院会议厅时,院长和全体院士起立致敬,得到拿破仑未曾享有的殊荣。傅立叶在《热的解析理论》中阐述的强有力的数学工具深深影响了整个现代物理学,推动数学分析的发展达一个多世纪,麦克斯韦称赞该书是"一首美妙的诗"。当人们咒骂《物种起源》是"魔鬼的经典""禽兽的哲学"的时候,赫胥黎甘做"达尔文的斗犬",挺身捍卫进化论,撰写了《进化论与伦理学》和《人类在自然界的位置》,阐发达尔文的学说。经过严复的译述,赫胥黎的著作成为维新领袖、辛亥精英、"五四"斗士改造中国的思想武器。爱因斯坦说法拉第在《电学实验研究》中论证的磁场和电场的思想是自牛顿以来物理学基础所经历的最深刻变化。

在科学元典里,有讲述不完的传奇故事,有颠覆思想的心智波涛,有激动人心的理性思考,有万世不竭的精神甘泉。

<h1 style="text-align:center">二</h1>

按照科学计量学先驱普赖斯等人的研究,现代科学文献在多数时间里呈指数增长趋势。现代科学界,相当多的科学文献发表之后,并没有任何人引用。就是一时被引用过的科学文献,很多没过多久就被新的文献所淹没了。科学注重的是创造出新的实在知识。从这个意义上说,科学是向前看的。但是,我们也可以看到,这么多文献被淹没,也表明划时代的科学文献数量是很少的。大多数科学元典不被现代科学文献所引用,那是因为其中的知识早已成为科学中无须证明的常识了。即使这样,科学经典也会因为其中思想的恒久意义,而像人文领域里的经典一样,具有永恒的阅读价值。于是,科学经典就被一编再编、一印再印。

早期诺贝尔奖得主奥斯特瓦尔德编的物理学和化学经典丛书"精密自然科学经典"从1889年开始出版,后来以"奥斯特瓦尔德经典著作"为名一直在编辑出版,有资料说目前已经出版了250余卷。祖德霍夫编辑的"医学经典"丛书从1910年就开始陆续出版了。也是这一年,蒸馏器俱乐部编辑出版了20卷"蒸馏器俱乐部再版本"丛书,丛书中全是化学经典,这个版本甚至被化学家在20世纪的科学刊物上发表的论文所引用。一般把1789年拉瓦锡的化学革命当作现代化学诞生的标志,把1914年爆发的第一次世界大战称为化学家之战。奈特把反映这个时期化学的重大进展的文章编成一卷,把这个时期的其他9部总结性化学著作各编为一卷,辑为10卷"1789—1914年的化学发展"丛书,于1998年出版。像这样的某一科学领域的经典丛书还有很多很多。

科学领域里的经典,与人文领域里的经典一样,是经得起反复咀嚼的。两个领域里的经典一起,就可以勾勒出人类智识的发展轨迹。正因为如此,在发达国家出版的很多经典丛书中,就包含了这两个领域的重要著作。1924年起,沃尔科特开始主编一套包括人文与科学两个领域的原始文献丛书。这个计划先后得到了美国哲学协会、美国科学促进会、科学史学会、美国人类学协会、美国数学协会、美国数学学会以及美国天文学学会的支持。1925年,这套丛书中的《天文学原始文献》和《数学原始文献》出版,这两本书出版后的25年内市场情况一直很好。1950年,他把这套丛书中的科学经典部分发展成为"科学史原始文献"丛书出版。其中有《希腊科学原始文献》《中世纪科学原始文献》和《20世纪(1900—1950年)科学原始文献》,文艺复兴至19世纪则按科学学科(天文学、数学、物理学、地质学、动物生物学以及化学诸卷)编辑出版。约翰逊、米利肯和威瑟斯庞三人主编的"大师杰作丛书"中,包括了小尼德勒编的3卷"科学大师杰作",后者于1947年初版,后来多次重印。

在综合性的经典丛书中,影响最为广泛的当推哈钦斯和艾德勒 1943 年开始主持编译的"西方世界伟大著作丛书"。这套书耗资 200 万美元,于 1952 年完成。丛书根据独创性、文献价值、历史地位和现存意义等标准,选择出 74 位西方历史文化巨人的 443 部作品,加上丛书导言和综合索引,辑为 54 卷,篇幅 2 500 万单词,共 32 000 页。丛书中收入不少科学著作。购买丛书的不仅有"大款"和学者,而且还有屠夫、面包师和烛台匠。迄 1965 年,丛书已重印 30 次左右,此后还多次重印,任何国家稍微像样的大学图书馆都将其列入必藏图书之列。这套丛书是 20 世纪上半叶在美国大学兴起而后扩展到全社会的经典著作研读运动的产物。这个时期,美国一些大学的寓所、校园和酒吧里都能听到学生讨论古典佳作的声音。有的大学要求学生必须深研 100 多部名著,甚至在教学中不得使用最新的实验设备而是借助历史上的科学大师所使用的方法和仪器复制品去再现划时代的著名实验。至 1940 年代末,美国举办古典名著学习班的城市达 300 个,学员约 50 000 余众。

相比之下,国人眼中的经典,往往多指人文而少有科学。一部公元前 300 年左右古希腊人写就的《几何原本》,从 1592 年到 1605 年的 13 年间先后 3 次汉译而未果,经 17 世纪初和 1850 年代的两次努力才分别译刊出全书来。近几百年来移译的西学典籍中,成系统者甚多,但皆系人文领域。汉译科学著作,多为应景之需,所见典籍寥若晨星。借 1970 年代末举国欢庆"科学春天"到来之良机,有好尚者发出组译出版"自然科学世界名著丛书"的呼声,但最终结果却是好尚者抱憾而终。1990 年代初出版的"科学名著文库",虽使科学元典的汉译初见系统,但以 10 卷之小的容量投放于偌大的中国读书界,与具有悠久文化传统的泱泱大国实不相称。

我们不得不问:一个民族只重视人文经典而忽视科学经典,何以自立于当代世界民族之林呢?

三

科学元典是科学进一步发展的灯塔和坐标。它们标识的重大突破,往往导致的是常规科学的快速发展。在常规科学时期,人们发现的多数现象和提出的多数理论,都要用科学元典中的思想来解释。而在常规科学中发现的旧范型中看似不能得到解释的现象,其重要性往往也要通过与科学元典中的思想的比较显示出来。

在常规科学时期,不仅有专注于狭窄领域常规研究的科学家,也有一些从事着常规研究但又关注着科学基础、科学思想以及科学划时代变化的科学家。随着科学发展中发现的新现象,这些科学家的头脑里自然而然地就会浮现历史上相应的划时代成就。他们会对科学元典中的相应思想,重新加以诠释,以期从中得出对新现象的说明,并有可能产生新的理念。百余年来,达尔文在《物种起源》中提出的思想,被不同的人解读出不同的信息。古脊椎动物学、古人类学、进化生物学、遗传学、动物行为学、社会生物学等领域的几乎所有重大发现，都要拿出来与《物种起源》中的思想进行比较和说明。玻尔在揭示氢光谱的结构时，提出的原子结构就类似于哥白尼等人的太阳系模型。现代量子力学揭示的微观物质的波粒二象性，就是对光的波粒二象性的拓展，而爱因斯坦揭示的光的波粒二象性就是在光的波动说和粒子说的基础上，针对光电效应，提出的全新理论。而正是与光的波动说和粒子说二者的困难的比较，我们才可以看出光的波粒二象性学说的意义。可以说，科学元典是时读时新的。

除了具体的科学思想之外，科学元典还以其方法学上的创造性而彪炳史册。这些方法学思想，永远值得后人学习和研究。当代研究人的创造性的诸多前沿领域，如认知心理学、科学哲学、人工智能、认知科学等，都涉及对科学大师的研究方法的研究。一些科学史学家以科学元典为基点，把触角延伸到科学家的信件、实验室记录、所属机构的档案等原始材料中去，揭示出许多新的历史现象。近二十多年兴起的机器发现，首先就是对科学史学家提供的材料，编制程序，在机器中重新做出历史上的伟大发现。借助于人工智能手段，人们已经在机器上重新发现了波义耳定律、开普勒行星运动第三定律，提出了燃素理论。萨伽德甚至用机器研究科学理论的竞争与接受，系统研究了拉瓦锡氧化理论、达尔文进化学说、魏格纳大陆漂移说、哥白尼日心说、牛顿力学、爱因斯坦相对论、量子论以及心理学中的行为主义和认知主义形成的革命过程和接受过程。

除了这些对于科学元典标识的重大科学成就中的创造力的研究之外，人们还曾经大规模地把这些成就的创造过程运用于基础教育之中。美国兴起的发现法教学，就是几十年前在这方面的尝试。近二十多年来，兴起了基础教育改革的全球浪潮，其目标就是提高学生的科学素养，改变片面灌输科学知识的状况。其中的一个重要举措，就是在教学中加强科学探究过程的理解和训练。因为，单就科学本身而言，它不仅外化为工艺、流程、技术及其产物等器物形态、直接表现为概念、定律和理论等知识形态，更深蕴于其特有的思想、观念和方法等精神形态之中。没有人怀疑，我们通过阅读今天的教科书就可以方便地学到科学元典著作中的科学知识，而且由于科学的进步，我们从现代教科书上所学的知识甚至比经典著作中的更完善。但是，教科书所提供的只是结晶状态的凝固知识，而科学本是历史的、创造的、流动的，在这历史、创造和流动过程之中，一些东西蒸发了，另一些东西积淀了，只有科学思想、科学观念和科学方法保持着永恒的活力。

然而，遗憾的是，我们的基础教育课本和科普读物中讲的许多科学史故事不少都是误讹相传的东西。比如，把血液循环的发现归于哈维，指责道尔顿提出二元化合物的元素原子数最简比是当时的错误，讲伽利略在比萨斜塔上做过落体实验，宣称牛顿提出了牛顿定律的诸数学表达式，等等。好像科学史就像网络上传播的八卦那样简单和耸人听闻。为避免这样的误讹，我们不妨读一读科学元典，看看历史上的伟人当时到底是如何思考的。

现在，我们的大学正处在席卷全球的通识教育浪潮之中。就我的理解，通识教育固然要对理工农医专业的学生开设一些人文社会科学的导论性课程，要对人文社会科学专业的学生开设一些理工农医的导论性课程，但是，我们也可以考虑适当跳出专与博、文与理的关系的思考路数，对所有专业的学生开设一些真正通而识之的综合性课程，或者倡导这样的阅读活动、讨论活动、交流活动甚至跨学科的研究活动,发掘文化遗产、分享古典智慧、继承高雅传统,把经典与前沿、传统与现代、创造与继承、现实与永恒等事关全民素质、民族命运和世界使命的问题联合起来进行思索。

我们面对不朽的理性群碑,也就是面对永恒的科学灵魂。在这些灵魂面前,我们不是要顶礼膜拜,而是要认真研习解读,读出历史的价值,读出时代的精神,把握科学的灵魂。我们要不断吸取深蕴其中的科学精神、科学思想和科学方法,并使之成为推动我们前进的伟大精神力量。

任定成

2005 年 8 月 6 日

北京大学承泽园迪吉轩

▲ 孟德尔（Johann Gregor Mendel, 1822—1884）

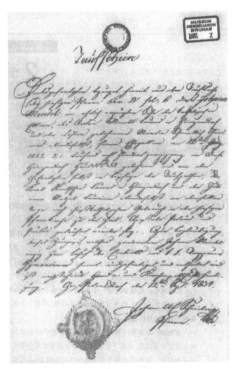

1822 年 7 月 20 日，孟德尔出生在奥地利西里西亚（现属捷克）海因策道夫（Heinzendorf）村的一个贫寒的农民家庭里。至今他家的房子仍保存着，用于举办纪念孟德尔的展览。图为孟德尔的出生证明，按当时标准是手写的。

孟德尔有一个比他大两岁的姐姐：维罗妮卡（Veronica，右）；一个比他小 7 岁的妹妹：特丽萨（Theresia，左）。图中间是特丽萨的丈夫。

1834—1840 年孟德尔就读的奥帕瓦（Opava）中学。该校有一个自然历史博物馆，还设置了一门学科，是孟德尔终生的兴趣所在——气象学。1841 年，孟德尔考入了奥洛莫茨哲学院（University of Olomouc Faculty of Phylosophy），学习哲学、伦理学、数学和物理学等课程。

1843 年，因为生活拮据，21 岁的孟德尔申请进入布隆（Brünn，现称 Brno）的圣·托马斯修道院（The Abbey of St. Thomas）。孟德尔原名 Johann，入修道院后加 Gregor 教名。图为今日的修道院，作为孟德尔博物馆向公众开放。（朱作言／摄）

▲ 圣·托马斯修道院院长纳泊（František Cyril Napp，1792—1867）。他接受了孟德尔大学时期的物理老师弗朗兹（Friedrich Franz）教授的推荐，没有面试，就直接录取。

▲ 圣·托马斯修道院全景。这是一个学术气氛很浓、比较易于进行科学研究的地方，有很大的图书馆。修道院的很多人都担任附近学校的教师。在此，孟德尔获得了接触当时先进科技和思想的机会。

▲ 1848年的一幅照片，孟德尔（后排左二）和同事们在一起。

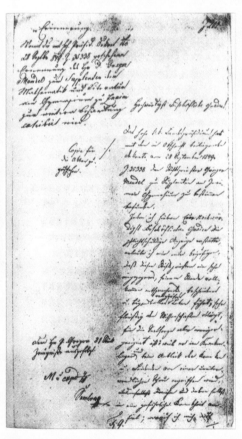

▶ 1850年，孟德尔参加教师认证考试失败。为了给孟德尔第二次通过考试的机会，纳泊院长决定送他去维也纳大学学习博物学。图为纳泊院长写给斯卡夫哥则奇（Schaffgotsch，1804—1870）主教的信的草稿，里面谈到：孟德尔不适合做教堂工作，他目前是阿诺莫中学数学和文学的代课教师。

◀ 1851 年，孟德尔进入维也纳大学并在此度过了近两年的时光。

▶ 在维也纳大学期间，孟德尔的物理老师是多普勒（Christian Doppler，1803—1853）。孟德尔还接触到了一些当时活跃在科技前沿的科学家，例如右图的著名植物学家耐格里（Cärl Nageli，1817—1891），孟德尔后来与耐格里保持了多年的通信。如今我们对孟德尔的了解，很多都是从他们之间的通信里得到的。

◀ 1853 年 7 月底，孟德尔回到了布隆。1855 年孟德尔第二次参加教师认证考试失败，但这并没有终止孟德尔的教师生涯，他仍在一所新建的中学里教授博物学和物理。多年以后，他的学生在接受采访时这样描述他："他蓝色的眼睛透过金边眼镜闪烁着友善的光芒。"

▶ 圣·托马斯修道院的成员，孟德尔站在后排右二，手持晚樱花。正是在中学教书期间，孟德尔开始了他的一系列植物培育实验，试图回答生物学里最基本、最常见的问题：什么是遗传？遗传如何进行？

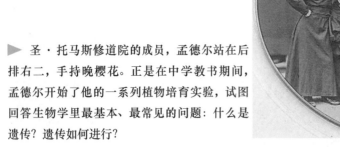

▶ 孟德尔的实验
地遗址（朱作言 /
摄）。以豌豆进行
的实验持续了 8
年。孟德尔对不
同代的豌豆的性
状和数目进行细
致入微的观察、
计数和分析。

▲ 孟德尔在花房做豌豆实验。他酷爱自己的研究工作，经常向前来参观的客人指着豌豆十分自豪地说："这些都是我的儿女！"

▲ 这份孟德尔的笔记，记录着不同种类的豌豆杂交的情况。后来有一位基因学家把它称为"能与画家的素描相媲美的伟大思想的草图"。

▲ 孟德尔位于修道院苗圃里的蜂房，这被认为是当时中欧第一个蜜蜂研究中心。孟德尔在蜜蜂杂交试验上取得成功，成为知名专家，是全国养蜂协会荣誉成员，1871年当选为副主席。

▲ 孟德尔用来进行天文观测的指南针。作为维也纳天文协会的一员，他被认为是当时布隆最伟大、最权威的一位气象专家。

▲ 这幅后人创作的漫画幽默地表现了孟德尔研究蜜蜂的情景。

▲ 1868年，孟德尔当选为圣·托马斯修道院院长，从此他把精力逐渐转移到修道院的日常工作上，几乎完全放弃了科学研究。他是全国唯一拒绝接受政府关于"财产税"法案的修道院院长，直到去世时他都坚持着这一立场，因此以"固执的主教"而闻名。图为孟德尔作为主教的官方徽章。在徽章的左上角是他选作个人标志的紫花；在右下角，希腊字母表中的第一个和最后一个字母阿尔法和欧米伽，象征着他作为基督徒对上帝的信仰。

"Brother Mendel! We grow tired of peas!"
Cartoon by J. Chase.

▲ 在修复圣·托马斯修道院时，孟德尔亲自在天花板上创作的壁画。画中是农业的保护神——圣伊西多尔。

▲ 从这幅后人所绘的漫画可见，孟德尔的豌豆试验在当时并不被人理解。

1884 年 1 月 6 日，孟德尔病逝，安葬于圣·托马斯修道院的墓地中。当地的报纸赞颂他说："他的死使穷人们失去了一位恩人，使大众失去了一位拥有贵族气质的人。他是一位热心的朋友，一位自然科学的创始人，也是一位足以称为楷模的牧师。"今天，世界各地以各种形式来纪念这位现代遗传学的开创者。

▲ 坐落在今日捷克布尔诺市（Brno）的这所大学，于 1994 年更名为孟德尔。

▶ 美国国家科学院为表彰在遗传学领域作出突出贡献的科学家而设置的金质奖章。奖章上的四个人物分别是达尔文（C. Darwin, 1809—1882）、孟德尔、贝特森（W. Bateson, 1861—1926）和摩尔根（T. H. Morgan, 1866—1945）。

▲ 1973 年为纪念孟德尔而制作的纪念币。

▲ 关于孟德尔的图书封面。

▲ 为纪念孟德尔而发行的邮票。

◀ 位于捷克奥洛姆克市（Olomouc）一条名为 Mahlerova 街上的孟德尔石板雕像。

▶ 位于美国宾夕法尼亚州维拉诺瓦大学（Villanova University）里的孟德尔塑像。

译 者 的 话

    遗传学是生物科学中研究遗传与变异规律的一门重要基础理论学科。它是动物、植物、微生物育种以及人类遗传疾病和肿瘤防治的理论基础，与工业、农业、医学和国防事业都有密切的联系。为了使我国的遗传学工作者更多地了解遗传学的历史、现状及一些重大的研究成果，展望遗传学的未来，以便为发展我国的遗传学作出更大贡献，我们选译了从孟德尔的《植物杂交试验》开始，一直到当代分子遗传学的部分重要的遗传学经典论文，共34篇，并按论文发表的年份顺序编集成《遗传学经典文选》一书。本书可供从事生物学、遗传学、细胞学、微生物学、生物化学、医学以及在工业、农业等各条战线上从事遗传育种工作的有关科技人员和教学人员参考。

    由于本书中的文章是从不同时期、不同国家的不同书刊上搜集来的，因此，我们对于各种度量衡单位、人名、术语、缩写及文献等的书写方式都适当进行了修改，力求统一。

    由于译者水平所限，对本书翻译方面存在的错误和选材上的不足之处，敬请读者批评指正。

    童克忠同志在本书的翻译过程中，一直给予了热情指导和帮助，并对某些译文进行了部分或全文的校对；吴步乃同志为本书绘制了部分插图，特此致谢。

译者

1978 年 6 月

再 版 说 明

  本书从翻译、出版至今接近 30 年了,在这段时间遗传学在各个分支领域都得到了快速发展,进入更高层次。综观遗传学发展过程中早期这些经典性研究工作,研究成果承前启后,后浪逐前浪,一浪更比一浪高,至今它们仍然是那么光辉,那么有吸引力,那么有说服力、富有生命力。这些研究工作一项一项都显示出研究者的刻苦执著、勇于攀登和创新精神,对从事遗传学研究和教育的人员都是无穷无尽的动力源泉。读者通过阅读本书不仅可以了解遗传学的发展历史,而且可以激励自己在前进道路上的攀登和创新精神。

  本次再版时对照英文原文进行了校对、修改。由于梁宏先生年事已高,并已定居国外,第一版中他翻译的内容在本次再版时的校对、修改任务分别由袁开文和翁曼丽两位先生完成。

  这些经典论文发表在不同年代,不同期刊或著作中,本书第一版在尊重原著精神指导下,在名称、单位、格式等诸多方面尽管做了大量修改、统一,但仍保留了一些各自的内容。本次再版时在全书范围内都按当前标准形式进行了统一。再版时还增补了全书 34 篇经典论文的英文题目和作者生平简介,便于读者作更深入的了解。

  由于译者水平所限,不足之处望给予批评、指正。

译者

2011 年 3 月

目　录

附　录

导读一

饶 毅

（北京大学　教授）

Introduction to Chinese Version I

　　孟德尔的成就，一百多年来催生了多个现代科学学科。首先是直接导致遗传学诞生，而对于同时期诞生的进化论，孟德尔可能隐约知道自己工作的意义，虽然遗传学和进化论结合于 20 世纪 30 年代。20 世纪遗传学与生物化学结合，并与微生物、生物物理学交叉，在 50 年代又催生了分子生物学。70 年代诞生的重组 DNA 技术，全面改观了生命科学：分子生物学深入到从医学到农业各个领域，带来多个学科的变革，人类遗传学、基因组学、生物信息学是其直接传承。

孤独的天才

为坚持智力追求，不惜放弃其天伦之乐；

在学术群体外围，做出科学的核心发现；

用数学分析生物，成功地进行学科交叉；

十年一系列实验，一篇论文开创新学科。

他孤立于当时的科学界，做出奠基性突破却终生未被学界承认；他的工作几十年后尚不为同一学科第二重要的科学家、诺贝尔奖得主所理解；他发现的貌似简单的理论，即使在今天多数学过的人，都没意识到其智力高度；他不是为利益做研究的纯粹科学家，身后却被疑造假，再遭遇不公。

这位孤独的天才，就是自称为"实验物理学家"的遗传学之父：孟德尔（Johann Gregor Mendel，1822—1884）。

我认为，生物学有两座智力高峰：第一次是 1854 年至 1866 年孟德尔独自一人；第二次是 1951 年至 1965 年克里克（Francis Crick）及其合作者们。两个高峰后的今天重读孟德尔，仍很有意义。

一　孟德尔的研究思路

由于同时代理解孟德尔科学工作重要性的人极少，他的遗物保留下来的很少。

孟德尔最重要的遗物是一篇遗传学论文。与此相关，他还有一篇遗传学论文以及给一位植物学家的 10 封信。他的主要论文显示了清晰的思路，有助于我们追踪科学是如何在一个头脑中诞生的。

孟德尔的时代，人们对遗传的认识还很粗浅，基本认同"混合遗传"（blending inheritance）学说：遗传是"黑＋白＝灰"，父母的黑和白简单融合得到子代的灰。此学说未被

◀ 1824 年至 1868 年，布隆修道院院长 F.C.纳泊是孟德尔青年时期的导师。他鼓励孟德尔进行自然科学方面的研究。

正式提出和论证,是一个普遍接受的、朴素的、以为不证自明的规律。

而孟德尔不以为然,他设计实验,通过锲而不舍的研究,发现了与此不同的学说。从 1854 年开始,孟德尔用豌豆做了一系列遗传学实验,时间长达 10 年。他于 1865 年公布所发现的遗传学规律,并于次年以德文在《自然史学会杂志》(*Journal of the Society of Natural Science*, Brünn)发表了论文《植物杂交的实验》(*Versuche über die Pflanzen-Hybriden*)。

从孟德尔的文章,我们可以体会他如何做研究:发现重要问题,提出解决问题的途径,设计实验思路,进行实验研究,得到结果,分析结果,提出前人没有想到的理论,进一步实验,得到更多可以分析的结果,推广理论,证明理论。

孟德尔的论文由 11 部分组成。

在"引言"部分,孟德尔简要回顾以往研究后,立即明确提出问题:无人成功地提出过对杂交体形成和发生普遍适用的规律。

他指出前人做过不少杂交实验,但未得到普遍规律是因为所需的工作不仅量大,而且较难。孟德尔认为需要考虑到:规模要相当大;具有不同型的杂交后代要定量分析;在不同代间要准确地知道不同型之间的关系;要确切地分析它们之间的相对数量关系。

他写道:需要勇气花力气做大量实验,但这是唯一正确的道路,才能最终解决重要的问题……本文就是仔细研究的结果,进行了 8 年的工作,基本方面都有结论。

孟德尔说的 8 年,是他收集论文所用数据的 8 年。其实,此前,他做了 2 年实验,选择最佳材料。所以实际上,在发表论文以前进行了 10 年。10 年实验后,又隔 2 年才发表论文。论文发表后,他还用其他植物做过几年研究。

在"实验植物选择"部分,孟德尔指出:"任何实验的价值和用处取决于所用材料是否符合其目的,所以选什么植物和怎么做实验并非不重要……必须特别小心地选择植物,从开始就避免获得有疑问的结果。"

他选的植物首先具有恒定的分化特征;其次,在进行杂交的时候不会受到外来花粉的污染;另外,每一代杂交后代生殖力不能变。

孟德尔所谓"分化特征"现在称为"性状"(如高矮、颜色);他的"恒定"是指同一性状在不同代之间不变;他注意避免外来花粉污染,怕不确切知道父本,研究结果无从分析;他还注意代间生殖力无变化,减少在性状数量分析时的干扰。

后人认为,为了选择到合适的实验材料,孟德尔有可能考虑过二十多种植物。孟德尔说他因为花形状的奇异而试了豆科(Leguminosae),后决定用豌豆(Pisum)。对所用豌豆的确切生物学分类,孟德尔并不是很确定,说"专家意见"说大多数是 Pisum sativum,还有几种,不过他明确指出分类对其研究并不重要。

用豌豆还有论文中没说明的、实验操作的优点:既能自花授粉,又能异花授粉,较易人为控制。1854 年和 1855 年,孟德尔试过 34 种不同的豌豆。在孟德尔为数不多的遗物中,有一张 1856 年购买豌豆的订单。

在"实验分工和安排"中,孟德尔对所研究的性状进行了选择:他选择成对的性状,研究他们在代间的传递规律。这些性状可以在代间稳定遗传,且易于识别和区分。

他选了 7 对性状:种子形状(平滑或皱褶)、种子颜色(黄或绿)、豆荚颜色(黄或绿)、豆荚形状(鼓或狭)、花色(紫或白)、花的位置(顶或侧)、茎的高度(长或短)。其中孟德尔描述花色是"灰、灰褐、皮革褐,和天鹅绒-红",后人简称紫和白。

对应于 7 对性状,孟德尔安排了 7 个实验。实验一用 15 株植物做了 60 次授粉;实验二用 10 株植物做了 58 次授粉;实验三用 10 株植物做了 35 次授粉;实验四用 10 株植物做了 40 次授粉;实验五用 5 株植物做了 23 次授粉;实验六用 10 株植物做了 34 次授粉;实验七用 10 株植物做了 37 次授粉。

所有实验,孟德尔都进行了双向杂交:一对性状中,如种子颜色的黄和绿,既做过父本黄、母本绿,也做过父本绿、母本黄,他发现亲本来源不影响这些性状的传代。

在"杂交体的外形"部分,他进一步说明了对性状的选用。他专门选择子代性状一定相同于父本或母本的性状,而不是介于父母之间、或其他变异。孟德尔知道豌豆有些性状居于父母母本之间,而不等同于父本、或母本,例如,在论文第八部分,他发现杂交体的开花时间介于父母本之间。孟德尔决定不研究它们。他研究的 7 对性状,每对中必定有一种传到下代,而一对性状的两种在后代不会变化,也不会永远消失。孟德尔明确这样选择的重要性。

孟德尔的选择简化了分析从而可以得出有意义的结论。比如我们近年知道,有几十个基因决定人的高矮,子代高矮是父母几十个基因及其含有的更多多态性综合结果,另外还有环境因素(如食物)等,如果谁在一百年前研究人身高的遗传,就很难得出简单的规律,这并非人类高矮不符合孟德尔遗传规律,而是很难进行分析。

他认识到性状有显隐之分,发明了"显性"(dominant)和"隐性"(recessive)两个词。当父本母本分别是不同性状(如黄和绿),而他们杂交子代只显现一种性状(黄)时,孟德尔称显现的一种(黄)为显性、没有显现的(绿)为隐性。他指出,隐性在杂交体一代看不见,但在杂交体后代可以完全不变地重新显现。进一步的实验表明:显性隐性与父本母本来源也无关。

他确定了 7 对性状的显隐性:种子形状平滑为显而皱褶为隐、种子颜色黄为显而绿为隐、豆荚颜色黄为显而绿为隐、豆荚形状鼓为显而狭为隐、花色紫为显而白为隐、花的位置顶为显而侧为隐、茎的高度长为显而短为隐。

我们现在知道,其实在两年的预实验中,孟德尔实际上得到了纯合子。虽然当时并无纯合子和杂合子的概念,他本人也未明确这样说,但如果不以纯合子开始实验,分析结果也会复杂化。

在孟德尔所谓"杂交体来的第一代"实验结果部分,我们稍需改变他的称呼,以方便叙述。他开始用的一代,我们现在称为 F0 代。他所谓"杂交体",我们现在称为 F1 代。他称"杂交体来的第一代",现称为 F2 代。

我们可以看到,他用不同表型的两种 F0 代亲本间授粉得到的 F1 代均表现显性的性状,比如,豌豆种子分别为平滑和皱褶的 F0 代父母本授粉得到的 F1 代的豌豆种子都是平滑的,没有皱褶的。

接着,他让 F1 代自花授粉,得到 F2 代,发现隐性(如皱褶)没有因为在 F1 代不表现而永远消失,它重新出现在 F2 代。进一步数量分析表明,在 F2 代,显性对隐性呈 3∶1 的比例。孟德尔强调,3:1 的比例毫无例外地适用于所有(7 对)性状。"任何实验中都没有过渡型式"。其中,实验一发现:从 253 株 F1 代杂交体得到 7324 颗 F2 代种子,其中 5474 颗平滑,1850 颗皱褶,比例为 2.96:1。实验二发现:258 株 F1 代植物产生了 8023 颗 F2 代种子,其中 6022 颗种子黄色,2001 颗绿色,比例为 3.01:1。

孟德尔还分析每个豆荚内种子形状和颜色是否有关,不同植物是否有关,结果认为都无关。他指出如果算的植物少了,比例漂移很大;如果昆虫损害了种子,也会影响对性状的确定。

从实验三到实验七,他列出了其他 5 对性状的传代结果,发现 7 对性状平均显隐比例为 2.98:1。他看到了规律:F1 代 100% 为显性;F2 代隐性重现,而且有规律,显隐比例 3:1。

孟德尔知道隐性没有在 F1 代融合而消失,不支持混合学说。至此,他已经超出一般人,而他还继续迈出了下一步,探究比例背后的意义,这就远远超过了同时代的伟大科学家。

孟德尔在看到 3:1 的比例后,他的分析在 F2 代显性的性状可以有两种意义,它可以是 F0 的"恒定"性状,或 F1 代的"杂交体"性状。只能用 F2 代再做一代实验来检验是哪种状况。他预计,如果 F2 和 F0 一样,那么其后代性状就应该不变,而如果 F2 代类似 F1 杂合体状态,那么其行为与 F1 相同。

由此,引出孟德尔下一年的实验,即他所谓"杂合体来的第二代"(我们现称为 F3 代)部分结果。他发现,表现隐性性状的 F2 代,传 F3 代后其性状不再变化(总是隐性表型)。而表现显性的 F2 代,其 F3 代结果表明:2/3 的 F2 代是杂合体(其 F3 代出现 3:1 的显性和隐性),而另外 1/3 的 F2 代其 F3 代都是显性表型。

例如,实验一:193 株 F2 代只生平滑种子,372 株 F2 代生平滑和皱褶的种子(平:皱为 3:1)。也就是说,F2 代中杂交体与恒定的比例为 1.93:1;实验二:166 株 F2 代只生黄色种子,353 株 F2 代生黄和绿种子(黄:绿为 3:1),F2 代的杂交体与恒定的比例为 2.13:1。

从实验三到实验七算其他五种性状时,他没有每次都全部算后代性状,而只分析 100 株植物的后代,结果有漂移但大体相似。他说计算数量大的实验一和实验二更有意义。实验五漂移最大,他重复了一次,数字更趋接近预计比例。

这样,孟德尔将 F2 的 3:1 中的 3,进一步分成 2 和 1。3:1 就被分解成 1:2:1(显性恒定:杂交体:隐性恒定)。

在 F3 代后,他还做了几代"杂交体后几代",发现结果都符合 F3 代前所发现的规律,"没有察觉任何偏移"。到发表论文时,实验一和二做了六代,实验三和七做了五代,实验四、五、六做了六代。可以算出,他用豌豆做了 17610 次授粉。

这时,孟德尔又再迈进了一大步:数学模型。

生物学研究用数学的较少。即使是今天,虽然有些生物学家非常需要定量,但绝大多数生物学研究者关心数量只在乎升高、降低和不变。孟德尔以数量分析、定量不同表型的植物,从而发现 3:1 的规律,继而推出和验证 1:2:1 的规律,已经使他成为成功运用数学的先驱。

在此基础上,孟德尔进一步用了数学模型。这就超出不仅那时,甚至包括今天绝大多数生物学研究者。他提出,用 A 表示恒定的显性,a 表示恒定的隐性,Aa 表示杂合体。那么就有:A＋2Aa＋a。

他观察到的 F2 代 1∶2∶1 就符合这个数量关系(杂合性状为 2,显性和隐性恒定性状皆为 1)。

分别分析单个性状传代情况后,孟德尔研究了不同对的性状间是否有关系。在"几个分化性状相关联杂交体的后代"部分,孟德尔发现 7 对性状之间完全独立。比如种子是平滑还是皱褶,与种子是黄色还是绿色毫无关联。总结这部分实验结果,孟德尔说:每对不同性状之间的关系独立于亲本其他不同(性状)。

后来大家有点奇怪,为什么孟德尔做的 7 对性状都无关?如果有些基因在染色体较近位置的话,会有一定关联。现在知道,他做的 7 对性状,其基因分别在 5 条染色体上,而在同一染色体上的两对正好分别在染色体上相距很远的位置。

孟德尔在发现各对性状独立传代后,他在文章中可能考虑了自己的发现与进化论的关系。我们现在知道,他读过第二版《物种起源》德译本,在书的边缘做了评注。可能由于自己在修道院吃饭,他不能公开说接受进化论,所以在论文中完全没提进化论。但是,他文章故意讨论了性状独立遗传的意义。他指出:如果一个植物有 7 种不同的性状,产出后代就有 2^7(128)种不同的组合。孟德尔的这个算法其实解决了"混合学说"给达尔文进化论造成的矛盾。我们前面说过,混合学说导致每一代比上一代更少样,而不是多样,可供选择的越来越少,生物应该退化。而孟德尔推出不同组合的数量很多,每代的多样性在增加,进化就有很多可以选择。

行文至此,孟德尔简要总结了结果:分化性状在杂交组合中行为完全一模一样。每对分化性状杂交体的后代,一半又是杂交体,另外一半中含同等比例的亲本恒定分化性状。(这等于是他用文字复述 1∶2∶1 的发现)如果不同分化性状在杂交时组合起来,每对分化性状成为组合系列。

孟德尔也认为通过研究他选择的性状所得到的规律,也适用于其他的性状。

在从外观的性状上推出规律后,孟德尔继续做实验,推断外观的差别实际是由生殖细胞的组成的差别所造成。原因在于雄性的花粉细胞,雌性的卵细胞。

他推理:因为总是当卵细胞和花粉细胞具有同样的恒定性状时,其后代得到同样的恒定性状,所以此时两种细胞都有创造同样个体的物质。我们必须认为在杂交体授粉后出现恒定性状时,也是这样……因为一株植物、甚至一朵花中的恒定型式不同,那么在杂交体雌蕊中卵细胞的种类,或杂交体雄蕊中花粉细胞数量,与可能的恒定组合型式相同。

孟德尔接着用实验证明了这个推测。然后他说:实验证明了这个理论,豌豆杂交体形成卵细胞和花粉细胞,它们的组成中,有等量的、由性状组合而成的所有恒定型式。

在 F2 代出现 A＋2Aa＋a,有 3 类 4 种个体(其中 Aa 和 aA 个体不同只在于其显性隐性来源不同,一个来源父本,一个来源母本,但最后表型相同)。花粉细胞有 A 和 a 两种、且数量相等,卵细胞也有数量相等的 A 和 a 两种。而不同花粉细胞有同等机会与不同的卵细胞组合,那么得到的下代就有:A/A,A/a,a/A,a/a 等 4 种。

因为 A/a 表型相同于 a/A(仅其 A 和 a 来源的父母本不同),它们都表现为 Aa。所以,A/A＋A/a＋a/A＋a/a＝ A＋2Aa＋a。

孟德尔这个等式很重要。他将等式左边性细胞内的成分和右边得到植物后代的表型连起来。左边是我们现在说的基因型,右边是表型。孟德尔从表型的 1∶2∶1 推导出生殖细胞遗传物质的组成。他依据的是观察到的表型,推测生殖细胞的情形,数据非常吻合。

孟德尔说明这是平均的结果,具体每个后代有多种可能,而且随机,所以分开的实验肯定有漂移,只有大量收集数据,才能得到真实的比例。在这里,我们可以猜想孟德尔意识到了纯合子 A/A,a/a 和杂合子 A/a 和 a/A,可惜没有明确提出名词。

至此,他把理论深入到生殖细胞,而且可以用数学模型表示遗传学的规律,虽然其数学虽然简单,是很基本的组合。数学分析结合生物学实验,产生很重要的意义,揭示了遗传的规律。

因为孟德尔希望找到普遍适用的规律,所以,他论文最后一部分实验是"其他种属植物杂交体的实验",检验他从豌豆发现的规律是否适用于其他植物。在论文发表时,他说开始用了几种其他植物,其中用大豆做的两个实验已经做完。用 Phaseolus vulgaris 和 Phaseolus nanus(两者都是菜豆)做的杂交结果和豌豆的完全吻合。而用 Phaseolus nanus 和 Phaseolus multiflorus 做杂交时,发现后代好几个性状的传代符合豌豆规律,但花色有较多变异。孟德尔觉得花色仍符合他发现的遗传规律,提出要假设花色是两个或更多独立颜色的组合,花色 A 由单个性状 A(1)+A(2)+… 的组合而成。他实际上提出了多基因遗传。

孟德尔经过新颖的、长期的、严谨的实验,终于找到了杂交发育的普适规律。后人将孟德尔发现的规律表述成为两个定律:第一个是分离律,决定同一性状的成对遗传因子彼此分离,独立地遗传给后代,也可以表述为颗粒遗传,以区别于以前流行的混合学说,说明因子没有消失;第二个是自由组合律,确定不同遗传性状的遗传因子间可以自由组合。虽然这些内容在原文中都有叙述,孟德尔本人并不认为自己发现了两个分开的规律,而是一个普遍的规律。

在"结语"部分,孟德尔介绍前人杂交实验的结果和前人有关植物受精过程的论述:根据著名生理学家的意见,植物繁殖时,一个花粉细胞和一个卵细胞结合成为单个细胞,同化和形成多个新细胞,长成植物个体。

然后孟德尔提出:(杂交体)发育遵循一个恒定的定律,其基础就是细胞中生动地结合的"因子的物质组分和安排(material composition and arrangement of elememts)"……豌豆的胚胎毫无疑问是亲本两种生殖细胞中因子的结合……如果生殖细胞是同类的,那么新个体就像亲本植物……如果杂交后代不同,必须假设卵细胞和花粉细胞的分化因子间出现妥协,形成作为杂交体基础的细胞,但矛盾因子的安排只是暂时的……分化的因子在生殖细胞形成时可以自我解放。在生殖细胞形成时,所有存在的因子完全自由和平等地参与,分化的因子互相排斥地分开。这样,产生卵细胞和花粉细胞的种类在数量上相同于形成因子可能的组合数量。

将孟德尔原文的"因子"换成现代的"基因",就可以几乎原封不动地以他的文字理解遗传。对于喜欢直观的人来说,还有一个总结孟德尔的简单方法是:A/A+A/a+a/A+a/a。

孟德尔文中 6 次复述相似的内容：豌豆杂交形成生发细胞和花粉细胞，其中的组成数量相同于通过授粉将性状组合起来的所有恒定型式。这也表明他知道遗传的基础在于生殖细胞中存在数量相应于性状的物质。

在 1870 年 9 月 27 日，孟德尔给植物学家 Nägeli 的信中明确用 anlage（德文"原基"）描述遗传因子，也说明他对基因的理解与现在很接近。

孟德尔早年研究过老鼠毛发颜色的遗传，被要求停止——修道院不宜做动物交配。他自己做院长后，1871 年在花园建蜂房，用蜜蜂做过实验，但未见报道蜜蜂遗传结果，所以没有将植物中发现的规律推广到动物。

二 其他科学家对遗传学的理解

孟德尔时代的科学家如何理解遗传？孟德尔时代的科学家如何理解孟德尔？孟德尔之后第二伟大遗传学家如何理解孟德尔？我们可以讨论三位科学家：孟德尔同代的 Nägeli、达尔文和 40 年后的摩尔根（T. H. Morgan，1866—1945）。

孟德尔寄出 40 份论文单行本给不同科学家，其中，只有著名瑞士植物学家、慕尼黑大学教授 Nägeli 回了信。所以，40 人中 Nägeli 是最重视孟德尔的。孟德尔把他的研究成果、论文都寄给了 Nägeli。他们还交换了植物种子。孟德尔自己先提出在做实验验证豌豆中发现的规律时，也选用了山柳菊，得到研究山柳菊的专家 Nägeli 的鼓励。孟德尔信中说过种子少、不容易授粉、自己时间少。1867 年 11 月 6 日他给 Nägeli 的信还说"老天让我过度肥胖，使我不再适合做植物园户外工作"。他得到结果有点慢，不知情的会以为他在找借口、磨洋工。等他把山柳菊实验做完后，发现不符合豌豆里面得出的规律。孟德尔在信中告诉 Nägeli，山柳菊的结果和豌豆的矛盾，但自己还做了其他植物，发现结论和豌豆一样，所以山柳菊比较特殊，而自己发现的规律适用于多数植物。Nägeli 不为所动，尽管孟德尔写过很多信告诉他辛辛苦苦做的实验，Nägeli 发表植物学重要著作时，一字不提孟德尔的工作。正确地解释山柳菊结果要等到 1904 年，山柳菊是单性繁殖（所谓孤雌生殖），所以不能父本母本杂交，而遗传规律其实和豌豆相同。

仅以 Nägeli 的例子，不能说孟德尔是超越时代的天才，而比较达尔文更说明问题。

1859 年，达尔文发表《物种起源》提出了进化论，其核心是："如果出现对生物生存有利的变异，有此特性的个体就一定会有最佳的机会在生存斗争中保存下来；这些个体在强大的遗传原理中倾向于产生有类似特性的下一代。为简便起见，我把这一保存原理称为自然选择。"如何遗传是进化论的必要支柱。

神学论对达尔文的攻击虽然猛烈，但非理性。而有人提出了严厉而富有逻辑的理性批评：进化论违背人们的遗传学共识。根据"混合学说"，生物的性状黑加白得到后代灰，灰加灰出现的后代次灰，依此类推，性状越来越单调，不存在很多可供选择的性状，因此没有物竞天择的物质基础。所以，达尔文急需遗传学说为进化论提供解释和支持。但是，遗传规律在他眼皮底下溜过去了。

与一般人印象不同，达尔文不仅依赖观察来推导理论，他也做过实验。达尔文用花做了 11 年的实验,部分结果先于孟德尔于 1862 年以论文形式发表,主要结果发表于 1876 年和 1877 年的两本书中,也散在其他书中。

1868 年,达尔文发表《动植物在家养情况下的变异》。此书记录了达尔文用金鱼草做的实验。常见金鱼草的花是双侧对称(达尔文称为 common 型式,我们用大写 C 表示),但偶尔也会出现一些怪怪的金鱼草变种,其花呈现辐射对称(达尔文称为 peloric 型式,我们用小写 p 表示)。达尔文把具有 p 性状的父本与具有 C 性状母本进行杂交,发现所得后代(F1 代)全部呈现 C 性状。进一步授粉得到 127 株 F2 代金鱼草中,88 株具有 C 性状,37 株具有 p 性状,2 株介于两种性状之间。他的实验到此结束。

首先,达尔文没有意识到样本量太小,实验设计就有问题,出现了孟德尔说过要避免的漂移。其次,达尔文在获得 F1 代的结果看到都是 C 性状时,他没有提出显性和隐性的概念。而 F2 代重新出现 F1 代不见了的 p 性状,达尔文也仅看到现象,没想到深层的理论问题(违反流行的"混合学说",因子没有被混合)。在 F2 得到数量时,他没算两种性状的比例(2.38∶1),也不知道比例蕴涵的意义。

观察到实验结果后,达尔文的结论是:同种植物里有两种相反的潜在倾向……第一代是正常的占主要……隔一代怪的倾向增加。

这样的结论没有太大意义,远不如孟德尔深刻,即使不做实验的人们也能通过生活经验得到直观的"常识"。

达尔文不止一次失去机会。在 1877 年的《同种植物不同花型》一书中,从他总结的报春花研究结果的表格中,我们可以看到,他用杂合体授粉时,得到显性后代为 75%,隐性为 25%,一个完美的 3∶1。不过,达尔文还是没有意识到其重要性,再次与现代遗传学失之交臂。

达尔文实验安排有缺陷、而且缺乏孟德尔的定量分析和推理能力,没有发现 3∶1,更没有推测而发现下一步的 1∶2∶1。而在毫无证据的情况下,达尔文提出了错误的泛生论(pangenesis)。在《动植物在家养情况下的变异》中,他提出生物体全身体细胞都产生泛子 gemmules(亦称为 pangenes),其中一部分跑到性细胞中,造成性细胞不同,性细胞再产生不同的后代,再被自然再选择,从而发生演化。他这个假说有些接近、但不同于拉马克主义。拉马克主义说长颈鹿脖子为了够得着食物而长长,体细胞改变后并影响其遗传,把长颈的性状传下去。而达尔文说,体细胞给性细胞的 gemmules 不是定向的,是随机的,然后形成不同性细胞,其后代再被外界所选择。虽然这套自圆其说的理论,可以区分达尔文的进化论与拉马克的获得性遗传理论,但是,现代科学表明,正如物理世界中没有以太,生物体中也没有泛子。只是后人从 pangenesis 这个词中抽出了 gene 来表示基因。

我们不知道达尔文是否读过孟德尔的文章。有些人认为,假如达尔文读了,也读不懂,或者不能接受孟德尔的理论。我们知道孟德尔在达尔文 1860 年第二版《物种起源》的德译本上有批注。孟德尔 1866 年的论文有时好像是他希望给达尔文的进化论提供遗传基础。孟德尔从自己发现的多个性状自由组合规律,推算如果有 7 对不同性状的两种植物间授粉,可以产生很多不同的组合,从而解释了多样性。孟德尔很可能在 1866 年就想到了自己发现的规律对于进化论的意义,但学术界要等到 1930 年代后,英国的费舍尔

(Ronald A. Fisher，1890—1962)和霍尔丹(J. B. S. Haldane)、美国的杜布赞斯基(T. G. Dobzhansky)、莱特(Sewall Wright)、迈尔(Ernst Mayr)等才成功地将孟德尔遗传学和达尔文进化论结合起来。

一般教科书说三位科学家 1900 年重新发现孟德尔：德国的 Correns、荷兰的 de Vries 和奥地利的 von Tschermak。而 von Tschermak 已经多次被遗传史学家排除在重新发现者之外。这几位所谓重新发现孟德尔的人，理解程度当时都还低于孟德尔。de Vries 重新写数学公式不如 35 年前孟德尔的公式。三人的工作量加起来也远不如孟德尔一人。Correns 是 Nägeli 的学生和亲戚，推动了对孟德尔的认识。英国的 William Bateson 对孟德尔学说的推广起了最大作用。

第二伟大的遗传学家，无疑是美国的摩尔根。但是，直到 1909 年，摩尔根还发表文章说：对孟德尔主义的现代理解中，事实被快速转化成为因子(factors)。如果一个因子不能解释事实，马上就求之于两个因子，两个还不够，有时三个可以。解释结果有时需要的高级杂耍(superior jugglery)，如果太天真地进行，可能会把我们盲目地带到一个常见的地方，结果被很好地解释了，因为发明了解释来解释它们。我们从事实反过来走到因子，然后，好哇，再用我们专门发明出来解释事实的因子来解释事实。

摩尔根虽然对孟德尔嘴下留情，只是说孟德尔主义的现代理解是"高级杂耍"，其实完全同样可以用来否定孟德尔。事实上，摩尔根当年不仅不信孟德尔，也不信达尔文的进化论，还不信遗传的染色体学说。是 1910 年他自己发现了白眼突变果蝇的事实后，他也做了和孟德尔一样的交配实验，取得数据和比例。为了解释事实，摩尔根不得不沿着孟德尔的思路，也提出因子，也进行拼凑数字的"高级杂耍"，最后奠定了遗传学的现代基础。在事实面前，摩尔根不得不"出尔反尔"，因为科学真理高于个人偏见，也不会败于俏皮话的讥笑挖苦。

Nägeli 的无知、达尔文的缺憾、摩尔根的态度，给孟德尔的超前程度提供了绝佳的注释。

三　孟德尔的生前身后

孟德尔出生地德文名为 Heinzendorf，捷克名为 Hyncice，现在捷克境内，当时属于奥匈帝国。孟德尔的父亲是佃农，每周四天料理自家的田地，三天给一位女伯爵干农活。命运似乎注定了孟德尔不得不子承父业，终其一生在农田中度过，但当地的神父 Johann A. E. Schreiber (1769—1850)鼓励孟德尔的父母让他多受教育。孟德尔自己也要与命运抗争，并得到家庭和姐妹的支持。孟德尔后来为报答妹妹的支持，资助了她的孩子读书。

1850 年 4 月 17 日，他为了考教师证以第三人称写过一个自我简介，清楚地说明了他的情况、心境和决心，信的大意是：

　　……小学后，1834 年他上中学。4 年后，接连不断的灾难[译注：一次是他父亲事故受伤]，使他父母完全不能支持他学业所需的费用。因此，16 岁的他落入不得不

完全自己支持自己的可悲境地。所以,他一边给人做家教,一边上学。1840 年中学
毕业时,首要问题是取得必要的生活来源。因此,他曾多次试图做家庭教师,由于没
有朋友和推荐,未果。失去希望和焦虑的痛苦、未来前景的悲观,彼时对他有强烈影
响,导致生病,被迫和父母待了一年。次年,他努力后得以做私人教师,以支持学业。
通过极大努力后,他成功地修完两年的哲学。他意识到无法这样继续下去,所以在
学完哲学后,他觉得非得进入一个生命驿站,能让自己脱离痛苦的生存挣扎。他的
境况决定了他的职业选择。

　　1843 年,他要求并得以进入布鲁诺的圣·托马斯修道院。从此,他的物质境况
彻底改变。有物质生活的舒适后,他重新获得勇气和力量。他满心欢喜和集中精力
学习经典。空余时间忙于修道院一个小型植物和矿物收藏。有机会接触后,他对自
然科学的特别爱好更加深化⋯⋯虽然缺乏口头教育,而且当时教学方法特别困难,
从此他却更依附于自然研究。他努力通过自学和接受有经验者的教诲,来弥补自己
的缺陷。1845 年,他到布鲁诺哲学学院听了农业、园艺和葡萄种植课程⋯⋯他很乐
意代课,倾力以容易理解的方式教学生,并非无成效⋯⋯

他坦陈入修道院不是为了宗教信仰,而是经济原因。这一重要的人生选择中他权衡
的不是神圣与世俗,而是智力追求与成家育子的权利。为了头脑,他舍弃了生殖权。对
于血气方刚的青年,并非容易,而需要很大的决心。1843 年,不满 21 岁的孟德尔进入
Brünn(现称 Brno)的圣·托马斯修道院(The Abbey of St. Thomas),并于 1847 年 25 岁
成为神父。孟德尔原名 Johann,入修道院后加 Gregor 教名。

　　到修道院后,他同时做过代课老师。那时,中学老师已需要证书。孟德尔第一次教
师资格考试没通过,被送到维也纳大学去学习,这加强了他的科学背景。孟德尔曾再考
教师资格,还是没能通过,而且,估计两次都是没过生物学,所以后来只能做代课老师,在
当地的实科中学(Brünn Realschule)教了 14 年低年级物理学和自然史。他一直以实验
物理学家自称,而不说是生物学家。

　　孟德尔积极参与学术活动。他长期研究气象,曾任国家气象和地磁研究所 Brünn 站
站长,1862 年提交 Brünn 地区 15 年气象总结。他一生中参与了 8 个科学学会、26 个非
科学协会。1861 年,孟德尔在任课的中学和一百多人共同创立当地的自然科学学会(So-
ciety of Natural Science,Brünn)。1865 年 2 月 8 号和 3 月 8 号两个星期三的晚上,在
Brünn 自然科学学会,孟德尔宣读了豌豆研究结果。当地小报对孟德尔演讲有报道,但
未能引起国际科学界的注意。

　　1866 年论文发表后,孟德尔将 40 份抽印本寄给国际上的科学家,后人找到了 13 份
的下落,传说达尔文处有,并未证实。发表文章的杂志有 120 本在世界主要图书馆。

　　1868 年,修道院院长去世后,孟德尔经过两轮选举后当选院长。他不用教书后,但其
他工作很繁重,他还是尽量做了研究。他用了多种植物做遗传实验。留下的纸片表明在
去世前 3 年,他还在想有关豌豆的遗传问题。1865 年到 1878 年,他记录了 14 年的地下
水位。1870 年,他加入养蜂协会,1877 年报告对蜜蜂飞行和产蜜量的 4 年观察。他曾研
究苹果和梨的抗病性。在一些协会刊物中,他以 M 和 GM 笔名写过一些短篇。

　　孟德尔生活丰富。他的政治观点偏自由派,与自己的教会背景矛盾。而他支持的自

由派掌政时，出台的税收政策却对他的修道院很不利。政府为缓和与他争论曾安排他任银行副董事长和董事长。但他持续 10 年坚决反对税收，造成他晚年生活很大的苦恼。他在政治上左右碰壁。

1884 年 1 月 6 日，孟德尔去世。他生前要求尸检，结果表明他肾炎并发心脏病。有位年轻的神父将其诗化，称孟德尔是心给伤了。孟德尔自己是乐天派，年纪大的时候回顾自己一生满意多于不满意。

园艺协会刊物讣告称："他的植物杂交实验开创了新时代。"猜想讣告作者是刊物主编 Josef Auspitz（1812—1889），他曾任实科中学校长，支持孟德尔无证代课 14 年，是孟德尔的重要支持者和欣赏者之一。但是，讣告的溢美之词远非共识。

据他的朋友 Gustav von Niessl（1839—1919）说，孟德尔生前相信"我的时代会到来"。确实如此。但是，要等他去世 16 年、理论公布 34 年以后。

1900 年声称重新发现孟德尔的三位科学家，后来有争议，其中 de Vries 的第一篇论文不提孟德尔，后来可能因为隐瞒不住曾借鉴孟德尔的事实（包括难以解释如果他没有读过孟德尔，为什么他第一篇文章用了孟德尔的 dominant 和 recessive 两个词）以后，在第二篇论文中说是重新发现孟德尔。von Tschermak 可能不懂孟德尔也说自己重新发现了孟德尔，所以史学家认为不能算。有趣的是，von Tschermak 的外公 Edward Fenzl 是维也纳大学教孟德尔的生物老师之一，不仅教学保守，也可能是没让孟德尔第二次考到教师证书的考官之一。

其后，除了有人说孟德尔不懂自己发现了什么以外，对于孟德尔最大的冤枉是说他编造了实验结果。英国统计学家和遗传学家费舍尔于 1936 年首先发难，他对孟德尔的实验数据进行统计分析后，断定孟德尔的数据过于接近理想数据。轻一点说，孟德尔可能有我们不知道的助手，在做了前两年实验导致孟德尔有理论后，助手为了满足孟德尔的理论而在后面几年给孟德尔提供他喜欢的数据。重一点说就很难听："多数——如果不是所有——的实验结果都伪造了，以期贴切地符合孟德尔的预期"。以后每过一些年，就有人小聪明又发现孟德尔的"问题"。

反击孟德尔造假说法的文章也不断。最近一篇较好的反击是 2007 年哈佛大学 Hartl 和 Fairbanks 发表于《遗传》杂志的文章。

我认为，给孟德尔申冤的首要理由是：他无须造假。科学对于他来说不能带来利益。他如果造假，最对不起的是放弃生育人权、十几年如一日做研究的他自己。

其次，孟德尔时代没有统计学。统计学是几十年以后发明的。孟德尔只需分析数量关系，无须检验统计显著性。那时不知道应该做多少次实验、收集多少数据后才应该停止实验。可能是孟德尔收集到觉得差不多的时候就停止，所以数据会接近预计。孟德尔也在论文中明确说过，有一次实验漂移较远，他重复了实验后，数据更接近预计。

孟德尔的行为证明他不是造假和隐瞒不利结果的人。他曾努力使怀疑自己工作重要性的 Nägeli 相信自己发现的规律。但即使这种情况下，他也没隐瞒自己发现了有悖于自己理论的现象。他把自己的豌豆种子给了 Nägeli 和其他人，希望他们验证自己的结果。1870 年 7 月 3 日，孟德尔致 Nägeli 信说：我观察到山柳菊的杂交行为与豌豆的正好相反。但我认为山柳菊是个别现象，而豌豆中发现的是更高的、更根本的规律，因为去年我做了另外四种植物，紫罗兰、茯苓、玉米和紫茉莉，其杂交后代行为都和豌豆一样。

孟德尔不仅在给 Nägeli 的信说明了山柳菊的结果，而且将结果在 1869 年发表了。后来多年认为，有两种遗传方式，一种是"豌豆式"（符合经典孟德尔学说），一种是"山柳菊式"（不符合孟德尔学说）。虽然以后也发现这些生物其实都符合孟德尔学说，造成困惑是因为山柳菊是单性遗传，但当时孟德尔以为山柳菊与豌豆不同。如果孟德尔造假，或选择只符合自己理论的结果，那么他就无须在已经公开自己的理论后，将只有他自己知道的山柳菊的结果直接告诉一位不愿接受自己理论的人，而且发表第二篇生物学论文，公布与第一篇的矛盾。

四　孟德尔的精神遗产

孟德尔以天生的才能、青年的果断和壮年的坚持，在困难中成长，以放弃获得条件，在失败中得机遇，最终在有限的环境做出了超越时代的发现。

孟德尔的成就，一百多年来催生了多个现代科学学科。首先是直接导致遗传学诞生，而对于同时期诞生的进化论，孟德尔可能隐约知道自己工作的意义，虽然遗传学和进化论结合于 20 世纪 30 年代。20 世纪遗传学与生物化学结合，并与微生物、生物物理学交叉，在 50 年代又催生了分子生物学。70 年代诞生的重组 DNA 技术，全面改观了生命科学：分子生物学深入到从医学到农业各个领域，带来多个学科的变革，人类遗传学、基因组学、生物信息学是其直接传承。

在应用上，遗传学带来了 20 世纪绿色革命，对于解决全人类食物起了很大作用。遗传学通过分子生物学和重组 DNA 技术，带来生物技术产业。现代遗传学为个体化医学奠定了必不可少的基础，虽然我们今天还远未达到个体化医学的远景。

孟德尔的发现，对于科学和人类，今后长期还将有深远影响。

最后的问题是：既然孟德尔不受科学家重视，不为科学界所认同，那么，他怎么能获得做研究的条件？

这个问题，背后有一个更加鲜为人知的故事：欲知后事如何，请听下回分解……

附注：

孟德尔用"杂交"一词，是现代意义的 cross（动物可译成"交配"、植物"授粉"），而非后来科学家重新定义的"杂交"，即不同种或不同品系之间的交配。孟德尔文章中多半都是同种植物的交配，并非物种或品系间的交配。"杂交"一词今天在中国学生和老师中仍未严格使用，部分原因可能是学孟德尔理论是用了杂交一词。

本文中斜体都是孟德尔原文的着重强调。

孟德尔的论文中用了"对照实验"（control）一词。每个在野外做的实验，他都在暖房中也做了，证明野外实验未因昆虫或外源花粉等环境因素所干扰，结果可信，他才采用。

孟德尔用花粉细胞来表示精细胞。现在知道花粉中包含 2 或 3 个细胞。参与受精的是其中的 2 个精细胞。

孟德尔在结语中说花粉细胞和卵细胞结合成单个细胞后，"同化和形成多个新细胞"。现在看来"同化"是错误的，限于当时对发育的误解。全部细胞都来源于受精卵分裂、增殖，并不发生同化母体细胞参与子代发育。

本文参考了以下文献，尽量摒弃不可靠的传说。

（本文根据几次讲课录音，2010 年十一假期整理、扩充而成）

参 考 文 献

[1] Corcos，A. and F. Monaghan 1985. Role of de Vries in the Recovery of Mendel's Work. I. Was de Vries Really an Independent Discoverer of Mendel? *Journal of Heredity*. 76：187—190.

[2] Corcos，A. and F. Monaghan 1987. Correns，an Independent Discoverer of Mendelism? I. An Historical/Critical Note. *Journal of Heredity*. 78：330.

[3] Corcos，A.，Monaghan，F. and M. Weber 1993. *Gregor Mendel's Experiments on Plant Hybrids：A Guided Study*. N. J.：Rutgers University Press.

[4] Darwin，C. 1859. *On the Origin of Species by Means of Natural Selection*. London：John Murray.

[5] Darwin，C. 1862. On the Two Forms，or Dimorphic Condition，in the Species of Primula，and on their Remarkable Sexual Relations. *Journal of the Proceedings of the Linnean Society of London (Botany)*. (6)：77—96.

[6] Darwin，C. 1868. *The Variation of Animals and Plants under Domestication*. London：John Murray.

[7] Darwin，C. 1876. *The Effects of Cross and Self Fertilisation in the Vegetable Kingdom*. London：John Murray.

[8] Darwin，C. 1877. *The Different Forms of Flowers on Plants of the Same Species*. London：John Murray.

[9] Fisher，R. 1936. Has Mendel's Work Been Rediscovered? *Ann. Sci.* (1)：115—137.

[10] Hartl，D.，and D. Fairbanks 2007. On the Alleged Falsification of Mendel's Data. *Genetics*. 175：975—979.

[11] Henig，R. 2000. *The Monk in the Garden：The Lost and Found Genius of Gregor Mendel，the Father of Genetics*. Boston：Houghton Mifflin.

[12] Howard，J. 2009. Why didn't Darwin Discover Mendel's Laws? *Journal of Biology*. (8)：15.

[13] http://www. esp. org/foundations/genetics/classical/holdings/m/gm-let. pdf.

[14] http://www. mendelweb. org/.

[15] Iltis，H. 1924. *Gregor Johann Mendel. Leben，Werk und Wirkung*. Berlin：Springer. English translation by Eden and Cedar Paul 1932. New York：W. W. Norton & Company，Inc..

[16] Mawer，S. 2006. *Gregor Mendel：Planting the Seeds of Genetics*. Chicago：Abrams NY, Fields Museum.

[17] Mendel，G. 1866. Experiments in Plant Hybridization. in *Genetics：readings from Scientific A-*

merican. pp. 8—17. San Francisco: W. H. Freeman and Company.

[18] Mendel, G. 1869. Ueber Einige aus künstlichen Befruchtung Gewonnenen Hieracium-Bastarde. *Verhandlungen des Naturforschenden Vereines, Abhandlungen, Brünn* 8: 26—31. (English translation: Bateson, W. 1902. On Hieracium Hybrids Obtained by Artificial Fertilization. *Mendel's Principles of Heredity: A Defense*. Cambridge: Cambridge University Press.

[19] Mendel, G. 1950. Gregor Mendel's Letters to Carl Nägeli. *Genetics*. 35: 1—29. in *Gregor Mendel's letters to Carl Nägeli (1866—1873)*. Translated by Leonie Kellen Piternick and George Piternick.

[20] Monaghan, F. and A. Corcos 1986. Tschermak: a Non-discoverer of Mendelism. I. An Historical Note. *Journal of Heredity*. 77: 468—469.

[21] Morgan, T. 1909. What Are "Factors" in Mendelian Explanations? American Breeders Association Reports. 5: 365—369.

[22] Nogler, G. 2006. The Lesser-known Mendel: His Experiments on Hieracium. *Genetics*. 172: 1—6.

[23] Orel, V. 1996. *Gregor Mendel the First Geneticist*. Oxford: Oxford University Press.

[24] Weiling, F. 1991. Historical Study: Johan Gregor Mendel (1822—1884). *American Journal of Medical Genetics*. 40:1—25.

一意孤行的伯乐

西谚云：有才方识天才，庸才仅见自己（talent recognizes genius，mediocrity recognizes only itself）。

在武大郎尚未绝迹的中国，多一些慧眼识英才的伯乐，可以使更多遍布全国的青年、各种特色的人得到支持，获得成长的条件，得到发挥的机会。

天下所有好的老师和好的资源掌握者企望起到伯乐的作用。

这里讲一个幕后英雄的故事，由于他有才、识才、惜才、爱才，使划时代的科学发现成为可能：

他不是科学家，却能抓住关键的科学问题；

他不在学术界，却能判断雇员的智力水平；

他不顾他人评价不同，坚决相信自己的判断；

他不顾自己资源有限，长期支持一人的研究。

没有他，很可能就没有作为科学家的孟德尔（1822—1884），也就不可能于 1866 年在学术机构以外诞生遗传学。

我在《孤独的天才》中介绍了孟德尔及其研究，可以看到：在科学界，孟德尔是孤独的。

就孟德尔的研究而言，其个人才能是必需，但非充分。因为，实验科学到一定阶段和规模，除个人的热情和才能以外，常常还需要其他条件。

那么，没有家庭背景和条件的孟德尔，是怎么成长为科学家的？如何能持续十年开展科学研究？

原来，虽然孟德尔在科学界的大环境没得到支持，但是，他在赖以生存和工作的局部环境中却获得了坚定的支持。

孟德尔做出重要发现，在研究中以其才能为主，运气成分不多。本文说明，他一生最大的运气，不是科学研究过程本身，而是碰到了伯乐。

欣赏和支持孟德尔的人不止一位。但是，给予孟德尔最有力、最持久、最重要支持的，是修道院的道长纳泊（František Cyril Napp，1792—1867）。

一　修道院的智力环境

纳泊于 1821 年到奥匈帝国的 Brünn(现捷克 Brno)的圣·托马斯修道院(The Abbey of St. Thomas)。这是一个天主教奥古斯丁教派的修道院。1824 年,纳泊任道长,直至 1867 年去世。孟德尔一生的主要研究皆在纳泊任内。

Brünn 离维也纳一百多公里,当时纺织工业发达,对羊毛很有需求,对水果也有较大需求。当地动物和植物育种协会活动频繁,交流讨论频繁。协会记录显示,当地学者进行了许多育种实验,从改善品种的现实需要涉及基本科学问题。

纳泊的能干使修道院收入较好。其中,育羊是修道院重要的经济来源。但是,纳泊和当地动植物育种教授的密切联系,超出了实际应用的需求。

1870 年,孟德尔自己任道长时指出:"修道院从来都认为培养所有方向的科学是首要任务之一。"这至少反映了他对前任纳泊时期修道院工作实质的认识和评价,也表明他有意愿继续此传统。

修道院环境优美,有较好的图书馆。

纳泊吸引并支持有智力追求的神父,在人数不多的修道院形成了一个有智力追求的群体,有革命家、作家、数学家、哲学家、语言学家、作曲和指挥家 Pavel Křížkovský(1820—1885)。修道院的厨娘 Luise Ondrakova 后来都出版了烹饪书。也许可以说,纳泊主持的修道院给家庭经济状况不好的人提供了智力追求的环境。

人不可能十全十美,可能有性格问题,或其他问题,有才华的人也不例外。但纳泊看中人才后,看其主流,不怕其他人非议,保护他们。

在孟德尔以前,纳泊就支持过其他人。1830 年,纳泊请数学家、神父 Aurelius Thaler(1796—1843)在修道院建植物园,栽培稀有植物。孟德尔入修道院时,Thaler 已去世 3 个月,但其植物园还在。当时由 Franz Matouš Klácel(1808—1882)打理。Klácel 是纳泊 1827 年招聘来修道院的,纳泊也曾鼓励 Klácel 继续深造,送他到大学攻读博士学位。Klácel 爱好广泛,从哲学、诗词、写作、植物到社会活动。他是修道院的两位捷克人之一(纳泊和孟德尔都是日耳曼人),鼓吹捷克独立。他曾任当地哲学教授,很受学生欢迎。1844 年,Klácel 因为讲黑格尔哲学而被保守的势力剥夺教授资格。纳泊帮他申冤未果,就让他在修道院管图书馆。1848 年革命活动失败后,Klácel 曾鼓动包括孟德尔在内的 6 位神父签名要求允许他们自由教学,也没成功。1848 年,孟德尔当选道长后帮助 Klácel 获批准移民美国,Klácel 到美国后做报纸编辑、出版商、作家,再也没做神父。

Klácel 对植物感兴趣,做过植物实验,也经常和孟德尔讨论,内容包括达尔文理论发表以前的进化论雏形和后来的达尔文学说。修道院的 Tomás Bratránek(1815—1884)也对植物感兴趣。他们也将当地园艺师的知识转给孟德尔。

孟德尔做研究的关键期间,纳泊、Klácel、Bratránek 和 Křížkovský 等人形成相互支持、相互刺激的智力环境。

二　有深刻科学见解的神父

纳泊本人有浓厚的智力兴趣,不限于神学和哲学,也包括历史和农业。他担任过园艺协会会长、育羊协会成员。孟德尔加入的自然科学学会,是农学会的分支,而纳泊曾任农学会的副会长。

纳泊支持人工育种,知道杂交对实际应用的重要性。

纳泊不仅吸引一批有才华的人,提供物质保证和智力环境,而且在科学方面,他自己对于有相当深刻的见解。1836 年,孟德尔年仅 14 岁,尚未进修道院,纳泊就曾在育种讨论会上提出:遗传就是关于动物的内在组织影响外在型式,应该研究。

1837 年,纳泊明确提出:应该讨论的问题不是培育的过程,而是遗传了什么、怎么遗传的。

这实际是遗传学的核心问题:神父纳泊,定义了尚未诞生的遗传学。

三　纳泊对孟德尔的超常支持

1843 年孟德尔的老师将他推荐给纳泊,纳泊后来对孟德尔的支持可以说是到了一意孤行的程度。

而且,虽然纳泊去世前一年看到了孟德尔的研究结果,但他并未看到学术界对孟德尔理论的认同。不仅他没看到,孟德尔本人也没看到。因此,说纳泊对孟德尔的支持是至死不渝,并非夸张。

1845 年至 1848 年,孟德尔在神学院学习,其中也学了科学和农业技术。

1849 年,27 岁的孟德尔正式行教时间不长,纳泊就致信 Brünn 教区主教 Anton Ernst von Schaffgotsch(1804—1870):孟德尔学科学非常勤奋,但很不合适做传的神父。原因是他造访病人或有痛苦的人时,发生不可克服的羞涩。他这个问题导致他自己危险地生病。Schaffgotsch 并不太支持孟德尔,但纳泊说孟德尔适合教书,Schaffgotsch 让步。修道院的募捐理论上是支持传教的,神父的首要任务是传教,不传教还可以吃修道院的饭,没有道长的庇护恐怕做不到。

孟德尔先到 Brünn 城外的 Znaim 教中学,为暂时不能上课的老师代课,同事和学生都说他教得好。原来他的羞涩只在"传教",不在教书。只教了几个月,老师回来了,不用他再代课。纳泊又把孟德尔送到 Brünn 一个学校,又代了几个月的课。

总不能永远代课。那时奥匈帝国正式教师已需证书。孟德尔于 1850 年申请考教师证书,但没考过动物学和地质学部分。考官笑话他不知道动物学名,全部用德文口语。这个缺陷,可能在孟德尔 1866 年论文中还有痕迹。他对于自己选用的豌豆,具体是何种属、学名是什么,不是非常确定,如果有现代心理医生,也许会猜他写论文时的犹豫和他以前考教师证书时说不出学名的关系。

有个考题是问动物和人的关系，意思是生物学关系，孟德尔举例说：猫是能吃老鼠的有用动物，有漂亮的毛发。后来孟德尔的崇拜者看到他的答卷都觉得很可笑。幸运的是，考官客气地说：孟德尔不缺勤奋和才能，如果有机会到能接触更多信息的地方强化一下，可能会合适。

孟德尔第一次考中学教师资格考试没通过后，纳泊给主考老师之一 Andreas von Baumgartner(1793—1865)写信，问为什么孟德尔没过。von Baumgartner 说孟德尔自学到这个程度就不错，要是到大学进修一下更好。

于是纳泊送孟德尔到维也纳大学进修。Schaffgotsch 主教批准是有条件的：孟德尔在维也纳生活得像个神父，意思是得住在修道院。但维也纳的修道院没有房间给孟德尔。纳泊仍坚持送孟德尔去，不怕他受大城市腐败的影响。纳泊也曾说：我会不惜经费使他得到进一步训练。

1851 年到 1853 年，孟德尔在维也纳大学的两年学了物理、数学、植物、动物和显微镜。他修的 70 多个学分中，一半是物理和数学。第一学期全部学物理。第一位物理学老师是多普勒效应的发现者多普勒(Christian Doppler，1803—1853)，孟德尔注册了多普勒两个学期的物理，可能因为他学得较好，做过物理实验的助教。多普勒病逝后，孟德尔的物理老师是 Andreas von Ettingshausen(1796—1878)，他也是一位数学家，1826 年曾出版《组合数学》一书。孟德尔在维也纳大学的第四个学期修了 Ettingshausen 的"物理仪器应用和高等数学物理"，也就学了组合分析。这为孟德尔研究遗传提供了需要的数学，使孟德尔成为用数学成功研究生物的先驱。

维也纳大学教孟德尔的生物老师有 Edward Fenzl（1808—1879）和 Franz Unger（1800—1870）。Fenzl 教的是保守陈旧的植物学，认为有超出物理化学原理的活力推动一切生物。Unger 是开明的老师，讲新思想、新进展，他讲了达尔文以前的朴素进化思想，也介绍了 Mattias Jakob Schleiden(1804—1881)的"科学植物学"，以 Schleiden、Theodor Schwan(1810—1882)和 Rudolf Virchow(1821—1902)等创立的"细胞学说"理解植物，认为植物整个都由细胞组成。Unger 提出一个花粉细胞和一个卵细胞结合后长成植物个体，这部分内容对孟德尔做研究和分析结果有直接意义。经 Unger 推荐，孟德尔念过其他科学家的植物杂交实验论文。1866 年，孟德尔在论文中引用的 Josef Kölreuter (1733—1806)和 Karl Friedrich von Gärtner(1772—1850)，他都在维也纳时学过。孟德尔也学了显微镜，为他日后的植物杂交提供了实验操作训练。

从理论到实验，孟德尔都获得了良好的科学训练。所以，虽然他后来不在教育和科研机构工作，他从事科学研究，不仅有扎实的基础，而且遵循科研规律。所以，和爱因斯坦一样，孟德尔也不是自立规矩的所谓"民间科学家"。

可是，孟德尔第二次还是没考到教师证书。与第一次考试不同，第二次考试没留下记录。一个说法是孟德尔考试怯场。另有个说法是孟德尔和 Fenzl 发生冲突，孟德尔回修道院做研究也是为了证明自己是正确的，Fenzl 是错误的。这个故事很好听，但并无证据。

孟德尔的再次不第，并没有让纳泊怀疑自己的眼光，也没有动摇他支持孟德尔的决心。孟德尔终生都没能取得正式教师资格，但是，纳泊继续让孟德尔做代课老师，孟德尔到了 Brünn 实科中学(Brünn Realschule)。中学校长 Josef Auspitz(1812—1889)也很支持孟德尔，让他无证教了 14 年的物理和自然史。Auspitz 还可能很早认识到孟德尔发现遗传规律的重要性。

对于其他人(包括彼时的专家、教授)相当不认可、两次考试失败的孟德尔，纳泊的支持非但没有减少，反而变本加厉：1854 年，他增加对孟德尔的支持，不仅精神支持，而且物质支持。孟德尔做实验需要暖房，纳泊就出资修建。

1848 年 Klácel 积极参与革命活动后，将修道院的植物园交给孟德尔。为了做遗传实验，孟德尔需要暖房。这相对于一个不大的修道院来说，是很大的一笔开支。1854 年，孟德尔刚从维也纳大学回来不久，纳泊开始给他盖暖房，1855 年交付使用。正是在这个暖房中，孟德尔通过长年的研究奠定了遗传学基础。

虽然在科学界，没人支持、接受孟德尔，但在小小的修道院里，却有纳泊院长一如既往、尽心竭力地为他提供着强有力的支持。

纳泊自始至终全力支持孟德尔：孟德尔没钱吃饭，纳泊收他进修道院；孟德尔喜欢科学，纳泊就让他不用传教；孟德尔没有教师资格，纳泊就让他代课；孟德尔没有考过证书，纳泊让他去大学进修；孟德尔需要研究条件，纳泊就给他盖暖房。

纳泊去世前两年，孟德尔宣读了研究结果。纳泊知道孟德尔的结果和理论。他也许理解孟德尔工作的伟大，也许并不那么理解，但正是他一如既往、尽心竭力的支持成就了孟德尔，造就了这位超越时代的天才，催生了遗传学，奠定了现代生命科学的一个主要支柱。

纳泊成为对生命科学起过最重要作用的伯乐，也许是世界上最有成效的伯乐之一。

参 考 文 献

[1] Henig，R. 2000. *The Monk in the Garden：The Lost and Found Genius of Gregor Mendel，the Father of Genetics*. Boston：Houghton Mifflin.

[2] http://www.mendelweb.org/.

[3] Iltis，H. 1924. *Gregor Johann Mendel. Leben，Werk und Wirkung*. Berlin：Springer. English translation by Eden and Cedar Paul. 1932. New York：W. W. Norton & Company，Inc..

[4] Mawer，S. 2006. *Gregor Mendel：Planting the Seeds of Genetics*. Chicago：Abrams NY，Fields Museum.

[5] Orel，V. 1973. The Scientific Milieu in Brno During the Era of Mendel's Research. *Journal of Heredity*. 64：314—318.

[6] Orel，V. 1996. *Gregor Mendel the First Geneticist*. Oxford University Press.

[7] Orel，V. and R. Wood 2000. Essence and Origin of Mendel's Discovery. *C. R. Acad. Sci. Paris，Sciences de la vie / Life Sciences*. 323：1037—1041.

[8] Orel，V. 2009. The "Useful Questions of Heredity" Before Mendel. *Journal of Heredity*. 100：

421—423.

[9] Peaslee, M. and Orel, V. 2002. Contributions of the Members of the Augustinian Monastery in Brno. *Focusing on F. M. Klácel, Philosopher and Teacher, and J. G. Mendel, Father of Genetics.* Washington, D. C. : 20th SVU World Congress, American University. http://www. upt. pitt. edu/ upt_peaslee/svu_2000. htm.

[10] Weiling, F. 1991. Historical Study: Johan Gregor Mendel (1822—1884). *American Journal of Medical Genetics.* 40:1—25.

导读二

潘乃穟　陈章良

· Introduction to Chinese Version **Ⅱ** *·*

　　植物基因工程技术已经和即将为农业生产带来的利益是巨大的，甚至是难以估量的。国际上的投资在不断增加，美国的一些大公司，如杜邦、孟山都、斯巴格蒂等，都专门成立了植物基因工程技术的研究机构。美国政府也在为发展高技术的研究不断追加经费，成立新的研究机构，如密苏里州新建立的以毕齐为首的植物科学研究中心，国家投资高达数亿美元，除重点进行植物基因工程的研究外，还与当地的植物园结合，进行大规模的种质基因的收集保存工作。国际上现已有二十几项工程技术植物在进行着大田试验。无怪国际上有着这么一种说法，认为谁发展了生产粮食的生物技术，谁解决了粮食问题，谁就能称霸世界。我们不需要称霸世界，但是我们必须发展粮食生产。这是摆在植物工程技术面前的基本任务。

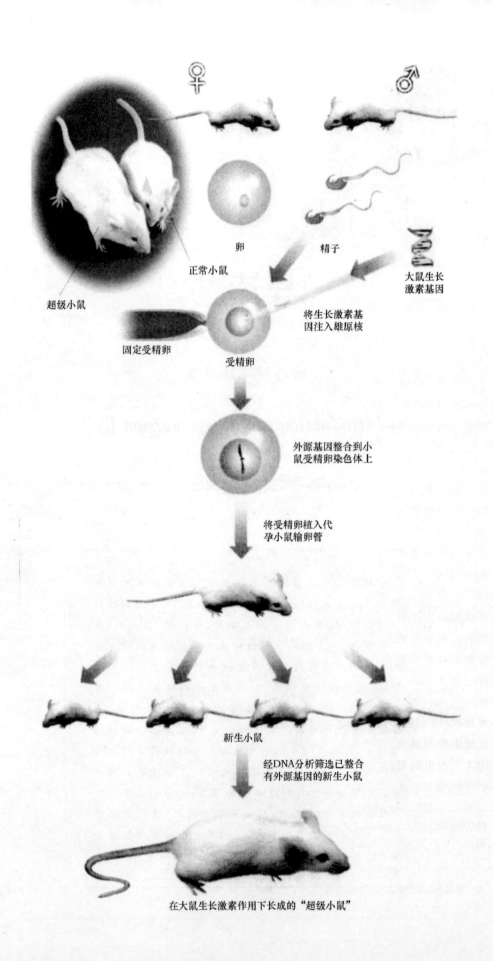

超级小鼠

正常小鼠

卵   精子

大鼠生长
激素基因

将生长激素基
因注入雄原核

固定受精卵

受精卵

外源基因整合到小
鼠受精卵染色体上

将受精卵植入代
孕小鼠输卵管

新生小鼠

经DNA分析筛选已整合
有外源基因的新生小鼠

在大鼠生长激素作用下长成的"超级小鼠"

生物技术和植物基因工程[①]

 1953年,沃森和克里克发现了DNA的结构,这是生物学发展历史上的一座里程碑。从那时起,短短的三十几年里,生物学在分子水平上开拓了一个无论在理论上还是应用上都引人入胜的领域。虽然许多科学家不断提醒我们,人类对于DNA的了解还很不够;对于庞杂纷繁、孳息不绝的生命体系,分子生物学的研究所及都还只不过是一些零件;但是,大家对这些初步揭开了生命奥秘的成果仍然感到欢欣鼓舞。因为,生物技术和基因工程在工业、农业和医学上的日益广泛的应用,已经开始造福人类;也许在不久的将来,它们便可以在这人口爆炸而资源有限的地球上为解脱人类的苦难而发挥出更加广泛和重要的作用。

 生物工程技术中的基因工程,或称DNA的重组技术,按接受基因的受体细胞所属的生物类别区分为动物基因工程、植物基因工程和微生物基因工程三个大类。广义的植物中包括微生物,因此微生物基因工程也可以算是广义的植物基因工程中的一大类别。狭义的植物基因工程,指的是对一些较高等的植物的基因转化。基因工程的目的是使任何来源的有用的目的基因,在受体生物中进行重组和表达。根据不同的生产目的和要求,有时需要高效的普遍的表达,有的则需要在一定的生长发育阶段,在一定的器官中得到局部的或者是人为控制的表达。以上三类基因工程,因为受体生物生长、发育、繁育特性上的不同,因此在它们各自的工程技术的配套中,除分子生物学部分所使用的技术方法基本相同外,都各有自己的一些特点。在基因工程中所使用的基因,可以是天然的来自极远缘生物的基因,例如将人的基因转入微生物,将病毒的基因转入高等植物等等;也可以用人工改良的基因,甚至人工合成的基因。虽然对许多外源基因在复杂的高等生物受体中可能出现的情况,如是否都能正常表达,在后代中是否都不受排斥等等,现在还不完

◀ **转基因小鼠的制作流程。1982年美国科学家将大鼠的生长激素基因通过显微注射导入小鼠基因组,得到生长速度比普通小鼠快2~4倍、体重比同类大一倍的"超级小鼠"。**

---

 ① 原载于《自然杂志》1990年第2期。

全清楚。但是在微生物中，重组 DNA 工程的大量经验说明，无论是天然的还是人工合成的，无论是近缘的或是非常远缘的基因，都能在微生物体内实现重组和表达。

高等动物的基因工程

高等动物体内的多种基因，包括人的多种基因，已被分离出来，有些已经用于微生物基因工程的工业生产。但是以高等动物为受体的基因工程，由于动物细胞培养中对已分化的细胞的去分化问题至今尚未解决，在可被利用的受转化的细胞的种类上，除了直接利用细胞培养的方法来得到所需的基因产品外，在通过细胞培养重新获得完整的基因转化的动物个体上则受到了很大的限制，至今能用于此目的的还只限于早期的胚胎细胞。最近，美国的孟山都公司，已采用给受精卵注入异种动物的生长激素基因的方法，育得了转化型的动物，这个方法已经接近于在实际生产中应用了。澳大利亚的一个畜牧研究所，将一个特殊的生长基因注入绵羊的幼胚，得到了三只生长速度快，体重比对照绵羊大 1.5 倍，并且可用饲料添加物来控制这个基因的作用的一种转化型绵羊。英国爱丁堡动物生理研究所，最近也成功地在老鼠的受精卵中注入了羊乳蛋白基因，这个基因在成熟后的母鼠的乳汁中得到表达，并且这个基因已经传给了后代。畜产领域中动物基因工程的这些重大突破以及动物细胞培养结合基因工程用以生产特殊生物制剂技术的长足发展，不但标志着大批新型转化型品种即将出现的一场大的畜产革命；而且，科学家们已经预言，这些技术的成功，有可能改变医学研究的面貌，成为下一代医学研究的重点手段。

微生物基因工程

微生物基因工程和微生物分子生物学是发现和开发基因重组技术的最早期的学科，它在实际应用方面的发展大概已经有了 10 年的历史，技术比较成熟。微生物基因工程技术，最先在医药的工业生产上得到应用，即用重组 DNA 的微生物发酵的方法开发药物。利用这种技术生产的多种新激素和生长因子，通过微生物合成的人体中的一些蛋白，是改变传统药物疗法的一批新型的药品，它们以极微量的剂量来影响人体的关键功能。科学家们对于这类药物的开发抱着极大的希望，也许在不远的将来就可以用它们去治疗一些迄今医学还无能为力的绝疾顽症。利用 DNA 重组的微生物来生产干扰素、人胰岛素、尿激酶、糖蛋白等等，大家都已熟悉。最近法国科学家从医用水蛭中分离出负责编码水蛭素的基因，用遗传工程技术育成了带有这个基因的酵母，用来生产医用的有抗凝血作用的水蛭素，推陈出新，使古老的医学经验与最新现代技术结合。在我国，四川大学的陈义正，从一种白腐菌中分离出产生木素酶的基因，并把这种基因转进了其他种类的微生物，用来大量生产木素酶。这种酶在工业，特别是在造纸工业、饲料加工、环保等多方面有着广泛用途。国家为了支持这个项目，在四川大学建立了一个重点实验室；今年 5 月份《光明日报》报道，中国科学院上海药物研究所构建的高表达青霉素酰化酶基因工程菌的中试实验已经完成,这是我国基因工程研究向生产力转化的首次突破。

10年来,国际上以生产为目的的微生物基因工程的研究项目和课题,每年都在以惊人的速度递增,现在已经多至几百个。其中除了药物生产之外,还有生产食品添加剂、饲料蛋白、特殊的工业原料和精细化工材料等的生产研究。日本有人将人工设计的 DNA 用基因重组技术组进微生物,生产出所谓"超蛋白"。微生物基因工程因为已经和可能创造和贡献的社会福利和财富,受到了十分的重视。目前美国一个一般规模的基因工程公司的单项产品的年收益即可以千万或亿美元计,已经形成了国际开发研究和生产投资的热点。近年内欧美日各国的一些大公司,纷纷投资并成立研究机构,而且都受到政府的支持。1983—1987 年间英国在遗传工程和分子生物学领域内工作的科学家人数成倍增加,最近又新建了两个专门研究生物技术在工业上应用的研究中心。1976 年以来,日本政府针对生物技术大力追踪情报,研究对策。从他们最近公布的政策性研究报告来看,他们认为这一工业部门的发展会严重影响日本今后的经济前途,从而决定把如何建立日本这方面的实力,提高到制定国策的高度来对待。日本人分析,虽然他们国内的分子生物学基础研究的根底薄弱,但是,日本有丰富的发酵工业的生产经验,和有效的工商业的经营管理经验和传统,他们可以采用系统地利用其他国家现成的研究成果的办法,可以用坚持不懈地将其他国家的研究成果转化为生产力的办法,力争在生物技术的工业化方面站在世界的前列,并要使它形成巨大的经济力量。缺少原料是日本的弱点,高技术产品的生产对原材料的依赖最小,因此日本将发展生物技术的产品生产看做是增强日本经济地位的一个决定性因素。最近日本政府及一些大工业公司,仅为一项生物工程计划,就投资了一亿多美元。基因工程一共才有十来年的历史,它在生产上的应用不过初露端倪,而引起的社会经济反应如此强烈,可见它的潜力是不容忽视的。

高等植物中的生物技术与基因工程

一般说来,人类生活必需的衣、食、住、行,人口的数量的控制与人口质量的提高都离不开植物。地球上现有的人口大概是 50 亿,预计 2000 年要到 60 亿,到了 21 世纪的中期,也许要突破 100 亿。但是地球上的耕地面积,估计能够维持现状不再缩减就是好事,扩大是不大可能的了。唯一的出路只能是提高单产。我国人口占了世界人口的 1/4,人均占有粮食 730 斤/年,这个数目绝对不能再降,但是我国的耕地面积却在逐年减少。如何提高现有耕地面积上种植植物的产量,是全球性的大问题,更是我国的大问题。没有农业便没有发展,它早已是影响我国政治、经济能否顺利、迅速发展的一个基本因素。单产的提高,靠多方面的综合技术措施,但良种利用则是其中关键的一着。围绕现有良种的种种农业技术措施充分发挥出来,到底还有多大潜力,我们对它应有一个大致的估计。1983 年美国农业部公布过一份重要的报告,根据各国历年的产量情况,对现行农业技术条件下的单产提高问题作过一个概括性的估计。报告认为:① 关于增产要素中的良种问题,被誉为造成了第一次农业技术革命的传统的杂交育种法的增产潜力已经不大,这种方法效率低,一般要十几年才能育成一个新的品种;而更严重的是,通过了长期的杂交选育之后,特别是在一些重要的粮食和经济作物中,例如,小麦、棉花、烟草等作物,传统杂交选育手段范围内可资利用的种质资源已近枯竭,取得突破性成果的机会已经很少。② 关于综合的栽培措施对单产的提高,报告认为,在一些农业技术比较发达的国家,在优良品种的选用、施肥、灌溉、除草、杀虫等方面都有相当保证的地区,潜力已经不大;仅在那些不发达的、耕作技术落后的地区,尚有部分潜力可挖,但是这个挖潜过程,至 20 世纪 80 年代末 90 年代初,也将基本完成。当时这个报告已经指出,育种必须发展新的技术,找到新的出路。现在已经到了 90 年代初,我们在开发中找到了一些什么呢?

为解决人类的粮食或食物问题,在生物技术方面,近一二十年来国际上开发的技术大概有以下几个方面。

(1)用微生物补充人、畜用蛋白质的不足;或发酵高营养饲料,减少粮食投入。利用微生物肥料,解决固氮、促生长等问题。

(2)杂种优势利用。生产杂交种子,利用 F_1 代的杂种优势提高产量。此法,在美国的玉米上自 20 世纪 50 年代中期以来已普遍应用,并逐步遍及全球。70 年代以后又将此法大力推广到多种他种作物中。目前许多种蔬菜种子已用此法生产,在水稻中也已相当普遍应用了。70 年代末 80 年代初水稻杂交种在东南亚地区的推广,曾被誉为又一次绿色革命,解救了人口众多的印度的粮荒。近年来我国杂交种水稻的推广也为国际所称道。小麦生产用的种子,近来也有杂交化的趋势。杂交种的利用,就某些作物来说在繁种方面相当麻烦,但因有一定的生产潜力可挖,近年来农业研究上投入的力量仍旧不小。而最终决定它的发展限度的,还是它的种源潜势。美国大面积利用玉米杂交种已有三十多年的历史,美国先锋杂交玉米公司生产的杂交玉米种子占世界玉米种子市场的 50%,拥有的纯系亲本的数量有几万个,每年要投入 3 000 万美元的研究经费。培育的目标是抗病、高产、不倒伏。育种家们都知道,现有的很多玉米品种,只要解决了抗病和不倒伏的问题,就能有相当大的增产。然而发展到了今天的玉米杂交种,在数以万计的纯系亲本中还不能很好地解决这两个问题,不正是这种技术的某种限度的反映吗?

(3)为克服远缘杂交的不亲合性,企图利用原生质体细胞融合,或全细胞基因组 DNA 注入等技术,引入远缘优良种质的尝试也已经进行多年。由于始终不能避免远缘基因组的互斥,后代遗传性状的不稳定,以及不良基因群的联锁等等问题,至今成效不大。近年来不少实验室已改用直接把目的基因导入原生质体的方法,不过,此种技术已经属于植物基因工程的范围了。

(4)利用组织培养的方法,使优良个体加速繁殖,为营养繁殖作物的种苗脱去病毒,都能很快地收到增产效果。荷兰的草莓苗早已用脱毒和组培速繁法进行工厂化生产。新加坡最近建立了一个生物尖端技术企业,即利用此项技术为红茶、菠萝、番木瓜、葡萄等植物脱毒和繁苗,然后向市场销售。我国在土豆、草莓等方面的脱毒技术也已经开始用于生产。

(5)人造种子。欧洲共同体的尤里卡计划在大力投资开发这种技术,我们可将它视为组培繁育手段的延长和继续。我国不少单位也在研究开发这一技术。

(6)植物基因工程。和动物基因工程一样,植物基因工程在建立中也有一些需要加以特殊处理的问题。例如,高等植物的体细胞虽大多有全能性,但不同种类植物的细胞去分化和再生植株的条件并不完全一样，需要分别摸索和研究；植物的细胞壁妨碍外源基因进入细胞；土壤农杆菌可以用来转化双子叶的多种植物，但是对禾本科植物往往无效等，也都是需要研究和解决的问题。到了80年代的初期，植物分子生物学家们为了完成这一技术领域的配套手段，已从多方面准备了条件。当时国际上几个比较大的植物分子生物学实验室已经分别在植物的贮藏蛋白质基因、植物的抗逆基因、植物的抗病虫害基因、光合作用基因、固氮基因等方面发展了相当深入的研究。对植物转移基因的方法大致可以分成两类：通过土壤农杆菌感染植物组织带入基因和DNA对细胞的直接转化。1982年美国华盛顿大学的玛利代尔建立了利用土壤农杆菌携带Ti质粒将目的基因转化进入双子叶植物的系统。1985年美国孟山都公司的弗来瑞公布了叶盘法，包括转化基因，培养筛选转化了基因的植物细胞，获得分化植株的方法。同年，我国陈章良将大豆的一种蛋白质基因转进了两种茄科植物(烟草和矮牵牛)，这个基因不但在两种转化植株的种子中都得到了表达，而且遗传上稳定。从此第一套植物基因转移的配套技术建成。这是目前最常用的一种方法。DNA的直接转化法中有PEG法、电击穿法和微弹射击法等。PEG法和电击穿法都是对脱壁的植物细胞(原生质体)进行操作，植物的再生能力会受到一定的影响，微弹射击法是近年来刚发展的一种技术，需要一定的设备，目前尚在发展中，植物基因工程在第一个配套技术完成之后的短短的三年里，在应用上不断有所突破。先是欧美几家大的化学公司对抗除草剂基因的相继转化成功。1986年，美国华盛顿大学的毕齐实验室成功地将烟草花叶病毒(TMV)的外壳蛋白基因转进了烟草，这种烟草和它的后代都表现出对TMV侵染有同于交叉免疫作用中的抗性。经TMV外壳蛋白基因转化后的番茄比原品种增产40％。植物的病毒病迄今在农业上还是不治之症。随着单一品种的使用，特别是复种指数的提高，不少病毒恶性蔓延。我国广东省原来盛产的番木瓜，由于木瓜环斑病毒的侵染，近年来产量锐减，某些产区甚至木瓜已经绝迹。脱毒的土豆和草莓与未脱毒的原种相比，产量可以相差30％—50％。1988年山东某些地区的烟草，由于黄瓜花叶病毒(CMV)的侵染，在7月上旬绝收的局面已定。一些被视为生长良好的地块，实际上也因CMV的感染而仅有八成的收成。然而，在全球范围内，在烟草的诸多品种资源中，至今未能发现此种病毒的抗原。用传统的杂交育种方法解决不了的问题，我们现在有可能用植物基因工程的办法来解决。它的经济效益是可想而知的了。

将植物基因工程应用于抗虫害是植物基因工程学的又一个重大突破。美国和欧洲的一些公司已将苏云金杆菌中的一种毒素蛋白的基因转进了番茄烟草。有几类昆虫可被这种毒素杀害，它对人畜和益虫则是安全的。英国的一个研究小组，最近应用基因的重组技术，把豇豆种子里的胰蛋白酶抑制基因转进了烟草，这个基因的表达产物——胰蛋白酶抑制剂可引起多种昆虫的消化不良，从而防治虫害。全世界每年用于防虫的药剂估计价值达三十多亿美元。如果育出多种不必使用杀虫剂的作物，不但节省了药费、劳力和器械，同时还避免了重要的污染公害，包括制杀虫剂的化工厂的污染。澳大利亚的科学家将豆类植物的蛋白质基因转进牧草，提高了牧草的质量和畜产品的质量。

植物基因工程技术已经和即将为农业生产带来的利益是巨大的，甚至是难以估量的。国际上的投资在不断增加，美国的一些大公司，如杜邦、孟山都、斯巴格蒂等，都专门成立了植物基因工程技术的研究机构。美国政府也在为发展高技术的研究不断追加经费,成立新的研究机构,如密苏里州新建立的以毕齐为首的植物科学研究中心,国家投资高达数亿美元,除重点进行植物基因工程的研究外,还与当地的植物园结合,进行大规模的种质基因的收集保存工作。国际上现已有二十几项工程技术植物在进行着大田试验。无怪国际上有着这么一种说法,认为谁发展了生产粮食的生物技术,谁解决了粮食问题,谁就能称霸世界。我们不需要称霸世界,但是我们必须发展粮食生产。这是摆在植物工程技术面前的基本任务。

参 考 文 献

[1] 曼特尔 S. H.,史密斯 H.,朱澂等译,《植物生物工程学》,上海科学技术出版社,1985.

[2] Beachy R. N. *et al.*,*EMBO J.*,**4**(1985)3047.

[3] Bevan M. W. *et al.*,*Nature*,**304**(1983)184.

[4] Ellis J. G, *et al*,*EMBO J.*,**6**(1987)11.

[5] Fromm M. E. *et al*,*Nature*,**319**(1986)291.

[6] Hancock R. E. W.,*Annu. Rev. Microbiol.*,**38**(1984)237.

[7] Horsch R. B. *et al.*,*Science*,**227**(1985)1229.

[8] Kuhlemeier C. *et al.*,*Annu. Rev. Plant Physiol.*,**38**(1987)221.

[9] Ow D. W. *et al.*,*Science*.**234**(1986)856.

[10] Powell Abel P. *et al.*,*Science*,**232**(1986)738.

上　篇

正如必须预料的那样，试验进行缓慢。最初需要有耐心，但以后当几项试验同时进行时，情况就改善了。从春到秋，每天都日益焕发起我的兴趣，这样，为照料试验所必须付出的苦心操劳就大大地得到了补偿。此外，如果通过我的试验，我能在加快解决这些问题方面取得成功，我将感到加倍的愉快。

——孟德尔

孟德尔

给卡尔·耐格里的信[①]

格雷戈·孟德尔(G. Mendel)[②]

(1867 年)[③]

最尊敬的先生：

最诚挚地感谢您如此友善地寄给我这些出版物。《植物界中种的形成》《关于推论的植物杂种》《杂种形成的理论》《植物种间的中间类型》及《根据种的中间型及种的区域对 Hieracien 的分类处理》诸文特别引人注目。根据当代科学对杂交种理论作出这一彻底的修正是最受欢迎的，再一次向您致以谢意。

关于阁下好意收下的那篇拙文，我想补充下述资料：所述试验是从 1856 年到 1863 年进行的。我知道，我取得的结果很难同我们当代的科学知识相容，而且在这种情况下发表一项如此孤立的试验有着双重危险性：对试验者以及主张进行这项试验的动机都是危险的。为此，我作了最大的努力用其他植物来验证在豌豆方面所得到的结果。1863 年和 1864 年所做的一些杂交，使我相信难以找到适合于开展大量试验的植物，而且在不利的情况下时间消逝了，却没有得到我所需要的资料。我曾试图启发人们做一些对照试验，为此在自然科学家地区性学会会议上谈到了豌豆试验。如预期的那样，我遇到了分

① 梁宏译自 G. Mendel. Letters to Carl Nägeli. The birth of genetics, part Ⅱ. **Genetics**, 1950，35(5)：(In supplement, pp 3-5).

② 格雷戈·孟德尔(Johann Gregor Mendel，1822—1884)，奥地利植物遗传学家，被誉为"现代遗传学之父"。他通过豌豆杂交实验，发现了遗传学的两个基本规律——分离规律和自由组合规律，开始了现代遗传学研究。

③ 表示该文章首次发表时的年份。全书同解。

歧意见；但就我所知，却无人去重复此试验。去年，当要我把我的演讲在学会会议录上发表时，经过再次检查我在历年试验的记录而未发现有什么错误后，我同意予以公开发表。呈送给您的文章是上述讲话草稿未作修改的翻印本；对一个公开讲话作这样一个扼要的说明是必要的。

据闻阁下对我的试验持怀疑态度，这一点并不奇怪；在同样的情况下我也会有这样的想法。看来在您尊敬的信件中有两点非常重要，但没有答复。第一点涉及这样一个问题，当杂种 Aa 产生 A 植株，而这个 A 植株又继续只产生 A 植株时，是否可以作出结论：已经得到了类型的稳定性。

请允许我说明，作为一名试验工作者，我必须把类型的稳定性定义为在观察期间一个性状的保持力。这就是说我的提法，即一些杂种后代产生相同的类型只包括进行观察的那些世代；没有把它扩大到这些世代以外的情况。有两个世代全部试验都是用数目相当大的植株进行的。从第三代开始，由于试验地不足，必须限制植株数，因此，7 项试验中的每一项试验，只能取样第二代的一部分植株（它们或产生相同类型的后代，或产生不同类型的后代），作进一步观察。观察扩大到四至六代。在产生相同后代的变种中，取一些植株观察四代。我必须进一步提及，有一个变种六代都产生相同类型后代的例子，尽管其亲本类型有 4 个性状是不同的。1859 年，我从杂种第一代得到了一个可育性很好的后代，种子大、味道好。翌年，由于其后代保持了这些优良性状，并且整齐一致，该变种被栽种在我们的菜园里，直到 1865 年，每年都栽种许多植株。它的亲本植株为 bcDg 和 BC-dG；B 代表胚乳黄色；C 代表种皮灰棕色；D 代表豆荚鼓起；G 代表轴长；b 代表胚乳绿色；c 代表种皮白色；d 代表豆荚皱缩；g 代表轴短。上述杂交种为 BcDG。

只有留种的植株方能确定胚乳的颜色，因为其他的豆荚在尚未成熟时就已经收获了。在这些植株中从来没有看到绿色胚乳，紫红色花朵（棕色种皮的一项标志）、皱缩豆荚或短轴。

这是我的一点经验。我不能判断这些发现是否能确定类型的稳定性；然而，我倾向于认为豌豆亲本性状在杂种后代中的分离是完全的，因而是永恒的。杂种后代带有这一个亲本性状或另一个亲本性状，或者带有两个亲本性状的杂种形式；我从未看到亲本性状之间的逐渐过渡或者从一个亲本性状渐渐接近于另一个亲本性状。发展过程简单说来是每一世代所出现的两个亲本性状都是分开的和没有改变的，没有看到一个亲本性状从另一个亲本性状遗传或取得些什么。例如，让我提到寄给您的 1035～1088 号口袋。所有的种子都来自棕色和白色种皮相结合的杂种第一代。在该杂种的棕色种子中，长出了几株种皮为纯白色、不夹带任何棕色的植株。我预期这些植株能保持像亲本植株那样的相同的性状稳定性。

我想扼要推敲的第二点包含下面这种说法："你应当注意数字公式仅仅是试验性的，因为不能证明它们是合理的"。

我用单一性状所作的试验都得到相同的结果：杂种种子长出的植株，有一半还带有杂种性状（Aa），而另一半接受亲本性状 A 和 a，其数量相等。这样，按平均计算，4 株植株中有两株具有杂种性状 Aa，一株具有亲本性状 A，而另一株为亲本性状 a。所以，对两个彼此不同的性状来说，2Aa＋A＋a 或 A＋2Aa＋a 是经验的简单的展开级数。同样地，从经验的含义上看出，如果杂种结合了2个或3个不同的性状，其展开级数为2个或3个简单级的结合。在这一点上，我相信不能非难我离开了试验的范围。如若我把这种简单级数的结合扩大到两个亲本植株间任何一个差数上，我倒的确进入到合理的领域了。但看来这是可以允许的，因为我已经由早先的试验证实，不管哪两个不同性状的发育都是毫无差别地独立进行的。最后，关于我提到杂种胚珠和花粉细胞间的差异，也是以试验为依据的。看来这些试验和生殖细胞的类似试验是重要的，因为我相信试验结果将为豌豆方面所观察到的杂种发育提供解释。这些试验必须重复试验和验证。

非常抱歉，未能寄给阁下所需要的品种。如上所述，试验进行到1863年，那时候要结束试验，以便腾出土地和时间种植别的试验植物。所以不再能提供这些试验的种子。仅继续了一项开花期不同的试验，可提供该试验在1864年收获的种子，这是我最后一次搜集的种子。由于在下一年因豌豆象（*Bruchus pisi*）为害猖獗，而不得不放弃试验。在试验的早期年份，这种昆虫很少在植物中发现，1864年它造成了严重的损失，所损失的数字使翌年夏季第四批和第五批种子都所剩无几了。到最后几年，不得不在布隆（Brünn）①周围地区停止栽种豌豆。留下的种子可能仍然有用，其中有几个变种我估计保持着稳定性，它们来自由2个、3个和4个不同性状结合在一起的杂交种。全部种子都是从第一代成员，也就是从原始的杂种种子直接长成的植株上取得的。

对于遵照阁下的要求寄送这些种子给您做试验用，我感到迟疑不决，因为这同我本人的意愿并不完全一致。我担心这些种子中已有一部分丧失了生活力。此外，这些种子是在豌豆象已经为害猖獗的时候收获的，这就难以排除这种昆虫传递花粉的可能性；还有，我必须再一次说明，这些植物是预定作开花期差异的研究。其他的差异在收获时也进行过研究，但不像主要试验那样小心注意。我在一张单独的纸片上对口袋号码所添加的符号，是收获时用铅笔在种子口袋上记载每个植株情况的抄写。显性性状用A、B、C、D、E、F及G表示，有其双重含义。隐性性状以a、b、c、d、e、f及g表示；它们应当在第二代保持稳定，也就是说，从带有隐性性状植株的茎上所收获的种子，预期它会产生相同的植株（有关所研究的性状）。

请把种子袋号码同我的记录本上的号码比较一下，以便找出符号上是否有差错，每一口袋只装有一个单株的种子。

有些变种适合于作生殖细胞的试验，当年夏季就能取得试验结果。715、730、736、741、742、745、756及757各号口袋里的圆形黄色种子，以及另一方面，712、719、734、737、749和750号口袋里的角形绿色种子可用做这方面的试验。通过重复试验证明，如果绿色种子的植株被黄色种子的植株授精，那么所得种子的胚乳便失去绿色，取得黄色。种子的外形也同样如此。如果角形种子的植株被圆形或球形种子的植株授精，就产生圆形或球形种子。这样，由于通过外来花粉的授精而使种子的颜色和形状发生变化，就可能以此来识别授精花粉的组分。

试以B表示黄色胚乳、b表示绿色胚乳。

如果自花受精产生绿色和角形的种子，这类植株的花朵被外来花粉授精，而产生的

---

① 现为捷克的布尔诺。

种子仍然为绿色和角形,那么授体植株的花粉在这

两个性状方面是 ·················	ab
如果种子的形状改变了,花粉来自 ·········	Ab
如果种子的颜色改变了,花粉来自 ·········	aB
如果种子的形状和颜色都改变了,花粉来自 ······	AB

以上列举的口袋包括从杂种 ab＋AB 所产生的圆形和黄色、圆形和绿色、角形和黄色以及角形和绿色的种子。圆形和黄色的种子最适合于做试验。它们中间或许会产生 AB、ABb、Aab 和 AaBb 变种,因此,当绿色和角形种子长成的植株被上述圆形和黄色种子长成的植株的花粉授精,可能有 4 种情况:① ab＋AB;② ab＋ABb;③ ab＋AaB;④ ab＋AaBb。

假设杂种形成的许多种花粉细胞是可能不变的组合类型,如果这一假设是正确的话,植株的组成为:AB 产生的花粉为 AB;ABb 产生的花粉为 AB 和 Ab;AaB 产生的花粉为 AB 和 aB;AaBb 产生的花粉为 AB、Ab、aB 和 ab。

胚珠的受精情况为① 胚珠 ab 同花粉 AB;② 胚珠 ab 同花粉 AB 和 Ab;③ 胚珠 ab 同花粉 AB 和 aB;④ 胚珠 ab 同花粉 AB、Ab、aB 和 ab。

从上述受精可能得到下列变种:

① AaBb;② AaBb 和 Aab;③ AaBb 和 aBb;④ AaBb、Aab、aBb 和 ab。

如果各种花粉产生的数目相等,必然是:① 全部种子为圆形和黄色;② 一半是圆形和黄色、一半是圆形和绿色;③ 一半是圆形和黄色、一半是角形和黄色;④ 四分之一是圆形和黄色、四分之一是圆形和绿色、四分之一是角形和黄色、四分之一是角形和绿色。

此外,既然 AB、ABb、AaB、AaBb 之间的数字关系为 1∶2∶2∶4,那么从圆形、黄色种子长成的每 9 株应当发现其平均数为 AaBb4 次;ABb 和 AaB 各 2 次;以及 AB 1 次。这样,情况④发生的机会常常是情况①的 4 倍;为②和③情况的两倍。

如果在另一方面,从上述圆形、黄色种子长成的植株,被绿色、角形植株的花粉所授精,而倘若胚珠的种类相同,比例相同,则结果必然与花粉方面的报道完全相同。

我本人没有进行这项试验,但我相信,根据相似的试验,人们能信赖所指出的结果。

在同样的方式下,可以对两个种子的性状中的任何一个性状分别进行单独试验,合适的做法是在同一株植株上分析全部圆形与角形种子,以及黄色与绿色种子。例如,如果一株绿色种子的植株被一株黄色种子的植株授精,由于黄色种子长成的植株是 B 和 Bb 变种,所得到的种子应该或是①全部为黄色;或②一半为黄色、一半为绿色。此外,由于 B 和 Bb 发生的比率为 1∶2,第二种受精发生的机会常常是第一种受精的 2 倍。

有关其他性状,试验可以相同方式进行;但需待下一年才能得到结果……

正如必须预料的那样,试验进行缓慢。最初需要有耐心,但以后当几项试验同时进行时,情况就改善了。从春到秋,每天都日益焕发起我的兴趣,这样,为照料试验所必须付出的苦心操劳就大大地得到了补偿。此外,如果通过我的试验,我能在加快解决这些问题方面取得成功,我将倍加愉快。

最尊敬的先生,请接受我最诚挚的问候。

您忠实的　　格雷戈·孟德尔

1867 年 4 月 18 日,布隆

植物杂交的试验[①]

格雷戈·孟德尔（G. Mendel）

（1866 年）

引　言

　　为了获得观赏植物新的颜色变异而进行人工授精的经验，引起了这里将要讨论的试验。每当相同物种之间发生受精，总是反复出现同样的杂种类型，这种惊人的规律性，促使我们进行更多的试验，其目的是为了探究杂种在其后代中的发育情况。

　　为了实现这个目的，许多细心的观察家，如克尔路特（Kölreuter）、盖尔特纳（Gärtner）、斯宾塞（Herbert Spencer）、Lecoq、Wichura 等人，以其不知疲倦的、坚韧不拔的精神献出了他们部分生命。特别是盖尔特纳，在他的《植物界中杂种的产生》著作中记载了非常有价值的观察；而最近 Wichura 发表了关于柳杂种的一些深刻研究结果。到目前为止，还没有卓有成效地提出一个能普遍应用的控制杂种形成和发育的规律，这对任何一个熟悉这项工作的规模，并能懂得进行这类试验所必须面临困难的人来说，那是不足为奇的。只有当我们拥有多种植物的详尽试验结果，才能最终地解决这个问题。

　　谁全面研究一下这方面的工作，都会产生一种信念，即在所有这许许多多的试验中，没有一个试验就其规模和方法来说，能确定杂种后代出现的不同类型的数目，或者按照

---

　　① 梁宏译自 G. Mendel. Experiments in plant hybridization. **Classic Papers in Genetics**，1962：1-20.

不同世代把这些类型进行可靠性归类，或者明确地查明它们在统计学上的关系。

要从事一项如此规模巨大的工作，的确需要一些勇气；但看来这是我们能最终解决这个问题的唯一正确的途径，这个问题的重要性对有机类型的进化历史是难以过分估计的。

现在提出的这篇论文记载了这样一个详细试验的结果。这个试验实际上局限于一个小的植物类群，而现在，经过 8 年研究之后，其全部主要工作都已结束。至于按照计划所进行的各项试验是否最好地达到了预期的目标，则留待读者作出公正的判断。

试验植物的选择

任何一项试验的价值和效用，决定于其材料是否适宜于它所使用的目的，因而摆在我们面前的情况，用哪一种植物进行试验和怎样进行这种试验，不能说是不重要的。

如果从一开始就希望避免一切可疑结果的危险，则必须尽可能仔细地挑选用于这种试验的植物类群。

试验植物必须是：① 具有稳定的可以区分的性状；② 这种植物的杂种在开花期必须能防止所有外来花粉的影响，或能容易地防止。

杂种及其子代在以后各代中其可育性应无明显的干扰。

如果在试验中发生外来花粉的偶然授精，而又没有识别出来，就会得出完全谬误的结论。如在许多杂种子代中碰到的某些类型可育性的降低或完全不育，会使试验十分困难或完全失效。为了发现杂种类型彼此间和对它们先代的关系，看来有必要做到这一点，即必须把每一个连续世代所产生的各批后代的全部成员都毫无例外地进行观察。

刚开始时，鉴于它们特殊的花器结构而把注意力特别集中到豆科植物。用这一科的几种植物进行了试验，结果发现豌豆属具备必要的合格条件。

豌豆属中有几个完全不同的类型，它们具有稳定、且肯定能很容易识别的性状，当它们的杂种彼此间杂交时，它们产生完全可育的后代。此外，不易发生外来花粉的干扰，因为受精器官紧密包在龙骨瓣中，且花药在花蕾里面开裂，因而在开花前柱头已布满花粉。这一情况特别重要。值得提到的另一些优点是这些植物在大田栽培和盆栽都很方便，还有它们的生长期比较短。人工授精当然是一项比较细致的手工程序，但几乎总是成功的。为进行人工授精，花蕾在完全发育前，就把它打开，去掉龙骨瓣，用镊子小心夹出每一个雄蕊，此后立即用外来花粉撒在柱头上。

总共从几个种子商人得到了 34 个或多或少有区别的豌豆品种，并进行了两年试种。有一个品种发现在许多全都相像的植株中，有几株明显不同。然而，下一年它们就没有变化，且与同一种子商那里得到的另一个品种完全相同；因而这些种子毫无疑问只是偶然的混杂。所有其他品种都产生完全稳定和相似的后代；无论如何，在两年试种期间没有看到什么重要的差异。在整个试验期间选用和栽培了其中的 22 个品种作受精用。它们都毫无例外地保持了稳定性。

难以可靠地对它们进行系统分类。如果我们采用物种的最严格的定义，根据这个定义，只有那些在恰好相同的情况下表现出性状精确相似的个体才算是同一个种，那么这些品种中没有两个可算是一个种。但根据专家们的意见，大多数属于豌豆（*Pisum sativum*）这一个种；而剩下的一些品种，有的认为应分类为豌豆的亚种，有的认为是独立的种，诸如 *P. quadratum*、*P. saccharatum* 和 *P. umbellatum*，然而确定它们在分类系统中的位置，对于本试验目的来说是相当无关紧要的。一直发现，要在种和品种的杂种之间划分严格的界限，如同要在种和品种本身之间划分严格的界限一样，是不可能的。

试验的分组和布置

如果把两种在一个或几个性状上具有稳定差别的植物作杂交，许多试验证明，共同的性状不加改变地传给杂种及其后代；但另一方面，每对有区别的性状则在杂种中结合成一个新的性状，它在杂种后代中通常是有变异的。试验目的是对每对有区别的性状观察它们的变异，并推导出它们在连续世代中出现的规律。因此，把这个试验分成许多个别的试验，其数目相当于试验植物所出现的稳定差别的性状数字。

选作杂交的各种豌豆类型在以下方面有差异：茎长和茎色；叶片的大小和形状；花的位置、颜色和大小；花柄的长短；豆荚的颜色、形状和大小；种子的形状和大小；以及种皮和胚乳（子叶）的颜色。注意到有些性状难以作明确和肯定的划分，因为这种差别只是表现在程度上的不同，没有明确的划分标准。这一类性状不能用来作个别试验；试验只能针对在植物中表现清楚和明确的性状，最后，试验结果必须说明，就其总体而言，能否观察到它们在其杂种结合中表现为一种有规律的现象，和根据这些事实能否对那些在类型中不太重要的性状作出结论。

选作试验的性状同下述诸点有关：

1. 成熟种子形状的差异

种子形状或圆形或略圆，如有凹陷，发生在表面，且总是很浅；或者种子形状不规则地带角和呈现皱缩（*P. quadratum*）。

2. 种子胚乳颜色的差异[①]

成熟种子的胚乳颜色或为淡黄、鲜黄和橙色，或多少带深绿色。种子颜色的差异是很容易看出的，因为它们的种皮是透明的。

3. 种皮颜色的差异

种皮或为白色，而白花总是与这个性状相关；或灰色、灰褐色、皮革褐色、有或无董紫色斑点，在这种情况下，旗瓣的颜色为董紫色，翼瓣为紫色，而叶腋中的叶梗带红色。灰

---

① 孟德尔以"胚乳"一词不太确切地指种子里面含有养分的子叶。

色的种皮在开水中变成深褐色。

4. 成熟豆荚形状的差异

这些豆荚或是简单地膨胀鼓起，找不到缢缩，或者在种子之间深深缢缩，或多少有点皱缩（*P. saccharatum*）。

5. 不成熟豆荚颜色的差异

它们或是从淡绿到深绿、或是嫩黄色，叶柄、叶脉、花萼都参与[①]这些颜色的差异。

6. 花朵位置的差异

它们或长在轴上，这就是说花朵沿着主茎分布；它们或是顶生的，即在茎的顶端长成一簇花，并排列成几乎像一个假的伞形花序；在这种情况下，茎的上部切面多少要粗些（*P. umbellatum*）。

7. 茎长度的差异

有几个类型茎的长度大不相同；但对一种类型来说，它是一个稳定的性状，以在相同土壤中生长的健康植株而言，这个性状只发生不重要的差异。

用这个性状进行试验时，为了能准确地辨认它们，总是用6～7英尺[②]的长轴类型同0.75～1.5英尺的短轴类型作杂交。

上述每两个可区分的性状用异花受精把它们结合起来。所作试验如下：

第一次试验，15株上作60次受精；

第二次试验，10株上作58次受精；

第三次试验，10株上作35次受精；

第四次试验，10株上作40次受精；

第五次试验，5株上作23次受精；

第六次试验，10株上作34次受精；

第七次试验，10株上作37次受精。

从同一品种的大量植株中，只挑选生活力最强的植株作受精用。瘦弱的植株总是造成不可靠的结果，因为即使在杂种第一代，甚至以后的世代，许多子代或完全不开花或只结少数低劣的种子。

此外，在所有试验中正反交是这样进行的，两个品种的每一个品种在这一组作为产生种子作受精，在另一组就用作为花粉植株。

植株栽种于花圃内，少数进行盆栽，借助于使用木棒、树枝及拴于其间的绳索，使它们保持自然直立状态。每项试验在开花期把一些盆栽植株挪到温室，作为露天栽培主要试验的对照以防昆虫的可能干扰。在光顾豌豆的昆虫中，豌豆象（*Bruchus pisi*）如大量

---

① 有一个种具有颜色极美的褐红色豆荚，它在成熟时变成堇紫色和蓝色。去年才开始用这个性状做试验。

② 1英尺=0.3048米。

出现,则可能对试验有害。已知这种豌豆象的雌性昆虫在花里面产卵,这样就把龙骨瓣打开了,在一朵花里面捉到的一个跗节标本,在透镜下清楚地看到有几粒花粉。还必须提到的一种情况可能造成外来花粉的进入。例如在某些罕见的情况下,一朵其他方面发育都很正常的花朵,在某些部分凋萎了,结果使受精器官部分地暴露在外,也曾观察到龙骨瓣发育残缺不全,致使柱头和花药一直有一部分暴露在外面。有时也发生花粉发育不完全。在这种情况下,雌蕊在开花期间就逐渐伸长,直至柱头尖顶出龙骨瓣。在菜豆属和山黧豆属的杂种中也看到过这种异常的形态。

然而,对豌豆属来说,外来花粉造成错误受孕的危险是很小的,且决不能打乱总的结果。对 10 000 个以上的植株作了仔细的检查,发现其中只有极少数不容置疑的例子是错误受孕。由于在温室中从未看到过这类情况,据推想豌豆象和上述花器结构的变态很可能是造成错误受孕的原因。

F₁杂种的类型

过去用观赏植物所作的试验已证明,杂种照例并不恰恰是亲本种间的中间类型。一些更为明显的性状,例如有关叶的大小和形状,有几个部分覆盖短柔毛等等,的确几乎常常看到中间型;但是在另一些情况下,两亲性状之一占压倒优势,以致很难或完全不可能在杂种中探查出另一个亲本的性状。

豌豆杂种的情况确实如此。7 个杂交的每一个杂交,杂种性状同一个亲本的性状如此相像,以致另一个亲本的性状或完全看不到,或不能肯定地探查出来。这种情况对于确定和分类杂种后代所出现的类型是十分重要的。本文以后谈到的性状,凡是在杂交时整个或几乎不变地传给后代,从而它本身就构成杂种的性状则称为显性,而在传递过程中潜伏起来的性状则称为隐性。之所以选用隐性一词来表达,是因为这个性状在杂种中隐退或完全消失,但尽管如此,这个性状却又在它们的后代中毫无改变地重新出现,这一点将在后面予以说明。

此外,全部试验证明,显性性状究竟是属于产生种子一方还是花粉亲本一方,这一点完全是不重要的;在两种情况下,杂种的类型都是一样的。盖尔特纳也强调指出这一有趣的事实,他说即使最有实践经验的专家也难以在一个杂种中断定两个亲本种的性状是来自于母本植株还是父本植株。

本试验所用的可以区分的性状,其显性性状如下:

(1)种子形状圆或略圆,带有或不带有浅的凹陷;

(2)黄色种子子叶;

(3)种皮灰色、灰褐色或皮革褐色,及与此相联系的堇紫色的花和叶腋的红点;

(4)豆荚形状的简单膨胀;

(5)豆荚在未成熟时呈绿色,及与此相联系的茎、叶脉和萼也呈同样的颜色;

(6)花朵沿着茎分布;

(7)高茎。

必须说明,这最后一个性状,杂种通常超过两个亲本茎秆中更高的那一个,这种情况可能只是因为茎高极不相同者杂交时,植株各部分表现生长茂盛的结果。例如,经多次试验,1 英尺和 6 英尺茎高杂交者都毫无例外地产生茎高在 6～7.5 英尺范围之内的杂种。

种皮试验的杂种种子常常斑点较多,而有时斑点连接成蓝紫色小块。即使当一个亲本的性状不存在时[1],这种斑点也经常出现。

杂种的种子形状和子叶颜色在人工授精后不久就显示出纯粹是外来花粉的影响。因此,在试验的当年就可看到这些性状,而所有其他性状当然只能出现在下一年从杂交种子长出的植株中。

F₂ 由杂种育成的第一代

这一代,同显性性状一起也出现其特点,得以充分显示的隐性性状,它们的出现明确地表现为 3：1 的平均比例,因而这一代每 4 个植株中有 3 个植株为显性性状、一株为隐性性状。对于试验研究的全部性状,毫无例外地都是这种情况。种子带角的皱缩形状、子叶的绿色、种皮和花朵的白色、豆荚的缩缢、未成熟豆荚、叶柄、花萼和叶脉的黄色、伞状似花序和侏儒型茎秆,都以上述比例数字出现,而没有什么重大的改变。在任何试验中都没有观察到过渡类型。

由于正反交产生的杂种是一样的,且在它们以后的发育中没有可以觉察的差异,因此,每一次试验可以把正反交的结果合起来计算。每一对可区分性状所得到的相对数字如下：

试验 1 种子形状——在第二个试验年度从 253 个杂种得到了 7 324 粒种子。其中 5 474 粒为圆形或略圆形、1 850 粒为带角皱缩形。据此推算出 2.96：1 的比例。

试验 2 子叶色——从 258 株得到 8 023 粒种子,其中 6 022 粒黄色、2 001 粒为绿色；因而其比例为 3.01：1。

在这两个试验中,每个豆荚通常都产生两种种子。在平均含有 6 到 9 粒种子的发育良好的豆荚里面,常常所有的种子都是圆的(试验 1)或都是黄的(试验 2)；另一方面,从来没有看到在一个豆荚里面有超过 5 个以上的皱缩的或绿色的种子。杂种的豆荚发育得早或晚,或从主轴到侧枝长出,这都没有带来什么差异。一些少数植株,在最初形成的豆荚里面只发育了几粒种子,且两个性状只有一个性状,但以后发育的豆荚仍然保持了正常的比例。

像各个豆荚一样,各个植株中的性状分配也有不同。试以两组试验中头 10 个个体来说明。

---

① 这里指 F₁ 植株产生的种子的种皮。

| 试验 1 | | | 试验 2 | |
| 种子形状 | | | 子叶色 | |
植株	圆	角形	黄	绿
1	45	12	25	11
2	27	8	32	7
3	24	7	14	5
4	19	16	70	27
5	32	11	24	13
6	26	6	20	6
7	88	24	32	13
8	22	10	44	9
9	28	6	50	14
10	25	7	44	18

作为一个植株中两个种子性状截然不同的分配情况,试验 1 看到一个例子为 43 粒圆的、只有 2 粒带角的;而另一个例子为 14 粒圆的、15 粒带角的。试验 2 有一例为 32 粒黄的和只有 1 粒绿的;但也有另一例为 20 粒黄的和 19 粒绿的。

这两个试验对确定平均比例是重要的,因为它说明,当试验植株数目较少时,可发生相当大的变动。还有,在计算种子时,特别是试验 2,需要格外仔细,因为许多植株有些种子的子叶,其绿色不是那么明显,而初看起来容易被忽略掉。这种绿色的部分消失,其原因同植株的杂种性状无关,因为亲本品种也是如此。这种(漂白)特性只限于个体,而并不传给后代。在生长旺盛的植株中常常会看到这种情况。种子在发育期间由于昆虫的危害,常导致种子形状和颜色发生改变,但稍有挑选的实践经验后就很容易避免这种误差。豆荚必须保留在植株上直到它们熟透并发干,因为只有在那时候才充分显示出种子的形状和颜色,提及这一点几乎是多余的。

试验 3　种皮色——929 株中有 705 株产生紫红色花和灰褐色种皮,224 株为白花和白色种皮,其比例为 3.15：1。

试验 4　豆荚形状——在 1 181 株中有 882 株豆荚为简单膨大、299 株带缩缢。所得比例为 2.95：1。

试验 5　豆荚未成熟时的颜色——供试植株 580 株,其中 428 株得绿色豆荚、152 株为黄色。因此,其比例为 2.82：1。

试验 6　花的位置——858 例中,651 株为轴生花序、207 株为顶生。比例为 3.14：1。

试验 7　茎的高度——1 064 株中,787 例为高茎、277 例矮茎。因此其互相比例为 2.84：1。这个试验要小心地把矮小植株挖出移栽到一个专用的试验圃中。这一预防措施是必要的,否则这些矮株会被其相邻的高株覆盖而死亡。即使在其幼龄状态,根据它们生长紧凑和密集的深绿色叶簇[①],很容易把它们挑选出来。

---

① 侏儒型或"Cupid"甜豌豆也是同样如此。

如现在把整个试验结果合在一起，就发现其显性和隐性性状数字之间的平均比例为2.98：1或3：1。

显性性状在此有一双重含义，即它既是一个亲本的性状，也是一个杂种性状。要知道在每一个个别情况下，它是这两种含义中的哪一种，只有在以后的世代中才能确定。作为一个亲本的性状，它必须毫无变化地传给所有的后代；另一方面，作为一个杂种性状，它必须保持如在第一代（F₂）中那样相同的行为。

F₃ 由杂种育成的第二代

凡是在第一代（F₂）表现隐性性状的类型，在第二代（F₃）这些性状就不再有变异；它们在后代中保持稳定。

（由杂种育成的）第一代中具有显性性状的类型则是另一种情景。它们中间有三分之二产生的后代，其显性和隐性性状之比为3：1，从而表现出同杂种类型完全相同的比例，而只有1/3保持稳定的显性性状。

各试验的结果如下：

试验1　由第一代圆粒种子长出的565株中，193株只结圆粒种子，因而保持了这个性状的稳定性；然而，有372株产生圆粒和皱缩两种种子，比例为3：1。所以杂种的数目与稳定的相比，为1.93：1。

试验2　由第一代具黄色子叶种子长成的519植株中，166株只产生黄色子叶的种子、而353株产生黄色子叶和绿色子叶的种子，其比例为3：1。因此，其结果是杂种和稳定类型划分的比例为2.13：1。

下述试验的每一项个别试验选用了在第一代表现显性性状的100个植株，并且为了确定其含义，每株栽种10粒种子。

试验3　36株后代只产生灰褐色种皮；而64株后代中，有的灰褐色种皮，有的白色种皮。

试验4　29株后代只有简单膨大的豆荚；另一方面，71株后代中，有的膨大、有的缩缢。

试验5　40株后代只有绿色豆荚；60株后代中有的绿色、有的黄色。

试验6　33株后代只有轴生花朵；另一方面，67株后代中有的轴生、有的顶生。

试验7　28株后代遗传了长茎；72株后代中有的高茎、有的矮茎。

这些实验的每次试验中，都有一定数目的植株，其显性性状是稳定的。对于确定分离成具有持久稳定性状类型的比例，头两项试验尤为重要，因为这些试验可以比较大量植株。把1.93：1和2.13：1的比例合起来几乎正好是平均2：1的比例。第六个试验结果十分相符；其余的试验比例多少有些变动，鉴于100株试验植株为数较少，这一点是可以预料到的。差距最大的试验5重复了一次，于是替代60和40的比例，结果是65和35的比例。因此，看来可以肯定地确定，平均比例为2：1。从而得以证实，在第一代具有显性性状的那些类型，有2/3具有杂种性状，而1/3显性性状是稳定的。

因此，在第一代中，显性和隐性性状分配的 3：1 比例，如果按照显性性状的意义可以把它分成杂种性状或亲本性状的话，这个比例在所有试验中都可以分解为 2：1：1。由于第一代（F_2）的成员是从杂种（F_1）的种子直接产生的。现已清楚，杂种产生的种子具有两个可以区分性状中的这一个性状或另一个性状，这些种子有一半重新产生杂种，而另一半则产生稳定的植株，并分别获得显性或隐性性状，数目相等。

杂种育成的以后各代

杂种后代在第一和第二代中发育和分离的比例，大概对所有以后的后代都是适用的。试验 1 和 2 已进行了 6 代；试验 3 和 4 进行了 5 代；试验 4、5、6 进行了 4 代，这些试验从第三代起用少量植株继续试验，而没有看到与这一规律相偏离的情形，杂种后代在每一代都以 2：1：1 的比例分离成杂种和稳定的类型。

试以 A 代表两个稳定性状之一的显性性状，a 代表隐性性状，并以 Aa 代表两者相结合的杂种类型，其公式为：

$$A + 2Aa + a$$

此公式表示两个可区分性状在杂种后代系列中的各项。

盖尔特纳、克尔路特等人观察到杂种有回复到亲本类型的倾向，上述试验也证实了这一点。看来，从一次受精所产生的杂种数目，同变成稳定类型的数目相比较，在它们逐代相传的后代中总是不断地减少，但它们却不能完全消失。如假设所有世代中的全部植株能育性平均相等，此外，如果每个杂种所产生的种子有一半再次产生杂种，而另一半则以相等的比例产生两个性状稳定的类型，从以下综合结果可看出每一代子代的数目比例，这里 A 和 a 再一次指两个亲本的性状而 Aa 指杂种形式。为简便起见，假设每一代每 1 个植株只提供 4 粒种子。

世代	A	Aa	a	比例 A：Aa：a
1	1	2	1	1：2：1
2	6	4	6	3：2：3
3	28	8	28	7：2：7
4	120	16	120	15：2：15
5	496	32	496	31：2：31
n				$2^n-1 : 2 : 2^n-1$

例如，在第十代，$2^n-1=1023$。因此，这一代每产生 2 048 个植株，有 1 023 株具有稳定的显性性状、1 023 株具有隐性性状、只有两株是杂种。

同时具有几个可区分性状的杂种后代

上述试验中所用植物只有一个主要性状是不同的。第二项工作在于确定当通过杂交把几个不同的性状结合在杂种的时候,是否也能把所发现的性状的发育规律,应用于每对可区分的性状。关于在这种情况下的杂种形式,试验自始至终证明,这种杂种总是更接近于两个亲本植株中具有更多显性性状的那个亲本。例如,当母本植株的性状为短茎、顶生白花、简单膨大的豆荚;而父本植株为高茎,沿着茎着生的紫红色花和缩缢的豆荚时,杂种只有豆荚的形状像母本,其余的性状都同父本相像。倘若两个亲本类型中只有一个亲本具有显性性状,则杂种简直或根本不能与它区分。

用相当数目的植株作了两次试验。第一次试验,亲本植株在种子形状和子叶颜色方面有区别;第二项试验,则在种子形状、子叶颜色和种皮颜色上有区别。用种子性状进行的试验可以最简单和最肯定的方式得到试验结果。

为有助于研究这些试验资料,用 A、B、C 代表母本植株的不同性状,父本植株的性状以 a、b、c 表示,性状的杂种形式则以 Aa、Bb 和 Cc 表示。

试验 1	AB　母本	ab　父本
	A　圆形	a　皱缩形
	B　子叶黄色	b　子叶绿色

受精种子像母本,看起来是圆和黄色。从它们长成的植株产生 4 种种子,这些不同的种子常常出现在一个豆荚里面。总计,15 株结了 556 粒种子,其中有:

315 粒圆形和黄色;101 粒皱缩和黄色;108 粒圆形和绿色;32 粒皱缩和绿色。

下一年把它们全部种下。圆形黄色种子中有 11 粒没有长成植株、有 3 株没有结种子。其余为:

38 株圆形黄色的种子 ………………………………… AB

65 株圆形黄色和绿色的种子 ………………………… ABb

60 株圆形黄色和皱缩黄色的种子 …………………… AaB

138 株圆形黄色和绿色,皱缩黄色和绿色种子 ……… AaBb

从皱缩黄色种子长成的 96 株植株,所结种子的情况如下:

28 株只有皱缩黄色种子 ……………………………… aB

68 株皱缩黄色和绿色种子 …………………………… aBb

从 108 粒圆形绿色种子长出的 102 植株中,所结种子情况为:

35 株只有圆形绿色种子 ……………………………… Ab

67 株圆形和皱缩绿色种子 …………………………… Aab

皱缩绿色种子长出 30 个植株,它们所结的种子性状都一样,保持了稳定的 ab。

因而,看来杂种后代有 9 种不同的形式,其中有些数目很不相等。当我们把它们合在一起并加以整理后发现:

38 株为 AB 符号;　　　　　　　65 株为 ABb 符号;

35 株为 Ab 符号;　　　　　　　68 株为 aBb 符号;

28 株为 aB 符号;　　　　　　　60 株为 AaB 符号;

30 株为 ab 符号;　　　　　　　67 株为 Aab 符号;

　　　　　　　　　　　　　　　138 株为 AaBb 符号。

全部类型可以分为 3 个主要的不同组。第一组包括符号 AB、Ab、aB 和 ab 的植株，它们只具有稳定的性状并在下一代中不再有变异。这些类型每一个都代表平均出现 33 次。第二组包括符号 ABb、aBb、AaB、Aab 的植株，这些植株一个性状是稳定的，另一个性状是杂种的，并在下一代中只有杂种性状有变化。每一种植株平均各出现 65 次。AaBb 类型发生 138 次，它的两个性状都是杂种形式，其行为同产生它们的杂种完全相同。

如把这三组类型出现的数字作一比较，1、2、4 的比例就非常清楚。33、65、138 的数字非常接近于 33、66、132 的比例数字。

因此，发育系列包括 9 组，其中有 4 组仅出现一次，且两个性状都是稳定的；AB、ab 类型像它们的亲本类型；其他两种为 A、a、B、b 结合性状之间的组合，这些组合也可能是稳定的。有 4 组经常出现两次，一个性状是稳定的，另一个是杂种的。有一组出现 4 次，且两个性状都是杂种的。因此，杂种后代如果结合了两种可区分的性状，可用以下公式表示：

$$AB+Ab+aB+ab+2ABb+2aBb+2AaB+2Aab+4AaBb$$

这个公式无可争辩地是一个组合系列，其中把 A 和 a 的性状、B 和 b 的性状这两个公式结合在一起。把这两个公式结合起来我们就得到系列中所有各组的全部数字：

$$A+2Aa+a$$
$$B+2Bb+b$$

试验 2	ABC 母本	abc 父本
	A 圆形	a 皱缩形
	B 子叶黄色	b 子叶绿色
	C 种皮灰褐色	c 种皮白色

本试验严格按照上述试验的相同方式进行。在全部试验中要求付出最多的时间并与困难周旋。从 24 个杂种总共得到了 687 粒种子，这些种子或为带斑点的灰褐色或灰绿色、圆或皱缩。下年有 639 株结实，进一步研究说明了它们中间有：

8 株 ABC	22 株 ABCc	45 株 ABbCc
14 株 ABc	17 株 AbCc	36 株 aBbCc
9 株 AbC	25 株 aBCc	38 株 AaBCc
11 株 Abc	20 株 abCc	40 株 AabCc
8 株 aBC	15 株 ABbC	49 株 AaBbC
10 株 aBc	18 株 ABbc	48 株 AaBbc
10 株 abC	19 株 aBbC	
7 株 abc	24 株 aBbc	
	14 株 AaBC	78 株 AaBbCc
	18 株 AaBc	
	20 株 AabC	
	16 株 Aabc	

整个式子包括 27 项。其中 8 项所有性状都是稳定的，每项平均出现 10 次；12 项有两个性状是稳定的，第三个性状是杂种的，每项平均出现 19 次；6 项有一个性状是稳定

的,另两个性状是杂种的,每项平均出现 43 次;有一个类型出现 78 次且所有性状都是杂种的。10、19、43、78 的比例是如此接近于 10、20、40、80 或 1、2、4、8 的比例,致使后者比例可毫无疑问地代表它真正的数值。

这样,当原始亲本有 3 个性状不同时,杂种的发展可按下述式子进行:

$$ABC+ABc+AbC+Abc+aBC+aBc+abC+abc+2ABCc$$
$$+2AbCc+2aBCc+2abCc+2ABbC+2ABbc+2aBbC$$
$$+2aBbc+2AaBC+2AaBc+2AabC+2Aabc+4ABbCc$$
$$+4aBbCc+4AaBCc+4AabCc+4AaBbC+4AaBbc+8AaBbCc$$

这也是一个组合系列,在这个系列中把 A 和 a、B 和 b、C 和 c 的式子结合在一起,其公式为:

$$A+2Aa+a$$
$$B+2Bb+b$$
$$C+2Cc+c$$

这个式子可得出系列的全部类别。其中产生的稳定组合同性状 A、B、C、a、b、c 之间各种可能的组合都是符合的;这中间有两类 ABC 和 abc 同两个原有的亲本原种相似。

此外,用少数试验植株作了进一步的试验,把剩下的其余性状两个一起,3 个一起地结合成杂种,全都得到了大致相同的结果。因此,毫无疑问,对试验所包括的全部性状来说,可应用的原理就是由几个主要不同的性状结合成的杂种后代,表现在组合系列的各项,这里面把每对可区分的性状都合并到一起。同时证明,每对不同性状在杂种结合中的关系,同两个最初的亲本原种在其他方面的差异是独立无关的。

设以 n 代表两个原种的可区分性状的数目,3^n 就得出组合系列的项数,4^n 为属于这个系列的个体数,而 2^n 则为保持稳定的组合数。因而,假如原种有 4 个性状不同,这系列就具有 $3^4=81$ 个类别,$4^4=256$ 个个体和 $2^4=16$ 个稳定的类型;或者,换一种说法,每 256 个杂种后代,有 81 个不同组合,其中 16 个是稳定的。

在豌豆中,用重复杂交的方法实际上已经得到了上述 7 个可区分性状可能结合的全部稳定的组合。其数字是 $2^7=128$。由此得到证明,按照(数学的)组合定律,可能推算的所有组合,通过反复人工授精,可以得到在一群植物的几个品种中出现的稳定性状。

有关杂种的开花期,试验尚未结束。但已经可以说,杂种开花时间几乎正好在母本和父本之间,而且,杂种在这个性状方面的结构,大体上是遵循在其他性状方面所确定的规律。选用这类试验的类型,彼此间在开花中期方面的差别,至少需要 20 天,而且,播种时所有播种深度必须一致,以使它们能同时发芽。还有,在整个开花期,必须考虑到更重要的温度变化和由此引起花期的部分提早或推迟。显然,这个试验面临着许多需要克服的困难,并需要巨大的注意力。

假如我们打算用一种简单的方式来整理所得到的结果,我们发现那些在试验材料中易于肯定地识别的可区分性状,在它们的杂种相互关系中,全部行为都精确相似。每一对可区分性状的杂种后代,有一半仍然是杂种,而另一半则是稳定的,其中母本和父本性状的比例相等。假如通过异花受精把几个可区分的性状结合在一个杂种里面,所产生的后代就得到一个组合系列的各项,这个组合系列是把每一对可区分性状的组合系列合到一起。

用作试验的全部性状,其表现行为整齐一致,这使我们得以充分证实接受以下的原则是正确的,即有些其他性状在植物中不是表现得那么界限分明,因而不能在各个试验中把它们包括进去,但也存在着类似的关系。用长度不同的花梗进行的一次试验,总的来说,结果是相当令人满意的,虽然在类型的区分和系列的排列方面,它不可能做到像准确试验所必不可缺的那样肯定。

杂种的生殖细胞

上述试验结果导致进一步试验,试验结果看来适合于对杂种的卵和花粉细胞的成分作出一些结论。豌豆方面所提供的一条重要线索是在杂种后代中间出现的稳定类型。同样地,在相连性状的全部组合中也发生这种情况。单凭经验来说,我们发现每种情况下皆可证实,只有当卵细胞和受精花粉具有相同性状时,才能产生稳定的后代,因而卵细胞和授精花粉这二者都具有创造十分相似的个体的材料,其情况犹如纯种的正常受精一样。因此我们必须肯定地认为,当杂种植株产生稳定类型时,必然有恰恰相似的因素在起作用。既然一个植株,甚或一个植株的一朵花产生出各种稳定的类型,那么看来得出下面的结论是合乎逻辑的,即杂种的子房里形成许多种卵细胞,而花药中形成许多种花粉细胞,其情况如同有可能的稳定组合类型一般,并且这些卵和花粉细胞的内部组成同各个类型的卵和花粉细胞是一致的。

事实上,有可能从理论上证明,这个假设完全足以说明各代杂种的发育情况,只要我们同时假定杂种所形成的各种卵和花粉细胞,其平均数目相等。

为了用试验证明这些假设,设计了以下试验。通过受精把两种在种子形状和子叶颜色方面不同而稳定的类型结合起来。

试以 A、B、a、b 再次代表可区分的性状,我们就有:

AB　　母本	ab　　父本
A　圆形	a　皱缩形
B　黄色子叶	b　绿色子叶

把这种人工授精的种子同两个亲本原种各取几粒种子一起种下,并取样生长最健壮的植株作正反交。受精情况如下:① 用 AB 花粉给杂种受精;② 用 ab 花粉给杂种受精;③ 用杂种的花粉给 AB 受精;④ 用杂种的花粉给 ab 受精。

这四项试验,每项试验 3 个植株上的全部花朵都受了精。如上述理论是正确的话,杂种必定产生 AB、Ab、aB、ab 类型的卵和花粉细胞,其结合情况如下:① 卵细胞 AB、Ab、aB、ab 和花粉细胞 AB;② 卵细胞 AB、Ab、aB、ab 和花粉细胞 ab;③ 卵细胞 AB 和花粉细胞 AB、Ab、aB、ab;④ 卵细胞 ab 和花粉细胞 AB、Ab、aB、ab。

以上各项试验只能产生以下类型:① AB、ABb、AaB、AaBb;② AaBb、Aab、aBb、ab;③ AB、ABb、AaB、AaBb;④ AaBb、Aab、aBb、ab。

此外,如果所产生的杂种的卵和花粉细胞的几种类型,其数目平均相等,那么在每项试验的上述 4 种组合应当彼此间比例相同。但不能指望这种数字关系完全相符,这是因为每一次受精,即使在正常情况下总有一些卵细胞不能发育,或以后死亡,而且有许多即使发育良好的种子播种时却不能发芽。上述假设还受到以下方面的限制,即尽管它要求产生同等数目的各种卵和花粉细胞,但它并不要求每一个杂种在数学上准确无误。

第一和第二项试验的主要目的为证明杂种卵细胞的组成,而第三和第四项试验则是确定花粉细胞的组成,如上述证明所示,第一和第三项试验同第二和第四项试验应当刚好产生同样的组合,而且即使在下一年,在人工授精种子的形状和颜色方面,应当部分地看出这个结果。在第一和第三项试验,种子形状和颜色的显性性状 A 和 B,在每个组合中都出现,且部分是稳定的,部分与隐性性状 a 和 b 成杂种结合,为此,显性性状必定把它们的特点印刻在全部种子上。因此,如果这个理论证明是正确的话,全部种子应当是圆和黄的。另一方面,在第二和第四项试验,一种组合在种子形状和颜色方面都是杂种,因而种子是圆和黄的;另一种组合种子形状是杂种,但颜色是稳定的隐性性状,所以种子是圆和绿的;第三种组合种子形状的隐性性状是稳定的,但颜色是杂种的,其结果种子是皱缩和黄的;第四种组合种子的两个隐性性状都是稳定的,因而种子是皱缩和绿的。这样,在这两项试验中都可以指望有 4 种种子,即圆和黄、圆和绿、皱和黄、皱和绿。

收获结果同预期情况完全相符。所得结果如下:

第一项试验,98 粒都是圆、黄种子;

第二项试验,31 粒圆和黄、26 粒圆和绿、27 粒皱和黄、26 粒皱和绿的种子;

第三项试验,94 粒都是圆、黄种子;

第四项试验,24 粒圆和黄、25 粒圆和绿、22 粒皱和黄、26 粒皱和黄的种子。

现不再对试验取得成功有任何怀疑;下一代必能提供最终的证据。从播下的种子中,第一项试验得 90 株,第三项试验得 87 株。所结种子情况如下:

第一项试验	第三项试验	
20	25	圆黄的种子 AB
23	19	圆黄和绿的种子 ABb
25	22	圆和皱黄的种子 AaB
22	21	圆和皱、绿和黄的种子 AaBb

第二和第四项试验中圆和黄的种子产生具有圆和皱、黄和绿色种子 AaBb 的植株;从圆绿种子中,产生具有圆和皱绿种子 Aab 的植株;皱黄种子产生皱黄和绿色种子 aBb 的植株;从皱绿种子长成的植株,只产生皱绿种子 ab。

虽然这两项试验都有一些种子不能发芽,但并不影响上年取得的结果,因为每一种种子所产生的植株,就它们的种子来说,彼此相似,而与其他植株不同。因此,所得结果如下:

第二项试验	第四项试验	
31	24	株为 AaBb 类型
26	25	株为 Aab 类型
27	22	株为 aBb 类型
26	27	株为 ab 类型

因此,在全部试验中,出现了所提出理论要求的所有类型,且数目几乎相等。

在另一项试验中,进一步试验了花色和茎长的性状,假若以上理论是正确的话,选择进行到试验第三年,每一个性状应该出现在全部植株的一半。试以 A、B、a、b 再次代表各种性状。

A 紫红色; B 长轴; a 白花; b 短轴。

类型 Ab 为 ab 所受精,产生杂种 Aab。此外,aB 也为 ab 受精,而产生杂种 aBb。翌年,为进一步受精,Aab 杂种用作母本,而杂种 aBb 用作父本:

母本 Aab, 可能的卵细胞 Ab、ab;

父本 aBb, 花粉细胞 aB、ab。

卵和花粉细胞间受精可能产生 4 种组合,即 AaBb＋aBb＋Aab＋ab

由此看出,按上述理论,在试验的第三年,全部植株情况如下:

半数应为紫红色花(Aa),第 1、3 组;

半数应为白花(a),第 2、4 组;

半数应为长轴(Bb),第 1、2 组;

半数应为短轴(b),第 3、4 组。

从第二年的 45 次受精产生了 187 粒种子,其中只有 166 粒种子在第三年长到开花期。其中各组出现的数目如下:

组别	花色	茎	出现次数
1	紫红	长	47
2	白	长	40
3	紫红	短	38
4	白	短	41

由此出现了:

85 株紫红色花(Aa);81 株白花(a);87 株长茎(Bb);79 株短茎(b)。

因此,所提出的理论在这个试验里同样令人满意地得到了证实。

在豆荚形状、豆荚颜色和花的位置等性状方面,也作了小规模的试验,所得结果完全相符。由可区分性状联合成全部可能的组合,都充分地表现出来,并且数目基本相等。

因而,通过试验证实了这样一种理论,即豌豆杂种所形成的卵和花粉细胞,在它们的组成方面,数目相等地代表着受精中性状联合而组成的全部稳定的类型。

杂种后代中各种类型的差异以及观察到它们在数目上的相应比例,可以在以上提出的原理中找到充分的解释。每一对可区分性状的展开系列可提供这方面最简单的例子。这个系列用 A＋2Aa＋a 式子表示。其中 A 和 a 指具有稳定的可区分性状的类型,而 Aa 为这两者的杂种类型。它把 4 个个体分成 3 个不同的组别。产生这种结果时,A 和 a 类型的花粉和卵细胞均等参与受精;因此每一类型发生两次,而形成 4 个个体。这样参与受精的是:

花粉细胞 A＋A＋a＋a

卵细胞 A＋A＋a＋a

因此,两种花粉中哪一种花粉同每一个个别的卵细胞相结合,纯粹是一种机会而已。然而,根据概率定律,按许多情况的平均来看,经常会发生的情况是每一种花粉类型 A 和 a 同每一个卵细胞类型 A 和 a 的结合往往机会等同,因此,两个花粉细胞 A 之一在受精中将同卵细胞 A 相遇,而另一个则同一卵细胞 a 相遇;同样地,一个花粉细胞 a 将同一个卵细胞 A 结合,而另一个与卵细胞 a 结合。

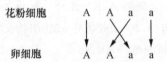

花粉细胞　　　　A　A　a　a

卵细胞　　　　　A　A　a　a

设以相结合的卵和花粉细胞的符号以分数的形式表示,把花粉细胞放在线上,卵细胞在线下,就可以弄清楚受精的结果。这样我们可写成:

$$\frac{A}{A}+\frac{A}{a}+\frac{a}{A}+\frac{a}{a}$$

第一和第四项,卵和花粉细胞为相同种类,因而它们相结合的产物必然是稳定的,即 A 和 a;另一方面,第二和第三项又产生原种的两个可区分性状的结合,因此,由这些受精所产生的类型与原种所产生的杂种类型相同。因而这就发生一种重复杂交。这说明了一个惊人的事实,即杂种除了产生两个亲本类型外,还能够产生同它本身相像的后代:

$$\frac{A}{a}和\frac{a}{A}$$

两者都得到同样的结合 Aa,这在前面已经提到,花粉或卵细胞属于这两个性状中的哪一个性状,对受精的结果不会带来差异。因而我们可以写成:

$$\frac{A}{A}+\frac{A}{a}+\frac{a}{A}+\frac{a}{a}=A+2Aa+a$$

这个式子代表当两个可区分性状在杂种中结合时,其自花受精的平均结果。但是,个别的花朵和个别的个体,这一系列类型所产生的比例可能有明显的变动。除了在事实上只能把种子器官中发生的两种卵细胞的数目,看做是平均相等外,究竟两种花粉中哪一种花粉同每一个个别的卵细胞受精,却仍然是一种纯粹的机会。为此,个别的数值必然有所起伏,甚至有可能出现极端的例子,这在以上有关种子形状和子叶颜色的试验方面已经谈到过。数目的真正比例,只能通过从尽可能多的单个数值的总和中平均推算出来;数目越多,越能消除单纯的机会效应。

由两种可区分性状结合的杂种,其展开系列在 16 个个体中有 9 个不同的类型,即:

AB＋Ab＋aB＋ab＋2ABb＋2aBb＋2AaB＋2Aab＋4AaBb

在原种的可区分性状 Aa 和 Bb 之间,可能有 4 种稳定的组合,因而杂种就产生相应的 4 种卵和花粉细胞 AB、Ab、aB、ab。每一种在受精中平均出现 4 次,因为此系列包括 16 个个体。而受精的参与者是:

花粉细胞　　　　　　　　AB＋AB＋AB＋AB

　　　　　　　　　　　＋Ab＋Ab＋Ab＋Ab

　　　　　　　　　　　＋aB＋aB＋aB＋aB

　　　　　　　　　　　＋ab＋ab＋ab＋ab

卵细胞　　　　　　　　　AB＋AB＋AB＋AB

$$+Ab+Ab+Ab+Ab$$
$$+aB+aB+aB+aB$$
$$+ab+ab+ab+ab$$

在受精过程中每一种花粉总是以平均相等的机会同每一种卵细胞结合,因此 4 个花粉细胞 AB 的每一个,都有一次机会同卵细胞的各种类型 AB、Ab、aB、ab 中间的一个相结合。其余的几种花粉细胞 Ab、aB、ab 也以完全相同的方式同所有其他的卵细胞相结合。因而,我们得到:

$$\frac{AB}{AB}+\frac{AB}{Ab}+\frac{AB}{aB}+\frac{AB}{ab}+\frac{Ab}{AB}+\frac{Ab}{Ab}+\frac{Ab}{aB}+\frac{Ab}{ab}+\frac{aB}{AB}+\frac{aB}{Ab}$$
$$+\frac{aB}{aB}+\frac{aB}{ab}+\frac{ab}{AB}+\frac{ab}{Ab}+\frac{ab}{aB}+\frac{ab}{ab}$$

或　　　　$AB+ABb+AaB+AaBb+ABb+Ab+AaBb+Aab+AaB+AaBb$
$$+aB+aBb+AaBb+Aab+aBb+ab=AB+Ab+aB+ab+2ABb$$
$$+2aBb+2AaB+2Aab+4AaBb$$

当 3 种可区分性状结合在杂种中时,其杂种的发展系列也按此完全相同的方式表示之。杂种形成 8 种不同的卵和花粉细胞 ABC、ABc、AbC、Abc、aBC、aBc、abC、abc,而且每种花粉再次平均地使自己同每一种卵细胞结合一次。

因此,控制杂种发育的不同性状的组合规律,可以在所阐明的原理中找到根据和解释,即杂种所产生的卵细胞和花粉细胞,以相等数目代表着受精中性状结合所产生的全部稳定的类型。

▲ 谈家桢（1909—2008），我国现代遗传学奠基人，杰出的科学家和教育家。图为谈家桢在科研与教学时的照片。

下　篇

　　自 1900 年孟德尔定律被欧洲三位科学家重新发现后，才诞生了现代意义上的遗传学。此后历经细胞遗传学、微生物遗传学、分子遗传学等不同的发展阶段，其发展极为迅猛，至今方兴未艾。

孟德尔所在的修道院

脓细胞的化学成分[①]

约翰·米舍尔(F. Miescher)[②]

(1871 年)

直到目前为止,脓化学几乎完全是从病理学的角度来研究的。最近也利用脓来研究原生质特性。这个材料是不完整的,而且使用必须小心,但它是唯一容易得到的材料,为此,作为一个起点,它是合适的。

由图宾根外科医院供给研究材料。从包扎伤口的敷料上收集脓液,并立即使用。废弃那些从外形和气味说明已进一步解体的材料。我所处理的材料在数量上常有变动,但这种变动很少超过两盎司重,常常是略有变动。

显然,我没有用生理上新鲜的,也就是说活的脓细胞。因此,本人的试验结果需要进行专门的观察予以校正。

本研究首先迫切要求把细胞从血清中分离出来。通过过滤常得到稍微清洁的血清,但通常这只是赠品的一部分,盐溶液沉降用在血球上卓有成效,但此处未见成功,因为整个细胞团膨胀成发黏的东西,即使变换各种浓度也是这样。为此,我改用了其他的盐溶

---

① 梁宏译自 F. Miescher. On the chemical composition of pus cells. **Great Experiments in Biology**,1957:233-239.

② 约翰·米舍尔(Johan Friedrich Miescher,1844—1895),瑞士生物学家。他通过对脓细胞的分析发现了一种含磷量极高、还含有氮和硫的成分,这种成分来自细胞核。米舍尔把它命名为核素(nuclein),后来被称为脱氧核糖核酸(DNA)。他认识到核素可能在遗传信息的传递中起重要作用。为证明自己的看法,他进行了大量实验,遗憾的是未能获得理想证据。但为后人(O. T. Avery)证明 DNA 是传递遗传信息的载体铺平了道路。

液。经过试用各种碱盐和碱面,最后确定了一种混合物:一份 Glauber 盐(硫酸钠)饱和溶液和九份水。用这种溶液冲洗吸有脓液的敷料,这样在清晰过滤的脓血浆中不产生一点混浊。用亚麻布过滤液体以除去棉花纤维。大多数细胞很快地从这个液体沉淀出来,即常常在一两个小时以后,能从浆状沉淀物中撇出一种混浊液。通常在一天内反复冲洗两三次。通过过滤把大多数冲洗液从脓细胞黏液中除掉。所得到的细胞在显微镜下的样子为球形,略膨胀鼓起,色暗淡,好的材料没有一点解体的迹象。

核 和 核 素

像现在这样具有纯细胞的材料,特别需要解决细胞核的化学成分问题。我在别处提到,用很稀的苏打(碳酸钠)溶液提取细胞时,人们可以在其他东西中得到一种溶液加酸沉淀的物质,这种物质既不溶于过量的酸,也不溶于盐,但加上微量的苛性碱或碳酸碱,它就溶化了。同已知的组织化学事实相符,这一材料非常可能是细胞核。然而,我用稀释的酸想令人满意地把它从联结在一起的蛋白质里分离出来,却未获成功。仍有难以掌握的不能过滤的混浊度。所以我试图把细胞核本身分离出来。

为此,我首先使用了很稀的盐酸,延长其作用时期以溶解原生质,留下裸露核,但结果不完,处理数天后,有些核几乎总是被分离出来,有时数目还不少;但多数情况下一些原生质顽固地同核粘在一起,即使更换液体 6～10 次也是如此,而且酸只吸收一点蛋白质。因此,没有溶解的原生质残余物沉淀是不完整的,且过滤冗长费时,醋酸的结果甚至更差。

用一种更机械的方法,以稀盐酸处理细胞数周(严冬条件下),得到了少量核。我用乙醚和水长时间有力地摇晃这些没有溶解的残余物。细胞团仍然含有在两个液体之间界面上所收集到的原生质残余物。然而,过一段时间在水层底部看到细粉末沉淀。可用一过滤器把它收集起来。它完全是纯核,外形光滑,含有物均匀一致,且明显地分出核仁。比它们原有体积略小。用新鲜水摇晃,可从剩下的细胞中重新取得核,但数量总是很少。核的比重高于原生质的比重,可依此作为这一分离方法的基础。

所得到的核在纯水中完全没有改变,但在非常稀的碱液中就变得膨胀,色浅。核仁颜色也变浅,看不清。添加酸后可恢复原来的结构样子。核在 NaCl 溶液中也有点膨胀,碘染色明显地呈黄色。上述稀苏打溶液从核中萃取出一种黄色溶液物质,当它被稀释的醋酸或盐酸处理后,产生出不溶于过量酸的簇毛状沉淀物。这些沉淀物在纯水中丝毫不膨胀,但如在煮沸时在仍然清洁的液体中加一点点苛性碱或碳酸碱以及普通的磷酸氢钠就溶解了,加 NaCl 则不溶解。加硝酸产生黄蛋白反应,尽管仔细漂洗也仍然如此;加氢氧化钠和硫酸铜产生蓝紫色溶液。它可溶于强盐酸,在稀释液中产生的沉淀即使加大量水也不溶解。从而证明该物质本身与蛋白质有关,但不是蛋白质的一个成员。除在中性水中完全不膨胀或溶解外,总的说来同艾希瓦尔德(Eichwald)的黏蛋白是一致的。

可以在滤器上得到这样一种物质,这种物质即使在浓苏打溶液中也不溶解。用酒精和乙醚干燥后,它像一棉胶似的薄片从滤器上顶出。在显微镜下它仍然清楚地呈现出核及其核仁的轮廓。该薄片可溶于浓 HCl 和苛性碱中,尽管不是顷刻发生,但另一方面,即使把它放在一个密闭的玻璃管中用冰醋酸加热到 140℃ 达数小时,却仍然无变化(与角蛋白物质形成对照)。根据这些溶解特性,大体上有点像弹性物质。用上述方法得到了少量核,仅满足于上述少数反应,作元素分析是毫无问题的。

所以,我抓住了一种方法,这种方法早就使用于蛋白化学,即含有胃蛋白酶的液体,对蛋白质的溶解是有效的。把猪胃提取液每一升水加 10 毫升强盐酸过滤澄清。在 40℃ 条件下,用这种液体直接处理刚漂洗过的脓细胞没有得到令人满意的结果。多数材料溶解了,但释放出一定量的油滴,这可能是卵磷脂解体的部分结果,这使得未溶解的残余物悬浮成难以过滤的混浊液。因此我延长用温酒精处理的消化时间,通常为 3~4 倍,然后处理残余物,现在已差不多没有卵磷脂了,在 37~45℃ 条件下消化。在几小时内,从清净的黄色液体中分离出细小粉末状的灰色沉淀。这肯定是一个完全的反应。消化 18~24 小时,在此期间两次倒出和更换液体。第二次提取后,沉淀物在数量或显微特性方面不再有变化。沉淀物只有分离出来的核,没有一点点原生质残留物。有时候混杂几个细小、中等折射的颗粒,但多数颗粒穿过滤器被洗掉。如酒精提取没有用尽,会看到一些油滴。沉淀物加新鲜乙醚反复摇晃以除去脂肪。最后一次倒出乙醚后,很容易在滤器上收集到黏土般的灰色团的核,这时用水随意冲洗不会产生任何改变。冲洗持续到丹宁不再使滤液混浊为止。

一旦弄清楚必须注意的要点,我完全担保用这种方法能从脓细胞得到数量理想的核。得到的核完全是裸露的,但至少大多数不像单用盐酸分离出来的核那样光滑。虽然这些核在大小上与上述方法制备得到的核无显著差别,但它们常常有点皱缩,显然被折射了的样子,有的看起来好像它们的膜厚度不等,或出现球形模糊的样子。这是否因为内含物的改变,还是表面的皱缩和变粗糙?这一点尚未能肯定。有些核的轮廓光滑,其他一些核看来被腐蚀了。球形不明显的核,其核仁清晰可见。然后用温酒精把这种方法得到的经过漂洗的细胞团处理几次。酒精提取出少量在蒸发时呈油状和浅棕色的物质。它在乙醚中慢慢地溶解,留下有点发脆的残留物。根据这些特性,它很像卵磷脂;遗憾的是忘了用磷作分析。通过第三次提取,就不值得再去追踪该物质了。

经过纯化的细胞核团,除了其显微情况外,像是用稀 HCl 分离出来的核。用稀苏打溶液产生黄色液体,可以用醋酸或 HCl 从这个液体沉淀出一种不溶于过量酸的沉淀物。酸性滤液不论是中和还是添加亚铁氰化钾都不会变混浊。这物质的主要部分还是不溶解的,但它慢慢地溶于苛性碱。从单用 HCl 分离出来核的相当类似行为来看,不溶性并非是酒精或煮沸加热的问题。相反,我相信显微形状的改变可能是用酒精提取一种物质,即卵磷脂的结果。有些核混浊度不一;这可能因核的发育时期不同,而提取材料的量就有所不同。

溶于苏打溶液的材料,像上述用 HCl 分离核那样,发生类似粘蛋白的反应。但我不能得到更多的量,过滤器填满了膨胀的残留物,而如延长过滤进程,溶液中材料就会变质,形成的产物可能是被丹宁而不是被醋酸沉淀。我用少量材料作氮的测定。所以后期试验我只用整个核,而把更好的材料留下作组分分离,这里我暂时把它称为可溶性核素和不溶性核素。

　　纯化的核,尽管在浓 HCl 中不是顷刻间溶化,但它完全是可溶性的。如试剂作用时间不长,然后用水稀释,几乎全部材料都再一次下沉为毛丛状沉淀物,加大量的水也不溶解,然而,用亚铁氰化钾处理和中和,滤液产生一点点沉淀,丹宁使后一种滤液有点混浊。再延长作用时期,这种转化产物的数量就增多,到最后不论是稀释还是添加亚铁氰化钾都不产生沉淀。多数沉淀仍然是用丹宁处理形成的。而溶液常常是紫红色。

　　苛性碱的效应相似,它完全溶解核。首先,当用 HCl 或醋酸进行酸化,几乎什么都再次沉淀,但这种沉淀很容易在最稀的苏打溶液中溶解。我据此作出假设:可溶性和不溶性核素无本质差别,它可能只是一些变更,却易于从一种转换成另一种。当然,这一假设尚需进一步验证。同样,酸性滤液进行中和或添加亚铁氰化钾变得混浊。用相当稀的氢氧化钠处理数天后,这种中性溶液形成大量沉淀,此沉淀几乎完全溶解于 1/1000 HCl 和稀醋酸中;但丹宁也会使这种中性滤液变混浊。这证明上述类似白蛋白的反应未必是夹杂有白蛋白的结果。看来这种类似白蛋白或类似酸肌球腼的物质很可能是在核素转化中形成的中间产物,但最后形成陈那样经常成团的产物。我得到的是转化的哪一个阶段? 对各别情况我不能确定,在显然相似的情况下,不同时间所得结果不一。显然,只有元素分析和对所形成的产物作精确的研究,才能对这两种反应是否可靠而作出肯定的结论。煮沸的冰醋酸既不溶解可溶性的核素,也不溶解不溶性核素。但看来也在慢慢产生种类相似的转化物。我没有用金属盐作任何反应,因为我知道只有核素碱溶液。另一方面,尽管材料很缺,只要许可,我就用它来确定元素成分的重要特性,我宁肯对少数极重要的成分作重复分析,而不是去进行一项单个的全元素分析,因为这一措施有助于更好地初步确定:所涉及的究竟是一个化学实体,还是一个混合物? 一旦我发现有可能时,我将完成这些资料。此物质含有氮、硫,且特别富有磷。这样,蛋白质含磷的老习惯有一个真正的基础。

　　(1) 0.1915 g 可溶性核素产生 1811 Pt. = 13.47 氮。分离后用酒精没有提取出核。以后的测定是用热酒精提取的完整的核来进行的;

　　(2) 0.2278 g 得 0.2378 Pt. = 14.60 氮少量氯化铂在蒸发时意外地被分解了;

　　(3) 0.2545 g 得 0.2518 Pt. = 13.99 氮;

　　(4) 0.1862 g 得 0.1840 Pt. = 13.97% 氮;

　　(5) 0.3882 g,用氢氧化钾和硝酸钾燃烧,得 0.0494 $BaSO_4$ = 2.005% 硫;

　　(6) 0.4611 g 得 0.0598 $BaSO_4$ = 1.78% 硫;

　　(7) 0.2453 g 得 0.0318 $BaSO_4$ = 1.77% 硫;

　　(8) 0.3882 g 得 0.0350 $Mg_2P_2O_7$ = 5.76% P_2O_5;

　　(9) 0.4611 g 得 0.0430 $Mg_2P_2O_7$ = 5.96% P_2O_5。

　　上述的(5)和(8)以及(6)和(9)的分析是以同一样品完成的,但这两次取样来自不同制备物。氮测定用 Will 和 Varrentrapp 法,除(5)和(8)外,用苏打和硝酸钾进行燃烧。

　　我相信,尽管这一分析并不完全,但仍可通过它作出结论,我们打交道的不是一种意外碰到的混合物,而是一种化学实体,或是一种关系非常密切的物质的混合物,有少量杂质时除外。有利于这一结论的另一点是可溶性核素和完整核之间含氮量的密切一致,尽管它们在制备方面明显不同,而这必然会减少含氮量。在质量分析方面,随着晋升到卵黄磷蛋白或鱼卵磷蛋白，人们会想到它是一种含有蛋白质或蛋白质衍生物的卵磷脂化合物。在一种物质和相同物质中存在 $5.8\%\,P_2O_5$ 和 14% 氮而否定这假设。它更可能是一种特殊物质，这种物质不能同目前已知的任何一种物质（sui generis）相比较⋯⋯

根据有待扼要报道的其他组织的试验，我看所有这些彼此略有差别的含磷物质将作为一组核素物质出现，这种物质或许值得同蛋白质作等同的考虑。

我只能设想，磷在生物体中起着最重要的生理作用。我特别记得人所共知的明显的事实，即在植物中，磷主要地或几乎独一无二地积聚在生长点；可以肯定核的出现局限在正在生长的部分，即局限在增殖过程中的细胞⋯⋯

根据现有的材料，我谈得离题了。虽然除元素分析外，缺少一些更简单和更清楚的试验，从这些试验或可指望对核素物质同目前已知物质的关系有重要的发现。本人将尽早发表更多的消息。我想，所取得的结果尽管是零碎的，但吸收别人，特别是职业化学家们来从事这方面的研究，却是十分明显的。了解核物质、蛋白质及其新陈代谢中间产物的关系，将有助于逐渐打开至今还如此完全地把细胞生长的内部过程隐藏起来的屏幕。

对了解细胞及其生命现象的贡献[①]

沃尔瑟·弗莱明（W. Flemming）[②]

（1879 年）

蝾螈幼虫尾鳍无色素区域是观察表皮活细胞分裂最好的物体。透明度极好的鳃丝没有显示出活的表皮细胞，而且尽管它们出现分裂核，但太暗淡，看不清楚。

尽管如此，还是用鳃丝作细胞分裂的固定和染色制品，因为它不要作切片或制备。我用过若干种试剂作固定剂，但总是归结到相同的 3 个结果最好的固定剂：苦味酸、铬酸和效果较差的氯化金。

苦味酸处理的主要优点是，当接下来再用苏木精或洋红（稍差些）染色时，会得到非常漂亮的核。染色前必须把酸充分洗净，苏木精溶液最好大大稀释。

蝾螈细胞分裂（活体后）比较其染色制备的说明

我的说明主要为鳍的表皮细胞和鳃丝。

人们很容易在充分喂饱的幼虫尾鳍的细胞表层和深层的静止核之间找到各分裂期。

① 梁宏译自 W. Flemming. Contribution to the knowledge of the cell and its life phenomena. **Great Experiments in Biology**，1957：240-245.

② 沃尔瑟·弗莱明（Walther Flemming，1843—1905），德国解剖学家。他研究了细胞分裂，发现了染色体及其有丝分裂过程，成为细胞遗传学的创建者。

在活组织中能识别的最早各期如下：

第一期：细丝紧密缠绕成小篮子编织物状

与暗淡但可以明显区分的静止核不同，表皮细胞的中央有一个暗淡、且区分不明显的物体，它常常比静止核稍大些或大得多，这种核在活动状态下看起来像稠密、精细的颗粒，但这种颗粒只是外观上的：这一期的染色制片十分清楚地说明，它是一种由精细的螺旋细丝聚合在一起的稠密而有规则的结构，它在活动状态下太暗淡而不能全部看清，所以在光学透过和其螺旋体的斜切面，使人看起来像是颗粒。染色浅的切片中肯定已不再存在核仁。同时，仍然可以从染色物体上看得见的原生质，明显地区分出核的形状来，其外形细小，但明显。

同静止核的结构相比，活动核的盘旋结构密集得多，分布更有规律，更明显地成团；活动核的细丝完全或差不多一样细，静止核却不是那样。

碎片物质在其静止状态，对像网状似结构和核仁那样的可以染色，但染色程度稍差。另一方面，在特别清楚的卷绕时期（前期），染色的碎片物质不再出现。现在我们认为这种物质被吸收形成核部分，形成网状物，准备分裂（与此有关，核仁在此时丧失其形状并消失，大概在分裂）。这时染色物质尚未完全变成网状物。碎片物质染色暗淡，可能存在它的没有变化的残余物。恰好在静止核中，试剂使它们显现成颗粒，这两种残余物以后也消灭，并不再在核中出现任何能凝结成颗粒的物质；每一个染色的物质都被吸收到结构成分中。此后结构成分体积增大，且通过核同时分裂成几乎相同的螺旋系。所有这些首先发生在核的周围。

这种物质必须在核中发生实际的转化，这一点是很清楚的，必须记住在静止期网状物的碎片物能染色，而在分裂时失去染色能力。据此判断，发育核的盘绕网细丝，仅仅是包括核仁在内的静止网状物的一种形态上的重新调整，这一点是不可能的。实际情况是，盘绕细丝团显然比静止核的结构大，同时，如果可以这样说的话，可以估测篮子状结构所积累的染色量，与包括碎片物在内的整个核在静止状态下所吸收的量相等……

第二期：母核的松散盘绕成篮子形状

倘若对中期形态核观察一段时间，可见的颗粒逐渐变粗和相互分开，不久便清楚地看出盘绕细丝联结在一起，但由于它们暗淡因而看不清楚。该物体的染色清楚地说明，确实存在着这种联结。核的形状是一个非常精细的由粗细均匀的盘绕细丝相互广泛联结在一起的篮子状结构，它能清楚地染色。同时碎片物质不再有一点点染色，并且核中不再出现任何精细的颗粒团（凝结）。核仁在此以前就消失掉。细丝越来越松散，它们的方向大部分同核的直轴成直角，或差不多成直角，这是一种在分裂后形成核时相当典型发生（甚至更明显地）的状态。

如果把这团篮子状结构同早先时期的染色物质团作一比较估测，这两者似乎是相等的。但如果比较细丝的粗度，第二期比第一期显著增粗，同时盘绕的密集程度减少了。关于这种细丝变粗可能由相邻的细丝合并在一起的想法已被排除。首先，根本没有找到这样一种情景：细丝中有一部分的粗度与第一期相同，另一部分的粗度与第一期比，则增加近一倍;其次,发现从细丝紧密地缠绕盘旋到粗丝松散地缠绕每一个变迁时期。据此出现下述关于发生转变方式最能被接受的意见:细丝密集篮子的丝变短了,同时粗度增加了,有点像肌肉纤维收缩成一根橡皮带,从其伸展的状态收短的方式,但要慢得多,以及同时慢慢地换成这样一种方式:它们总是同最大的可能范围保持一个等距离。

第三期:母核的星形状

分裂活动变迁到这一时期,网状丝似乎变得更加松散,而且从周围把环伸到明显的地方。中央仍然不清楚。变迁到这一状态的染色制片看到丝的层叠作用,其次序常常难以看清,但很快集聚一起,就看到细丝典型的层叠,尽管它并不是在所有情况下都是同样清楚的。这就是说,细丝中央和周围发生弯曲,我把它们简称为环。

到目前为止,我已看到过另一个非常突出的现象:细丝本身纵裂为二。这个过程在盘绕期终了时就已经发生,或发生在现在谈到的第三期的过程中。因此,在所有这些情况下,单丝或双丝这两者都会碰到。在转化到星体的时期,这些丝可能还是单根。但无疑在蝾螈方面有大量图片证明丝的纵裂是一典型过程。

表皮细胞核和红细胞细胞核,其丝的各半几乎完全是平行的,在内皮细胞则有点分开,以及在结缔组织细胞常常在同一方向上折回一个短的距离。

以后这些丝沿着它们的整个长度彼此分开,在这种情况下出现一很好的丝星(threaded star),它的射线同过去的相比,数目上多一倍,粗度上少一半。

下一期(赤道板)的丝粗度也经常是单丝星(single-threaded star)粗度的一半,这一简单的事实说明,这种丝的纵裂(至少在蝾螈中是这样)是一个重要而稳定的时期。

目前还没有核分裂的研究人员作过这种丝分裂的报道,因而我马上向自己提出问题,这是否是试剂的作用? 由于用苦味酸和铬酸制片都经常出现相同的现象,却又未必是试剂的反应。鉴于我幸运地在几种情况下都看到活动状态下的双丝,我就能排除上述想法。

第四期:赤道板

这一期发生得快,通过得也快,因此用试剂不太容易使之固定;但是,在研究每一个活表皮细胞分裂时,总看到重现这种典型的时期,同时由于它特有的形状,值得把它作为一个单独的时期。

上期特点是平展的星体以两个圆锥体的形式朝两极伸展,这一期则不同,丝的集聚方式是所有的丝最初有点盘旋,以后展开成越来越同分裂轴平行,占据了一个厚板的位置,约为整个细胞长度的 $1/5 \sim 1/4$,有时为 $1/3$。这个板经常在赤道位置,并坐落在同分裂轴呈直角之处。

人们可以就这一时期提出以下两点可能性,而无须对其中的每一点提出证据。

(1) 两个未来的核物质早已准备就绪,并在星体时期聚集在一起。在这种情况下,赤道板时期只是把这些成分重新整理而已。

(2) 两个核各半的分离可以发生得比赤道板时期早,这也是可能的。在这种情况下,一个特别值得注意的现象是丝的纵裂。它总的来说预示着什么? 当发现这一现象时我立刻想到,尽管方式很不相同,或许它代表着分裂为二的同源性,核板成分将按照 Strasburger、Bütschli 和 O. Hertwig 等人的发现进行分裂:每根丝纵裂一半的丝移入核的一半,另一半丝移入核的另一半,换句话说,各自进入未来的子核中去。

如果我们假定一个双股丝的纵裂一半预定给一个新核,而另一个纵裂一半给另一个新核,和所有的双股丝一样都是这样分配,我们还可以进一步假设(确实不能证明),在进入第四期前,所有中央的环分开,这样,每一个双股丝分为 4 个 1/4 丝,而不必要再分裂,但只要把 4 个 1/4 丝的每两个分别进入核的一半中去,这可以发生在赤道板时期。从核图像的极一边伸到赤道板水平的每一根丝代表一个 1/4 股丝。

可以认为,在这期看到两边的丝在赤道板上的联结,必须是无特别重要的丝端的第二次接触或暂时的融合。

我之所以在这里提出此假设,是因为据我看来对丝的纵裂还不值得去作一些解释,那就太奇怪了。同时,我提出这种假设纯粹是一种可能性,决非坚持己见。

第五期:核图像的分开

这期的表现只说明核两半的分开移动,因为核两半的实际分开早就开始了。

每一半核图像有点像一只阔的盛鱼的篮子,但带有向外稍凸起的绳。在极的视阈看这时期,它的样子像一颗星。但在表皮细胞观察不是很清楚,上面已经提到,因为细胞早已在水平面上分裂。

第六期:子核呈星状

对目前末端自由的两个各半核的丝各朝着相反的另一边移动,而越来越离开,这样,有些位于周边的丝常取向于细胞的极。在这种情况下,图像为一个伸长的星体样子,有时非常有规则,有时不太有规则。

此时细胞体的一边常常出现缢痕沟。

第七期:子核呈环圈和盘旋状

活细胞中的每一个子核有点像早些时候第二期的母核。其特点是不断地深入到极一边,因此这两个形状为外凸内凹板的篮子,彼此把它们外凸的一面对着另一个篮子。在这期的稍后过程中,它们盘绕在一起如此密集,以致活动的幼核给人的印象是一丛粗糙的内部均匀一致的物质,染色非常清楚,但这是一种错误的印象,而一个完全均匀的时期根本不会在这里产生。只要在这个明显均匀一致的类型中加上醋酸,就立刻看到不规则的棒结构的清晰图片。

细胞在这期分裂。早在以前的时期就出现分裂的第一个标记。缢痕沟也逐渐影响到另一边,赤道渐渐变窄,细胞体收缩成两个;在表皮细胞中,这一过程在无干扰、无停歇的情况下相当缓慢地发生(我没有在其他细胞直接观察到这种过程)。细胞内部的赤道板无明显区别。

第八期(如有人希望这样鉴别):网状子核,回到静止状态

从第七期变迁到静止状态全部时期到处大量发现成对的幼核;因而这种变迁继续相

当长时间。很清楚，细胞分裂后首先是丝盘旋，然后大多数丝排列成横向伸展到核的纵轴。由于这样的结果，这些成对的横断幼核初看起来，除它们小些外，像静止时期。细丝结构从这种状态进入到均匀一致的网状结构的状态；但丝不再盘旋。网状结构逐渐变得更浓密，却始终呈暗淡色，而核慢慢增大。与此同时，核在细胞体内轮廓勾画清楚，而丝之间的间隙物质现在能染上色。但是在核那里还看不到确切的有形的膜。在下一个呈黄色、更暗淡的时期，出现的轮廓更加清楚，于是它的形状恢复到静止时期的核。这些网状幼核，尽管呈色暗淡，但比活动状态和保存状态下的老核更清楚，更有规则。我的印象是核膜并不长成一连续层，它变硬，或模糊不清，而实际上它是网状物的边缘部分在细胞质的周围联结成一个薄层。

我没有直接观察到核仁的样子。在幼核和在暗淡、较大的核中，还是看不到核仁。因此，这一非常重要的问题仍有待于确定。

所有这一切都明显地看出，子核的形状最初是一个伸长的星体。它转变成一个星体或带有盘旋细丝的环，它们又变成两个环，一个在外和一个在中央，从这些环长出一束旋卷丝。从这一束旋卷丝形成带有间隙物质的网状物。同样明显的是，除双星外，这整个过程是母核所经历过的一系列恢复变化。

卵成熟和受精的研究[①]

埃德瓦·贝内登(E. V. Beneden)[②]

(1883 年)

如果我可以这样表达的话,我希望提请注意,卵在其成熟史中,各连续时刻的染色质成分的数字组成问题。

在全部发育时期,我发现卵核染色质团分成两个部分,每个部分由 4 个成分组成。这 4 个成分常常成对聚集在一起。

萌发粒中有两个核板,各由 4 个染色质体组成。

在第一个极体中,我们发现两个染色质体,各由 2 个或 4 个或多或少明显分开的部分组成。

在未成熟卵核(次生卵母细胞)中,我们发现两种染色质残留物,它们分开成两组成分。

第二个极体有两个染色质体,各由两部分组成,每一个部分又由两个黏着的成分组成。

雌性原核有两个染色质聚合物。每个染色质聚合物由两个小型染色团组成,每个染

---

① 梁宏译自 E. V. Beneden. Researches on the maturation of the egg and fertilization. **Great Experiments in Biology**,1957：245-248.

② 埃德瓦·贝内登(Edouard Van Beneden,1846—1910),比利时动物学家。他证明了生物体各部分的细胞染色体数相同,染色体数目具有种的特异性。他以染色体数很少的巨头蛔虫(*Ascaris megalocephala*)为材料进行了研究,发现生殖细胞减数分裂时染色体数减半,并通过受精而恢复原数。

色团有两个染色深的棒……

至于雄原核的成熟现象,它们同我关于雌原核的描述相同:当它们到达其完全发育时,同样构成两个成分……然后两个原核朝着卵的中央相互靠拢。通常在卵的上部附近长出雌原核,它为了配合比雄原核移动的距离要大得多;后者移动的距离不多。

卵通过间接方法(有丝分裂)发生分裂,两个没有融合的原核,都参与形成一单个的具双着丝的图像。尽管这两个原核仍然完全不同,但它们同时进行,在有丝分裂过程中,正常细胞的核发生相同变化。每个原核给赤道面的染色质星体提供两个环;星体由两个雄环和两个雌环组成。每个原核纵裂为二,各一半。一份进入到其中一个子核中去,而另一份进入到第二个子核中去。开始时,雄的和雌的染色质成分之间不发生任何融合。如果确实发生这种融合,它只能在头两个胚细胞核中发生。赤道板的染色质星体一部分由雌原核,一部分由雄原核提供,这一点同分裂球的分裂形式是相同的。两边的星体由 4 个染色质环构成。如果在头两个分裂球分裂时,看到的染色质星体代表分裂过程中的核,那么由原核发育的第一个星体就等于一个单细胞核。

但是,既然这种表达方式也十分适用于较早时期,这就使我们考虑到,尽管这两个原核彼此相距一定距离并完全分开,却共同代表一个细胞的单核;每一个原核等于核的一半。但这一结论不能使我们忘记,不论在有丝分裂之前或有丝分裂期间都没有发生任何融合,至少就原核的染色质成分来说是这样。

两个原核的非染色质物质都不会掺合成一团;简而言之,尽管两个原核表现为好像它们一起构成一个单核,但在分裂的头几个时期,它们是可以区别的。没有发生两个原核结合成一个形态上单独的胚核。在叙述卵分裂成头两个分裂球之前,我们必须向自己提出问题,在哪一个时刻应当认为卵是受精了以及受精主要包括些什么?

从我刚才小结的事实明显地产生一种想法,由两个原核所提供的卵,其行为像一个单细胞,而卵含有的两个核成分的总和等于一个正常的核。在两个原核形成的那一时刻,就完全构成了胚的第一个细胞;因而受精是与这些原核的发生相吻合的。

上面我已经提出,只要第二个极体没有消失,那些预定产生雄原核的精子成分不会发生任何变化。但是,从卵本身摆脱掉它的第二极体和它的第二卵周层的那一时刻起,精子产生原核,与此同时,形成了雌原核。因此,看来当卵清除掉本身的产物后,卵只对精子有影响,只决定精子在形成半个细胞核(雄原核)时所起的作用。只有在此之后,卵本身才显示出性的特性;初级卵细胞只留下一个带有半个细胞核的退化的卵黄。

雄原核继续完成这个我称之为雌性原细胞的退化细胞,并使之成为一个新的完全的细胞;受精显然主要包括第一个胚细胞的重新构成,这个重新构成恢复并提供胚细胞本身转化所需要的能量,以通过一系列越来越复杂的阶段成为一个同亲本相似的个体。看起来细胞起源于两个不同成分的奇妙的现象,是同卵细胞在一个方面和精母细胞在另一方面排出某些物质紧密地联系;卵排出精体和卵周层;精母细胞排出被寄生细胞部分……在这一点上,卵细胞和精母细胞同所有其他的细胞是有区别的。当卵为其雌原核补充时,它就不再是我称之为雌性原细胞的一部分了,精子同样是一个退化的细胞,是一个没有寄生细胞部分的精母细胞,我称之为雄性原细胞。据我所见,不把这些退化或消失的现象同再建造或受精的现象联系在一起,不把后一种现象看做是一种更换或替代是困难的……

两个原核的非染色质外形变得越来越不清楚；原核体相互压挤在一起形成内有 4 个染色质环的明显的一团东西；这些染色质环都取向同一个平面，即位于分裂过程中的细胞的赤道面上。环的数目是稳定的：人们总是有规律地发现它们是 4 个；长度几乎相同。从最近研究发育早期的证据看出，4 个环中的两个来自雄原核，另外两个来自雌原核。

现在我必须提到很多卵在进入被研究的那个阶段所碰到的另一个现象，这种现象有时在前一个阶段就已经出现，我所指的现象是染色质环的加倍。染色质丝纵裂这一事实是由弗莱明（Flemming）在蝾螈组织的分裂细胞中发现而后为雷济厄斯（Retzius）和普费兹纳（Pfitzner）所肯定。按我的意见，这是核分裂最重要的事实之一。如果记得构成赤道面的 4 个环，两个由雄原核供给，另两个来自雌原核，我们就得出结论：每一个子核从精子接受一半染色物质，从卵接受另一半染色物质。如果原核有性的特性，如果一个是雄性，另一个是雌性，那么显然卵裂球的头几个核是两性的。

对于在核分裂时染色质丝加倍的原因，弗莱明表示过怀疑，他怀疑每一个初级环是否没有给每一个子核提供一次级环。可能他是以这个假设来理解为什么有这种加倍，他不能用任何实际观察支持这种假设；蝾螈核中环的数目很多，以致不能追踪每一个环以观察其变化情况。马蛔虫的卵或分裂球的典型图像则没有碰到这种困难。正是这种相对的单纯性，使我得以明确地解决对说明细胞间接分裂如此重要的这一问题，并确定细胞核的染色质物质，是从雄性和雌性性原细胞，即一方为精子，另一方为成熟卵那里遗传来的。

群体遗传与纯系[①]

为解决选择中的突出问题而作

威廉·约翰森（W. Johannsen）[②]

（1903 年）

摘要和结论

本文即将讨论的全部问题将同时对著名的伽尔顿（Galton）回归定律进行一次全面的肯定和总的阐述，它论证了亲本与后代之间的关系。本文不涉及其他的回归关系。

根据我的研究材料看来，非常符合 Galton 定律。这一定律说明了不同于群体平均性状的各个体所产生的后代，与亲本的平均数差别一般较小，但方向相同。群体内部的选择使平均性状的选择方向发生或多或少的变迁，有关个体就是在这种平均性状的周围上下起伏。

而结果是尽管我用的材料能够分解成纯系，但我还是未能继续把群体看成是完全一致的。现已表明，在所有的情况下，纯系内部的上述退化已经实现了纯系内部的选择没

---

① 梁宏译自 W. Johannsen. Heredity in populations and pure lines. **Classic Papers in Genetics**，1962：20-26.

② 威廉·约翰森（Wilhelm Ludwig Johannsen，1857—1927），丹麦植物生理学家、遗传学家。他提出了基因、基因型和表型等术语，并在这个基础上对遗传现象进行了系统的分析。在进行纯系研究中引入变异统计而提出纯系内选择无效，证明纯系内的个体差异不是遗传上的变异。

有发生新的基因型变迁。

因此,群体内的选择经常会发生的平均性状变迁是一种标志,它说明总的群体由基因型能多少加以区分的不同的系所组成,至少我所用的材料是如此。在通常的选择过程中,一个群体有可能变得不纯,这是这些系没有完全分离出来的结果,其基因型就使群体平均性状在方向上发生偏离。

典型的、众所周知的选择结果,是每个世代都朝着选择方向有阶段性的进展,因而阶段性的进展又取决于被选择的各系每个世代的阶段性进展级数。现在很容易理解,选择的作用不能超越已知的限度。或具体说,当纯化时偏离最强烈的纯系已经被分离出来时,选择的作用必定终止。在这方面,必须指出仅仅根据一个样本所表示的变异表或曲线同二项方程式数字比例之间的一致性,人们决不能确切地肯定在这个样本中只存在一个单独的基因型。在正常的含义上,代表一个种性纯的群体的个体变异曲线,常常或的确在多数情况下能证明它是代表群体里面不同纯系的许多基因型的结果。这样,平均值并不总是能代表一个真正的基因型。在这一点上,一种纯统计手段就有很大的缺陷。

为此,我试图在本文的自始至终把平均数的概念(平均性状、平均值等等)同基因型的概念予以严格区别。这两种截然不同概念之混淆,只能如此频繁地造成误解和错误的推理,或者不仅在遗传学领域中如此。必须承认,不作详尽分析而想区别这两种概念,常常十分困难。在纯系中这两种概念常常是同一回事。一个基因型的数位表示经常是一个平均值,但决非总是如此。

就形态学性状来说(至少形态学性状的整个体系,在分类学研究中的价值已获得一致公认),不同基因型之间的区别,是对单独的个体通常能识别出来,尽管有变异,但这种变异属于这一种或另一种最狭窄的分类范畴(例如 Jordan 的亚种)。

通常能把这些形态类型编成一套精确的变异组,但鉴于以下原因却有很大的困难:因为一个不同基因型个体的混合群体,可以同一批属于同一个独特基因型的个体结合在一起。德弗里斯(Hugo de Vries)的一个混合体如月见草类型或拉恩基尔(Raunki-aer)的蒲公英"Geschlechter",其主要形态特性同单独一个类型的纯种栽培的情况是不同的。

关于各种性状中一种生理性更明显的性状,即 Hj. Nilsson 的非植物学性状,例如最高度和其他比例、生化性质、可靠的数学关系等,我们碰到的是另一种情况。通过隔离栽培很容易证实确实存在这种明显的基因型,它们只有数量差异,所以不同基因型的变异曲线会重叠,而有人则得到德弗里斯的越亲曲线。如果一个混合群体的个体属于在这类特性中有一个特性明显不同的基因型(比较蚕豆的大小和宽窄),这个混合群体很容易产生一系列连续变异,却不可能在基因型之间直接识别这种特性的差别,而平均值将被错误地当做是一个单一种基因型的平均数。在这种情况下,不可能辨认出一个单独个体所属的那种基因型。表 1 对这一点作了很好的说明。

表 1[①]

亲本种子的各组重量(1901 年)(微克)	子代变异(按厘克分级)																	总计	标准差
	10	15	20	25	30	35	40	45	50	55	60	65	70	75	80	85	90		±
150～250				1	3	12	29	61	38	25	11							180	69.6
250～350			2	13	37	58	133	189	195	115	71	20	2					835	87.0
350～450		5	6	11	36	139	278	498	584	372	213	69	20	4	3			2238	85.1
450～550				4	20	37	101	204	287	234	120	76	34	17	3	1		1138	91.8
550～650				1	9	14	51	79	103	127	102	66	34	12	6	5		609	102.5
650～750					2	3	16	37	71	104	105	75	45	19	12	3	2	494	97.1
材料总计		5	8	30	107	263	608	1068	1278	977	622	306	135	52	24	9	4	5494	95.3

① 子代种子重同亲本种子重的关系。1901 年得到的种子按重量分级,然后种植。
每一重量级成员所产生的种子进行称重并分级,其结果见"子代变异"下各栏所示。

正因为这些原因,它或多或少使人们已清楚地认识到或刚刚感觉到,以上我称之为真正的形态学性状的研究为分类学提出了一个中心问题。只是近年来在更低等的类型方面,生理性更强的性状才使分类学家感兴趣,这些理由也说明为什么突变研究者在真正的形态性状中找到了他们研究的主要依据;另一方面,这些用来主要确定植物全部习性的特性或者不能够、或者只能部分地用数字测量表示,而这种数字测量几乎总是把它们的值转换到精确的测量和计算方法的范围之内。

这样,探究变异和遗传法则的生物统计研究,首先包括生理性更强的性状,或一般来说即 Bateson 所谓的比例性状,这些性状能用数字清楚地表示,如体积大小或重量。个体之间的比较使人们无法根据彷徨变异性的表现来区分基因型的差异,这就是以下 Galton-Pearson 概念的主要依据。当人们不考虑纯系时,必定得到结论,选择强烈变异的个体(或正的变量或负的变量)能在被研究的基因型中引起真正的变异。虽然,这种截至目前已一致公认并得到生物统计学家韦尔顿(Weldon)和皮尔逊(Pearson)支持的概念,必定反对把突变看做是另一种同彷徨变异同样重要的变异。根据所积累的群体遗传的全部统计学知识,或者感到生物学并不需要承认突变理论,我之所以在这里说"或者",是在某种程度上碰到了生物统计学家的反对意见,就我自己来说,德弗里斯规模宏大的实验,业已证明突变的存在是毫无疑问的。

从研究结果清楚地看到,我在这里提出的有关亲本和子代间关系的 Galton-Pearson 法则,其根据同至今已予承认的情况有所不同。就我们的研究而言,父母亲、祖父母、或任一个其他祖先的各别特性对子代的平均特性不产生影响。一个系的基因型是在同特定时间、特定场所的外界环境发生紧密相关的情况下工作的,而这种外界环境又决定着一个个体的平均特性。因此,正如德弗里斯根据相似的情景已如此清楚地指出,这个系是完全稳定和高度变化的,尽管这显然是一种相互矛盾的方式[①]。

与此同时,这决不意味着纯系是绝对稳定的。

首先,经过无数世代对彷徨变异体的选择,有可能最终使一个系的基因型发生变迁。

---

① *Die Mutationstheorie*,**1**,p. 97.

这就是经常指出的把生物统计学家的见解，应用于那些现在不是纯系，但可以分出纯系的群体中，但这一点尚未得到肯定的论证。证明这种可能性的着重点是人们希望确证这种选择的有效性。

其次，我们必须考虑杂交育种，在发生杂交育种的情况下，纯系必定丧失掉它们纯的状态！然而，整个杂交种问题不是我们所要讨论的部分。

第三点是突变，即基因型不规律变异的可能性。要在最大程度上规定突变还不成熟；首先必须证实在更多的有机体中存在突变。据我所见，突变的确存在，这一点毋庸置疑；我希望在以后发表的刊物中提出特定的明确的证据。本文除涉及根据子代各个体方向不规律的偏离，而不能特别地严格地鉴定它们为定向突变这一问题外，其余的就不准备多谈了。

我必须提到怎样才能解释德弗里斯的意见，这一难以处理的问题，就是人们经常观察到负的变异，这在新发现的基因型中尤其突出，这一事件有理由引起生物统计学家对此提出疑问。希望本文提出的研究将对这一问题有所启示，它或者至少看来是把彷徨变异和突变之间的界限拆掉了。

德弗里斯在他的《突变理论》[①]一书中有一章关于"营养和自然选择"，其中讨论了母本植株营养丰富或缺少的结果。我毫不怀疑营养方面实际的或想象的差异，是与出现选择或不出现选择同时发生，这一点将说明德弗里斯的例子。还有，个体发育期，即德弗里斯所命名的敏感时期特别有意思。我能在我的研究材料中引证相似的现象，但存在着极大的困难。必须知道，我的意图不是用纯系原理来解释这一问题，因而除了所选择的性状方面的差异同截然不同的或实验设计的产地有联系外，不可能得到别的什么东西。在这一点上，新拉马克主义者特别感兴趣，但还要作大量的研究工作，并肯定要使用真正的纯系作为研究材料。

我的主要目的是对祖先和后代之间的伽尔顿回归有所阐明，而我相信我的材料同伽尔顿的材料一样明显地有其自然特性，这种材料作为把伽尔顿定律应用在群体方面进行分析的基础是有价值的。我的见解同伽尔顿或德弗里斯的见解皆不矛盾。

如果我的研究得到广泛传播，并抓住了它们的意义远远超过本文讨论的特殊例子，这项工作总的结果将会对贝特森（Bateson）和德弗里斯关于非连续性变异或突变在进化理论方面的巨大意义赋予重要的支持。就本人所进行的选择而言，仅在选出一个早就存在的基因型的代表者方面是有效的。通过保留那些同所需要的方向不一致的个体，就不能连续地得到这些基因型；它们将很少被发现和分离出来。

从纯系研究得到的知识，与杂交方面的知识相结合，可作为群体遗传研究的一个起点，此群体由于需要不断的异花受精或杂交，致使纯系不能得到完全的分离。早些时候曾经指出，这种见解同德弗里斯伟大著作中的基本意见完全相符，并已看出我是通过同德弗里斯略为不同的途径得到这一概念，注意到这一概念是根据不同资料得出的，这一点也很重要。

---

① 德弗里斯的《突变理论》的最后部分是在这本著作的编辑过程中形成的（第503～504页），他以最巧妙的方法证明突变是怎样在多数情况下首先表现出来。从这里得到一个非常重要的例子来解释刚刚讨论的关系。

　　此外,相关变异的重要问题是一个轻微变化的性状取决于究竟所研究的是一个纯系还是一个群体。在后一种情况下,我早些时候就打算证明,某一个相关比例(Pearson 的术语)不一定能强有力地代表一种合理的关系,在一个纯系内所表示的一种相关的关系,其意义要重大得多。我的综合表很好地说明了这个概念,即纯系内的选择不可能使蚕豆的长度和宽度间的相关性发生变异,而要从原始群体中分离出真正不同的基因型,例如看来是完全同质的、窄的和宽的蚕豆则不难。

　　还有,我们必须估计到突变的可能性,这样即使最强的相关关系也会被破坏。目前我不想涉及这一问题,在以后发表的一篇文章中,我希望用作为研究基础的纯系原理对此作更多的阐明。

　　如果读者经了解本项工作而对伽尔顿、皮尔逊和其他生物统计研究工作者的重要工作价值置于怀疑的地位,我必将真正地感到遗憾。我不能冒昧地批评皮尔逊的论述,特别是他对一个特殊群体内有关祖先影响问题所作的论述。但我的确这样想,如果纯系原理为皮尔逊这样一种人所掌握,它就能把生物统计的研究较之其群体研究大大地推向前进。很明显,皮尔逊所研究的这种关系具有伟大的科学意义和重大的实践价值,但它们不适于完全地说明遗传学的基本定律。

　　而什么东西特别地影响伽尔顿的研究? 据我估计,是本文提出的结果以一种漂亮的方式支持伽尔顿早在 1876 年已经提出的"血统论"的基本意见。这个定律包括最近关于"种质连续性"的魏斯曼理论中几乎全部有实际价值的内容。魏斯曼的这个推测使提得更简单的但并非没有独创精神的且相当原始的伽尔顿意见相形见绌,这或许在某种程度上应归结于伽尔顿本身,因为在他的最近著作中,他没有看出借助于研究进展坚持他的血统论是合适的。血统论同伽尔顿的回归定律并不完全相符,这一点是对的,但再没有比我在下面读到的结果能更好地支持和说明这种论点了:据我看来,对一个纯系基因型常见的完全回归,是对血统概念稍作修改的最漂亮的证据。伽尔顿的血统概念不能不加改变地维持下去,这一点是正确的。尽管魏斯曼最近把伽尔顿当做通过决定了实现细胞限制的"声音",但人们可以命名这些理论上的遗传颗粒,而德弗里斯在识别出遗传颗粒的单位性质方面是值得倍加赞扬的,他把这种遗传颗粒称之为泛子,于 1889 年首次公布了这个概念,并在《突变理论》一书中得到了进一步的发展。我认为伽尔顿-德弗里斯理论是唯一正确有用的遗传理论。

　　本文把纯系原理作为一个绝对需要的原理,而带入遗传学研究的真正深入的探索中必将取得成功。然后将达到它的最高目标。以后发表的文章将用以说明各纯系方式多种多样的作用。本文中我只研究了一种方式的变异,以便以其最简单的例子提出我的概念。

　　可用下面伽尔顿常引用的一句话简练而最清楚地表示从事这项研究的思路。

　　"在你能掌握它以前,你首先必须把它拆开,然而再把它组合起来。"

　　Vilmorin 强调各部分的区分,伽尔顿证明重组的合理基础;我在此则尝试着把这两位在他们各自的观点方向都值得尊重的、具有独创精神的研究者的观点结合起来了。

染色体遗传[①]

沃尔特·瑟顿（W. S. Sutton）[②]

（1903 年）

　　作者在最近发表的 *Brachystola*[③] 不同细胞世代染色体精确研究的一些结果中，扼要地指出，染色体研究中所叙述的一些现象，同孟德尔在 1865 年根据植物杂交种方面的观察首先作出的，最近又被一些有才能的研究工作者予以肯定的某些结论之间，存在着肯定的关系。威尔逊（E. B. Wilson）教授在其简讯中又进一步提到其理论问题。本文针对这些问题作更详尽的讨论，其推理性可通过指明工作的某些线索予以证实，以便测定所下结论的可靠性。此处提出的一般概念是作者在知道孟德尔定律之前纯粹从细胞学资料推导出来的，而现在却是细胞学家不容推辞地对完全熟悉遗传学试验研究结果的贡献。正如以后会看到的，这些一般性的概念完全满足典型的孟德尔情况的条件，而且看来许多同孟德尔类型已知的偏离可以用正常染色体过程中容易想象到的变异来解释。

　　我们早就认为，必须注意生殖细胞机体，以便最终确定遗传现象。孟德尔充分重视这一事实，并甚至安排专门的实验以确定生殖细胞机体的本性。他根据这些实验作出了伟大的结论：在有机体中，当母本和父本的潜力表现在每个性状的范围时，与每个性状有

---

　　①　梁宏译自 W. S. Sutton. The chromosomes in heredity. **Biological Bulletin**，1903，4：231-251。

　　②　沃尔特·瑟顿（Walter Stanborough Sutton, 1877—1916），美国动物学遗传学家。他研究了染色体的行为和在遗传中的重要性，证明了染色体携带遗传单位基因，并成对出现，将染色体和遗传联系起来，而染色体在减数分裂中的行为是随机的。瑟顿的工作为染色体遗传学说奠定了基础。

　　③　Montgonery 于 1901 年首次得出联会是父本和母本染色体成对联合的结论。

关的生殖细胞是纯的。然而,由于对细胞分裂的性质一无所知,孟德尔没有在这方面进行过比较,但是,对于近年来重新恢复并扩大孟德尔实验结果的人们来说,反复地看到在细胞机体和细胞分裂之间可能有关系。对此,Bateson用下面一段话清楚地谈到他的印象:"不可能有这样的事实:在孟德尔情况下,杂交种会产生平均来说每种配子的数目相等,这就是说,一种对称的结果,无疑是这个事实必须同细胞分裂所产生的配子的一些对称的分配情景相一致"。

作者在将近一年之前根据在 Brachystola 中看到的情况,弄清楚生殖细胞染色体组的高度组织性在遗传方面肯定有意义。在文章中早已指出以下几点:

(1)前联会生殖细胞的染色体组是由两个相等的染色体系统组成,有充分的根据作出结论,其中之一是父本染色体系统,而另一个为母本染色体系统。

(2)联会的过程(拟减数)包括两个染色体系统的同源成员(即大小相同的成员)成对地联合。

(3)第一次后联会或成熟有丝分裂是相等的,其结果无染色体区别[①]。

(4)第二次后联会分裂是减数分裂,它使得在联会时成对结合的染色体分开,并把它们送往不同的生殖细胞中去。

(5)贯穿各细胞分裂的全过程,染色体都保持其形态特性。

众所周知,许多种卵,其母本和父本染色体组对大量有丝分裂来说,彼此间明显地保持其独立性,由于牢记这一事实,作者首先倾向于认为,在减数分裂中,所有母本染色体必须移向一个极,而所有父本染色体则移向另一极,生殖细胞就这样分裂成两种,把它们分别称之为母本和父本。这同最近 Cannon 进一步提出的概念是一致的,但不久就发现这个概念同许多已知的育种实践有矛盾,因此:

(1)如果杂种的生殖细胞血统是纯的,则杂交育种的效果不会超过第一次杂交的情况。

(2)如果任何一个动物或植物只有两种生殖细胞,那么一个单一配对的后代,只能有4种不同的组合。

(3)如果从每一个成熟的生殖细胞整个地排除掉母本或父本染色体,一个个体就只能从每一个后代亲本系的每一代接受一个祖先的染色体(特性),也即不能从祖父和外祖父,或祖母和外祖母都把染色体(特性)遗传过来。

在这些考虑的推动下,更仔细地研究了整个分裂过程,它包括分裂前染色体在核中的位置,纺锤体的起源和形成,染色体和发散中心体的相对位置以及纺锤丝同染色体的接触点。研究结果没有证明整个配子染色质的亲本纯洁性。相反,发现有许多地方有力地表明[②],减数分裂赤道板上的二价染色体的位置纯粹是一种机会而已,这就是任何一对染色体可以同走向哪一个极都无所谓的母本或父本的染色单体靠在一起,而不管其他对

---

① 有许多有机体并非如此。

② 考虑到不可能在任一个联会对中辨别其母本和父本成员,要在一个纯种得到绝对的证明是不可能的。但 Moenkhaus 所得到鱼的杂种能饲养到性成熟,就可以指望在这一点上得到绝对的证明。这种观察能在某些杂种鱼的早期细胞中进行,根据染色体形态上的差别来辨别它是母本的还是父本的,如在成熟分裂时也能这样做,染色体在减数时的分配问题就成为一种非常简单的观察了。

的位置如何。因此，一个个体的成熟生殖产物可能有大量的母本和父本染色体的不同组合。为说明这一点，我们可以考虑一种形式，在体细胞和前联会生殖细胞有 8 个染色体，最后在成熟的生殖产物为 4 个染色体。该物种生殖系统，总的说来，可用字母 A、B、C、D 来表示。而任何一个分裂核可以认为它含有 A、B、C、D 的染色体来自父亲，a、b、c、d 则来自母亲。作为联合同源染色体的联会，其结果形成了二价染色体 Aa、Bb、Cc、Dd，它通过减数分裂再分解其成分。由减数分裂得到的每一个成熟生殖细胞必定接受每一个联会对中的一个染色体成员，但母本和父本染色体有 16 种可能的组合，形成一完全的系统，即 a、B、C、D；A、b、C、D；A、B、c、D；A、B、C、d；a、b、C、D；a、B、c、D；A、B、c、d；a、b、c、d；和它们的配对：A、b、c、d；a、B、c、d；a、b、C、d；a、b、c、D；A、B、c、d；A、b、C、d；A、b、c、D；A、B、C、D。这里，一个在其减数系统中具有 4 个染色体的有机体，不是两种配子，而是可以产生 16 种不同配子；以及两个无亲缘关系的后代可以出现 16×16 或 256 种组合，而不是亲本配子纯合性假设所限定的 4 种。此外，只有少数有机体，其染色体少到 8 个，还有，由于每增加一对染色体，使生殖产物[①]可能的组合数增加一倍，而接合子的可能组合数则增加 4 倍，显然，在具有 24～36 个染色体的正常形式中，其可能组合的概率就十分大了。下表表示在前联会细胞中具有从 2～36 个染色体的可能组合的形式。

染色体		配子组合	接合子组合
体细胞系统	减数系统		
2	1	2	4
4	2	4	16
6	3	8	64
8	4	16	256
10	5	32	1 024
12	6	64	4 096
14	7	128	16 384
16	8	256	65 536
18	9	512	262 144
20	10	1 024	1 048 576
22	11	2 048	4 194 304
24	12	4 096	16 777 216
26	13	8 192	67 108 864
28	14	16 384	268 435 456
30	15	32 768	1 073 741 824
32	16	65 536	4 294 967 296
34	17	131 072	17 179 869 184
36	18	262 144	68 719 476 736

如果 Bardeleben 估测人有 16 个染色体（所作的最低的估测）是正确的话，每个个体参照某染色体组合，能够产生 256 种不同的生殖产物，以及一简单配对后代的可能组合为 256×256，或 65 536；而且有 36 个染色体的 *Toxopneustes* 其单个个体配子和配对合子

---

① 任何物种单个个体生殖产物的可能组合数可用简单的公式 2^n 表示。此处 n 代表减数系统中染色体的数目。

的不同组合的可能性分别为 262 144 和 68 719 476 736。就因为配子中母本和父本染色体有数目如此之大的组合的可能性，它把染色体理论同遗传学方面已知的事实带来了最终的联系；孟德尔本人找到两个或 3 个不同性状确切的组合，和发现它们彼此间独立地遗传，并在第二代中出现大量各种各样的组合。

在 Brachystola 染色体中观察到其恒定体积上的差别早使我产生怀疑，单研究精子发生不能证实减数系统的各别染色体在发育中所起的不同作用。看来以后 Boveri 在一项有关正常系统中确实缺乏某些染色体的幼虫研究，所得结果证实了这一疑虑，其唯一的结论是染色体在质量上是不同的，并各自代表不同的潜力。采纳这一结论，我们必须能在任何一个染色体的遗传行为，同有机体中与该染色体有联系的性状的遗传行为之间找到确实的关系。

就性状而言，孟德尔发现，由两个在某一特定性状上不同的个体进行杂交，产生的杂交种作自花受精，在大多数情况下，其后代在不同性状方面是顺应一完全明确的规律，用字母 A 表示原始亲本之一所看见的性状，字母 a 为另一个原始亲本的性状，那么该杂交种经自花受精所产生的全部后代，以该性状来说，可用公式 AA：2Aa：aa 表示。这就是说，接受原始的纯种亲本之一的性状只有四分之一，接受另一纯种亲本的性状也只有四分之一，而后代的一半接受两个原始亲本的性状，由此提出了杂种产生这些后代的条件。

至今我们还没有用图解公式来表示在相似育种实践中的染色体组合，但显然，根据早已得到的资料，现在可以作出这类公式。Bracbystola 减数染色体系统由 11 个成员组成。它们中间没有两个染色体的大小是完全相同的。在我早些时候的文章中，用字母 A、B、C……K 来区别这些染色体。在非减数系统中，有 22 个成员①，能看出它们构成像成熟生殖细胞那样的两个系统，而可以用 A、B、C……K＋A、B、C……K 表示。联会使同源染色体联合和产生一加倍成员的单独系统，即：AA、BB、CC……KK，而减数分裂使这些成对的染色体分开，因而每一对的一个成员进入到每一个所产生的生殖产物中去。

有理由相信，Brachystola 某一染色体的分裂产物在其各自的系统中，像它们亲本成员一样，保持着同样的体积关系；这一点加上不同染色体代表不同潜力的证据，使这种体积关系是某一组性状的生理基础的特点成为可能。但是物种中任何一个减数系统的每一个染色体，在其他任何系统中都有一个同源染色体，根据上述考虑，其结果是这些同源染色体在发育中占有同一地位。如果是这种情况，那么，在后代的前联会细胞中，来自父方的染色体 A 及其同源染色体，来自母方的染色体 a，可以看做是父方 A 和母方 a 相对立的单位性状的生理基础。在联会中，同源染色体的联合产生减数分裂的二价染色体 Aa，上面提到在减数分裂中，此二价染色体 Aa 分离成为 A 和 a 成员。在所有情况下，它们都是这样分到不同的生殖产物，因此在一个雌雄同体的有机体，我们就有以下 4 种配子：

$$A\male \qquad a\male$$
$$A\female \qquad a\female$$

它们将产生 4 种组合：

---

① 不管副染色体，它不参加联会。

$$A\,♂+A\,♀=AA$$
$$A\,♂+a\,♀=Aa$$
$$a\,♂+A\,♀=aA$$
$$a\,♂+a\,♀=aa$$

由于第二种第三种组合是相似的，其结果可用公式 AA：2Aa：aa 来表示，它同孟德尔情况中任何一个性状所得的结果是相同的。因此生殖细胞分裂的现象和遗传现象似乎有相同的本质上的特点，即单位（染色体、性状）的纯洁性和相同单位的独立传递；而结果是在每一种情况下，所产生的一半配子确实含有两个对立单位（染色体、性状）中的一个单位。

在以往的考究中我们有理由相信，染色体和等位基因[①]或单位性状之间存在着肯定的关系，但过去我们没有提问，究竟是把整个染色体还是把染色体的一部分看做单个等位基因的基础？毫无疑问，答案必然赞同后一种可能性，不然的话，一个个体所持有的各别性状的数字，就不能超过生殖产物的染色体数；这无疑同实际情况相违反。因此，我们必须想到，至少有些染色体同若干个不同等位基因有关系。然后，如果染色体永恒地保持它们的个性，那么无论哪一个染色体所代表的全部等位基因必定在一起遗传。另一方面，不要设想，所有的等位基因都必定在有机体中显示出来，因为这里有一个显性问题，且不知道显性是否是一整个染色体的功能。可以想象染色体能分成更小的单位（有点像 Weismann 的意见）它们代表等位基因，它既可以是显性，也可以是隐性。在这种情况下，相同的染色体可以同时代表显性和隐性等位基因。

这种设想大大增加在个体中确实看到的性状的可能组合的数目，而同时却不幸地增加了去确定哪些性状是一起遗传的困难性，因为隐性染色质单位（等位基因？）总是同显性染色质单位联结在同一个染色体上，以致经过好多世代都不能把它探查出来，直到在一种非常混乱的方式下作为一种返祖现象而可能显示出来。

Bateson 和 Saunders 在紫罗兰属（*Matthiola*）实验中提到，有两种相互关联的性状可用其物质基础处于同一染色体上加以解释。"在某些组合中，① 绿色种子和灰白色紧密相关；② 棕色种子和 grabrousness 紧密相关，在其他组合中则没有这种相关"。此种结果可能由于此二性状的物质基础处于同一染色体上的缘故。当人们观察到密切相关时，可能二者都是显性；如缺乏相关性，则可能一为显性，另一为隐性。他们在另一段引言中又说："紫花或深红色花的植株，系由绿色种子生长而成，这一规律具有普遍性。"这种情况可能是两种共同存在染色质单位恒定地表现出显性的缘故。

显性问题并非纯属细胞学概念。细胞学仅说明在一个细胞内存在着两种染色体，而这两种染色体都能表现某一特定性状，同时，有待通过实验予以说明当它们同时存在时的效应如何。实验表明，下述三种理论上的可能性都有可能实现，即① 其中一方成为显性，而使其同源的另一方成为隐性；② 可能产生一种折中的结果，这时可以表现出每一种染色体的作用；③ 两种染色体的共同作用可能产生一种完全新型的性状。孟德尔在遇到第一类的情况时，把看得出的性状（等位基因，染色质单位）称之为显性的，把另一个性状

---

① Bateson 的名词。

称为隐性的。Bateson 和 Saunders 等人的实验，以及孟德尔的实验都表明，在许多情况下，只要环境条件没有起质的变化，显性性状往往在以后的世代中仍然保持显性。然而，Bateson 所引证的某些实验说明显性可能起变化或有缺陷。此外，在多数（如果不是全部）情况下，每种性状都有许多不同的表现（如 Bateson 所说的关于人体高矮的许多不同的等位基因），它们在不同组合中表现相对的显性，这一点不仅可以想象，而且十分可能。豌豆的实验表明某些等位基因几乎永远是显性，诸如种子圆形对皱形、子叶黄色对绿色，但值得注意的是，如同多数孟德尔实验一样，这里只使用了两个相对性状。对一般相似、但某些特性表现不同的品种进行研究，肯定会得出有意义的结果。Bateson 对单冠鸡、玫瑰冠鸡及孔雀之间杂交的观察，认为就是这样一种简单的方式。它将大大充实我们对显性本质的了解。

Bateson 除提出许多实例说明孟德尔原理以外，还提出非孟德尔式的三种情况：① 连续变异的普通融合遗传；② 首次杂交后就不再分离的遗传形式；③ Millardet 的"假杂种"。

1. 融合遗传

在这方面，Bateson 明确认为这种情况可能"与孟德尔原理完全无关"，但表明它很可能与真正的孟德尔遗传有联系，他又说道："比方说，应该承认根据某种假设，开化人种的身材这一典型持久性的性状方面，肯定存在一对以上的等位基因。可能存在有许多成对的等位基因。但我们不能肯定这种基因对和由之产生的不同种的配子的数量（甚至在身材方面也如此）是否都无限量。即使等位基因对数很少，比方说只有 4 对或 5 对，那么纯合与杂合的各种组合可能会依次排列，形成接近于连续性的曲线，其组成成分的纯度无须怀疑，实际上也无法查核。"这一假设说明，它在染色体理论方面是有根据的，在目前我们所了解的情况下，它足以将近乎连续性变异的多种情况与严谨的孟德尔遗传确切地联系起来；但另一方面，正如已经指出的，现在许多性状的个别变异，看来很可能被看做为严谨的孟德尔式变异，可以证明是由于物种本身存在有许多变异，而这种变异又被视为等位基因型，因此在象征该类型的同源染色质单位上就有相似的变异。

2. 产生真杂交种的首次杂交

真杂交种的生殖细胞内显然不能有质的退化。在正常情况下，应该用母本和父本的同源染色体间存在的亲和力来说明联会问题。相反，退化则是失去这种亲和力或因某种巨力而造成中性化所致。目前，在山柳菊属（*Hieracium*）方面，杂交种的性状往往就是两个亲本性状的中间性状，表明双方的等位基因（或染色质单位）都在进行着工作。但在自体受精情况下，就不会减少等位基因（减数分裂）。相反，所有的组合都产生相似的后代，而它们又与亲本相似，这一事实说明了所有的生殖细胞都是相等的。Bateson 在另一处提出一种看法，"如果一个等位基因单独来自父本，另一个等位基因来自母本，那么我们能得到的只能是一个由杂合子组成的品种"，这种情况粗粗一看在逻辑上过得去，似乎只要按此培育就会产生这种结果。然而，根据这样一种概念，我们无法从细胞学角度找到根据，因为，如果发生减数分裂，那么，父本和母本生殖细胞内的两部分染色体也都分裂成数目相等的两个部分。以后,因减数分裂而分离的各种各样的成对细胞融合起来,由于母本与父本生殖细胞内染色体的组合形式极其多样,致使杂种的确切染色体组很难重复。根据细胞学观点更为合适的解释是联会中的染色体联合十分牢固,牢固得无法产生减数。比如说有这么一种情况,父本和母本的染色体进行永久性融合,形成一种新的染色体,这种新的染色体以后只进行均等分裂。结果应该是,生殖细胞彼此相同,也与亲本的生殖细胞相同;因此,自体受精实际上会产生无变异的后代。如这一解释系属正确,那么联会过程显然是病态的,因此 Bateson 所指出的情况将往往表现"一定程度的不育性",这就不奇怪了。

3. Millardet"假杂种"

Millardet、弗德里斯和贝特森都有过这样的实验报道:由不相似的个体杂交产生的后代只表现出亲本一方的性状,亲本另一方的性状在其后实验中永久消失。对这一现象如何从细胞学角度作出明确的解释,贝特森曾在下面一段话里有过提示:"也许可将这些现象看做是对 Strasburger 和 Boveri 观点的补充,就是说受精可能包括两个明显的过程——刺激发育与合子中性状的联合。"卵分裂而不进行原核的融合,是一种众所周知的现象,这种现象已在用氯醛(Hertwig 氏兄弟)或乙醚(Wilson)处理的卵中观察到,并可设想在某些异常的自然条件下发生。然而,在所述及的实验中,两个原核都各自继续分裂。为了从细胞学上说明假杂种的产生,必须设想的不只是核的接合失败,而且还得设想其中一个完全消失。这种情况可与化学诱导的孤雌生殖或无核卵断片受精(留存的核为父本或母本)相比,但是,这段推测除非能用以指导研究,否则将是无益的。仔细研究诸如 Millardet 研究的草莓、弗德里斯研究的月见草属(*Oenothera*)以及 Bateson 研究的紫罗兰属杂交中的受精问题,无疑能直接得出肯定的结果。

4. 嵌合体

第四种非孟德尔式情况,即嵌合体或镶嵌集合成一个组,或认为对这种组进行细胞学研究只能得到相反的证据。对于这类情况,贝特森和 Saunders 获得的曼陀罗嵌合体果实是一个好例子,它在一般情况下虽然表现无刺的隐性性状,但也例外地显示出刺斑。针对这种情况,贝特森说:"除非这个刺斑是这一个体的某个部分原有的斑点,否则这种现象可认为生殖细胞也许就是嵌合的。"我在这里把它理解为嵌合生殖细胞,或该承认或失败了。我试图表明,生殖细胞十之八九都是母本和父本的染色体的嵌合体,但很显然这并不是贝特森的意思。

我愿按照染色体学说的观点提出一种解释:我们已经假设体细胞染色体组具有与卵裂核为数相似的组成部分,并由后者经均等分裂而产生,它是和形成成对的同源染色体相同的方式形成的。按照这个看法,每个体细胞在它应表现的每个性状方面都应有双重的基础。按严格的孟德尔遗传,表现性状的这个生物的各个部分,两种同源染色体之一都是显性。然而,正如已经指出的,显性的染色质单位要在所有的后代中都呈显性是很不可能的事。弗德里斯的甜菜实验说明了这一点,甜菜在正常情况下为二年生植物,但往往出现少数一年生植株或"走私的",后者被视为隐性。将这些"走私者"在不利的条件下进行培育可以增加它们的百分数,这样做证明了在这种条件下,隐性的等位基因可能变成显性。

如果每个细胞都含有母本和父本表现每一性状的潜力,如果显性并不是这些潜力中某一种潜力的一种普通功能,那就没有什么东西可以说明为什么由于某种干扰因素在一些细胞中,某一染色质单位不起作用;而在另一些细胞中,其同源染色质不起作用。这正好是贝特森和 Saunders 在曼陀萝中看到的那种嵌合体或 Tchermak 以 Telephone 豌豆与黄色品种杂交获得的黄绿斑豌豆。科伦斯(Correns)称之为 *poecilodynamous*,据我所知,他对造成这种现象的原因的看法与我在前面所勾画的情况相符。贝特森在提到逻辑上的可能性时认为,像嵌合的豌豆这样的隐性斑点,可能由于配对的隐性等位基因与那些等位基因的染色体学说不相符合,因为表现隐性性状的细胞和表现显性性状的相邻细胞,这两者染色体组是由原始卵裂核染色体的纵向分裂或均等分裂而来,因而彼此很相似。

这里提到的学说的应用情况可通过一项实验加以检验,在这项实验中,把不同的纯种杂种再进行杂交,并产生了"四分之一血统"式的第三代。如果这个学说是正确的话,那么,在这样的有机体里产生的嵌合体将表明:有一种性状像母系方面的外祖父母的性状,同时有一种性状像父系方面的原始纯种的性状。如果嵌合体的两个性状明确表明为父本性状或母本性状,那就说明这里所勾画的学说理由不充分,因为在各个世代中通过减数分裂,每对染色体之一和与之相应的性状被否定了。

在考虑两个染色体作为特定性状基础的作用时指出,在某些情况下,由不相似的等位基因组合产生的杂合子性状有时与两种等位基因都不相同,孟德尔发现高度为 1 英尺和 6 英尺的豌豆进行杂交,后代高度在 6～7.5 英尺之间。在讨论一些类似情况时,贝特森提请注意下列线索。如果我们大胆设想两个等位基因各自关系到一种化合物,他把等位基因的行动比喻为形成食盐时的钠和氯。化学分析结果表明,染色质的最具特征的现象是它具有大量高度复杂、变化多样的化合物——核蛋白,并如所想象的一样,如果染色体是遗传性状的特定基础,那么贝特森的设想便远远超过了有趣味的比喻范围。

从杂种不分离的现象出发,我们有理由怀疑纯杂种传递杂合子性状是由于同源染色体的永久联合。照此说来,可以很快得出结论,在染色体实际上没有永久联合的情况下,它们在同一液态解质中可能进行某种程度的化学反应。事实上这就是联合。在一般情况下,这种联合是轻微的,在一代中看不出效果,但是由于一再重复进行联合而出现的最轻微的变异——虽然方向各不相同——在长期自然选择的引导下,在染色体与其直系后裔之间,终于在某一方向出现相当程度的差异,因此在性状方面也出现联合。我们设想了同源染色体发生个别变异的原因,其理由前已述及。

最后,我们简单谈一谈某些现象,乍一看来,这些现象似乎排除了普遍应用上述结论的可能性。假如把孟德尔发现的、失去某些性状的现象看做是染色体丢失的表现,那么染色体必然是根据孟德尔定律在分裂过程中以各种各样的方式丢失的。然而在脊椎动物和有花植物——绝大多数孟德尔遗传现象是在各种脊椎动物和有花植物中得到的——经过多次实验并未见有丢失分裂。这是一个矛盾,对这种矛盾,在当初由 Fick、最近由 Montgomery 提出的建议中,我曾大胆地提出一种可能的解释。在脊椎动物和其他生物发生联会时,染色体是边靠边的,而不是头接头的,有染色体环,就和节肢动物一样。在脊椎动物中,其初级精母细胞前期染色体平行纵裂为二,以后才进行两次分裂。两者都是纵向的,以前称为均等分裂。如果追溯到联会时精母细胞两套染色体边靠边联结的原始边线,就可以想象丢失分裂了。在我研究 *Brachystola* 的工作中,有很多现象与这一论点相符。

再者,假如正常的遗传现象取决于有丝分裂过程中完成精确的染色质分裂,那么在种质周期的任何阶段发生非有丝分裂的异常处理,其后果只能是从根本上偏离正常遗传。Meves、McGregor 及其他人在两栖动物初级精母细胞方面的确已报道过这种现象。在他们所报道的这些事例中,核经过非有丝分裂之后,细胞本体似乎并不需要裂开。因此我认为这一过程在遗传上也许并不重要,因为第一次有丝分裂的片子上核膜不见了,恢复到原来的状态,染色体排列在赤道板上,就和没有受非有丝分裂的干扰一般。

在染色体作为遗传因素的论述中。没有报道过副染色体与遗传有关的结果。这种副染色体总是纵向分裂,因而很可能是均等的。它在第一次成熟有丝分裂时不分开,而是整个进入子细胞之一,普通染色体则是均等分裂的。在第二次成熟分裂时,普通染色体进行减数,副染色体此时才纵向分裂[1]。

我对副染色体的观察,可用来支持 McClung 的假说。由一个初级精母细胞产生的 4 个精子,其中两个有副染色体,以后参与形成雄性后代;另外两个没有副染色体,以后参与产生雌性。假如这个假说是正确的,那么性别这一性状显然是在第一次成熟有丝分裂时减数的,因为正是这一次分裂,把只能产生雄性的细胞和只能产生雌性的细胞区分开来。因此就有这么一种可能性:某一性状是在这一次成熟分裂中进行减数;而所有其余的性状则是在另一次成熟分裂中减数。作出这种安排的意义虽然不易理解,但显然是意义重大的。由每一种减数有丝分裂产生的两个细胞又成对配合,所以从各个性状的观点来看,染色体组是相对的。我们设想它有 8 个染色体,4 个来自父系 A、B、C、D,4 个来自母系 a、b、c、d。通过减数分裂,一个细胞含有 A、b、c、D,另一个姊妹细胞则含有相对的 a、B、C、d。就每一种可能的性状来说,这种相互配合的方式显然各不相同,因此一个生物所产生的精子极其多样。假如决定性别的染色质也如此减数,那么雌雄相对的两系要进入性别不同的个体中去;假如在第一次减数时,随着副染色体的不对称分布,性别减数就已完成,那么互相配对的两个成员都参与产生雄性或雌性后代,因而各种可能的染色体组合限于每一种性别之内。

后　记

Guyer 关于"杂交与生殖细胞"的有意义的重要报道对本文的全文来说,收到得太晚

---

① Montgomery(1901)研究过的 *Protenor* 和非直翅目昆虫一样,其 X 染色体和副染色体非常相似,在减数分裂中分开,而不是在均等分裂中分开。这是很值得注意的事实,因为在 *Protenor* 中,就和所有已作过研究的半翅目-异翅亚目(Hemiptera)-(Heteroptera)一样,减数在第一次成熟分裂中完成。

了。这位研究人员也用细胞学研究的结论来解释某些遗传现象,他对可育与不育的杂交种精子发生的比较观察,对本专题的细胞学研究来说是一大贡献。所得结论很有意义,但我想在某些方面是可以评议的。他假设"母本和父本染色体分离到不同的细胞中去,可以把它们看做是'纯'生殖细胞,只具备一个品种的特征"。他在做这样的假设时,重犯了本文前面提到过的 Cannon 的错误。文中没有提到孟德尔法则,但考虑到了杂种鸽经过近亲交配得到的母本类型。作者说了这样一段话,说明他是精通孟德尔原理的,他说:"第三代一般都回复祖代的原有颜色。"有时所有的特征与祖代的一方很相似,那么纯生殖细胞的概念得以适用,这是很明确的;而作者对于杂种近交后代表现混合性状显然也很熟悉。他倾向于用以下两个方面加以解释:① "分别代表两个原始种的两个细胞的联合,将产生混合型后代。"② "除通过刚才说的混合方法外,在某些情况下,个别染色体的不均等分裂并非罕见,也可能引起变异性问题,通过这种情况,在某些成熟的生殖细胞中,可能出现不同比例的两个亲本品种的染色质。"

上述第一种解释与孟德尔实验的结果相符,可是它错在用于(不具备细胞学依据)全部性状或染色体、而不是用于个别性状或染色质。至于引用的第二段话,可能没有多大问题,就是说,染色体的不正常分裂会产生变异;正如 Guyer 本人所观察到的,这些不正常现象会根据不育性的程度而增加。因此,可以很自然地得出结论说,它们不仅是病理性的,而且可能部分由于不育的缘故。此外,根据 Guyer 所接受的染色体个体性的假设,由于不正常分裂而使染色体失去一部分,将会是永久性的;而且,一再丢失一部分染色体,将使单个染色体组(他把它看做是一个整体)的染色物质明显衰退,必然迅速导致功能恶化,终于不育。

正如已经指出的那样,对形成变异的两种解释中的第一种,对一对染色体的后代来说,只有 4 种可能的染色体组合。但我们知道,尽管有无数后代,但实际在后代当中从不出现重复,同卵双生的情况除外。因此,不管后代的数量有多少,所有的变异,除 4 种正常染色体组合的情况外,都应按照明显趋于不育这种病态分裂程序来考虑。然而我们从 Bateson 和 Saunders 给进化委员会(Evolution Committee)的报告中发现有这么一句话:"我们还没有听说孟德尔式遗传中可育性受到损伤的情况。"我们认为,这些研究人员的大量实验系属孟德尔遗传,我们将这一证据与 Cannon 的论证联系起来,说明各种棉花杂种的成熟过程若不是正常,就必定是明显地不正常,以致必然不育;还使之与 Guyer 自己的认可联系起来,Guyer 认为,有丝分裂中的不正常现象随不育性程度的加深而增加,而平衡状态是杂种变异的正常因素,病态有丝分裂的效应则相反。

参 考 文 献

[1] Sutton, Walter S., "On the Morphology of the Chromosome Group in *Brachystola magna*," *Biol. Bull.*, IV., 1, 1902.

[2] Mendel, Gregor Johann, "Vesuche über Pflanzen-Hybriden," *Verh. naturf. Vers in Brünn IV.*, and in Osterwald's *Klassiker der exakten Wissenschaft*. English translation in *Journ. Roy. Hort. Soc.*, XXVI., 1901. Later reprinted with modifications and corrections in Bateson's "Mendel's Principles of Heredity," Cambridge, 1902, p. 40.

[3] Wilson, E. B., "Mendel's Principles of Heredity and the Maturation of the Germ-Cells," *Science*, XVI. , 416.

[4] Bateson, W. , "Mendel's Principles of Heredity," Cambridge, 1902, p. 30.

[5] Sutton, W. S. , *loc. cit.*

[6] The conclusion that synapsis involves a union of paternal and maternal chromosomes in pairs was first reached by Montgomery in 1901. Montgomery. T. H. , Jr. , "A Study of the Chromosomes of the Germ-Cells of Metazoa," *Trans. Amer. Phil. Soc.* , XX.

[7] Cannon, W. A. , "A Cytological Basis for the Mendelian Laws," *Bull. Torrey Botanical Club*, 29, 1902.

[8] Absolute proof is impossible in a pure-bred form on account of the impossibility of distinguishing between maternal and paternal members of any synaptic pair. If, however, such hybrids as those obtained by Moenkhaus (Moenkhaus, W. J. , "Early Development in Certain Hybrid Species," Report of Second Meeting of Naturalists at Chicago, *Science*, XIII. , 323), with fishes can be reared to sexual maturity absolute proof of this point may be expected. This observer was able in the early cells of certain fish hybrids to distinguish the maternal from the paternal chromosomes by differences in form, and if the same can be done in the maturation divisions the question of the distribution of chromosomes in reduction becomes a very simple matter of observation.

[9] Boveri, Th. , "Ueber Mehrpolige Mitosen als Mittel zur Analyse des Zellkerns," *Verb. d. Phys.-Med. Ges. zu Würzburg*, N. F. , Bd. XXXV. , 1902. It appears from a personal letter that Boveri had noted the correspondence between chromosomic behavior as deducible from his experiments and the results on plant hybrids, as indicated also in reference 1, *1. c.* , p. 81.

[10] Cannon, W. A. , *loc. cit.*

[11] Bateson and Saunders, Experimental Studies in the Physiology of Heredity (*Reports to the Evolution Committee*, I. , London, 1902) p. 81, paragraphs 11 and 12.

[12] *Cf.* Bateson and Saunders, *loc. cit.*

[13] *Ibid.*

[14] *Cf.* Mendel's experiments on *Hieracium*.

[15] Bateson and Saunders, *loc. cit.* , p. 154.

[16] *Cf.* Bateson and Saunders, pp. 135,136.

[17] Bateson and Saunders, p. 156.

[18] Fick, R. , "Mittheilung ueber Eireifung bei Amphibien," *Supp. Anat. Anz.* , XVI.

[19] Montgomery, T. H. , Jr. , *loc. cit.*

[20] It is of interest in connection with this question that there occurs regularly in each of the spermatogonial generations in *Brachystola* a condition of the nucleus which suggests amitosis but which in reality is nothing more than the enclosure of the different chromosomes in partially separated vesicles. *Cf.* Sutton, W. S. , "The Spermatogonial Divisions in Brachystola Magna," *Kans. Univ. Quart.* , IX. , 2.

[21] McClung, C. E. , "The Accessory Chromosome—Sex Determinant?" *Biol. Bull.* , III. , 1 and 2,

1902. "Notes on the Accessory Chromosome," *Anat. Anz.*, XX., pp. 220-226.

[22] Guyer, M. F., "Hybridism and the Germ Cell," *Bulletin of the University of Cincinnati*, No. 21, 1902.

[23] Cannon, W. A., *loc. cit.*

昆虫染色体与性决定的关系[①]

埃德蒙·威尔逊(E. B. Wilson)[②]

(1905 年)

　　去年夏天所得到的材料十分清楚地证明,半翅目昆虫的性别在染色体组中表现出稳定和特定的差别,这种差别无疑是这样一种本性:这些动物在染色体和性决定之间存在着某种特定的联系。这种差别有两种:一种是雌性细胞比它的雄性细胞多一个染色体;另一种是雌雄性细胞染色体数目相同,但雄性细胞有一个染色体比雌性细胞相应的那个染色体要小得多(这同 Stevens 对粉虫属的观察是一致的)。为方便起见,把这两种类型分别称之为 A 和 B。每一种类型都有三个属,已确定这是确切的事实。A 类为 *Protenor belfragei*、南瓜缘蝽(*Anasa tristis*)和蛛缘蝽(*Alydus pilosulus*);B 类为 *Lygoeus turcicus*、蝽 *Euschistus fissilis* 和 *Coenus delius*。染色体组是用雌性分裂卵原细胞和卵巢卵泡细胞以及雄性分裂精原细胞和裸细胞来检验的。

　　A 类(自从 Henking 1890 年在 *Pyrrochoris* 方面的文章发表后已知道)精子有两种:一种精子比另一种精子多一个染色体(所谓副染色体或异向染色体)。这一类雌性体细胞染色体数目为偶数,而雄性体细胞染色体数目要少一个,为奇数。*Protenor* 和蛛缘蝽(*Alydus*)的实际数字为♀14、♂13,南瓜缘蝽(*Anasa*)为♀22、♂21。研究两性染色体组还

　　① 梁宏译自 E. B. Wilson. The chromosomes in relation to the determination of sex in insects. **Science**,1905,22:500-502.

　　② 埃德蒙·威尔逊(Edmund Bee-cher Wilson,1856—1939),美国动物学家、细胞生物学家。他将细胞学与孟德尔学说进行了综合,大大推进了对染色体的研究和理解,开创了染色体学说。

看到以下事实:在雌性细胞中,所有的染色体双双成对排列,每对由两个大小相等的染色体组成,这在 *Protenor* 漂亮的染色体组看得最清楚,其染色体大小差别十分明显。雄性细胞的全部染色体,除一个染色体无配偶外,其他都对称地配对。这个无配偶的染色体是副染色体或异向染色体,由于它无配对,只能进入一半精子[①]。

B 类的全部精子都含有相同数目的染色体(雌雄两性的染色体都是体细胞染色体数的一半)。但尽管如此,它们仍有两种:一种有一个大的性染色体,另一种有一个小的性染色体。两性的体细胞染色体数目一样(上述三个例子为 14 个染色体),但有以下方面的区别:雌性细胞(卵原细胞和卵泡细胞)的全部染色体像 A 类一样,双双成对,数目一样,不出现小的性染色体。雄性细胞除两个染色体外,也是双双成对。这两个染色体是不相等的性染色体,而在成熟过程中它们的分配情况是小的一个性染色体分到一半精子中,大的一个性染色体分到另一半精子中。

这些事实使我相信只能有一种解释。既然雌性细胞(卵原细胞)的全部染色体可以对称成对,毫无疑问,这个性细胞的联会产生对称的二价染色体的减半数目,其结果是所有的卵都收下同样数目的染色体。这个数目(*Anasa* 为 11,*Protenor* 或 *Alydus* 为 7)同含有副染色体的精子的情况是一样的。显然,这两种精子都是有功能的,A 类则雌性细胞是由卵同含有副染色体的精子受精产生的,而雄性细胞是由卵同没有副染色体的精子受精产生的(McClung 所作推测的颠倒)。这样,如果 n 为雌性体细胞染色体数,$n/2$ 是所有成熟卵染色体数,那么有一半精子(含有副染色体的精子)的染色体数为 $n/2$,而另一半精子为 $\frac{n}{2}-1$。因此在受精中:

$$卵\frac{n}{2}+精子\frac{n}{2}=n(雌性)$$

$$卵\frac{n}{2}+精子\frac{n}{2}-1=n-1(雄性)$$

首先由 Montgomery 指出的 *Protenor* 的情况完全说明这样解释是可靠的,*Protenor* 的副染色体在每一个时期都能根据其巨大的体积而能毫无错误地予以识别。精原细胞分裂总出现只有一个大染色体,而卵原细胞分裂则看到一对完全相似的染色体。雌性细胞的这对染色体中的一个在受精时必然来自卵核,而另一个染色体(显然指那个副染色体)来自精子核。所以,很清楚,所有成熟卵在受精之前必须有一个作为雄性副染色体的母本配偶的染色体。而雌性细胞是由卵同含有相似染色体组的精子(即含有副染色体)受精产生的。雄性体细胞核只有一个大染色体(副染色体),只能意味着雄性是由卵同没有这个副染色体的精子受精得到的,以及雄性的这个单个副染色体是在受精时来自卵核。

B 类的所有的卵必须有一个相当于雄性巨大性染色体的染色体。当含有巨大性染色体的精子同卵受精产生雌性,而当含有小性染色体的精子同卵受精则产生雄性。

上述有区别的 A、B 两类很容易变成一类。如果 B 类的小性染色体消失掉,所发生

[①] 作者认为副染色体(accessory chromosome)、异向染色体(heterotropic chromosome)或性染色体(idiochromosome)都相当于性染色体。

的现象就同 A 类一样。有点怀疑这种现象是否为 A 类的真正起源，以及副染色体最初为一巨大性染色体，其较小的配偶染色体消失了。这样，副染色体的不配对特性就找到一个完整的解释，而副染色体的配对行为又使其明显地丧失掉异常的特性。

以上事实必然地得出结论：在染色体和性决定之间存在着某种因果关系；头一个想到的结论自然是 McClung 在副染色体情况下推测的，性染色体和异向染色体实际上是性的决定子。然而，分析将表明，不论哪一种有关这些染色体明确地是雄性或雌性决定子，会碰到巨大的、即使并不是不可克服的困难。更可能的是，由于将来会提出的种种理由，染色体组在两个性别中的活动、卵和精子间的差别主要为活动程度或强度上的差别，而不是活动种类上的不同，我们或许在这里找到有关性决定一般理论的一点线索，它同半翅目昆虫①所看到的实际情况是一致的。提出这一问题的一个重要事实是在这两种类型中，两性的差别在于联会和生长期间性染色体或副染色体的行为，这些被认为是雄性的染色体形成浓缩的染色体核仁，而雌性染色体则像其他染色体一样，核仁呈扩散状态。这表明，在联会和生长期间雌性染色体比雄性染色体在细胞新陈代谢中作用更活跃。因而，生殖细胞分化的首要因素或许是一种新陈代谢，或者是一种生长。

---

① 直到 1932 年，C. Bridges 发表了一项大量的分析才使此预言得以证实，该分析支持下述假设：可以把性别恰当地看做是一种数量上的连续性，而雄性和雌性只代表了这种数量连续上两个不同的点。已发现某一有机体的性别的实际程度决定于在一种完全可以预测的方式下常染色体对性染色体的比率。果蝇常染色体对雄性为净倾向，而 X 染色体则对雌性为净倾向。正常的雌性，即含有常规二倍体常染色体组和性染色体，同带有一额外 Y 染色体的相似雌性，在它们的外观上是无法区别的。

细胞核的化学成分[①]

阿尔布雷希·科塞尔(A. Kossel)[②]

(1910 年)

　　19 世纪有机化学的发展,主要建筑在建立原子空间排列的概念。人们都知道,有机化学家既能提出有机物成分及其化学反应方面的知识,又能站在化学系统的地位上,建造出一幅种类不同的原子空间分布图,从而清楚又准确地提出他的观点。

　　人们一旦把这些概念用于动物或植物组织的研究中,就会推导出该有机物的化学结构图。以这种方式开辟的科学领域能在许多方面同生命物质的解剖学研究相媲美。

　　解剖学和化学这两门学科,看来首先是仅仅致力于描述有机物。但是在这两种情况下,这种描述都远远不是真正的研究目的。据我们看来,解剖学和化学结构的知识是唯一有价值的,因为从这些知识我们渴望了解各部分的功能、它们的发育机理或其他的生物学重要问题。

　　因此我们只能作为取得更多知识的起步来估价细胞和原生质成分的经验。截至目前,我将要报告得到的结果,确实更适合于激励我们渴望得到更多的知识,而绝不是高兴一场而已。从考虑器械的各个片断到懂得它的活动方式,还要走很长的路。

　　比较观察得出这样的概念:某些化学的生命过程为动物和植物所共有;某种程度上,

---

　　① 梁宏译自 A. Kossel. The chemical composition of the cell nucleus. **Nobel Lectures Physiology or Medicine**,1901-1921: 394-405.

　　② 阿尔布雷希·科塞尔(Albrecht Kossel, 1853—1927),德国生物化学家。他因在蛋白质和核酸成分分析方面的杰出成果而荣获 1910 年诺贝尔生理学或医学奖。

有一种化学机理以其共同的原理在各种生命物质中起作用。这些基本的生理过程必须位于这样一种物质,看来无论在什么地方它都是生理氧化过程的主要集中点,与此同时,身体的其余部分即原生质从这一点出发的。

显然,必须把这种结构的化学研究看成是生物化学最重要的问题之一,但这类研究在第一次分析时,首先是材料的选择和制备方面,就显出其困难性。细胞的生理活性、细胞的可见或不可见的营养产物,几乎都是指活细胞而言的。成分和内含物间的差别、有机体物质和化学代谢物之间的差别都很难规定,而只能把某种程度上可予肯定的结果寄希望于仔细的组织学鉴定和比较研究的基础上。这样就研究了多种多样的细胞结构和无一定形状的原生质,并把成分一览表内反复出现的各个化合物组规定下来,鉴于Hoppe-Seyler 在核素、卵磷脂、胆固醇和钾盐方面的工作,除蛋白质外,把这些化合物都增添在一览表中。

当人们试图把细胞核引入这些研究的范围时,从此开辟了新的前景。这里我们有一个细胞器,其结构和功能必然同生命的普遍过程有联系。从以下各方面说明上述论点已经清楚,即它的结构状态,它在细胞分裂前和伴随着细胞分裂过程在形状上的变化;它在动物、植物世界不同地区的再现;以及它基本上与种和群或有机界系统的位置无关。现在又对这个器官的形态学特性以及化学特性,它把该器官的特点规定得更加明显,因为即使在核的结构没有确定的细胞里也能把它识别出来。现在我将扼要地概括一下这些化学特性。

1860 年,Hoppe-Seyler 实验室对脓细胞核的研究开始了这一领域的第一个观察。Hoppe-Seyler 的一名学生米舍尔(Miescher)能分离出这些核,他发现核里有一种非常富有磷的物质,他称这种物质为核素。在一种组织里发现有一个进一步开展这项工作的适宜对象,即精子的头部。这种结构是通过细胞核的转化而发育,并保持其化学成分,它显然也是其生理功能的一个重要部分。已经积累的证据说明核素或核材料的确是细胞核所特有的。还发现别的研究对象在某种程度上可以分离细胞核,例如鸟类的红细胞,其细胞体可溶于水。对上述分离出来的一批适量的核也能进行化学研究,并再一次发现核物质的明显特点,而显微化学测验则证实了这一点。它们同时证明核材料属于核物质的一种规定良好的部分,这部分在转化过程中以一种非常引人注目的方式而显得突出,它的量在不同核中有变化,并因为它的某些染色反应而取得染色质之名。这方面唯一的困难是在那些没有细胞核的动物产物,如卵的卵黄囊、牛奶的酪蛋白中寻找核物质,在用更精确的化学研究予以澄清前,的确曾尝试用专门的假说来解释这些事实。

这些核物质的化学结构,在原生质的许多有机成分中,特别在那些积极参与代谢过程的有机成分中,曾发现过它们的一些特点。曾观察到这种成分很容易分解成一定数量的封闭的原子基团,它可与积木相比拟。这种"积木"以大量数目和多样化的方式装配在一起,并显然按照一特定的计划形成蛋白质和淀粉,糖原的分子,以及用较少的数目装配成脂肪和磷脂的分子。营养物复杂的有机成分,当它们准备被消化以便进入体内时,分解成这种积木,然后在有机体内再把这些积木重新装配成大分子。

核物质也是这种组成,化学分析表明,首先在许多情况下核物质分解成两部分,其中之一有蛋白质特性。这部分除正常的蛋白质外,不具有其他原子团。然而,另一部分有特殊的结构,已给它命名为核酸。我们从核酸成功地得到一些碎片,这些碎片即使用温和的化学作用也能把它部分地从分子中溶解出来,并根据一种相当特异的氮原子集中而能予以识别。这里一起出现 4 种含氮基因:胞嘧啶、胸腺嘧啶、腺嘌呤、鸟嘌呤。

这四种物体之一的鸟嘌呤,在各动物组织中已为人们所知道,并为 Picard 在鲑的精子中发现,虽然这位研究工作者的确没有怀疑它同核素有任何遗传关系。早先时候普遍采纳鸟嘌呤和其他类似物质来自蛋白质分子,米舍尔则想到这些物质可能从鱼精蛋白产生,而 Picard 提出的意见是"在鲑精子中它们是预先一起存在的"。它们起源于核酸的见解出乎意料地从一开始就碰到了强烈的反对意见,却在同时弄清了一种尚未找到解释的特殊现象。例如,曾注意到在白血病中,鸟嘌呤和有关物质在血液中大量存在。现在这种疾病的特点是含有核的成分取代了无核的红细胞,但前者分解成很大的数目,从而使得体液为这种核物质的分解产物所淹没。从此,上述碱基或同它们关系非常密切的转化产物大量存在于体液中。还有前面提到的矛盾,即假定在卵黄和牛奶中有核物质,这一点现已得到解决。一项更精确的研究证明,这些成分由于其表面行为和含有磷,过去被认为是核素,却具有不同的化学结构。我称之为富有氮的积木完全不存在,因此它们不属于真正核物质一类,而形成特别的一类。

越是弄清楚含氮丰富物质与细胞核的关系,氮和碳原子在分子中的排列问题也越显得突出。4 个物体中有 2 个,腺嘌呤和鸟嘌呤,属于当今通常包括在称之为四氧嘧啶衍生物或嘌呤衍生物的一类化合物。这类化合物各个成员的被发现及其化学性质的得到阐明是同 Schecle、Torbern、本杰明(Bergmann)、Wöhler、李比希(Liebig)、Strecker 和阿道夫(Adolf)、拜尔(Baeyer)的名字联系在一起的,而费歇尔(Emil Fischer)的著作已对这一系列杰出的研究作了总结,该著作最终确立了令人满意的化学式。另外两个胸腺嘧啶和胞嘧啶组成较简单;分解和合成实验得出结果:胸腺嘧啶必须符合下列方式的碳原子和氮原子的组合:

胸腺嘧啶　　鸟嘌呤　　胞嘧啶　　腺嘌呤

从上式看出,必须认为胸腺嘧啶和胞嘧啶是一种碳和氮原子的环状系统。可以确定原子在胞嘧啶里的位置,因为在一种氧化剂的作用下,这种物质分解成双缩脲和草酸,并可以立即用它的合成阐明其组成。同这一称之为嘧啶环的简单环相反,腺嘌呤和鸟嘌呤的化学式是一种双环,即所谓嘌呤环,说明它的氮原子集中得还要多些。

在这 4 种核酸分子碎片中,看到碳原子和氮原子是按照同一个基本计划进行搭配的。嘌呤环的出现就好像它是嘧啶环的一种结构增建的结果。如果现在把已知的这 4 种嘧啶和嘌呤衍生物置于较强烈的化学反应,或者在体内追踪它们的行为,能看到那些连接在一起形成环的碳和氮原子,要使它们彼此分开相当困难,相反,额外连接在环上的其他原子,例如 NH_2 基,则可通过引进水的成分把它们拆开。在这种方式下产生的衍生物称为次黄嘌呤、黄嘌呤和尿嘧啶,而尿嘧啶常常发现在腺嘌呤、鸟嘌呤和胞嘧啶的附近。此外,还有其他物质作为动物新陈代谢的最终产物出现。

从现在起,我们对核酸分子的一部分,即含氮部分,已有某种程度的了解;还有一个由两个不相似的成分组成的剩余物,其中之一含有 6 个碳原子,它由氧和氢;以碳水化合物所特有的方式相连,另一个不含碳的成分是磷酸。

一旦对核酸中存在的这样一个大分子结构各积木块的性质得以肯定,就出现两个新问题:每一块积木的相对量是多少? 它们是如何相互排列的? 第一个问题已由 H. Stendel 的研究得到解决。根据他的分析,我们已能认为这 4 个富氮基团中的每一个基团都有两个碳水化合物分子和一个磷酸分子。目前第二个问题尚未得到恰当的答案。只有一次观察的结论是碳水化合物团和富氮物体间有一种联系,即如核酸小心地分解,仍然发现这两个碎片连接在一起,植物新陈代谢中也发生这种结合。

根据我们就当代的见解和意见所作的这一肤浅的评述,核酸看来是一种复合体,它至少有 12 个积木,但在活细胞里,它的结构很可能要大些,因为从一些观察提出,在器官中这样的复合体有几个是彼此结合在一起的。

我打算谈一种在动物机体的某些细胞中含有的核酸,但它不是典型核酸基团的唯一形式。对不同有机体和同一个体不同器官的研究,证明了这类物质的结构有重大差别。犹如我们在蛋白质、脂肪、胆酸和许多其他生物产物已经知道的那样,在核酸中反复出现的相同现象,即用以证明同一结构思想的各种物质的整个系列,是通过多种多样的途径发展起来的。

我所概括的核酸结构在其他器官中以更简单的方式重复出现。例如,酵母的细胞中发现有一种核酸缺少 4 个含氮基团中的一个基团,即胸腺嘧啶,并且同 6 个成员的碳水化合物环相反,它含有的碳水化合物是 5 个成员。次黄核苷酸和鸟核苷酸的组成更简单。前者早为李比希发现,但 Haiser 首先弄清楚它的化学性质,它存在于肌肉中,在 4 个含氮物质的地方只有单独一个含氮物质,而且它的形状有点改变,碳水化合物也只有 5 个碳原子。鸟苷酸的结构相似,Olof Hammarsten 和 Jvar Bang 首先发现了这种物质。它也只有一个含氮基团,即鸟嘌呤,并也有一个由 5 个碳原子成员的链作为一个碳水化合物同鸟嘌呤和磷酸连接起来。

生物学家们把兴趣放在这些物质上,这由于它们已被承认是核酸组的最简单的成员,这一点完全可以理解。现在的见解仍然是,在顺利地具备种种简单而易于掌握的方法之前,首要的是研究方法错综复杂并难以辩论。我们并不知道,次黄苷酸和鸟苷酸是否像复杂的核酸那样对细胞生命起同样重要的作用;尤其是目前,这最后提到的两个酸,其位置是否坐落在细胞核的染色质中,尚未确定下来。

我在前面已经提到,复杂的核酸是在这种同蛋白质结合的形态上如此重要的结构中发现的,而这种结合的方式则多种多样。在有些器官中,发现这两种成分结合得比较松散,其行为像一盐类,并容易把酸和蛋白质从它那里分离出来。另外一些细胞,核酸和蛋白质之间结合牢固,它对化学分离物强烈抵抗。在鸟的红细胞的核里可找到这种盐状物,而我已经说过,当红细胞溶于水时,能把核分离出来。然后这种细胞核物质同一些结合的基质像一团不溶的物质一样留在后面。如使这团核同稀释酸接触,大部分蛋白质就被溶解,而把核酸留下来。胸腺、淋巴腺和脾腺之类腺组织的细胞,也发现相似的松散结合,并且所有这些组织也有一部分同蛋白质牢固地结合,另一部分则松散地结合。精子头部从其起源和组织学性状来看,的确是细胞核,它的行为引人注目。可以设想,不同的动物种,在它们具有同一功能的一种器官中,将会找到相似的化学关系,但蛋白质-核酸的结合方面则并非如此。在一些至今仍然只在为数不多的热血动物种所作的研究中,发现同无脊椎动物的核酸与蛋白质松散结合的情况相反,热血动物的精子则牢固结合,可能大多数情况都是如此。鱼的精子很像鸟的红细胞的核,至今经常发现的只是一种松散的结合,虽然还不能就此断定是否也有结合牢固的。

具有核酸松散结合的核将说明另外一个值得注意的现象,例如,同核酸结合的蛋白质的特殊安排。它们具有一种有机碱的性质。蛋白质被牢固结合的核,其化学反应敏感性要差得多,下面不再另作介绍。

为了把蛋白质分子变换成一个可以理解的基础,我将扼要介绍这类对有机界如此重要的物质在其化学结构方面的主要特性。

如上述细胞的碳化合物一样,蛋白质是由许多连接基因,即所称积木制成,这里所说的积木我指的是一种直接相连的碳原子复合物。当这些碳原子相连接的地方为其他的原子打断时,这些积木就常常拆开,这时候大分子就在有机体内或有机体外分解。这种大积木的蛋白质,其总数迄今确实肯定的最高数为 9 个,和它们直接牢固结合的碳原子数可能是 12 个,但在多数情况下,这种基因要小些。通常由一个氮原子把这些基因彼此联合起来,与此同时,这个氮原子同一个氢原子相连接而形成一个所谓“酰亚胺”基。这种连接方法主要是通过费歇尔的工作确定下来的。在特殊情况下会发生别的连接法,例如,E. Baumann 发现的二硫连接,它是由两个相互连接的硫原子把两个碳链连接起来。根据 K. A. H. Mörner 的工作已知为蛋白质分子的一个成分——胱氨酸,就是这种情况。如果现在蛋白质分子分解了,这常常随着水分子的引入而发生。

把这些积木本身从整个分子的结构中释放出来,在它们中间至少能识别出 19 种。在涉及其内部结构之前,这些积木或碎片的大多数都遵循一个共同的原理。几乎所有这些碎片都具有氨基酸的特性。人们可以拿氨基戊酸作为这种物质的一个例子。它含有一个同氢、氧和氮原子连接起来的碳原子链。这些物质的第一个特点是 COOH 基,它给物质以酸的性质;第二个特点是 NH_2 基,它的存在使物质具有碱的性质。现在我们所知道的氨基酸,如所举例的 δ-氨基-N-戊酸,其 COOH 基和 NH_2 基的数目相等;也有其他物质多一个 NH_2 基或多一个 COOH 基。后者为酸的性质,前者称二氨基酸,碱的性质占优势。

$$
\begin{array}{ccc}
CH_2NH_2 & CH_2NH_2 & COOH \\
| & | & | \\
CH_2 & CH_2 & CH_2 \\
| & | & | \\
CH_2 & CH_2 & CH_2 \\
| & | & | \\
CH_2 & CHNH_2 & CHNH_2 \\
| & | & | \\
COOH & COOH & COOH \\
\delta\text{ 氨基-N-戊酸} & \text{鸟氨酸} & \text{谷氨酸}
\end{array}
$$

然而,构成蛋白质的氨基酸的多样性,不仅由于它们在 COOH 基和 NH_2 基数目上的变动,也由于连接在一个链上的碳原子数不一而造成。我们从蛋白质分子能得到 2、3、5 或 6 个碳原子的链。通过引入一个氧原子或硫原子,使氢原子同碳原子分开,或因为有一个复杂的有机基团如 3C、2N 和 3H 取代了 H 原子的位置,这些都可带来更多的变异。

$$CH_3 \qquad CH_2OH \qquad CH_2SH \qquad CH_2—C—N$$
$$CHNH_3 \qquad CHNH_2 \qquad CHNH_2 \qquad CHNH_2$$
$$COOH \qquad COOH \qquad COOH \qquad COOH$$

丙氨酸 　　　　丝氨酸 　　　　半胱氨酸 　　　　组氨酸

在构成蛋白质的一系列积木中,发现这些氨基酸也有种类大不相同的原子基因,这种氨基酸含有一个碳原子和两个氮原子,并且这一基团在分子中总是同前面提到的二氨基戊酸相结合。这种脒基同二氨基戊酸或鸟氨酸相结合而命名的精氨酸,是由 E. Schulze 发现,并由 S. G. Hedin 证实它是蛋白质的一个成分。

$$NH_2—C—NH—CH_2—CH_2—CH_2—CHNH_2—COOH$$
$$NH$$

脒基 　　　　鸟氨酸基

精氨酸

蛋白质就是由这样一些积木构成的。我们不清楚为什么每一个积木在整个结构中如此经常地反复出现,但我们能确定形状不同的积木其总数之间的相对比例。例如,我们能确定同一氨基酸相比,二氨基酸的量有多大,以及在二氨基戊酸形式中存在的总氮量百分率是多少。尽管从这些比例不能得出有关积木排列的任何想法,但它早已表明迄今所研究的蛋白质之间的重要差异,它还说明,在它们中间,前面提到的细胞核结合松散的蛋白质占有相当特殊的地位。

这些核蛋白质的特性由以下事实决定,即在它们的结构方面,某几种积木如含氮丰富的基团的量更多些。这就是说,例如同其余的蛋白质相比,它们含二氨基酸较多,特别是二氨基戊酸和同它连接的脒基;在它们中间也能找到大量的组氨酸。

这些含氮基团之插入蛋白质分子还使碱基因强烈地呈现自由反应的状态。

例如在鸟的红细胞核中发现有这种蛋白质,而且我已经提到,用稀释的无机酸很容易把它分出来,这种蛋白质称之为组蛋白。相似的物质以一种同核酸结合在一起,像盐类那样广泛地分布于高等动物和低等动物的组织里面。无脊椎动物,如头足网海胆的精子和一些鱼类的精子也有这种物质。我可以引用不同种的鳕作例子,从鳕的精巢里我们得到一种组蛋白,其化学性质和成分同那些从鸟类红细胞或胸腺中得到的组蛋白非常相似。

这些同核酸结合松散的组蛋白进一步说明通常结构复杂的蛋白质的性质。它们唯一的区别之处是一个特异的性质,即游离的碱基团占优势。

如取其他鱼的精巢作同样研究,得到的是组成简单得多的物质,它在精子的头部取代了组蛋白的位置,这些物质是鱼精蛋白。

这里我不准备谈从整套观察所形成的意见,这些碱性蛋白是在发育过程中通过正常蛋白质的转化而产生的,在这个过程中,含氮少的基团逐渐从它们中被分解掉。这种转化或多或少是广泛存在的,它把正常的蛋白质首先转化成组蛋白,如果这种消失过程继续进行下去,我们就得到鱼精蛋白。这样鱼精蛋白同组蛋白相比,其一氨基酸少,二氨基酸相对多。但鱼精蛋白彼此间也有差别,并显然是通过一些中间步骤把它同组蛋白连接起来。例如从鲟卵得到的鲟精蛋白,含有前面提到过的 4 种蛋白质分子的富氮基团:两个二氨基酸中有一个同脒基相结合,而另一个同组氨酸相结合。其他的鱼精蛋白至少含有 2 个或 3 个已知的碱基团。在某些鲑(Salmonidae)的精子头部,蛋白质分子组成的变动显著减少,其整个分子限制在 5 种不同的积木。其中两个,即二氨基戊酸和脒基,是氮的主要载体,其数量大大超过其余的载体,约携带总氮量的 88%。

这样,在这个特有的转化中,越来越多的碳链消失掉,这种碳链对建立大多数蛋白质十分重要,从而形成其主要部分的含氮量减少,与此相反,出现了一种 C 和 N 交替排列的基因。我们已经看到这种排列也存在于细胞核的另一个成分即核酸中。

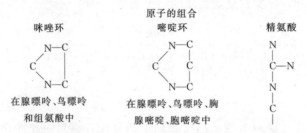

原子的组合

咪唑环　　　　　嘧啶环　　　　　精氨酸

在腺嘌呤、鸟嘌呤　　在腺嘌呤、鸟嘌呤、胸
和组氨酸中　　　腺嘧啶、胞嘧啶中

如果我们现在对结合松散的核素物质进行小结,其结果如下:细胞核染色质的组成来自两种成分:一种成分富有磷酸并具有酸的性质;另一种为具有碱基性质的蛋白质。这两种成分在化学结构方面明显的相似之处是氮原子积聚惊人,并由于这种化学结构,染色质组成物同其余的细胞成分能区别清楚;显然,必须把这种性质同染色质物质的功能联系起来。这些富有氮和含磷的原子团是染色体里的贮存物,在细胞分裂期间它最先活动起来,而它对别的细胞的传递将构成繁殖过程中的一个重要部分。

在这一点上,我们已经到达只有通过用各种研究方法一起进行工作,才能解决问题的时候了。形态科学的代表性工作是在显微镜下观察细胞内的结构,并研究它的形状同基本的有机体状态的依赖关系。生物化学家们则规定这个结构的组成,它在化学系统中的地位,以及它与细胞的其他化学成分的关系。但这项工作需要结构化学的理论并借助于合成方法。

这样,我今天要描述的结果是从不同研究单位得到的,如果要对全体作出贡献的人表示谢意的话,则将提到许多人的姓名。

孟德尔遗传的随机分离与相引[①]

托马斯·摩尔根(T. H. Morgan)[②]

(1911 年)

  孟德尔遗传定律在于假定单位性状因子的随机分离。孟德尔遗传所特有的两个或两个以上性状的典型比例,诸如 9∶3∶3∶1 等是根据这种假定作出的。近年来看到一些情况,当涉及两个或两个以上的性状时,其比例同孟德尔随机分离的假定不符合。其中最突出的例子是在 *Abraxas* 和果蝇,以及几个家禽品种的性限制遗传中发现的,必须认为这种性限制遗传,在雌性因子同另一个因子之间发生一种相引,豌豆花粉的颜色和形状也是如此。除这些例子外,Bateson 和他的同事(Punnett,DeVilmorin 和 Gregory)最近发表了一些新的例子。

  为了说明其结果,Bateson 认为生殖细胞不仅有相引也有相斥。这些事实看来完全可以同我在果蝇方面发现的情况相比拟,此后这些结果使我得出非常简单的解释,我想尝试着把 Bateson 的假设同我提出的假设作一比较。

  Bateson 解释所依据的事实,用他自己的话来说可以简述如下:"如果 A、a 和 B、b,是

---

 ① 梁宏译自 T. H. Morgan. Random segregation versus coupling in Mendelian inheritance. **Science**,1911,34:384.

 ② 托马斯·摩尔根(Thomas Hunt Morgan, 1866—1945),美国遗传学家、动物学家和胚胎学家。他创立了关于遗传基因在染色体上作直线排列的基因理论,并把果蝇 400 多种突变基因定位在染色体上,制成染色体图谱(即基因的连锁图);确立了伴性遗传规律;发现位于同一染色体上的基因之间的连锁和交换等现象,建立了遗传学的第三定律——连锁交换定律。他获得了 1933 年诺贝尔生理学或医学奖,被称为"遗传学之父"。后人为了纪念他,将染色体图中基因之间的遗传距离单位叫做"摩尔根"。

属于相引和相斥的两个等位基因对,那么由 Ab×aB 结合产生的杂合子的配子发生,A 和 B 将彼此互斥;但由 AB×ab 结合产生的杂合子的配子发生,A 和 B 又将相引。""我们还不能推测出这一特性的重要性质,而至今全部能说的是,在这些特殊情况下,性状在杂合子中的分配受原始纯合亲本中性状分配的影响。"Bateson 进一步指出,由于"鸡的性别至少是三个其他因子的排斥者……可以发觉其中有些因子比其余因子领先,其方式是作为一种结果,用下一次的相引来取消这一次的相斥"。

在吸引、相斥和领先的次序以及相引的精细系统方面,我根据果蝇眼色、体色、翅突变和雌性因素的遗传结果提出了一个比较简单的解释。如果代表这些因子的物质包含在染色体里面,又如果这些相引的因子彼此紧挨在一个直线系统上,那么当亲本对(在杂合子中)接合时,相似区域就会处于对立状态。有充分证据支持下述观点:在绞线期,同源染色体彼此缠绕在一起,但当染色体分开(分裂)时,分裂是在 Janssens 主张的一个单平面上进行的。其结果是,相距近的原始物质更可能落在同一个半面上,而相距更远的区段则可能最后落在同一个半面上,另一边的情况也是如此,因此,我们只发现某些性状的相引,而很少或根本没有找到其他性状相引的证据;这种差别取决于代表因子的那些染色体物质彼此间在直线上的距离。这种解释将说明我所看到的所有的许多现象,而且我想,将同样能阐明截至目前谈到的其他情况。这种结果是染色体里物质的位置和同源染色体联合方法的简单的机械结果,它所产生的比例用数字系统来表示,同染色体因子相对位置表示一样都不大。除了孟德尔观念的随机分离外,我们发现染色体位置相近的因子联合。细胞学将提供实验证明所需要的机理。

果蝇的六个性连锁因子由其联合方式所表示的直线排列[①]

埃利弗利德·斯特蒂文特(A. H. Sturtevant)[②]

（1913 年）

历　　史

瑟顿（Sutton）首先指出染色体在减数中的行为同孟德尔因子在分离中的行为，两者之间存在着一种平行关系（1902），而同年早些时候 Boveri（1902）已提到一种可能的联系，Boveri 在这篇和另几篇文章中，从实验胚胎学的领域里引来了重要的证据，说明染色体在发育和遗传中起着重要的作用。McClung（1902）关于副染色体是一个性的决定者的假设，是第一次尝试把某个体细胞性状同一个特定的染色体联系起来。Stevens（1905）和 Wilson（1905）通过以下证明证实了这一点，性染色体形状多种多样，它存在于所有的卵和产生雌性的精子里面，但在产生雄性的精子里面，或没有这个性染色体或由一个较小的同源染色体替代它。当摩尔根证明果蝇（*Drosophila ampelophila*）的眼色因子，遵

---

①　梁宏译自 A. H. Sturtevant. The linear arrangement of six sex-linked factors on drosophila, as shown by their mode of association. **Journal of Experimental Zoology**. 1913，14：43-59.

②　埃利弗利德·斯特蒂文特（Alfred Henry Sturtevant，1891—1970），美国遗传学家。他是埃德蒙·威尔逊的学生，后到摩尔根实验室工作。他于 1913 年构建了第一张果蝇的遗传图谱，对摩尔根基因学说的发展作出了重要贡献。

循 Stevens(1908)在这同一个种里面已经发现的性染色体的分配时前进了一大步。以后,关于出现果蝇性连锁的翅突变,摩尔根(1910、1911)弄清楚了一个新的起点。把白眼、长翅果蝇同红眼和痕迹翅(新的性连锁性状)果蝇杂交,他在子二代得到了白眼、痕迹翅的果蝇。这只能在交换是可能的情况下发生;这意味着,根据这些因子都在性染色体上的假设,发生同源染色体之间物质的互换(只在雌性发生,因雄性蝇只有一个性染色体)。当时没有引起注意,以后才提出的一个要点是同果蝇的其他性连锁因子有联系(Morgan,1911)。显然,有些性连锁因子是联合在一起的。这就是说,交换并不是在一些因子之间随意发生的,事实证明子一代果蝇出现同一性状的新组合,较之子二代果蝇多得多。从染色体的观点来看,这意味着这个染色体,或至少是该染色体的某些节段在减数期间比它们互换材料的那部分更可能保持其完整性[①]。摩尔根(1911)根据这些事实提出了一个有关相引的生理基础的假设。他采用 Janssens(1909)的交叉型假说为机理。他是这样说的(Morgan,1911):

> 如果代表这些因子的物质存在于染色体中,而那些相引的因子又在一直线排列上彼此紧挨在一起,那么当亲本染色体对(在杂合子中)结合时,相似的区段将保持着方向相反的位置。有足够的证据支持这种观点,这就是在绞线期同源染色体彼此缠绕在一起,但当染色体分开时(分裂),如 Janssens 主张的那样,它是在一个单平面上进行分裂的。其结果是相距短的原始物质更可能落在同一个半面上,而距离更远的区段则可能是最后一个掉在同一个半面上,另一半面的情况也是如此。总之,我们发现某些性状有相引的现象,而另一些性状则很少或根本没有看到相引的证据,这种差别取决于代表遗传因子的染色体物质在直线排列上的距离。这样一种解释能说明我所观察到的所有大量的现象,并且我想,将能同样解释至今谈到的其他情况。这种结果是染色质物质位置和同源染色体联合方法的一种简单的机械结果,而所得的比例用数字来表示不如染色体里面因子的相对位置那么多。

研 究 范 围

看来如果这个假说是正确的话,可以把交换的比例作为任何两个因子之间距离的一项指标。然后通过测定 A 和 B 及 B 和 C 之间的距离(上述含义),能预测 AC。因为,倘若交换的比例的确能代表距离,AC 必定或是 AB+BC 或是 AB−BC,而不会是任何一个中间值。然而,根据纯粹数学方面的考虑,A 和 B 之间交换比例同 B 和 C 之间交换比例的总和及差数,只是 A 和 C 之间交换比例的限制值。通过使用几对因子人们定能在一些例子中使用这样测验。此外,同时包括 3 个或 3 个以上性连锁等位因子对的实验,将对这种观点提供另一种测验,它或许是一种更为重要的测验。本文是对这些问题所作研究的初步报告。

---

① 在这方面,阅读 Lock 对这个问题的讨论(1906)是有意思的。

我希望借此对摩尔根博士慷慨地给我提供本研究的材料和在工作进展中所给予的鼓励和建议表示感谢。在这一问题的理论方面,同缪勒(H. J. Muller)、E. Altenburg、布里奇斯(C. B. Bridges)等诸位先生们的讨论,也使我得益匪浅。Muller 先生的建议在本文的实际准备中特别有用。

6 个有关的因子

我将在本文处理 6 个性连锁因子及其相互关系。我将讨论的这些因子,其次序看来已排列好。

B 为黑色因子。同它有关的果蝇隐性因子 b 具有黄色的身体。摩尔根(1911)首先介绍了这个因子和它的遗传。

C 是一个使眼睛有色的因子。白眼果蝇(摩尔根在 1910 年第一个介绍)现已知它对 C 和第二个因子都是隐性。

同 O 有关的果蝇隐性因子(o)为曙红眼。C 和 O 之间的关系已由摩尔根在一篇正在付印并准备在费城自然科学院会议录上发表的文章作过解释。

P 带有 p 的果蝇为朱红眼,替代了正常红眼(Morgan,1911)。

R 这一个因子同第二个因子都对翅有影响。正常翅为 RM。已知 rM 为小翅,RM 为痕迹翅以及 rM 为痕迹小翅。这个 R 因子是一个被摩尔根(1911)以及摩尔根和 Cattell(1912)称为 L 的因子。摩尔根在更早些时候文章(1911)里面的 L 是第二个因子。

M 这个因子在上面已讨论过,它在 R 之下,由摩尔根叙述过小的和痕迹翅(1911)。

这些因子的相对位置是 B、C/O、P、R、M。C 和 O 因其完全连锁而位于同一点上。在弄清楚有两个相关的因子之前,从 CO(红眼)和 co(白眼)的杂交得到了数千个果蝇。因为有一个突变而不是通过任何交换才发现了这两个因子。但很明显,除非相引的强度不一,否则联系到别的等位因子对,不管用的是 CO(红眼)对 co(白眼),Co(曙红眼)对 co(白眼),还是 CO(红眼)对 Co(曙红眼)(cO 的组合尚不清楚),都必定得到相同的配子比率。

计算联合强度的方法

我用 P 和 M 因子来举例说明计算配子比率所用的方法。在这种情况下使用的是长翅、朱红眼的雌性同痕迹翅、红眼的雄性来杂交。分析和结果见表 1。

当然,从图表中明显地看出有一些地方是痕迹翅果蝇所特有的。它们出现的数目是如此之少。这一点在这里不会难住我们,因为它的出现经常同痕迹翅杂交有联系,而摩尔根正在对此进行研究。目前感兴趣的要点是连锁。在 F_2,原始组合红眼痕迹翅和朱红眼长翅在雄性中(允许痕迹翅的低生活力),比两个新的或交换组合即红眼长翅和朱红眼痕迹翅要多得多。从这一分析看出,在雌性中发现联合的证明,由于一旦发生联合,在所有产生雌性的精子中存在的 M 就把 m 掩盖起来。但通过 F_2 的雄性可毫不复杂地得出配子的交换比率。鉴于 F_1 雄性果蝇的产生雄性的精子没有性连锁的基因,在这种情况下有 349 个雄性果蝇属于无交换一类,而交换类的有 109 个。根据本文一开始就提出的理论,看来能最令人满意地表示因子相对位置的方法如下:取距离单位为这种长度的染色体的一部分,即平均来说,每产生 100 个配子会发生一次交换。这就是说,把交换的百分数作为距离的一个指标。就 P 和 M 来说,405 个配子中发生 109 次交换,其比率为 100 次中 26.9 次;把交换的百分率 26.9 看成是 P 和 M 之间的距离。

表 1

长翅朱红眼	♀——MpX MpX
痕迹翅红眼	♂——mPX
F_1	
MpX mPX——长翅红眼♀	
MpX ——长翅朱红眼♂	
F_1 配子	
卵——MPX mPX MpX mpX	
精子——MpX	
F_2	
MPX MpX }——长翅、红眼♀——451	
mPX MpX	
MpX MpX }——长翅、朱红眼♀——417	
mpX MpX	
MPX ——长翅、红眼♂——105	
mPX ——痕迹翅、红眼♂——33	
MpX ——长翅、朱红眼♂——316	
mpX ——痕迹翅、朱红眼♂——4	

因子的直线排列

表 2 说明那些已经研究清楚的交换比例。有关杂交的详细结果列于本文的结尾部分。B 和 CO 的 16 287 例取自 Dexter 的资料(1912)。由于 C 和 O 完全连锁,我把 C、O 以及 C 和 O 的数目加在一起,使以(C,O)P、B(C,O)等为起点的线上可得出总的结果,并在我的计算中用这些数字来代替各别的 C、O 或 CO 的结果。交换比例一栏上的分数表示交换数(分子)对被研究的总配子数(分母)。

正如以后将要说明的,如果因子的距离短,即如果联合有力,更可能得到距离的精确数字。

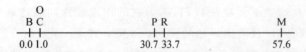

为此,我尽可能用相邻点之间的交换百分率来绘制不同因子间的距离。这样,B(C、O)、(C,O)P、PR 和 PM 就成了图解的基础。图上的数字表示计算出来的同 B 相距的距离。

表 2

有关因子	交换比例	交换百分率
BCO	$\dfrac{193}{16\,287}$	1.2
BO	$\dfrac{2}{373}$	0.5
BP	$\dfrac{1\,464}{4\,551}$	32.2
BR	$\dfrac{115}{324}$	35.5
BM	$\dfrac{260}{693}$	37.6
COP	$\dfrac{224}{748}$	30.0
COR	$\dfrac{1\,643}{4\,749}$	34.6
COM	$\dfrac{76}{161}$	47.2
OP	$\dfrac{247}{836}$	29.4
OR	$\dfrac{183}{538}$	34.0
OM	$\dfrac{218}{404}$	54.0
CR	$\dfrac{236}{829}$	28.5
CM	$\dfrac{112}{333}$	33.6
B(C,O)	$\dfrac{214}{21\,736}$	1.0
(C,O)P	$\dfrac{471}{1\,584}$	29.7
(C,O)R	$\dfrac{2\,062}{6\,116}$	33.7
(C,O)M	$\dfrac{406}{898}$	45.2
PR	$\dfrac{17}{573}$	3.0
PM	$\dfrac{109}{405}$	26.9

  当然,所划的距离是否代表因子间相对的空间距离,这一点还不知道。这样,CP 的距离实际上或许比 BC 要短些,但就我们所知,C 和 P 之间比 B 和 C 之间发生断裂的可能性要大得多。因此,CP 或者是一长段距离,或由于某些原因它也是一段弱的地方。这里我希望提出的一点是我们无法知道染色体是否具有均匀一致的强度,而如果染色体有强的和弱的地方,那就会妨碍我们的图解代表实际的相对距离,但我想它不至于贬低作为一个图解的价值。

  我们的理论在多大程度上站得住脚,可见表 3 所示的测验,它提供所观察到的交换百分率和根据染色体图上的数字计算出来的距离。表 3 包括列于表 2 但没有用在绘制图解的全部因子对。

表 3

因子	计算的距离	观察到的交换百分率
BP	30.7	32.2
BR	33.7	35.5
BM	57.6	37.6
(C、O)R	32.7	33.7
(C、O)M	56.6	45.2

我们立刻就想到,距离长的 BM 和(C、O)M,其交换百分率比计算所要求的小些。这一点是可以猜想到的并将在后面加以讨论。现在根据以下见解可对此不予考虑,即在同一个染色体里面可能发生两个断裂,或双交换。但是在距离比较短的情况下,其预期符合度同现在的小的数目方面的预期结果很接近。因此,BP 较 BR 少 3.2,预期差数为3.0。(C、O)R 较 BR 少 1.8 而不是 1.0。实际上已发现用这个方法有可能预测两个因子之间的结合强度,作杂交之前,对 BR 和某些在本文中没有处理的有关因子的组合,得到了相当不错的近似值。

双 交 换

根据交叉型假说,如 Dexter(1912)表示,并为摩尔根(1911)明确指出,有时候会发生一种情况,有一段母本染色体其两端都带有父本染色体的成分,或者除此之外,有更多的母本染色体节段。如若发生这种情况,将使结果复杂化。例如,当 B 和 P 之间发生一个断裂,和 P 和 M 间发生另一个断裂,则除非我们也能追踪 P,不然就无法证明 B 和 M 之间的关系,而从这类配子孵化出的果蝇将被列入无交换一类,尽管在事实上这种果蝇代表两次交换。为了弄清楚双交换是否确实存在,必须在同一个实验中使用 3 个或 3 个以上的性连锁等位的因子对。摩尔根(1911)以及摩尔根和 Cattell(1912)对 B、CO 和 R 因子报道过这种情况。他们作了这样一些杂交,如长翅、灰体、红眼同小翅、黄体、白眼杂交,长翅、黄体、红眼同小翅、灰体、白眼杂交,等等。其详细情况和分析见原文,从我们现在的目的出发,只对那些观察到的双交换的果蝇感兴趣。表 4 以图解表示 10 495 例中发生的情况。

双交换的确是发生的,但注意到 B 和 CO 间发生断裂,就会阻止 CO 和 R 之间发生断裂(或反之)。这样,当 B 和 CO 不分开时,CO 和 R 发生断裂的配子比率约为 1 至 2,但是,当 B 和 CO 分开时,其比率则为 1:6.5 左右。

本人的研究结果得到了 3 个相似的例子,虽然这是在数量较小的水平上作出的,这 3 个例子见本文结尾部分的表。其结果列于表 5、6 和 7。

表 4

无交换	单交换		双交换
B CO R	B CO R	B CO R	B CO R

表 5

无交换	单交换		双交换
O P R	O P R	O P R	O P R

表 6

无交换	单交换		双交换
B O M	B O M	B O M	B O M
278	160	1	0

表 7

B O P R	B O P R	B O P R	B O P R	B O P R	B O P R	B O P R	B O P R
393	203	19	6	2	1	1	0

人们将注意到，就目前已有的证明而言，它表明在同一个配子里面，发生一次交换就使另一次交换不大可能发生。以 BOPR 来说，有 3 次交换的机会，但它并不发生。当然，如果得到足够数目的果蝇，根据本文提出的观点，没有理由说为什么它一定不发生。对这些数字进行检验将证明像本文提供的这样小的数目是不能指望它发生的。目前，就我所知，还没有 3 次交换的证据，但发生 3 次交换将得到证明，这是非常可能的[①]。

遗憾的是，上述 4 种例子中没有一个涉及两个比较长的距离，而只有一个例子的数字足以构成作计算用的比较好的基础，所以似乎还很难确定，在推翻 BM 和（C、O）M 例子中所观察到的交换百分率方面，双交换究竟起了多大的作用。这种效应是否为 3 次交换所引起的反平衡，这一点至今未得解决。现正进行的工作应当对这两个问题作出答复。

---

① 本文送交发表后，观察到一个 CR 距离内发生 3 次交换的例子。

表 8

BO. P_1:灰体曙红眼♀×黄体红眼♂

F_1:灰体红眼♀×灰体曙红眼♂

F_2:♀♀,灰体红眼 241、灰体曙红眼 196

♂♂,灰体红眼 0、灰体曙红眼 176、黄体红眼 195、黄体曙红眼 2

交换比例为 $\dfrac{2}{373}$

BP. P_1:灰体红眼♀×黄体朱红眼♂

F_1:灰体红眼♀×灰体红眼♂

F_2:♀♀,灰体红眼 98

♂♂,灰体红眼 59、灰体朱红眼 16、黄体红眼 24、黄体朱红眼 33

回交,从上述♀♀灰体红眼×黄体朱红眼♂♂得 F_1

F_2:♀♀,灰体红眼 31、灰体朱红眼 11、黄体红眼 12、黄体朱红眼 41

♂♂,灰体红眼 23、灰体朱红眼 13、黄体红眼 8、黄体朱红眼 21

P_1:灰体朱红眼♀×黄体红眼♂

F_1:灰体红眼♀×灰体朱红眼♂

F_2:♀♀,灰体红眼 199、灰体朱红眼 182

♂♂,灰体红眼 54、灰体朱红眼 149、黄体红眼 119、黄体朱红眼 41

P_1:黄体朱红眼♀×灰体红眼♂

F_1:灰体红眼♀×黄体朱红眼♂

F_2:♀♀,灰体红眼 472、黄体朱红眼 240、黄体红眼 213、黄体朱红眼 414

♂♂,灰体红眼 385、灰体朱红眼 186、黄体红眼 189、黄体朱红眼 324

F_1:灰体朱红眼×黄体红眼(不记载性别)

F_1:灰体红眼♀♀。这些个体是同另一个原种的黄体朱红眼♂♂交配得来

F_2:♀♀,灰体红眼 50、灰体朱红眼 96、黄体红眼 68、黄体朱红眼 41

♂♂,灰体红眼 44、灰体朱红眼 105、黄体红眼 86、黄体朱红眼 47

交换比例,加上 BOPR(以下)的♀♀为 $\dfrac{1\,464}{4\,551}$

BR. P_1:小翅黄体♀×长翅灰体♂

F_1:长翅灰体♀×小翅黄体♂

F_2:♀♀,长翅灰体 14、长翅黄体 2、小翅灰体 7、小翅黄体 6

♂♂,长翅灰体 10、长翅黄体 1、小翅灰体 6、小翅黄体 8

P_1:长翅黄体♀×小翅灰体♂

F_1:长翅灰体♀×长翅黄体♂

F_2:♀♀,长翅灰体 148、长翅黄体 130

♂♂,长翅灰体 51、长翅黄体 82、小翅灰体 89、小翅黄体 48

交换比例为 $\dfrac{115}{324}$

BM. P_1:长翅黄体♀×痕迹翅灰体♂

F_1:长翅灰体♀×长翅黄体♂

F_1:♀♀,长翅灰体 591、长翅黄体 549

♂♂,长翅灰体 228、长翅黄体 371、痕迹翅灰体 20、痕迹翅黄体 3

P_1:长翅灰体♀×痕迹翅黄体♂

F_1:长翅灰体♀×长翅灰体♂

F_2:♀♀长翅灰体 152

♂♂长翅灰体 42、长翅黄体 29、痕迹翅灰体 0、痕迹翅黄体 0

交换比例为 $\dfrac{260}{293}$

（续表）

COP. P_1：朱红眼♀×白眼♂

    F_1：红眼♀×朱红眼♂

F_2：♀♀，红眼 320、朱红眼 294

    ♂♂，红眼 86、朱红眼 206、白眼 211

（根据测验已知♀朱红眼中有 7 个为 CC、2 个为 Cc；♂♂白眼中 7 个为 Pp、2 个为 pp）。

回交，F_1 从上述♀红眼×♂♂白眼，得到

F_2：♀♀，红眼 195、白眼 227

    ♂♂，红眼 66、朱红眼 164、白眼 184 异型杂交，F_1 用以上♀♀×对 P 隐性的白眼♂♂，得到

F_2：♀♀，红眼 35、朱红眼 65、白眼 98

    ♂♂，红眼 33、朱红眼 75、白眼 95

    交换比例为 $\dfrac{224}{748}$

COR. P_1：小翅白眼♀×长翅红眼♂

    F_1：长翅红眼♀×小翅白眼♂

F_2：♀♀，长翅红眼 193、长翅白眼 109、小翅红眼 124、小翅白眼 208

    ♂♂，长翅红眼 202、长翅白眼 114、小翅红眼 123、小翅白眼 174

    P_1：长翅白眼♀×小翅红眼♂

    F_1：长翅红眼♀×长翅白眼♂

F_2：♀♀，长翅红眼 194、长翅白眼 160

    ♂♂，长翅红眼 52、长翅白眼 124、小翅红眼 9、小翅白眼 41

    交换比例为 $\dfrac{563}{1\,561}$；或加上 Morgan(1911) 以及 Morgan 和 Cattell(1912) 可提供的而不

    与出现黄体或棕体果蝇相混的这个数字为 $\dfrac{1\,643}{4\,749}$

COM. P_1：长翅白眼♀×痕迹翅红眼♂

    F_1：长翅红眼♀×长翅白眼♂

F_2：♀♀，长翅红眼 157、长翅白眼 127

    ♂♂，长翅红眼 74、长翅白眼 82、痕迹翅红眼 3、痕迹翅白眼 3

    交换比例为 $\dfrac{76}{161}$

OP. P_1：黑体红眼♀×黑体曙红-朱红眼♂

    F_1：黑体红眼♀×黑体红眼♂

    F_2：（全部黑体），♀♀，红眼 885

         ♂♂，红眼 321、朱红眼 125、曙红眼 122、曙红-朱红眼 268

    交换比例为 $\dfrac{247}{836}$

OR. P_1：长翅红眼♀×小翅曙红眼♂

    F_1：长翅红眼♀×长翅红眼♂

F_2：♀♀，长翅红眼 408

    ♂♂，长翅红眼 145、长翅曙红眼 67，小翅红眼 70、小翅曙红眼 100

    P_1：长翅曙红眼♀×小翅红眼♂

    F_1：长翅红眼♀×长翅曙红眼♂

F_2：♀♀，长翅红眼 100、长翅曙红眼 95，

    ♂♂，长翅红眼 2、长翅曙红眼 54、小翅红眼 56、小翅曙红眼 19

    交换比例为 $\dfrac{183}{538}$

OM. P_1：长翅曙红眼♀×痕迹翅红眼♂

    F_1：长翅红眼♀×长翅曙红眼♂

（续表）

F$_2$：♀♀，长翅红眼 368、长翅曙红眼 266

　　♂♂，长翅红眼 194、长翅曙红眼 146、痕迹翅红眼 40、痕迹翅曙红眼 24

　　交换比例为 $\frac{218}{404}$

CR. P$_1$：长翅白眼♀×小翅曙红眼♂

　　F$_1$：长翅曙红眼♀×长翅白眼♂

F$_2$：♀♀，长翅曙红眼 185、长翅白眼 205

　　♂♂，长翅曙红眼 54、长翅白眼 147、小翅曙红眼 149、小翅白眼 42

　　F$_1$：长翅曙红眼♀×小翅白眼♂

　　F$_1$：长翅曙红眼♀×长翅曙红眼♂

F$_2$：♀♀，长翅曙红眼 527

　　♂♂，长翅曙红眼 169、长翅白眼 85、小翅曙红眼 55、小翅白眼 128

　　交换比例为 $\frac{236}{829}$

CM. P$_1$：长翅白眼♀×痕迹翅曙红眼♂

　　F$_1$：长翅曙红眼♀×长翅白眼♂

F$_2$：♀♀，长翅曙红眼 328、长翅白眼♂ 371

　　♂♂，长翅曙红眼 112、长翅白眼 217、痕迹翅曙红眼 4、痕迹翅白眼 0。

　　交换比例为 $\frac{112}{333}$

PR. P$_1$：长翅朱红眼（黄体）♀×小翅红眼（黄体）♂

　　F$_1$：长翅红眼黄体♀×长翅朱红眼黄体♂

　　F$_2$：（全部为黄体），♀♀，长翅红眼 138、长翅朱红眼 110

　　　　　　♂♂，长翅红眼 8、长翅朱红眼 117、小翅红眼 97、小翅朱红眼 1

　　P$_1$：长翅朱红眼（灰体）♀×小翅红眼♂

　　F$_1$：长翅红眼♀×长翅朱红眼♂

F$_2$：♀♀，长翅红眼 116、长翅朱红眼 110

　　♂♂，长翅红眼 2、长翅朱红眼 81、小翅红眼 96、小翅朱红眼 1

　　P$_1$：小翅红眼♀×长翅朱红眼♂

　　F$_1$：长翅红眼♀×小翅红眼♂

F$_1$：♀♀，长翅红眼 45、小翅红眼 49

　　♂♂，长翅红眼 1、长翅朱红眼 27、小翅红眼 26、小翅朱红眼 0

　　以上 F$_1$ 长翅红眼♀♀×其他原种的小翅红眼♂♂得到

F$_2$：♀♀，长翅红眼 74、小翅红眼 52

　　♂♂，长翅红眼 3、长翅朱红眼 66、小翅红眼 46、小翅朱红眼 1

　　交换比例为 $\frac{17}{573}$

PM. P$_1$：长翅朱红眼♀×痕迹翅红眼♂

　　F$_1$：长翅红眼♀×长翅朱红眼♂

F$_2$：♀♀，长翅红眼 451、长翅朱红眼 417

　　♂♂，长翅红眼 105、长翅朱红眼 316、痕迹翅红眼 33、痕迹翅朱红眼 4

　　交换比例为 $\frac{109}{405}$

OPR. P$_1$：长翅朱红眼♀×小翅曙红眼♂

　　F$_1$：长翅红眼♀×长翅朱红眼♂

F$_2$：♀♀，长翅红眼 205、长翅朱红眼 182

　　♂♂，长翅红眼 1、长翅朱红眼 109、长翅曙红眼 8、长翅曙红-朱红眼 53、小翅白眼 49、小翅朱

　　红眼 3、小翅曙红眼 85、小翅曙红-朱红眼 0

（续表）

BOM. P_1：长翅红眼黄体♀×痕迹翅曙红眼灰体♂

    F_1：长翅红眼灰体♀×长翅红眼黄体♂

F_2：♀♀，长翅红眼灰体 530、长翅红眼黄体 453

   ♂♂，长翅红眼灰体 1、长翅红眼黄体 274、长翅曙红眼灰体 156、长翅曙红眼黄体 0、痕迹翅红眼灰体 0、痕迹红眼黄体 4、痕迹翅曙红眼灰体 4、痕迹翅红眼黄体 0

BOPR. P_1：长翅朱红眼棕体♀×小翅曙红眼黑体♂

    F_1：长翅红眼黑体♀×长翅朱红眼棕体♂

F_2：♀♀，长翅红眼黑体 305，长翅红眼棕体 113，长翅朱红眼黑体 162、长翅朱红眼棕体 256

   ♂♂，长翅红眼黑体 0、长翅红眼棕体 2、长翅朱红眼黑体 3、长翅朱红眼棕体 185、长翅曙红眼黑体 9、长翅曙红眼棕体 0、长翅曙红-朱红眼黑体 127、长翅曙红-朱红眼棕体 0、小翅红眼黑体 1、小翅红眼棕体 76、小翅朱红眼黑体 1、小翅朱红眼棕体 10、小翅曙红眼黑体 208、小翅曙红眼棕体 3、小翅曙红-朱红眼黑体 0、小翅曙红-朱红眼棕体 0

对这些结果可能提出的反对意见

人们将会注意到，在相引强度上看来有些变化。这样，我发现（CO）R 是 36.7；Morgan 和 Cattell 得到的结果为 33.9；OR 我得到的是 34.0，而 CR 则为 28.5。（CO）R（全部数字）与 CR 间差数的标准差是 1.8%，它是指 5.5% 的差数可能是显著的（Yule，1911，第 264 页）。观察到的差数是 6.1%，这说明存在着一些复杂现象。同样地，BM 为 37.6，而 OM 为 54.0，以及 BOM 对 BM 来说是 36.7，对 OM 则为 36.5。在这些例子中显然有些复杂的情况，但我倾向于认为，下面谈到的干扰因子（生活力）将对此作出解释。然而，现正在进行实验以测验某些外部条件对相引强度的影响。人们将看到，从整体上来看，如果从不同实验得到大量数目并加以平均的话，就得到了一个相当一致的图解。然而，在这一问题能通过进一步的实验予以澄清之前，以暂不作出最后的定论为宜。

在这方面必须考虑到的另一点是生活力不同的影响。就以上作为举例说明的 P 和 M 来说，痕迹翅的果蝇，其发育要比长翅果蝇差得多。现假定红眼和朱红眼的生活力是不同的，那么长翅果蝇将不能测出连锁，而出现数目如此少的痕迹翅又不能同长翅数目拉平。由于这个原因，除痕迹翅杂交的情况外，可能没有什么重大的错误，因为这两边的数字倾向于拉平，一方的存活力大大低于另一方的情况则除外，而这只有在痕迹翅的情况是这样。在痕迹翅杂交［BM 和（CO）M］情况下碰到的观察和计算之间唯一明显的不一致性，没有什么参考价值。摩尔根现正付印的某些资料和早已计划的进一步的工作，将可能对 M 这个因子的位置和行为的有关问题作出重要的揭示。

小 结

已发现把每 100 例的交换数目作为任何两个因子之间距离的一项指标，有可能将果蝇的 6 个性连锁因子作直线排列。此计划总的说来得到了一致的结果。

在预测未经测验的因子之间的联合强度方面,发现双交换中有一个错误来源。此现象的发生得到了证实,并证明从纯数学观点来看,出现这种现象不会像预期的那样多,但至今未研究清楚控制其发生频率的条件。

根据摩尔根采用 Janssen 的有关联合遗传的交叉型假说对这些实验结果作了解释。它们形成有利于染色体遗传观点的一种新证据,因为它们强有力地表明所研究的因子是直线排列的,至少在数学上是如此。

参 考 文 献

[1] Boveri, T., 1902. Ueber mehrpolige Mitosenals Mittel zur Analyse des Zellkerns. *Verh. Phys-Med. Ges Wurzburg.*, N. F., **35**, 67.

[2] Dexter, J. S., 1912. On coupling of certain sexlinked characters in *Drosophila. Biol. Bull.*, **23**, 183.

[3] Janssens, F. A., 1909. La théorie de la chiasmatypie. *La Cellule*, **25**, 389.

[4] Lodk, R. H., 1906. Recent progress in the study of variation, heredity, and evolution. London and New York.

[5] McClung, C. E., 1902. The accessory chromosome—sex determinant? *Biol. Bull.*, **3**, 43.

[6] Morgan, T. H., 1910. sex-limited inheritance in *Drosophila. Science*, n. s., **32**, 1;

1910a. The method of inheritance of two sex-limited characters in the same animal. *Proc. Soc. Esp. Biol. Med.*, **8**, 17;

1911. The application of the conception of pure lines to sex-limited inheritance and to sexual dimorphism. *Amer. Nat.*, **45**, 65;

1911a. The origin of nine wing mutations in *Drosophila. Science*, n. s., **33**, 496;

1911b. The origin of five mutations in eye color in *Drosophila* and their modes of inheritance. *Science*, n. s., **33**, 534;

1911c. Random segregation versus coupling in Mendelian inheritance. *Science*, n. s., **34**, 384;

1911d. An attempt to analyze the constitution of the chromosomes on the basis of sex-limited inheritance in *Drosophila. Jour. Exp. Zoöl.*, **11**, 365.

[7] Morgan, T. H. and Cattell, E., 1912. Data for the study of sex-linked inheritance in *Drosophila. Jour. Exp. Zoöl.*, **13**, 79.

[8] Stevens, N. M., 1905. Studies in spermatogenesis with special reference to the "accessory chromosome." *Carnegie Inst. Washington Publ.*, **36**. 1908 A study of the germ-cells of certain Diptera, *Jour. Exp. Zoöl.*, **5**, 359.

[9] Sutton, W. S., 1902. On the morphology of the chromosome group in *Brachystola magna. Biol. Bull.*, **4**, 39.

[10] Wilson, E. B., 1905. The behavior of the idiochromosomes in *Hemiptera. Jour. Exp. Zoöl.*, **2**, 371. 1906. The sexual differences of the chromosomegroups in *Hemiptera*, with some considerations on the determination and inheritance of sex. *Jour. Exp. Zoöl.*, **3**, 1.

[11] Yule, G. R., 1911. *An introduction to the theory of Statistics.* London.

性别对染色体和基因的关系[①]

卡尔文·布里奇斯(C. B. Bridges)[②]

(1925 年)

　　自从在多伦多会议上报告(Bridges,1922)后,3 年来在果蝇育种工作中得到了一批不同的性类型,从中积累了重要的新资料(见表 1)。这些不同的性类型,其中每一个都是染色体的一种特殊组合的结果。它们主要发生在三倍体的雌性后代中。这就是说,它们有 3 个 X 染色体和 3 套常染色体。具有一个额外的 X 染色体和同时具有额外的一套常染色体组,并不使这个体在其性的性状方面同正常的雌性类型有什么不同。然而,在配子发生时,3N 组是一种不稳定的染色体组。每个卵接受一整套染色体组,另一整套染色体组到极体。额外的一套染色体的成员则在卵和极体之间以各种可能组合的方式进行分配。这样,一种普通的 3N 雌性卵是有一套额外的染色体组。如我们用 A 表示一套常染色体组,这个卵可以写成 X＋A＋A 或 X,2A。当这样一种卵被一个正常的可写成 X＋A 的精子受精,其接合子为 2X,—3A。这种接合子发育成一个间性体,即发育成一个个体,它既不是雄的也不是雌的,而是一个中间性的,或是雌、雄部分的混合体,它与 Goldschmidt 在舞毒蛾(*Lymantria dispar*)方面进行过广泛研究的那种间性体(Goldschmidt,1920)非常相似。

---

　　① 　梁宏译自 C. B. Bridges. Sex in relation to chromosomes and genes. **American Naturist**,1925,59：127-137.
　　② 　卡尔文·布里奇斯(Calvin Blackman Bridges,1889—1938),美国遗传学家。他是协助摩尔根完成著名果蝇实验的三个(A. H. Sturtevant,C. B. Bridges,H. J. Muller)得意门生之一,是他首先发现了第一只白眼睛的雄果蝇,并与其他两人合作完成了历时 8 年的著名果蝇实验,为摩尔根创建基因学说作出了重要贡献。

表 1　果蝇性别对染色体的关系

性类型		X(100)	A(80)	性指标	间隔	X＝－6　A＝＋2
超雌性		3	2	1.88	50%	－14
雌性	4N	4	4	1.25	—	－20
	3N	3	3	1.25	—	－12
	2N	2	2	1.25	—	－8
	N①	1	1	1.25	50%	－4
间性体	♀型	2	3	0.83	—	－6
	♂型	2	3－N	0.83⁻	33%	－6
雄性		1	2	0.63	50%	－2
超雄性		1	3	0.42	—	－0

① 未发现单倍体类型。

由于在测定正常的性状方面作了非常广泛的研究,特别是研究了一方面丢失小而圆的染色体之一的第四染色体,同时,另一方面取得此染色体所引起的可对此进行比较的性状变异,就能用染色体上携带基因的论点来解释这些间性体。根据这些研究产生了一种观点,即一个个体的每个性状是大量的、但数目未知的基因发生作用达到平衡点的指标,其中有些基因朝着一个方向改变发育,另一些则朝着相反的方向起作用(Bridges,1922)。把基因平衡的概念应用于间性体的性性状的情况如下:在染色体组成方面,间性体与雌性之差别仅在于前者多了一套额外的常染色体组。这证明常染色体同性别决定有关。此外,它们的作用是决定雄性,因为增加一套常染色体使雌性看起来像雄性的特性。这就是说,在常染色体中,有倾向于产生我们称之为雄性性状的基因,当这些基因比倾向于产生另一些即我们称之为雌性性状的常染色体基因总数,数目更多或潜力更大时,它们的作用就更有效。另一方面,X 染色体有一净雌性趋向,证明这一点的事实是给雄性果蝇增添一个 X 染色体,就使个体变成雌性。一组常染色体的净雄性趋向不如一个 X 染色体的净雌性趋向。实际上看到,常染色体组和 X 染色体各有两份的个体,即 2X,2A。雌性基因在分量上超过了雄性,而结果是一个雌性。假如我们用 100 代表 X 染色体里面雌性趋向基因的净效应,然而用小一些的数目字代表一组常染色体的净雄性效应,比如 80。在一个 2X,2A 的个体,雌性效应对雄性效应之比为 200:160,或 1.25:1。根据这个公式,1.25 的性指标相当于正常的雌性。在 X,2A 的个体,雌性效应对雄性效应之比为 100:160;或者说一个正常雄性的性指标是 0.63。在 2X,3A 性间体,其比率为 200:240,性指标是 0.83,介乎雌性和雄性指标之间。3N 雌性的比率为 300:240,性指标为 1.25,同正常雌性完全相同。3N 和 2N 形式性指标的一致性,同它们之间没有看到明显的性差别是相符的。3N 个体体积较大,眼结构较粗糙等,这可直接归结于核体积的改变而不是性的性质。

另一种 3N♀卵是 X＋X＋A;这种卵同一个正常的 XA 精子受精得到的一种 3X,2A 的个体,其性指标为 1.88,它比正常雌性高 50%。这个结构在事实上符合在这些繁殖体和其他地方所碰到的超雌性。这种超雌性发育大大推迟,很少能存活,并可能是完全不孕。

与此相反,一个 X＋A＋A 的卵,被不带 X 染色体的那种精子受精,就得到一个 X,3A 的接合子,其性指标只有 0.42。可以指望这种个体比一个正常的雄性个体更雄性化;

在 3N 雌性后代中曾找到这类个体。最初什么也没有找到,但不久发现,繁殖很晚时遇到一个偶然的例子,它是一种明显不同的雄性类型。这些所谓超雄性同样是不孕的。最近得到的细胞学证明说明了这种性别的构造为 X,3A,它同以前得到的遗传学证明是一致的。

据观察,间性体有明显的变异,并且似乎形成一种双峰极。鉴于细胞学研究已证明一些间性体有 3 个小而圆的第四染色体,而另一些只有两个这样的染色体,据猜测这种更雄性化的模式同完全的三重第四染色体相符,而更雌性化的模式则与缺少一个第四染色体的细胞学类型相符。在这一点上致力于获得细胞学证据。但这种证据说服力不够;通过使用第四染色体的突变体无眼性状,试图对存在第四染色体的数目作遗传学测验,结果也不肯定。目前用 3N 母本对已知有一个额外的第四染色体的雄性个体作连续杂交,正在把额外的第四染色体人工插入到间性体里。相反,别的间性体品系则用 3N 母本同已知两个第四染色体中缺少一个的雄性个体连续交配,使第四染色体的数目减少。同样,3X,2A 个体的超雌性可通过同具三倍第四染色体的雄性或单倍第四染色体的雄性交配,使之减少或增加。此试验所用的雌性,它们的两个 X 染色体一直彼此相连(L. V. Morgan,1922),由此通过不离开而得到比例很高的 3X 超雌性。从尚未完成的试验来看,现在的说法尚有矛盾之处,但倾向性的结论同早些时候可能根据当时提供的少数证据所作的报道(Bridges,1922)相反。如第四染色体的数目是 3,间性体更像雌性;当这个数目为 2 时,它们就更像雄性。第四染色体有一种与 X 染色体相似、却又与其他常染色体有别的净雌性趋势。通过变换第四染色体数,有可能对每一种性差别的主要类型的次要性类型略知皮毛。

四倍体或 4N 个体的发现,扩大了性的种类。这些性类型为雌性,它们的性性状同正常的雌性十分相像。四倍体是在一个三倍体原种里得到的;并只通过所得后代差别极大才能探查出来。从 3N 原种选出一个假定为 3N 的雌性体,再用一个正常雄性体同它外交。所有后代都是三倍体雌性体(约 30),或三倍体间性体(约 20)。没有 2N 后代或超性。据知,如果母本是 4N,而不是 3N,就可以得到这个结果。因为在那种情况下,所有减数的卵将是 2N;而它们与 X 精子受精将产生 3N 雌性,同 Y 精子受精将产生 2X,3A 的间性体。

在发现这个 4N 个体前,从一些事实推测它是会发生的。这样,在发现三倍数性以后的 3 年内,已发现新发生的三倍数性不少于 25 例。这个频率很高,与细胞学观察是平行的,它对三倍体的起源作出了解释。在 3 个分开的正常 2N 雌性体的制片中,发现一个卵巢的一部分由明显增大的细胞组成;有两个个体有两个正在分裂的巨型细胞,计算其染色体数为 4N。显然,在一些卵原细胞中有一种染色体分裂,这种分裂以后不发生核和细胞质的分裂。由此产生的组织是四倍体,而任何一个减数的配子将是 2N。这种 2N 配子被一正常精子受精,将对 25 次出现三倍数性的每一例作出说明。

此外,在检查间性体的切片时,发现两个个体出现比细胞还要大的相似的囊。其中一个囊正在发生分裂;染色体很清楚是 6N。一个 3N 雌性里面的一个 6N 囊,经过减数将产生 3N 的囊,它同 X 精子受精将产生预期的 4N 雌性类型。

出现这第一例 4N 雌性后不久,发现了第二个相似的例子。L. V. Morgan 还发现了第三例,并能用遗传学测验证明,存在着 4 个分开的 X 染色体(正在付印)。

事实是 4N 个体都是雌性,且对性别不作修饰,这对我们形成基因通过这种途径相互作用以发挥其效应这一思想有着重要意义。此处采纳的观点是:一般说来,有效性同基因的数目成比例,而要点为那些倾向于产生正反两种效应的基因组之间的比率。根据这一观点,我们发现对这种实际情况很容易解释,即 2N、3N 和 4N 个体这样一些不同的形式,在它们的性性状方面是精确相似的,因为所有这些形式,两种相互抗衡影响的效应都得到了加倍、三倍或四倍,而其比率则保持不变。

但是公式系统同 Goldschmidt 在他的卓越的舞毒蛾族间杂交工作中研究所产生的间性体时采用的比率类型有所不同。他对某一个族的雄性趋向指定一肯定的值,这个值同雄性决定基因成比例,他指定雌性趋势另一个值,也同雌性决定基因的强度成比例。然后他假设,当一个个体里面雄性值大于雌性值时,该个体是雄性,反之,当雌性值以相同的单位数大于雄性值时,该个体就是雌性。雄性趋向基因(M)的位点在"Z 染色体"上,该染色体雄性有两个,雌性有一个。雌性趋向是严格的母体遗传,因此,F(雌性)[1]基因的位点位于从母亲传给女儿的 W 染色体上。假定 F 基因对发育卵的细胞质起作用,那么尽管雄性无 W 染色体,可认为它有卵对细胞质施加的一定的雌性趋向,并保持在发育的始终。对一个弱族来说,F 这个值被指定为 80,M 是 60。在 WZ 个体,细胞质 $\boxed{F}$ 值 80 超过 M 值 60,上位最小值 20 个单位,因而这个个体是雌性。同样地,在 ZZ 个体,$\boxed{F}$ 值为 80,但净 M 值为 60 加倍成 120,其雄性方向要大 40 个单位。一个强的族则 F 和 M 都高些,例如,分别为 100 和 80,但 F 和 M 值之间的数字关系仍控制着个体的性别。当一个弱的雌性和一个强的雄性作杂交,ZW 个体从母亲那里接收一个 80 值的 $\boxed{F}$,从父亲那里接受 80 值的 M。这个值在一方为雌性所需的超量和另一方为雄性所需的超量之间中途就达到了平衡,其结果就成为一间性体。这个公式远不能令人满意,如不对大批杂交进行比较并通过整个试验范围来得出每一个族的 F 和 M 值,这个尝试很难成功。据我看来,对比率作重新设计以取代代数基础,将得到一批连贯的指标,而又不会同 Goldschmidt 发展起来的非常有价值的生理概念相违背。

在果蝇性类型的表中,单倍体个体的指标为 1.25、2N、3N 和 4N 雌性的指标相同。不幸的是,没有发现过单倍体个体。但根据上述观点看来很清楚,对一个单倍体果蝇(*Drosophila melanogaster*)的预测它将是雌性的。因此,必须认为,果蝇的性决定机理同蜜蜂和相似形式的情况大不相同,在它们那里单倍体个体是一个雄性个体。对我来说,蜜蜂的性决定是突出的没有解决的谜题,虽然在发展出基因平衡的概念之前它似乎是一个最清楚和最简单的例子。如雄性确是一单倍体个体,那么人们将设想二倍体个体必将同样是雄的,因为性决定基因中间的比率在这两种情况下并无差别。

Schrader 和 Sturtevant 曾设法用 Goldschmidt 的代数公式来协调果蝇和蜜蜂的情况。他们对每个 A 定一个正值即 +2,给每一个 X 定一个负值 -6。然后假定其有效关系为 X 和 A 值的代数和(见表 1 右方一栏)。根据这个观点,单倍体或许是雄的。但这个系统有一个难题,这就是连续指标间的区间与性等级间看到的差异不能很好地吻合。这

---

① 括弧内为译者注。

样,实际上在 3N 和 2N 个体间观察到的最小的区间,可用 4 个单位的差数来表示,而雄性和雌性之间非常大的区间却只有 6 个单位来表示。那时候还不知道 4N 型;如把它加进去,符合度在代数系统方面就很差,而在比率系统方面却很好。我重申,只要现在对蜜蜂机理的报道没有受到挑战,我不把蜜蜂的例子解释成同果蝇相同的基础。目前,单倍体和二倍体性别间的差别必须涉及同更大的体积、眼的更粗糙的结构和其他能从 2N 个体中辨别 3N 个体的轻微变化有关的同一种决定类型。

但除了像蜜蜂这类例子,看来很可能相互作用的比率是普遍的模式。为证明这一点,可引用一大批雌雄同株植物,其性关系二倍体、三倍体和四倍体都一样。当然,三倍体形式高度不孕,这因为 3N 组在减数分裂时不稳定,并由此产生无生活力的配子或接合子。最有力地支持这种基因平衡的比率观点之一,是通过 Marchals、Schweitzer 和 von Wettstein 的杰出工作在藓中看到的。例如,他们发现有一种藓,它具有分开的性别:一个结合两组雌性染色体的 2N 配子体是一个纯的雌性,相似于单倍体雌性植物(表2),同样地,结合两组雄性染色体的 2N 配子体是一个纯的雄性,相似于单倍体雄性植物。但一个结合一套雌性染色体一套雄性染色体的 2N 配子体就不再是一个单性植物,而是一种雄性先熟的两性体。此外,结合两套雄性染色体组和两套雌性染色体组的 4N 配子体 (FFMM) 是一个两性体,它们相似于 FM 两性体。但由两套雌性一套雄性染色体形成的三倍体是一个两性体,它是雌花先熟性的,而非雄花先熟性的。另一方面,在研究单倍体组是一两性体的雌雄同株藓时,那么所有的单倍体、二倍体、三倍体和四倍体植株都毫无区别地是两性体,这因为从它们具有雌性对雄性决定子的相同比率来看,它们必然如此。

从表 2 可见,一套性指标,像果蝇那样对雌雄异株的藓是适合的。这里假设有一对染色体 X 和 X′,它们的差别说明是雌性和雄性类型之间的差别。据设想在这两种性别中,或可用 A 表示其他染色体的净效应都是雄性决定。那么,由于 X,A 型为一雌性,A 值必定小于 X,例如,X=100,A=80。同样地,由于 X′A 为一雄性,X′值必须小于 A 值,例如,X=50。还有,由于 FM 植株是一个两性体,它不像正常的雌性而更像正常的雄性,X+X′<2A。并由于 FFM 植株为一两性体,它更像正常的雌性,X+X+X′>3A。这样如表 2 中所示,3 个值 X,X′ 和 A,其指定值为 100,50 和 80,就可能有 5 种限定的等式,尽管或许有别的轻微差异的值,它能得出一套指标,其区间对观察到的差数比上述情况甚至更为密切符合。

表 2　一雌雄异株的藓的性类型

性类型		X(100)	X′(50)	A(80)	比率 (X+X′)∶A	性指标
雌	2N	2	—	2	200∶160	1.25
	N	1	—	1	100∶80	1.25
雌花先熟性的 Herm. 3N		2	1	3	250∶240	1.04
雄先熟性的 Herm.	4N	2	2	4	300∶320	0.94
	2N	1	1	2	150∶160	0.94
雄先熟性的 Herm. 3N[①]		1	2	3	200∶240	0.83
雄	2N	—	2	2	100∶160	0.63
	N	—	1	1	50∶80	0.63

① 已知此类型未报道。

就我能搜集到的材料来说,在单倍体、二倍体、三倍体和四倍体曼陀萝中,比例规律看来是同样符合的。但以基因平衡观点来看,曼陀萝的 12 种染色体,其中每一个可以像果蝇第四个染色体的不平衡一样,具有性控基因可予区别的内部不平衡。曼陀萝通过增加一个特定的额外染色体有一整套同 2N 有区别的形式。如果这 12 种染色体中的任何一个,其雄性趋向基因比雌性趋向基因更为有效,或相反,那么人们完全可以指望发现Blakeslee 的一些"Apostles"和"Acolytes"具有非典型的性别关系。

参 考 文 献

[1] Blakeslee, A. F., 1922. Variations in *Datura*, due to changes in chromosome number. *Am. Nat.*, **56**, 16~31.

[2] Bridges, C. B., 1922. The origin of variations in sexual and sex-limited characters. *Am. Nat.*, **56**, 51~63.

[3] Goldschmidt, R., 1920. Untersuchungen uber Intersexualitat. *Zeit. f. ind. Abst. u. Veror.*, **23**, 1~197.

[4] Morgan, L. V., 1922. Non-criss-cross inheritance in *Drosophila melanogaster*. *Biol. Bull.*, **42**, 267~274.

[5] Schweitzer, J., 1923. Polyploidje und Geschlechterverteilung bei Splachnum sphericum Schwartz. *Flora*. **116**, 1~72.

[6] Wettsteinm F. V., 1924. Morphologie und Physiologie des Formwechsels der Moose auf genetischer Grundlage. *Zeit. f. ind. Abst. u. Verer.*, **33**, 1~236.

基因的人工蜕变[①]

赫曼·缪勒(H. J. Muller)[②]

(1927 年)

　　大多数现代遗传学家将同意基因突变为有机体进化以及生命物质极其错综复杂的主要基础。然而,对遗传学家来说,不幸的是在正常条件下很少发生基因突变,以及试图用一种肯定和可以探查的方法来有力地改变这一缓慢的"自然"突变率未获成功,致使基因突变以及通过突变对基因本身的研究受到了非常严重的障碍。当然,从更直接的实用目的出发,这些局限性也影响到改造有机体原有的本性,因而实际育种工作者不得不把育种内容停留在只对现成的材料,加上自然界由于偶然和稀有的机会,产生无法预测的突变所恩赐的材料进行重组。正由于这种情况,它促使一部分生物学家,非常希望获得一些控制基因内遗传性发生改变的方法。

　　人们曾一再报道 X 射线或镭射线能诱发生殖变化,大概是诱发突变,但正如与此相类似的公开主张,使用其他诱变剂(酒精、铅、抗体等)的情况一样,在进行这些工作时,从现代遗传学观点来分析,这些资料的含义至多引起争论纷纷而已。此外,还争议哪些是反复得到负的或相反结果最明显的例子。尽管如此,从理论上来说,作者感到波长短的射线特别容易产生突变变化,鉴于这一点和其他理由,去年用果蝇(*Drosophila melano-*

---

　　①　梁宏译自 H. J. Muller. Artificial transmutation of the gene. **Science**,1927,66:84-87.

　　②　赫曼·缪勒(Hermann Joseph Muller,1890—1967),美国遗传学家。他在摩尔根指导下用 X 射线对果蝇进行辐射诱变获得了果蝇白眼及其他突变体,为摩尔根的基因学说提供了证据。缪勒因对 X 射线的生理和遗传效应的研究取得的杰出成果获得 1946 年诺贝尔生理学或医学奖。

gaster)开展了一系列同这一问题有关的试验,试图提供精确的资料。众所周知,果蝇这一物种适合于作遗传学研究,作者8年来在果蝇突变率(包括温度方面)的深入工作中采用了专门方法,这终于使我能找出使用X射线而得到的一些肯定的效应。这里所指的效应是真正的突变,同已知的以不离开的、不遗传的交换修饰等,表示X射线对染色质分布的效应决不混淆。本短文为这些工作的摘要,只能列举一些概括的事实及其结论,提出一些问题,而不能详尽涉及所用的遗传学方法或所得到的个别结果。

已十分肯定地发现,用较高剂量的X射线处理精子,能诱发受处理的生殖细胞发生高比例的真正的"基因突变"。这种方法在短时间内得到了几百个突变体,并经过四代或四代以上,接着发现一百个以上的突变基因。它们(总之,几乎是全体)在遗传上是稳定的,并且大多数表现为,一般在有机体中发现的孟德尔染色体突变基因的典型方式。同其他染色体相比,杂交的性质更适于探查X染色体的突变,所以大多数涉及的突变基因是性连锁的;但有大量证明,突变同样地通过染色质发生。当精子接受最高剂量处理时,由这些精子得到并繁殖的后代中约有1/7的后代,在它们的X染色体上具有一个个能探查出来的突变。由于X染色体形成的1/4的单倍体染色质,因而,如果我们假定,所有的染色体的突变率相等(按它们的长度为单位),那么,几乎精子细胞"每隔一个"能产生一个可育的个体,这个个体在这一些染色体或另一些染色体上,具有"可以分别探查出来"的突变。数千个未经处理的亲本果蝇作为对照,以相同于受处理果蝇的方法进行繁殖。在两组条件下突变率的比较表明,高剂量处理的突变率要比未受处理的生殖细胞,高出约15 000%。

关于所产生的突变类型,如预期的那样,作者发现不论在理论上,或是根据Altenburg和作者过去的突变研究,致死因子(致死效应为隐性,尽管有些为显性,其效应可见)在数量上,大大超过产生可见的形态上畸形的非致死因子。也有一些"半致死因子"(规定突变体的存活力通常约为正常个体0.5%~10%之间的为半致死)。但幸运的是,对于把致死因子作为突变率的一项指标来说,半致死因子不像致死因子那样多。那种使存活率降低得更少,且不易与致死因子混淆的、渗漏的"不可见"突变,看来比半致死因子要更多些,但没有对它们进行研究。此外,这些实验也可能首先得到证明,在X染色体和别的染色体中,都发生了显性致死因子的遗传变异。由于接合子接受了这些显性致死因子,它们就不能再发育到成熟,这类致死因子不能一个个地探查出来,但它们的数目是如此之多,以致通过卵的计数和对性比率的影响,可以证明它们是大量存在的。已发现其数目同隐性致死因子为同一个等级。由这些显性致死因子造成受处理的雄性果蝇的"部分不孕性",至少已达到了可观的程度。发现了另一种数量大,而过去并不知道的突变,当它们为杂合时,导致不孕性,但在外貌上看不出有什么变化,它们发生的数目也很相似于隐性致死因子,并且当发生频率高时,以后可作为一般突变的最方便的指标之一。当然,它对受处理个体后代所造成的不孕性,同受处理个体本身由于显性致死因子所造成的"部分不孕性",是一种不同的现象。

谈到"一个个能探查出突变"的比例,X染色体有1/7左右,因此,差不多所有染色质的一半仅仅是指隐性致死、半致死和"可见的"突变体。如果考虑到显性致死、显性和隐性不孕基因、或稍微降低存活力或可孕性(或别的影响)的"不可见"的基因,突变体的百分率远远高得多,因此,这就证明,在事实上,受处理精子的绝大多数具有这几种或另几种突变。看来用 X 射线处理后,基因的突变率占基因的总数的比例方面是相当的高,以致甚至在单个座位(locus)上进行研究,以探查等位性等问题也是切实可行的。

回过头来考虑产生可见效应的诱发突变。需要指出,本实验条件可以探查出许多接近于正常类型或与正常类型相重叠的突变体,而这些突变体通常在观察时会被忽略掉。另有明确的证据,这类突变变化与更明显的突变相比,其频率相当高。这种意见已多次在果蝇的文献中提到过,这种生物在"自然"突变的情况下也是如此,但只是作为"一般印象"来发现。然而,Baur 证实,在金鱼草中的确是这种情况。总的说来,已发现射线产生的可见的突变,就其总的特性而言,从 Bridges 和其他人早先用非射线物质在果蝇方面的探查,可见突变所作的大量观察是相似的。的确,有不少诱发的可见突变是在过去从未看到的座位上发生的,而其中有些突变的形态效应,同过去看到过的并不完全相似(如"斑翅""无栉性"等),但另一方面,也有许多为过去已知突变的重现。事实上,果蝇 X 染色体大多数已知突变,如"白眼""小翅""带叉的毛"等,都得到过,其中有些多次重新得到。在发现的可见突变中,绝大多数为隐性突变,同其他工作一样,还有"一点点"显性突变。然而首先毫无疑问,由 X 射线产生的变异,至少其中有许多同那些不加这些处理所得到的"基因突变"完全是同一种,只是后者得到的机会要稀罕得多,而我们相信它是进化过程中的一砖一瓦。

除基因突变外,发现 X 射线处理也能造成基因在直线上的次序重新排列,且发生比例很高。这一点在一般情况下,是通过经常对交换率发生遗传干扰而得到证实(单 X 染色体就探查出至少为 3％,许多伴随着致死效应,有些则不伴随致死效应),也可以通过各种例子来专门证实这一点,即用其他方法包括一个染色体各部分的倒位、"缺失"、断裂、易位等等来证实。这些例子使人们有可能揭示至今还难以接近的一些遗传学问题。

X 射线对基因的诱变作用,不是仅限于对精子细胞,当它处理未受精的雌性细胞时,所产生突变的情况,像处理雄性细胞一样容易。对卵母细胞和早期卵原细胞都有作用。必须特别指出,X 射线(在所用的剂量范围内)使哺乳动物一个时期高度不孕,这种不孕在处理后不久就开始,以后又部分地得到恢复。可以肯定地说,孕性的恢复并不意味着新生产的卵不受影响,本实验发现它们像可以存活下来的成熟卵一样,含有高比例的突变基因(通常主要为致死的)。现代 X 射线治疗常用的照射处理实践,肯定不会造成永久性的不孕,主要是站在一种纯粹理论性的概念上来防护的,这种理论概念认为孕性恢复后产生的卵必定代表"未受损伤"的组织。由于这个假设在这里证明是错误的,所以医学实践有义务作出相应的修改,至少哺乳动物大量遗传学实验可能证明其结果是完全相反之前,应当这样做。同以上果蝇方面的实验相比,用哺乳动物开展这样的工作需要极其仔细地进行。

从生物学理论的观点来看,本实验的主要意义在于,它同染色体和基因的组成、行为问题有关系。通过专门的遗传学方法,有可能得到经处理后第一个和以后的合子世代细胞中,那些发生改变的基因分布方式的资料。已发现,突变并非总是在处理的时候,使该染色体座位上存在的全部基因物质,都发生永久性的改变,但它们或是以这种方式影响到一部分物质,或是作为一种后效应,紧接着只对受处理的基因产生了两个或两个以上的子代基因中的一个发生作用。目前正在设计一系列大量试验，以便在这两种可能性之间作出最终的判断，这一点是必要的，但手头已掌握的证据则倾向于前一种可能性。这是指精子的基因（或从整体来说，是染色体）是一种稍微复杂的物质。另一方面，突变组织分布的方式同一般采用的"基因成分"的理论有矛盾，此理论首先由 Anderson 根据玉米的杂色种皮提出，以后由 Eyster，最近又由 Demerec 在果蝇（*Drosophila Virilis*）方面进一步强调指出的。

染色体早期加倍（或以后增殖）的状态（准备下一步有丝分裂），足以说明上述 X 射线对特定座位的断裂效应。但是这种关于每一个基因分裂成为若干个最初相同的"小单位"，这些小单位在有丝分裂时是否分开还不太肯定的理论，同本工作所得到的结果有出入。根据这种理论，应当在本工作经常发现在杂色玉米和果蝇（*D. Virilis*）变种方面看到的情况，即突变组织通过经常性的"回复突变"而成为正常的组织；还有，在最初没有显示出突变的受处理的组织，在处理后数代，通过"挑选出"对立的小单位而可以经常产生正常组织。这些效应都未发现。前已提及，发现突变体经数代后变得稳定，至少在绝大多数情况下是这样。数百个受处理生殖细胞没有变化的后代，也让它们通过几个世代，证明在第一代以后的世代中没有产生突变。然而，这样做需要数目更多的材料，而且还要进一步安排各种实验以揭示基因的结构问题，此问题或许能得到肯定的答复。

上述诸点有些已经得到肯定，特别是 X 射线与产生显性致死有关的断裂效应，看来这对 X 射线对诸如肿瘤、胚组织和表皮组织中细胞不断进行分裂的专一性破坏作用提供了线索（虽然其他因素的作用，如异常的有丝分裂会得到同样结果而不能予以排除）；此外，在偶尔产生的肿瘤中，X 射线的逆效应也可以同它们在产生突变中的作用联系起来。然而，现在要详细考虑过去被认为是"生理的"各种 X 射线效应尚为时过早，目前或可接受的一种可能的解释为 X 射线的基因诱变的特性；这里，或许更恰当的是把我们自己局限于那些能更严格地被证明为遗传的物质。

从研究 X 射线的不同剂量以及在生命周期的不同时刻和不同条件下，使用 X 射线的相对效应，会得到有关基因本性更多的事实。此处报道的实验使用了几种不同的剂量，但结果尚不能十分肯定，可能是在使用剂量的范围内，隐性致死因子并不是直接随吸收的 X 射线的能量而变化，但更接近于随 X 射线的能量的平方根而变化。然而，正如 Irving Langmuir 博士向我指出的，这种缺乏确实的比例关系必须予以肯定，我们必须得出结论，这些突变并不是由在一些特定部位所吸收的 X 射线能量的单独的量所直接造成的。如果蜕变效应相对来说是间接的，那么更有可能受到其他理化因素的影响，但我们的问题就变得更加复杂化了。然而，把 X 射线产生的致死突变的总数，作为单个座位上发生基因突变的一个指标，却有些危险，因为有些致死因子包括交换率的改变，可能同染色体区的重排有关，而这种改变与"点突变"相比，由 X 射线能量的单独的量来决定的可能性更要小得多。因此，必须对不同剂量的效应重新进行检验，在检验时各种突变类型彼此间要清楚地区别开。如果这个问题得到了解决，对于范围很广的剂量和发育时期来说，我们仍然有责任去确定，自然界中存在的微量 γ 射线，究竟是否在野生和家养的生物中在没有人工施加 X 射线处理的情况下造成正常的突变。

在研究变换其他条件对 X 射线产生的突变率的效应方面，作为一个起点，把雄性精子和雌性生殖器照射后的突变率,同雄性生殖系统不同部分生殖细胞照射时的突变率作了比较,没有看到明显的差别。此外,在处理后受精前使精子变老的做法,并没有使可探查的突变频率发生什么明显的改变。因此,突变精子的死亡率并不比未受影响的精子高多少;此外,不能把突变看成是任何一种半致死生理性变化的次生效应,可以认为这种半致死生理性变化,有些精子("敏感性更高")比另一些精子发生得更强烈些。

尽管刚刚提到的是一些"负结果",然而,已经肯定 X 射线的影响是不同的,而这种差别本身尚不足以说明突变率的全部变化,现在接踵而来的 X 射线工作是确定决定于温度的突变率(该工作尚未发表)。Altenburg 和作者在 1918 年的工作或许是第一次确定这种关系,但直到 1926 年完成几项试验后,才得以最后确立温度与突变率的关系。这些试验第一次肯定地证明,基因突变无论到什么程度都是可以控制的,虽然总的说来,热效应同化学反应所发现的情况相似,但联系到几乎不可觉察的"自然"突变率,它的突变率也是太小了。因为人们想通过它为突变研究提供有用的工具。然而,这些结果足以表明,除 X 射线以外的各种因素的确可以影响到基因的组成,而测定它们的效应,至少在与 X 射线联合使用时,是行之有效的。这样,我们可希望从各种新的角度来缩短解决基因的组成和行为问题,并在这些研究中发现新的线索,因此,如果不是说基因物理学和基因化学,那么至少在谈到"基因生理学"这一课题是完全合法的。

总之,从事于经典遗传学范围的人们,可以把注意力放在通过使用 X 射线为他们提供的机会,在他们所挑选的有机体中,创造出一系列可用于研究遗传和"表现型遗传"现象的人工亚种。总的看来似乎有以下可能性:如果这种效应对大多数有机体是共同的,就应当可以"下令"在他们所选择的物种中,产生足够数量的突变体,以提供相应的遗传图,并通过使用这些绘制成图的基因,来分析同时得到的染色体的畸变现象。同样地,对实际育种工作者来说,则希望最终证明这种方法是有用的。要在这里讨论有关人类方面的可能性,时机尚不成熟。

人类血液的个别差异[①]

卡尔·兰德施泰纳(K. Lansteiner)[②]

(1930 年)

　　鉴于研究大分子物质的困难,要确定作为有生命机体的主要成分蛋白质的化学特性和组分,我们还要走很长的道路。因此,不是用常规的化学方法,而是用血清试剂所得出蛋白质化学的一个重要的普遍结果,即知悉各动物和植物种的蛋白质是不同的,以及每个种有其自己的特性。事实上不同器官含有特殊蛋白质使这种差异性还在进一步扩大,因此,看来在有生命的机体中,对每一个特定的类型或功能都需要专门的建筑材料,而进行多种多样操作的人造机器却能够从数目有限的物质制造出来。

　　发现一个物种所特有的生化特异性所提出的问题,即我们将要谈到的研究课题,是确定这种差别是否超越种的范围,以及一个种内的个体是否有相似的但较小的差异。由于在这方面从未作过观察,我选择了可提供的最简单的实验安排和前景远大的材料。为此,本实验是把不同人的血清和红细胞作彼此间的反应。

　　只得到一定的预期结果。许多样品无明显的变化,换句话说,结果完全像血细胞同

――――――――――――――

　　① 梁宏译自 K. Lansteiner. On individual differences in human blood. **Nobel Lectures Physiology or Medicine**,1922-1941:234-245.

　　② 卡尔·兰德施泰纳(Karl Lansteiner, 1868—1943),美国免疫学家。他于 1901 年发现了抗红细胞抗体,后来建立了人类 ABO 血型系统;1926 年他与 Philip Levine 共同发现了 MNP 血型系统,1940 年与 Albert Wiener 共同发现了 Rh 系统。他的发现使人类得以成功地享受正确地血液移植带来的一切好处,兰德施泰纳也因此获得 1930 年诺贝尔生理学或医学奖。

它们自己的血清混合一样,但经常发生一种称之为凝集的现象,在凝集中血清使外来个体的细胞聚合成丛状物。

惊人的事情是凝集作用,它一旦发生,就如同不同动物种的血清和细胞间相互作用所发生的那种早已熟知的反应一样明显,而在另一些情况下不同人的血液则看不到差别。因而,首先必须考虑个体间所发现的这种生理差异,是否在实际上就是我们正在寻找的差异,以及尽管这是在健康人血液中看到的现象,但这种现象会不会由于不得病而产生。但不久就弄清楚,此反应遵循一种对全体人类血液都有效的模式,而所发现的这种特性,犹如一个动物种所特有的血清情景一样,恰恰是个体的特性。实际情况是基本上有 4 种不同类型的人血,即所谓血型。从以下事实得出血型的数目:红细胞显然含有两种结构不同的物质(同种凝集原),在一个人的红细胞中或许两种物质都没有,或者有一种,或者两种都有。单用这一点仍不能对这种反应作出解释;血清的活性物质同种凝集素,也必须有一种特殊的分布。它的确是这种情况,由于任何一种血清具有同细胞中不存在的凝集原起反应的那种凝集素,这是一个值得注意的现象,其原因还不清楚。这种现象使血型间产生某种关系,它使得血型测定很容易,可以下页表说明。根据细胞中含有的凝集原命名各血清(表中符号"+"表示凝集)。

现在提出一个问题:正常血清的同种凝集作用是限定于人血呢?还是在动物中也发生这种作用?事实上这种反应只在少数物种发现,但有区别,且从来没有像人那样有规则。只有最高级的人、猿有血型特征,虽然它们的血球蛋白质同人无甚区别,这种迄今我们尚未确立的血型特征同人的血型特征完全相符。

血清种类	血清中凝集素	红细胞种类			
		O	A	B	AB
O	αβ	−	+	+	+
A	β	−	−	+	+
B	α	−	+	−	+
AB	−	−	−	−	−

可以设想,对许多动物种进行比较检验将有助于说明血型这一尚未为人们充分了解的现象是如何形成的。检验动物血已经得到了引人注目的结果。对同种凝集作了第一次观察后不久,Ehilich 和 Moigenioth 介绍了采用血液溶剂抗体(异细胞溶素)的实验,他们证明当山羊被注入同一个种的其他个体的血液时,它的血液就不同了。但是,在这种情况下,发现它不是典型的血型,而是许多明显的随机的差异,其结果除了可能是反应强度外,它大体上同人们预期的情况相符。相似的研究,特别是由 Todd 在牛和小鸡方面进行的研究(Landsteiner 和 Miller;Todd)表明它几乎完全是个别的特异性。

在人和动物方面,观察之间存在的明显矛盾最近已得到了解决。在这方面早有几位先行者,以及我同 Levine 一起进行的工作,通过把人血注射到兔中产生特异的免疫血清,得到了明显的结果;这些结果发现在所有 4 种血型中存在 3 种新的可凝集的因子。这样,当考虑把 A 和 AB 型各自分成两个亚型时(V. Dungern 和 Hirszfeld;Guthrie 等)(此项工作最近由 Thomsen 在本实验室作了充分的研究),就发现至少有 36 种不同的人血。此外,还看到那种并不遵循血型规律,其特异性又不同的微弱的同种反应,这种反应比早先认为的不规则反应更常见,它的确很容易同典型的反应相区别,并绝不影响4种血型的有效性。这些发现肯定了人类中存在许许多多个别的血液差异,以及肯定还有其他尚未探查出来的差异。是否每一个个体的血液确实是它本身的一种特性,或者经常要到什么程度才算完全相似,这一点我们还不能肯定。

在那时候,至少这些因素在考虑血型治疗应用方面不占重要位置,这一点将在后面讨论,但它们很可能同外科的一个重要领域,即组织移植有密切关系。

人们早已熟知,如皮肤的移植,如果被移植的材料来自同一个体,则成功率高得多,由Jensen首先介绍的把可移植的肿瘤转移到一个动物种的不同品系时,其结果相似。动物方面的研究肯定了外科医师的经验,其中由L. Loeb进行的一系列重要的实验特别引人注意。Loeb的实验包括从一个动物自己的身体、从同一个原种的有亲缘关系和无亲缘关系的动物以及从不同品种和物种的成员,分别取下不同组织进行移植。总的说来移植成功同亲缘程度有关,总之,借助于这些观察,可得出结论:不同个体的组织必须具有特异的生化特性。

两个彼此独立的方法所得结果却惊人的一致,不免使人立刻想到,这种一方面用血清反应能探查出的个体差异,另一方面移植组织的个体特异行为的差别,实质上是同一回事。提出这种设想的理由是器官细胞如同血液一样,能证明其血型特点。然而,根据这一设想,即在组织移植时考虑到血型,结果却并不明显。但这是可以理解的,因为血型只说明一些确实存在的血清差异,而很明显,即使轻微的偏差也能影响到组织的永久的痊愈。这将消除由这些实验所产生的怀疑,而最可能的假设是个体间血清学差异和移植特异性,它们基本上是有关系的,并取决于种类相似的化学差异。总之,把血清反应使用于移植治疗的重要工作的可能性,肯定不能予以排除,但现在的知识还只能停留在抱有希望而已。

对于现在我将检验的个体特异物质的化学性质的问题,回答完全是否定的。但尽管如此,它并非毫无意义。我在演讲中一开始提到的沉淀素反应揭示了蛋白质之间的物种差别,由此产生一种观点:所有血清反应的底物是蛋白质或同蛋白质密切有关的物质。血抗原的研究首先使这种观点发生了动摇。特异物质在有机溶剂中的溶解度,特别是对异源绵羊的血抗原的研究(血抗原由瑞典病理学家Forssman在绵羊血液和不同动物器官中发现),发现一种特别结合而又不直接起抗原作用的物质,能用酒精提取并把它分离出来,这使我产生一种想法:许多细胞抗原的组分并非蛋白质一类物质,而只是同蛋白质结合在一起,从而成了抗原,可恰当地把它称之为复杂抗原。这一理论得到如下事实的强有力的支持,这就是当我把这种特殊物质同含有蛋白质的溶液混合时,能保持它的抗原活动。

一项关于细菌中存在某些特异物质的研究(Zinsser)得到了相似的结果。而就细菌来说,这种特异结合的物质(半抗原)的化学性质经测定的确是胶体多糖(Avery和Heidelberger),在动物细胞抗原方面尚未得到肯定的结果。尽管如此,可以这样说,动物中的生化特性在于存在着两类不同的物质——特异物质(Landsteiner和Van der Scheer;Bordet和Renaux),这种物质在它们发生的性质上有着基本的差异。

关于在本演讲中所要谈的课题,其实际情况是聚集的特异物质也能用酒精从血液细胞中提取出来,并且在这种情况下通常使抗体只在一带有抗原蛋白质的混合液中形成。

从而得出结论,在一个物种里面的半抗原是有变化的,且允许对蛋白质之间相似的血清学差异产生怀疑,但不能令人信服地得到证明。另一个特点是实际上在动物学系统相距很远的动物种里面,经常碰到同它们的反应有关的半抗原。因此,同种凝集原 A 在血清学上同在绵羊血液中含有的 Forssman 抗原有关系,所以免疫血清对绵羊血和 A 型与 AB 型的人血都有反应,但对 O 型或 B 型人血不起反应(Schiff 和 Adelsberger)。更值得注意的是细菌里面存在相似的结构。这是从以下事实得出的:在许多抗细菌的血浆,如对 *Paratyphus bacilli* 的免疫血清中存在绵羊血的细胞溶素和 A 型血的凝集素,一种使人血凝集的痢疾血清(最近由 Eisler 介绍)含有一种抗体,这种抗体对于 A 型的两个亚型中对同种凝集素不太敏感的那一个影响较大。

根据人造复杂抗原方面的研究结果,发生属于个体差异的免疫同种抗体可能由以下事实造成:由于同其他物质结合在一起,该物种所特有的蛋白质就不能诱导抗体的形成。如反过来,把同该动物相同的或关系密切的半抗原,与外来蛋白质一起注入该动物,看来通常不产生抗体。Witebsky 的实验提供了一个例子,它证明注入 A 型血后,只在兔子的器官里没有同 A 凝集原相像的物质才形成组型特异免疫血清。然而,Sachs 和 Klop-stock 所进行的实验,用兔子器官的混合酒精提取液的外来血清注射后,兔子就发生 Wassermann 反应,该实验说明这个规律不能普遍使用。

然而,在这种抗体只同器官提取液起反应的情况下,O. Fischer 用注射兔血混合提取液的外来血清进行试验,成功地使兔产生同源抗体,这种抗体对完整的血液细胞起作用,但在预冷后只有溶血作用,犹如我同 Donath 一起发现,溶血作用是血液在阵发冷血红蛋白尿中溶解的原因。这一结果和一方面从 O 型和 B 型红细胞提取液,同另一方面从完整细胞所得到的免疫血清之间的差别,说明把细胞所含有的物质结合一起的性质,对抗原的性质也有影响。

对血液的个别差异和细胞抗原的各个特性进行扼要的概述后,现在我必须谈谈血型反应的应用。

自从 L. Loeb 和 H. Hirschfeld 作了引人注目的观察,即在人的不同种族发现各个血型的相对频率有特定的差异后,在这一方面进行了大量的通信来往。他们最重要的发现是,在北欧,A 型比 B 型多,而在一些亚洲人种,这种位置却颠倒过来,另一个惊人的例子是美洲印第安人,当他们在人种上是纯的,几乎都是 O 型(Coca;Snyder),据此推论,在少数情况下确有 A 型和 B 型存在,这是人种混杂的结果。

我不适合在这里讨论血型的人类学研究和由此得出的结论,且无论如何,不同作者在关于进行解释所必须依赖的普遍原理和个别问题方面,他们的意见总是不同的。但尽管如此,多数观点认为,血型的行为同其他人类学特点一起使我们能对人类种族的关系和起源,作出结论,并对人类学的研究有一定的重要性。

不久,对血型特性本身提出的一种实际应用,是在法医学上辨别人的血斑。用沉淀反应(Kraus;Border;Uhlenhuth)不难确定一个血斑是人的还是动物的,但法医无法区别不同人的血斑。鉴于同种凝集素及其相应的凝集原都可在干燥状态下保持相当一段时间,这问题在某些案件,特别当有问题的血液,即被告和原告人的血液属于不同血型时,可得到解决。当然,使用这种方法的理由不是经常碰到的,尤其在你们国家,使用它的机会很少,但尽管如此,根据 Lattes 的一篇报告(他是第一个把它用于法庭案件),证明这种测验在一些案件中是有用的,并可作为法官裁决和开释被告人的基础。

血型反应以更大范围被法医用在确立父方身份方面。这类案件能不能作出决议,就靠血型遗传传递的研究了;我们把这方面主要的真实结果归功于 Von Dungern 和 Hirszfeld 的工作。由于他们的研究结果,确立 A 和 B 凝集原是显性遗传特性,这些特性的传递遵循孟德尔法则。这个特性的重要性在于,事实上在人中间很少有其他任何一种具有如此简单的遗传行为被鉴定起来而又明白无误的生理特性。由上述作者提出的两个独立基因对的遗传理论,经过 Bernstein 的统计研究后,不得不予以放弃。假若一个群体相当混杂,可根据某种遗传假设能把这个遗传特性的频率计算出来。Bernstein 作了这个计算并发现所观察到的数字同根据 Von Dungern 和 Hirszfeld 所提出的理论计算所得的数字常有差别。另一方面,当根据在染色体的一个位置上有 3 个等位基因的假说所作的计算,则发现它们完全相符。这个假设也使 AB 双亲的孩子们得到可靠的推断。除极少数个别例子外,这个推断也可按照 Bernstein 的理论来解释,正如 Thomsen、Schiff、Snyder、Furuhata 和 Wiener 通过大量研究指出,经验证同样证实了这个推断,因而这个新理论目前已几乎被普遍采纳。

一旦受到法庭的重视,A 和 B 的显性法律就得到确定。这样,在所有那些案件中,当小孩属于 A 或 B 型血,而母亲和主张是自己孩子的父亲又都不是这种血型,就能否决父亲一方。这种测验在一些国家,尤其在德国[①]和奥地利,还有斯堪的那维亚用得相当多。在去年出现的一份调查报告,Schiff 报道了约 5 000 例法医研究,其中父亲一方被否决的案件在 8% 以上,这期间计算有可能被否决的案件,其比例约为 15～100。在赞成这种方法方面,可以提到它也是一种手段使一些父亲能认出他们的私生子。

说明父系诊断如何进一步发展,这或许是有兴趣的。Lansteiner 和 Levine 研究了上述两种血型特性的传递,这些特性可用免疫血清探查出来,并用字母 M 和 N 代表它们。根据这些初步结果,最可能的设想是这些性状的出现,是由于有一对彼此都不是显性的基因,所以当两个基因都存在时,就产生一混合型。然后把出现的 3 种表型 M＋N＋、M＋N－ 和 M－N＋,实际上解释成第三种为杂合形式,而第一和第二种都是纯合形式。因此,能直接把这种杂合形式看做是一种特殊的表现型。这种假说的结果见下列图解:

结婚	预期的后代		
	M＋N＋	M＋N－	M－N＋
M＋N＋×M＋N＋	50	25	25
M＋N＋×M－N＋	50	0	50
M＋N＋×M＋N－	50	50	0
M＋N－×M－N＋	100	0	0
M＋N－×M＋N－	0	100	0
M－N＋×M－N＋	0	0	100

我们自己的观察有几个同这些规律不符的例外,这妨碍我们最终接受这个假说,但

---

① 系指 1930 年时的国名。——译者注

这种偏差可能由于私生子或测定血型不是那么简单，这些在实验方法上不完备造成的结果，而事实上 Schiff 在最近发明的遗传和群体统计方面的观察，经发现同预期情况完全符合一致。Wiener 未发表新的结果也很好。

如果这个假设进一步证明是正确的话，排除父亲的可能性必将提高约一倍，即 3 个案件中有一个案件可以作出判决。然而，即使根据已有的资料，要作出判断还带有很大程度的概率。如果将来的经验能证实这些人们还怀疑的法则是正确的话，那么使用 A 型和 B 型的亚型有可能进一步发展。

在医学实践方面，较之上述课题更重要的是把血型反应用在输血上。细述输血的颇饶兴趣的历史显得太长了。它要追溯到几个世纪以前，即哈维（Harvey）发现血循环的时期。在此之前早对进行输血的可能性进行过争论，但是在哈维的伟大发现启示下进行的第一次成功的输血，是 1666 年 Lower 在英国用狗实现的，次年 Denys 在法国，Lower 和 King 在英国首次进行了把动物血输给人。以后致力于发明特殊的器械，而经验证明不需要从血管到血管输血，但只能用去纤维蛋白的血液（Bischoff，1835 年）。在 19 世纪上半叶可能是 Blundell 第一次进行了人的输血。

我可以列举引自 Snyner 的两种评论，用以说明对输血前景的估价是如此的不同。在皇家协会的一段往事中，Sprat（1607）说："由此引起了新的实验，而主要是输血实验，它很可能以取得卓越的成就而告终。"还是皇家学会的一段往事，我们发现 Thompson（1812）的一段话："早就知道想从这个实践得到预期的好处是幻想而已。"尽管对这个问题作出了巨大的努力和活跃的讨论，却没有达到把这个方法引入到常规的医学实践，这因为纵然它在手术时非常有用，但有时造成严重的症状，甚至导致病人死亡而终于放弃了这个念头。

有关动物血液的注射，Landois 的观察是解答为什么发生这种灾难的前提，直到 1875 年他发现了凝集和溶血作用现象，当血液同一个外来种的血清接触时，这种现象是经常发生的。然而，为什么把人血带入循环也有危险性，这仍然是一个未解之谜，因为很明显，就相同物种的细胞来说，血清或血浆是一种惰性介质，在组织学观察中使用这类血浆这一事实增加了这种信念。

血液个别差异和血型的发现，使这个问题很简单地解决了。动物实验以及特别是在血型测定错误情况下更多的临床试验，肯定了这种关系，且毫无疑问，把能凝集的人血作输血，通常伴随着有害的结果。但是，输血休克的病理发生还没有得到充分的解释。

Ottenberg 是第一个考虑到在输血时有凝集素反应，但只有在爆发伟大战争的期间，给体血清选择的输血方法才被广泛采纳，从此这个方法就成为常用的手术。

对血型测定错误的起源，通过直接比较受体和给体的血液可加以控制，对于开始输血时，先注射少量血液等预防措施谈得太详细就离题了。必须提到一点，即不是绝对需要用同一种血型，例如 O 型血（参见 Otterberg）受体血清对它的细胞不发生影响，因而也能使用。然而，在这种情况下，必须小心排除血清具高含量凝集素的给体，因为高含量凝集素有危险性，特别对高度贫血和体弱的患者更是如此。使用这种属于 O 型的所谓"全能给体"的血液或任一种外来血型的无凝集能力的血液，对防止意外事故和稀有血型的给体，都有巨大的价值。

最明显需要输血的是急性或慢性贫血,如伤口出血或肺出血、产科接生情况下出血、胃溃疡和十二指肠溃疡。在出血情况下输血通常意味着对病人生命的抢救,其效果当然首先要归结于血液的替换,这方面有一个重要的因素,即被转移的红细胞在循环中保持它们功能上的能力可达数周之久。另一个重要的效果是由于提高可凝集能力和也可能刺激血液在骨髓中的再生而产生的止血作用,这一点根据组织学血液图变化已得到肯定。然而,对恶性贫血广泛使用的输血治疗,因发明肝脏治疗现已使前者几乎成为多余的了。

另一个使用输血的广阔场所是重伤和手术引起的休克,并认为在这些病例中输血的效果比注射等渗溶液如含有普通盐溶液的阿拉伯树胶更有效,阿拉伯树胶是由 Bayliss 在战争期间推荐的。根据这一点,经常在大手术后进行输血,并卓有成效。输血的目的不仅仅是替换血液,也当做一刺激剂来使用。美国的外科医师也推荐对体弱病人在大手术前施行输血。

对血友病、血小板减少性紫癜和一定程度上对粒细胞缺乏症、一氧化碳中毒和烧伤,也都得到了良好的结果,而对败血症等一批其他疾病,曾试用过输血治疗,结果大可怀疑。

我在巴黎微生物学会议上的一次报告中所引用的一些情景,可提供有关使用输血的频率和使用这一方法达到的相对安全性的资料,虽然必须记住这种成功部分地要归功于外科方法的巨大的进展。统计学上有小的变动,这因为同别人相反,有几位作者仍报道个别失败的例子。鉴于这种差别很可能同输血的技术有关,我想,我的判断是根据赞同意见的报告占大量病例而作出的,在这一点上我是公正的。

输血数目大得惊人,似乎使用这种技术太快了。根据医学科学院 Corwin 博士向我善意提供的统计资料,1929 年在纽约作了数万次输血。最新发表的纽约 Bellevue 医院 Tiber 的通讯,报道了截至 1929 年 7 月的 3 年半期间,进行了 1 467 例输血。其中有两例死亡。一例因不正确的血型测定,另一例(也能避免的)是用一种所谓"万能给体"O 型血给一个处于虚弱状态下的 A 型婴孩输血。Pemberton 在 Mayo 临床教授班的一次报告中,提到 1 036 例中有 3 例不幸致死是由于血型测定错误造成的。在 Kiel、Beck 博士告诉我,约在 5 年期间进行了 2 300 例输血,没有一次致死的医疗事故。约有 2%~3% 的病人感到轻微的后效应,如颤抖和发热。Beck 报道的一个值得注意的病例是有一个患有恶性贫血症的病人,在 3 年半内给他输血 87 次而无任何严重症状。

虽然输血结果良好,但正如我已经说过,仍有报道个别严重的、甚至死亡的医疗事故(它或许不是由技术错误所造成)和经常发生的小干扰。不可能是一种非典型的同种凝集素所表示的血液差异为发生这种情况的一个重要因素,因为如果是这样的话,它们是很容易避免发生的。曾经设想过,但还没有充分肯定,是否强烈的假凝集作用是渗入受体血浆的一种有害效应。所观察到的一些干扰可能是对注入血液中存在的营养物质过敏所致,而另一些则由于过早输血而形成抗体作用的结果。另一个尚未得到充分研究的问题为是否因为各个蛋白质之间存在着差异,而真若如此,则是否这些差异可导致抗体形成。

总之,输血的结果已经令人十分满意,而我们有理由希望,通过对具有不理想后效应的病例做彻底的研究,将有助于我们估价所推测原因的意义和(或)可揭示一些未知的原因,而将最终从本质上消除输血时仍然碰到的这种小的危险性。

除了解决这个实际问题外,我们所谈到的这个课题也可以通过以下方面得到发展:

从总的方面研究个别血清差异的生物学问题，特别是通过进一步改良测定人血更细微的个别差异的技术，以及继续进行人和动物血清学方面的血液差异的遗传分析。从已经作过的工作结果来看，人的染色体对中，除了性染色体外，至少有两对具有一种特别的特性（也参见 F. Bernstein）。

玉米细胞学和遗传学交换的关系[①]

哈里特·克赖顿（H. B. Creighton）[②]

巴巴拉·麦克林托克（B. McClintock）[③]

（1931 年）

　　交换的遗传学研究要求在同一个连锁群中两个等位因子处于杂合状态。分析在两个点上形态上可予区别的同源或部分同源染色体的行为，将得到细胞学交换的证据。本文目的为证明细胞学交换是随同遗传学交换而发生的。

　　某些玉米系的第二个最小的染色体（第九染色体），在其短臂的末端有一个明显的结。染色结在以后各代中的分布同一个基因的情况相似。如果把一株第二个最小染色体的两端都有染色结的植株，同一个两端没有染色结的植株杂交，细胞学观察表明，在它们产生的子一代个体中，同源染色体对中只有一个成员有染色结。当把这种个体同一个两个染色体成员都没有染色结的植株作回交，后代中有一半在染色结中是杂合的；有一半完全没有染色结。因此，染色结是该染色体的一个连续的特征。当染色结出现在一个

　　① 梁宏译自 H. B. Creighton, B. McClintock. A correlation of cytological and genetical crossing-over in zea mays. **Proceedings of the National Academy of Science.** 1931，7：492-497.

　　② 哈里特·克赖顿（Harriet Baldwin Creighton, 1909—2004），美国植物学家和遗传学家。她在康奈尔大学读博士期间与巴巴拉·麦克林托克一起在玉米中发现了基因在染色体上的转移现象。

　　③ 巴巴拉·麦克林托克（Barbara McClintock, 1902—1992），美国杰出的细胞遗传学家。20 世纪 30 年代她在玉米中发现了基因在染色体上的转移现象。麦克林托克因她在转座基因方面的杰出贡献被授予 1983 年诺贝尔生理学或医学奖。

染色体而不出现在其同源染色体时，就明显地使该染色体成为异型的。

早先报道过，某些玉米系在第八染色体和第九染色体之间会发生互换。互换片大小相等；第九染色体的长臂相对地增长，而第八染色体的长臂则相应地缩短。如一个具有这两个互换的染色体的配子同一个具有正常染色体组的配子交配，它所产生的个体的减数分裂，其特点为同源部分并排地联会。因此，这就有可能在染色结和互换点之间发生交换。

过去的报道也指出，这样的个体，只有具有两个正常染色体（N、n）或两个互换染色体（I、i）的配子，即这一种或另一种排列都是完全的染色体组的配子，才是有功能的。所以有功能的配子或具有较短的正常的有结的染色体（n），或具有较长的互换的有结的染色体（I）。因而，当把这种植株同一个具有正常染色体的植株进行杂交，而所得个体的减数分裂前期出现 10 个二价染色体，就表明前者有功能的配子具有正常的染色体。如另一些子一代个体，在减数分裂晚前期出现 8 个二价染色体，加之 4 个染色体形成的一个环，则说明另一种有功能的配子具有互换的染色体。

如把一第九染色体为正常，无结的配子同一个互换的具染色结的配子交配，显然，由此产生的个体在减数分裂前期，这两个沿着其同源部分联会的染色体，在它们的两端是明显不同的。如果不发生交换，这种个体形成的配子将具有或有染色结的交换过的染色体（见图 1，a），或是无染色结的正常染色体（见图 1，d）。由于交换会形成含有带染色结的正常染色体（见图 1，c），或无染色结的交换过的染色体（见图 1，b）。如把这种个体同具有两个无染色结的正常染色体的植株杂交，所产生的个体将有 4 种。无交换的配子产生的个体有两种：① 在减数分裂前期为 10 个二价染色体，第九染色体无染色结，说明带有 d 型染色体的配子是有功能的；② 4 个染色体形成一个环，带有一单个的明显的染色结，说明带有 A 型染色体的配子是有功能的。交换类型的个体有以下两种：① 10 个二价染色体和二价的第九染色体带有一个单染色纽；② 4 个染色体连成一个环，无染色纽，说明 c 和 b 交换配子都是有功能的，这种杂交的结果见表 1 中的 337 系。同样地，如果这种植株同一种在第九染色体的两端都有染色结的正常植株杂交，并发生交换，它们产生的个体就有 4 种。代表非交换类型的有两种植株：① 染色结是纯合的并具有交换过的染色体；② 染色结是杂合的并具有两个正常染色体。在染色结和互换染色体之间进行交换而产生的有功能的配子，产生以下两种个体：① 染色结是杂合的并具有互换染色体；② 染色结是纯合的并具有两个正常染色体。这类杂交结果见表 1 A₁₂₅ 和 340 系。尽管数据少，但它们是一致的。从这些数据测出的染色结和互换染色体之间的交换量大约为 39%。

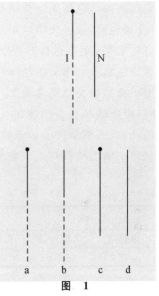

图 1

上图：研究交换的染色体图解；

下图：在一个具有上述构造的植株的配子中发现的染色体类型图解。

a：带有染色结的交换过的染色体；

b：无染色结的交换过的染色体；

c：带有染色结的正常染色体；

d：无染色结的正常染色体。

a 和 d 为非交换类型；b 和 c 为交换型。

表 1 $\dfrac{\text{有染色结的互换染色体}}{\text{无染色结的正常染色体}}$×无染色结的正常染色体 337 系植株，

和有染色结的正常染色体 A_{125} 和 340 系植株

栽培植株	具有两个正常染色体的植株		具有一个互换染色体的植株	
	非交换型	交换型	非交换型	交换型
337	8	3	6	2
A_{125}	39	31	36	23
340	5	3	5	3
总计	52	37	47	28

前一篇文章指出，具染色结的染色体携有带色糊粉（C）、皱缩胚乳（sh）和蜡质胚乳（wx）的基因。此外，看到以互换点为起点，这些基因的次序为 wx-sh-C。还有，有可能所有这些基因都位于具染色结的染色体的短臂上。因此，可以指望染色结和这些基因之间为一连锁。

一个具有正常染色体组的植株，其第九染色体有一个染色结并携有 C 和 wx 基因。它的同源染色体无染色结并携有 c 和 Wx 基因。非交换型配子应具有一带染色结的 C-wx 染色体，或一无染色结的 c-Wx 染色体。在第 1 区（染色结和 C 之间）的交换得到无染色结 C-wx 的染色体和有染色结的 c-Wx 染色体。在第 2 区（C 和 wx 之间）交换则得到带染色结的 C-Wx 染色体和无染色结的 c-wx 的染色体。这种植株同一无染色结的 c-wx 型植株的杂交结果见表 2。在相互干扰的基础上，可以预期，当 C 和 wx 之间发生交换时，染色结和 C 会仍然在一起；因此，从有色淀粉（C-Wx）子粒长成的个体应具有染色结，而从五色、蜡质（c-wx）子粒长成的个体则应当不带染色结。虽然数据不多，却令人信服。显然在染色结和 C 之间有着一种非常密切的联系。

表 2 $\dfrac{\text{有染色结-C-wx}}{\text{无染色结-c-Wx}}$×无染色结-c-Wx

C-wx		c-Wx		C-Wx		c-wx	
染色结	无染色结	染色结	无染色结	染色结	无染色结	染色结	无染色结
12	5	5	34	4	0	0	3

为了取得细胞学和遗传学交换之间的相关性，必须有一种植株，它在染色结，基因 c 和 wx 以及互换方面是异型的。338 号植株（17）一个染色体有染色结，基因 C 和 wx 以及第八染色体的互换片。另一个染色体是正常的无染色结并具有 c 和 Wx 基因。把这个植株同另一个植株杂交，该植株具有两个正常的但分别带有 c-Wx 和 c-wx 基因的无染色结的染色体。这一杂交图解如下：

```
        c          Wx                        c          Wx
  ──────────────────────────              ────────────────────────
                                 ×
  ●─────────────────────────                ──────────────────────
        C          Wx                        c          wx
```

杂交的结果见表 3。在这种情况下所有带色的子粒都长成有染色结的个体，而全部无色子粒则长成无染色结的个体。

表 3 $\dfrac{\text{染色结-C-wx-互换}}{\text{无染色结-c-Wx-正常}} \times \dfrac{\text{无染色纽-c-Wx-正常}}{\text{无染色纽-c-wx-正常}}$

株号	有染色结或无染色结	互换或正常	
第Ⅰ级 C-wx 子粒			
1	有	互换	
2	有	互换	
3	有	互换	
第Ⅱ级 c-wx 子粒			
1	无	互换	
2	无	互换	
第Ⅲ级 C-Wx 子粒			花粉
1	有	正常	WxWx
2	有	正常	……
3	……	正常	WxWx
5	有	正常	……
6	有	……	……
7	有	正常	……
8	有	正常	……
第Ⅳ级 c-Wx 子粒			
1	无	正常	Wxwx
2	无	正常	Wxwx
3	无	互换	Wxwx
4	无	正常	Wxwx
5	无	互换	WxWx
6	无	正常	WxWx
7	无	互换	Wxwx
8	无	互换	WxWx
9	无	正常	WxWx
10	无	正常	WxWx
11	无	正常	Wxwx
12	无	正常	Wxwx
13	无	正常	WxWx
14	无	正常	WxWx
15	无	正常	Wx—

　　染色结和互换点之间的交换量为 39% 左右(见表 1),c 和互换点之间约为 33%,wx 和互换点之间则为 13%。记住这些资料,就能对表 3 所得的数据进行分析。由于果穗上只结少数子粒,数据必然很少。第Ⅰ级的 3 个个体显然是非交换类型。第Ⅱ级的个体是第 2 区即 c 和 wx 之间交换产生的。在这种情况下第 2 区的交换决不同第 1 区(染色结和 C 之间)或第 3 区(wx 和互换点之间)的交换一起发生。第Ⅲ级的全部个体都具有正常的染色体。遗憾的是,经检验有染色结的 6 个个体中只有一个得到了花粉。这一个个体显然可猜想到它是通过第 2 区的交换所产生的配子长成的。第Ⅳ级更难以分析。第 6、9、10、13 和 14 号是正常和带有 WxWx 基因的植株,因而它们代表非交换类型。在正

常、Wxwx 级中预期非交换类型数目相等。第 1、2、4、11 和 12 号植株或许是这种类型。通过一个 c-Wx 配子同一个在第 2 和第 3 区上双交换所产生的配子结合,而得到这种类型是可能的,但却未必能发生。第 5 和第 8 株是第 3 区上发生的单交换,而第 3 和第 7 株则或许代表第 2 区或第 3 区的单交换型。

上述证据说明,发生着细胞学交换,而且它是随同遗传学交换的预期类型一起发生的。

结论 已经证明在两个区上异型的配对染色体,在交换染色体部分的同时,交换位于这些区的基因。

一种研究染色体重排和绘制染色体图的新方法[①]

西奥菲勒斯·喷特（T. S. Painter）[②]

（1933 年）

人们早就知道，许多双翅目幼虫的有功能的唾腺，其染色体为一伸长和有环的结构。去年，作者主要用醋酸洋红法对果蝇（*Drosophila melanogaster*）幼虫的唾腺染色体进行了研究。根据这一研究，得出如下结论：

（1）每一个染色体有其明确而稳定的形态特性，并由节段组成，每一个节段的特有模式是染色质线或较宽的带盘绕在非染色质基质的外面。因此，相同的染色体或特定的部分，在一个个体的细胞内，或一个物种的不同个体中，都容易被识别出来。如由于某种形式的离位（易位、倒位等），一个或更多的节段的位置发生了变迁，能测定出断裂确切的形态学上的点（或几个点），并能在它们新的位置上鉴定出这种节段。这一发现首次使我们持有一种染色体分析的定性方法，并只要通过研究可知遗传性状的染色体重排，从而知道任何一个成分正常的形态学，我们就能得出基因位点的形态学位置，并能作出比迄今为止更为大大精确的染色体图。

————————————————

① 梁宏译自 T. S. Painter. A new method for the study of chromosome rearrangements and the plotting of chromosome maps. **Science**，1933，78：585-586.

② 西奥菲勒斯·喷特（Theophilus Shickel Painter，1889—1969），美国动物遗传学家。他首先从染色体（果蝇唾液腺的）中鉴定出了基因；他开创了染色体重排和作图的研究，为动物遗传学作出了重要贡献。

（2）在老龄幼虫,同源染色体进行体细胞染色体联会。这种联合绝不是一种简单的并列,因为染色体成分以最确切的方式线对线地配对;并形成一明显清楚的结构。如果同源染色体之一有一段位置颠倒,我们就得到像在减数分裂中预期的典型的倒位图像。如果同源染色体之一在一些点上发生缺失,则除缺失点上正常成分常常被扣住外,两个配偶对进行联合。这样我们就很容易精确地决定一个染色体缺少了多少。在唾液腺中使同源染色体联合起来与减数分裂的情况相同,这一点是可能的,而就我们所知,这些特别的染色体从不分裂,我们至少能研究在联会时畸形染色体是如何联合的,这一事实对遗传学家有巨大的价值。

（3）在唾液腺中,V形常染色体的两臂看来是在它们之间无明显联系的独立成分。其结果是在体细胞染色体联会后,我们发现核里面有 6 个成员,而不是单倍体数。

（4）X 染色体的惰性区域,看来不像这个成分的有机部分,它也不像核里任何别的已弄清楚的形式。同样地,Y 染色体经鉴定为一短片的这个唯一的部分,它在形态学上同 X 染色体右方末端节段的那一部分是同源的。X 染色体的这一部分(见图 1)携带着成串的正常等位基因。X 和 Y 染色体的惰性物质,在个体发育中都通过减少或一些相似的过程而消失掉,或者这种物质以某些同该染色体无明显联系的尚未认出的形式,存在于唾液腺核中。惰性面积约占卵原细胞中期染色体体积的 3/8。

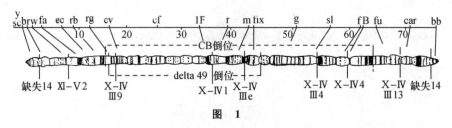

图 1

图 1 是通过把各区照相清晰的草图连起来绘出的 X 染色体图。省去其细节部分。图 1 上方为长度同 X 染色体相同的交换图。基因定位位点的符号在线上一起表示它们近似的形态学位置。X 染色体上所表示的断裂点,其断裂名称列在下方。这样,缺失 14 (在左方)使 X 染色体在盾片和宽度的位点之间断开。图中可见断裂的形态学上的点,当然,盾片必定在断点的左方,宽度在右方。以相似的方法已测出其他基因位点的位置。遗传学家将有兴趣注意到图中表示的 C1B 和 △49 倒位的形态学(和遗传学)限制,并且细胞学和交换图之间完全相符。

作者有两篇论文正在付印,一篇涉及唾液腺染色体的技术及其总的形态学性状;另一篇为 X 染色体的细节研究,从中得出此处提出的 X 染色体图。相似的常染色体研究已进行了一段时候,一些研究人员正从事于用这个新的方法来揭示各细胞学和遗传学问题。

链孢霉生物化学反应的遗传控制[①]

乔治·比德尔（G. W. Beadle）[②]　　E. L. 塔图姆（E. L. Tatum）

（美国　斯坦福大学生物系,1941 年）

从生理遗传学的观点来看,一个生物体的发育和功能主要是由一个完整的生化反应系统构成的,这些生化反应以某种方式受到某些基因的控制。据推测,这些基因本身就是这个系统的一部分,它们或者是以酶的方式直接起作用,或者是决定着酶的特异性,从而控制或调节这个系统中的特异反应[1]。这种推测看来是可靠的。这个系统中的各个成分好像是以复杂的方式互相起作用的,单个基因各部分的合成也似乎依赖于其他基因的作用;基因对生化反应的控制,有简单的一对一的关系,也有更复杂的关系。在研究基因作用时,生理遗传学家总想决定已知遗传特性的生理和生化基础。对植物花青甙色素[2]、酵母菌的蔗糖发酵[3]以及一些其他情况[4]的研究所进行的探讨,事实上已经证实:很多生化反应是由特异的基因、以特异的方式控制的。而且这类研究趋向于支持酶的特异性是在基因水平上控制的这一假说[5]。然而,这个方法有一定的局限性,其中最大的局限性,可能在于研究者一般只局限于研究非致死性的遗传特性。这些特性在某种程度上与非主要的、所谓末端反应有关[5]。对遗传学研究的这些选择,可能与当时认为基因只能控制表面现象的看法有关,这种看法现在已经消失了。其次还有一些困难,即研究这个问题

① 王斌译自 G. W. Beadle, E. L. Tatum. Genetic control of biochemical reactions in *Neurospora*. **Proc. Nat. Acad. Sci. USA.** 1941，27(11)：499-506.

② 乔治·比德尔（George Wells Beadle, 1903—1989）,美国遗传学家。他因发现基因在细胞生化反应中的调控作用,与 E. L. 塔图姆、乔舒亚·莱德伯格共同获得 1958 年诺贝尔生理学或医学奖。

的标准方法,所选用的特性必须具有明显的表型。这样的特性大都与形态变异有关,而且与它们有关的生化反应系统,似乎都是相当复杂、很难分析的。

考虑到刚才提到的那些问题,在研究发育和代谢反应遗传控制的一般问题时,为了阐述已知的生化反应是否由基因控制,以及基因如何控制,我们不是去解决已知遗传特性的化学基础,而采用了逆转正常程序的方法。子囊菌链孢霉为这种方法提供了很多有利之处,它很适于作遗传学研究[6]。因此,我们围绕着链孢霉制定了研究方案。这个方案是以下述假定为基础的,即 X 射线处理将诱发控制着已知特异性化学反应的那些基因发生突变。如果菌体必须完成某种化学反应才能在一种特定培养基中生存下来,那么一个不能完成这种反应的突变体,在这种培养基中显然会死亡。但是,如果在这种培养基中,加入这个遗传阻断反应的主要产物突变体就能生长的话,突变体就能保存下来,并用于研究。根据这个理由,我们打算选一个适当的例子来说明这个实验程序。粗糙链孢霉的正常菌株能利用蔗糖做碳源,因此菌株能完成与这种糖的水解有关的特异性酶促控制反应。假定这个反应是受遗传控制的,就有可能诱发一个基因突变,导致在与原来同样条件下不再能水解蔗糖。一个携带这种突变的菌株,在以蔗糖做唯一碳源的培养基上不能生长,但在含有另外一些可利用碳源的培养基上是可以生长的。换句话说,在含有葡萄糖的培养基上就可以得到和保持这样的一个突变菌株,再把它转移到蔗糖培养基上,根据它不能生长,就可以知道它丧失了利用蔗糖的能力。

在很多代谢过程中都建立起了基本相似的程序。如果我们的推测是正确的,那么合成生长因子(维生素)、氨基酸和其他必须物质的能力,通过基因突变也可能丢失。从理论上讲,只要缺少的物质可以从培养基中得到,而且这种物质能透过细胞壁和原生质膜的话,任何一种代谢缺陷都是可以“克服”的。

依据这类实验的经验,我们曾设计了一种程序,在这种程序中,X 射线处理过的单孢子培养物,可以在一种完全培养基上生长起来(完全培养基所含的成分实际上和有机体正常合成的成分一样多)。然后再把它们转移到一种无机培养基上进行检验(无机培养基是一种要求有机体能完成它能够完成的所有必需的合成作用才能生长的培养基)。实际上,完全培养基是由洋菜、无机盐、麦芽汁、酵母浸出液和葡萄糖组成的。无机培养基含有洋菜(任意的)、无机盐、生物素以及一种双糖、脂肪或更复杂的碳源。生物素是一种生长因子,连野生型的粗糙链孢霉菌株也不能合成它[7],使用的生物素是一种商品的浓缩液,每毫升含生物素 100 微克。如果一个菌株失去了合成任何一种必需物质的能力,若这种必需物质在完全培养基中含有,而在无机培养基中没有,那么这个菌株在前一种培养基上能够生长,而在后一种培养基上则不能生长,据此可以得知它不能合成某种物质。然后再用一系列的方法进一步测定该菌株不能合成哪种物质或哪几种物质。以后的测定包括检验各突变菌株在含有下列成分的无机培养基上的生长情况:① 加入已知的维生素;② 加入已知的氨基酸;③ 用葡萄糖代替无机培养基中较复杂的碳源。

从单个子囊孢子得到的各个菌株是分别从减数分裂前经 X 射线照射过的粗糙链孢霉和好食链孢霉的子囊壳中分离出来的。在大约 2 000 个这样的菌株中,找到了 3 个突变体,它们在完全培养基上生长基本正常,在用蔗糖做碳源的无机培养基上完全不能生长。其中一个菌株(从好食链孢霉中得到的)不能合成维生素 B_6(吡哆醇)。第二个菌株

（从好食链孢霉中得到的）不能合成维生素 B_1（硫胺素）；进一步的测定说明，这个菌株能合成 B_1 分子的一半，即嘧啶，但不能合成它的另一半，即噻唑。假如在无机培养基中单独加入噻唑，菌株生长就基本正常。第三个菌株（从粗糙链孢霉中分离到的）不能合成对氨基苯甲酸。这个突变菌株在添加对氨基苯甲酸的无机培养基上，生长完全正常。在诱发引起代谢缺陷的菌株中，我们只对维生素 B_6 缺陷菌株进行了遗传分析[①]。硫胺素缺陷和对氨基苯甲酸缺陷菌株的详细情况，将在以后给予说明。

定性的研究情况清楚地表明：维生素 B_6 缺陷突变体，培养在一种含有合成维生素 B_6 盐酸盐（每 25 毫升中，含有 1 微克或 1 微克以上）的培养基中，它的生长速度和特性与培养在同样的、但不加 B_6 的培养基中的正常菌株是很接近的。B_6 的浓度较低时，生长速度会减慢。突变体的生长对培养基中维生素 B_6 定量的依赖关系研究的初步结果总结于表1。其他实验也得到了基本相似的结果，在数量上与表 1 的结果是大体一致的。很清楚，对培养条件进行详细的研究之后，可以根据这个突变体的重量增加的速率，精确地测定维生素 B_6 的含量。

表 1　好食链孢霉的维生素 B_6 缺陷菌株

（培养在含无机盐[①]、1％蔗糖和每毫升 0.004 微克生物素的液体培养液中的生长情况。
温度 25℃。生长期，从用分生孢子接种起共 6 天。）

每 25 毫升培养基中 B_6 的微克数	菌株	菌丝体的干重（毫克）
0	正常	76.7
0	维生素 B_6 缺陷型	1.0
0.01	维生素 B_6 缺陷型	4.2
0.03	维生素 B_6 缺陷型	5.7
0.1	维生素 B_6 缺陷型	13.7
0.3	维生素 B_6 缺陷型	25.5
1.0	维生素 B_6 缺陷型	81.1
3.0	维生素 B_6 缺陷型	81.1
10.0	维生素 B_6 缺陷型	65.4
30.0	维生素 B_6 缺陷型	82.4

① 在进行链孢霉的研究工作中，全都采用 Fries 命名的第 3 号盐混合物，其成分如下：

酒石酸铵 5 克；NH_4NO_3 1 克；KH_2PO_4 1 克；$NaCl$ 0.1 克；$MgSO_4 \cdot 7H_2O$ 0.5 克；$CaCl_2$ 0.1 克；1％ 的 $FeCl_3$ 溶液 10 滴；水 1 升。

链孢霉不能用酒石酸盐作为碳源。

我们发现粗糙链孢霉菌丝体边缘，沿着加了一半洋菜培养基的水平玻璃培养管的方向向前扩展，这为研究生长因子的定量效应提供了一个简便的方法。所用的试管，内径约为 13 毫米，长度约 40 厘米。两头各有长 5 厘米的向上翘起的部分，大约成 45°角。向管子中加入约一半的洋菜培养基，把管子的主要部分放成水平位置。管子向上翘起的两头用棉塞堵住。从一头的洋菜表面接种，每隔一定的时间记录菌丝体前沿的位置。向前扩展的菌丝体形成的边缘是很好确定的，不难精确到 1 毫米以上，菌丝体沿着这种管子

---

① 在本文原稿送去印刷时，进一步证实了不能合成噻唑和对氨基苯甲酸的两种突变株都是能遗传的，它们与正常菌株也只有单个基因的差别。

向前扩展与时间成严格的线性关系,而扩展速率与管子长度无关(在 1.5 米以下)。把管子内径减到 9 毫米,或者封闭一头,或两头都封闭,都不能改变其速率。由此看来,好像在这种管子中,气体的扩散不是限制因子。

　　维生素 B_6 缺陷菌株在装有含不同数量 B_6 的洋菜培养基的水平管中的生长结果见图 1 和图 2。很明显,菌丝体向前扩展的速率是培养基中维生素 B_6 浓度的函数[①]。同时还清楚看出,突变体在加了 B_6 的培养基上的生长速率,和正常菌株培养在不加 B_6 的这种培养基上的生长速率没有明显差异。这些结果与下述假设是一致的:假设认为维生素 B_6 缺陷菌株和正常菌株之间最根本的生理学差异,就在于前者不能合成维生素 B_6。这个合成过程肯定不止一个步骤,据推测,维生素 B_6 生物合成过程中发生突变的这个基因只与一个特异的步骤有关。

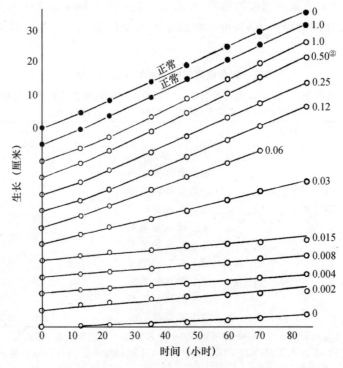

图 1　在水平管子中,好食链孢霉的正常菌株(上面的二条)和
维生素 B_6 缺陷菌株(其余的)的生长曲线

　　在这个图中,每一条连续曲线的纵坐标标度都移动了一定的量。每条曲线右边的数字是表示维生素 B_6 的浓度,即在每25毫升培养基中 B_6 的微克数。

　　为了确定维生素 B_6 缺陷的遗传特性,进行了正常菌株和突变体之间的杂交。杂交的技术和分生孢子的分离方法已经建立,见 Dodge 和 Lindegren[6] 的叙述。分离了杂交过的 24 个子囊的分生孢子,并记录了它们在子囊中的位置。由于一些仍未搞清的原因,这

---

　　① 我们打算进一步研究用链孢霉菌株在上述那种玻璃管中的生长情况来检验维生素,为了确定这个方法的可靠性和重复性,因此必须作这样一些辅助试验。

　　② 原文中 0.05,系错误。——译者注

些分生孢子多数不能萌发。但其中的 7 个子囊,每个中有一个或多个孢子能萌发。把它们培养在一种含有葡萄糖、麦芽浸出液和酵母浸出液的培养基上,它们都能正常生长。把它们培养在一种不含 B_6 的培养基上,正常的和突变体的培养物是有差别的。在这个培养基上,突变菌株几乎不能生长,而非突变菌株能正常生长。此结果总结于表 2。从这些相当有限的资料可以清楚地看出,如果维生素 B_6 缺陷与正常菌株只有一个基因之差,那么不能合成维生素 B_6 的能力是可以遗传的。

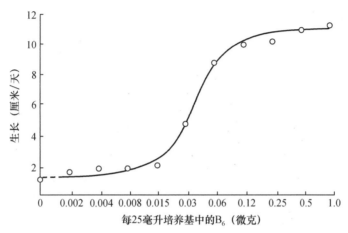

图 2　生长速度(厘米/天)与维生素 B_6 浓度之间的关系

表 2　好食链孢霉的正常菌株和维生素 B_6 缺陷菌株杂交,得到的单个子囊孢子培养物的分类结果

子囊编号	子囊孢子的位置							
	1	2	3	4	5	6	7	8
17	—①	pdx②	pdx	pdx	N③	N	N	—
18	—	—	N	N	—	—	pdx	pdx
19	—	pdx	—	—	—	—	—	N
20	—	—	N	—	—	—	—	pdx
22	—	—	N	—	—	—	—	—
23	—	*④	*	*	N	N	pdx	pdx
24	N	N	N	N	pdx	pdx	pdx	pdx

① 一线表示从外观可以看出孢子没萌发。
② pdx 表示在不含维生素 B_6 的培养基上生长很弱。
③ N 表示在不含维生素 B_6 的培养基上正常生长。
④ * 表示分离出来的孢子 2,3,4 位置搞乱了。其中 2 个孢子萌发了,经证明都是突变体。

以上总结的初步结果向我们指出:概述的这个方法可以为进一步研究基因如何调节发育和功能,提供了一种很有希望的方法。例如,通过寻找不能完成一个已知合成过程的某个特定步骤的许多突变体,就可以检验通常是否只有一个基因与一个指定的特异性化学反应的直接调节有关。

从生物化学和生理学的观点来看,这种方法作为发现具有生理学意义的其他物质的一种技术来说,也是很有价值的。因为所用的完全培养基可由酵母浸出液来制备,也可用正常的粗糙链孢霉浸出液来制备。很明显,如果一个菌株通过突变失去了合成一种必需物质的能力,它就可以用做分离这种物质的指示菌株。也有可能这种物质是以前尚不了解,而且对任何菌体的生长都是必需的一种物质,这样,我们可以去发现新的维生素。按同样的方法,也可以去发现其他的必需氨基酸(如果它存在的话)。事实上,我们已经找到了一个突变菌株,它可以在含有 Difco 酵母浸出液的培养基上生长,但却不能在至今为止我们测定过的任何一种合成培养基中生长。显然,在酵母中存在一种我们至今尚不了解的生长因子,它是粗糙链孢霉生长所必需的。

摘　　要

用粗糙链孢霉研究出一种方法,用它可以发现和保存 X 射线诱发的突变菌株,这类突变菌株由于不能完成特异的生化过程而被鉴别出来。

采用这种方法得到了 3 个突变菌株。其中一个突变菌株合成维生素 B_6 的能力已完全或大部分丧失了。第二个突变菌株不能合成维生素 B_1 分子噻唑部分。第三个突变菌株不能合成对氨基苯甲酸。因此,清楚地说明这些物质对粗糙链孢霉来说,都是必需的生长因子[①]。

把维生素 B_6 缺陷突变体(一个不能合成维生素 B_6 的突变体)培养在含有 B_6 的培养基中,它的生长是培养基中 B_6 含量的函数。本文还介绍了一个方法,可以用于测定菌丝体沿着加了一半洋菜培养基的水平管子向前扩展的线性生长情况。

显然,菌体能否合成维生素 B_6 这种生长必需因子的能力,只有一个基因之差。

参 考 文 献

[1] Troland, L. T., 1917 *Amer. Nat.*, **51** 321~350; Wright, S., 1927 *Genetics*, **12**, 530~569; and Haldane. J. B. S., 1937 In perspectives in Biochemistry, Cambridge Univ. press, 1~10.

[2] Onslow, Scott-Moncrieff, and others, 1940 See review by Lawrence, W. J. C., and Price, J. R., *Biol. Rev.*, **15**, 35~58.

[3] Winge, O., and Laustsen, O., Compt rend. Lab. Carlsberg, 1939 *Serie Physiol.*, **22**, 337~352.

[4] Goldschmidt, R., 1939 Physiological Genetics, McGraw-Hill, p. 1~375 and Beadle, G. W., and Tatum, E. L., *Amer. Nat.*, **75**, 107~116.

[5] Sturtevant, A. H., and Beadle, G. W., 1931 An Introduction to Genetics, Saunders, p. 1~391, and Beadle, G. W., and Tatum, E. L., loc. cit., footnote 4.

[6] Dodge, B. O., 1927 *Jour Agric. Res.*, **35**, 289~305; and Lindegren, C. C., 1932 *Bull. Torrey Bot. Club*, **59**, 85~102.

[7] Buler, E. T., Robbins, W. J., and Dodge, B. O., 1941 *Science*, **94**, 262~263.

---

① 这 3 种突变体中的每一种,都可以从正常菌株的提取物中得到它所需要的维生素,这个事实说明这 3 种维生素都是正常菌株生长所必需的。

对引起肺炎球菌类型转化的物质化学特性的研究[①]

从肺炎球菌Ⅲ型分离出来的脱氧核糖核酸引起的转化

奥斯瓦尔德·埃弗里(O. T. Avery)[②]　C. M. 麦克劳德(C. M. MacLeod)

M. 麦卡蒂(M. McCarty)

（美国　洛克菲勒医学研究所附属医院,1944 年）

　　生物学家很久以来就希望用化学方法,按照人们的需要,引起高等生物的特异性变化,并使这些变化能作为遗传性状连续传递下去。微生物中,细胞结构和功能上能够遗传的特异性变化,最明显的例子就是肺炎球菌类型的转化。上面这些变化都是用实验方法可以引起的,而且在限定的、适当控制的条件下能重复发生。转化现象首先是格里菲斯(Griffith)[1]提出的,他把从一种特异类型的肺炎球菌分离出来的无毒而且不能形成荚膜的(R)变种,成功地转化成为一个完全不同的、能很好形成荚膜的、强毒的(S)特异类型。肺炎球菌种间的转化现象是一个典型例子,它足以说明最初所采用的转化技术,而

---

　　①　王斌译自 O. T. Avery, C. M. MacLeod, M. McCarty. Studies on the chemical nature of the substance inducing transformation of pneumococcal types. **J. Exp. Med.** 1944,79(2):137-158.

　　②　奥斯瓦尔德·埃弗里(Oswald Theodore Avery, 1877—1955),美国内科医生,分子生物和免疫生物化学的先驱。在 1944 年他和 Colin MacLeod 及 Maclyn McCarty 共同发现并证明了 DNA 是遗传物质,是组成基因和染色体的物质。

且还可以用来说明转化现象所引起的巨大变化。

格里菲斯发现了用少量活的、从肺炎球菌Ⅱ型得到的 R 培养物和少量经热处理杀死的Ⅲ型（S）肺炎球菌一起，从皮下注射到小鼠中，常常引起感染，而且从感染的小鼠心脏血液中，经过纯培养得到了Ⅲ型肺炎球菌。R 型菌株是无毒的，它自己不能引起致死的菌血症；另外，热处理过的Ⅲ型细胞悬浮液中也不含活的细菌；这些事实令人信服地证明：在这种条件下生长的 R 型菌，重新获得了Ⅲ型肺炎球菌的荚膜结构和生物学特异性。

格里菲斯最初的发现，后来又被国外的 Neufeld 和 Levinthal[2]；Baurhenn[3]，以及我们实验室的 Dawson[4] 进一步证实了。此后，Dawson 和 Sia[5] 又成功地进行了离体转化，他们是把 R 细胞培养在含有抗 R 血清和热处理杀死了的、能形成荚膜的 S 细胞的液体培养基中完成这项转化的。他们指出：根据这个反应系统中所用的 S 细胞的类型特异性，在试管中和动物体内一样，也可以选择性地引起转化。后来，Alloway[6] 把 S 细胞经过 Berkefeld 滤器过滤，除去产生的各种成分和细胞碎片，得到一种无菌提取液，用它在体外也引起了特异性转化。据此他提出：溶有活性转化物质的粗提液在引起特异性转化上，和制备提取液所用的完整细胞是同等有效的。

在病毒中，还有与肺炎球菌类型转变相类似的另一个转化的例子。Berry 和 Dedrick[7] 成功地把兔纤维瘤病毒转变成了有侵染性的黏液瘤病毒。他们用活化的纤维瘤病毒与热处理失活的黏液瘤病毒悬浮液一起给兔子接种，使兔子产生感染了多发性黏液瘤的症状和病理损伤特征。此后，转化了的病毒再感染动物，所产生的感染和天然发生的多发性黏液瘤感染是一样的。Berry[8] 把经过洗涤的黏液瘤病毒加热杀死，用其上清液也成功地引起了同样的转化。就这些病毒的情况来说，所使用的方法与 Griffith 在肺炎球菌类型转化中所使用的方法是相类似的。以后的研究者进一步证实了这些结果[9]。

本文对肺炎球菌的类型转化现象进行了更详细的分析。最主要的目的是试图从细菌的粗提取液中分离出活性物质，并弄清其化学特性，或者至少要充分确定它属于哪一大类化学物质。从这个研究目的出发，我们选用了我们了解最多、可能也是最适于进行分析的一个典型转化系统作为工作模型，这个特殊系统就是从不形成荚膜的肺炎球菌Ⅱ型 R 变种到肺炎球菌Ⅲ型的转化。

实　验

肺炎球菌不同类型的离体转化实验，除了需要有效提取液外，还需要充分满足某些培养条件才能转化成功。转化不仅需要有最适于细菌生长的肉汤培养基，而且还必须补加血清或具有某些特殊性质的血浆液。后面还将进一步讲到，R 变种还必须处于一种能接受转化刺激的活化时期。为了方便起见，在转化实验中，这些因素统称为反应系统。对这个系统的每一个组分都必须弄清楚，实验才能获得一致的、可以重复的结果。这个系统的各种组分，按下列顺序逐一叙述：

1. 营养肉汤

把含 1%新蛋白胨、但不加葡萄糖的牛心肉浸汤，调 pH 到 7.6～7.8，用做基本培养基。各批肉汤在支持转化的特性上表现出明显的、预先没料到的差异。但发现,按 Mac-leod 和 Mirick[10] 在除去磺胺抑制物时所叙述的方法,把肉汤经过炭吸附,可以大大消除这些差异。以后,在制备效果恒定的、用于测定提取液转化活性的肉汤时,将这一步骤定为常规操作。

2. 血清或血浆液

在离体转化的第一次成功实验中,Dawson 和 Sia[5] 发现,在培养基中加入血清是非常重要的。实验中用了抗 R 肺炎球菌的兔血清,因为曾经发现,生长在含有抗 R 血清的培养基中的一种 R 型肺炎球菌被诱导回复成了其同源的 S 型。后来 Alloway[6] 发现,腹水液、胸液以及正常的猪血清都含有 R 抗体,因此在这个反应系统中都可以代替抗肺炎球菌的兔血清。某种形式的血清是很重要的,就我们所知,离体转化在没有血清或血浆液的条件下从未成功过。

在我们的研究中,几乎无例外地应用了人的胸膜液和腹水液。不同批号的血清,效果是不同的,观察到的这些差异与 R 抗体浓度无关,因为发现许多高效价的血清并不能促进转化。这些事实表明,并不是 R 抗体,而是另外一些因子起了作用。

发现各种动物的血清,不管它们的免疫性如何,都含有一种酶,这种酶能破坏有效提取液中的转化因素,它的性质及其作用的专一性底物将在本文后面提到。把血清在 $60\sim65\,℃$ 加热,这种酶就失活了。在能破坏这种酶的温度下,热处理过的血清在转化系统中常常表现出是有效的。进一步的分析还说明,能分解转化物质的酶已被失活、但还含有 R 抗体的一些血清仍不能促进转化。这一事实说明,血清中还有一种很重要的因子,这种因子的浓度随着不同的血清而有变化。目前对其特性尚不清楚。

目前,在挑选合适的血清或血浆液时,除了实际测定它们促进转化的能力外,没有其他可遵循的标准。幸好,所需要的特性在一个相当长的时间内是稳定的,而且不会受损害。发现把血清放在冰箱中保存几个月后再重新测定时,它促进转化的效果降低很少,或根本不降低。

对血清中的这些因素及其在转化系统中作用的了解,使我们更容易确定标准的培养条件,以获得一致的、可以重复的实验结果。

3. R 菌株(R36A)

研究中所用的不能形成荚膜的 R 菌株,是从肺炎球菌Ⅱ型的一种强毒 S 培养物分离得到的。肺炎球菌各种变种,不管是哪种类型,只要它们不形成荚膜,也就丢失了类型的特异性和感染动物的能力。据此进行鉴定,从而选出 R 菌株。这些变种之所以定名为 R 型,只是根据它们在人工培养基上形成的菌落表面是粗糙的;而能形成荚膜的 S 细胞的菌落表面是光滑、发亮的。

把肺炎球菌Ⅱ型的亲代 S 培养物,在含有抗肺炎球菌Ⅱ型兔血清的肉汤中连续培养 36 代,然后分离变异株,从而获得 R36A 这个菌株。菌株 R36A 已完全丧失了亲代 S 菌种的典型特性,成为一种无毒的、不能形成荚膜的 R 变种。由 S→R 的变化常常是可逆的,这说明 R 细胞退化得不是太远,通过在动物体内连续传代或在抗 R 血清中连续多次继代培养，常常可以使 R 型回复成原来的特异类型。因此，在这样的条件下，R 培养物必定回复成原来亲本能形成荚膜的那种特异类型[11]。但菌株 R36A 却已变成稳定的 R 型，从未自发回复成 SⅡ型。而且，试图在上述条件下引起它回复的想法，都未获得成功。

在同一种类型中，S⇌R 之间的相互转变，与通过 R 型从一种特异类型到另一种特异类型之间的转化，二者是完全不同的。类型间的转化现象从未发现自发产生，但用本文前面所概述的特殊技术进行实验，可以诱发产生。在这样的条件下，用来提取转化因素的 S 细胞的特异性类型，选择性地、专一地决定着一种化学上、免疫学上十分不同的荚膜多糖的酶促合成过程。

在我们的研究过程中，曾观察到 R36 的原种培养物在血液肉汤中通过连续传代，它自发分离，因而产生了许多其他的 R 变种，这些变种可以根据其菌落类型彼此区分开来。这一现象的重要性在于：从亲本 R 培养物中分离出来的 4 个不同的变种，只有一个（R36A）对于有效提取液的转化作用表现敏感，而其他的都无反应，完全没有转化活性。不同的 R 变种对同一种特异性刺激具有不同的反应，这一事实强调指出：转化实验中所用的 R 变种，必须经过仔细选择。菌株 R36A 对各种不同转化因素的反应已搞清楚了，根据它对各种转化因素的不同反应，可以把它转化成Ⅰ型、Ⅲ型、Ⅵ型或 XⅣ 型，以及它原来的类型（Ⅱ型），前面已提到，这是从未自发回复过的。

肺炎球菌细胞具有一种酶，它能破坏转化因素的活性，这一事实的重要性以后会明白，不过这里还要再提一下。的确，发现这种酶存在于许多不同菌株的自溶产物中，而且有很高的活性。Dawson 和 Sia[5]发现，采用少量幼龄而旺盛生长的 R 细胞进行接种，对完成在试管中的转化实验起到很重要的作用。细胞在自溶过程中释放出胞内酶的事实，至少可以部分地解释这一发现。当接种量过大时，转化不易成功，或得出的结果没有规律性，这可能是由于自溶细胞释放出的酶量足以破坏这个反应系统的转化因素。

为了得出一致而又能重复的结果，必须记住以下两点：① R 培养物能自发分离，并产生别的变种，这些变种已丧失了对转化刺激有反应的能力；② 肺炎球菌细胞含有一种胞内酶，当它释放出来时，就会破坏转化因素的活性。因而，挑选敏感的菌株和尽可能防止与自溶有关的破坏性变化都是很重要的。

4. 测定转化活性物质的方法

从肺炎球菌粗提取液中分离和纯化活性转化因素时，最好对各部分的转化活性有一个定量的测定方法。

所用的实验程序如下：用乙醇将待测活性材料灭菌，已知乙醇对转化活性无影响。把量好体积的提取液放在无菌的离心管中，加入 4～5 倍体积的无水乙醇，使其沉淀，把这种混合物在冰箱中静置 8 小时以上，能更有效地灭菌。把乙醇沉淀的物质离心，弃去上清液，把含有沉淀物的管子倒过来静置一会，除去乙醇。然后，把管口谨慎地经火焰灭菌，并用一个干的无菌棉塞堵住。把沉淀物重新溶于原体积的生理盐水中。活性物质用这种方法灭菌，效果稳定。采用这种方法不会使活性物质丢失，如果溶液经 Berkefeld 滤器过滤或在高温下加热灭菌，会引起待测活性物质的丢失。

在用炭吸附过的肉汤中，加入 10% 的无菌腹水液或胸膜液，这些体液都预先在 60℃

加热 30 分钟,以破坏能使转化因素失活的酶。把这种营养丰富的培养基在无菌条件下分装到 15×100 毫米的试管中,每管装 2.0 毫升。把灭过菌的提取液在 pH7.2～7.6(用 0.1 克当量① NaOH 调)的生理盐水中连续稀释,或者在 0.025 克分子②、pH7.4 的磷酸缓冲液中同样稀释,每一稀释度取样 0.2 毫升,加到装有血清培养基的试管中,每个稀释度至少 3 管或 4 管。然后,把 R36A 的 5～8 小时血液肉汤培养物进行稀释,取其 10^{-4} 稀释液在每管中加 0.05 毫升,在 37℃保温培养 18～24 小时。

在这种培养基中,血清的抗 R 特性引起 R 细胞在生长过程中发生凝集,而且凝集的细胞团离开上清液沉到管底。如果发生了转化,能形成荚膜的 S 细胞不受这些抗体的影响,在整个培养基中分散地生长。相反,在没有发生转化时,上清液仍然是清的,只有 R 型菌在底部生长。这种生长上的差异,使我们只要通过肉眼观察,就可以区分正负结果。按照常规,把所有培养物都涂布在血液琼脂平皿上,以便确证并进一步进行细菌学鉴定。由于本研究中所用的提取液是从肺炎球菌Ⅲ型分离得到的,因此,原来的 R 菌和转化了的 S 细胞菌落差异非常大,后者菌落大、闪光、呈黏液状,是典型的肺炎球菌Ⅲ型菌落。图 1 表示这两种菌落的形态差异。一种高度纯化制品的转化活性的典型数据列于表 4。

1   2

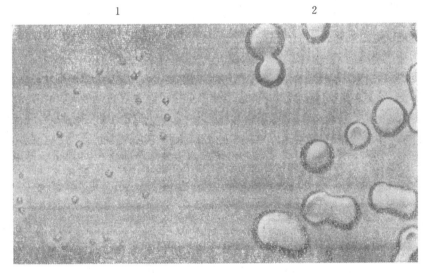

图 1 两种肺炎球菌的菌落

1. 从肺炎球菌Ⅱ型分离到的 R 变种(R36A)的菌落。在不含转化因素的血清肉汤中培养的菌涂布在血液琼脂平皿上。(放大 3.5 倍);

2. R36A 细胞在加入了肺炎球菌Ⅲ型转化因素的血清肉汤培养基中发生了转化之后,在血液琼脂平皿上形成的菌落。这种光滑、明亮、黏液状菌落是肺炎球菌Ⅲ型的典型特性,与图 1 所示亲代 R 菌株的小而粗糙的菌落是很容易区分的。(取自 Joseph B. Haulenbeek 拍摄的照片)

---

① 物质或元素的当量是一个比值。在生产或科研上,为了使用方便,用克为单位表示当量。NaOH＝23＋16＋1＝40 克,则它的克当量为 20。这里 0.1 克当量就是 2 克。

② 以克计的化合物或元素的重量,其量在数值上等于该化合物或元素的分子量。

制 备 方 法

1. 材料

本研究中从肺炎球菌Ⅲ型的一株实验室原种菌株（A66）提取活性转化因素。将菌在 50～75 升牛心肉浸汤中，于 37℃保温培养 16～18 小时。用一个蒸汽开动的、能够灭菌的 Sharples 离心机收集菌体。离心机装有浸在冰水中的冷凝管，因此培养液在流入机器之前已经充分冷却。这种程序可以抑制离心过程中的自溶作用。沉淀下来的细胞通过收集管取出，重新悬浮于大约 150 毫升冷的生理盐水中（0.85％NaCl），并仔细地把所有菌块都充分乳化。把盛有稠乳状的细胞悬液浸在水浴中，并将悬浮液的温度迅速升高到 65℃。边加热边搅动，在 65℃保温 30 分钟，把能破坏转化因素的胞内酶失活。

2. 热杀死的细胞提取液

用过的提取方法很多，这里只介绍最好的一种。把加热杀死的细胞用生理盐水洗涤 3 次，洗涤过程的主要作用是除去大量过剩的荚膜多糖及一些蛋白质、核糖核酸和体细胞的 C 多糖。对转化活性的定量测定表明，在洗涤过程中，转化活性物质丢失不超过 10％～15％，这与洗涤过程除去的非活性物质的量相比是很小的。

最末一次洗涤后，把细胞放在 150 毫升含有去氧胆酸钠（最终浓度为 0.5％）的生理盐水中进行提取，提取时，把混合物机械振荡 30～60 分钟，通过离心把细胞分离出来，提取过程重复 2～3 次。用这种方法制备的去氧胆酸钠提取液是清亮无色的。合并提取液，并加入 3～4 倍体积的无水乙醇使提取液沉淀。因为去氧胆酸钠溶解在乙醇中，留在上清液里，通过这一步骤就把它除去了。沉淀形成丝状物，浮在乙醇界面上，用一个刮勺就可以直接把它挑出来。把沉淀物上剩余的乙醇倒去，然后再重新溶解在大约 50 毫升生理盐水中。得到的溶液通常是黏滞的，呈乳白色，是不透明的。

3. 荚膜多糖的去除和脱蛋白的过程

按 Sevag 所叙述的氯仿法[12]将溶液脱蛋白，这一步骤要重复 2～3 次，直到溶液变清为止。经过这一预备处理，然后再用 3～4 倍体积的乙醇将材料重新沉淀。得到的沉淀物溶解于 150 毫升的生理盐水中，再加入 3～5 毫克能水解肺炎球菌Ⅲ型荚膜多糖的、纯的细菌酶制品[13]。将这种混合物在 37℃下保温，然后用肺炎球菌Ⅲ型的抗体溶液来进行血清学试验，从而测定出荚膜多糖的破坏情况。抗体溶液是按 Liu 和 Wu[14] 所介绍的方法，通过免疫沉淀物的解离制备出来的。采用抗体溶液的好处有以下两点：① 它不与提取液中的其他活性物质起反应。② 即使在 1∶6 000 000 的稀释液中，它也可以选择性地检查出荚膜多糖的存在。从丧失血清学活性的有关证据来看，酶解荚膜多糖通常在 4～6 小时完成。再用 3～4 倍体积的乙醇沉淀酶解物，得到的沉淀重新溶解于 50 毫升生理盐水中。氯仿法脱蛋白还用来除去加入的酶蛋白和残留的肺炎球菌蛋白。这一步骤要反复进行,直到在界面上不再出现蛋白质-氯仿凝胶薄膜为止。

4. 乙醇分离

材料经脱蛋白和酶解荚膜多糖之后,再按下述方法用乙醇反复分离。一边搅动溶液,一边逐滴加入乙醇,在加入的乙醇接近临界浓度时(0.8～1.0倍体积),活性物质就呈纤维状细丝分离出来,并缠绕在搅棒上,然后再把它们从搅棒上冲洗到50%的乙醇和生理盐水混合液中。虽然大部分活性物质通过乙醇分离,在临界浓度时析出来了,但也有相当数量仍然留在溶液中。进一步将乙醇浓度增加到3倍,剩余的活性物质就与非活性物质一同呈絮状沉淀物沉降下来,把这些絮状沉淀物收集到5～10毫升生理盐水中,再用0.8～1.0倍体积的乙醇分离一次,又可得到一些丝状的活性物质,把它与第一次得到的活性物质合在一起。乙醇分离要重复4～5次。用这种方法可以从75升培养物中得到丝状活性物质10～15毫克,而且大部分是从最初的粗提取液中得到的。

5. 温度的影响

除有特殊说明外,所有纯化步骤,常规操作都在室温下进行。但在理论上讲,制备生物活性物质在低温下进行更为有利。因此,有一批制品(制品44)的纯化工作是在低温下进行的。这种情况下,除了去氧胆酸钠提取和酶处理两步之外,其他所有步骤都是在保持0～4℃的房间中进行。在低温下制备的转化活性物质比在室温下同样制备的物质活性高得多。

用去氧胆酸钠提取加热杀死的细胞,如果在低温下进行,并不那么有效,而且得到的活性物质的量还要少些。对此现象曾有这样的解释:虽然就转化活性来说,最好是保持在低温下,但是高温使得活性转化因素的提取比较容易。

对提纯的转化物质的分析

1. 一般性质

含纯转化物质为0.5～1.0毫克/毫升的生理盐水溶液,在漫射光下是清亮无色的,但在强透射光下不是完全无色的,搅动时,发出丝绸般的光泽。这种浓度的溶液是高度黏稠的。

提纯的物质溶于生理盐水中,在2～4℃下保存,至少3个月内活力不降低。但如果溶于蒸馏水中,其活力迅速降低,在几天之内就完全没有活性了。如果将生理盐水溶液在CO_2冰箱(－70℃)中冰冻保存,几个月中可以完全保持其活力。同理,用乙醇从生理盐水溶液中沉淀出来的活性物质,贮存在这种上清液中,其活力可以保持相当长的时期。纯化不完全的活性物质可以经过冷冻干燥保存在低压冻干器中。同样的程序用于保存高度纯化的材料时,发现材料会发生变化,引起溶解度降低,活性丧失。粗提取液中,转化因素的活性可以抵抗在65℃加热30～60分钟。高度纯化的活性物质不那么稳定,在此温度下,活性有所降低。高温加热对于纯化物质影响的定量研究现在尚未完成。Alloway[6]用从肺炎球菌Ⅲ型细胞中提取出来的粗提取液进行实验,发现在90℃的水浴中加热10分钟后,偶尔还可以表现出活性。

因为氢离子浓度在酸性范围内引起转化物质活性逐步降低,因此,上述程序必须在中性溶液中进行,在pH5或更低时,失活迅速发生。

2. 定性的化学检验

浓缩液中的提纯物质,对缩二脲和米隆(Millon)检验都是负结果。用干物质直接进行这些检验也是负结果。对脱氧核糖核酸的Dische二苯胺反应是强的正结果。对核糖核酸的苔黑酚检验(Bial)是弱的正结果。还发现:用不同方法从动物制备的DNA纯制品,在相同浓度时产生相同强度的Bial反应。

纯化物质中是否存在类脂,虽未进行专门的检验,但发现粗提取液可以经乙醇和乙醚在−12℃反复提取而不丧失活性。此外,正如在制备程序中指出的,用乙醇反复沉淀,和用氯仿反复处理,不引起生物活性的降低。

3. 化学元素分析

分析了4种纯化制品的氮、磷、碳、氢的含量,结果列于表1。氮/磷比值在1.58~1.75,平均值为1.67,这个比值与根据DNA钠盐(四核苷酸)的理论结构推算出来的比值是一致的。单凭分析数字还不能确定分离出来的物质是纯的化合物。但是,根据氮/磷比值来看,似乎是蛋白质或其他含氮或磷的物质很少以杂质形式存在于这种制品中,否则这个比值会有较大的波动。

表1 转化物质纯化制品的化学元素分析

制品号	碳(%)	氢(%)	氮(%)	磷(%)	氮/磷比值
37	34.27	3.89	14.21	8.57	1.66
38B	—	—	15.93	9.09	1.75
42	35.50	3.76	15.36	9.04	1.69
44	—	—	13.40	8.45	1.58
DNA钠盐的理论值	34.20	3.21	15.32	9.05	1.69

4. 酶学分析

我们对各种粗酶和结晶酶破坏细菌提取液转化活性的能力进行了测定。在最适pH缓冲液中保存的提取液,加入结晶的胰蛋白酶、胰凝乳蛋白酶,或者两者都加入,经过这些酶处理后,活性不丧失。由于胃蛋白酶的作用需要在低pH下进行,但在低pH时提取液迅速失活,所以对胃蛋白酶没有测定。在最适条件下,用结晶核糖核酸酶长时间处理,并不引起转化活性明显降低。胰蛋白酶、胰凝乳蛋白酶及核糖核酸酶对转化因素没有影响,这些事实进一步证明这种物质不是RNA,也不是对胰蛋白酶类敏感的蛋白质。

除了各种结晶的酶之外,还测定了从各种动物组织得到的血清和酶类,以了解它们对转化活性的影响,发现有的能完全破坏转化因素的生物活性。测定过的各种酶制品,包括有用 Martland 和 Robison[15]的方法从兔子骨头,以及按 H. Albers 和 E. Albers[16]的方法从猪的肾脏中得到的高活性的磷酸酶。此外,还用了一种制品,这种制品是按 Levene 和 Dillon[17]的方法从狗的肠黏液中制备出来的,它含有胸腺核酸的一种多核苷酸酶。还测定了肺炎球菌的自溶物和商品的胰酶。这些制品的碱性磷酸酶活性是根据它们对 β-磷酸甘油和磷酸苯酯的作用测定出来的,酯酶活性是根据它们裂解甘油三丁酸酯的能力测定出来的。因为发现从肺炎球菌提取液中分离出来的高度纯化过的转化物质含有 DNA,因此也测定了这些酶对已知的一些 DNA 样品的解聚活性,这些 DNA 样品是 Mirsky 从鱼精子和哺乳动物组织中提取出来的。测定的结果列于表 2。在表 2 中,对这些粗酶的磷酸酶、酯酶以及核酸解聚酶活性与它们破坏转化因素的能力进行了比较,分析这些结果可以看出,不管磷酸酶或酯酶的存在与否,发现只有一类制品能使转化因素失活,这类制品都含有一种能解聚 DNA 的酶。

表 2　酶的粗制品对转化因素的失活作用

粗酶制品	酶活性			
	磷酸酶	甘油三丁酸酯酶	DNA 解聚酶	转化因素的失活
狗的肠黏液	+	+	+	+
兔子骨头磷酸酶	+	+	−	−
猪的肾脏磷酸酶	+	−	−	−
肺炎球菌自溶物	−	+	+	+
正常的狗和兔子血清	+	+	+	+

　　Greenstein 和 Genrette[18]曾经指出,组织提取液以及几种哺乳动物的奶和血清,含有一种能使 DNA 解聚的酶。后来 Greenstein 把这种酶叫做 DNA 解聚酶[19]。这些研究者们用降低 DNA 钠盐溶液黏度的方法测定了解聚酶的活性。把核酸盐与酶在黏度计中混合,在 30℃保温,在不同时间间隔测定黏度。本实验中,把这种方法用于测定多聚酶活性,只是保温改在 37℃下进行。除了用黏度降低法外,还根据核酸盐在酶解过程中酸沉淀能力逐步降低的特性,进一步测定了酶的作用。

　　新鲜的、正常的狗和兔子的血清对于转化物质活性的影响,是通过下面的实验说明的。

　　从正常的狗和正常的兔子得到的血清,用等体积的生理盐水稀释,把稀释过的血清分成相等的三部分:一部分在 65℃加热 30 分钟;另一部分在 60℃加热 30 分钟;第三部分不加热作为对照。一种提纯不完全的转化物质,预先在低压冻干器中经过干燥,然后在生理盐水中稀释,使浓度为 3.7 毫克/毫升。取这种溶液 1.0 毫升与加热过和没加热的各种血清混合,调混合物 pH 为 7.4,然后在 37℃保温 2 小时。血清和转化物质作用之后,把所有试管都在 65℃加热 30 分钟,终止酶反应。然后用生理盐水进行连续稀释,按照测定方法中所叙述的步骤,测定三部分的转化活性。表 3 给出的结果表示能使转化因素失活的狗血清和兔子血清中的各种酶的不同热失活情况。

　　从表 3 的资料可以看出,未经热处理的狗血清和兔血清都能完全破坏转化活性,狗血清在 60℃或 65℃,加热 30 分钟后,不能再使转化活性丧失。这样看来,在狗血清中,能破坏转化因素的酶在 60℃ 就完全失活了。而兔血清中能破坏转化因素的酶,则需要在 65℃,加热 30 分钟才能完全失活。

在上述实验中所用的狗血清和兔血清,我们还测了它们对于 Mirshy 从鱼的精子中分离出来的 DNA 钠盐制品的解聚酶活性。

将核酸钠盐的高黏性溶液在蒸馏水中调其浓度为 1 毫克/毫升备用。把热处理过的和未经热处理的血清,按前面所说的方法在生理盐水中稀释,然后取 1 毫升稀释好的血清溶液和 4 毫升核酸钠盐的水溶液在 Ostwald 黏度计中混合,并立即测定其黏度,然后在 37℃ 保温 24 小时,在这段时间的不同间隔,分别进行黏度测定。

表3　能使转化物质失活的狗血清和兔血清中的酶的不同热失活情况

材料	血清的热处理	稀释①	三个实验					
			1		2		3	
			扩散生长	菌落类型	扩散生长	菌落类型	扩散生长	菌落类型
狗血清	未加热	未稀释	—	只有 R 型	—	只有 R 型	—	只有 R 型
		1∶5	—	只有 R 型	—	只有 R 型	—	只有 R 型
		1∶25	—	只有 R 型	—	只有 R 型	—	只有 R 型
	60℃,30 分钟	未稀释	＋	SⅢ	＋	SⅢ	＋	SⅢ
		1∶5	＋	SⅢ	＋	SⅢ	＋	SⅢ
		1∶25	＋	SⅢ	＋	SⅢ	＋	SⅢ
	65℃,30 分钟	未稀释	＋	SⅢ	＋	SⅢ	＋	SⅢ
		1∶5	＋	SⅢ	＋	SⅢ	＋	SⅢ
		1∶25	＋	SⅢ	＋	SⅢ	＋	SⅢ
兔血清	未加热	未稀释	—	只有 R 型	—	只有 R 型	—	只有 R 型
		1∶5	—	只有 R 型	—	只有 R 型	—	只有 R 型
		1∶25	—	只有 R 型	—	只有 R 型	—	只有 R 型
	60℃,30 分钟	未稀释	—	只有 R 型	—	只有 R 型	—	只有 R 型
		1∶5	—	只有 R 型	—	只有 R 型	—	只有 R 型
		1∶25	—	只有 R 型	—	只有 R 型	—	只有 R 型
	65℃,30 分钟	未稀释	＋	SⅢ	＋	SⅢ	＋	SⅢ
		1∶5	＋	SⅢ	＋	SⅢ	＋	SⅢ
		1∶25	＋	SⅢ	＋	SⅢ	＋	SⅢ
对照（没有血清）	未处理	未稀释	＋	SⅢ	＋	SⅢ	＋	SⅢ
		1∶5	＋	SⅢ	＋	SⅢ	＋	SⅢ
		1∶25	＋	SⅢ	＋	SⅢ	＋	SⅢ

① 血清和转化物质的水解混合液的稀释度。

这个实验的结果在图 2 中表示出来。狗和兔子未经热处理的血清,在 5～7 小时,黏度都降低到和水的黏度一样。经 60℃、热处理 30 分钟的狗血清,在 22 小时后其黏度没有明显降低。相反,经 60℃ 热处理的兔血清只是降低了解聚酶的作用速率,24 小时后,其黏度和未加热的血清降到相同水平。65℃ 热处理,完全破坏了兔血清解聚酶。

从狗和兔子血清的情况来看,解聚酶和能破坏转化因素的酶,失活温度之间有着明显的平行关系。不同的酶失活的温度不同,这是血清中所有酶的普遍性质。用上述同种血清样品中的甘油三丁酸酯酶所做的热失活实验,进一步证实了这个事实。后面这个实

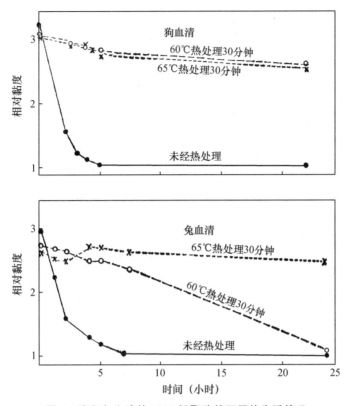

图 2　狗和兔血清的 DNA 解聚酶的不同热失活情况

验中的结果与用多聚酶所观察到的结果是相反的,兔血清的酯酶在 60℃几乎完全失活,而狗血清的酯酶在这个温度下受到的影响很小。

我们曾对很多物质抑制能够破坏转化因素的酶的能力进行了测定,其中只有氟化钠具有明显抑制效果。从肺炎球菌细胞、狗肠黏液、胰酶、或正常血清中得到的能破坏转化因素的酶,其活力都受到氟化物的抑制。与此相似,还发现相同浓度的氟化物也能抑制 DNA 的酶促解聚作用。

我们认为转化活性因素是脱氧核糖类型的核酸,证据是:① 只有含 DNA 解聚酶的那些制品才能破坏转化活性;② 在这两个例子中,与转化活性有关的酶[①]都是在相同的温度下被失活的,而且都受到氟化物的抑制。

5. 血清学分析

发现在转化活性物质的化学分离过程中,当粗提取液被提纯后,肺炎球菌Ⅲ型的血清学活性逐渐降低了,而相应的生物学活性并不丧失。用高效价的Ⅲ型抗肺炎球菌兔血清对高度纯化过的转化物质溶液进行沉淀检验时,它本身只产生微弱的痕迹量的反应。已知,肺炎球菌的蛋白质即使稀释到 1∶50000,也可以用血清学方法检查出来,荚膜和体细胞多糖即使稀释到 1∶5000000 以上,也可以用血清学方法检查出来。从这些事实看

---

① 即指 DNA 解聚酶和能破坏转化因素的酶。——译者注

来,血清学活性的丧失说明在最后的制品中,已把上述的各种细胞组分①完全除去了。纯化状态的转化物质,血清学活性极少,或根本没有血清学活性,但它诱发肺炎球菌转化的生物学特异性与此是完全相反的。

6. 物理化学研究

我们用分析超速离心机测定了一种纯化的、有活性的转化物质(制品 44)。这种物质只产生一条单一的、清楚的带,这说明它是均一的、分子大小一致、并且非常不对称。发现生物学活性和光学上观察到的带以相同的速率下降,这个事实说明转化物质的生物学活性与其大小有关。只有测定出了扩散常数和某些特殊的体积,才能准确地测定出其分子量。Tennent 和 Vilbrandt[20]已经测定了胸腺核酸的几种制品的扩散常数,其沉降速率与本研究中所观察到的数值一致。假定在这两种情况下分子的不对称性相同,那么可以估计出肺炎球菌转化物质的分子量在 500 000 数量级。

制品 44 在 Tiselius 电泳仪上电泳,只出现一种电泳成分,其泳动力很高,与核酸的泳动力一致。转化活性与泳动快、而且形成清晰带的那种组分有关。这样看来,在电泳和离心两个方面,这种纯化物质的行为都与下述概念一致,即这种生物学活性是高度聚合的核酸的一种特性。

这种物质的紫外吸收曲线,最大值在 2 600 埃(1 埃＝0.1 纳米),最小值在 2 350 埃,这正是核酸的典型特性。

7. 生物学活性的定量测定

发现分离出来的这种物质,在其高度纯化状态时,能引起转化的数量范围是 0.02 到 0.003 微克。制品 44 是在低温下提纯的,其氮磷比值为 1.58,它有很高的转化活性。这种制品的活性滴度在表 4 中给出。

表 4　制品 44 的转化活性

转化因素 制品 44①		4 个实验							
		1		2		3		4	
稀释度	加量 (微克)	扩散生长	菌落类型	扩散生长	菌落类型	扩散生长	菌落类型	扩散生长	菌落类型
10^{-2}	1.0	＋	SⅢ	＋	SⅢ	＋	SⅢ	＋	SⅢ
$10^{-2.5}$	0.3	＋	SⅢ	＋	SⅢ	＋	SⅢ	＋	SⅢ
10^{-3}	0.1	＋	SⅢ	＋	SⅢ	＋	SⅢ	＋	SⅢ
$10^{-3.5}$	0.03	＋	SⅢ	＋	SⅢ	＋	SⅢ	＋	SⅢ
10^{-4}	0.01	＋	SⅢ	＋	SⅢ	＋	SⅢ	＋	SⅢ
$10^{-4.5}$	0.003	－	只有 R 型	＋	SⅢ	－	只有 R 型	＋	SⅢ
10^{-5}	0.001	－	只有 R 型	－	只有 R 型	－	只有 R 型	－	只有 R 型
对照	不加	－	只有 R 型	－	只有 R 型	－	只有 R 型	－	只有 R 型

① 稀释前,原液每毫升中含有纯化物质 0.5 毫克,每个稀释度取 0.2 毫升溶液加到含有 2 毫升标准血清肉汤的试管中,共 4 个试管。取 R36A 血液肉汤培养物的 10^{-4} 稀释液 0.05 毫升加到各试管中。

---

① 指蛋白质、荚膜多糖和体细胞多糖。——译者注

把每毫升含纯化物质 0.5 毫克的溶液按规定作一系列的稀释。每种稀释液取 0.2 毫升加到 4 个试管中，每个试管中都含有 2 毫升标准血清肉汤。然后将 R36A 的 5～8 小时血液肉汤培养物稀释到 10^{-4}，再取 0.05 毫升接种到各试管中。按照滴度测定方法中所叙述过的程序测定转化活性。

表 4 给出的资料说明，活性物质引起转化的最低干重为 0.003 微克。由于在这个反应系统中，是在 2.25 毫升中含 0.003 微克，这表明纯化物质的最终浓度是 $1/6 \times 10^8$。

讨　　论

本文对引起肺炎球菌特异性转化的物质之化学特性进行了讨论。从肺炎球菌Ⅲ型中分离出来的 DNA，能够把从肺炎球菌Ⅱ型分离出来的不形成荚膜的 R 变种，转化成为完全形成荚膜的肺炎球菌Ⅲ型细胞。Thompson 和 Dubos[21] 已从肺炎球菌中分离出了一种核糖类型的核酸。就作者所知，在这以前从肺炎球菌中没有发现脱氧核糖类型的核酸。用一种已知的化学物质在离体实验中诱导成功特异性转化，以前也没有见到过。

虽然这些发现只局限在一个样品中，但前人的工作已经阐明了各种肺炎球菌类型的相互变化，并指出，每种情况下，引起变化的特异性是由引起这种变化并能形成荚膜的细胞的特殊类型决定的。从普遍现象的观点来看，所研究过的高度纯化、不含蛋白质而含有大量 DNA 的这种样品，它能促使肺炎球菌Ⅱ型不形成荚膜的变种产生荚膜多糖，所产生的荚膜多糖与分离这种诱导物质的细胞的荚膜多糖在类型特异性上是一致的，这一点具有重要的意义。另外，很明显引起这个反应的物质与随之而产生的荚膜物质在化学上是不同的，分别属于完全不同的两类化合物。

这种诱导物质，根据其化学和物理特性来看，可能是一种高度聚合、而且很黏滞的 DNA 钠盐。由它引起合成的Ⅲ型荚膜物质，主要是由不含氮的多糖组成的，这种多糖是由葡萄糖和葡萄糖醛酸通过配糖键连接而成的[22]。新形成的这种荚膜所含的多糖具有类型特异性，因此使转化了的细胞具有肺炎球菌Ⅲ型的所有典型特性。由此看来，这种诱导物质和由它产生的物质在化学上虽然是不同的，它们的作用各有其生物学特异性，但对于决定所形成的细胞的特异性类型都是必需的，它们都是这种新形成的细胞的一部分。

本文所列举的实验资料有力地说明，转化因素的选择性作用，证实了核酸（至少是脱氧核糖类型的核酸）携带着不同的特异性。以前曾有人提出过[23,24]核酸的生物学行为可能存在着特异性差别，但一直没有被实验证实，至少其中一部分原因是由于缺少合适的生物学方法。转化研究中所用的这种技术，可能为检验这种假说的确实性提供一种敏感的方法，而且到现在为止，所得到的结果都支持这种观点。

前面所说的这种物质的转化活性，实际上是核酸的一种遗传特性，这已经完全被证实了，但人们还必须进一步阐明其作用具有生物学特异性的化学基础。乍一看，免疫学方法可能为测定这类生物学上有重要意义的物质不同特异性，提供理想的方法。虽然核酸分子的组成单位和一般构型已经明确，但分子构型的细微差别对这些物质的生物学特异性会起到什么影响,至今所知甚少。由于纯的核酸以及与组蛋白或精蛋白结合在一起的核酸,都没有抗原性功能,因此我们预料用免疫学技术不能揭示出核酸分子构型的这些细微差别。不含蛋白质的高度纯化 DNA,虽然诱导转化很有效,但用抗肺炎球菌Ⅲ型的兔血清进行沉淀素检验时,仅有微弱的、痕迹量反应,这是不足为奇的。

根据这些有限的观察,就对核酸的免疫学重要性作出任何结论都是不明智的,除非将来对这个问题有了进一步了解。Lackman 及其同事[25]的发现说明,从溶血链球菌和动物、植物中得到的酵母型和胸腺型的核酸,都能与某些抗肺炎球菌的血清产生沉淀。反应随不同批号的免疫血清而有所变化,用抗肺炎球菌的马血清比用相应的免疫兔血清出现的变化更多。遇到的这些不规律性和广泛的交叉反应使研究者们对于这些结果的免疫学意义产生了怀疑。目前,转化技术是测定核酸生物学行为差异的唯一有效方法(除非将来设计出更特异的免疫学方法来,能像证明简单的非抗原物质的血清学特异性所用的方法那样有效)。

应该承认,转化问题还有许多方面需要进一步研究,还有许多问题仍然不清楚,这主要是因为技术上的困难造成的,例如,弄清转化物质的浓度和反应速率的相关性是很有意义的。反应系统中,转化了的细胞与未转化细胞的相对比例,从细菌学观点来看,根据菌落进行计数比用光电比色计数更不准确。因为 R 细胞能被培养基中的抗血清凝聚产生集结和沉淀。把细菌放在不能生长和繁殖的条件下保存一段时间,然后用这种静止的细胞悬液进行转化,都未获得成功。由此看来,很可能只有当细胞处在旺盛繁殖时期才能发生转化。这方面有一个重要的事实是肺炎球菌的 R 细胞、转化了的细胞、可能还有所有其他变种及各种类型的肺炎球菌都含有一种胞内酶,它在细胞自溶过程中释放出来,处于游离状态,它能迅速而完全地破坏转化因素的活性。因此,很可能在细胞处于分裂最活跃、自溶最小的对数生长期时,培养条件对于维持 R 细胞的最大反应能力和因自溶酶释放而引起转化因素的最小失活之间的平衡关系是最合适的。

就目前的知识水平来说,对转化机制的任何一种解释都只能是纯理论的。在转化过程中发生的生化事件说明,转化因素与 R 细胞相互作用,产生一系列的酶反应,这些反应的结果合成了Ⅲ型荚膜抗原。这些实验的结果清楚地说明,引起的变化不是随机的,而是可以预料的,总是与提取转化因素的那些能形成荚膜的细胞的类型特异性一致。一旦发生了转化,以后在人工培养基上不需要再加转化因素,新获得的性状就可以无数代的传下去。在转化了的细胞中,发现一种物质与转化因素具有相同的活性,但数量比原来为引起这种变化所加入的量大得多。因此,很明显,转化了的细胞在连续的繁殖过程中,不仅产生了荚膜物质,而且控制着荚膜形成和荚膜特殊性的基本因素也在子代细胞中复制了。产生的这些变化不是暂时的,而是永久性的,倘若培养条件有利于保持荚膜形成能力,那么这些变化便能一直持续下去。转化了的细胞,不仅可以通过血清学反应,还可以根据它具有明显的新形成的荚膜,从而很容易地与亲代 R 型细胞区分开来。荚膜是肺炎球菌类型特异性的免疫学单位,也是决定这种细菌能够感染动物所必需的附属结构。

实验诱发的变化与形成一种新的形态结构以及随后获得新的抗原和侵染特性是密切相关的,就肺炎球菌的情况来说,这是非常重要的。这些变化是可以预料到的、具有类型特异性、又是可以遗传的,这些事实也是比较重要的。

已经提出了几种假说来解释引起的这些变化的性质。格里菲斯[1]在对这种现象的最初叙述中提到,接种物中的死细菌可能提供了某些特异性蛋白质作为食料,使 R 型细胞能制造荚膜碳水化合物。

最近从遗传学的观点对这种现象进行了解释[26,27],这种诱导物质被比喻为一个基因,随着它而产生的这种荚膜抗原被认为是一种基因产物。在讨论转化现象时,Dobzhansky[27]曾说:"如果把这种转化现象说成是一种遗传突变——回避这种说法也很困难——我们现在所讨论的正是通过特殊处理引起特殊突变的真实事例……。"

Stanley 对这种现象提出了另一种解释[28],他曾经详述过转化因素的活性和病毒的活性之间的相似性。另一方面,Murphy[29]曾对引起鸡肿瘤的因素和肺炎球菌的转化因素进行过比较,他建议称这两类因素为感染性诱变因素,以区别于病毒。不管你怎样证明解释的正确性,但观点上的这些不同足以说明了相对于遗传学、病毒学和癌的研究领域中同类问题来讲,对转化现象的了解还是不清楚的。

当然也有可能,前面谈到的这种物质的生物学活性并不是核酸的一种遗传特性,而是由于某些微量的其他物质所造成的,这些微量物质或者是吸附在它上面,或者与它密切结合在一起,因此检查不出来。但是分离出来的这种生物学活性物质,经过高度纯化就以 DNA 钠盐形式存在,有可靠的证据充分说明它实际上就是转化因素。因此,这种类型的核酸,不仅在结构上非常重要,而在决定肺炎球菌细胞的特异性和生化活性上也是很重要的。如果 DNA 钠盐和活性转化因素的确是同种物质,那么我们可以说,转化现象是通过一种已知的化合物直接地、专一性地诱发出来的变化。如果本文有关转化因素化学性质的研究结果被进一步证实,那么核酸必定还具有化学基础上目前尚不清楚的生物学特异性。

摘　　要

(1)从肺炎球菌Ⅲ型分离出一种具有生物学活性的成分,这种成分在其高度纯化形式时,只要极少数量,在适宜培养条件下,就可以引起肺炎球菌Ⅱ类不形成荚膜的 R 变种,转化成能形成荚膜的细胞,这些能形成荚膜的细胞与发现这种转化物质的、经热处理杀死的细菌具有相同的类型特异性。

(2)叙述了分离和提纯活性转化物质的方法。

(3)从化学、酶学和血清学分析得出的结果,及以前电泳、超离心、紫外线光谱学研究结果可以说明,在现有测定方法范围内,活性物质不含蛋白质、不含类脂、也不含具有血清学反应的多糖,而主要是(即便不是唯一的)由高度聚合的、黏滞的 DNA 组成的。

(4)列举了一些证据,说明化学诱发的细胞结构和功能上的变化是可以预料的,是具有类型特异性的,而且是可以遗传的。评论了这些变化的性质的各种假说。

结　　论

提出的证据支持了认为脱氧核糖类型的核酸是肺炎球菌Ⅲ型转化因素的基本单位这种看法。

参 考 文 献

[1] Griffith，F.，1928. *J. Hyg.*，*Cambridge，Eng.*，**27**，113.

[2] Neufeld，F.，and Levinthal. W.，1928. *Z. Immunitätsforsch.*，**55**，324.

[3] Baurhenn，W.，1932. *Centr. Bakt.*，1. *Abl.*，*Orig.*，**126**，68.

[4] Dawson，M. H.，1930. *J. Exp. Med.*，**51**，123.

[5] Dawson，M. H.，and Sia，1931. R. H. P.，*J. Exp. Med.*，**54**，681.

[6] Alloway，J. L.，1932. *J. Exp. Med.*，**55**，91；1933 **57**，265.

[7] Berry，G. P.，and Dedrick，H. M.，1936. *J. Bact.*，**31**，50.

[8] Berry，G. P.，1937. *Arch. Path.*，**24**，533.

[9] Hurst. E. W.，1937. *Brit. J. Exp. Path.*，**18**，23；Hoffstadt，R. E.，and Pilcher. K. S.，1941 *J. Infect. Dis.*，**68**，67；Gardner，R. E.，and Hyde，R. R.，1942. *J. Infect. Dis.*，**71**，47；Houlihan，R. B.，1942. *Proc. Soc. Exp. Biol. and Med.*，**51**. 259.

[10] MacLeod，C. M.，and Mirick，G. S.，1942. *J. Bact.*，**44**，277.

[11] Dawson. M. H.，1928. *J. Exp. Med.*，**47**，577；1930. **51**，99.

[12] Sevag，M. G.，1934. *Biochem. Z.* **273**，419；Sevag，M. G.，Lackman，D. B.，and Smolens，J.，1938. *J. Biol. Chem.*，**124**，425.

[13] Dubos. R. J.，and Avery，O. T.，1931. *J. Exp. Med.*，**54**，51；Dubos. R. J. and Bauer，J. H.，1935. *J. Exp. Med.*，**62**，271.

[14] Liu. S.，and Wu，H.，1938. *Chinese J. Physiol.*，**13**. 449.

[15] Martland，M.，and Robison，R.，1929. *Biochem. J.*，**23**，237.

[16] Albers，H.，and Albers，E.，Z. 1935. physiol. *Chem.*，**232**，189.

[17] Levene，P. A.，and Dillon，R. T.，1937. *J. Biol. Chem.*，**96**，461.

[18] Greenstein，J. P.，and Jenrette，W. Y.，1940. *J. Nat. Cancer Inst.*，**1**，845.

[19] Greenstein，J. P.，1943. *J. Nat. Cancer Inst.*，**4**，55.

[20] Tennent，H. G.，and Vilbrandt，C. F.，1943. *J. Am. Chem. Soc.*，**65**，424.

[21] Thompson，R. H. S.，and Dubos，R. J.，1938. *J. Biol. Chem*，**125**，65.

[22] Reeves，R. E. and Goebel，W. F.，1941. *J. Biol. Chem.*，**139**，511.

[23] Schultz，J.，1941. In Genes and chromosomes. Structure and organization，*Cold Spring Harbor symp. on quant. biol.* Cold Spring Harbor，Long Island Biological Association，**9**，55.

[24] Mirsky，A. E.，1943. In Advances in enzymology and related subjects of biochemistry，(F. F. Nord，and C. H. Werkman，editors)，New York，Interscience publishers，Inc.，**3**，1.

[25] Lackman，D.，Mudd，S.，Sevag，M. G.，Smolens，J.，and Wiener，M.，1941. *J. Immunol.*，**40**. 1.

[26] Gortner，R. A.，1938. Outlines of biochemistry，New York，Wiley，2nd edition，547.

[27] Dobzhansky，T.，1941. Genetics and the origin of the species，New York Columbia University Press，47.

[28] Stanley，W. M.，1938. in Doerr，R.，and Hallauer，C.，Handbuch der Virusforschung，Vienna，Julius Springer，**1**，491.

[29] Murphy，J. B.，1931. *Tr. Assn. Am. Physn.*，**46**，182；1935. *Bull. Johns Hopkins Hosp.*，**56**，1.

在细菌生物化学突变型混合培养物中出现的新基因型[①②]

乔舒亚·莱德伯格(J. Lederberg)[③]　　E. L. 塔图姆(E. L. Tatum)

(美国　冷泉港实验室,1946 年)

    Hershey 曾报道过[1],在一种细菌病毒中出现了遗传性状的新组合。从一些简单的实验叙述中可以看出,在大肠杆菌中有一种情况与上述报道在某些方面是相似的。

    Tatum[6]在评述大肠杆菌生化突变时,曾谈到过这些生化突变特性为遗传分析提供的方便。尤其是人们通过把冲洗过的细胞浓悬液涂布在只有原养型才能形成肉眼可见菌落的基本琼脂培养基上,很容易把这些特性检查出来,从而认识到了这种方法的简便和确切性。有一种假说认为,原养型是由于两个或多个座位(locus)的回复突变巧合地出现在同一个细胞之中所产生的结果。但是在生化突变型混合培养物中原养型出现的频率,事实上比根据这种假说预计的频率要大得多。而且在相同条件下培养和鉴定出来的相同的多重突变型,发现它们的培养物彼此是相同的,没有相对独立的特性。由于大肠

---

    ①　王斌译自 J. Lederberg, E. L. Tatum. Novel genotypes in nixed cultures of biochemical mutants of bacteria. **Cold Spring Harbor Symp. Quant. Biol.** 1946, 11: 113-114.

    ②　对这些实验资料的解释以及另外的一些实验,发表在 Gene recombination in *Escherichia coli*, *Nature* **153**, 558,1946.

    ③　乔舒亚·莱德伯格(Joshua Lederberg, 1925—2008),美国分子生物学家。因发现细菌的遗传重组,在他 33 岁时,与 E. L. 塔图姆、乔治·比德尔共同获得 1958 年诺贝尔生理学或医学奖。

杆菌许多生化突变型以大约 10^{-7} 数量级的频率产生回复突变[3,5]。因此,我们采用了多重突变型,这些多重突变型是参照以前的介绍用多次突变的方法获得的[6]。

把几种多重突变型的混合培养物在完全培养基(酵母膏-蛋白胨-葡萄糖)中进行培养,曾多次发现有相当数量的原养型[4](或者叫营养野生型)细胞出现。但到现在为止,发现原养型出现的频率都低于 10^{-7},当然也发现了少数细胞在单一座位上发生了回复突变。

本实验室已经证实,不同的生化突变型,通过在培养基中的交换作用,可以彼此提供生长所需因素。由此看来,这些原养型很可能是不同突变型的异源集合体。我们试图通过生物学和物理学方法来检查或诱导这种想象集合体组分的解离,但正如下面指出的那样,都未获得成功。因此,很可能这些原养型在基因型上是一致的。

通过单菌落分离可以看出,这些原养型都是十分稳定的,从在完全培养基上长成的培养物中分离出来的几百个菌落,经证明都是原养型的。

用适当剂量的紫外线照射生长在完全培养基中的原养型培养物,使之涂布在完全琼脂培养基上后,出现的菌落数降低到 $1:10^5$。很显然,在这样的致死率下,所假定的那种集合体大多数都不能存活。未杀死的细菌中,在大多数情况下,只有单细胞存活者才有可能存活下来形成菌落。检查过的几百个菌落也都是原养型的。

幸好,用来进行这些实验的菌株(K-12)对于细菌病毒 T1[2] 是敏感的。在下面的实验中,所用的多重突变型分别需要生物素和蛋氨酸($B^- M^- P^+ T^+$)、苏氨酸和脯氨酸($B^+ M^+ P^- T^-$)。此外,以低频率发生的抗(R)T1 的自发突变是按 Luria 和 Delbrück[2] 叙述的程序挑选出来的。

把混合培养物按前面谈到的方法涂布在培养基上,分离出原养型来,并测定它对病毒的抗性。研究了各敏感菌株的混合物,发现都是敏感的原养型。同样,检验各抗性菌株混合物时,得到的原养型全是抗性的。但当用($B^- M^- P^+ T^+ R$)和($B^+ M^+ P^- T^-$)的混合培养物时,分离出来的 10 株原养型中,有 8 株是抗性的、有 2 株是敏感的。当用($B^- M^- P^+ T^+$)和($B^+ M^+ P^- T^- R$)的混合物时,分离出来的 10 株原养型中有 3 株是抗性的、有 7 株是敏感的。如果这些原养型是由原来各突变型的集合体组成的,那么,在这些情况中,每种原养型都应该有大部分细胞是抗病毒的。我们以前曾提到过发现 9 种原养型培养物都能被 T1 完全溶菌。正如人们预料的那样,显性性状可以是抗性,但也可以是敏感性;所以,抗性原养型和敏感原养型都能出现,这也证明了原养型内部的同质性(见表1)。

表 1　从单一培养物和混合培养物中分离出来的各种基因型

(在虚线上的字母表示实验中所用的突变型。)

从单一和混合培养物中得到的	只从混合培养物中得到的	从单一和混合培养物中得到的
A·········· $B^- M^- P^+ T^+$ ··········和·········· $B^+ M^+ P^- T^-$		
$B^+ M^- P^+ T^+$	$B^+ M^+ P^+ T^+$①	$B^+ M^+ P^+ T^-$
$B^- M^+ P^+ T^+$		$B^+ M^+ P^- T^+$
B·········· $B^- M^- P^+ T^+ R$ ··········和·········· $B^+ M^+ P^- T^-$		
②	$B^+ M^+ P^+ T^+ R$①	②
	$B^+ M^+ P^+ T^+$①	

（续表）

从单一和混合 培养物中得到的	只从混合培养 物中得到的	从单一和混合培 养物中得到的
C·················B⁻M⁻P⁺T⁺ ②	·········和········· B⁺M⁺P⁺T⁺R① B⁺M⁺P⁺T⁺①	B⁺M⁺P⁻T⁻R ②
D·················B⁻M⁻P⁺T⁺R ②	·········和········· B⁺M⁺P⁺T⁺R①	B⁺M⁺P⁻T⁻R ②
E·················B⁻φ⁻C⁻P⁺T⁺ B⁻φ⁻C⁺P⁺T⁺ B⁻φ⁺C⁺P⁺T⁺ B⁺φ⁻C⁻P⁺T⁺	·········和········· B⁺φ⁺C⁺P⁺T⁺① B⁻φ⁺C⁺P⁺T⁺ B⁻φ⁺C⁺P⁻T⁺	B⁺φ⁺C⁺P⁻T⁻ B⁺φ⁺C⁺P⁻T⁺ B⁺φ⁺C⁺P⁺T⁻ B⁻φ⁺C⁺P⁻T⁺

① 原养型。② 生化变异见 A。

R 抗病毒 T1。

下面各字母分别表示各种必需代谢物：

B 生物素；M 蛋氨酸；φ 苯丙氨酸；P 脯氨酸；C 胱氨酸；T 苏氨酸。

其他突变型的组合也形成了原养型。尤其是把脯氨酸-苏氨酸缺陷型（B⁺φ⁺C⁺P⁻T⁻）和生物素-苯丙氨酸-胱氨酸缺陷型（B⁻φ⁻C⁻P⁺T⁺）的混合物，涂布到含有生物素、苯丙氨酸和脯氨酸的琼脂平皿上，除了分离出了原养型外，还分离到了一些单一回复突变型，例如，生物素缺陷型（B⁻φ⁺C⁺P⁺T⁺）和生物素-脯氨酸缺陷型（B⁻φ⁺C⁺P⁻T⁺）。

参 考 文 献

[1] Hershey. A. D., 1946. Spontaneous mutations in bacterial viruses. *Cold Spring Harbor Symp*. *Quant*. *Biol*. **11**：67～77.

[2] Luria，S. E. and Delbrück，M.，1943. Mutations of bacteria from virus sensitivity to virus resistance. *Genetics* **28**：491～511.

[3] Ryan，F. J. 1946. Back-mutation and adaptation of nutritional mutants. *Cold Spring Harbor Symp*. *Quant*. *Biol*. **11**：215～227.

[4] Ryan，F. J. and Lederberg，J. 1946. Reverse-mutation and adaptation in leucineless *Neurospora*. *proc*. *nat*. *Acad*. *Scl*. **32**：163～173.

[5] Ryan，F. J. and Lederberg，J. Unpublished experiments.

[6] Tatum，E. L. 1946. Induced biochemical mutations in bacteria. *Cold Spring Harbor Symp*. *Quant*. *Biol*. **11**：278～284.

沙门氏菌的遗传交换[①]

诺顿·津德尔(N. D. Zinder)[②]　　乔舒亚·莱德伯格(J. Lederberg)

（1952 年）

许多不同细菌的遗传学研究揭示出它同更高级的生物有共同之处，也有不同之处。把选择性富集培养技术成功地应用于大肠杆菌基因重组的研究（Tatum 和 Lederberg，1947；Lederberg 等，1951），使人设想到应当对别的细菌使用一种相似的手段。本文介绍在鼠伤寒沙门氏菌和其他沙门氏菌血清型方面所进行的这类实验的结果。这些实验中发现的遗传交换机理在许多方面同大肠杆菌的有性重组是不同的，从而有理由提出一个新的说明名词，即转导。

材料和方法

Lilleengen(1948)提供了鼠伤寒沙门氏菌的大多数菌株，这些菌株代表了他的 21 个噬菌体类型，从 LT-1 到 LT-22 鼠伤寒沙门氏菌的大多数菌株（即使不是全体）是溶源的（Boyd，1950），它们有 12 个细菌噬菌体品系。从 F. Kauffmann、E. K. Borman 和 P. R.

---

①　梁宏译自 N. D. Zinder，J. Lederberg. Genetic exchange in salmonella. **Journal of Bacteriology.** 1952，64：679-699.

②　诺顿·津德尔(Norton David Zinder，1928—　　)，美国分子遗传学家。他发现了噬菌体可以携带一个基因从一个细菌到另一个细菌，并把这种交换过程命名为"转导"。后来他又发现了 RNA 噬菌体及其介导的转导现象。

Edwards 得到其他培养物。全部培养物都保存在斜面肉汤琼脂上。

把紫外线照射过的细胞悬浮液,用青霉素法处理作选择性分离,得到了对特异生长因子依赖的突变体(营养缺陷型)(Davis,1950a;Lederberg 和 Zinder,1948)。Plough 等(1951)和 Bacon 等(1951)在沙门氏菌得到了相似的突变体。对营养缺陷和发酵突变体的分离和说明其特性的其他方法,在别的文章中已有介绍(Lederberg,1950;Lederberg 和 Lederberg,1952)。通过把稠密的未照射的细胞悬浮液接种于每升含 500 毫克双羟链霉素的琼脂平皿上选出抗链霉素的突变体。

用与大肠杆菌相同的公式(Lederberg,1950),制成完全的指示培养基(EMB)。规定的伊红美蓝培养基(EML 琼脂)在每升中含有:乳酸钠 2.5 克、$(NH_4)_2SO_4$ 5 克、NaCl 1 克、$MgSO_4$ 1 克、K_2HPO_4 2 克、美蓝盐酸 0.05 克、Y 伊红 0.3 克和琼脂 15 克。采用 Difco 产物,Penassay 肉汤和肉汤琼脂为完全培养基。

除另有说明外,全部培养物都在 37℃ 下培养,经 24 和 48 小时后记载平皿培养情况。

试 验 结 果

直接杂交:混合培养物的平皿培养

在大肠杆菌中,把各营养缺陷型一起涂布在最低琼脂培养基上,有选择性地检出其重组体。两亲本在这个培养基上都受到抑制,并除去各种实验误差外,只有原养型重组体细胞形成菌落。用适宜的对照能查出这类误差,但使用双营养突变体(二营养缺陷型)可使这类误差大大减少。这些双营养突变体是在过去确立的营养缺陷型系中再分离突变体得到的。

我们的突变体分离的技术对 Lilleengen 菌株中有一个菌株不适用。剩下的 20 种菌株,每一个都准备了营养要求上彼此互补的两步突变体。在包括自身杂交在内的 200 个可能配对的组合中,测验了 100 个组合。通过混合并在一最低琼脂平皿培养基上涂布两个亲本 10^9 洗涤过的细胞,对每一个组合进行了研究。每次试验每个亲本接种 15 个混合平皿培养和 5 个对照平皿培养。同对照相反,15 个组合产生原养型。特别与 LA-2 相比较,LA-22 菌株是最为多产的(见表 1)。这个杂交每接种 10 万个细胞产生的一个原养型细胞。LA-22 以外的杂交产生原养型少得可怜,从而使它显得毫无意义。以后弄清楚,LA-22 虽然来自两步突变并具有复杂的营养,但它在遗传上是一个单独的稳定突变体。

LT-22 对一个作用于 LT-2 的病毒(以后称之为 PLT-22)来说,是溶源性的。这个病毒能诱导 LT-2 的溶源性。在 LA-2 的溶源衍生物中,发现有 3 组相互作用各不相同:大多数不再同 LA-22 相互作用产生原养型;少数以不配对的效应起相互作用;更少数在这方面毫无影响。这些试验表明,的确发生着遗传交换,而潜在的细菌噬菌体在这个相互作用中起到了一定的作用。

表 1 突变体菌株及所用符号

编号	突变	确切的符号
LT-2	第二种类型,原养型	Prot
SW-272	蛋氨酸缺陷	Aux
SW-414(LA-2)	SW-22,组氨酸缺陷	
LT-22	第二十二种类型,亲本	
SW-240	苯丙氨酸和酪氨酸缺陷	
SW-279	SW-240 色氨酸缺陷	
SW-307	SW-279 半乳糖缺陷	Gal⁻
SW-351	SW-307 木糖缺陷	Xyl⁻
SW-435	SW-351 抗链霉素	Sʳ
SW-479	SW-435 甘露醇缺陷	Mtl⁻
SW-443	SW-435 麦芽糖缺陷	Mal⁻
LT-7	第七种类型亲本	
SW-184	脯氨酸缺陷	
SW-188	蛋氨酸缺陷	
SW-191	亮氨酸缺陷	
SW-481	SW-184 半乳糖缺陷	
SW-492	SW-188 半乳糖缺陷	
SW-503	SW-191 半乳糖缺陷	
SW-514	LT-7 抗链霉素	
SW-515	SW-503 抗链霉素	

(SW-279、SW-307、SW-351、SW-435、SW-479、SW-443 为 LA-22)

间接杂交:细胞和滤液的涂布

为测试滤过性因素在这种相互作用中的可能作用,按照 Davis(1950 年)的设计制备了一种具有一"极细"的熔结 Pyrex 滤器分配的 U 形管。通过管臂之间交替抽气,可以在同一个培养基上得到两个完整的正在生长的细菌群体。留下一部分不接种作对照试验以验证滤器的完整性。然后取每个亲本 10⁸ 细胞接种到 20 毫升的肉汤中,再分别置于管的两臂。当培养物生长到饱和时,4 小时内每 20 分钟用 10 毫升肉汤从这一边到那一边进行冲洗。漂洗出两个群体并把它涂布在最低培养基上。LA-22 平皿上出现原养型细胞,但 LA-2 平皿上则不出现原养型细胞。LA-2 肉汤培养物的消毒滤液不能从 LA-22 诱导出原养型细胞。但 LA-2 和 LA-22 混合培养的滤液,大约每一百万个 LA-22 细胞诱导出一个原养型细胞。这样,在 LA-22 的刺激作用下,LA-2 产生了一种滤过物(以后简称为 FA),它能从 LA-22 诱导出原养型细胞。含有相当量对 LA-2 有作用的噬菌体(PLT-22)的 LA-22 培养物滤液,也刺激 LA-2 产生 FA。这种噬菌体的作用将在后面讨论。

为有助于进一步说明我们的测验,我们将使用转导一词作为遗传物质单方面的转移,以有别于受精中相等成分的联合。沙门氏杆菌 FA 是一种遗传转导物这一工作假说,对我们的讨论,提供了一个可供参考的有用基础。

FA 的测定

使 LA-22 和 LA-2 在肉汤中混合培养生长制备成 FA 原汁。48 小时后,沉淀细胞,并使上清液通过一熔结的 Pyrex 滤器。通过在制备时把样品接种到肉汤中并涂布在琼脂中作为特定试验的对照以验证滤器的无菌。要采取这种预防措施,虽然对大多数试验来说,由于在间接杂交中同 LA-22 相互作用产生原养型细胞需要每平皿一百万个以上的 LA-2 细胞,因而完全的无菌并不是苛求的。这些制备物可贮藏在冰箱中达数月之久而不丧失活性。

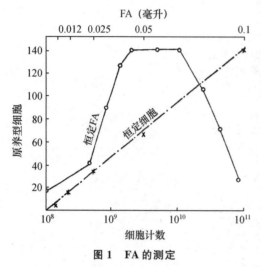

图 1　FA 的测定

以各种稀释度混合 FA(LT-2)和细胞(LA-22)并涂布于基本培养基平皿上。48 小时后计数原养型细胞。

为了进一步工作,发展了一种测定 FA 的标准方法。LA-22 生长在肉汤琼脂平皿上,并以浓缩的含盐悬浮液收集。把这种悬浮液适量稀释,再涂布在肉汤琼脂上,计算成活细胞。取细胞的各种稀释液,分别加上体积恒定的 FA 制备物涂布于基本培养基上。24 小时出现原养型细胞,48 小时后计数。图 1 表示用每平皿大约 $10^9 \sim 10^{10}$ 个细胞所发现的稳定的反应。在高细胞浓度处的下降可能由于过于拥挤而抑制菌落的形成,低浓度处的下降则可能由于细胞和滤过物的物理性散开或饱含敏感细胞所致。

用 LA-22 10^9 细胞同各组 FA 稀释液进行平皿培养,发现原养型细胞的产量和 FA 的量之间有着明显的直线关系(见图1)。高浓度 FA 的效应将在下一节讨论。

FA 的一个单位可规定为滤液从最适浓度的 LA-22 细胞中诱导出单个原养型细胞的含量。混合细胞制备物的滤液通常是每毫升含约 2 500 个这种单位。

FA 的化学反应

随着发展出一种标准的测定法,就可能比较各种处理对 FA 和细菌细胞的效应。前者加上氯仿、甲苯、乙醇和福尔马林这类试剂,予以震荡消毒。其中只有福尔马林能使 FA 失活。细菌消毒是加热到 56℃,30 分钟。为探查出 FA 的效应,需要 70℃的温度。只有到达 100℃,它才迅速失活。

用 1 到 2 份体积的冷乙醇或半饱和的硫铵可从肉汤中定量沉淀 FA。在这两种情况下都出现累累絮凝,其大部分仍然是非水溶性的;但 FA 重新分散。

供试的一些酶对 FA 都没有什么影响。把酶直接加入活性滤液并保温 2 小时。试验包括胰酶(100 毫克/毫升)、胰蛋白酶(100 微克/毫升)、Taka 淀粉酶制剂(100 毫克/毫升)、核糖核酸酶(10 微克/毫升)和脱氧核糖核酸酶(20 微克/毫升)。脱氧核糖核酸酶之不能使 FA 失活特别有意思。通过测试这种反应混合液的样品在降低胸腺核酸(由 R. D. Hotchkiss 博士慷慨提供)的黏度,来验证酶的活性。其他的酶不作相似的对照。

FA 的诱发作用

Burnet 和 McKie(1929)以及 Boyd(1951)总结了沙门氏杆菌的潜伏噬菌体的特点。溶源噬菌体,即从溶源细胞得到的噬菌体,对敏感培养物的溶菌能力很差,并易于诱发第二种抗溶源类型。仅在少量侵染时才看到敏感细胞可见的溶解。当把噬菌体加到肉汤培养物中，试管就污染，而细菌的生长速度就明显地放慢，PLT-22 是这类典型的噬菌体。

为了确定是否只有 PLT-22 具有 FA 的诱发活性，对 LT-2 菌株的休眠和生长细胞进行了各种处理。在幼龄培养物的滤液，或用苯自溶后，提取干细胞，用高浓度的抗菌素（青霉素、杆菌肽和金霉素）处理，或完全的噬菌体溶菌，都觉察不到有 FA。稀释的抗菌素、氯酸锂和结晶紫产生不同的 FA。用溶源噬菌体处理的培养物滤液最容易探查出复活性。这些结果说明，FA 不是由于细胞机械化学的或生物学的瓦解而释放出来。但各种有害作用物所造成的情况，其方式或许同潜伏噬菌体的作用相平行。这些试剂最有效的浓度仅仅对细胞稍有抑制。如老龄培养物发生自溶也可探查出 FA。这可归结为突变体溶源噬菌体的作用。

FA 生产对化学刺激剂的反应方面还不足以控制得到实验用途所需的前后一致的产量。然而，当使用结晶紫或青霉素这类试剂处理 LA-2 后制备成一种不含或含有一点点 FA 的滤液，再把它接种到含有 LA-2 的肉汤中，就释放出大量的 FA。这个步骤一直进行 5 个周期：FA 明显的再生可能是第一次处理所释放的溶源噬菌体所起的作用。这个噬菌体缺乏一个可信赖的指示菌株，有碍于对这一反应进行分析。但是，在没有导入外源细菌或病毒的情况下从一个单一菌株诱发 FA，它是一个有用的工具。

形态学和物理学研究

用 Spinco 超速离心机 100 000 g 30 分钟可定量沉淀并重新获得 FA。用具有多速转头的国际离心机 20 000 g 产生部分沉降。因此，在这些制备中，FA 超过大分子尺度。也能用一系列定孔胶膜（由 S. E. Luria 好意赠送）过滤来估测颗粒的大小。用 A. P. D. 420 纳米的膜获得 10％～20％的 FA，230 和 170 纳米则获得 70％的 FA 以及 120 纳米获得 99％的 FA。这些结果表明一个颗粒的大小略小于 0.1 微米（Bawden，1950）。

在相差显微镜下，FA 制备物呈现为一些小的勉强溶解的细粒。电子显微镜看到颗粒大小同过滤实验对 FA 的估测大致相符（见图 2）。有些颗粒同抗 O 血清发生凝聚。通过离心可以除去在反应管中出现的絮状沉淀。然而，在上清液中，其活性仍然是完整的。用抗血清保温培养，一些颗粒增大，并在 4 小时后到达 5～8 微米的大小（Lederberg 等，1951）。这些巨体同补加的细胞形成混合的絮状物。

用诱发噬菌体或青霉素的 FA 处理沙门氏杆菌，经保温一小时和一个半小时产生了链，3 小时后出现唯一的中央部分呈膨胀球状的蛇状物（Fleming 等，1950）。也看到碎片和小颗粒。就在这个时候还产生 FA。用常规方法难以对这些培养物的上清液消毒。用 8 或 14 磅测试的 Mandler candles 过滤得到每毫升约有 100 个计算成活的细胞的滤液。经证明未作处理的培养物相类似的滤液照例是无菌的。发现熔结的 UF 滤器对活性滤液的消毒过滤是合适的。

这些观察使人回想起 Klieneberger-Nobel（1951）、Dienes 和 Weinberger（1951）和 Tulasne（1951）所特别阐述的细菌的 L 类型。然而，在 L 类型和转导之间无功能关系的证据。从我们的培养物中使 L-菌落生长以便作更直接的测验未获成功，其他工作人员对 L 类型生长所作的遗传分析，也未能支持关于它在生命史中所起作用的推测。

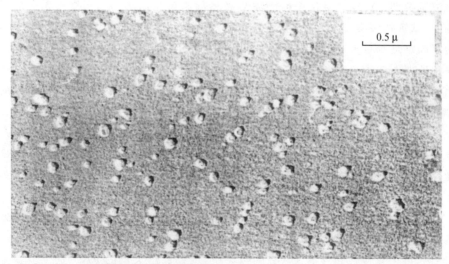

0.5 μ

图 2　一个部分提纯的活性滤液×40 000(由 Paul Kaesberg 进行电子显微摄影)

FA 活性的起源和范围

迄今为止,规定 FA 是一种具有单独转导 LT-22 特殊突变体能力的 LA-2 菌株的特异性产物。但是,包括 LA-22 在内的其他直接杂交都得到了原养型细胞。为了确定能否从其他菌株得到 FA,采用了一种最简单的测试办法,其中包括选择抗链霉素原养型细胞 SRP(Lederberg,1951)。把 SW-435(LA-22S^r)同鼠伤寒沙门氏杆菌 50 种不同的野生型(链霉素敏感原养型)的每一种混合培养生长,再把一些混合培养物涂布在每升含 500 毫克链霉素的最低琼脂上。28 次杂交得到了明显的重组体,它说明有许多菌株都能产生 FA。

当找到正常的刺激剂,25 个鼠伤寒沙门氏杆菌的测验菌株的每一个菌株都能提取出 FA。PLT-22 用在许多对它敏感的菌株,它可能对 SRP 杂交的取得成功作出解释,而其他的溶源噬菌体(来自 Lilleengen 系列)则刺激别的菌株对 PLT-22 有抗性。总之,在 10 毫升的新鲜肉汤中接种 10^9 个鼠伤寒沙门氏杆菌细胞和 $10^8 \sim 10^9$ 个对它敏感的溶源噬菌体颗粒,接种后 4 个小时将产生 FA。低浓度的青霉素(每毫升 1～5 个单位)对某些培养是成功的。

借助于从营养缺陷型的混合平皿培养发现原养型,首次找到了沙门氏杆菌重组的证据。典型性别更完全的证明依赖于出现"非选择标志者"的新组合(Lederberg,1947)。在分别含有各种糖的 EML 琼脂上使 SW-478(LA-22Gal$^-$,Xy$^-$,Mtl$^-$,S^r)与 SW-414(LA-2 Gal$^+$,Xy$^+$,Mtl$^+$,S^s)杂交,从而可以在杂交平皿上直接记下一个未经选择的发酵性状。所筛选的约 20 000 原养型细胞中,除它们的营养要求外,与 SW-478 毫无差别。除突变差异外,LA-22 和 LA-2 在利用苹果酸、丙氨酸或琥珀酸作为生长必需的唯一碳源的能力方面有着本质的差别。所有的原养型都像 LA-22。总共 8 个未选择的标记,都没有共同分离的证据。用来自 LT-2 的活性滤液重复了这些试验,所得结果相同。

如果安排试验以便对 3 个标记性状(一个营养的、两个发酵的)进行选择,则观察到每一个性状都有遗传转移。把 SW-435（营养缺陷型，Gal^-，Xyl^-，S^r）同 FA（来自 LT-2 的原养型，Gal^+，Xyl^+，S^s）一起涂布在最低的 EMB 半乳糖和 EMB 木糖琼脂上。在 EMB 培养基上首先出现一薄薄的生长层（粉红色，因此是非发酵的），然后出现使半乳糖或木糖发酵的小的乳头突起。这些突起长得很大（见图 3），因为当其他营养耗尽时它们能利用糖。木糖缺陷突变体由于自发回复而产生一些突起，但不足以干扰试验记载。半乳糖缺陷突变体比较稳定，仅偶尔有回复。EMB 上的突起数目或最低琼脂上的原养型细胞数（见表 2）几乎相同，因而对不同选择性状的转导效率可说是一致的。然而，未选择的标记仍然不变；这就是说，所有原养型选择都是非发酵者，而突起选择只对一种糖有作用并为营养缺陷型。全部转导细胞仍为抗链霉素。

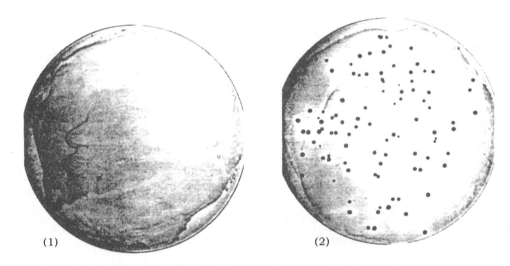

图 3　涂布在 EMB 半乳糖琼脂上的 SW-435，（1）用热失活和（2）用 FA 激活

表 2　在不同选择培养基上的 SW-435 和 FA[①]

培养基	FA	煮沸的 FA（对照）
最低	120 个原养型细胞	0 菌落
EMB 半乳糖	114 个突起	0 突起，细菌薄层
EMB 木糖	138 个突起	15 个突起，细菌薄层

① 数字为每平皿上菌落或突起数。

在双重糖琼脂上重复上述试验。个别突起或使半乳糖、或使木糖发酵，且都是营养缺陷型。由于它们在质地上稍有差别，有可能直接在指示平皿培养上直接区分出这两种突起。挑出整个突起并转到另一种糖和最低琼脂上。在许多测试的乳头突起中，没有发现混合的突起。用这种严格的选择可以探查出任何一种这样的突起。

根据这些试验，我们得出结论，一种 FA 滤液有许多活性，产生多种多样的转导（但每个细胞不超过一种），它单独地产生转导菌落。

我们没有观察到像在大肠杆菌重组中发现的那种连锁分离。如不能证明连锁是由于亲本染色体结构上的差异，FA 的独一无二的活性或许仍然同配子的解释相一致。另一种观点是，或可把 FA 当做一种非特异性诱变剂，它对不同因子具有独立的作用。进一步试验无疑对这两种观点都否定了。

LT-7 作为一个有效的给体，FA 为受体，并选用它们来研究菌株内转移和检验这些考虑（有关它们的标记，见表1）。为使所采用的 FA 来源肯定起见，要在无外部细菌或病毒的影响下进行制备（如上所述）。从 SW-184（脯氨酸缺陷）、SW-188（蛋氨酸缺陷）和 SW-191（亮氨酸缺陷）制备出 FA。每一种制备物用来对 3 个 LT-7 营养缺陷型的每一种类型和 LA-22（存在每一种活性的对照）测定其从营养缺陷型转导到原养型。制备物对 LA-22 具有相当一致的活性。然而，从 3 种 LT-7 营养缺陷型分别得到的 FA，各自能转导另外两种培养物，但不能转导其起源的培养物（见表3）。因此，FA 同产生它的细胞的基因型是一致的。由 3 种营养缺陷型分别得到一些半乳糖缺陷突变体。数千个被转导的原养型细胞没有一个是利用半乳糖的。从 SW-184（脯氨酸缺陷）得到的 FA，把它与 SW-188（蛋氨酸缺陷）一起涂布在补加脯氨酸的最低琼脂上，只产生对脯氨酸独立的菌落（原养型）。分别用 3 种营养缺陷型所作的相似试验都得到了类似的结果。在转导过程中，没有发生连锁分离，或这 3 个营养标志彼此间或同发酵标志间的联合。抗链霉素仍然是另一种标志，它在细胞转导成另一种性状时仍然保持不变。

表 3　来自 LT-7 及其衍生菌株的 FA 对 LT-7 衍生菌株的效应

细胞/FA	LT-7	SW-184	SW-188	SW-191	煮沸的 FA
SW-184	203	26[①]	247	253	31[①]
SW-188	62	76	0	68	0
SW-191	198	210	236	18[①]	10[①]
LA-22（对照）	230	242	202	275	0

① 大概是自发回复突起。数字为每平皿上从营养缺陷型转导成原养型的细胞数。

用它们的亲本野生类型得到的 FA，使一些半乳糖缺陷突变体转导成能利用半乳糖的。从这些突变体得到的 FA 得到相反的结果。突变体绝不能用它们自己的 FA 转导，但用别的一些突变体得到的 FA 则能使它转导。这些相互作用对于把突变体在等位性或基因相同性方面进行归类提供了依据（见表4）。

表 4　来自几个半乳糖缺陷突变体的 FA 对这些相同突变体的效应

细胞/FA	LT-7	半乳糖-1	半乳糖-2	半乳糖-3	半乳糖-4
半乳糖—1	+[①]	—[②]	—	+	+
半乳糖—2	+	—	—	+	+
半乳糖—3	+	+	+	—	—
半乳糖—4	+	+	+	—	—

① 产生能利用半乳糖的乳头突起。
② 突起不多于对照。

迄今讨论的全部转导都属于突变野生类型的范围。照例，由于缺乏适宜的选择方法而难以在其他方面筛选变异。用链霉素抗性能做到这一点，因为野生型状态对链霉素是敏感的（S^s），而突变体是抗链霉素的（S^r）。把刚收获的细胞，用抗链霉素和对链霉素敏感的亲本得到的 FA 处理，然后涂布在 EMB 半乳糖上。经保温 2 小时后（Davis，1950），在平皿上喷上浓缩的链霉素溶液（每毫升 0.1 克）。表5 说明只有当所使用的 FA，其来源是抗链霉素的突变体时,才发生这种转导。没有发现有联系的变化。通过把许多子菌落反复涂布于正常的和含有链霉素的培养基上进行试验(Lederberg 和 Lederberg,1952),来验证转导细胞的稳定性。

表 5   从抗链霉素和对链霉素敏感细胞得到的 FA,对敏感细胞效应的比较[①]

细胞/FA	LT-7 (半乳糖[+],S[s])	SW-514 (半乳糖[+],S[r])	SW-191 (半乳糖[-],S[s])	SW-151 (半乳糖[-],S[r])
LT-7 (半乳糖[+],S[s])	0	203 半乳糖[+]	0	174 半乳糖[+]
SW-191 (半乳糖[-],S[s])	0	228 半乳糖[-]	0	158 半乳糖[+]

① 表中数字为每平皿抗链霉素菌落的数目。

现在很清楚,已对这种特定的 FA 规定出一种测定方法,这种 FA 恰恰是某种滤液的几种共存功能之一。有人建议我们把 FA 称之为截至目前所研究的任何一种遗传因子,且可以用同样的方法把某种滤液的作用范围叫做培养物的基因型,而滤液就是从这种培养物得到的,例如 SW-514、原养型、半乳糖(Gal)+、木糖(Xyl)+,S[r](见图 4)以及从这种培养物得到 FA。但除非另有证明,将继续把 FA 称之为对 LA-22 测出的转导

FA(SW-514,原养型,GAL[+],XYL[+],S[r])

SW-351(缺陷型,GAL[-],XYL[-],S[s])

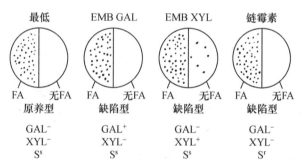

图 4   一种活性滤液的复合潜力

FA 的吸附作用

转导的第一步必须使 FA 吸附于足够多的细胞。从肉汤琼脂平皿培养获得 LA-22。每隔一定时间将取样悬浮在 1 毫升的活性滤液。沉降细胞并把它涂布在基本培养基上以确定交换的数目。在 56℃ 条件下进行热击以破坏所有未沉降的细胞后,用 LA-22 在未吸附的 FA 方面测定悬浮液。在离心所需的时间(15 分钟)内,适量的 FA 完全有吸附作用,而在沉淀细胞中数量重新恢复。

鼠伤寒沙门氏杆菌所有测验的光滑型菌株都吸附 FA。给体菌株细胞像其他菌株一样能有效地吸附,并自始至终在菌株内转移方面取得了成功。用煮沸或紫外线照射进行消毒(留下极少量存活的碎片)并不影响吸附作用,在肉汤中延长培养所选出的粗糙培养物(Page 等,1951)没有吸附作用。这些结果表明,吸附的部位是热稳定的,不受细胞死亡

的影响,并可能同体质抗原有关。

用以上所用的量,FA 测定与 FA 浓度直接成比例。从肉汤琼脂得到 LA-22 细胞。10 个离心管,每管沉降出含有 10^{10} 细胞的样品,然后废弃上清液。添加 FA 复合样品(1～10 毫升),并在 37℃下放置 15 分钟使其吸附。从 EML 半乳糖中收集上清液和细胞并进行测定,在原养型细胞中没有观察到一致的变化(即能利用半乳糖)。图 5 表示使用 8 毫升左右的 FA 时所发生的最高数目的转导。饱和的沉淀物不再有更多的样品部分吸附 FA。除了可能因机械原因而有一小部分有规律的丢失外,上清液或沉淀物占有 FA 的所有单位。

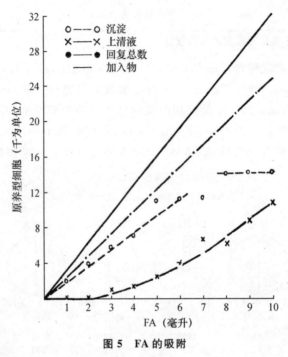

图 5　FA 的吸附

LA-22 10^{10} 细胞接受 FA(LT-2)处理 15～30 分钟。经离心,分别测定残余的 FA 和已开始的转导后收集上清液和沉淀物。

饱和对吸附的干扰在一项阻断试验中得到了更明确的证明。SW-188(蛋氨酸缺陷,M^-)用过量的来自 M^- 细胞的 FA 处理 15 分钟,然后在细胞再次沉降前对被沉降的细胞加入 LT-7(M^+)的 FA 再处理 15 分钟。M^+ FA 既没有结合,也没有发生 SW-188 转导。这证实断阻概念并表明在 15 分钟到达饱和后,吸附作用是不可逆的。

鉴于 FA 的吸附作用如此迅速,看来可以放心地认为,各个细菌的大部分是能够吸附它的。用细菌饱和所需的毫升数(每个细菌一个颗粒)除以细菌总数,我们能得出每毫升这种滤液可吸附颗粒数的近似的最低估测为 $10^{10}/8$。可以指望活性滤液每毫升超过 10^{11} 颗粒而不出现混浊,每毫升最高的颗粒数就是根据这一事实来估测的。

要用这么许多无法检验的假设在这里详尽讨论吸附作用动力学的可能模式是不太合适的。但可以指出,双交换的低频率或频率等于 0 并不意味着一种 FA 颗粒排除另一种 FA 颗粒。如果大多数细菌可以被转导,那么一种特定转导的频率将是一种概率,即每一个被吸附的颗粒都有一特定的效应。双重转导作为单交换的绝对频率,其比率与单交换相同,而这个频率(据计算为 10^{-5})要在我们的试验中探查出双交换则太低了。但是,如果转导局限在少数有转导能力的细胞,则双重转导没有独立的概率,并需要诸如相互排斥之类的另一些假设,对所观察到低频率的双重事件作出说明。

看来下述情景最符合于迄今观察到的结果。一个活性滤液是由许多种颗粒组成的总体,每一种颗粒相当于一种遗传效应,虽然有一些在本质上是惰性的。每个细菌可吸收数目有限的颗粒,其可能的范围从一个颗粒到大约 100 个颗粒。每一个被吸附的颗粒有一固定的独立的概率发挥其特定的转导效应。单转导,尤其是双转导的频率之低是受到可能被吸附的颗粒总数的限制,也可能受到一个被吸附的颗粒就能完成其效应这种极罕见的概率所限制。

连续转导

单项试验从未看到过双重转导。其原因为以上所谈的一些考虑,而不是连续转移所出现的一些固有的局限性。一旦转导出一个细胞,它就能长大,并把它重新置于 FA 中,再就其他方面的变异进行选择。对 SW-351(营养缺陷型、半乳糖⁻、木糖⁻)连续转移从营养缺陷型到原养型,从半乳糖⁻到半乳糖⁺,和从木糖⁻到木糖⁺。完成转移的次序无差别。与 SW-351 在每个性状方面单一转导相比较,重复转导的效率没有消失。

FA 吸附作用的特异性

吸附试验表明吸附能力和免疫特异性有相关性。用大约 12 个沙门氏杆菌属血清型所作的初步试验肯定了这种相关性,并把它缩小到出现菌体抗原Ⅻ上。使供试的血清型肉汤培养物沉降,再加入 1 毫升 FA。吸附进行 15 分钟,然后在 56℃ 条件下使反应管热击一个小时使细胞消毒。用已知吸附细胞所作的初步试验证明,一旦 FA 被吸附后,用这个方法就不能把它洗提出来,以 LA-22 测定混合物游离的 FA。用这种方式测试了约 50 种不同的血清型。尽管有几个具有Ⅻ的类型是惰性的,但没有一个类型不吸附Ⅻ。*Salmonella coli* 类型保持了这种相关性。吸附的Ⅻ菌株有:乙种副伤寒沙门氏杆菌、鼠伤寒沙门氏杆菌(25 个菌株)、斯坦利沙门氏杆菌、海德尔堡沙门氏杆菌、切斯特沙门氏杆菌、圣地亚哥沙门氏杆菌、绵羊流产沙门氏杆菌、伤寒沙门氏杆菌 W、伤寒沙门氏杆菌 V、肠炎沙门氏杆菌、莫斯科沙门氏杆菌、布利丹沙门氏杆菌、伊斯特本沙门氏杆菌、仙台沙门氏杆菌、奥博尼沙门氏杆菌、大肠杆菌 3、大肠杆菌 4、卡普士得沙门氏杆菌、萨林纳斯沙门氏杆菌、雏白痢沙门氏杆菌和鸡沙门氏杆菌。以下Ⅻ型不吸附:甲种副伤寒沙门氏杆菌和牛流产沙门氏杆菌,大概因为它们缺乏Ⅻ₂组分。测验过的不吸附的非Ⅻ型则有:鼠伤寒沙门氏杆菌(粗糙变体)、猪霍乱沙门氏杆菌,纽波特沙门氏杆菌、伦敦沙门氏杆菌、桑夫顿堡沙门氏杆菌、阿柏丁沙门氏杆菌、浦那沙门氏杆菌、沃信顿沙门氏杆菌、非丁伏斯沙门氏杆菌、肯塔基沙门氏杆菌、威奇塔沙门氏杆菌、厄班那沙门氏杆菌、哈瓦那沙门氏杆菌、阿尔腾道夫沙门氏杆菌、瓦伊勒沙门氏杆菌、梦得维的亚沙门氏杆菌、大肠杆菌 1、大肠杆菌 2、大肠杆菌 5、大肠杆菌 K-12、波那雷恩沙门氏杆菌、佛罗里达沙门氏杆菌、马德利亚沙门氏杆菌。

类 型 间 转 导

FA 的吸附作用是否足以表明遗传转移的敏感性,这一点尚不清楚,但初步的资料确证有一可能的受体组,或许有可能进行类型间转导。

伤寒沙门氏杆菌和鼠伤寒沙门氏杆菌在一些培养和血清性状方面是各异的。后者能发酵阿拉伯糖和鼠李糖,而前者则不能使这两种糖发酵,且这两种糖对它皆有抑制作用。伤寒沙门氏杆菌用来自鼠伤寒沙门氏杆菌的 FA 处理,并接种到含有百分之一阿拉伯糖或鼠李糖的肉汤的 Durham 发酵管中,24 小时后 FA 处理的培养物生长得更加旺盛,约 48 小时产生出酸。从这些发酵管分离出的培养物,它们与伤寒沙门氏杆菌的差别,仅仅是对这些糖的发酵能力不同而已。无 FA 处理的对照培养物,生长得很少,无发酵证据。虽然鼠伤寒沙门氏杆菌从鼠李糖和阿拉伯糖产生出气体,但这些新的类型仍然是典型的厌氧性。试验也在琼脂上进行。把处理细胞涂布在 EMB 阿拉伯糖和 EMB 鼠李糖上。伤寒沙门氏杆菌偶尔突变成一种非抑制类型(Kristensen,1948),其特点为一白色乳状突起,它在试验和对照平皿上都可以观察到。然而,只在试验平皿上看到紫红色(发酵)的乳状突起。它们在培养中很像在肉汤中转导后分离来的发酵菌株。用伤寒沙门氏杆菌的另外两个菌株重复得到这些结果。用鼠伤寒沙门氏杆菌的一个抗链霉素突变体作为 FA 来源,把这个性状转移给伤寒沙门氏杆菌是可能的。曾试图用 FA 处理伤寒沙门氏杆菌以产生出葡萄糖的厌氧发酵,但都失败了,这可能因为要探查出这个性状被转导的细胞的选择条件不够的缘故。

伤寒沙门氏杆菌的抗原特性是Ⅸ、Ⅶ:d——(单相),而鼠伤寒沙门氏杆菌是Ⅰ、Ⅳ、Ⅴ、Ⅶ:i——1、2、3。伤寒沙门氏杆菌接受来自鼠伤寒沙门氏杆菌 FA 的处理,并选择鞭毛抗原的转导。取一个以真菌生长管为基础的试管(Ryan 等,1943),一半装有含稀释抗-d 血清(1/200 的血清滴定到 1/5 000)的软琼脂。在试管的一边大量接种细胞,并注视其移动情况。一项试验,4 个试验管中有两管出现移动,而 3 个对照管则接种体完全固定不变。移动细胞和固定的接种之间界限分明。从管的没有接种的一端掏出移动细胞,并进行培养和血清学测定。两个分离体在培养上都像伤寒沙门氏杆菌。它们中有一个与抗 i 血清起反应,而另一个则对伤寒沙门氏杆菌或鼠伤寒沙门氏杆菌鞭毛抗血清都无反应,从而判断它是 j 相(Kauffmann,1936)。P. R. Edwards 肯定了这两个菌株的分析。从 10^8 FA 饱含伤寒沙门氏杆菌细胞的 31 个供试接种体中有 12 个得到了 i 抗原的转导。试验和对照管中都偶尔出现"j"相。50 个无 FA 的对照测验中都没有发觉 i 相。"杂种"的完全抗原分析为Ⅸ、Ⅻ:i——。与鼠伤寒沙门氏杆菌衍生出 i 鞭毛不同,这些"杂种"都没有发现相的变异。现在继续进行试验以探究别的鞭毛和体质抗原的转导。

转 导 细 胞

通过转导[FA(LA-2)对 LA-22]产生的原养型细胞,测试了它们在无性生殖和进一步转导方面的稳定性。从试验平皿上分离出以后,用划线分离予以纯化。5 个单菌落在完全肉汤中生长并涂布于平皿培养。每一种各挑 200 个菌落,并在最低琼脂培养基上再测试:全部都是原养型。这种被转导的培养物再接受 FA 处理,以选择别的变异(半乳糖⁻变为半乳糖⁺)。通过重复涂布平皿培养，测试了大约 1 500 个菌落，全部菌落都保持了成为原养型的最初的转导。

转导培养物在其生长期间不释放 FA，除对亲本培养物所用的方法外，采用任何其他措施都不能得到 FA。在这方面由于菌株内转导的产物而碰到了一些困难。它们全都是与活性滤液有联系的噬菌体的抗性载体，而需要一些新的噬菌体从它们中间诱发出 FA。噬菌体的抗性也使重复诱导的效率降低，这大概因为减弱了 FA 的吸附作用。

自发回复突变使转导其突变亲本的能力得到恢复，其情况犹如转导回复变异那样。这是说，当不管用哪一种方法使一个细胞从 A－变为 A＋，它能重新产生 A＋物质。对游离 FA 的突变尚未进行研究。

细菌噬菌体和 FA 之间的相互关系

一些最新收集的证据指出 FA 颗粒和细菌噬菌体的同一性。FA 和噬菌体具有一共同的滤过终点；用一个 120 纳米的 A. P. D. 膜，两者都能保留 99％。与菌体抗原Ⅻ相联系，它们对沙门氏杆菌属血清型的吸附具有共同的特异性。在吸附鼠伤寒沙门氏杆菌时两者都在同一点上达到饱和，且噬菌体对 FA 的比率保持恒定不变。提纯过程中，FA 和噬菌体仍然在一起。在短期试验，从侵染细菌的噬菌体中同时释放出 FA 和噬菌体。电子显微镜下呈现出正常大小颗粒在形态上的相似性。

下述试验说明噬菌体颗粒只能是转导遗传物质的一个被动的载体。从生长在细菌细胞上的单一噬菌体的颗粒，有得到高滴定度的噬菌体和包括亲本细胞整个基因型，但只能使每个细菌细胞发生一次转导的 FA 总体。从这种滤液得到的单一噬菌体颗粒，能在亲本起源相同，但基因型不同的细菌细胞上生长。所产生的 FA 相当于第二给体的基因型。

在 FA 诱发作用一节中，曾提到过借助于转移使 FA 明显地再生。其解释是 FA 同噬菌体的联合，噬菌体不断刺激 FA 的产生。为测试这一点，用青霉素处理 A－、B＋、C＋细胞。用相同的细胞转移滤液以产生 FA（A－、B＋、C＋）和一种能在这些相同细胞上作测定的噬菌体。当添加到 A＋、B－、C＋细胞（来自相同起源的亲本）时，所得到的 FA 是 A＋、B－、C＋。所有 B＋制剂都被吸附而消失掉，从而得到了与 B＋细胞基因型相平行的制剂。FA 不是这样来繁殖，而是为了进一步生产，同必须的刺激剂噬菌体相结合。

讨　　论

鼠伤寒沙门氏杆菌的遗传交换是由一细菌产物，即我们所说的 FA（滤过性物质）来进行传递的。一种个别的活性滤液能把许多遗传特性从一个菌株转移（转导）到另一个菌株。虽然这种滤液的全部活性包括其亲本培养物的基因型，但每一次转导只传递每一个细菌的一个单一的特性。这与大肠杆菌 K-12 菌株的遗传交换不同，那里是几个区分两个亲本的遗传标志进行不受限制的重组。

可以把 FA 看做是进入被转导细胞固定遗传的遗传物质。我们可以提问,究竟这种转移是一种单纯的添加物还是固定遗传因子的一种可以取代的交换和替代? 如果根据大肠杆菌杂合二倍体研究(Lederberg,1951b)来推理链霉素抗性是一隐性突变,那么抗性的转导与简单添加的机理就不符。

必须小心辨别 FA 的两种特点:颗粒本身的生物学性质及其遗传功能。有充分理由要用细菌噬菌体来鉴定颗粒。然而,噬菌体颗粒在功能上是把遗传物质从一个细菌转导到另一个细菌的被动载体。这种遗传物质只相当于细菌基因型的一部分。例如,当把一个标志原养型的 FA 同一个营养缺陷型一起涂布在最低琼脂培养基上,在被转导的原养型中,看不到假设为"给体核"的基因型。假如所产生的这种独一无二的效应取决于偶尔有机会从一个复合的颗粒释放出某种特定的活性,或者细胞中发生一些局部化的非遗传性事件,它通常只留下一种对转导敏感的功能,那么可以坚持主张 FA 是一种遗传复合体而不是一个遗传单位的假说。这种最初单个转导的细胞发育成一个独立的菌落。由于这种菌落包括约 10^7 个细菌,人们可以指望,一个 FA 颗粒的复合残留物,如果是存活的,将在菌落生长期间,使一些子细胞向别的性状转导。但是,每一个 FA 颗粒只产生一个单独的转导菌落。这说明它的组成同其遗传效应一样的简单。

当 LA-22 从营养缺陷型(苯丙氨酸缺陷和酪氨酸缺陷;色氨酸缺陷)转导成原养型,我们就有一个明显的双重变异。如把这个突变体涂布在辅加苯丙氨酸和酪氨酸的最低琼脂培养基上,它偶尔会回复到第一步的营养缺陷状态。然而,当 LA-22 在这个培养基上被转导的话,所发现的第一步营养缺陷型绝不会超过用自发回复所能解释的范围。大多数选出的菌落是原养型。在其他任何哪一种菌株间或菌株内转导,我们都不能使转导的影响超过一个特性。LA-22 的营养像是由相同遗传位置上两个连续突变决定的。Davis(1951)关于芳香族生物合成的设计同这一见解相符。虽然 LA-22 这个突变体能自发回复到一个中间性的等位基因,但转导使野生型基因取代成充分的合成。

对 FA 细粒似乎最有理的假设为,它们是核素的一个异质群体,而每一种核素有它自己的能力,换句话说,每一种核素负载一"单基因"或小的染色体片段。

不管 FA 颗粒的性质如何,对于把转导的遗传物质引入受体细胞固定的遗传,必须假定一些机理。这里顺便说一下 Muller(1947)对肺炎球菌转化类型的分析:"……实际上,还有存活的细菌染色体,或部分染色体,自由地流入所用的培养基中。据我所见,这些染色体可侵入无荚膜的细菌,并或者同寄主染色体进行一种交换后,在那里部分地扎下了根。"

在一篇有关沙门氏杆菌重组系统的初报中提到(Lederberg 等,1951),FA 可能同细菌的 L 类型(Klieneberger-Nobel,1951)有关。对某些制剂起反应而发生膨胀的"蛇",可滤的颗粒和巨体,皆为 FA 和 L 类型所特有的。除了提出经过滤器成活的颗粒外,我们不能重复所报道的周期。这种可见的凝集颗粒和诱发膨胀形状的抗血清对 FA 的活性并非必需。但是,不能用一个简单的设计使全部成员都适用,这可能因为它比我们目前所知的系统更要复杂得多。

细菌学文献中有许多报道结果可以解释成转导(参见 Luria,1947 和 Lederberg,1948的评论)。这些试验由于它们繁殖和定量方面的困难而受到批评或被忽视,但现在借助于所提出的发现可予以重新研究。目前引用一些更恰当的试验应该可以得到满足了。Wollman(1925)报道了用大肠杆菌经滤过性物质获得沙门氏杆菌的免疫特异性。相似的材料(它能通过细菌体溶菌作用得到)牵涉到抗青霉素的葡萄球菌和链球菌对相对的青霉素敏感性的改变(Voureka,1948;George 和 Pandalai,1949)。曼彻斯特型副痢疾志贺氏菌(Weil 和 Binder,1947)当用异源类型的提取液处理,就得到了新的免疫特异性。Boivin(1947)报道了大肠杆菌的一种相似的变异。不幸的是他的菌株已丢失而不能再予以论证。Bruner 和 Edwards(1948)在一篇关于沙门氏杆菌生长在特异血清中引起体质抗原变异的报道中评论了这种可能性,即在血清中溶解的细菌产物与这种变化有关系。

这些有争议的系统,不足以为详尽比较沙门氏杆菌属的转导提供证明。肺炎球菌(Avery 等,1944;McCarty,1946)和流感嗜血杆菌(Alexander 和 Leidy,1951)的转化研究得更完整。

肺炎球菌荚膜性状的遗传转化取决于一种特殊的细菌产物(肺炎球菌的转化原理,PTP)。最初,把它解释为一种直接突变,现在认为是一种遗传交换(Ephrussi-Taylor,1950)。这样,完全的荚膜性状(Griffith,1928),一系列中间性荚膜性状(Ephrussi-Taylor,1951),M 蛋白质性状(Austrian 和 Macleod,1949)和青霉素抗性(Hotchkiss,1951)都得到了转化。如同沙门氏杆菌一样,每一个性状都是独立转化的。但这两个系统之间有一些差别。FA 必须是诱发的,而 PTP 则可从健康细胞中提取。FA 对各种化学处理的抗性只得出与其化学性质相反的证据。脱氧核糖核酸在 PTP 中的作用已通过脱氧核糖核酸酶使之失活而予以证实。用定孔胶膜保持活性,得到对两个不同性状有影响的 FA 颗粒大小(约 0.1 微米)的可比较的估测值。而另一方面,经各种估测,PTP 的颗粒大小从平均 500 000 个离心团(Avery 等,1944)到相当于具有高度不对称性的 18 000 000 分子量(Fluke 等,1951)的一个电离辐射敏感体积。它比起 FA 颗粒要明显小得多。用一复合血清系统,肺炎球菌必然在吸附 PTP 方面是敏感的。转化频率低而不易测定,看来是因为细菌的低能力的缘故。在缺乏吸附试验的情况下,不能排除有一种相似于沙门氏杆菌属的系统。这两个系统还缺乏重要的资料,而时间会解决这些明显的差别。

沙门氏杆菌转导与大肠杆菌有性重组的关系尚模糊不清。在可杂交的大肠杆菌或沙门氏杆菌的有性重组中都没有发现过转导。这两个属在分类学上关系密切,但似乎有着完全不同的遗传交换的模式。

在大肠杆菌 K-12 菌株首次证实了有性重组。随着发展出一种有效的筛选措施,已证明有 2% 到 3% 的大肠杆菌分离体与 K-12 菌株杂交(Lederberg,1951)。大肠杆菌重组的作用物差不多肯定是细菌细胞。细菌明显地配对,形成接合子,亲本和重组体细胞从接合子起开始以后的减数分裂,其中连锁为一突出的特点(Lederberg,1947)。意外地发生不分开而继续分离为单倍体和二倍体染色体组(Zelle 和 Lederberg,1951),证实了在一个单细胞内染色体组的结合。虽然在沙门氏杆菌的转导中,溶菌性起了重要的作用,但大肠杆菌培养物溶菌和非溶菌的所有组合杂交都是同样方便的(Lederberg,1951)。

鉴于缺少未选择标志者的重组,对某些类型的遗传分析来说,转导与有性重组相比,是一个用途较差的工具。但由于 FA 或许同细胞外遗传物质有关,诸如基因繁殖,新陈代谢和突变等问题可能更容易得到解决。有性系统通常能提供遗传物质的再分配,并且是有机界进化中实现自然选择的一个重要的变异来源。有性重组和转导，由于其频率太低都只能局限于细菌的遗传互换。转导交换则受频率和范围两方面的限制。

要估价转导在发展免疫上复合的沙门氏菌种所起的作用尚嫌为时过早。White (1926)曾猜测，从一个具有所有许多可能的抗原的单一菌株丧失变异可得到许多血清类型。Bruner 和 Edwards(1948)得到了使当今物种丢失变异的特殊例子。转导对一些在"后代"系之间自发和独立产生的变异如何进行转移提供了机理。沙门氏菌属包括一批血清型，它们是鼠伤寒沙门氏杆菌 FA 的一种受体。正在寻找其他的受体种类。在这类受体中，有可能在实验室发展出其他新的可与伤寒沙门氏杆菌和鼠伤寒沙门氏杆菌抗原杂种相媲美的血清类型。

几个不同的细菌属已就其遗传交换的模式进行了深入的研究。这几个已知的系统，每一个在细节上都有所不同，这扩大了我们对细菌繁殖和遗传的见解。

小　　结

当鼠伤寒沙门氏杆菌生长在具有种种适度的有害物质，特别是微弱的溶菌噬菌体时，它产生出一种滤过性物质(FA)，能使遗传特性从一个菌株转移到另一个菌株。

各滤液能转导许多不同的特性，但一个单细胞不超过一种。滤液的活性同给体细胞的特性是平行的。营养、发酵、药物抗性和抗原性状都进行了转导。新的性状经多代继代培养后成为稳定。

FA 对于氯仿、甲苯和乙醇一类的消毒剂和胰酶、胰蛋白酶、核糖核酸酶和脱氧核糖核酸酶等一类酶是有抗性的。FA 的颗粒大小，经定孔胶膜过滤测定，约为 0.1 微米。FA 吸附作用迅速，且在供试的各种血清型中与存在体质抗原Ⅻ有关。

对任何一个性状转导的最高频率为 2×10^{-6}，吸附期间为饱和所限制。观察到一些类型间的转移。例如，来自鼠伤寒沙门氏杆菌的 i 鞭毛抗原转导到伤寒沙门氏杆菌而产生一些新的血清类型：Ⅸ、Ⅻ；i，——。把沙门氏菌属的遗传转导同嗜血杆菌和肺炎球菌的"类型转化"以及大肠杆菌的有性重组作了对照和比较。

噬菌体生长过程中蛋白质和核酸各自的功能[①]

阿尔弗雷德·赫希(A. D. Hershey)[②]　玛莎·蔡斯(M. Chase)

（美国　冷泉港实验室，1952 年）

Doermann(1948)Doermann 和 Dissosway(1949)以及 Anderson 和 Doermann(1952)的工作说明，噬菌体 T2、T3 和 T4，是以一种非侵染形式在细菌细胞中增殖的。这和某些溶源性细菌携带的噬菌体是同样的情况（Lwoff 和 Gutmann，1950）。对这些病毒的营养生长期尚不了解。本文报道的实验表明，T2 生长的最初阶段之一是病毒颗粒的核酸，从它的蛋白质外壳中释放出来，此后，这些含硫蛋白质就没有其他作用了。

材料和方法

本文中噬菌体 T2 指的是一个叫 T2H 的变种（Hershey，1946）；T2h 指的是 T2 的一个寄主范围改变的突变体；uv⁻ 噬菌体指的是噬菌体用一灭菌的紫外灯（通用电器公司）

---

①　王斌译自 A. D. Hershey，M. Chase. Independent functions of viral protein and nucleic acid in growth of bacteriophage. **J. Gen Physiol.** 1952，36(1)：39-56.

②　阿尔弗雷德·赫希(Alfred Day Hershey，1908—1997)，美国微生物遗传学家。他因在噬菌体分子生物学方面的开拓性工作，与 Max Delbrück、Salvador Luria 共同获得 1969 年诺贝尔生理学或医学奖。

照射,使存活率为 10^{-5}。

敏感细菌指的是大肠杆菌的一个对 T2 及 T2 的 h 突变体敏感的菌株 H;抗性菌 B/2 指的是一个抗 T2、但对 T2 的 h 突变体敏感的菌株;抗性菌株 B/2h 指的是一个对这两者都抗的菌株。这些细菌不能吸附它们所能抵抗的噬菌体。

低盐肉汤培养基,每升含有 bacto-蛋白胨 10 克、葡萄糖 1 克、NaCl 1 克。肉汤培养基除了这些成分外,还含有 bacto-牛肉浸汁 3 克、NaCl 4 克。

甘油-乳酸盐培养基每升含有乳酸钠 70 mM[①]、甘油 4 克、NaCl 5 克、KCl 2 克、NH_4Cl 1 克、$MgCl_2$ 1 mM、$CaCl_2$ 0.1 mM、明胶 0.01 克、磷(如正磷酸盐)10 毫克、硫(如 $MgSO_4$)10 毫克、pH7.0。

吸附培养基每升含有 NaCl 4 克、K_2SO_4 5 克、KH_2PO_4 1.5 克、Na_2HPO_4 3 克、$MgSO_4$ 1 mM、$CaCl_2$ 0.1 mM、明胶 0.01 克、pH7.0。

佛罗那(Veronal)缓冲液每升含有二乙基巴比土酸钠 1 克、$MgSO_4$ 3 mM、明胶 1 克、pH8.0。

本文中提到的 HCN 是由氰化钠溶液组成,使用时用磷酸中和。

把培养 18 小时的细菌,在 37℃热处理 10 分钟,并用吸附培养基洗涤,然后与同位素样品在吸附培养基中混合,测定细菌吸附的同位素,混合物在 37℃保温 5 分钟,再用水稀释、离心。分别对沉淀和上清液进行分析。

用抗血清沉淀的同位素测定方法,是在每毫升约含 10^{11} 无放射性噬菌体的 0.5% 盐溶液中,把同位素样品和稍多于最低量的抗噬菌体血清(最后稀释度为 1:160)混合,会产生明显的沉淀。混合物在 37℃保温 2 小时后离心。

DNase 试验的做法是:用佛罗那缓冲液稀释过的样品,经过预热,每毫升加 0.1 毫克晶体的 DNase(华盛顿生化实验室),37℃保温 15 分钟。样品冷却后,用 5%TCA(每毫升中含有 1 毫克血清白蛋白)沉淀,离心。然后测定酸溶性同位素。

在离心分离过程中得到的所有沉淀都未经洗涤,因此含有 5% 的上清液。沉淀和上清液都进行分析。

用一个在末端开口的 Geiger 计数器来测定放射性,为了避免样品本身吸附作用造成的损失,采用的样品要少,而且要充分干燥。在测定 ^{32}P 绝对值时,使用的 ^{32}P 溶液,以及标准溶液,都是从国家标准局得到的。在测定 ^{35}S 的绝对值时,我们采用了供给同位素单位(美国橡树岭国家实验室)提供的分析(±20%)。

用甘油-乳酸盐培养基培养细菌,在磷和硫的浓度低时,pH 比较稳定,这种培养基对于本文中提到的其他一些实验也是有用的。

在这种培养基中,敏感菌的 18 小时培养物,每毫升约有 $2×10^9$ 个菌,在对数生长时没有延迟期,而且在同种培养基中进行继代培养时,不管接种量的大小,每个细胞都没有光散射的改变。在 37℃增殖一代的时间是 1.5 小时。这种细胞要比在肉汤中培养的细胞小些。在这种培养基中,T2 表现出有 22～25 分钟的潜伏期。用氰化物和 UV-噬菌体(在文章内容中将叙述)的溶菌作用得到的噬菌体产量:在 15 分钟的时候,每个细菌 1

---

① mmol/L。

个；在 25 分钟的时候，每个细菌 16 个。在稀释培养物中，50 分钟的时候，达到最终释放量是每个细菌有 30～40 个噬菌体。在每毫升为 2×10^8 个细菌时，培养物慢慢地溶菌，每个细菌可产生 140 个噬菌体。在这种培养基中，细菌和噬菌体的生长都和在肉汤中一样，重复性很好。

为了制备同位素标记的噬菌体，把比活性为 0.5 毫居里/毫克的 ^{32}P 或比活性为 8.0 毫居里/毫克的 ^{35}S 加入甘油-乳酸盐培养基中，先让细菌至少生长 4 个小时，然后加进噬菌体。噬菌体感染后，将培养物通气培养过夜，用低速（2 000×g）和高速（12 000×g）交替离心各三次，分离出同位素标记的噬菌体，噬菌体悬液贮存时，浓度不要超过 4 微居里/毫升。

这种制品中每个活的噬菌体颗粒含有 $(1.0～3.0) \times 10^{-12}$ 微克的硫和 $(2.5～3.5) \times 10^{-11}$ 微克的磷，有时制品含硫量过多，可用热处理杀死了的、不能吸附噬菌体的细菌的吸附作用来改良。由于存在失活的噬菌体颗粒和空的噬菌体"外膜"，影响了制品的放射化学纯度。制品中的硫（约 20%）可以被抗噬菌体血清沉淀（见表 1），也可以被抗噬菌体的细菌吸附，但不能被对噬菌体敏感的细菌吸附（见表 7），这说明制品中污染有"外膜"物质。表 1 的资料表明，就我们的研究目的来看，细菌原来的污染可以忽略不计。为了证实我们的主要发现反映的确实是活噬菌体的特性，在本文末尾引用了用失活噬菌体做的一些实验。

表 1　质壁分离的噬菌体的"空胞"和溶液的组分

同位素的百分数	用下述同位素标记整个噬菌体		用下述同位素标记质壁分离的噬菌体	
	^{32}P	^{35}S	^{32}P	^{35}S
酸溶性的	—	—	1	—
用 DNase 处理后酸溶性的	1	1	80	1
吸附到敏感细菌上的	85	90	2	90
被抗噬菌体血清沉淀的	90	99	5	97

静止噬菌体颗粒的化学形态

Anderson（1949）发现将 T2 噬菌体颗粒悬浮在高浓度的氯化钠中，再用水把悬浮液快速稀释，可使噬菌体失活。在电子显微镜下可见这种失活的噬菌体好像是蝌蚪形的"空胞"。假定慢慢稀释，就不会引起噬菌体失活，因此认为这种失活是由于渗透压骤变造成的。并且推论，这种颗粒具有一种渗透膜。Herriott（1951）发现渗透压骤变能使噬菌体颗粒的 DNA 释放到溶液中，"空胞"可以吸附到细菌上，并使细菌溶解。他指出这是用病毒物质鉴定病毒功能的一个开端。

室温下，将噬菌体（10^{11} 个/毫升）在 3 M 的 NaCl 溶液中悬浮 5 分钟，并迅速在悬液中注入 40 倍体积的蒸馏水，能使同位素标记过的 T2 发生质壁分离。这种质壁分离的噬菌体，存活者不到 2%，然后用表 1 的几种方法分析磷和硫。结果从以下几点证实并发展了以前的发现：

（1）质壁分离将噬菌体 T2 分离成"空胞"和溶液两部分，整个噬菌体颗粒所含的硫几乎全在"空胞"中,而 DNA 则几乎全在溶液中。

（2）"空胞"含有噬菌体颗粒的主要抗原,这种抗原用抗血清可以检查出来。DNA 释放出来后成为游离酸,也可能与不含硫、也无抗原活性的物质结合在一起。

（3）"空胞"能特异性吸附到对噬菌体敏感的细菌上去;DNA 则不能。

（4）"空胞"是蛋白质外壳,它裹在整个噬菌体颗粒 DNA 的外面,能与抗血清起反应,能保护 DNA 免受 DNase 破坏,它带有能吸附到细菌上去的"器官"。

（5）噬菌体的质壁分离是由于渗透压骤变造成的,因为如果将噬菌体悬浮在盐溶液中缓慢地稀释,就不能使它失活,而且它的 DNA 也不会暴露在 DNase 中。

噬菌体吸附到细菌上后,其 DNA 变得对 DNase 敏感了

上述的静止噬菌体颗粒的结构说明,噬菌体的增殖可能首先要改变或除去这种病毒颗粒的保护性外壳。估计这种改变本身就说明噬菌体 DNA 变得对 DNase 敏感了。表 2 列出的实验说明了这一点。这些结果可归纳为以下几点:

（1）噬菌体吸附到加热杀死的细菌上后,其 DNA 变得对 DNase 非常敏感。

（2）噬菌体吸附到活细菌上后,放在 80℃加热 10 分钟,其 DNA 也变得对 DNase 敏感了。在这个温度下不发生吸附的噬菌体,对 DNase 是不敏感的。

（3）吸附到未经加热的细菌上去的噬菌体 DNA,对 DNase 是有抗性的,推测是因为酶透不过细胞结构,因而起了保护作用。

表 2   噬菌体吸附到细菌上后,其 DNA 变得对 DNase 敏感了[①]

噬菌体吸附于下列菌体	用下列物质标记的噬菌体	不能沉降的同位素（%）	
		加 DNase 后	不加 DNase
活细菌	^{35}S	2	1
活细菌	^{32}P	8	7
侵染前加热过的细菌	^{35}S	15	11
侵染前加热过的细菌	^{32}P	76	13
侵染后加热过的细菌	^{35}S	12	14
侵染后加热过的细菌	^{32}P	66	23
加热过的、未吸附的噬菌体:			
酸溶性^{32}P 70℃	^{32}P	5	
80℃	^{32}P	13	
90℃	^{32}P	81	
100℃	^{32}P	88	

① 在吸附培养基中,37℃ 5 分钟,使噬菌体吸附到细菌上去,随后就洗涤。

细菌在吸附培养基中（侵染前）或佛罗那缓冲液中（侵染后）,80℃热处理 10 分钟。

不能吸附的噬菌体是在佛罗那缓冲液中加热,并用 DNase 处理,用 TCA 沉淀。

分离供试样品,都是在 1 300×g 离心 10 分钟。

噬菌体吸附到加热杀死的细菌上后,其 DNA 变得对 DNase 敏感了。这一现象首先是 Graham 和他的同事（私人通信）发现的。

通过冻融交替（随后用甲醛固定,使细胞的酶失活）,可以使被侵染细胞中的 DNA 容

易受到 DNase 的影响。只用甲醛固定也有一定作用，这可由下面的实验来说明。

将细菌培养在肉汤中达 5×10^7 细菌/毫升，离心，再悬浮在吸附培养基中，每个细菌用大约 2 个 ^{32}P 标记过的噬菌体来侵染。吸附 5 分钟后，用每升含有 $MgSO_4$ 1.0 mM；$CaCl_2$ 0.1 mM；明胶 10 毫克的水溶液来稀释此悬浮液，再次离心收集菌体。菌体再悬浮在刚才提到的这种溶液中，浓度为 5×10^8 个细菌/毫升。置于 -15℃冰冻，而后用最小热量使之融化，这样冰冻、融化连续进行 3 次。第三次融化后，立刻加进 0.5%（V/V）的甲醛（35%甲醛），将菌固定。在室温下 30 分钟后，透析除去甲醛，悬液在 2 200×g 离心 15 分钟，用经过冻、融、固定、透析的 ^{32}P 标记噬菌体和经过固定、透析的被侵染细菌作为对照。

分析表 3 给出的资料可以看出，冰冻和融化的效应是：使胞内的 DNA 对 DNase 不稳定了，而不是使大量的 DNA 滤出细胞。冻融和甲醛固定对未被吸附的噬菌体没有什么影响，单独的甲醛固定对于被侵染过的细胞只有温和的影响。

表 3　冻、融和甲醛固定使胞内噬菌体变得对 DNase 敏感了[①]

	未被吸附的噬菌体经冰冻、融化和固定	被侵染过的细胞经冻、融和固定	被噬菌体侵染过的细胞只经固定
低速离心沉淀部分			
总的 ^{32}P	—	71	86
酸溶性的	—	0	0.5
DNase 处理后酸溶性的	—	59	28
低速离心上清液部分			
总的 ^{32}P	—	29	14
酸溶性的	1	0.8	0.4
DNase 处理后酸溶性的	11	21	5.5

① 数字表示在原来的噬菌体或其被吸附的部分中，^{32}P 的百分数。

胞内的 ^{32}P 变得对 DNase 敏感，以及 DNA 不透出细胞，这两点都是这类试验的恒定特性，和见到的溶菌现象无关。在刚才叙述过的实验中，冰冻过的悬液在透析过程中变清了。相差显微镜检查看到：这种细胞基本上都是空的，显然大多数都破裂了。另一个实验中，在低盐肉汤中培养的细菌，经噬菌体侵染后，在噬菌体生长潜伏期的不同时间，经过反复冻、融，并用甲醛固定，然后离心洗涤。清楚可见的溶菌作用和在显微镜下才能看到的溶菌作用，只发生在潜伏期后半期的冰冻菌悬液中，在第一次或第二次融化时，从菌悬液中都可以看到这种现象；在这种情况下，溶解的细胞全是由完整的外膜组成的，除了附着在细胞壁上的几个小的、相当有特色的折射体外，其他显然都是空的。从表 3 看出，不论在溶菌或不溶菌的细胞中，胞内的 ^{32}P 对 DNase 的行为都没有很大差异，只是溶菌之后，^{32}P 的含量稍有降低。本实验中，对冻融期间释放出来的噬菌体的滴度，也进行了测定。在噬菌体侵染后，第 16 分钟及 16 分钟以前冰冻的菌悬液，溶菌时基本上不释放噬菌体；第 20 分钟冰冻的菌悬液，溶菌时每个细菌只产生 5 个噬菌体；第 30 分钟用甲醛处理的菌悬液，在常温下离心，不能沉降的部分中含有 66% 的 ^{32}P；第 30 分钟冰冻的菌悬液，每个细菌产生的胞外噬菌体是 108 个，沉降下来的物质大部分是不成型的碎片，但也含有很多完整的外膜。

用 ^{32}P 标记的噬菌体侵染细菌，随后进行冻融处理，用这样的菌体所做的实验可以得出如下结论：

（1）噬菌体吸附到细菌上去之后，在不引起生长的缓冲液中，噬菌体 DNA 会变得对 DNase 敏感了（Benzer 1952；Dulbecco 1952）。

（2）在不允许胞内^{32}P 或细胞内含物跑出去的条件下，外膜可变得对 DNase 有透性。

（3）即使由于冻融造成细胞溶菌，细胞的其他成分逸出胞外，但由噬菌体带来的^{32}P 大部分仍留在外膜内，形成成熟的子代噬菌体。

（4）在发生自发溶菌时，随着噬菌体的释放，由噬菌体带进细胞的^{32}P 也大部分释放出去了。

我们对这些事实所做的解释是：从噬菌体带进细菌细胞内的 DNA，不单单是能在溶液中存在，而且在整个潜伏期中都是组织结构的一部分。

噬菌体吸附到细菌的碎片上后，其 DNA 从噬菌体颗粒中释放出来

噬菌体吸附到细菌上去以后，其 DNA 对特异的解聚酶变得敏感了，这可能意味着在吸附后，噬菌体 DNA 就从其保护外壳中排出。下面的实验证明：实验中，当噬菌体吸附到破碎的细菌细胞上去时，确实会发生这种情况。

在吸附培养基中，每个细菌用 4 个 T2 噬菌体颗粒进行侵染，来制备细菌碎片。在 37℃，把这些细胞转到低盐肉汤中，培养物通气培养 60 分钟，加入 0.02 M HCN，继续保温培养 30 分钟以上，这时，胞外噬菌体产量可以达到每个细菌有 400 个颗粒，只是因为电解质的浓度低，所以不能吸附。溶解细胞的碎片在 1 700×g 离心洗涤，再悬浮在吸附培养基中，使其浓度相当于 $3×10^9$ 个溶解细胞/毫升。这种悬液主要含有崩溃的、破碎外膜。同位素标记的噬菌体吸附到这些材料上面去的情况见表 4。下面几点值得注意。

表 4　噬菌体吸附到细胞碎片上后，其 DNA 就释放出来[①]

	用来标记噬菌体的同位素	
	^{35}S	^{32}P
沉降部分		
存活的噬菌体	16	22
总的同位素	87	55
酸溶性同位素	0	2
DNase 处理后酸溶性同位素	2	29
上清液部分		
存活的噬菌体	5	5
总的同位素	13	45
酸溶性同位素	0.8	0.5
DNase 处理后酸溶性同位素	0.8	39

① ^{35}S 和^{32}P 标记过的 T2 噬菌体与相应的细胞碎片样品，在吸附培养基中混合，在 37℃保温 30 分钟，混合物在 2 200×g 离心 15 分钟，然后对沉淀和上清液部分分别进行分析，结果用进入细胞碎片的噬菌体或同位素的百分数来表示。

（1）在未吸附部分中，只含有 5％原来的侵染型噬菌体颗粒，占 13％的总硫量（这些硫多数是在不能被完整的细菌吸附的物质中）。

（2）约有 80％的噬菌体失活了。这种噬菌体的大部分硫，以及大部分存活的噬菌体是在沉淀中。

（3）上清液中除了含有未被吸附的存活噬菌体外，还含有总噬菌体 DNA 的 40％（以对 DNase 敏感的形式存在）。这种对 DNase 敏感的 DNA，数量约为失活噬菌体颗粒的DNA 数量的一半，它们的硫与细菌碎片一起沉降。

（4）大多数可沉淀的 DNA 可能是存活的噬菌体，也可能是对 DNase 敏感的 DNA，后者的数量约相当于失活颗粒 DNA 的一半。

这类实验有一个方面是不能令人满意的，人们不清楚，释放出来的 DNA 是代表失活颗粒的全部 DNA 呢？还是只是其中的一部分？

当细菌（菌株 B）用大量的、紫外线杀死的噬菌体 T2 或 T4 溶菌后，再用 ^{32}P 标记的T2 和 T4 来测定，也得到了同样的结果。这个实验中，最有意义的一点是：用紫外线杀死的 T2 饱和的细菌碎片，吸附 T4 要比吸附 T2 好；用 T4 饱和的细菌碎片吸附 T2 要比吸附 T4 好。和前面的实验一样，某些噬菌体在吸附之后并不失去活性，某些失活噬菌体的DNA 也没有从这些细菌碎片中释放出来。

这些实验表明：细菌对 T2 的某些接受器和对 T4 的某些接受器是不同的。而且，吸附到这些特异性的接受器上的噬菌体和吸附到非选择性接受器上的噬菌体的失活机制是一样的。显然，这种机制是很有效的，它的作用不单单是封阻噬菌体吸附到细菌上去的位点，可能还有其他作用。

从受侵染的细菌上去掉噬菌体外壳

Anderson（1951）得到的电子显微照片表明：噬菌体 T2 靠它的尾部吸附到细菌上去。假定在侵染过程中，这种不稳定的吸附受到保护；再假定上面得到的结论是正确的，那么噬菌体把 DNA 注入细菌细胞内，空的噬菌体外壳断离受侵染细胞，应该是一件简单的事。

下面的实验表明，用很强的、就像剪刀剪东西般的力量作用于受侵染的细菌悬液，就很容易从受侵染菌体上去掉噬菌体外壳；而且实验还说明：去掉了亲本病毒 80％的硫的受侵染细胞，仍能形成子代噬菌体。

把在肉汤中培养的细菌，放在吸附培养基用 ^{35}S 或 ^{32}P 标记的噬菌体进行侵染，离心除去未被吸附的噬菌体，把菌重新悬浮在含有下列物质的水中：$MgSO_4$ 1 mM；$CaCl_2$ 0.1 mM；明胶 0.1 克；水 1 升。悬液放在 Waring 捣碎器（半微量）中搅拌（10 000rpm）。搅拌时，每隔 60 秒，把悬液放在冰水中冷却一会儿，隔一定时间取样，用抗噬菌体血清进行滴定，测出细菌产生的噬菌体数目，并离心测定细胞释放出的同位素的比例。

图 1 表示用同位素所作的一次实验结果。被侵染细菌的 ^{35}S 和存活率，是从同一实验得到的，从直接滴定法测出：在这个实验中加入的噬菌体与细菌的比例为 0.28，细菌的总

浓度为 9.7×10^8/毫升,其中受到侵染的为 2.5×10^8/毫升。用 ^{32}P 标记噬菌体所作的实验与这个实验十分相似。从这些结果,会使人回想起 Anderson(1949)的发现,即:快速搅拌菌悬液可以防止噬菌体吸附到细菌上。

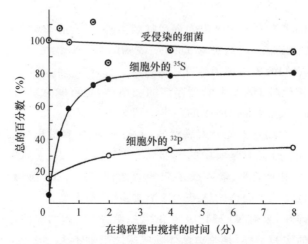

图 1　在 Waring 捣碎器中搅拌时,同位素标记噬菌体侵染过的细菌中,
^{35}S 和 ^{32}P 的去除以及受侵染细菌的存活曲线

虽然 ^{32}P 的洗脱和受侵染细胞的存活不受侵染倍数的影响,但在这些实验条件下,当侵染倍数较高时,有相当数量的噬菌体硫从这些细胞中自发地洗脱下来(见表 5)。这表明了各个噬菌体颗粒通过互相协作引起细菌细胞膜产生改变,从而减弱了噬菌体的吸附。用这种方法检查出来的这些细胞变化,可能与从被侵染的细菌中释放出细菌成分的那些变化是有关的(Prater,1951;Price,1952)。

表 5　侵染倍数对从侵染细胞中洗脱噬菌体外壳的影响[1]

在捣碎器中搅拌的时间(分)	侵染倍数	^{32}P 标记的噬菌体		^{35}S 标记的噬菌体	
		洗脱下来的同位素(%)	被侵染细菌的存活率(%)	洗脱下来的同位素(%)	被侵染细菌的存活率(%)
0	0.6	10	120	16	101
2.5	0.6	21	82	81	78
0	6.0	13	89	46	90
2.5	6.0	24	86	82	85

① 被侵染细菌以 10^9/毫升的浓度悬浮在每升含有:$MgSO_4$ 1 mM;$CaCl_2$ 0.1 mM;明胶 0.1 克的水溶液中。取样,分析胞外同位素及悬液在搅拌前后被侵染细胞的数目。在这两种情况下,细胞都要在洗脱液中停留 15 分钟(室温)。

为了测定在噬菌体生长后期细菌的情况,对以前的实验作了某些改动。从这个目的出发,把被侵染细菌在肉汤中通气培养 5 或 15 分钟,加入 0.5%(V/V)的商品甲醛进行固定、离心,再次悬浮于 0.1%的甲醛水溶液中,其后的处理同以前所述。结果与以前十分相似,只是从细菌中释放出来的 ^{32}P 稍微少些,受侵染细胞的滴度没有测定。

按照前面叙述的方法,从被侵染细菌剥离下来的这种 ^{35}S 标记的物质,具有下列性质:在 12 000×g 离心时,它沉降得不如完整的噬菌体颗粒那么完全;在用完整噬菌体做载体时,它能全部地被抗噬菌体血清沉淀;在 37℃5 分钟,它的 40％～50％能够再次吸附到敏感细菌上去,当细菌浓度为 $2 \times 10^8 \sim 2 \times 10^9$/毫升时,它的吸附几乎与细菌浓度无关,这种吸附不是十分特异的,在同样条件下,有 10％～25％能吸附到抗噬菌体的细菌上去。吸附作用需要盐,为此,只要在一种缺乏电解质的液体中,便可以从被侵染细菌上有效地除去 ^{35}S。

这些实验的结果总结如下:

(1) 激烈振荡悬液可以把噬菌体 75％～80％的硫从受侵染细胞上剥落下来。在侵染倍数高时,大约有 50％的 ^{35}S 能自发的洗脱下来。^{35}S 标记材料的这种性质表明,它在不同程度上含有完整的噬菌体外壳。这些 ^{35}S 标记的材料,大部分已失去特异性地吸附到细菌上去的能力。

(2) 在这些硫释放出来的同时,噬菌体磷的释放只有 21％～35％,其中半数在不用机械搅拌的情况下就可自发释放出来。

(3) 实验所用的处理不会造成胞内噬菌体的明显失活。

(4) 这些事实表明:在侵染过程中,噬菌体所含的硫,大部分仍留在细菌的表面,不参与胞内噬菌体的复制。相反,噬菌体的大部分 DNA,在噬菌体吸附到细菌上后,很快就进入细胞。

硫和磷从亲代噬菌体向子代噬菌体的传递

上面我们已经推断:静止期噬菌体颗粒蛋白质所含的大部分硫不参与噬菌体的复制,事实上也不进入细菌。因此,亲本噬菌体的硫也不可能传递给子代。下述实验说明这个推测是正确的,这种传递的最大值不超过 1％。

把细菌在甘油-乳酸盐培养基中培养过夜,然后再在同种培养基中,在 37℃ 继代培养 2 小时,接种量调到能使继代培养物产生 2×10^8 个细菌/毫升。把细菌沉淀下来,再悬于吸附培养基中(浓度为 10^9 细菌/毫升),再用 ^{35}S 标记的噬菌体 T2 进行侵染。37℃5 分钟后,用 2 倍体积的水来稀释悬浮液,离心,除去未被吸附的噬菌体(占滴度的 5％～10％)和 ^{35}S(约 15％)。随后把细菌悬浮在甘油-乳酸盐培养基中,浓度为 2×10^8/毫升,37℃ 通气培养。在指定时间,快速连续地加入 0.02 mM HCN 和 2×10^{11}/毫升紫外线杀死的噬菌体,停止噬菌体的生长。氰化物能停止胞内噬菌体的成熟(Doermann,1948),紫外线杀死的噬菌体能吸附到细胞碎片上,使子代噬菌体损失减到最小,并促进细菌的溶解(Maaløe & Watson,1951)。正如在别处提到的,在这些实验中也注意到了,为了防止由于吸附到细菌碎片上造成子代噬菌体失活,溶菌噬菌体与经过增殖的噬菌体必须有密切关系[例如:在这种情况下应该用 T2H(T2 的 h 突变体)或 T2L,但不应该用 T4 或 T6]。

为了得到通常所说的噬菌体的最高产量,把被侵染细菌放在培养基中培养 25 分钟后,再加入溶菌噬菌体,而氰化物是在第二小时末尾加入。在这些条件下,侵染细胞的溶菌作用是相当慢的。

加入氰化物时立即停止通气,培养物在 37℃ 放置过夜。然后经过离心分离把溶菌产物分离成以下几部分:第一次低速离心(2 500×g,20 分钟)沉淀物;高速离心(12 000×g,30 分钟)上清液;高速离心沉淀物重悬在吸附培养基中,再进行低速离心,得到第二次低速离心的沉淀和澄清了的高速离心沉淀。

表 6 表示这种类型的 3 种培养物的各部分中,^{35}S 和噬菌体的分布情况。这些结果是在肉汤培养基和在甘油-乳酸盐培养基中得到的溶菌产物的代表性结果。

表 6   用^{35}S 标记的 T2 侵染细菌后,溶菌产物经离心分离得到的各部分中,
噬菌体和^{35}S 的分布百分比[①]

部　分	在 $t=0$ 溶菌 ^{35}S	在 $t=10$ 溶菌 ^{35}S	最高产量	
			^{35}S	噬菌体
第一次低速离心沉淀	79	81	82	19
第二次低速离心沉淀	2.4	2.1	2.8	14
高速离心沉淀	8.6	6.9	7.1	61
高速离心上清液	10	10	7.5	7.0
回收	100	100	96	100

① 用^{35}S 标记的噬菌体 T2 侵染时,每个细菌平均为 0.8 个噬菌体颗粒。溶菌噬菌体是紫外线杀死的 T2 的 h 突变体。在 $t=0$ 溶菌后,每个受侵染的细菌产生的噬菌体数量<0.1;在 $t=10$ 时,溶菌后,则为 0.12;最大值为 29。^{35}S 的回收指的是在 4 个部分中,回收量和吸附了的加入量的百分比;噬菌体的回收指的是根据各部分滴度来测定回收噬菌体量和总噬菌体量(分离前用噬菌斑计数)的百分比。

这个实验的显著结果是:不带有子代噬菌体的早期溶菌产物和含有子代噬菌体的晚期溶菌产物各部分中^{35}S 的分布是一样的。这说明在成熟的子代噬菌体中几乎不含^{35}S。通过子代噬菌体吸附到细菌上去所起到的进一步分离作用,更证实了这一说法。

为此目的制备的吸附混合物,每毫升吸附培养基中含有:18 小时肉汤培养物经热处理(70℃,10 分钟)杀死的细菌约 5×10^9 个,噬菌体约 10^{11} 个(紫外线杀死的溶菌噬菌体和测定噬菌体的总量)。37℃加热 5 分钟后,混合物用 2 倍体积的水稀释,并离心。对上清液和未经洗涤重新悬浮的沉淀分别进行分析。

表 7 表示^{35}S 和噬菌体吸附到下面几种细菌上去的试验结果:① 既能吸附 T2 子代噬菌体也能吸附 h 突变体溶菌噬菌体的细菌(H);② 只能吸附溶菌噬菌体的细菌(B/2);③ 两种噬菌体都不能吸附的细菌(B/2h)。用^{35}S 标记噬菌体做出可靠平行试验的结果也列于表 7 中。

表 7   用统一的、^{35}S 标记的噬菌体,以及它们在不含同位素培养基上的培养物所做的吸附试验[①]

吸附细菌	吸附的 %				
	统一的^{35}S 标记噬菌体		$t=10$ 时的溶菌产物	子代噬菌体 (最大得率)	
	加 UV-h	不加 UV-h			
	^{35}S	^{35}S	^{35}S	^{35}S	噬菌体
敏感菌(H)	84	86	79	78	96
抗性菌(B/2)	15	11	46	49	10
抗性菌(B/2h)	13	12	29	28	8

① 统一的标记噬菌体和由它们得到的培养物,分别是种子噬菌体和表 6 实验的高速沉淀部分。测定统一的标记噬菌体是在噬菌体和细菌的比例较低的情况下进行的。加 UV-h 意思是加入紫外线杀死的 h 突变体(浓度和在其他试验中是相同的)。按常规方法,噬菌体的吸附作用是根据上清液噬菌斑计数来测定的;在抗性细菌的情况下,也用沉淀物噬菌斑计数来测定。

吸附试验表明：接种噬菌体中的^{35}S与这种噬菌体特异地结合在一起，而这种噬菌体侵染过的细菌溶菌产物中的^{35}S，表现出的行为更为复杂。它与既能吸附子代噬菌体也能吸附溶菌噬菌体的细菌牢牢地结合在一起；但与不能吸附这种噬菌体的细菌则结合得很微弱；它与能吸附溶菌噬菌体而不吸附子代噬菌体的细菌的结合情况，居于前二者中间。后面的测定表明：在子代噬菌体中没有^{35}S，而且还说明在早期溶菌产物中的^{35}S没有子代噬菌体的行为。

污染有^{35}S标记物质的子代噬菌体吸附作用的特异性，显然是由于溶菌噬菌体造成的，这种溶菌噬菌体吸附到菌株H上要比吸附到B/2上强烈得多，这可以从对它们各自的测定以及混合物上清液的Tyndall散射明显降低（由于溶菌噬菌体引起）看出来。下列事实进一步证实了这个结论。

（1）如果细菌经^{35}S标记噬菌体侵染，然后在潜伏期的中点附近只用氰化物溶菌（在低盐肉汤中，防止^{35}S再吸附到细菌碎片上去），这时高速沉降部分含有的^{35}S，只能微弱地、非特异性地吸附到细菌上去。

（2）假定溶菌噬菌体和^{35}S标记的侵染噬菌体是相同的（T2），或者假定在低盐肉汤中的这种培养物能自发溶菌（因此能得到大量的后代），这样，在高速沉淀物中的^{35}S与子代噬菌体就能特异性地结合在一起（微弱的非特异性吸附除外）。表7中吸附到H和B/2h上去的情况说明了这一点。

必须注意：一个从^{35}S标记噬菌体培养得到的、而且或多或少有放射性的子代噬菌体与一个真正的^{35}S标记的噬菌体，用已知的方法是不能区别的，只有通过吸附到抗噬菌体的细菌上去，才能把这种少量的污染物除去。除了已经提到的这些性质外，污染的^{35}S能与噬菌体一起被抗血清完全沉淀，不管在高浓度还是低浓度电解质中，用进一步分离沉淀的方法不能把它和噬菌体分离开。另一方面，这种来源的化学污染，在适宜环境条件下是很小的，因为一个噬菌体颗粒产生的子代是很多的，而污染物显然只能来自亲本。

^{35}S标记污染物的性质表明，它是由亲本噬菌体颗粒外壳的残留物组成的，推测它和在Waring捣碎器中能够从未溶菌细胞上除去的物质是一样的。它没有发生化学变化，这是不足为奇的，因为它根本就没进入被侵染的细胞。

叙述的这些性质说明，最初有关^{35}S从亲本噬菌体传递到子代噬菌体的报告（Hershey等，1951）是错误的。

用^{32}P标记的噬菌体做了和表6、表7所示相似的实验，实验结果表明：有30％的磷从亲代噬菌体传递到子代噬菌体中去了，每个受侵染细菌产生约30个噬菌体，在过早溶菌的培养物中，^{32}P几乎全部都是不能沉淀的，而在成熟后溶菌的培养物中，^{32}P事实上变成酸溶性的了。

Putnam和Kozloff（1950）等人也发表了有关^{32}P转移的类似测定结果。Watson和Maaløe（1952）总结了这项工作，并报道了磷和腺嘌呤的转移相等（接近50％）。

^{35}S标记的子代噬菌体几乎没有其亲本的标记

下列实验清楚表明：从亲代噬菌体传递给子代噬菌体的硫低于1％，还可能更少。作实验的时候,在一个 Waring 捣碎器中,将^{35}S 标记的噬菌体外壳剥落下来,再从这样的受侵染的细菌获得噬菌体,直接测定其^{35}S 含量。

在肉汤中培养的敏感菌,每个菌用 5 个^{35}S 标记的噬菌体颗粒来侵染,从分析目的出发,必须采用这种高比例的侵染。侵染了的细菌,去掉吸附的噬菌体,再悬在每升含有 MgSO$_4$ 1 mM、CaCl$_2$ 0.1 mM、明胶 1 克的水溶液中。从这种悬液取样,第一个样品在 Waring 捣碎器中搅拌 2.5 分钟,离心除去胞外的^{35}S。第二个样品放在捣碎器中,但不搅拌,在同样的时间也离心。两个样品的细菌都重悬在保温的低盐肉汤中(浓度为 10^8 个细菌/毫升),通气培养 80 分钟。然后每毫升培养物中加入 HCN 0.02 mM、紫外线杀死的 T2 噬菌体 2×10^{11} 个、NaCl 6 毫克进行溶菌。在这时加入盐,使^{35}S 不容易被洗脱(Hershey 等 1951),仍旧吸附在细菌碎片上。按前面叙述的方法分离和测定溶菌产物,结果见表 8。

表 8　用^{35}S 标记的 T2 噬菌体侵染过的细菌和在 Waring 捣碎器中
再进一步剥落噬菌体外壳的细菌的溶菌产物[①]

吸附的^{35}S 或噬菌体产量的百分数	经剥落噬菌体外壳的细菌		不经剥落噬菌体外壳的细菌	
	^{35}S	噬菌体	^{35}S	噬菌体
在捣碎器中的洗提液	86	—	39	—
第一次低速离心沉淀	3.8	9.3	31	13
第二次低速离心沉淀	(0.2)	11	2.7	11
高速离心沉淀	(0.7)	58	9.4	89
高速离心上清液	(2.0)	1.1	(1.7)	1.6
回收	93	79	84	115

① 在这两种培养物的潜伏期测定受侵染细胞时,回收了全部加入的细菌。在离心分离前测出每个细菌产生的噬菌体产量,分别是 270(剥落了噬菌体外壳的细菌)和 200 个。括号中的数字是从接近于本底的计算比率得到的。

这些资料表明:剥落噬菌体外壳,能在不同程度上降低各个部分中^{35}S 含量,尤其是含有大量子代噬菌体的部分降低最为明显,从最初所吸附同位素的大约 10% 降低到 1% 以下。这个实验说明:在溶菌产物各个部分中的^{35}S,都是来自保留在亲代噬菌体颗粒外壳中的^{35}S。

用甲醛失活的噬菌体的性质

噬菌体 T2 在含有 0.1%(V/V)商品甲醛(35% 的 HCHO)的吸附培养基中,37℃保温 1 小时,然后透析除掉甲醛,这时噬菌斑滴度会降低 1 000 倍或更多。这种失活的噬菌体具有下列性质:

(1)这种噬菌体约有 70% 能被吸附到敏感菌上去(这可用^{35}S 或^{32}P 标记来测定)。

(2)这种吸附的噬菌体,杀死细菌的效能只有原来的噬菌体原种的 35%。

(3)这种失活噬菌体颗粒的 DNA,在噬菌体吸附到热处理杀死的细菌上去后,对 DNase 仍然不敏感,在噬菌体吸附到细菌碎片上去后,不能被释放到溶液中去。

（4）在 Waring 捣碎器中搅拌，可以使 70％吸附到细菌上去的噬菌体 DNA 与被侵染的细胞分离开。分离下来的 DNA 几乎全部抗 DNase。

这些性质表明：用甲醛失活的噬菌体 T2，大部分不能将它的 DNA 注入它所吸附的细胞中去。在概述的这个实验中，失活噬菌体的这些行为，有力地支持了我们对用活噬菌体做的有关实验所作的解释。

讨　　论

我们已经指出，当一个 T2 噬菌体颗粒吸附到细菌细胞上去后，它的大部分 DNA 进入细胞，留在细菌细胞表面的残留物含有噬菌体的含硫蛋白质 80％以上。这种残留物是由形成静止噬菌体颗粒保护膜的物质所组成，在噬菌体吸附到细菌上后，在侵染中它没有进一步的作用。

还有 20％含硫蛋白质，可能进入细胞，也可能不进入细胞，至于它们的作用是什么？还有待研究。我们发现：它几乎不参入侵染性子代噬菌体的颗粒，至少它的一部分可能是留在细胞外面的另一种残留物。另一方面，从侵染性噬菌体颗粒 DNA 得来的磷和腺嘌呤（Watson 和 Maaløe，1952），则以相当大的量、以同等程度传递给子代噬菌体。我们推断：含硫的蛋白质在噬菌体增殖中不起作用，而 DNA 有些作用。

现在回想起来，下列问题还没弄清楚：

（1）除了 DNA 之外，还有其他种类的不含硫的噬菌体物质进入细胞吗？

（2）假定有的话，那么它传递给子代噬菌体吗？

（3）磷（也许还有其他物质）传递给子代是直接的还是间接的？所谓直接的，就是在任何时间，它都保持着一种特异的、和噬菌体物质一样的形式。

我们的实验清楚地表明：用物理方法把噬菌体 T2 分离成遗传的和非遗传的两部分，这是可能的。在同一种噬菌体中，表现型和基因型具有一定独立性，由此可以看出，在相应的功能上也有所分工（Novick 和 Szilard，1951；Hershey 等，1951）。然而，遗传部分的化学鉴定必须等上面提的一些问题得到回答后才能实现。

对于解决病毒培养问题的免疫学方法具有重大意义的两个事实，在这里必须强调一下，第一，在被侵染细胞中，T2 噬菌体侵染性颗粒的主要抗原保持不变。第二，这种主要抗原依然吸附在细胞溶解形成的碎片上。Rountree（1951）在对 T5 噬菌体生长期间的病毒抗原进行研究的过程中，曾经预计过这些可能性。

摘　　要

（1）渗透压骤变使 T2 噬菌体颗粒分解出一种物质，它含有几乎全部的噬菌体硫，它能被抗噬菌体血清沉淀，还能特异地吸附到细菌上去，它向溶液中释放出几乎全部的噬菌体 DNA，这种噬菌体 DNA 不能被抗血清沉淀，不能吸附到细菌上去。噬菌体颗粒的含硫蛋白质显然是构成一种膜,这种膜保护着噬菌体 DNA 免遭 DNase 破坏,它含有单一的或主要的抗原物质,它担负着使噬菌体吸附到细菌上去的责任。

(2) T2 吸附到热处理杀死的细菌上去、受侵染的细胞经过加热或冻融交替处理,都可能使吸附了的噬菌体 DNA 变得对 DNase 敏感。这些处理不能使未吸附的噬菌体 DNA 变得对 DNase 敏感。虽然加热或冻融交替处理能从受侵染的细胞中提取出其他细胞成分,但不能使细胞释放出噬菌体 DNA。这些事实说明:在整个噬菌体生长期间,噬菌体 DNA 成为组成细菌胞内结构的一部分。

(3) 噬菌体 T2 吸附到细菌细胞碎片上去后,引起溶液中出现部分噬菌体 DNA,留下的噬菌体硫吸附在碎片上。另一部分噬菌体 DNA(大约相当于留下的失活噬菌体 DNA 的一半),仍然吸附在细胞碎片上,但可用 DNase 将它分离下来。尽管噬菌体 T4 和 T2 吸附位点不同,但噬菌体 T4 的行为与 T2 相似。噬菌体被细胞碎片失活,显然是和其外膜的破裂伴随发生的。

(4) 在 Waring 捣碎器中搅动受侵染细菌细胞的悬浮液,因为受到强大的剪刀剪东西般力的结果,使 75% 的噬菌体硫和 15% 噬菌体磷释放到溶液中。这种细胞仍能产生子代噬菌体。

(5) 列举的事实表明:在侵染时,噬菌体的大部分硫留在细菌表面上,噬菌体的大部分 DNA 进入细胞。除了 DNA 外,是否还有其他不含硫的物质进入细胞,尚不能肯定。从含硫残留物的性质可以看出:它主要是噬菌体颗粒未发生变化的外膜。各种类型的证据都证明:噬菌体 DNA 进入细胞只能在一定条件的非营养培养基中发生,在这种条件下,病毒生长的其他已知步骤都不发生。

(6) 用放射性硫标记的噬菌体侵染过的细菌,产生的子代噬菌体所含的放射性,还不到亲本的 1%。用放射性磷标记的噬菌体颗粒所产生的子代噬菌体所含的磷达到亲本的 30% 或 30% 以上。

(7) 用稀甲醛失活的噬菌体能够吸附到细菌上去,但不能把它的 DNA 释放到细菌细胞中。这表明:噬菌体 DNA 从它的保护膜中释放出来是由于噬菌体和细菌之间的相互作用引起的,这种作用取决于噬菌体颗粒中的一些不稳定的成分。相反,对这种相互作用不可缺少的细菌成分则是十分稳定的。这种相互作用的性质在其他方面还不知道。

(8) 静止期噬菌体颗粒的含硫蛋白质被证实是一种保护外壳,它担负着使噬菌体吸附到细菌上去的任务,还要起到一种能把噬菌体 DNA 注入细胞的装置的功能。这种蛋白质对胞内噬菌体的生长可能是没有作用的。而 DNA 却有一些作用。从提出的实验来看,还不能做出进一步的化学论断。

参 考 文 献

[1] Anderson, T. F., 1949. The reactions of bacterial viruses with their host cells. *Bot. Rev.*, **15**, 464.

[2] Anderson, T. F., 1951. *Tr. New York Acad. Sc.*, **13**, 130.

[3] Anderson, T. F., and Doermann, A. H., 1952. *J. Gen. Physiol.*, **35**, 657.

[4] Benzer, S., 1952. *J. Bact.*, **63**, 59.

[5] Doermann，A. H.，1948. *Carnegie Institution of Washington Yearbook*，No. **47**，176.

[6] Doermann，A. H.，and Dissosway. C.，1949. *Carnegie Institution of Washington Yearbook*，No **48**，170.

[7] Dulbecco，R.，1952. *J. Bact.*，**63**，209.

[8] Herriott，R，M.，1951. *J. Bact.*，**61**，752.

[9] Hershey，A. D.，1946. *Genetics*，**31**，620.

[10] Hershey，A. D.，Roesel.，C.，Chase，M.，and Forman，S.，1951. Carnegie *Institution of Washington Yearbook*，No. 50，195.

[11] Lwoff，A.，and Gutmann，A,，1950. *Ann. Inst. Pasteur*，**78**，711.

[12] Maaløe，O.，and Watson，J. D.，1951. *Proc. Nat. Acad. Sc.*，**37**，507.

[13] Novick，A.，and Szilard，L.，1951. *Science*，**113**，34.

[14] Prater，C. D.，1951. Thesis，University of Pennsylvania.

[15] Price，W. H.，1952. *J. Gen. Physiol.*，**35**，409.

[16] Putnam，F. W.，and Kozloff，L.，1950. *J. Biol. Chem.*，**182**，243.

[17] Rountree，P. M.，1951. *Brit. J. Exp. Path.*，**32**，341.

[18] Watson，J. D.，and Maaløe，O.，1952. *Acta Path. et Microbiol. Scand.*，（in press）.

核酸的分子结构[①]

脱氧核糖核酸的结构

詹姆斯·沃森(J. D. Watson)[②]　　弗朗西斯·克里克(F. H. C. Crick)

(英国　剑桥卡文迪什实验室,1953 年)

我们想提出脱氧核糖核酸(DNA)盐的一种结构,其特色是具有重要的生物学意义。

Pauling 和 Corey[1]曾经提出过一种核酸结构模型,他们的模型是由 3 条缠绕的链组成,靠近轴线的是磷酸,碱基在外侧。我们认为这个结构不十分令人满意,原因有两点:

(1)从材料的 X 射线图像看来它属于盐类,而不是游离的酸。没有酸性的氢原子,那么又是什么力量使这个结构聚集在一起的呢? 特别是靠近轴线而且带有负电荷的磷酸将会互相排斥。

(2)某些 van der Waals 距离看来似乎是太小了。

Fraser 还提出了另一种 3 条链的结构。在他的模型中,磷酸是在外侧,碱基在内侧,并通过氢键连在一起。这个结构说得很含糊,因此,我们不评论它。

我们想对 DNA 盐提出一种根本不同的结构。在这种结构中,围绕着同一根轴线有两条螺旋状的链(见图 1)。按通常的化学推测,每条链都是由磷酸二酯基团和 β-D-脱氧

———————————

　　① 王斌译自 J. D. Watson, F. H. C. Crick. Molecular structure of nucleic acid; **Nature**, 1953, 171(4356): 737-738.

　　② 詹姆斯·沃森(James Dewey Watson, 1928—),美国分子生物学家和动物学家,美国科学院院士。他因与克里克共同发现了核酸分子的双螺旋结构及其在生物信息传递中的重大意义,获得 1962 年诺贝尔生理学或医学奖。

呋喃核糖基团组成的,二者通过 $3'$,$5'$ 键连接起来。两条链上的碱基,通过氢键形成碱基对,使两条链连在一起,碱基对的平面与轴线垂直。两条链均为右手旋转的螺旋,但由于成对排列的缘故,因此原子在两条链上的排列次序是反向的。每条链都有点像 Furberg[2] 的模型 No.1;即碱基在螺旋的内侧,磷酸在外侧。糖和靠近它的原子的构型与 Furberg 的"标准构型"很相似,糖与附着在糖上的碱基近于垂直。在每条链的"Z"形长轴方向上,每隔 3.4 埃,有一个碱基。我们推测,在同一条链上,相邻的碱基之间差 36° 角,所以,在每条链上,10 个碱基后,也就是隔 34 埃,结构将重复一次。磷原子与轴线的距离是 10 埃。由于磷酸是在螺旋外侧,阳离子容易接近它们。

由于这种结构是开放式的,因此含水量相当高;在含水量低时,预计碱基将倾斜,使结构变得更加致密。

这种结构的新特色是:两条链是由嘌呤和嘧啶碱基连在一起的。碱基的平面与轴线垂直,碱基成对地连在一起,一条链上的一个碱基与另一条链上的一个碱基,通过氢键连接起来,这样,在"Z"型的长轴方向上,两条链是紧靠着的。碱基配对时,必须一个是嘌呤,另一个是嘧啶。氢键组成如下:嘌呤位置 1 对嘧啶位置 1;嘌呤位置 6 对嘧啶位置 6。

假如在这种结构中,碱基只以通常的互变异构型式出现(即以酮式结构而不是烯醇式结构出现),那么只有特异的碱基可以结合在一起形成碱基对。这些碱基对是:腺嘌呤(A)与胸腺嘧啶(T),鸟嘌呤(G)与胞嘧啶(C)。

换句话说,如果腺嘌呤充当了一个碱基对中的一个成员,不管它是在哪条链上,按照这种假说,这个碱基对的另一个成员必定是胸腺嘧啶;对于鸟嘌呤和胞嘧啶来说也是同样的情况。在同一条链上,碱基的排列顺序可能不受任何限制。但是,如果只形成特异性的碱基对的话,当一条链上碱基的顺序定下来后,那么另一条链上的顺序便自动地决定了。

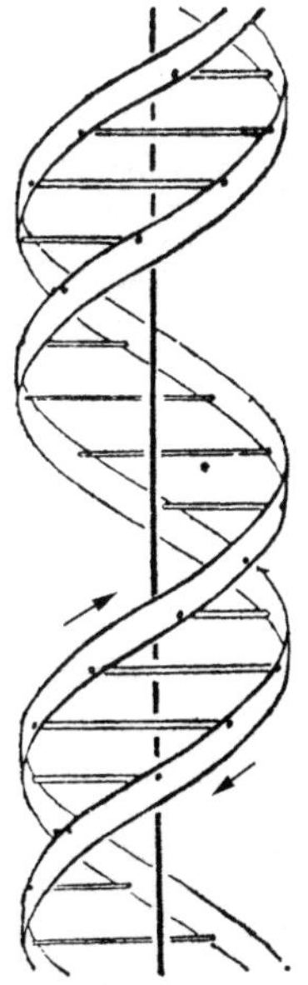

实验证明[3-4],在 DNA 中,A/T 的比值和 G/C 的比值总是十分接近于 1。

用核糖来代替脱氧核糖就不可能得出这种结构,因为额外的氧原子将造成太紧密的 van der Waals 接触。

以前发表的有关 DNA 的 X 射线的资料[5-6],对于严格测定我们的结构来说,尚不充足,我们现在只能说它与实验资料是一致的,但这种结构在未经确切验证之前,只能认为是推理性的。其中有些结果将在以后的文章中发表。然而,我们在设计这个结构时,并不知道那些结果的详细情况,这种结构的提出主要是(虽然不是全部)以发表过的实验资料和立体化学的证据为根据的。

在提出碱基特异性配对的看法后,我们立即又提出了遗传物质进行复制的一种可能机理。

整个结构的详细情况(包括推测它时所用的条件与原子的坐标位置)将一起在下面

图 1　DNA 结构模式图

两条带表示两条糖-磷酸链,水平短线表示把两条链连在一起的碱基对。垂直线表示轴线。

的一篇文章中发表。

参 考 文 献

[1] Pauling，L.，and corey，R. B.，1953. *Nature*，171，346；1953 *Proc. Nat. Acad. Sci. USA*，**39**，84.

[2] Furberg，S.，1952. *Acta Chem. Scand.*，**6**，634.

[3] Chargaff，E.，for references see Zamenhof，S.，Brawerman，G.，and Chargaff，E.，1952. *Biochim. et Biophys. Acta*，**9**，402.

[4] Wyatt. G. R.，1952. *J. Gen. Physiol.*，**36**，201.

[5] Astbury，W. T.，1947. *Symp. Soc. Exp. Biol.* 1，Nucleic Acid，66(Camb. Univ. Press).

[6] Wilkins，M，H. F.，and Randall，J. T.，1953. *Biochim. et Biophys. Acta*，**10**，192.

脱氧核糖核酸的结构[①]

詹姆斯·沃森(J. D. Watson)　弗朗西斯·克里克(F. H. C. Crick)

（英国　剑桥卡文迪什实验室，1953 年）

在这本关于病毒的论文集中，收入这篇关于脱氧核糖核酸(DNA，下同)结构，讨论它对病毒繁殖的重要性方面的文章，似乎是多余的。但我们不仅认为 DNA 是很重要的，而且还认为 DNA 是病毒遗传特异性的载体(有关这方面的讨论，可参考本文集 Hershey 的文章)，因此在某种意义上讲，DNA 必然具有精确的自我复制能力。在本文中我们将叙述一种 DNA 结构，这种结构暗示了 DNA 自我复制的机制，并使我们能首次从原子水平上提出遗传物质自我复制的详细假说。

首先，我们讨论说明 DNA 是一条很长的纤维状分子的有关化学和物理化学方面的资料。其次，我们解释为什么结晶学证据说明 DNA 结构单位不是由一条而是两条多核苷酸链组成的。然后讨论我们认为能满意地解释化学和结晶学资料的一种立体化学模型。最后我们提出这种结构的某些明显的遗传学含义。对其中某些资料的初步看法已在英国《自然》杂志上发表了(Watson 和 Crick，1953a、b)。

[①]　王斌译自 J. D. Watson，F. H. C. Crick. The structure of DNA. **Cold Spring Harbor Symp. Quant. Biol.** 1953，18：123-131.

说明 DNA 是纤维状的有关证据

DNA 的基本化学式现在已经确定了。如图 1 所示,它是由两条很长的链构成的,它的主链是由糖和磷酸基团交替组成的,彼此以 $3',5'$ 磷酸二酯键连在一起。每个糖上结合着一个含氮碱基,通常在 DNA 中只有 4 种不同的碱基,其中两种是嘌呤,即腺嘌呤(A)和鸟嘌呤(G);另外两种是嘧啶,即胸腺嘧啶(T)和胞嘧啶(C)。在某些生物中,第五种碱基,即 5-甲基胞嘧啶(MeC),也少量出现;第六种碱基,5-羟甲基胞嘧啶(HMC),在 T 系偶数列噬菌体中代替了胞嘧啶(Wyatt 和 Cohen;1952)。

图 1　一条 DNA 单链的化学式(图解)

应当指出,由于核苷酸之间的连接是有规律的,因此链是不分枝的。另一方面,就目前已经确定的情况而言,不同核苷酸的顺序完全无规律可循,因此,DNA 的某些性质是有规律的,而另一些则是没有规律的。

从物理-化学分析,包括沉降、扩散、光散射,以及黏度等方面的测定,得出一个共同的概念,即 DNA 的分子是细长的纤维状结构。这些技术说明,DNA 的结构是很不对称的,粗细大约为 20 埃,长度达数千埃,分子量估计在 $5\times10^{6}\sim1\times10^{7}$ 道尔顿(大约 3×10^{4} 个核苷酸)。幸运的是各种测定都趋于说明 DNA 是相当牢固的,从糖-磷酸主链中含有大量单键来看(每个核苷酸有 5 个单键),这是一个令人费解的发现。最近这些间接推论被电子显微镜观察所证实了。Williams(1952)和 Kahler 等人(1953)采用高分辨技术,在 DNA 制品中都看到了细长的 DNA 纤维,这些纤维粗细均匀,大约是 $15\sim20$ 埃。

说明 DNA 有两条链的证据

这类证据主要是来自 X 射线研究。所用的材料是 DNA 钠盐(DNA 通常是从小牛胸腺提取的),经过纯化并拉成纤维,这些纤维是高度双折射的,表现出明显的紫外线和红外线的双色性(Wilkins 等,1951;Fraser 和 Fraser,1951),而且能形成很好的 X 射线图像。Wilkins,Franklin 以及他们在英国皇家学院的同事,根据这些初步研究,推导出关于 DNA 结构的某些一般性结论(Wilkins 等,1953;Franklin 和 Gosling,1953a、b、c)。从他们的工作可见有两点是非常重要的:

DNA 有两种不同形式

第一种是晶体型,即 A 型结构(见图 2),在相对湿度为 75% 时出现这种结构,其含水量为 30%。在湿度更高时,这些纤维吸收更多的水分,长度约增加 30%,变成第二种结构,即 B 型结构(见图 3)。B 型结构没有 A 型结构那么整齐,可能是类晶体;也就是说各个分子都彼此平行地堆垒在一起,而不是以另外的方式有规律地排列在空间中。我们把区分这两种形式的某些特性列于表1。A、B间的转换是可逆的,因此这两种结构可能是以某种简单方式联系起来的。

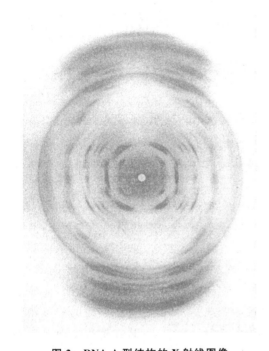

图 2　DNA A 型结构的 X 射线图像

（H. M. F. Wilkins 和 H. R. Wilson 没公开发表的资料。）

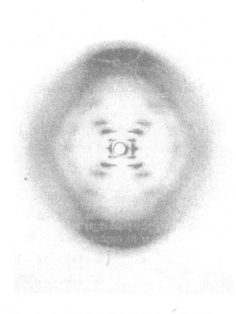

图 3　DNA B 型结构的 X 射线图像

（R. E. Franklin 和 R. Gosling,1953a. ）

表　1

	定向程度	沿轴线的重复距离	第一个赤道空间的位置	含水量	在每个螺距之间的核苷酸数目
A 型结构	晶体	28 埃	18 埃	30%	22～24
B 型结构	类晶体	34 埃	22～24 埃	>30%	20(?)

（引自 Franklin 和 Gosling,1953a、b、c。）

晶体单位含有两条多核苷酸链

由于结晶学上有异议,因此只能给出一个概貌。B 型结构在子午圈 3.4 埃处有一个很强的反射。正如 Astburg(1947)最初指出的那样,这只能说明核苷酸基团在轴线方向上,每隔 3.4 埃的距离出现一次。从 B 型结构到 A 型结构,纤维缩短 30%。这样,在 A 型结构中,核苷酸基团在轴线方向上每隔 2.5 埃[①]出现一次。根据 A 型结构的密度(Franklin 和 Gosling,1953c),以及相邻碱基对之间空间大小,可见每有这样一个基团,必

---

① 原文误为 2.5%埃。——译者注

有两个核苷酸。因此很可能,晶体单位是由两条不同的多核苷酸链构成的,对此要作最后证明,只能在这种结构完全弄清以后。

A 型结构有一个拟六角形的格子,各角点相距 22 埃。这个距离大致相当于电子显微镜下看到的这些纤维的直径,这里应当指出,A 型结构是很干燥的。这样看来,晶体单位和这种纤维很可能就是同一种东西。

对结构的描述

从上述资料可以得出两个有用的结论。第一,DNA 的结构是很有规律的,足以形成一种三维晶体。在这一点上,没有考虑组成它的两条链可能会有不规则顺序的嘌呤和嘧啶核苷酸这个事实。第二,由于这种结构具有两条链,因此它们必定是彼此有规律地排列着。

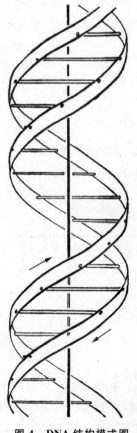

考虑到这些发现,我们提出了一种结构(Watson 和 Crick,1953a),在这种结构中两条链围绕着一条共同的轴线缠绕,并通过核苷酸碱基之间的氢键彼此连接起来(见图 4)。两条链都是右手旋转的螺旋,但原子在糖-磷主链上的顺序是反方向的,并成对地垂直于螺旋轴线。糖和磷酸基团在螺旋的外侧,而碱基在内侧。磷原子与轴线的距离是 10 埃。我们创建的模型相当于 B 型结构,B 型结构的 X 射线资料表明,在轴线方向上每隔 34 埃结构就重复一次,在 X 射线图像的子午圈上 3.4 埃的空间处有一个非常强的反射。我们的结构中,在轴线方向上,每隔 3.4 埃有一个核苷酸,10 个这样的间隔,也就是 34 埃后,完成一个整周,这与上述发现是一致的。我们的结构说得很清楚,所有的键距和角度,包括 van der Waal 距离,都是立体化学上可以接受的。

我们这种结构的特色,是组成它的两条链通过碱基之间的氢键彼此连在一起。碱基与轴线垂直,并且成对地连在一起。这些碱基对的排列是非常特异的,而且只有某些碱基对能适合于这种结构,其主要原因就是这种结构中,每条多核苷酸链的主链都是一种有规律的螺旋形式。这样,不管是出现哪种碱基,配糖键(连接糖和碱基)都是以很规则的空间方式排列着的。特别是已经结合到一个碱基对上的任何两个配糖键(每条链一个),总是以固定的距离出现,这是因为它们连接的两条主链是有规律的。结果,一个碱基对中的一个成员总是一个嘌呤,另一个成员是一个嘧啶,只有这样才能在两条链之间搭成桥。例如,如果一个碱基对是由两个嘌呤组成,那么就会因占的空间太大而放不下;如果是由两个嘧啶组成,那么又会因相距太远而不能形成

图 4　DNA 结构模式图

两条带表示两条糖-磷酸链,水平线表示连接两条链的碱基对,垂直线表示轴线。

氢键。

在理论上讲，一个碱基能以多种互变异构形式存在，在各种形式下，结合氢原子的确切位置是不同的。但是在一定的物理条件下，对每种碱基来说，都有一种特殊形式比其他任何一种形式出现的可能性都大得多。假定，碱基总是以其常见形式出现，那么配对的要求是很局限的。A 只能与 T 配对，G 只能与 C 配对（或者与 5-甲基胞嘧啶或与 5-羟甲基胞嘧啶配对）。这种配对方式详细示于图 5 和图 6。如果试图让 A 和 C 配对，就不会形成氢键，因为在一个键位上有两个氢原子，而在另一个键位上，由于被替代，所以一个氢原子也没有。

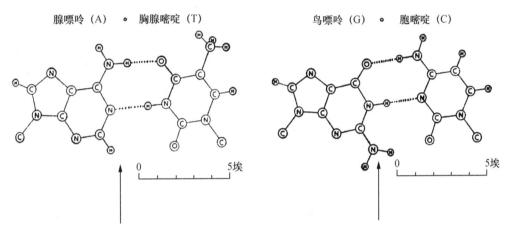

图 5　A 和 T 的配对

氢键用虚线表示。每个糖只表示出一个碳原子。

图 6　G 和 C 的配对①

氢键用虚线表示。每个糖只表示出一个碳原子。

一个已知的碱基对能以任何一种方式来形成。例如，A 可以出现在任何一条链上，但是，一旦它定下来了，那么在另一条链上和它配对的必定是 T。这可能是因为一个碱基对中，两个糖苷键彼此是对称的（见图 5、图 6），因此，如这个碱基对颠倒过来，两个糖苷键就会出现在同一个位置上，因此不能配对。

应当强调指出，由于每一个碱基可以在几个位置上形成氢键，因此，分离出来的核苷酸可以通过多种方式配对，我们限制某些条件就可以得到特异性碱基对，在我们的模型中，这是直接由糖-磷主链的规律性所决定的。

还应强调的是，在这种 DNA 结构的某一个点上，不管碱基对是怎么产生的，对相邻的碱基对都没有限制作用，各种碱基对顺序都可能出现。这是因为所有碱基都是扁平的，一个堆垒在另一个上面，就像堆垒起来的铜钱一样，哪个靠近哪个是没有差别的。

虽然任何碱基顺序都适合于我们的结构，但是特异性碱基配对方式决定了两条链上碱基顺序有着明显的相关性。也就是说，如果我们知道了一条链上碱基的实际顺序，那么自动地就可以写出另一条链上碱基的顺序。因此，我们的结构是由两条彼此互补的链组成的。

---

①　当时的认识有误，后来的研究证明 G 和 C 的配对是通过三对氢键完成的（见本书 232 页图 1）——译者注

支持这种互补模型的证据

有些实验证据为我们的结构提供了有力的支持,但应该强调指出,目前尚未证实这种结构是正确的。支持这种模型的证据有以下三类。

1. X 射线图像的一般外形有力地说明这种基本结构是螺旋状的(Wilkins 等,1953;Franklin 和 Gosling,1953a)

假定螺旋是存在的,我们马上就能从 B 型结构(见图 3)的 X 射线图像推断出它的螺距是 34 埃,它的直径大约为 20 埃。而且这种图像还表明了在螺旋的周围原子密度很高,这与我们模型中糖-磷主链在外侧的看法是一致的;这种图像还说明了两条多核苷酸链不是沿着轴线留下相等空间,而是以纤维轴间距的 3/8 互相移位的,这种推论在性质上与我们的模型也是一致的。

对 A 型结构(晶体型)的 X 射线图像的解释不那么明了。这种构型在 3.4 埃处不产生子午圈反射,而在子午圈外 25°周围,在 3～4 埃的空间处产生一系列的反射(见图 2)。这向我们提示了在这种形式中,碱基不再与轴线垂直,而是从垂直位置倾斜大约 25°,因此使纤维缩短 30%,并使每个核苷酸的纵向平移减少到 2.5 埃左右。应当指出 A 型结构的 X 射线图像比 B 型结构的要详细得多,因此,如能正确解释,可能获得有关 DNA 的更确切资料。提出的任何一种 DNA 模型,它必须或者能相当于 A 型结构,或者能相当于 B 型结构。这进一步说明了我们对于 A 型结构所做的这些解释虽然是很粗略的,但仍是很必要的。

2. 未经酸和碱降解的 DNA 有不规则的滴定曲线,有力地表明形成氢键是 DNA 结构的一个典型特性

如果用酸或碱处理一种 DNA 溶液,最初当 pH5～11 时,通过滴定检查不出有什么基团来,但超过此范围;溶液迅速发生电离(Gulland 和 Jordan,1947;Jordan,1951)。从 pH12 用酸回滴,或者从 pH2.5 用碱回滴,得出了不同的滴定曲线,这说明可滴定的基团比未处理的溶液更容易受到酸和碱的影响。在 pH11.5 和 pH3.5～4.5 的范围中,随着基团开始释放,黏度明显降低,强烈的流动双折射消失了。这种降低最初被认为是由于一种可逆的解聚过程引起的(Vilbrandt 和 Tennent,1943),Gulland、Jordan 和 Taylor(1947)曾指出,观察到次生磷酸基数量可能有所增加。他们指出碱基的某些基团在不同的碱基之间形成了氢键,但还不能确定连接碱基的氢键是在同一个结构单位上,还是在相邻的结构单位上。如果氢键是在同一结构单位内的碱基之间形成,那么,大多数可以电离的基团起初不受酸和碱的影响也就容易解释了。当相邻结构单位之间相互影响很小时,如果这种最初的滴定曲线与低浓度 DNA 的滴定曲线形状相同的话,那么就可以断定氢键是在同一个结构单位内的碱基间形成。

3. 对各种碱基相对比例的分析资料表明，A 与 T 的数量接近，G 的数量与 C＋MeC 的数量接近，而 A 与 G 的比例则随不同来源而有所变化（Chargaff，1951；Wyatt，1952）

实际上，碱基测定技术证明，A/T、G/C＋5-MeC 的比值都接近于 1。这些结果是很明显的，尤其是当一条链上碱基顺序不规律的情况下就更明显，这说明碱基在结构中是配对的。这些分析资料完全支持 DNA 具有两条链这一具有生物学意义的特性，从而为支持我们的模型提供了非常重要、非常有用的证据。

因此，我们认为目前的实验证据证实了我们的工作假说（即我们模型的基本特性）是正确的，所以使我们能够考虑它的遗传学含意。

这种互补模型的遗传学含义

首先，我们应该说明，获得 X 射线图像的这种 DNA 纤维并不是由于制备方法引起的人工产物。第一，Wilkins 及其同事（见 Wilkins 等，1953）曾指出，从这些分离出来的 DNA 纤维，与从某些完整的生物学材料（例如精子和噬菌体颗粒），所得出的 X 射线图像是相似的。第二，我们提出的模型是极其特异的，因此我们认为：它不可能是在从活细胞提取 DNA 的过程中形成的。

一种遗传物质，必须以某种方式行使两种功能，即自我复制和对细胞的高度特异性影响。我们的 DNA 模型为第一个过程提出了一种简单的机制，但目前还不知道它如何完成第二个过程。但我们相信，其特异性是由准确的碱基对顺序表达的。在我们模型中 DNA 的主链是非常有规律的，碱基顺序是能够携带遗传信息的唯一特性。不能认为，在我们的结构中，因为碱基在里面就不能与别的分子接触了。由于我们的结构是开放性的，实际上这些碱基很容易受到影响。

DNA 复制的机制

我们结构的互补特性揭示了它是如何自我复制的。要想象出 DNA 如何自我复制，这是较困难的，曾有人提出（见 Plauling 和 Delbrück，1940；Friedrich-Freksa，1940；Muller，1947）自我复制可能和各部分与其相对或互补部分的结合有关。在这些讨论中，普遍提到蛋白质和核酸是彼此互补的，自我复制过程与这两种成分的交替合成有关。相反，我们提出了实现特异的 DNA 自我复制不依赖于特异的蛋白质合成，我们模型中的每一条互补 DNA 链，在形成它的一条互补新链时，都可以作为模板或模型。

为了达到上述目的，连接互补链的氢键必须断裂，两条链还必须解缠和分离。很可能这种单链（或其适当部分）本身可以呈螺旋构型，并作为模板，游离的核苷酸（正确的多核苷酸前体）通过形成氢键自动地结合到它上面。我们认为，只有当新产生的链形成我们所提出的这种结构时，才能发生前体物形成新链的多聚化过程。由于空间排列的原因，除了适合于我们这种结构的单体外，晶格化的单体，不能进到第一条链上去彼此接近，因此就不能彼此连接形成新链。至于实现多聚化过程是需要一种特异的酶呢？还是单螺旋能像一种酶那样有效地起作用呢？现在还不清楚。

复制方式上的异议

当这种方式产生了吸引力后，虽然也出现了许多异议，但我们认为，没有一种能站住脚。第一种异议认为我们的结构没有区分 C 和 5-MeC，因此在复制过程中，含有这些碱基的顺序之特异性是不持久的。虽然 5-MeC 通常数量很少或没有，但不同种间数量变化很大，最近的实验结果（Wyatt，1952）表明了每个种内都有特定的量。而且还表明了 C＋5-MeC 的量比 C 的量更接近 G 的量。很可能这两种胞嘧啶在功能上没有明显差异。如果能够改变一种生物的 DNA 中 5-MeC 的量，而不改变 DNA 的遗传结构，那么就会大大支持上述解释。

5-HMC 在 T 系偶数列噬菌体中的出现，说明不存在上述争议，因为 5-HMC 这时完全代替了 C，它在 DNA 中的量与 G 相等。

对我们这种结构提出的第二种异议，就是认为它完全忽视了在大多数活的生物中与DNA 结合在一起的碱性精蛋白、组蛋白和蛋白质的作用。我们之所以没有考虑这些蛋白质的作用，有以下两个理由。第一，我们可以系统地讲出 DNA 自我复制的方式，为了简便起见，最好相信（至少在目前）遗传特性的传递不经过一种蛋白质媒介。第二，关于精蛋白和组蛋白的结构特性，我们几乎一点不了解。我们仅有的线索就是 Astbury（1947）及 Wilkins 和 Randall（1953）的发现，即核精蛋白的 X 射线图像与 DNA 的 X 射线图像非常相似。这表明蛋白质——至少是某些蛋白质——也是螺旋构型的，鉴于我们的模型是一种开放性的，我们认为蛋白质可能在两条多核苷酸链之间形成第三条螺旋链（见图 4）。至今对于蛋白质在其中的作用一无所知，也许它是控制着螺旋和非螺旋的构型，也许它是协助保持多核苷酸单链呈螺旋构形。

第三种异议就是为了作为一条新链的模板，两条互补链是否必须解缠。当两条链像在我们的模型中那样交织在一起的时候，这确实是一个主要异议。使两条螺旋能够一起旋转的两种主要方式被称为相缠螺旋和平行螺旋。细胞学家曾用这些术语描述过染色体的螺旋［Huskins，1941，可以看 Manton（1950）的一篇评论文章］。我们模型中的螺旋叫做相缠螺旋。把两条分开的螺旋并排地放着，然后合在一起，使我们的轴心大致重合，这就是平行螺旋。要把两条有规律的螺旋合在一起，就必定会使它们发生相缠。用两条有规律的简单螺旋围绕同一轴心旋转，不可能得出平行螺旋来。这一点只有通过研究模型才能清楚的理解。

当然，一条展开的 DNA 单链卷曲成螺旋状这是不难的，因为一条多核苷酸链有很多单键，在单键处发生自转是完全可能的。具有共同轴心的两条单链组成的一条双链，要发生自转就比较困难了。这是一种拓扑学上的困难，而且不是通过简单的处理所能克服的。除了把链切断以外，还有两种方法可以把两条相缠卷曲的链分开。第一种方法是拿住一条链的一端和另一条链的另一端，在轴线方向上把它们拉开，两条链彼此滑过，最后从一端到另一端彼此分开。对我们的结构来说，可能不是这种情况，因此不再进一步去讨论它。第二种方法是两条链必须定向解缠。定向解缠后，两条链就相互分开了，但仍彼此紧靠着，使它们完全解缠的转数与一条链围绕着共同轴心旋转的转数相等。在我们的结构中，每 34 埃转一圈，每百万分子量的 DNA 大约转 150 圈，即相当于我们结构中

5 000 埃的长度。对于解缠过程的疑问分成以下两类：① 必须解缠的圈数是多少？解缠时如何避免发生混乱现象？ ② 产生解缠的物理或化学力是什么？

目前，我们主要讨论第一个问题。要确定具有功能活性的 DNA 之连续长度是比较困难的。经过分离，我们所能得到的 DNA 分子量的下限，长度为 50 000 埃，大约有 1 000 圈。有证据说明，这仅是 DNA 纤维在提取过程中断裂的下限。上限在病毒中可能就是全部的 DNA，在高等生物中可能就是一个染色体中的全部 DNA。在 T2 噬菌体中这个上限约为 800 000 埃，相当于 20 000 圈，在高等生物中这个上限有时可高达 1 000 倍。

如果一条染色体的连续部分是反向螺旋，那么上述疑问就很容易解决。最明显的方式可能在顺序上既有右手旋转的 DNA 螺旋，也有左手旋转的 DNA 螺旋，这与只有以右手旋转的螺旋才能建成我们模型的情况是不同的。另一种可能性是右手旋转的 DNA 长链被左手旋转的多肽螺旋的互补链连在一起。这种主张的优越性是难以估计的，但是，噬菌体 DNA 似乎与蛋白质不连在一起，这一事实又使这种主张不那么引人注意了。

如果两条链一分开，复制就在末端上开始，那么解缠过程就没那么复杂了。这种机制将形成一种新的双链结构，任何时候也不需要有一个游离的单链阶段。在这种方式中，像双链结构中发生紊乱的危险就大大地降低了，双链结构比单链结构牢固而坚硬，因此不容易围绕其相邻者形成螺旋。复制过程一旦开始，在两条链的延伸末端上，双链结构的出现，促进了尚未复制部位氢键的断裂，并使复制过程以类似开拉链的形式向前进行。

也有可能在旋转的扭力作用下，偶尔使两条链中某条链断裂，因此，那条完整的多核苷酸链就能松开，由于围绕单键转动而积累起来的缠绕，随后那些断裂了但仍很靠近的末端，又能重新连接起来。

虽然我们已经作了多种假设，但解缠仍然是一个不可忽视的难题，因此，对我们为什么提出是相缠螺旋而不是平行螺旋，进行重新检验还是很有必要的。在平行螺旋中，两条螺旋不是相互缠绕的，而只是彼此并列在一起。我们的回答是，在平行螺旋中，特异性的碱基配对不能使得每条螺旋的连续残基都保持对于螺旋轴线的一致方向。我们坚决反对这种可能性，还因为它暗示着对于糖-磷酸主链可能有许多空间化学的选择，这和我们关于空间化学模型的发现（Crick 和 Watson，1953）是矛盾的，在我们的模型中，糖-磷酸基团的位置是相当特定的，因此没有在平行螺旋中那样大的变化能力。而且平行螺旋构型不能产生特异性碱基配对，特异性碱基配对只有当配糖键在空间有规律地排列时才能发生。因此，我们认为，如果螺旋结构确实存在，那么两条螺旋之间的关系必定是相缠的。

但是，我们不禁要问，是否还有别的既保持了必需的规律性，但不是螺旋状的互补结构呢？事实上是有的，就是一条带状排列，在这条带状排列中，两条链也是通过特异性碱基配对连在一起，碱基对间相距 3.4 埃，但糖-磷酸主链不是形成螺旋，而是一条直线，它和碱基对形成的直线成 30°角。这种带状结构与 B 型结构的 X 射线图像有许多相同之处，我们还不能确定它是怎样集合成显微镜下的纤维，特别是它为什么会在 20～24 埃处产生强烈的赤道反射？因此，虽然我们不能驳倒它，但我们对这种模型不热心。

有两个几何学问题，虽然与我们的模型关系不大，但这是任何一种 DNA 模型都会遇到的。这两个问题都与某种形式的超折叠过程的必要性有关，这可以用噬菌体来进行说明。首先，在噬菌体 T2 中，DNA 总长度大约为 8×10^5 埃，因此和其他来源的 DNA 一样，T2DNA 的分子量很大（Siegal 和 Singer，1953），它必须来回弯曲许多次，才能装在直径仅为 800 埃的噬菌体头部。其次，DNA 必须自我复制而不紊乱。平均大小为 $10^4 \times 10^4 \times 2 \times 10^4$ 埃的一个细菌内，可以合成大约 500 个噬菌体颗粒。新形成的 DNA 总长度为 4×10^8 埃，我们认为，所有这些新形成的 DNA 都以某种间隔与其亲本模板接触。无论复制机制多么精确，我们认为避免产生紊乱的最合理的方法就是把 DNA 折叠成它所形成的那种致密束。

自发突变的一种可能机制

在我们的复制图式中，复制的特异性是通过嘌呤和嘧啶碱基的特异性配对来实现的，即 A 与 T 配对，G 与一种胞嘧啶配对；这种特异性是由下述假定引起的，假定碱基通常以一种稳定的互变异构形式出现，这种互变异构形式比其他任何一种可能的互变异构形式都稳定得多。但是，化合物是互变异构的，这一事实本身就说明氢键偶尔也可以改变其位置。以前我们认为自发突变是一种碱基顺序的改变，现在看来，很可能是因为在形成互补链时，一个碱基偶尔以其罕见的一种互变异构形式出现所造成的。例如，正常情况下，A 与 T 配对，如果 A 的一个氢原子发生了互变异构移动，A 就能与 C 配对（见图7）。下次配对时，这个 A（已经恢复了其通常的互变异构型）将与 T 配对，而这个 C 将与 G 配对，这样，碱基的顺序就发生了一次改变。弄清在物理条件下，各种互变异构型之间自由能的确切差异，可能是非常有意义的。

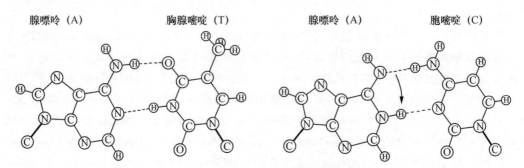

腺嘌呤（A）　　　　胸腺嘧啶（T）　　　　腺嘌呤（A）　　　　胞嘧啶（C）

图7　A 在发生一次互变异构变化前（左）后（右）的配对排列

一般性结论

通过进一步的结晶学分析，将会对我们的结构给予证明或反驳。我们希望这一任务能尽早完成。但是，如果这种互补链假说也被证明是错误的，那将是出乎意料的。我们原先是考虑了结晶学上的规律性，才提出这种特性来的。因此，如果认为这种特性与自我复制的密切联系是偶然的问题，我们认为这是不可能的。相反，这种相缠螺旋，至少从表面上看生物学吸引力不大，因此需要确切的结晶学证明。如果能确切证明遗传特异性只是携带在 DNA 上，并且阐明在分子水平上，这种结构如何对细胞行使特异性影响，那么无疑将对这种模型和所提出的复制机制提供更多的证据。

参 考 文 献

[1] Astbury，W. T. ，1947. X-Ray Studies of nucleic acids in tissues. *Sym. Soc. Exp. Biol.* ，**1**：66～76.

[2] Chargaff，E. ，1951. Structure and function of nucleic acids as cell constituents. *Fed. Proc.* ，**10**：654～659.

[3] Crick，F. H. C. ，and Watson，J. D. ，1953. Manuscript in preparation.

[4] Franklin，R. E. ，and Gosling，R. ，1953a. Molecular configuration. in sodium thymonucleate. *Nature*，Lond，**171**：740～741.

1953b. Fiber diagrams of sodium thymonucleate，I. The influence of water content. *Acta Cryst.* ，*Camb.* ，(in press)；

1953c. The structure of sodium thymonucleate fibers. II. The cylindrically symmetrical patterson function. *Acta Cryst.* ，*Camb.* ，(in press).

[5] Fraser. M. S. ，and Fraser，R. D. B. ，1951. Evidence on the structure of desoxyribonucleic acid from measurements with polarized infra-red radiation. *Nature*，Lond. ，**167**：760～761.

[6] Friedrich-freksa，H. ，1940. Bei der Chromosomen Konjigation wirksame Krafte und ihre Bedeutung für die identische Verdopplung von Nucleoproteinen. *Naturwissenshaften*，**28**：376～379.

[7] Gulland. J. M. ，and Jordan，D. O. ，1946. The macromolecular behavior of nucleic acids. *Sym. Soc. Exp. Biol.* ，**1**：56～65.

[8] Gulland，J. M. ，Jordan，D. O. ，and Taylor，H. F. W. ，1947. Electrometric titration of the acidic and basic groups of the desoxypentose nucleic acid of calf thymus. *J. Chem. Soc.* ，1131～1141.

[9] Huskins，C. L. ，1941. The coiling of chromonemata，Cold Spr. Harb. Quant. Biol. ，**9**：13～18.

[10] Jordan，D. O. ，1951. Physiochemical properties of the nucleic acids. *Prog. Biophys.* ，**2**：51～89.

[11] Kahler，H. ，and Lloyd，B. J. ，1953. The electron microscopy of sodium desoxyribonucleate. *Biochim. Biophys. Acta*，**10**：355～359.

[12] Manton，I. ，1950. The spiral structure of chromosomes. *Biol. Rev.* ，**25**：486～508.

[13] Muller，H. J. ，1947. *The Gene. Proc. Roy. Soc. Lond. Ser. B.* ，**134**：1～37.

[14] Pauling，L. ，and Dedbrück，M. ，1940. The nature of the intermolecular forces operative in biological processes. *Science*，**92**：77～79.

[15] Siegal，A. ，and Singer，S. J，1953. The preparation and properties of desoxypentosenucleic acid. *Biochim. Biophys. Acta*，**10**：311～319.

[16] Vilbrandt，C. F. ，and Tennent，H. G. ，1943. The effect of pH changes upon some properties of sodium thymonucleate solutions. *J. Amer. Chem. Soc.* ，**63**：1806～1809.

[17] Watson，J. D. ，and Crick，F. H. C. ，1953a. A structure for desoxyribose nucleic acids. *Nature*，Lond. **171**：737～738. 1953b. Genetical implications of the structure of desoxyribose nucleic acid. *Nature*，Lond. ，(in press).

[18] Wilkins，M. H. F. ，Gosling，R. G. ，and Seeds，W. E. ，1951. Physical studies of nucleic

acids—nucleic acid; an extensible molecule. *Nature*, Lond. , **167**: 759~760.

[19] Wilkins, M. H. F. , and Randall, J. T. , 1953. Crystallinity in spermheads; molecular structure of nucleoprotein in vivo. *Biochim. Biophys. Acta*, **10**:192 (1953).

[20] Wilkins, M. H. F. , Stokes. A. R. , Wilson, H. R. 1953. Molecular structure of desoxypentose nucleic acids. *Nature*, Lond. , **171**: 738~740.

[21] Williams, R. C. , 1952. Electron microscopy of sodium desoxyribonucleate by use of a new freeze-drying method. *Biochim. Biophys. Acta*, **9**: 237~239.

[22] Wyatt, G. R. , 1952. Specificity in the composition of nucleic acids. In The Chemistry and Physiology of the Nucleus, 201~213. N. Y. Academic Press.

[23] Wyatt, G. R. , and Cohen, S. S. , 1952. A new pyrimidine base from bacteriophage nucleic acid, *Nature*, Lond. , **170**: 1072.

基　因[①]

路易斯·斯塔德尔(L. J. Stadler)[②]

(1954 年)

　　生物学的普遍问题是生命物质的物理性质。正是这一点,它使基因的研究增添了动力和兴趣,因为研究基因物质的行为现在似乎是我们解决这一问题最直接的入门。

　　当前关于生命细胞行为的知识,有两点格外引人注目。第一,是生命细胞中发生的化学反应几乎难以置信的精密的平衡,通过这种平衡,能量得到供应,合成得以进行,从而提供了生长所需要的物质。第二,是基因物质的行为,它显然操纵着这些反应。基因被携带在染色体精细的绳索上,它们拼凑在一起只是细胞物质的一个微小的部分。这些染色体绳索沿着它们的长度分成数百个作用不同的节段,因此,这些节段大概有不同的组成,即我们所说的基因。基因物质在每一细胞世代都进行复制。在许多已知的情况下,它的有区别的节段决定是否会发生一种特殊的化学反应,大概,至少在某些情况下它决定一种特异催化剂的产生。

　　细胞物质的绝大多数显然是由上述所操纵的反应产生的物质组成。关于这些物质的性质和行为,就我们所知,并不需要人们去想到它们具有在本质上同非生命物质不同的特性。

---

　　①　梁宏译自 L. J. Stadler. The gene. **Science**,1954,120:811-819.

　　②　路易斯·斯塔德尔(Lewis John Stadler,1886—1954),美国遗传学家。他一生中大部分精力用于研究各种射线对主要农作物的诱变效应及在遗传育种中的应用。为了纪念他,在他曾经工作过 32 年的密苏里大学每两年举办一次以他名字命名的国际遗传学研讨会(Stadler Genetics Symposium)。

相反,基因物质的性质看来同我们根据对非生命物质的物理学方面知识熟知的物质却是大不相同。现代物理科学未能为我们提供一种模型可用以解释基因线在每一细胞世代的再复制,或解释产生足够量的特异酶或由特殊基因所产生的别的作用物。同源基因线在减数分裂时节段的精确配对和互换也使人设想到这种物质有其新的物理特性。这些事实说明,了解基因物质的本性和特性,可能为阐明生命的不同物理机理提供线索。

研究基因物质的困难是明显的。它不能分离出来作化学分析或纯培养。直接分析一些特殊节段或个别基因的可能性,当然是更加遥远的事了。基因的特性只能从它们作用的结果进行推理。

此外,只有通过比较其基因型,除一个基因不同外,其他总的方面都相似的个体,或可严密地研究一个单基因的效应。这意味着基因突变对这类研究的重要性,因为只有通过基因突变,我们才能鉴定出仅由一个单基因产生差别的个体。为此,确定基因特性的前景依赖于发展出研究基因突变的可靠方法。

这里引用 H. J. Muller 对这一问题的研究所作出的不朽贡献是合适的。30 多年前,他清楚地认识到基因突变在研究生命的物理性质方面有着独一无二的意义[1],并勇敢地解决了阻碍进行实验研究的给人深刻印象的技术问题。

上述分析方面的困难,在涉及其他问题时也同样如此,例如,关于分子和原子的结构问题,所假设的元素特性,必须从它们产生的效应来进行推理。在这类研究中,研究工作者的工作进展是通过先形成一个与已知事实相符的最简单的模型,然后采用每一个重大的实验来测试根据这个模型可以作出的各种预测。通过一系列连续的近似值,这个模型最后推导出一种形式,它似乎对观察到的行为提供了好像最合理的机理。从纯遗传学证据研究基因的物理性质同这种研究很相似。

通过直接观察染色体,有可能平行地研究突变的某些问题,这使得分析方面的困难有所克服。虽然在显微镜下看不见基因线本身,但可以说,它的行为在染色体上提供了一个可见的影子。根据染色体可见的改变很容易探查出基因线的改变。各别突变的细胞遗传学分析能对统计突变率所得出的假设进行有益的核对。

这方面的一个例子是对 X 射线处理和温度影响突变率这一证据所作的某些解释。X 射线诱发突变的早期研究中,Delbrueck[2] 形成了一个纯属推测的基因"原子物理模型",这是根据在不同物理条件下看到的点突变频率而推导出来的。数年后,著名的理论物理学家薛定谔(Erwin Schrödinger)发表了《生命是什么》一书[3],在这本引人入胜的小书中,他应用和讨论了基因的这个模型而为人们所熟知。

这个见解是把基因看成一个分子,而看到的突变则代表由于热激发或辐射能的吸收,使分子从一个稳定的状态迁跃到另一个状态。不管时间因素变化如何,线性剂量曲线和突变产量的稳定性,说明 X 射线诱发的突变是单"打击"造成的结果;不管波长怎样变换,突变产量与电离作用呈稳定的比例,说明"打击"单位是一次电离。对所看到的突变,计算其必定发生"打击"的体积,以这个体积为基础来估测基因分子的平均大小。计算结果是 1 000 个原子左右。根据不同温度条件下自发突变的相对频率能计算出发生一个突变所需的激活能量,它的计算结果约为 1.5 电子伏特。据推测,不稳定的基因相应地具有较低的激活能量,而事实上,温度对它们的突变率的影响比通常对稳定基因的影响要低些,这一点同以上所作的预测是一致的。一次电离所耗费的能量大约为 30 电子伏特,因此可以指望辐射将使任何一个基因发生突变,而不管在正常条件下它们的相对稳定性如何。所以,在正常温度下,明显不稳定的基因较之通常稳定的基因,其突变率有比例的增加要低得多,这些预测也是可以理解的。

这是一幅给人印象深刻的情景,但多年来很明显它同得到这个推测的实验数据无可靠的关系。在 X 射线诱发突变当中,对各个例子的详细分析清楚地证明,这些突变结果中有许多不是由于一个基因的结构改变,而由于基因外部的一些变动,如基因线一个节段的物理丢失或重排。我们没有根据去估测在看到的突变总数中这类基因外突变所占的比例;也没有理由认为在各种实验处理下所看到的突变当中这个比例是相同的。

这个模型的基础是假设所看到的突变统计,实际上是组成基因线分子发生结构改变的统计。某些突变的研究同这一假设不符,并证明这个模型事实是没有什么根据的。

考虑到以下情况是有兴趣的,即如果碰到遗传决定子更小,并处在能对个别例子进行实验研究的水准之下,我们仍然可以对这种模式形成越来越改进的基因模型。当根据模型作出的预测同实验结果相抵触时,我们就变换各数字值,或引进其他变数,或者如需要的话,甚至可创造其他假设单位。但模型主要地仍然是从为数不多的突变推导出来的一个想象的结构,因为我们不可能对这一个突变同另一个突变,同样有效这一似乎有理的假设进行反驳。

基因是什么?

基因突变的早期研究主要涉及这种极罕见的现象提出的技术性问题。尽管作为突变理论基础的月见草突变已被证明是错觉引起的结果,但不久就弄清楚,突变变化的确是存在的,其遗传情况好像它们是由于个别基因的改变所致。摩尔根和他的同事对果蝇所作的大量的遗传分析,证明有许多这样的情况,即事实上差不多所有在基因图上出现的位点都代表看得见变化的突变发生,这种突变经以后的测验证明它们是以典型的孟德尔方式遗传的。在每一种情况下,都认为这些突变是由于野生型基因改变成另一种形式,它产生一种可以识别的不同的表型效应。然而,这些突变频率,要允许做实验以研究影响它们发生的条件似乎太低了。

Muller 于 1917 年指出[4],基因突变造成无生活力("致死"),可能比能存活下来而对基因进行修饰(可见的)的突变要更多些。实验继续到第二个 10 年[5],他发展了各种专门的技术,用这些技术有可能测定某个染色体或某区内全部位点的致死突变总数。这些总的频率经证明已高到足以在不同温度下对突变频率作重要的实验比较。产生致死突变的位点分布在染色体上的情况,同根据可见突变的位点分布所预期的情况很接近,因而得出结论,可以合理地把致死突变用作总的基因突变的一个指标。

与此同时,作了许多外部处理的尝试,包括各种化学、放射和血清液处理的研究,并在研究中使用了各种动物、植物,以提高遗传改变的频率。这些实验都没有就任一种实验处理时突变频率的影响作出肯定性的证明,虽然有几项试验其遗传改变或许是由处理诱发的。失败应归结于以下两点困难：① 难以证明在受处理个体后代中看到的遗传改变，实际上的确是处理的结果，而并非受处理品系中存在一些遗传的不规则性的结果；② 难以表明受处理组的突变频率的提高在统计学上是令人信服的。所需要的是一种适合在一个有机体里能探查出足够数目突变的遗传技术，在这个有机体里，突变性状的基因决定遗传能很容易得到证实。

Muller 在果蝇方面设计的 C1B 技术特别适合于这个目的，而用这个技术进行的 X 射线实验[6,7]，毫无疑问地证明 X 射线对突变频率影响很大。X 染色体上的总的致死频率提高了 100 倍以上。此外，发现了许多可见突变，包括显性和隐性的突变，也包括从它们发生自发突变为过去已知道的突变体，以及许多以前没看到过的突变体。

紧接着这些实验，其他研究工作者设计了实验更严格地测试诱发突变的基因本性。可以猜想突变体的致死因子是缺失，即使是可见突变，也能想象到它是由于短的缺失或基因的自毁。如能诱发突变成一个不同的等位基因，和再用处理把这个等位基因回复突变成亲本的等位基因，那就太好了。但这是有争议的，因为两次突变不能都归结为基因的丢失。在 Patterson 和 Muller[8] 以及 Timofeéff-Ressovsky[9] 的实验中，已证明果蝇的若干位点在同一个位点上发生诱发突变和诱发回复突变。

继后用多种多样类型的高等动物、植物和微生物所作的实验，证明了电离辐射对突变频率的效应有着巨大的普遍性。以后用紫外线照射和各种化学处理的实验，也证明了它们对突变频率有影响。

然而，诱发突变的分析很快指出，需要对采纳的有关基因、基因突变的定义和准则作重新考虑。

基因突变的实验目的是研究新的基因形式的进化。因此，研究基因突变的技术为用以测定这些基因改变的频率。但基因的改变或许只能通过它的效应来识别，且不久就搞清楚，各种基因外的变动能产生典型基因突变所特有的效应[10]。

这样，突变的工作定义与理想的定义必然不同。工作定义是必须考虑从实验证据概括出一般性结论。经实验鉴定为基因突变的突变，不仅包括基因内改变所引起的变异，也包括由于基因丢失、基因增添和基因彼此间空间关系所引起的变异。能采用某种测验来鉴定这些机械的改变。但没有一种测验能鉴定基因内部改变所引起的突变；简单的推理是那些由于特殊的机械原因而未能鉴定的突变，实际上可归结为含义理想的基因突变[11]。

当我们根据一项实验作出由于 X 射线的作用，而形成了新基因的结论时，我们不是简单地叙述实验结果。在单独叙述中，我们是把以下两个步骤结合起来：① 叙述所观察的实验结果；② 阐述由于一种特殊机理所引起的突变。把这两个步骤分隔开这一点很重要，因为第一个步骤代表对已知事实永久性的增添；而第二个步骤只代表一种推理，这种推理以后可能为新的事实所修改或否定。如果把这两个步骤无意识地混同起来，我们就会有把我们所知道的同我们所设想的混淆在一起的冒险。

普遍认为 X 射线处理能大大提高基因突变的频率，就是这种把两个步骤混淆一起产生的错觉。其根源在于使用具有两种不同含义的基因突变一词。基因突变据设想是遗传物质的一个单位组成发生改变，从而产生出一个基因活动改变了的新基因。基因突变在实验中是通过发生一个遗传的突变性状来鉴定的，这个突变性状的发生，好像是因为一个基因的变化所引起的。

使用具有两种概念的同一名词所带来的危害性十分明显。坚持认为 X 射线诱发基因突变，是因为所产生的突变体满足基因突变全部被采纳的标准，认为这些突变体代表某些特殊基因的质量上的变化，是因为它正是我们用基因突变所指的东西，坚持这种论点可引用矮胖子在《透过镜子》里的一句名言，矮胖子说："当我使用一词时"，"这是指我就是挑选它来解释——既不多也不少"。

现在我们关于基因的概念，全部地依赖于基因突变的发生。如果没有基因突变，我们就不能对各个基因进行鉴定，因为一个单个染色体的全部遗传效应能作为一个单位遗传下来。如果被我们解释成基因突变的突变，在实际上是由于大批基因发生改变的结果，那么，我们作为基因来看待的实体，事实上将是相应的一大批基因。这种明显的模棱两可性不在于我们对基因突变所下的定义，而在于我们对基因本身所下的定义，因为任何一种基因突变的定义都是以基因的定义为先决条件的。

对这些困难和用实验概念更精确的定义对它们作出修改的可能性进行讨论的是，只有在生物学中使用那种在现代物理学中占有共同地位的可使用的观点，这种观点在很大程度上是根据 P. W. Bridgman[12] 的严密的研究结果提出的。Bridgman 注意到，如果使方法具有灵活性而足以处理可能发展的任何一种事实，那么在科学见解上，随着相对论的发展，物理学必须作出这种严格的重新考虑是必要的。这种可以使用的观点，其主要特点是不能用超越实验测定的假想的性质，来规定一个处于实验研究条件下的物体或现象，而必须用能处理该物体或现象的实际可行的方法来规定它。这不是一个新的原则；至少在早期的个别科学家的工作中，已含蓄地承认过这一点。William James[13] 在他关于实用主义的演讲中主要阐述了这一点，并引用了 Wilhelm Ostwald 的话加以说明！

化学家长期以来围绕着某些称之为互变异构物体的内部结构问题进行辩论。它们的特点似乎同这样一种想法完全一致，即在它们的里面有一个不稳定的氢原子在振荡，或者它们是两个物体的不稳定的混合物。论点激烈，却一直未得结局。Ostwald 说："如果论战者问问他们自己，有哪些特定的实验事实同这一种或另一种所谓正确的观点有所不同，则从来没有发生过这样的事，因为接着看到不可能追溯到事实上有什么不同；而这种争论就好像在原始时候对产生酵母面团所作的推论那样的不真实，一方祈求于'神仙'，而另一方则坚持'妖怪'为其现象的真正起因"。

用可以使用的话来说，什么是基因？换言之，我们怎样才能用一种把确立下来的事实同推论和解释分割开来给基因下定义？这个定义不仅要考虑到发生突变的实验证据，也要考虑到任何一种遗传差别在遗传方面的实验证据，或者同基因本性有关的任一种其他的实验证据。这个定义能详细说明基因的特征，用公认的实验操作能测定出究竟它们是以往实验中早已确立的特征，还是在今后的实验中可予确立的特征。

从实用的角度来看，只能把基因定为基因线的最小的节段，经证明它始终同发生一种特异的遗传效应相联系。不能把它定为一个单分子，因为我们没有能用于实际例子的实验操作，来确定某一个基因是否是一个单分子。我们不能把它定为一个不可分的单位，因为，尽管我们的定义提出，我们将承认任何一个通过交换或易位，实际上分开的决定子是分开的基因,但没有实验操作能保证不能再把它分开。鉴于相似的理由,不能把它定为繁殖的单位或基因线的活动单位,也不能证明通过一定的界限能把它同邻近的基因划分开。

这并不是指有关上述未确定下来的问题是一些毫无意义的问题。反之,它们全部是重要的问题,我们希望通过对实验证据的阐明和发展新的实验操作来最终地对此作出答复。所谓实用的定义,仅仅代表迄今用现有的方法,从实验证据中可以确立的这种现实的基因特性。从这些证据作出的推理对假设的基因提出了一个假设的模型,一个模型对从事这一问题的不同研究者看来会略有差别,并将通过以后的研究进一步作出修改。

现代遗传学文献中所用的基因一词,有时指实用的基因,有时指假设的基因,而有时必然众所周知,是两种定义荒谬的混合。由此引起的混乱可以通过两位如此富有才能和卓有见识的遗传学家,Richard Goldschmidt 和 A. H. Sturtevant 所发表的似乎矛盾的陈述,有力地说明了这一点。Goldschmidt 在评述位置效应的证据后,声称基因是不存在的[14],或不管怎样,必须放弃微粒基因的经典理论[15]。Sturtevant,在引用染色体区域上有差别,特定区域为有机体特定反应所必需,以及特定区域的行为犹如交换单位这方面的证据时,声称"这些情况……证明基因的存在"[16]。

如果说 Goldschmidt 基本上是正确的话,他所说的基因是指假设的基因,而他记住的是特定的假设基因。他关于不存在基因的肯定性结论容易使人误解,但显然只是指这种假设基因并不存在。他关于把基因特性一般都归结到"经典的微粒基因"缺乏证据这一论点,我想是完全正确的。

如果说 Sturtevant 是正确的话,我们说他指的是实用定义的基因,因为这种基因定义不包括未经证明的特性,Sturtevant 指出,如果确实在基因线上没有连续的单位,那么在实验上确立这一事实的最直接的途径,将仍然是研究这些可以区分的染色体区的特性和相互关系。这些都是实用定义的基因。

什么是基因突变的实用的定义?我们承认,我们在基因突变方面的研究,就其主要问题来说,只是在用它们鉴定和分析代表新的遗传单位进化的突变这一范围是重要的。但显然,在这种含义上,现在尚不能形成基因突变的实用的定义,因为这些遗传单位不是实用定义的基因;它们是我们为阐明实验证据而假定的假设基因。所以说,现在不能定下实用的定义,只是用不同的话来重申前面提到的见解,即我们没有正确的准则来鉴定基因内部变化而产生的突变,而在实验中被解释成基因突变的变化仅仅是未经分类的残留物,还不能证明是否由其他原因造成的结果。今后研究的主要问题必须发展出这类准则。

特殊基因的突变研究

本文的主要目的[17]是强调指出以下令人不愉快的事实;要使我们在了解基因突变方面取得重大的进展,需要研究特殊基因的突变。实际情况之所以令人感到难办,是因为当必须用单基因作研究,尤其是研究单基因的自发突变时,由于突变所特有的极低的频率而产生的各种技术性困难,使我们处于不利的境地。说起来使人感到不快的是事实上像我们看到的那样,要在实验中排除伪造的突变或基因外突变,在混杂的非特异性位点上产生的突变率是没有希望的。

集中研究单基因的主要优点,是有可能用某些特殊突变体的直接实验分析,代替在所有的位点上都使用假想的一般化概念。所研究的每一个突变体都可以在诊断同一基因的其他突变体方面,提供的详细资料增添内容。

另一个更重要的优点是被选作研究的特殊位点可能是那样一些位点,它们在识别和分析它们的突变体方面,具有非凡的技术上的优越性。例如,玉米的 R^r 和 A^b 基因,像其他各种物种已知的基因一样,它们能产生自发突变体,这些突变体的样子是由于在这些位点上可识别出短的缺失而形成,使它们能清楚地区别出来。这并不证明自发突变不能由更小的缺失产生,但它提供了鉴定缺失这一大类的常规筛选,而不需要再作研究。隐性等位基因 a 是另一个有助于区别基因丢失和基因改变的非常有用的基因。这个等位基因尽管在表现型上只能通过它没有 A 的作用而予以识别,但也可以从基因缺失,通过它对诱发基因 Dt 的反应,即当存在 Dt 基因时它有时会回复到显性等位基因 A 而得以辨认出来。这种保持 Dt 的反应,在阐明 A 基因的自发突变和诱发突变实验时,为排除基因丢失提供了一个准则。R 等位基因提供了一种不同的技术上的优点。R 基因的表现型效应是它的很多等位基因,借助于植株颜色的深浅和模式方面非常轻微的差异,而可以客观地把它们区分开。一个具有变化相等的等位形式的基因,如只能通过它对某些反应之有反应或无反应来进行鉴别,它看起来就只有两个等位基因,并除非把具有这两种可予区别的活动水平的品系,在它们之间作杂交,否则它的突变查不出来。另一个具有巨大的实际重要性的优点是 R 和 A 都是影响胚乳性状的基因,因而适用于在大群体中鉴定突变。两个基因都明显地表现为轻微的生理效应,它们的突变体都能存活下来,没有查出生活力的丧失。

对于可导致产生一种与孟德尔式遗传相反的遗传现象作有效的分析,或许能深入研究经挑选合适的基因的突变,尽管事实上它在研究混杂的非特异性位点的突变,看来好像是没有希望的。

如果单基因的自发突变率实际上太低,而不能作有效的实验研究,那么这些考虑就没有什么价值了。选择不寻常的高突变率的基因作研究,不能安全地躲开这一困难,因为不能保证同不稳定基因行为有关的机理,可以代表有关典型基因突变的机理。微生物可以在实质上无限制的群体里对突变体进行有效的筛选,这样,使用微生物将克服这一困难,但不幸的是,它们没有提供研究所需的严格的遗传背景。

一种测定特异基因自发突变率的技术,对玉米行之有效,因为突变率低到每一百万个配子大约有一次[18]。测试了 8 个基因,这些基因除了能在胚乳上显示出它们的效应这一技术上的优越性外,其他方面不加选择,它们全都产生了突变,但有一个测试的基因,其突变率约为每一百万个测试配子中有 500 次左右[19]。这种产生突变数较多的基因,使比较试验足以证明在不同栽培条件下突变频率变动很大。例如,R 基因在一些栽培条件下大群里找不到突变,但在另一些栽培条件下它的突变率高到 0.2%。以后的研究证明这种差异部分是由于 R 等位基因固有的差异,部分是由于对 R 突变率进行修饰的因子所造成的差异[20]。这些因子显然是相当常见的,因为有一项只有强烈效应才能探查出突变的研究,它表明在标记的 7 个区中,有 3 个区碰到过这类修饰因子[21]。

所测定的平均突变率,对于就影响突变率的因素作有效的研究或取出适量的突变体样本作个别的研究,都显得太低了。然而,事实上突变率很容易受到形形色色的修饰因子的影响;这就有可能分离出经常发生特异基因突变,从而能直接进行实验研究的品系。

假基因突变的探查

即使选择性质最有利的基因进行研究,发展鉴定具有进化意义的基因突变的准则是困难的。在以往的研究中,用各种设想使这一问题看起来毋庸置疑地简单化。有些设想是未经证实的,有些则通过以后的发现证明它们是无效的。

例如,我们感到在我们实验中探查出来的一些突变,必定是有关基因在质量上的改变,因为无疑地,质量上起变化的基因是在进化过程中得到的。这主要同一种广泛传播的信念有关,这种信念是即使有些鉴定过的明显的基因突变经验证明是错误的,而真正的基因突变必须包括在未经分类的残留物中。

这种信念是荒谬的。姑且承认质量上发生改变的基因必然由突变产生,其突变率高到足可进行实验研究,但不能保证在我们突变实验中,发现的突变体可以代表它们进化的步骤。当我们着手在一项突变实验中鉴定突变体时,我们必须把自己局限在具有效应比较大的突变,大到足以使突变体的表现,超过了由于环境条件和遗传修饰因子所引起的各种各样表现的范围内发生,我们就没有办法去鉴定它们。对于发生这种潜在的突变,尚无良好的证据。支持假设基因高度稳定性的证据,仅仅涉及少数明显的突变。如果明天提出有说服力的证据,说明基因型自身的繁殖,只是群体内每一个世代取样的统计结果,而这个群体的基因在一种不易觉察的范围内有遗传变动,那么在我们现在的见解中再不会有什么地方同这个结论发生矛盾了。

研究起源不同的 R 等位基因,说明在植株颜色表达的水平上经常碰到微小的差异[22]。如果这个基因变异的唯一来源是我们实验中所研究的那种变异,则不能指望有这类等位的差异,但由于有潜在的突变,能指望它们会发生这种差异。

如果发生潜在突变,它能大大地或整个地说明自然界中新的基因形式的进化。这样,在我们实验中得到鉴定的明显不同的突变,或许正好是基因外现象的结果,这一点是相当可能的。

第二种假设,或有一批假设涉及根据基因丢失来辨别基因突变的可能性。按照全部基因基本上都能存活的假设,最初认为诱发出来的隐性可见的性状,可以放心地把它看做是基因突变。各种细胞学例子否定了这一点,经细胞学证明单倍体组织或半合子个体生活力不足,而二倍体个体的纯合子则能存活。这类例子比较少。但由于随着缺失节段变得更小,缺失的细胞学和遗传学标准都到达它们有效的应用范围的限度,这就有理由怀疑,在缺失不能得到论证的情况下,物理学丢失也可能同观察到的突变有关系。随着我们对各个基因及其功能有更多的了解,那种认为基因各自对生命都是必需的假设照例已失去它的似真性。

有时把一个间性等位基因突变看做突变消失的证据。这涉及另一个关于基因的不可分性的假设，这个假设是在基因理论的早期发展中有意识地和经过仔细考虑而作出的，但通过以后的证明这个假设必然问题很大。这个假设只能是这样一种情况，复等位基因是一个单独单位的不同形式，由于突变的消失，我们可以排除发生复等位基因的可能性。根据复等位基因代表一个基因紧密连锁的复合体的假设，我们就能用基因链上不同节段的丢失来说明不同水平的突变。

以等位性经典的准则为基础的探究，或许能最好地说明选用不可分假说的根据所在。1919 年摩尔根[23]是这样说的：

> 大概有关基因本性最重要的证明是从复等位性得到的。现已有证明，同这些事例相关联的现象不能归之于成串的连锁的基因，我们或许要呼吁把这些事例作为至关重要的事例。……复等位基因是染色体上相同位点的修饰，而不是基因紧密连锁的事例，这种论证只能在其起源已知的情况下得到……

试以图 1 的 5 个圆圈来说，A 代表一串紧密连锁的基因。如果第一行的头一个基因(B，a 行)和另一行的第二个基因(B，b 行)发生隐性突变，把 a 和 b 这两个突变体杂交，将得返祖类型，因为 a 带给 B(b)正常的等位，而 b 带给(BA)a 正常的等位。……现在的确不会发生这种情况，当一批等位基因间的成员进行杂交时，它们不产生野生型，但产生一个另一种突变类型或一个中间性状。显然，如果新的基因各自直接从一个不同的正常等位基因产生的话，一串连锁的正常基因的独立突变将不能解释其结果。

A		B				
1●			1○	1●	1●	1●	1●
2●			2●	2○	2●	2●	2●
3●			3●	3●	3○	3●	3●
4●			4●	4●	4●	4○	4●
5●			5●	5●	5●	5●	5○
			a	b	c	d	e

图 1 （部分）

图解说明一串如此紧密连锁基因的突变，不发生交换。

人们将注意到试验否定存在着成串的紧密连锁的基因，这种看法仅只根据这样一种假设，即每次突变必须使这批连锁基因中有一个发生改变。然而，如果每次突变就是使这批成串的连锁基因有一个基因，或更多的相邻基因丢失掉的话，那么它们之间的杂交，一般都会证明它们是等位的，这一事实就不能排除作为复等位基因系列基础的复合基因。这可用以图 2 解排列予以说明：

1●	1●	1—	1●	1●
2—	2●	2—	2●	2●
3—	3—	3—	3—	3—
4●	4—	4—	4●	4—
5●	5—	5●	5●	5—

图 2

复合基因在某种意义上其含义是矛盾的，因为根据定义假设基因是不可分的。但经我们实验鉴定的基因不能得出定义上的不可分性。图 2 中所列的 5 个基因成分实际上不是一个基因的几个部分，它们是 5 个基因。但如果某种复等位系列具有这种主要成分,就有可能唯有在这种最有利于作分析的情况下通过实验确立这种事实。因此,有许多情况可能是在实验上鉴定为一个单基因的基因线的节段,实际上可能是一簇效应相同或相似的基因。

复合基因的概念,或者一些等效的单位,可以证明是有意义的,因为在这些把它们同邻近无关的成分区别开,作为一组的成簇成分中可能有特殊的关系。其中之一或许是成簇成分间基因活动的相互关系,当通过交换或易位把这簇基因的成员分开时,这种相互关系就能导致位置效应的发生。这可能是一般解释位置效应的一个主要因素。另一种可以预料到的相互关系是造成交换机会不等的联合等势。这是我们在后面要谈到的。

R^r 交换突变体提供了一个惊人的例子,即看起来好像基因突变的微小缺失[24]。某些 R^r 等位基因至少包括两个独立诱变的基因成分:P 是决定某些植物组织或果皮的花色素苷色素;S 是决定胚乳和胚的花色素苷色素。因此,由于不相等交换而产生的交换突变体 R^g 和 r^r,必须在一种情况下丢失 P;和在另一种情况下丢失 S。它们在细胞学和遗传学方面都没有得到缺失证据,并用非常敏感的试验,在突变体通过雄性生殖细胞传递方面比较花粉管的生长情况,结果也说明它们在单倍体配子体的发育中是完全正常的。交换突变体在外观和遗传行为方面与在相同栽培条件下发生的非交换突变体完全能区别出来。

R 复合体内发生不相等交换得到一些有意义的指标,它涉及复等位系列的遗传性质和基因丢失关系到外观上质量突变的可能作用。除 P 和 S 外,还有别的表现型上可识别的 R 复合体的基因成分。某些使色素变淡的 R^r 等位基因,其植株和种子颜色都由一个单基因成分 D 来决定。色素特别深的各种 R^r 等位基因,看来有决定植物色素表现为某些样子的其他成分。此外,有各种不同的糊粉色种类,如点状、花纹状、那伐鹤点状以及有些植株有色、有些无色等等。可以把每一个可以区别的复合体看成 R 基因复等位基因一个长系列中的一段。

让我们花一点时间来澄清一下术语。为避免混淆起见,我把已公认的 R 等位基因在其上方以常用斜体字标明(R^r,R^g,r^r,R^{Nj} 等等),虽然分析表明,这些所谓等位基因,其中有一些实际上是两个或更多个基因的复合体。

基因成分这一名词将用于经鉴定为 R 等位基因之一的一个成分的任何一种相似与基因的组分。在缺乏进一步的证明前,使用这一名词并不意味着这个基因成分是不可分的。基因成分用字母,不用斜体字表示,如 P,S,D 等等。

除交换突变体外,有许多无交换突变体。一个无交换突变体 r^r,不单是 P,而是 Ps 的结构。假定成分 s 是一个无价值的成分,但它可能以相同的途径与 S 联合起作用,这些假定成分以 s,p,d 等标明。

当然,这种复杂情况包括由以往的突变所得到的别的无价值的成分,这些突变的亲本成分是不清楚的。这一类成分称为 n。

在一些情况下,碰到种子颜色中等水平的无交换突变体,它包括各种色淡和模式种类。这些突变体以"S^d","S^s"等表示之。

一旦这些基因成分中有两个在同一个染色体上确定了它们的相邻位置,就对不相等交换提供了一个机会,可最终发展出更复杂的基因簇。例如,由互换而产生的上述交换突变体的情况如下:

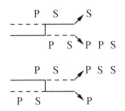

交换产物"S"经识别为一交换突变体 R^g，而交换产物"P"则为交换突变体 r^r。交换产物"PPS"和"PSS"不能识别，但它们代表了带有 3 个而不是两个基因成分的潜在的新等位基因的产生。借助于在原始化合物中辨别 S 或 P 的形式，或能认出别的交换，并通过这个方法，有可能得到像 R（点状-那伐鹤）那样新的综合的等位基因等等。照此下去，将可预料，通过连续的步骤，将发展出更复杂的基因簇，除非这个基因的作用局限在它复制的生活力上。

可以指望有可能代表等位系列成员的多种多样的基因型或可用下述少数例子予以说明：

① SSpn；　② SPPnS；　③ D；　④ DSP；　⑤ S^sPD。

等位基因②和④是标准的 R^r 类型；③是色淡的 R^r 型；①是 R^g 型，以及⑤是植株有色的点状糊粉型。总之，等位基因间的差别应归结于基因外变化，而不是基因内变化的结果。但④和⑤之间的表现型差异并不一定如此。

有关复合体基因成分间的关系方面，等位性的位点的概念没有多大意义。复合体的所有成员彼此间是同源的；大概它们全都是以几个单祖先基因经过长期的一系列突变产生的。在某种意义上，可以认为它们彼此间全都是等位的。例如 S^n（R^N 的种子颜色成分）是否与 S 等位？这就没有什么意义，因为没有什么方法能证明 S^n 与 S 的关系，比起它同 P 或该复合体的任何其他成分的关系有什么不同，像 D 成分对 P 成分是重要还是次要的这一类问题，其情况也是如此。它或许在这个原种中是重要的，在另一个原种中则是次要的；在 D 属于重要的原种，一个短系列的不相等交换就足以把它挪到一个次要的地位。

虽然不同等位基因可以具有数目不大相同的基因成分，但实际上没有一个缺失。就基因簇的假设起源来说，可以把那些具有一个单独成分以上的基因簇看成是复制。另一方面，当我们任意取一个带有几个基因成分的等位基因作为标准类型时，其他成分较少的等位基因看起来就像是缺失，产生这种等位基因就好像这种标准类型发生突变，其机理将是基因的丢失。

有一种基因复合体，它的可分离的成分作用相同，在这种情况下，相同的机理只能产生一种表示各颜色变浅等级的复等位基因的直线系列，或者它们根本不产生等位基因的复合系列。

有证明具有效应相同或相似的基因成簇的例子日益增多[24～27 等、28 和 29 作参考]。这说明不相等交换在产生外表上属于质量方面的等位差异是一个重要的因素。

另一个简单化的设想是突变在基因效应方面的改变，必须代表基因本身的变化，而不是影响到基因表达的一些变动。正是这个假设，它论证了 X 射线诱发突变和同一基因的回复,这似乎是诱发基因内变化的严格的证明。这个假设同位置效应的证据显然有矛盾。这一证明无可争议地说明了一个突变并不必定代表该有关基因的一种变化或丢失,换句话说,它可能是一种易位,从而影响未改变的基因的表达。

McClintock 在玉米中通过引进经历断裂—融合—桥周期的第九染色体,发现对突变行为有影响[30,31],他的这些出众的研究,证明了这种限定在基因突变实验研究中是非常重要的。存在这种结构上不稳定的染色体,就存在许多种基因,包括第九染色体和其他染色体的基因,并说明不稳定的隐性形式方面的突变,其特点为各种染色体的不规则性。研究不稳定突变体及其回复突变,使人毋庸置疑这种现象是由于有关基因的表达有些可逆的抑制。

在有些情况下,当发生突变时,表现不稳定的那个位点或该位点的附近,同时可探查出染色体畸变,但另一些情况则没有同发生突变有联系的细胞学上可探查出的染色体畸变。有许多例子,隐性突变体的不稳定性同发生与此有关的染色体不规则性取决于是否存在一种称之为激活剂(Ac)的互补因素,而当除去这个因素时,突变体的行为看起来就像一个具有正常染色体行为的稳定的突变体了。

McClintock 还证明用 Dt(点状)来控制隐性 a 的回复突变,或许是激活剂的一种反应。当有畸形的第九染色体而无 Dt 时,显然由于突变成 A,标准的 a 等位基因产生了偶尔带点状的胚乳,如果是这样的话,它在 Dt 影响下的回复突变,必定也是由于影响基因表达的条件发生了一些改变。

不管怎样,有人接受我如下的假说,即不稳定基因的这些表现形式是由于有一点点看不见的异染色体转移到受影响的基因位点而引起的,这项卓越的研究清楚地表明了,表达效应或许是明显的基因突变的真实起因,甚至当所观察的突变没有看到位置的变化或任何一种与此有关的染色体改变也是如此。

在分析所观察到的突变方面产生的困难,进一步强调指出,在进行分析时必须优先在特殊位点对突变作细致的研究。如果我们用整个突变研究所特有的概括出的假设来考虑这些结果,我们或许会倾向于把这些发现大体上应用于基因不稳定的性质,或甚至大体上应用于突变体的等位基因。如果我们以一些经过深入研究的基因的相反突变为背景来考虑这些结果,我们则倾向于把这类突变体同其他种突变体和别的起源模式的突变体作仔细的比较,希望发展出能区别不同种突变体的准则。

与此同时,在研究基因突变方面,我们现在处在一个难办的地位。一个突变体可能在每次测试基因突变体时都会碰上它,然而,如果这个突变体不能回复突变,那就有理由怀疑它可能是基因丢失,而如果它能够回复突变,则有理由怀疑它可能是一种表达效应。要摆脱这种进退两难的困境的唯一办法,是选用最适宜于作详细遗传分析的特殊基因进行更深入的突变研究,以期发展出鉴定基因突变的更灵敏的准则。

参 考 文 献

[1] Muller, H. J., 1922. *Am. Naturalist.* **56**, 32.

[2] Delbrueck, M., 1935. *Nachr. Ges. Wiss. Gottingen* (Math. Physik. kl., Biol.) **1**. 223.

[3] Schrödinger, E., 1944. *What is Life?* (Cambridge Univ. Press, New York).

[4] Muller, H. J., 1917. *Proc. Natl. Acad. Sci.*, U. S. A. **3**, 619.

[5] Muller, H. J., 1928. *Genetics.* **13**, 279.

[6] Muller, H. J., 1927. *Science.* **66**, 84.

[7] Muller, H. J., *Z. ind.*, 1928. Suppl. **1**, 234.

[8] Patterson, J. T., and Muller, H. J., 1930. *Genetics.* **15**, 495.

[9] Timoféeff-Ressovsky, N. W., 1930. *Naturwiss.* **18**, 434.

[10] Stadler, L. J., 1931. *Sci, Agr.* **11**, 645.

[11] Stadler, L. J., 1932. *Proc. Tth Intern. Congr. Genet.* **1**, 274.

[12] Bridgman, P. W., 1927. *The Logic of Modern Physics* (Macmillan New York).

[13] James, W., 1907. *Pragmatism* (Longmans, Green, London).

[14] Goldschmidt, R., 1938. *Monthly.* **46**, 268.

[15] Goldschmidt, R., 1946. *Experientia.* **2**, 1.

[16] Sturfevant, A. H., 1950. In Genetics in the 20th Century (Macmillan, New York). 101~110.

[17] Given as the presidential address, American Society of Naturalists, annual meeting, Boston, Mass., Dec. 30, 1953. It is a report of the cooperative investigations of the Field Crops Research Branch, Agricultural Research Service, U. S. Department of Field Crops, University of Missouri (Missouri Agri. Expt. Sta. J., Ser. No. 1409). The Work Was aided by a grant from the U. S. Atomic Energy commission.

[18] Stadler, L. 1946. *Genetics.* **31**, 377.

[19] Stadler, L., 1942. *Spragg Memorial Lectures*, 3rd ser. (Michigan State College, East Lansing). 3~15.

[20] Stadler, L., 1948. *Am. Naturalist.* **82**; 289.

[21] Stadler, L., 1949. *Ibid.* **83**, 5.

[22] Stadler, L., 1951. *Cold Spring Harbor Symposia.* **16**, 49.

[23] Morgan, T. H., 1919. *The Physical Basis of Heredity* (Lippincott, Philadelphia).

[24] Lewis, E. B., 1945. Genetics. **30**, 137.

[25] Green, M. M., and Green, K. C., 1949. *Proc. Natl. Acad. Sci.*, USA. **35**, 586.

[26] Laughnan, J., 1949. *Ibid.* **35**, 167.

[27] Silow, R. A., and Yu, C. P., 1942. *J. Genet.* **43**, 249.

[28] Green, M. M., 1954. *Proc. Natl. Acad. Sci.*, USA. **40**, 92.

[29] Stephens, S. G., 1951. *Advances in Genetics.* **4**, 247.

[30] McClintock, B., 1950. *Proc. Natl. Acad. Sci.*, USA. **36**, 344.

[31] McClintock, B., 1951. *Cold Spring Harbor Symposia.* **16**, 13.

细菌噬菌体遗传区的精细结构①

西摩尔·本泽(S. Benzer)②

(1955 年)

　　本文将叙述在细菌噬菌体遗传物质中有一个与功能有关的区域,这个区域是通过突变和遗传重组细分出来的。这类突变同许多生物中观察到的相似情况颇为相像,通常把它称为拟等位基因(见 Lewis[1] 和 Pontecorvo[2] 的评论)。这类例子特别有意思,因为它们对遗传决定子的结构和功能有影响。

　　遗传重组的现象为分离突变体和在染色体上识别突变的位置提供了一个有力的工具。当突变发生紧接着毗邻的突变,就造成了困难,因为这两个突变越是彼此紧接着,它们之间发生重组的概率就越小。因此,当在数目有限的后代中看不到重组体类型时,通常不能就此认为下述结论是正确的,即这两个突变是不可分的,而只能认出它们之间连锁距离的一个上限。高水平地解决这个问题需要对许许多多后代进行检验。如果可提供一种选择特点来探查为数不多的重组体,则能最好地达到此目的。

　　本文所描述的 T4 噬菌体的 rⅡ 突变的例子就提供了这样一个特点。野生型噬菌体在两个细菌寄主 B 或 K,都产生噬菌斑。而 rⅡ 组突变体只对 B 产生噬菌斑。因此,如在两个不同的 rⅡ 突变体间作杂交,由此产生的任何一种野生型重组体,即使其比例小到

　　① 梁宏译自 S. Benzer. Fine structure of a genetic region in bacteriophage. **Proc. Nat. Acad. Sci. U. S. A.** 1955,41:344-354.

　　② 西摩尔·本泽(Seymour Benzer, 1921—2007),美国分子生物学家和神经学家,行为遗传学的创始人之一,他在噬菌体遗传学和果蝇行为遗传学两大领域都作出了开创性的贡献。

10^{-8},也能够通过把它涂布在 K 上而检查出来。

这种巨大的灵敏性引起了下面这样一个问题,即这个问题的解决同遗传物质的分子水平是怎样密切相关的。根据 Hershey 和 Chase[3] 的试验,看来实际上肯定噬菌体的遗传信息是被携带在它的 DNA 中。经 Hershey、Dixon 和 Chase[4] 测定,一个噬菌体 T2 颗粒的 DNA 总量为 4×10^5 核苷酸。T4 的量相似[5]。如果我们采纳 Watson 和 Crick[6] 提出的 DNA 结构由两条核苷酸链组成的模型,这就相当于每个 T4 颗粒 DNA 的总长度为 2×10^5 的核苷酸对。我们希望把遗传重组试验所得出的连锁距离翻译成分子单位。目前尚不能非常精确地做到这一点。不知道是否一个噬菌体颗粒的全部 DNA 都是必不可缺的遗传物质。也不知道一个噬菌体染色体(即用遗传方法鉴定的一个连锁群的物理副本)是否由一个单个(双重的)DNA 纤维组成,或者遗传重组是否在所有染色体区域很可能是相等的。然而,为了作一粗浅的计算,先假定这些看法是正确的。这样我们就把 T4 总的连锁图整理成与 DNA 的 2×10^5 核苷酸对相一致。噬菌体 T4 3 个连锁群总的已知长度等于约 100 个单位(一个单位等于一次标准杂交中有 1% 的重组)[7]。此外,有人证明[8]大体上另有 100 个单位的长度连接两个连锁群。因此,如果我们假设 200 个重组单位相当于 2×10^5 个核苷酸对,则每个核苷酸对的重组为 10^{-3} %。这就是说,有两个噬菌体突变体,它们在染色体上发生突变的部位仅仅相距一个核苷酸对,那么这两个突变体之间的杂交必然得到一个后代群体,它在 10^5 中有一粒来自突变之间的重组(当然,假定在相邻核苷酸对之间进行重组是可能的)。这种计算极为粗糙,只打算指出比率因子在数量上的次序而已。这里提出的是一项打算把遗传学研究扩大到分子(核苷酸)水平课题的一些初步的结果。

r 突变体

野生型噬菌体 T2、T4 和 T6,当把它们涂布在大肠杆菌 B 菌株时,产生边缘粗糙的小的噬菌斑。从这些噬菌斑清洗出来的部分,很容易分离出产生噬菌斑大而边缘清晰的突变体(Hershey[9])。这些突变体因其溶菌迅速而称为"r";它们与野生型不同的是不能对 B 菌株造成溶菌抑制(Doermann[10])。当野生型与 r 突变体这两种类型一起在 B 菌株上生长时,野生型的选择优越性超过 r 突变体。Hershey 和 Rotman[11] 研究了 r 突变体的遗传,他们发现,产生 r 表型的各种突变,其中包括经证明在遗传上同别的突变不同的一种大的成串突变体,位于 T2 连锁群的 3 个区域上。Doermann 和 Hill[7] 对 T4 的遗传研究证明其 r 区域与 T2 的那两个区是一致的。T6 也至少有两个这样的 r 区域。

rⅡ 组

对所有 3 种噬菌体 T2、T4 和 T6 来说,r 突变体根据它们对 B 以外的菌株的行为能分成不同组。本文将只涉及一个组,称为 rⅡ 组。rⅡ 组突变体同别的组和野生型都不同,

它不能对某些带有 λ 噬菌体的大肠杆菌溶原菌株产生噬菌斑[12]。如表 1 所示,rⅡ 组的一个突变体在 B 菌株上产生 r 型噬菌斑,对 K12S 菌株(对 λ 敏感的非溶原菌株)产生野生型噬菌斑;对 K12S(λ)(用 λ 对 K12S 产生溶菌作用而得到)则不产生噬菌斑。野生型噬菌体对这 3 个菌株都产生相似的噬菌斑。对我们将在本文中谈到的 T4 来说,当然,除 rⅡ 对 K12S(λ)外,其平皿培养的效率对 3 种菌株差不多是相等的。这 3 个细菌菌株在本文中叫做 B、S 和 K。

表 1　涂布在各种寄主上的 T4 野生型和 rⅡ 突变体的表现型噬菌斑的形态学

	寄主菌株		
	大肠杆菌 B	大肠杆菌 K12S	大肠杆菌 K12S(λ)
T4 野生型	野生型	野生型	野生型
T4 rⅡ 突变体	r 型	野生型	

在 B 菌株上分离出来的将近三分之二独立产生的 r 突变体为 rⅡ 型。这一组包括 Hershey 和 Rotman 叙述过的 T2 的成串 r 突变体,以及 Doermann 和 Hill 在 T4 的相应的图区上介绍过的 r47 和 r51,但不包括那个区以外部位的 r 突变体。同样地,如图 1 所示,所有表现 rⅡ 性状的新分离出来的突变体,却原来是在同一个区域里。

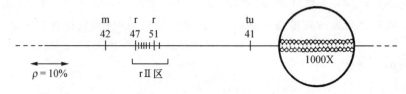

图 1　T4(Doermann)的部分连锁图

表明 rⅡ 区的位置 m 和 tu 分别指微小噬菌斑和混浊噬菌斑突变。圆圈插图以图解表示 DNA 直径放大 1 000 倍的相应的大小。

rⅡ 组的特性特别有利于作细致的遗传研究。一个 rⅡ 突变体对 3 个寄主菌株有 3 种不同的表现型(见表 1):① 对 B 的噬菌斑形态上有改变;② 对 S 的噬菌斑与野生型无区别;③ 对 K 不能产生噬菌斑。这几种特性全都有用。凭借它们在 B 菌株上改变了的噬菌斑类型,很容易分离出 r 突变体,再通过对 K 菌株的测验鉴定 rⅡ 组的那些突变体。当希望避免与野生型相比较有选择优点时,例如在测定突变率方面,能把 S 菌株作为一个没有区别的寄主。rⅡ 突变体涂布在 K 上无效,使人们能探查出由于回复或由于不同 rⅡ 突变体之间的重组而产生的比例极小的野生型颗粒。

rⅡ 突变体在 K 中的命运

野生型和 rⅡ 突变体都能很好地吸附 S 和 K 菌株。然而野生型还诱发溶菌作用,并在两个菌株上都能释放出许多后代,rⅡ 突变体只在 S 上正常地生长。用一个 rⅡ 突变体侵染 K,诱发一点(和/或很晚)溶菌作用裂解,尽管所有被侵染的细胞都死亡。rⅡ 突变体生长的抑制同存在被携带的 λ 噬菌体有联系。这种联系的原因尚不清楚。

表现型的数量差异

尽管所有 rⅡ 突变体表现在 K 上增殖很少相同的表现型效应,但它们在这种效应的程度上是各异的。用 rⅡ 侵染一部分 K,确实释放出一些后代,通过把侵染细胞涂布在 B 上面能够探查出来。把产生后代的侵染细胞的分数定为该突变体所特有的一个传递系数。传递系数对侵染的增殖是不敏感的,却大大地取决于细菌(K)的生理状态和温度。然而,在特定条件下,这个系数可用作表现型效应程度的一个相对指标,渗漏突变体的系数高。从表 2 可看到各种值。

表 2　rⅡ 组[①] T4 突变体的特性

突变体号	图上位置	传递系数	回复指数（10^{-6} 单位）
r47	0	0.03	<0.01
r104	1.3	0.91	<1
r101	2.3	0.03	4.5
r103	2.9	0.02	<0.2
r105	3.4	0.02	1.8
r106	4.9	0.55	<1
r51	6.7	0.02	170
r102	8.3	0.02	<0.01

① 每个突变体得出 3 个参数。图上位置是根据图 2 上所列的最近的间隔总数计算出来,并以 r47 的位置作为 0,而得出重组单位的百分率。传递系数是用供研究的突变体侵染 K 细胞测出的表现型效应的一种测定,并以这种在 B 菌株上产生噬菌斑的侵染细胞的分数表示。回复指数是指在一个非选择性寄主上一个小的接种体所长出的突变体,其溶菌产物中出现的野生型颗粒的平均数。

K 上的噬菌斑

有些 rⅡ 突变体在 K 上不产生噬菌斑,即使涂布接种原种多达 10^8 颗粒(通过在 B 上计算噬菌斑测定)也如此。但别的 rⅡ 突变体,在 K 菌株上产生各种比例的噬菌斑。把在 K 上出现的噬菌斑挑出来再测验,就可以将它们分成以下 3 种:① 一种类型像原始突变体,在 K 上产生非常稀少的噬菌斑,而在 B 上产生 r 型噬菌斑;② 一种类型在 K 上产生效率良好的噬菌斑(常常次于野生型),但在 B 上产生 r 型噬菌斑;③ 一种同原始的野生型无区别的类型。这 3 种类型据知为以下原因产生:① 泄漏效应,即突变体在 K 上能长一点点,所以有机会形成少数可见的噬菌斑;② 一种突变,它部分地使 rⅡ 突变的效应失效,因而在 K 中能够增殖,但没有达到完全的野生表型;③ 明显的回复突变,它对于原始的野生型或许是真的回复突变,或许不是。

一个原种里面发生的每一种类型的比例,对一特定 rⅡ 突变体来说是特有的并能重复出现,但这一个 rⅡ 突变体同另一个 rⅡ 突变体则大不相同。这 3 种类型的发生比率无明显的相关。

rⅡ 突变体的回复比率

Hershey[9] 曾证实 r 突变体回复到一种与野生型无法区别的类型,他利用野生型在 B 上的选择优点来提高它连续转移的比例。假设 rⅡ 突变体不能在 K 上产生噬菌斑,这种回复易于被探查出来,即使其比例很小。通过从一个小的接种体(例如,约 100 个颗粒,因而引进在原种中存在的野生型颗粒的机会非常小),制备溶菌产物能得出一特定的 rⅡ 突变体的回复频率的指数。如用 S 为寄主,从对照混合物可见,rⅡ 突变体和任一种由它产生的回复突变,能复制的机会很少。在一些溶菌产物中出现野生型颗粒的平均数是一个指数。经证明这个指数同 rⅡ 突变每复制一次所发生的回复概率大致上成比例。在测定条件下,这个指数为每次复制回复概率的 10~20 倍的级数。在 K 上出现的噬菌斑,必须把它挑出来再涂布到 B 上进行测试。这将消除由部分回复突变和渗漏突变所产生的假噬菌斑,经揭露它在 B 上为 r 型。在表 2 可见 rⅡ 突变体的回复突变指数是多种多样的。发现有一个突变体,它回复的次数常超过 r51 的 10 倍以上,因而回复率为已知范围的 10^5 倍以上。

尚未证明这些明显的回复变异是真正地回复到原始的野生型。但通过对原始野生型的回交,排除了远离 rⅡ 突变位置发生抑制因子突变的可能性。Krieg[13] 发现在一些回复变异的回交中,即使有 r 型重组体也很少,这种重组体使回复变异局限于相距原始 rⅡ 突变的连锁百分率的十分之几之内。也曾用回交测试过一种部分回复,而没有观察到 rⅡ 型重组体使部分回复突变集中在 rⅡ 区内。

rⅡ 区的制图

两个 rⅡ 突变体之间的杂交是用每一种突变体相等的复感染(每个细菌 3 次)侵染 B 培养物来进行的。溶菌后的产物具有两个亲本类型,而如果亲本在遗传上是不同的话,则有两个重组体类型,即双突变体和野生型。在许多细胞的平均产物中,各重组体类型数目相等。在迄今所测试的全部例子中,双 rⅡ 突变体,像单突变体一样,对 K 不产生噬菌斑。假定这一点是普遍正确的话,那么把 K 上计算的噬菌斑(它只记载野生重组体)与 B 上计算的噬菌斑(它记载所有的类型)的比率加倍,就能简单地测出产物中重组体部分。这样,所测出的野生型百分率同 B 上噬菌斑类型的间接计算是很一致的。

用这个方法,把一批 6 个 T4 rⅡ 突变体(分离出来的头 6 个突变体,没有用任何方法选择过),在它们彼此之间和同 r47 和 r51(由 A. H. Doermann 好意提供)作杂交,28 次可能的配对中杂交了 23 次。这些杂交结果(见图 2)与所指出的突变体的顺序排列是一致的。这种距离只是粗糙的累加；有一些有规律的偏差，即长的距离倾向于比它的短距离组成的总和要小些。这种偏差有一部分可以用 Visconti Delbrück 对多次交配[14]的校正来说明。在这些杂交中，回复率小到微不足道的程度。这样，当这一批所有的 rⅡ 突变体都属于这个噬菌体连锁图的一小部分时，把它们明确地进行顺序排列是可能的，而它们的位置很好地分散在区域里面。

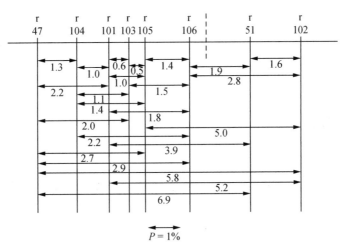

图 2　8 个 rⅡ 突变体包括 Doermann 的 r47 和 r51 在内的较大的比例图

新分离的突变体从 101 起计数。通过把后代涂布在 K 和 B 上，然后把 K 上计算的噬菌斑和 B 上计算的噬菌斑的比率加倍，得到每个杂交的重组值（%）。

对拟等位性的测验

两个产生相似缺陷的紧密连锁突变的功能关系，可通过构成具有结构不同的两个突变体的杂合二倍体进行测验。在一个染色体里面有两个突变的顺位类型，由于第二个染色体提供一完整的功能单位（或几个单位），其行为通常像野生型。然而，每一个染色体中有一个突变的反位类型，或者可以、或者不能产生野生表现型。如的确如此，结论是所说的这两个突变位于不同的功能单位。

对 rⅡ 突变体采用这种测验时，两种噬菌体的混合侵染看起来像是杂合二倍体。rⅡ 表型不能对 K 溶菌，而野生型则引起溶菌作用，如 K 为野生型和 rⅡ 突变体混合侵染，细胞就被溶胞，释放出两种噬菌体。这样，细胞里面存在的野生型就发挥 rⅡ 类型所缺少的功能作用，而能把 rⅡ 突变体看做是隐性。尽管还没有进行过测试，也可假定双重 rⅡ 突变体加野生型的顺位结构在所有情况下都能产生溶菌作用。用所说的这一对 rⅡ 突变体侵染 K 得到反位结构。发现它是否产生溶菌作用是由哪些 rⅡ 突变体组成这一对突变体来决定的。其结果总结为图 2 中的虚线。虚线表示把 rⅡ 区分成两段。如若这两个突变体在同一节段，对 K 的混合侵染可得到突变体表型（非常少的细胞溶菌）。如果这两个突变体为不同节段，则发生大量溶菌，释放出两种侵染类型（和重组体）。这些结果综合于

图3。这样，根据这一测验，rⅡ区的两个节段符合于独立的功能单位。

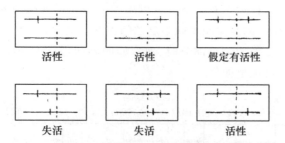

活性　　　　　　活性　　　　　　假定有活性

失活　　　　　　失活　　　　　　活性

图3　对 rⅡ 突变体位置效应拟等位性测验的总结

每一个图解代表用具有所述突变体的两种噬菌体混合侵染一个细菌（K），看起来像是杂合二倍体。活性意味着混合侵染细胞的大量溶菌；失活意味着一点点溶菌。虚线代表 rⅡ 区的分裂点，其位置是由这些结果规定的。

实际上，对于用同一节段的两个（无渗漏）突变体混合侵染 K，很小部分的细胞溶菌并释放出野生重组体，其比例随突变间连锁距离递增。对于以 1% 连锁距离（通过在 B 上作标准杂交测出）分开的两个 rⅡ 突变体来说，混合侵染 K 产生任何一个野生颗粒的比例约为 0.2%。

这个值对于在 B 上两个 rⅡ 突变体之间杂交而产生的杂合噬菌体颗粒的 K/B 值有影响。在紧密连锁的 rⅡ 突变体之间作这样的杂交，其后代应当包括大约 2% 的具有反位结构杂合片[15]的颗粒。当取这些颗粒中的一个涂布在 K 上，就有一定机会在侵染的第一个周期形成一个野生重组体，从而产生一个噬菌斑。如认为这些颗粒的侵染不可能超过用两个完全的突变体颗粒混合侵染 K，就能得出结论，倘若这两个 rⅡ 突变体是在同一个节段上，则这些杂合颗粒对 K 上计数的影响是微不足道的。但是，对于不同节段的突变体来说，杂合颗粒的效率必然大得多，而用 K/B 方法测定的重组值必将大大地超过纯值。由于这一理由，图2中的重组值，对超越节段划分的杂交，可能要作一些校正。

用点测验进行粗略的绘图

如取两个 rⅡ 突变体中的这一个或那一个原种涂布在 K 上，都不产生噬菌斑，但如果把两者一起涂布在 K 上，则有些细菌会被两个突变体侵染，而如果这导致野生型重组体的发生，就产生噬菌斑。如果这两个突变体在它们之间不产生野生重组体（例如，如它们是相同的突变体），则不会出现噬菌斑。可以在一个单独的平皿培养上，用其他几个突变体来测试某一种 rⅡ 突变体，其方法是先用 K 加上所研究的这个突变体接种到平皿上，进行培养（上层常用软琼脂），然后用含有别的 rⅡ 突变体的水滴点缀在上面。

检查这种平皿培养，未知的突变体很快就占据正常的节段，这因为把节段 A 的任一个突变体滴在节段 B 的任一个突变体上，由于细菌被混合侵染产生大量溶菌而得到一个非常清楚的斑点。但是，对属于同一节段的一对突变体，只有相当少数被混合侵染，从而能产生野生重组体的细菌产生了噬菌斑。突变之间的连锁距离愈大，出现斑点的噬菌斑数就愈多。同一节段上的一批突变体就是这样通过把每一种突变体接种到平皿上进行培养,再用所有其他的突变体点缀在其上的方法予以顺序排列。如已有一早已安排好次序的突变组,一个新的突变体就能用这个方法迅速地在这个突变组中给以定位。

这一方法最适用于稳定(即低的回复率)和非渗漏的突变体,从而能对许多噬菌体颗粒在平皿上进行培养。回复变异或显著的渗漏效应明显地造成一含糊不清的背景。

这种测验已被用在大批稳定,非渗漏的 rⅡ 突变体。根据这些测验推导出来的近似位点见图4。有些突变体表现异常,致使不能把它们作为一个系列中的成员来定位。它们与位于某一距离之内的任一个突变体都很少发生重组,而同位于这段距离之外的突变体则表现正常。它们在图4中用延伸这段距离的水平线表示。

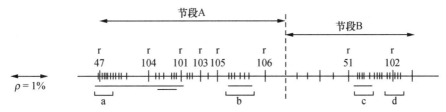

图 4　根据点测验对各种 rⅡ 突变体的初步定位

对许多其他突变的点测验表明,回复率、传递系数和部分回复率各异的突变体,发生在两个节段的分散的位置上。

小串突变体的制图

点测验使我们能挑出小串突变体,即一批邻接很紧的突变。图4指出选作进一步研究的这样4个组,对它们绘图的结果列于图5。虽然有些间距合乎情理地表现出良好的累加特性,但一些突变体产生极其异常的结果。这样,在小串突变体 a,r47 同其他3个突变中的任何一个都不产生野生重组体(即 10^6 中少于一个),但这3个突变体中有两对的确表现重组。如认为这每一个突变超过染色体的一定长度,而野生型的产生又需要在这些长度之间的范围内进行重组,那么这些结果是能够理解的。按照这种解释,突变将布满由图5中的线条指出的长度。这些异常现象同点测验观察到的现象颇为相像,只是它们更被限制在间距中。

这项观察提出了一个问题,究竟是否存在着真正的点突变(即只有一个核苷酸对的变换)或是否所有的突变都牵涉到多多少少长的染色体片。必须记住这些试验所用的突变体经选择对抗回复变异方面是极其稳定的。可以预料这一步骤将使显著的染色体改变的突变体部分增多。就目前所知,所看到的异常例子可以同样想象到其原因是双重突变(即两个邻接着的点),倒位或野生型染色体的缺失。在继续进行这些试验时,看来要考虑到只采用那些有些回复变异可观察到的突变体。

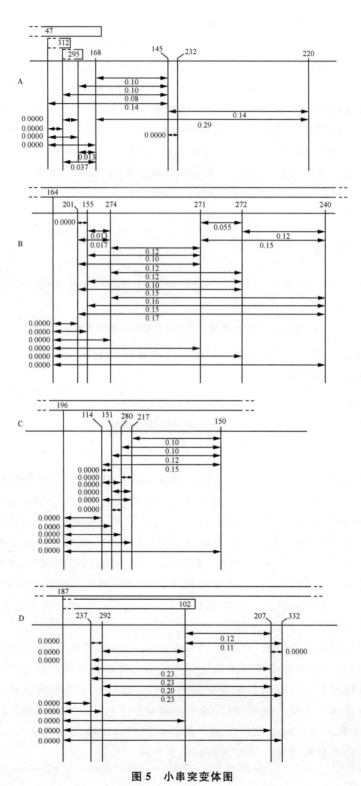

图 5 小串突变体图

讨　论

规定一批 rⅡ 突变体有一个固定的连锁群区,在其中的各个位点上可发生突变,所有的突变都产生在质量上相似的表现型效应。因此,看起来 rⅡ 区是功能上有联系的,所以在这个区内的不管什么地方引起的突变都对同一种表现型有影响。在 B 菌株为寄主的情况下,这种效应表现为不能产生溶菌抑制作用;在 S 菌株为寄主的情况下,表现为无结果,而在 K 菌株为寄主的情况下,通常表现为不能增殖。rⅡ 突变体不能在 K 菌株中成熟,但当同一细胞中存在野生型噬菌体时,就能克服这一困难。如果野生型染色体区的功能,是控制生产这种噬菌体在 K 细胞中繁殖所需的一种或几种物质,那么这种情况是可以理解的。

对拟等位性的表现型测验,把这个区分成两个功能上有别的节段。可以想象到这些节段对两个必要的连续发生的事件有影响,或者它们制造出一种单一的物质,这种物质的两个部分在使物质充分活化的次序上是明确无误的。例如,每一个节段可以控制一个特异的多肽链的生产,以后这两个链结合成一个酶。虽然不知道这种描述是否合适,但这种模型能用来说明 rⅡ 突变体所观察到的特性。一个突变在图上的位置将定位区域中的一个变异(也是酶分子的改变),回复率的特点是变化的类型牵涉到遗传物质,而表现型效应的程度则是酶活性产生变化程度的一种表达。渗漏突变体是一种末效应小的突变体。虽然在 rⅡ 突变体的这 3 个参数之间尚未观察到明显的相关性,人们通过更彻底的研究可以很好地予以揭示。

经交换分开的相似突变体的成串化,就 Doermann 和 Hill 研究的噬菌体的几个性状进行了观察,并看来可代表这种规律。或许所有的有机体都是这种规律,因为很简单,功能的遗传单位是由更小的重组和突变成分所组成,人们将指望在噬菌体中更容易看到这种效应,这因为噬菌体的每单位遗传物质重组的概率要比高等生物大得多。

把这些试验扩大到甚至更紧密连锁的突变,人们或许希望在分子水平上来描述遗传重组,突变和功能的最终单位大小的特征。我们初步的结果认为,由重组区分的染色体成分不会大于 12 个核苷酸对的等级(根据最小的不是零的重组值计算所得),而突变则牵涉到染色体长度各不相同,它可以扩及数百对核苷酸。

为了描述一个功能单位的特性,必需规定所指的是什么功能。在区域内不管哪里发生突变都产生 rⅡ 表型,就这个含义来说,整个 rⅡ 区是一个整体。根据反位结构杂合子的表型测验,可以把这个区再分成两个功能不同的节段,经估测每一个节段具有 4×10^3 对核苷酸的等级。如果人们认为每个节段有指定一个多肽链上氨基酸顺序的功能,那么可以把每一个各别氨基酸的详细说明看做是一个完整的功能。用这个系统把遗传学研究甚至扩大到后一种功能成分看来是可行的。

小　结

已发现 T4 噬菌体 rⅡ 区的突变有一共同特点,它同图中的所有其他部分的突变是分开的。此特点是一种寄主有效范围的降低,即它在对 λ 噬菌体为溶原的寄主(K)上不产生噬菌斑。这种突变体噬菌体颗粒吸附并杀死 K,但溶菌正常,而不释放噬菌体。

具有这种特性的所有突变体都定位在噬菌体连锁图的一个明确规定的部分。但是,在这个区域内,它们的位置是大大散开的。除某些异常例子外,用大致累加的距离,能作出突变体的清楚的顺序排列。

K 中同时存在着一种野生型噬菌体颗粒,有助于 rⅡ 突变体进行增殖,这显然由于提供了一种突变体所缺少的功能所致。用两个突变体类型混合侵染 K,很像反位结构的一种杂合的二倍体。对 rⅡ 突变体进行表现型测验,可把这个区域分成两个功能不同的节段。

这些突变的大多数都看到了向野生型的自发回复变异。这些回复变异究竟是不是名副其实的回复尚待研究。每个突变体都以一特定的比率回复,但不同突变体的回复率大不相同。也观察到部分回复成中间类型。

突变体在 K 上生长的残余能力的程度差别很大。各突变体的回复率和残留活性程度在图位置之间没有看出有什么相关性。

K 对野生型重组体的选择特性,为重组研究扩大到对这个区域作详尽细致的分析提供了可能性。

这种类型的初步研究表明,重组的单位不会大于 12 对核苷酸的级数,而突变可涉及染色体的各种长度。

参 考 文 献

[1] Lewis, E. B., 1951. *Cold Spring Harbor Symposia Quant. Biol.*, **16**：159～174.

[2] Pontecorvo, G., 1952. *Advances in Enzymol.*, **13**：121～149.

[3] Hershey, A. D., and Chase, M., 1952. *J. Gen. Physiol.*, **36**：39～56.

[4] Hershey, A. D., Dixon, J., and Chase, M., 1953. *J. Gen. Physiol.*, **36**：777～789.

[5] Volkin, E. K., personal communication.

[6] Watson, J. D., and Crick, F. H. C., 1953. *Cold Spring Harbor Symposia Quant. Biol.*, **18**：123～131.

[7] Doermann, A. H., and Hill, M. B., 1953. *Genetics*, **38**：79～90.

[8] Streisinger, G., and Bruce, V., personal communication.

[9] Hershey. A, D., 1946. *Genetics*, **31**：620～640.

[10] Doermann, A. H., 1948. *J. Bacteriol.*, **55**：257～276.

[11] Hershey, A. D., and Rotman, R., 1949. *Genetics*, **34**：44～71.

[12] Lederberg, E. M., and Lederberg, J., 1953. *Genetics*, **38**：51～64.

[13] Krieg, D. , personal communication.

[14] Visconti, N. , and Delbrück, M. , 1953. *Genetics*, **38**：5～33.

[15] Hershey, A. D. , and Chase, M. , 1951. *Cold Spring Harbor Symposia Quant. Biol.* , **16**：471 ～479；Levinthal, C. , 1954. *Genetics*, **39**：169～184.

和核酸相似的多核苷酸的酶促合成[①]

玛丽安娜·玛那哥(M. G.-Manago)[②]　　普利斯拉·奥尔蒂斯(P. J. Ortiz)

塞韦罗·奥乔亚(S. Ochoa)

（美国　纽约大学医学院生化系，1955 年）

虽然我们对单核苷酸、嘌呤和嘧啶碱基，以及糖的酶促合成机制的了解，已有显著的进展，但是，对核酸的多核苷酸链的合成机制仍不清楚。

本实验室最近发表了一篇简讯[1]，报道了从棕色固氮菌（*Azotobacter vindandii*）中分离到一种酶，它能催化用 5′-核苷二磷酸来合成多核苷酸，并释放出正磷酸盐。此反应需要镁离子，并且是可逆的。有证据表明固氮菌的酶催化下列反应：

$$nX-R-P-P \rightleftharpoons (X-R-P)_n + nP \tag{1}$$

这里 R 代表核糖，P-P 代表焦磷酸盐，P 代表正磷酸盐，X 代表一个或多个腺嘌呤（A）、次黄嘌呤（HX）、鸟嘌呤（G）、尿嘧啶（U）、或胞嘧啶（C）碱基。

用化学法和酶法降解这种生物合成的多核苷酸，已证明多核苷酸是由 5′-单核苷酸单位组成的，像在 RNA 中一样，它们彼此通过 3′-磷酸核糖酯键连接起来[2]。因此，与多糖类似，在多核苷酸链的生物断裂和合成中，可逆的磷酸解作用可能是一种主要的机制。

---

①　王斌编译自 M. Grnnberg-Manago，P. J. Ortiz，S. Ochoa. Enzymatic synthesis of nucleic acidlike polynucleotides. **Science**，1955，122(3176)：907-910.

②　玛丽安娜·玛那哥（Marianne Grunberg-Manago，1921—　　），法国生物化学家。Arthur Kornberg 和 Severo Ochoa 因揭示核酸（DNA 和 RNA）的合成机制，共同获得 1959 年诺贝尔生理学或医学奖，玛那哥对该项工作亦作出了重要贡献。

根据这个理由,把这种新酶叫做多核苷酸磷酸化酶[1]。本文介绍了这种酶能催化合成和 RNA 类似的多核苷酸的证据[2]。

多核苷酸磷酸化酶

这种酶是在研究生物磷酸化机制的过程中[3]发现的。实验表明,在有 Mg^{++} 存在的条件下,固氮菌的提取液能催化 ^{32}P-标记的正磷酸盐与腺苷、肌苷、鸟苷、尿苷和胞苷的 $5'$-核苷二磷酸的末端磷酸基发生交换。随着对酶的进一步纯化,发现与 $5'$-核苷一磷酸或 $5'$-核苷三磷酸,如 AMP、ATP、IMP 或 ITP 都无反应。正如人们从反应式(1)中所预料的那样,交换和正磷酸盐的释放是相伴发生的,带有放射性同位素的磷酸盐就这样掺入到各种 $5'$-核苷二磷酸中去了。

和以前报道的一样[1],通过硫酸铵的分级分离和磷酸钙凝胶吸附,酶活性提高约 40 倍;这可用 ADP-正磷酸盐交换的速率来检验。在纯化过程中,ADP-正磷酸盐交换的速率与正磷酸盐释放的速率之比保持不变,证明这两种活性是彼此相关的。

单一聚合物

将纯化过的多核苷酸磷酸化酶与核苷二磷酸在有 Mg^{2+} 存在的情况下一起保温,随着正磷酸盐的释放(化学数量),核苷二磷酸就会消失。当大约 $50\% \sim 60\%$ 的核苷二磷酸已消失时,反应达到平衡,并趋于停止。以下事实证明消失的二磷酸盐转变成了一种多核苷酸:

(1)新形成的成分带有很强的负电荷,它能留在 Dowex-1 阴离子交换柱上[4],随后用甲酸洗脱,所需的浓度要比洗脱绝大多数酸性单核苷酸时要高些。

(2)产物是不能用蒸馏水或稀盐溶液来透析的,在冷却状态下,可用三氯醋酸或酒精来定量沉淀。因此,可用这种方法来分离它。

(3)它可溶于水,产生稍带黏性的溶液,这种溶液具有典型的核苷酸紫外吸收光谱。

(4)纸层析时,无论用哪一种溶剂系统,它都停留在原来区域,而且用水洗脱不下来。

把多核苷酸磷酸化酶与相应的 $5'$-核苷二磷酸一起保温,可以得到只含有 AMP、IMP、GMP、UMP 或 CMP 作为碱基单位的单一聚合物。分离聚合物时,如果不使用加热和(或)酸的话,它们的平均分子量就有可能很高。AMP 和 IMP 聚合物用光散射法测定时,得到的分子量分别是 570 000 和 800 000 道尔顿[5]。

从 IDP 形成的多核苷酸——IMP 聚合物,经弱碱水解[6],产生一种含有等克分子的 $2'$-IMP 和 $3'$-IMP 的混合物。这些产物再用 Markham 和 Smith[7] 的 No.3 溶剂系统做纸层析,来进行鉴定。已知 RNA 经弱碱水解,产生的是 $2'$-和 $3'$-单核苷酸的混合物[8]。IMP 聚合物的碱水解产物是 $2'$-和 $3'$-IMP,可用下列实验进一步证实(见表 1)。

表 1　IMP 多核苷酸的碱水解产物

多核苷酸用三氯醋酸沉淀两次，并用 0.4 mol/L 的 KOH，于 37℃，水解 39 小时。然后把这种混合物用三氯醋酸处理；离心除去少量沉淀。根据紫外吸收得知（波长为 260 纳米）中性的上清液含单核苷酸为 14.3 微克分子。

处理	释放的总含磷量的百分比				
	3′-IMP	2′-IMP	5′-IMP	碱水解产物	
				样品 1	样品 2
1.0 mol/L HCl，20 分钟，100℃	90	90	6.5	89	93
5′-核苷酸酶	—	—	96	0.01	0.1
3′-核苷酸酶	80	1.6	0	54	53

（1）IMP 多核苷酸的碱水解产物，大约有 90％能被 1.0 mol/L 盐酸在 20 分钟内水解掉。在这些条件下，将观察到，当 5′-IMP 几乎还未遭水解时，2′-IMP 和 3′-IMP 都被水解达 90％。

（2）这种碱水解产物，不受特异性的蛇毒 5′-核苷酸酶的破坏[9]，而 5′-IMP 却能被水解达 96％的程度。

（3）Schuster 和 Kaplan[10] 的 3′-特异性植物核苷酸酶能水解约一半的底物，它能水解 3′-IMP，但不能水解 2′-或 5′-IMP。用层析法已证明，底物与这种酶一起保温，得到的产物是肌苷和 2′-IMP。

通过研究特异性的磷酸二酯酶对这种生物合成的多核苷酸的降解作用，进一步阐明了它们的结构。这些实验有一部分是与美国国立健康研究所的 Leon A. Heppel 协作进行的。如图 1 所示，从蛇毒中提取的磷酸二酯酶[13] 水解 RNA 产生 5′-单核苷酸；而 Heppel 和 Hillmoe[11] 从脾脏中提取的磷酸二酯酶，水解 RNA 产生的却是相应的 3′-单核苷酸[8]。在这两种酶中，每一种酶作用于各种生物合成的聚合物，如 AMP 聚合物、IMP 聚合物以及在下一部分将谈到的某些混合聚合物，都产生预期的 5′-或 3′-单核苷酸。用层析法和前面提到的特异性的单核苷酸酶的作用，可以对这些产物进行鉴定。用结晶的胰核糖核酸酶——它是一种磷酸二酯酶，主要是水解 RNA 的嘧啶核苷酸，形成 3′-衍生物——将 UMP 聚合物降解，产生 3′-UMP，要是用稀释的酶来进行降解，还有一定程度的环化尿苷酸（2′-3′-尿苷单磷酸）可以积累下来[12]。这与观察到的胰核糖核酸酶对 RNA 的作用是一致的[13]。

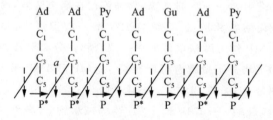

图　1

AMP 聚合物和其他生物合成聚合物纤维[14] 的 X 射线衍射图像与天然 RNA 纤维产生的图像是很相似的[15]。

混合聚合物

混合聚合物——含有二种或多种不同碱基单位的多核苷酸——是把几种 5′-核苷二磷酸的混合物与多核苷酸磷酸化酶一起保温来制备的。至今,已制得了两种这样的聚合物,一是从 ADP 和 UDP 等克分子①的混合物(A-U 聚合物)制得的;另一种是从 ADP、GDP、UDP 和 CDP 分别以 1∶0.5∶1∶1 的克分子比例的混合物(A-G-U-C 聚合物)来制备的。用纯化过的蛇毒磷酸二酯酶来降解 A-U 聚合物时,产生 5′-AMP 和 5′-UMP,两种产物的克分子比例接近 1∶1。用胰核糖核酸酶来降解时,能产生 3′-UMP[12],以及含有一个尿苷酸单位和一个或多个腺苷酸单位的 2′-、3′-、4′-和 5′-核苷酸,同时还产生一个由腺苷酸基团组成的核心。

混合聚合物比相应的单一聚合物的混合物较易受核糖核酸酶的作用②,这可从表 2 的结果得到明确说明。表 2 列出了 A-U 聚合物和相应的混合物的降解结果。表 3 说明 A-G-U-C 聚合物和单一聚合物的对照混合物也有同样的结果。和预期的一样,核糖核酸酶对 AMP 聚合物无作用。用 Krebs 和 Hems[17] 的溶剂系统,对核糖核酸酶水解的混合物进行纸层析,证实了这些结果。看来好像是在混合物中,嘌呤核苷酸的聚合物妨碍核糖核酸酶作用于嘧啶核苷酸聚合物。从表 3 进一步看出,A-G-U-C 聚合物与核糖核酸酶的反应和酵母 RNA 与该酶的反应是相似的。下述事实进一步证实了这种相似性:酵母 RNA 和 A-G-U-C 聚合物被核糖核酸酶彻底水解,只分别保留有 20％和 22％的核心部分[18],这种核心部分不能被蒸馏水透析,而 AMP、GMP、UMP 和 CMP 聚合物(用于表 3 的实验 4 中)的混合物,经同样处理后,保留有 43％的不能被透析的核心部分。

表 2　生物合成的多核苷酸用核糖核酸酶作短暂的降解

详细情况是在 0.5 毫升、浓度为 50 微克分子、pH7.35 的 Tris 缓冲液中,含有 1.48 微克结晶的胰核糖核酸酶和指定的聚合物,把这种反应混合物在 30℃、保温 20 分钟。根据能和醋酸双氧铀-高氯酸试剂产生沉淀的紫外吸收物质(波长为 260 纳米)的消失情况,用改进的 Anfinsen 等人的方法[16]测定水解作用的大小。

聚合物	微克分子数①	水解(％)
AMP	2.75	0
UMP	2.80	60
A-U	2.44	77
AMP＋UMP②	2.26	15(28)③

① 表示的是单核苷酸。

② 单一的 AMP(1.06 μM)聚合物和 UMP(1.20 μM)聚合物混合,于 30℃保温过夜,再用核糖核酸酶水解。

③ 假定混合物中,核糖核酸酶只作用于 UMP 聚合物时,UMP 聚合物水解的百分数表示于括号内。

---

① 克分子:以克计的化合物或元素的重量,其量在数值上等于该化合物或元素的分子量。

② 我们 Warner,R.C. 的实验,也曾指出了混合聚合物和相应的单一聚合物在电泳行为上存在着的某些差异。

用高氯酸水解 A-G-U-C 聚合物,释放出 A、G、U、C 4 种碱基。

用[32]P 标记了两个磷酸盐基团[19]的 ADP 和未标记的各种 5'-核苷二磷酸[20]的混合物合成各种多聚物,从这些实验中得到一些证据说明,在混合多聚物中,不同的单核苷酸单位之间形成了 5'-3'-磷酸核糖二脂键[19]。通过多核苷酸磷酸化酶的作用,标记的核苷酸以 5'-(^{32}P)磷酸腺苷的形式掺入一条多核苷酸链,并释放出[32]P-正磷酸盐。如果标记的 AMP 和另一些核苷酸之间连接起来的话,后者在这种聚合物受到脾脏磷酸二酯酶水解时,将以一种标记的 3'-单核苷酸的形式释放出来,这样得到的 3'-AMP 的放射比活性将比掺入的 5'-AMP 的要低。相反,用蛇毒磷酸二酯酶水解时,释放出来的唯一标记核苷酸就是 5'-AMP,而且和掺入的 5'-AMP 具有相同的放射比活性,释放出的其他 5'-核苷酸是未标记过的。把用磷酸二酯酶水解释放出来的核苷酸再用纸层析和放射性自显影进行鉴定,确实也得到了这样的结果。在这些实验(详细报道正在整理)中,所用的生物合成聚合物是用下述材料制备的:① 只有标记的 ADP;② 只有标记的 UDP;③ 标记的 ADP 及未标记的 UDP;④ 标记的 ADP 及未标记的 GDP,UDP 和 CDP。

表 3 生物合成的多核苷酸和酵母 RNA 经核糖核酸酶长时间的降解

详细情况是 1.6 毫升浓度为 20 微克分子,pH7.0 的 Tris 缓冲液中,含有 29.6 微克的核糖核酸酶和指定的聚合物,把这种反应混合物在 37℃ 保温。其他情况见表 2。

实验编号	聚合物	μM 数①	水解(%)		
			3 小时	4 小时	7 小时
1	AMP	19.3	0	0	0
2	酵母 RNA	13.9	77	84	84
3	A-G-U-C	17.9	88	90	90
4	混合物②	14.0	19(34)③	32(57)	37(65)

① 表示的是单核苷酸。

② 单一聚合物的混合物含有如下成分:AMP,4 μM;GMP,2 μM;UMP,4 μM;CMP,4 μM。

③ 假定在反应混合物中,核糖核酸酶只作用于嘧啶核苷酸聚合物时,这种成分水解的百分数表示于括号内(可以达到总数的 57%)。

对照是①标记的 AMP 单一聚合物和未标记的 UMP 聚合物的混合物;或者②标记的 AMP 单一聚合物和未标记的 GMP、UMP 和 CMP 聚合物的混合物。在任何情况下,对照只产生标记的 AMP(可能是 3'-的,也可能是 5'-的),其他的单核苷酸都是未标记的。

可 逆 性

前面已提到,用多核苷酸磷酸化酶催化的反应是可逆的。在这种酶、正磷酸盐和 Mg[++] 存在时,生物合成的多核苷酸经过磷酸解作用,产生相应的 5'-核苷二磷酸。在正磷酸盐不存在时,不能发生反应。有关 IDP 反应向两个方向进行的化学计算的定量资料,以前已有过报道[1]。迄今为止,关于这个平衡的情况,我们还没有确切资料。在多核苷酸合成方向上,在通常的实验条件下(pH8.1、30℃),当正磷酸盐的浓度与核苷二磷酸的比例从 1.5 到 2.0 时,反应趋于停止。核苷二磷酸的焦磷酸键能转变成多核苷酸的磷酸二酯键,从这个事实预料,在某种程度上,上述反应有利于多核苷酸的合成。

单一聚合物的磷酸解作用要比混合聚合物的磷酸解作用容易得多，道理现在还不很清楚。已经报道过[1]从固氮菌分离出来的 RNA 的磷酸解作用，是通过放射性磷酸盐的掺入和放射性 ADP、GDP、UDP 和 CDP 的层析鉴定来证明的。这样形成的标记 GDP 和 UDP 的一致性，通过用肌苷二磷酸酶进行特异性酶促水解，得到了进一步证实[21]。用同样的技术还发现，固氮菌的酶可以催化其他来源（酵母、牛肝、大肠杆菌和酿脓链球菌）的核糖核酸的磷酸解作用；这说明在这方面是没有特异性的。然而，小牛胸腺的 DNA 和酵母 RNA 中对核糖核酸酶有抗性的核心部分，是不受这种酶作用的。

结　　论

目前，有关结构、大小、X 射线衍射图像和对不同酶的行为等方面的资料说明：在多核苷酸磷酸化酶催化下，由 5′-核苷二磷酸合成的多核苷酸与 RNA 是非常相似的。这种 A-G-U-C 聚合物，即一种含有腺苷酸、鸟苷酸、尿苷酸和胞苷酸残基的聚合物，看来与天然 RNA 确实是一样的。当然，最理想的应当是在把它们当做核酸前，能确定这种生物合成的化合物是否具有影响蛋白质合成之类的生物学性质。

由多核苷酸磷酸化酶催化的这种反应，是否代表 RNA 合成的普遍性生物学机制呢？到目前为止，尚不能确定，但这种可能性是存在的。这种酶除了存在于固氮菌中以外，在其他微生物中也是存在的①，但我们至今尚未得到确切证据说明它在酵母和动物组织中存在。

来源于不同细胞或组织的 RNA，在组成上是不同的[18]，这个问题得到证明以后，又出现了另一个具有重要意义的问题，即是否不同来源的多核苷酸磷酸化酶，将合成具有不同特异性的多核苷酸呢？因为 DNA 具有特异性的遗传效应[22]，因此想到，和 DNA 类似的多核苷酸是否也能通过一种相似的机制来合成呢？这些问题都是很紧迫的问题，希望对其中某些问题能尽快得到回答。

参 考 文 献

[1] Grunberg-Manago，M．，and Ochoa，S．，1955．*J. Am. Chem. Soc.*，**77**，3165．

[2] See the third International Congress of Biochemistry. Brussels，Belgium，3 Aug. 1955．

[3] Grunberg-Manago，M．，and Ochoa，S．，1955．*Federation Proc.* **14**，221．

[4] Cohn，W. E．，1950．*J. Am. Chem. Soc.*，**72**，1471．

[5] Cavallieri，L. F．，and Rosoff，M．，unpublished experiments．

[6] Vischer，E．，and Chargaff，E．，1948．*J. Biol. Chem.*，**176**，715；Carter，C. E．，1950．*J. Am. Chem. Soc.*，**72**，1466．

[7] Markham R．，and Smith，J. D．，1951．*Biochem*，*J.* **49**，401．

---

①　在一株产碱杆菌（*Alcaligenes faecalis*，是由耶鲁大学 G. B. Pinchot 提供的）中也发现了这种酶。D. O. Brummond（未发表的实验）在一种梭状芽孢杆菌（*Clostridum kluyveri*）的提取液中，也发现了这种酶。

[8] Cohn，W. E.，Doherty，D. G.，Volkin，E.，1953. in *A Symposium on phosphorus metabolism* Johns Hopkins press，Baltimore，**2**，339.

[9] Guliand，J. M.，and Jackson，E. M.，1938. *Biochem. J.*，**32**，590，597；Hurst，R. O. and Butler. G. C.，1951. *J. Biol. Chem.*，**193**，91.

[10] Schuster，L.，and Kaplan，N. O.，1953. *J. Biol. Chem.*，**201**，535.

[11] Heppel，L. A.，Markham，R.，and Hillmoe，R. J.，1953. *Nature*，**171**，1152；Herpel，L. A.，and Whitfeld. P. R.，1955. *Biochem. J.*，**60**，1.

[12] Heppel，L. A.，unpublished experiments.

[13] Markham，R.，and Smith，J. D.，1952. *Bioehem. J.*，**52**，552，558.

[14] Rich，A.，and Watson，J. D.，1954. *Proc. Natl. Acad. Sci. USA*，**40**，759.

[15] Rich，A.，unpublished experiments.

[16] Anfinsen，C. B. et al.，1954. *J. Biol. Chem.*，**207**，201.

[17] Krebs，H. A.，and Hems，R.，1953. *Bioehim. et Biophys. Acta*，**12**，172.

[18] Zamenhof，S.，1952. in *A Symposium on Phosphorus metabolism*（Johns Hopkins Press，Baltimore），**2**，301.

[19] Prepared by the Sehwarz Laboratories，Mount Vernon，N. Y.

[20] These experiments were suggested by Plaut. G. W. E.

[21] Plaut，G. W. E.，1955. *Federation Proc.*，**14**，263.

[22] Hotchkiss，R. D.，1955. The Harvey Lectures（Academic Press，New York），**49**，124.

病毒重建[①]

Ⅱ. 来自不同生理小种的蛋白质和核酸的重建

海因茨·康拉特(H. Fraenkel-Conrat)[②]　　B. 辛格(B. Singer)

（美国　加利福尼亚大学病毒实验室,1957 年）

用病毒蛋白质和病毒核酸的小分子组分离体合成典型的烟草花叶病毒（TMV,下同）颗粒,以前已有报道[1],在这个过程中,同时也恢复了与原来的病毒性质相似的侵染性。这类研究现已扩大到多种 TMV 小种。来源于不同病毒小种的蛋白质和核酸能掺入到一个病毒颗粒中去,这在理论上和实践上都有重要意义。用 4 个不同小种的核酸和 3 个小种的蛋白质所进行的各种重建实验,都成功了。这种混合病毒制品的生物学和免疫学特性,以无可争议的证据支持了重建病毒的侵染性实际上是新形成的病毒颗粒性质的这一观点。对重建（从一个或两个小种）病毒后代的生物学和化学特性也进行了研究。其中某些结论在以前的文章中已有叙述[2]。

---

① 王斌译自 H. Fraenkel-Conrat and B. Singer. Virus reconstitution. Ⅱ. Combination of protein and nucleic acid from different strains. **Biochem. Biophys. Acta.** 1957, 24: 540-548.

② 海因茨·康拉特(Heinz Ludwig Fraenkel-Conrat, 1910—1999),美国生物化学家、病毒学家。他最引人注目的研究是对烟草花叶病毒 TMV 的研究,并发现 TMV 病毒的繁殖是由位于病毒核心中的 RNA 控制的。1955 年,他和生物物理学家用纯化的 RNA 和外壳蛋白建成有功能的 RNA 颗粒。1960 年,公布了该病毒外壳蛋白的 158 个氨基酸全序列。

材料和方法

病毒的制备和分离

实验中所用的各种 TMV 小种和本实验室以前的研究中所用的一样[3,4]。

各种病毒制品用差速离心来分离。制备这些小种核酸的方法是以前用过的去垢剂法[1]，但稍有改动[5]。大约有 90％的实验可以得到具有生物活性的核酸，这种核酸在 −60℃保存数月仍然很稳定。

为了制备天然蛋白质，将病毒在 3℃，pH 10.1～10.5 进行降解[1]。用 2-氨基-2-甲基乙醇和乙醇胺作缓冲液，有利于这种降解。1％的病毒液（20～50 毫升）在 1 000 毫升的 0.1％胺溶液中（用 HCl 调至 pH10.5）透析 16 小时，然后进行超速离心（40 000 转，1 小时，冷冻），如果出现的沉淀很少，则说明降解已十分完全。上清液用（NH_4）$_2SO_4$ 调到 0.28 饱和度，离心，把沉淀下来的蛋白质再溶于水。去掉用低浓度（NH_4）$_2SO_4$ 可以沉淀下来的少量物质，蛋白质在盐饱和度为 0.15～0.25 之间重新沉淀下来。对于每一部分中所含物质的性质和数量用分光光度法确定。最终得到的蛋白质沉淀，一般在 280 纳米的吸光率有一个突增的最大值，R 值（最大值/最小值）为 2.2～2.4，经透析后达 2.4～2.5。污染 0.1％的核酸，会使 R 值降低 0.1。低温条件下彻底透析后，将蛋白质溶液调到 pH8.0，再作超离心（40 000rpm，2 小时，并冷冻）。蛋白质溶液在冷冻状态下贮存，有防止损伤的明显趋势。冰冻干燥可能引起变性并降低它们重建的适应性。

制备 M 小种（*masked strain*）的蛋白质可以采用同样的方法。HR 小种（*Holmes ribgrass strain*）的蛋白质也可以这样制备，只是困难较大，而且产量也低，将蛋白质分离开，需要较低的 pH（9.8～10），因为从大的趋势来看，碱能使这些蛋白质变性。从 YA 小种（*yellow aucuba strain*）分离不到天然的蛋白质，可能原因就在这里。

抗 血 清

兔抗血清和 γ-球蛋白是由 R. C. Backus 和 G. Perez-Mendez 夫人制备的。血清是按常规方法制备的。每逢双周肌肉注射 1 毫克的 TMV 或 HR（用矿物油和水作辅助剂）。三周后，从兔子抽血，然后一周注射，一周抽血，交替进行。

在分析电泳仪中分离 γ-球蛋白的微量成分。

抗血清的效价可用沉淀素试验及中和试验来测定。以后一种测定为例，把 1 毫升 0.01％的 TMV 或 HR 病毒溶液（在 0.075 mol/L NaCl 溶液中），与不同量的同源或异源抗血清混合，在 3℃，处理 16 小时，为了降低病毒（100 微克）的侵染性需加同源抗血清 0.01～0.025 毫升，系数为 5 或 10。按通常的分析方法，经适当稀释后，用产生病变的数量来表示侵染性。然而，未经分离的血清和 γ-球蛋白都存在时，有明显的交叉反应，特别是在 TMV 抗血清和 HR 病毒之间，交叉反应更为明显。为了降低这种异源特异性，把抗血清先用不同量的异源病毒（0.16～4.0 毫克/毫升）处理几小时，然后进行超速离心。这样得到的 HR 抗血清和 γ-球蛋白，对 TMV 即使有影响也是很小的，而降低 HR 的侵染性达 95％。

从抗 TMV 血清中，不能分离到类似的选择性抗体。用大量的 HR 病毒反复处理，能从溶液中除去所有的抗体活性。能与少数 HR 产生交叉吸附的血清，可以使 TMV 的侵染性降低 97％，对 HR 的侵染性也有不同程度的降低，平均为 44％。庆幸的是，后一种抗体可以使两个病毒小种的血清学鉴定获得明确结果（见表 1）。

表 1　病毒小种和抗血清的中和及交叉反应

抗血清		侵染性中和百分比[①]	
类型	毫升/毫克病毒	HR	TMV
抗 HR 血清[②]	0.1	90	0
抗 HR-γ-球蛋白[②]	4	95	15
抗 HR-γ-球蛋白	0.4	87	0
抗 TMV-γ-球蛋白Ⅰ[②]	4	62	97
抗 TMV-γ-球蛋白Ⅱ[②]	8	26	98

① 2～8 个实验的平均值，每个测定大约有 8 枚半片的叶子，每半片叶子上大约有 20 个病斑。
② 与异源病毒产生交叉吸附。

分 析 方 法

为了分析氨基酸，把病毒制品（在 0.2～0.4 毫升中约含 6 毫克）与 2 毫升双蒸过的、恒沸点的盐酸混合，真空密封，在 108℃加热 16 小时。在一个干燥器中将酸反复蒸发后，把水解产物（每毫克病毒约 50 微克）放在 50 倍的水中，取一份样品，按最近报道的技术[6]，在纸上作单向层析，测定并分析组氨酸、蛋氨酸、酪氨酸和精氨酸。再取一份样品（1 毫克），根据 Levy[7]原理使之二硝基苯基化，并进行全氨基酸分析。我们对作为 DNP 衍生物的氨基酸复原过程中的校正因子作了再次研究，发现了[8]在相似条件下，得到的结果与两年前得到的结果不同。因为只需要比较资料，所以我们未作不同时间的水解实验，而且水解过程中对酸敏感的氨基酸所受到的破坏也未作校正。双 DNP 胱氨酸是几乎没有的，也没用有关的 DNP 半胱氨酸的量来说明它。从 DNP 分析结果来看，对组氨酸、蛋氨酸、酪氨酸和精氨酸的结果重复性不好，在层析分离[6]后用比色分析法被认为是较可靠的。

用 Beavan 和 Holiday[9]提供的分光光度法，对未水解蛋白质制品中的色氨酸和酪氨酸进行了测定。一般来说，酪氨酸的值与比色法[6]得到的值是一致的。TMV 和 HR 的氨基酸分析结果以及从文献中引用的结果，都列于表 2。

表 2　TMV 和 HR 的氨基酸组分与文献中报道数值的比较[①]

氨基酸	TMV				HR		
	本方法	微生物法	平均[②]	离子交换柱[③]	本方法	微生物法	平均[②]
甘氨酸	2.3	1.8　2.5	2.1	2.7	1.6	1.3　1.7	1.5
缬氨酸	9.6	9.2　10.9	10.1	9.1	5.9	6.3　7.3	6.8
丙氨酸	6.5	5.1　7.4	6.3	7.9	8.5	6.4　9.2	7.8
亮氨酸＋异亮氨酸	14.2	15.9　13.9	14.9	15.1	12.2	15.2　13.1	14.2
脯氨酸	5.0	5.8　5.5	5.7	6.3	5.0	5.8　5.5	5.7

(续表)

氨基酸	TMV				HR			
	本方法	微生物法	平均②	离子交换柱③		本方法	微生物法	平均②
丝氨酸	9.0	7.3	9.1	8.2	8.7	8.1	5.7	7.2	6.5
苏氨酸	8.9	9.9	11.9	10.9	10.5	7.2	8.2	9.8	9.0
赖氨酸	1.9	1.5	1.4	1.5		2.4	1.5	1.4	1.5
精氨酸	9.5	9.8	9.7	9.8		8.9	9.8	9.7	9.8
组氨酸	0.0	0.0	0.0	0.0	0.0	0.7	0.7	0.7	0.7
苯丙氨酸	7.2	8.4	8.2	8.3	7.6	5.3	5.4	5.3	5.4
酪氨酸	4.1	3.8	3.7		4.2	6.3	6.7	6.6	6.7
色氨酸	2.8④	2.1	1.9	2.0		2.2	1.4	1.4	1.4
蛋氨酸	0.0	0.0	0.0		0.0	2.0	2.2	2.2	2.2
谷氨酸	12.4	11.3	11.0	11.2	13.5	16.4	15.5	15.1	15.3
天门冬氨酸	13.8	13.5	11.9	12.8	14.5	15.0	12.6	11.2	11.9
	107.2	105.4	108.1			106.9	104.7	107.4	

① 所有数值都是以每 100 克病毒中氨基酸的克数来表示的,对水解期间的破坏未作校正。必须提请注意的是 Fraser 和 Newmark 的值是从离子交换柱中回收的物质的百分数。半胱氨酸(约 0.6％)未作测定,不列入表中。

② 列出的 TMV 的两排分析数字及平均值引自 Knight[3],Black 和 Knight[11] 发表的资料。而在 HR 中,第二行数字代表期望值。1953 年对 HR 进行了再次分析,看到的变化与在 TMV 中见到的变化是相似的。

③ Fraser 和 Newmark[10]。

④ 不同的蛋白质部分,可能色氨酸含量也不同(2.6％～3.2％),对这种可能性仍在研究中。(见第 217 页脚注。)

结　果

用普通的 TMV 蛋白质和核酸进行病毒重建

通常所用的重建技术如下:1～10 毫克的蛋白质(0.5％～1.0％溶液、pH8)加入十分之一量的核酸和 3 克分子,pH6 的醋酸盐(每毫升反应混合物为 10 微克)。也常用磷酸盐缓冲液(pH6,8 克分子,每毫升 50 微克),有时还能得到较高产量的活性病毒。低于 pH5.0 和高于 pH8.5,就几乎不能形成有活性的病毒。至少起初几小时,溶液是放在室温下的。取出几小份反应混合物,它很快成为乳白色的,隔不同时间后(例如 15 分钟、1 小时、20 小时)经过稀释,再进行分析。根据分析可以看出,有时最大的活性是在很短的反应时间之后得到,但一般来说,大多数情况下,最大活性是在 20 小时之后得到。偶尔也能见到反应混合物活性下降或消失。这类实验大多数是在核酸真正侵染之前来做的,并认识到在分析培养基中,核酸是不稳定的;这些实验还在重复,并适当考虑了这两类侵染因素的性质。在不同的时间间隔加进 RNase,使游离的核酸失活,这样就能用侵染性来测定重建的真实程度。看来,在磷酸盐中,在室温下,反应进行得很迅速,但在醋酸盐中进行,24 小时中也能达到同样的程度(见图 1)。

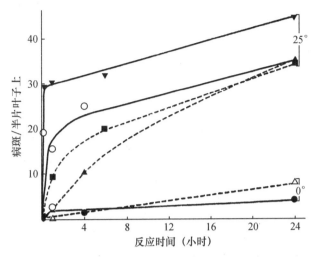

图 1　在含有 TMV 蛋白质(1%)、核酸(0.1%)和缓冲液的反应混合物中，有活性的病毒重建速率分析之前，全部样品都用 RNase(每毫升用浓度为 0.1%的 RNase10 微升)处理 16 小时，使未结合的核酸失活

实线表示用 pH7 的磷酸盐(0.05 克分子)得到的结果；虚线表示用 pH6 的醋酸盐(0.03 克分子)得到的结果。实验Ⅰ(▼■)得到的活性较高，分析时蛋白质浓度为 5 微克/毫升。最终达到的活性表明了产量达到 5%。实验Ⅱ(○、●、▲、△)是在蛋白质浓度为 25 微克/毫升时分析的。

为了测定在蛋白质和核酸中所含未降解病毒的量，曾经花费了很大的努力。蛋白质制品在通常的测定浓度 1～5 毫克/毫升时，不产生病斑，即使在浓度为重建制品的 100～500 倍的水平，在每半片叶子上也只有 20～50 个病斑。当 TMV(0.1～0.5 微克/毫升)加入这种蛋白质(1～5 毫克/毫升)，会得到预期病斑的 10%～50%，这表明了在这些条件下，污染的 TMV 是能致病的。W. Takahashi 用一种特殊敏感的分析技术来分析典型的蛋白质制品，他提出在这种蛋白质制品中含有的病毒不到 0.0001%。

对含有病毒的核酸制品进行了类似的研究，发现核酸本身就是有侵染性的[2,5]。将核酸制品超速离心能十分有效的除去污染的病毒。经过反复的超速离心，一般来说，小于 300 纳米的大多数棒状颗粒，可以从这种溶液中沉降下来。盐的存在有利于它们的出现，这可能是由于污染了微量蛋白质引起病毒重建所造成的。这些发现为核酸中不存在极微量污染病毒的说法提供了确切证据，这些极微量的污染病毒既不重要，又很难得到。鉴于在最近重建实验中得到了具有很高活性的产物，这种假说的极微量逐渐变得更不重要了。而且，用下面谈到的小种混合物来做的实验，已肯定地表明了重建实验中的活性，在新形成的病毒颗粒中是可遗传的，它不是由于未经降解的病毒颗粒造成的。

混 合 小 种

使用的病毒是通常的 TMV 以及 M、HR、YA 小种[3]，从下列组合中能成功地重建出有活性的棒状病毒：① TMV 核酸和 M 蛋白质；② M 核酸和 TMV 蛋白质；③ YA 核酸和 TMV 蛋白质；④ YA 核酸和 M 蛋白质；⑤ HR 核酸和 TMV 蛋白质；⑥ TMV 核酸和 HR 蛋白质；⑦ HR 核酸和 M 蛋白质。这些混合病毒制品的侵染性和用 TMV 核酸加上 TMV 蛋白质得到的病毒的侵染性是一样的。令人惊讶的是，在 HR 小种中以重量为标准，原来的病毒只有 TMV 活性的 5%。（此重量标准以后称为侵染比活性。）由于 HR 核酸和 TMV 核酸的致病性是相同的，因此，HR 侵染性较小可能是由于蛋白质成分引起的。这样就有可能得到一种重建的病毒，其侵染比活性比起原来提供核酸的 HR 小种要高 4 倍（上面讲的第 5 种类型的混合病毒，称之为 M. V. HR/TMV）。

这些混合病毒实验中，重建病毒与两个亲本小种相比，最有意义的是其生物学性质。当反应产物在两种烟草（*N. tabacum* 和 *N. sylvestris*）上分别测定时，每种情况下都得到与提供核酸的原始小种相同的症状。因此在 Turkish 烟草中，M. V. TMV/M 和 TMV/HR 都引起绿色花叶病，M. V. M/TMV 产生的病毒不引起明显症状，M. V. YA/TMV 和 YA/M 都引起黄色花叶病，而 M. V. HR/TMV 和 HR/M 引起典型的环斑。[①] 这些发现有力地揭示了在 TMV 和有关的小种中，核酸是遗传决定因素，就像在噬菌体中 DNA 起的决定作用一样。

混合病毒制品的侵染性是由核酸决定的，而血清学特性好像是由蛋白质成分决定的。当把抗 TMV 血清或它的 γ-球蛋白（见材料和方法）加到这两种制品中去，它中和 M. V. HR/TMV 与中和 TMV 的程度一样，但对 M. V. TMV/HR 无效。相反，抗 HR 血清，中和 M. V. TMV/HR 要比中和 M. V. HR/TMV 有效得多（见表 3）。在同样的时间，用同样的方法，检验病斑的性质，清楚地表明 M. V. HR/TMV 是 HR 性质的，而 M. V. TMV/HR 是 TMV 性质的。对照实验中，在过量同源或异源蛋白质存在的情况下，测

表 3　对 TMV、HR 和由它们得到的两个混合病毒制品侵染性的中和作用[①]

分析水平 （微克/毫升）	TMV 0.17	HR 1.7	HR/ TMV[②] 0.44	TMV/ HR[②] 22	TMV 和		HR 和		HR/ TMV 0.45	TMV/ HR 9.7
					TMV 蛋白质 0.11	HR 蛋白质 0.11	TMV 蛋白质 1.7	HR 蛋白质 1.7		
未经处理	22	21	19	29	30	28	37	56	22	14
＋抗 TMV 的 γ-球蛋白	0.9	8.0	3.6	11	0.2	0.8	17	33	1	9
＋抗 HR 的 γ-球蛋白	23	1.1	16	2.9	6	3	2	4	11	3

① 表中全部数字都是表示在粘毛烟草植株上，每半片叶片上的平均病斑数。多数测定是每个样品在 8 或 10 枚半片叶片上进行 2~3 次测定。

从 30 个实验中选出两个实验列于表中，各次实验都说明了同种现象（尽管其中有些不太完全，另一些表现出较多的交叉反应）。使用的 TMV 和 HR 都是 5 微克，混合病毒制品为 20~30 微克，γ-球蛋白部分先用异源病毒预处理过（见实验），使用 10 或 20 微升，反应混合物的最终体积是 0.3 毫升。加入到反应混合物中去的蛋白质为 25 微克。有特异性中和作用的结合，在数字底下划横道表示。

② HR/TMV 表示混合病毒是用 HR 核酸和 TMV 蛋白质来制备的；TMV/HR 表示病毒是用 TMV 核酸和 HR 蛋白质制备的。

---

① 与 HR 和 TMV 类似的病毒，在粘毛烟草（*N. glutinosa*）上都形成局部病斑，但大小明显不同。根据在另一类烟草（*N. sylvestris*）上得到的反应类型来看，在分化上，TMV 和 M 属一类，HR 和 YA 属另一类。

定了抗血清对这两种病毒的中和能力，进一步证实了实验程序的可靠性。由此看来，在 HR 核酸和 TMV 蛋白质的反应混合物中出现的活性，无疑是由于一种病毒颗粒引起的，这种病毒颗粒含有一种决定遗传性的 HR 核酸核心和一个决定免疫性的 TMV 蛋白质外壳。看来没有其他解释可以说明观察到的这个事实。这就明确证实了，从两种化学组分重建起了有侵染性的病毒颗粒。

混合病毒后代的性质

发现 TMV 核酸可以与 HR 蛋白质结合，也可以反过来结合，鉴于这两个小种的蛋白质之间有很大差异，因此这是非常令人惊奇的。从 Knight[3] 的分析看出了在 HR 和 TMV 中，只有 2～4 种氨基酸的数量相同，我们进一步证实了这一事实。Knight 所研究过的所有小种，除了 HR 之外，都不含有组氨酸和蛋氨酸。病毒蛋白质有一个重要的功能特性，即它们能特异性地结合在一个超螺旋排列的核酸链周围（假定它们存在的话）。从本实验看出，不同的病毒蛋白质可以互相交换，因此我们推断病毒蛋白质和核酸结合的活性只取决于在适当位置上的几个关键位点，在这些关键位点周围是非特异性区域。

TMV 和 HR 的蛋白质组成有明显的不同，因此，从这两种病毒得到的混合病毒制品，在研究重建病毒后代的性质方面具有特殊的意义和价值。对 TMV、HR 以及它们的两种混合病毒制品后代的水解产物，用纸层析进行比较，清楚地说明了在 HR 和 M. V. HR/TMV 子代中，约有 0.7% 的组氨酸和约 2% 的蛋氨酸，这些氨基酸在 TMV 和 M. V. TMV/HR 的后代中是没有的。然后对这 4 种类型的制品进行了全部的氨基酸分析（见表 4）。最初的印象，根据组氨酸和蛋氨酸的存在与否从这些分析中得到了广泛的证实。每种后代的蛋白质与为混合病毒提供核酸的病毒的蛋白质是很相似的。发现它们只有很小的差异（不管哪种氨基酸的含量差异都小于 10%）。M. V. HR/TMV 5 个不同后代的 8 种水解产物与 HR 相比，甘氨酸含量差异很小，而且它们的赖氨酸含量差异也很小，几乎是不变的。对于认为蛋白质对核酸传递的遗传信息也有影响的几种假说而言，这些差异是太小了。必须进一步指出，观察到的这些差异对每个亚基来说，差异还不到一个氨基酸残基，要承认这一点需要假设亚基产生的差异是不一样的。要说明 TMV 中色氨酸的含量，看来也需要这个假设，因为 TMV 中每个 18 000 分子量的亚基大约有 2.5 个色氨酸残基。用化学方法[8]和分光光度法（在 0.1 mol/L 的 NaOH 中，和在中性 pH 下[8,9]①）两个途径都得到了这个数值，这个数值看来确实要比用微生物学方法得出的数值更可靠些，用微生物学方法得出的结果偏低。

HR 和 M. V. HR/TMV 后代之间的另一个差异是表现在侵染比活性上，多数 M. V. HR/TMV 的侵染比活性要比任何 HR 样品所得到的最高值还要高（20%～40% 比 12%）。

---

① TMV 蛋白质（1 毫克/毫升）吸收光谱形状与有助于它的吸收作用的各种氨基酸的混合物（每毫升中含有色氨酸 30 微克、酪氨酸 40 微克、苯丙氨酸 65 微克、半胱氨酸 7 微克、甘氨酸 1 毫克）的吸收光谱形状是显然不同的。但是，它们分别在波长为 282 和 278 纳米时吸光率最大值是相同的（O.D=1.25）。当用 67% 的醋酸制备蛋白质溶液和各种氨基酸混合物溶液时，那么它们的 O.D 值是相同的，而且吸收光谱形状也非常相似（吸收最大值分别为 279 和 278 纳米）。

表 4   HR、TMV 与实验制品后代的氨基酸组分的比较①

	HR	HR/TMV 的后代	TMV	TMV/HR 的后代	TMV 核酸突变体菌株
甘氨酸	1.6	1.8	2.3	2.3	2.5
丙氨酸	8.5	8.5	6.5	6.9	5.5
缬氨酸	5.9	6.3	9.6	9.0	9.6
亮氨酸＋异亮氨酸	12.2	12.2	14.2	14.3	13.0
脯氨酸	5.0	5.1	5.0	5.1	4.3
丝氨酸	8.1	8.1	9.0	8.8	7.8
苏氨酸	7.2	7.5	8.9	8.9	8.8
赖氨酸	2.4	2.3	1.9	1.8	2.1
精氨酸	8.9	8.5	9.5	9.7	7.6
组氨酸	0.70	0.70	0.0	0.0	0.0
苯丙氨酸	5.3	5.4	7.2	7.1	6.8
酪氨酸	6.3	6.2	4.1	4.3	5.4
色氨酸	2.2	2.2	2.8	2.6	2.7
蛋氨酸	2.0	2.2	0.0	0.0	0.6
谷氨酸	16.4	17.3	12.4	12.1	12.4
天门冬氨酸	15.0	14.8	13.8	14.2	15.5

① 所有数值都表示每 100 克病毒中氨基酸的克数。此值对水解期间的破坏未做过校正。前 2 行数值是 8 个水解产物的平均值,后 3 行数值是 3 个水解产物的平均值。

看到有明显差异的,则在数字下面画横道表示。

原来的病毒小种和混合病毒制品之间这些差异的意义,将依赖于这些差异在后代制品中是否会连续出现,这好像是侵染比活性问题,但至今尚未完成对连续的单个病斑后代制品的足够数目的氨基酸分析,这一工作的成功将使有关这项工作的明确结论获得公认。目前,从这些工作中人们唯一可得出的结论是每个小种的核酸,在寄主细胞内能促进新病毒蛋白质的合成,这种新的病毒蛋白质与它本身同源的蛋白质尽管不是完全一致,但也是十分相似的。即使在离体条件下把核酸裹入另一种病毒小种的蛋白质中,它仍保留着这种能力。

可遗传的饰变

从混合病毒或用来分离核酸的病毒的单个病斑上分离它们的子代病毒,然后观察这些子代病毒的蛋白质组成及其对植物的致死性,曾不止一次见到有显著的变化。对这种表现型突变体,就其后代病毒在病症学和氨基酸组成两个方面的差异进行了鉴定(见表4),认为它的出现表明了遗传物质通过化学处理和人工操作容易发生变化,因为从原来病毒小种的单个病斑繁殖病毒时,没有发现类似的变化。与其他遗传学上较容易变化的例子不同,这个突变小种通过几次传代和分离,包括分离它的核酸和蛋白质,在 Turkish 烟草中还能继续产生明显的坏死病症。

摘　　要

（1）叙述了从 TMV 和其他小种制备天然蛋白质的方法。

（2）用不同小种的蛋白质和核酸来进行病毒颗粒的重建，已得到了活性很高的制品，其中有一种制品表现出比其亲本小种之一更高的侵染性。

（3）由混合病毒制品引起的病症的性质，在任何情况下都与提供核酸的病毒特征相似。

（4）混合病毒制品后代的化学性质也与提供核酸的病毒很接近（尽管对氨基酸组分微小差异的意义何在，尚未弄清）。

（5）混合病毒制品的血清学特性与上述的性质相反，它是取决于提供蛋白质的那些病毒。

（6）明确证实了重建病毒颗粒活性上的这种双重性。

（7）在这个工作过程中，具有不同的生物学和化学特性的变种或突变体会随机地产生，这表明遗传物质通过化学操作后变得不稳定了。

参 考 文 献

[1] Fraenkel-Conrat，H. and Williams，R. C.，1955. *Proc. Natal. Acad. Sci. USA*，**41**，690.

[2] Fraenkel-Conrat，H.，1956. *J. Am. Chem. Soc.*，**78**，882.

[3] Knight，C. A.，1947. *J. Biol. Chem.*，**171**，297.

[4] Niu，C. I.，and Fraenkel-Conrat，H.，1955. *Arch，Biochem. Biophys.*，**59**，538.

[5] Fraenkel-Conrat，H.，Singer B.，and Wiliams，R. C.，1957. *Biochim. Biophys. Acta*，**25**，（in press）；see also：*Symposium on the Chemical Basis of Heredity*，McCollum Pratt Institute，Johns Hopkins University，Baltimore，June 1956.

[6] Fraenkel-Conrat，H.，and Singer，B.，*Arch. Biochem. Biophys.*，（in press）.

[7] Levy，A. L.，1954. *Nature*，**174**，126.

[8] Fraenkel-Conrat，H.，and Singer，B.，1956. *Arch. Biochem. Biophys.*，**60**，64.

[9] Beavan，G. H.，and Holiday，E. R.，1952. *Advances in Prot. Chem.*，**7**，320.

[10] Fraser，D.，and Newmark，P.，1956. *J. Am. Chem. Soc.*，**78**，1588.

[11] Black．F. L.，and Knight，C. A.，1953. *J. Biol. Chem.*，**202**，51.

脱氧核糖核酸的生物合成[①]

阿瑟·科恩伯格(A. Kornberg)[②]

（美国　斯坦福大学医学院生化系,1960 年）

近年来,通过对细菌转化[1]和病毒侵染细菌[2]的了解,再结合其他方面的证据[3],几乎使我们大部分人都确信脱氧核糖核酸(DNA)是遗传物质。我们认为,DNA 不仅指导蛋白质的合成和细胞的发育,而且还能够复制,通过复制使细胞世世代代都保持相似的发育。DNA 就像一条录音带一样,携带着一种信息,里面有进行工作的特异性指令,而且,也像录音带可进行拷贝一样,DNA 也可以进行精确的复制,以便这种信息能在另外的时间和空间被再次使用。

这两种功能——密码的表达(蛋白质合成)和密码的复制(物种的保存)是紧密相关的呢? 还是各自独立的呢? 在过去 5 年多的时间里,我们从研究中得知,尽管在细胞中DNA 如何指导蛋白质合成的奥秘仍不清楚,但 DNA 的复制是可以检验出来的,至少可在酶促水平上部分地了解。

结　　构

首先我想简短地评述一下 DNA 结构的某些方面,这对本讨论是很必要的。很多研究工作者对多种来源的 DNA 样品进行了组成分析[4],揭示了一个明显的事实,即 DNA

---

① 王斌译自 A. Kornberg. Biologic synthesis of deoxyribonucleic acid. **Science**, 1960, 131(3412)：1503-1508。

② 阿瑟·科恩伯格(Arthur Kornberg, 1918—2007),美国生物化学家。他因揭示人类 DNA 合成机制,与 Severo Ochoa 共同获得 1959 年诺贝尔生理学或医学奖。

中嘌呤含量和嘧啶含量总是相等的。嘌呤中，腺嘌呤（A）和鸟嘌呤（G）含量可以有明显差异；在嘧啶中，胸腺嘧啶（T）和胞嘧啶（C）含量可以明显不同。然而，在环的 6-位上带有一个氨基基团的碱基与在 6-位上带有一个酮基基团的碱基是相等的。沃森（Watson）和克里克（Crick）[5]在 DNA 结构的巧妙假说中说明了这些事实。如图 1 所示，在他们的 DNA 双螺旋模型（下面还将讨论）中，腺嘌呤的 6 位-氨基基团是通过氢键与胸腺嘧啶的 6 位-酮基基团连接的，鸟嘌呤与胞嘧啶也是通过氢键以同样方式连接的，由此说明嘌呤与嘧啶是相等的。

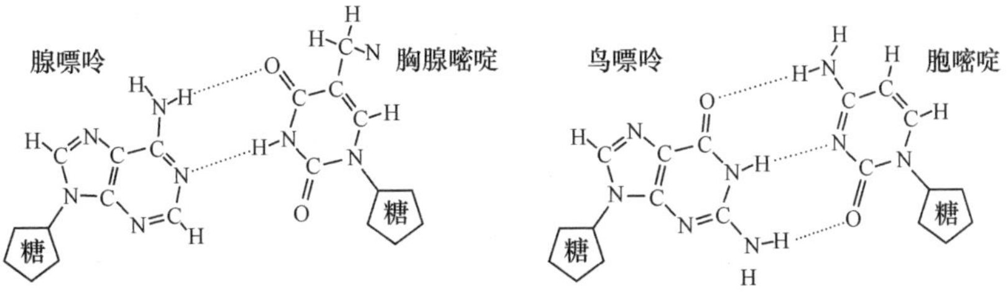

图 1　碱基间的氢键结合

考虑到这些情况，以及 Wilkins 与他的合作者[6]所做的 X 射线结晶学测定结果，沃森和克里克提出了一种 DNA 结构，在这种结构中，两条长链以一种螺旋方式互相缠绕着。图 2 是长度约为 10 个核苷酸单位的一段 DNA 链的图示。根据物理学测定来看，DNA链的平均长度约有 10 000 个核苷酸单位。这里我们可以看到，脱氧戊糖环通过磷酸残基连接起来，形成主链，嘌呤和嘧啶环在与链的主轴垂直方向上呈平面结构。图 3 是较详

图 2　DNA 的双螺旋结构

（Watson 和 Crick 模型。）

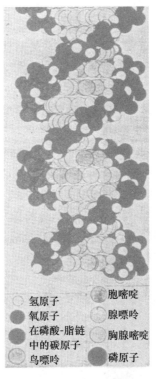

氢原子　　　　胞嘧啶
氧原子　　　　腺嘌呤
在磷酸-脂链　　胸腺嘧啶
中的碳原子　　磷原子
鸟嘌呤

图 3　DNA 的分子模型

（M. Feughelman 等[7]。）

细的分子模型[7],并表示在这种结构中,原子的一种理想布局。一个链的嘌呤和嘧啶碱基按图 1 所示的方式通过氢键与互补链的嘧啶和嘌呤结合。

X 射线测定已证明,在这个模型中,两条相对的链之间的空间与通过氢键连接的一个嘌呤和一个嘧啶间的计算值是一致的;这个值对两个嘌呤来说是太小了,对两个嘧啶来说是太大了。从生物学的观点来说,这种结构的重要性就是为说明 DNA 在细胞内是如何复制的,提供了一种有用的模型。我们推测,在复制时两条链分开,其中每一条链都能形成一条互补的新链,结果就形成了两条双链,每一条双链与原来的亲本双链是相同的,而且这两条双链的成分是完全相同的。

复制的酶促途径

虽然我们知道沃森和克里克提出了一种 DNA 复制机制的模型,但我们在这一点上还有一个疑问,即在细胞中,建成这种高分子的化学机制是什么? 大约 60 年前,用酵母细胞进行蔗糖酒精发酵,被认为这是一种与活细胞不可分离的有生命过程,但是通过 Buchner 发现了提取液有发酵作用,以及 20 世纪上半叶酶学的进展,我们了解到酵母的发酵作用是一系列(现已熟悉)完整的化学反应的结果。

5 年前,DNA 的合成也被认为是一种有生命的过程。有些人认为,它对于生化学家测定细胞的氧化穴位(combustion chambers)是有用的,但是,遗传结构受损的本身除了引起失调外,绝对不产生其他影响。这些渺茫的预言没被证实,现在摆在我们面前的关于细胞结构和特异性功能问题,不是这样的悲观情况。在酶学方面,前面有着艰巨的任务,在碳水化合物、脂肪、氨基酸和核苷酸酶学方面受过训练的许多人员将从事开拓这项工作。

现在我感到,(正如我们已经做的)解决核酸生物合成问题的有效途径,最根本的是要弄清单个核苷酸和辅酶的生物合成,并且还要很好地掌握这些概念和方法。从这些研究中,我们确信,一种被激活的 5′-磷酸核苷是核酸的基本生物合成单位[8]。应再重复一次:嘌呤和嘧啶生物合成的主要途径都是形成这种 5′-磷酸核苷[8];除了补救机制之外,他们一般不含有游离的碱基或核苷酸。核苷酸的 2′和 3′异构体可能主要是由于核酸经某些种类的酶促降解而引起的。从最简单的核苷酸缩合产物——辅酶的生物合成[9],可以联想到腺苷三磷酸(ATP)与烟酰胺单核苷酸缩合形成二磷酸吡啶核苷酸(辅酶 I)、与核黄素磷酸缩合形成黄素腺嘌呤二核苷酸(FAD)、与泛酰巯基乙胺磷酸缩合形成辅酶 A 的前体物等等。由于发现脂肪酸和氨基酸的激活作用机制是一样的,这个模型得到了详细描述,并且进一步证明了尿苷、胞苷和鸟苷的辅酶都是由这些核苷各自的三磷酸盐形成的。

如图 4 所示的方式,核苷-磷酸在活化的焦磷酸腺苷基团上发生亲核反应[10],导致辅酶的形成,现已采用这种机制作为研究一条 DNA 链合成的工作模型。按图 5 所示可以推断:DNA 的基本单位是脱氧核苷-5′-三磷酸,它与一条多聚脱氧核苷酸链的延伸末端上的 3′-羟基起反应;除去无机的焦磷酸盐,这样,核苷酸就加长了一个单位。我们对

DNA 合成的研究结果（见下面的叙述）是与这种反应类型一致的。

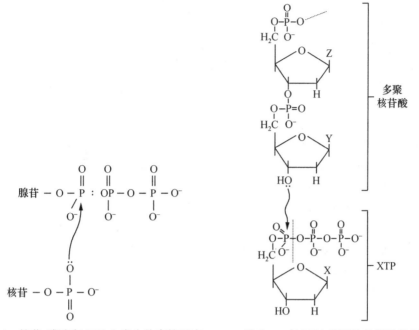

图 4　核苷-磷酸在 ATP 上发生的亲核反应　　图 5　一条 DNA 链延伸的假设机制

酶 的 性 质

　　首先让我们讨论酶和评论发现这种酶的方法[8,11]。将通常在 DNA 中出现的 4 种三磷酸脱氧核苷与胸腺、或与骨髓、或与大肠杆菌的提取液一起混合，都不能引起 DNA 的纯合成。相反，正如所预料的一样，在这个过程中，这些细胞和组织的提取液对 DNA 的降解却是占绝对优势的。人们只有凭借较灵敏的设计，才能测定这样一种生物合成反应。我们采用了一种[14]C 标记的放射比活性很高的底物，将它与腺苷三磷酸和大肠杆菌（一种每 20 分钟便可繁殖一代的细菌）提取液一起保温。最初得到的正结果表明，酸溶性物质只有很小部分（占加入量的十万分之五左右）变成酸不溶的。这说明起反应的只有几微微克分子，但这是重要的。我们就试图通过这个很小的缝隙，打进一个楔子，所用的锤子便是酶的纯化[12]。

　　酶的纯化是当务之急。我们最好的酶制品，就蛋白质而言已比粗提液浓缩了几千倍，但仍污染有一定数量的、在大肠杆菌中存在的一种或多种核酸酶或二酯酶。在动物细胞和其他种类的细菌中，也观察到了一种类似的 DNA 合成系统[13]。要与大肠杆菌系统进行可靠的比较，还必须对这些来源的酶进行纯化[12]。

　　在图 6 的反应式中，表示出了用纯化过的大肠杆菌的酶来进行 DNA 纯合成的要求[14]。形成 A—T 和 G—C 碱基对的 4 种脱氧核苷酸都必须存在。底物必须是三磷酸盐，而不能是二磷酸盐，而且只有脱氧糖化合物才是有活性的。脱氧核糖核酸必须存在，它可以从动物、植物、细菌或病毒中得到,所有这些 DNA 样品在 DNA 合成中都同样有效,而且合成的 DNA 分子量都是很大的。这种产物(下面我还将详细讨论)不断积累,直到其中一种底物用完为止,在数量上可能会达到加入 DNA 的 20 倍或更多。因此使加入到反应混合物中的底物的 95％ 或更多,都形成了 DNA。释放出的无机焦磷酸盐,数量上与转变成 DNA 的脱氧核苷酸是等克分子的。

要是这些底物中的某一种被省去,反应的进行要降低 10^4 倍以上,那么就需要用特异的方法才能将它检出。其原因是当一种脱氧核苷酸底物缺少时,极少的但仍有显著数量的核苷酸与 DNA 引物连接。我和我的合作者对这种所谓的受限反应[15]已有叙述,并证明在这种情况下,只有少数脱氧核苷酸被加到其中某些 DNA 链的核苷末端上去,但是终因缺少这种省去的核苷酸而使进一步的合成停止了。最近的研究揭示了,这种受限反应相当于在长短不等的两条单链组成的一条双螺旋中,较短的那条单链上发生的修复作用;还说明这个反应受到 A—T 或 G—C 碱基对氢键的控制。

当 4 种三磷酸盐都存在、但无 DNA 时,反应根本不发生。为什么需要 DNA 呢?DNA 的功能是以糖原的方式作为一种引物呢?还是作为模板指导它本身的精确复制物的合成呢?我们有充分理由相信后者是正确的,这也是本文的中心议题。应当强调一下,反应中原有的 DNA 和作为底物加入的核苷酸之间能通过氢键进行碱基配对,这就是反应需要 DNA 的原因。

根据我们的经验,迄今为止,我们正在研究的这种酶是唯一能从模板接受指令的,这种酶的作用是把能与模板上的一个碱基形成碱基对(通过氢键结合)的那种特殊的嘌呤或嘧啶底物加到模板上去(见图 7)。主要有 5 个方面的证据支持这篇论文。

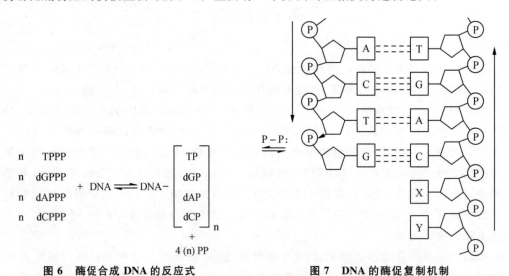

图 6　酶促合成 DNA 的反应式　　　　图 7　DNA 的酶促复制机制

酶促合成的 DNA 的物理性质

第一方面的证据是从研究由这种酶催化产生的 DNA 的物理性质中得到的。这些叙述以及对 DNA 化学性质（下面将讨论）的叙述中，有 90％到 95％的 DNA 样品来自这个反应所用的底物。在与 H. K. Schachman 的合作研究中，我们从他那儿得到很大帮助。据说，这种酶促产物与从天然来源分离到的高分子量的双链 DNA 是没有差别的[16]。它的沉降系数约为 25，黏度为每克 40 分升，根据这些测定，我们认为它是很长的直棒状的，分子量约为 600 万道尔顿。当这种 DNA 受热时，棒状散开，分子变成一种致密的、随机卷曲的结构；推断这时把两条链连在一起的氢键已消失，这可以从这些分子黏度和光学性质上的典型变化得到证明。用胰脱氧核糖核酸酶分解这种分子，也得到类似的结果。在所有这些方面，酶促合成的 DNA 与从天然来源分离到的 DNA 是没有差别的，因此可以推断它有一种与天然 DNA 相同的氢键结构。

DNA 经热处理后解离出来的这种混乱的 DNA 链，是否可以作为 DNA 合成的一种引物呢？按平常的经验来看，以一种混乱的缠绕链来指导复制，人们很可能认为它不可能作为模板。现在搞清楚了，散开的 DNA 是一种极好的引物，这种不黏滞的、随机缠绕的单链 DNA 可导致合成高度黏滞的、双链 DNA[17]。Sinsheimer 已从极小的 φX174 病毒中分离到一种似乎是单链的 DNA[18]。已证明它像热处理过的 DNA 一样，是一种极好的引物[17]，而且是目前一种很有用的研究材料[19]，用密度梯度沉降证明，在酶促合成过程中，它能逐步转变成一种双链状态。

在这篇文章中，要对复制的物理学方面做详细的讨论是不可能的，但应当提及，这种 DNA 在单链状态下，不仅是一种很合适的引物，而且当使用很纯的酶制品时，只有单链形式才有活性。使用大肠杆菌的这种纯酶制品时，天然的、双链 DNA 是没有活性的，除非这种 DNA 经过热处理，或用脱氧核糖核酸酶稍微预处理一下才行。Bollum 用他自己从小牛胸腺提纯出来的这种酶，也观察到了同样的结果[20]。

类似物的替代

第二方面的证据是当嘌呤和嘧啶碱基被替代时，从研究底物的活性得到的。从有关溴尿嘧啶[21]、氮鸟嘌呤[22]和其他的类似物参入到细菌和病毒 DNA 中去的许多有趣报告可以推断出碱基结构中可以容许有些自由，并证明这种自由对它们的氢键没有妨碍。发现用脱氧尿苷三磷酸或 5-溴尿苷三磷酸代替胸苷三磷酸时，DNA 合成反应能够完成，但当代替脱氧腺苷、脱氧鸟苷、或脱氧胞苷三磷酸时，DNA 的合成反应就不能完成。如前所述[23]，5-甲基-胞嘧啶和 5-溴胞嘧啶能特异地代替胞嘧啶；次黄嘌呤只能代替鸟嘌呤；还有刚才提到的，尿嘧啶和 5-溴尿嘧啶能特异地代替胸腺嘧啶。这些发现从 A—T、G—C 形成氢键的方式，可以得到很好的解释。

和这些证据有关的一件事还应当提一下，有一种天然存在的胞嘧啶类似物——羟甲基胞嘧啶（HMC），发现在大肠杆菌的 T 系偶数列噬菌体 DNA 中，这种 HMC 代替了胞嘧啶[24]。这种情况下，DNA 含有等量的 HMC 和鸟嘌呤，并与通常一样，腺嘌呤和胸腺嘧啶也是等量的。有趣的是，虽然在噬菌体 T2 和 T6 的 DNA 中，有些 HMC 基团是不含葡萄糖的[26]，但噬菌体 T2、T4 和 T6 的 DNA 却含有一定比例的与 HMC 的羟甲基基团相连的葡萄糖[25,26]。

这些特性在有关 DNA 合成方面提出了两个似乎是与单个碱基配对的假说互相矛盾的问题。第一,在正常条件下,细胞含有脱氧胸苷三磷酸,并能参入细胞的 DNA,有一种什么机制,能阻止一个细胞中含有胞嘧啶呢?第二,假如参入作用是经过葡萄糖基化或非葡萄糖基化的 HMC 核苷酸发生的,那么在 DNA 中葡萄糖和 HMC 的恒定比例又是怎么产生的呢?我们最近的实验已经证明,在病毒侵染过的细胞中,多聚酶反应仍是通过正常的氢键限制来控制的,但是还有几种新酶的辅助作用,这些新酶是随着一种病毒的侵染,特异性地产生的[27,28]。在这些新酶中,有一种酶能把脱氧胞苷三磷酸切开,这样就能把它从多聚酶作用的部位上除去[28]。另外,还有一类葡萄糖基化酶,它能从尿苷二磷酸葡萄糖上直接而特异地将葡萄糖转移到 DNA 的某些 HMC 基团上[28]。

化 学 组 成

第三方面的证据是在分析酶促合成的 DNA 的嘌呤和嘧啶碱基组成的过程中得到的。我们可以提出两个问题:第一,这种产物含有的腺嘌呤与胸腺嘧啶,鸟嘌呤和胞嘧啶相等吗?因为这是天然 DNA 的典型特性。第二,用作引物的天然 DNA 的组成,能影响和决定这种产物的组成吗?表 1 的结果回答了这两个问题[29]。实验中,分别使用草分枝杆菌(*Mycobacterium phlei*)、大肠杆菌、小牛胸腺和 T2 噬菌体的 DNA 做引物,各种情况下除了所用的这些 DNA 引物不同外,其他方面都是一样的。

对于第一个问题的回答是很清楚,在酶促合成的 DNA 中,腺嘌呤等于胸腺嘧啶,鸟嘌呤等于胞嘧啶,所以在每种情况下,嘌呤与嘧啶的含量都是一样的。对第二个问题的回答是很明显,一种给出的 DNA 引物,其 A—T 对与 G—C 对的特异性比值,对合成的产物有绝对的影响。用同位素示踪方法来测定时,纯 DNA 的增加,不论是在仅仅为 1% 时,还是达到 1 000%,结果都是这样的。

采用克分子浓度大不相同的底物,或用任何其他手段,都不能破坏这些碱基的比例。表 1 的最后一行是一种很新奇的 DNA,对它的合成条件,这里我们就不叙述了[17,30]。只说一下,经过很长的延迟期以后,产生了一种脱氧腺苷酸和胸苷酸(A—T)的共聚物,它的大小和物理学性质都和天然 DNA 一样,而且其中的腺嘌呤和胸腺嘧啶是以一种分毫不差的交替顺序排列的。当用这种类似 DNA 的多聚体的稀有形式作为引物时,新的A—T 多聚体的合成可立即开始,而且即使 4 种三磷酸核苷都存在,在产物中也测不出有微量的鸟嘌呤和胞嘧啶存在。由此看来,只能得出这样的结论:在酶促合成过程中,碱基组成被复制了,而且腺嘌呤和胸腺嘧啶,鸟嘌呤和胞嘧啶之间形成氢键是复制的指导机制。

表 1 采用不同的引物时,酶促合成的 DNA 化学组成

DNA	A	T	G	C	$\dfrac{A+G}{T+C}$	$\dfrac{A+T}{G+C}$
草分枝杆菌						
引物	0.65	0.66	1.35	1.34	1.01	0.49
产物	0.66	0.65	1.34	1.37	0.99	0.48
大肠杆菌						
引物	1.00	0.97	0.98	1.05	0.98	0.97
产物	1.04	1.00	0.97	0.98	1.01	1.02
小牛胸腺						
引物	1.14	1.05	0.90	0.85	1.05	1.25
产物	1.12	1.08	0.85	0.85	1.02	1.29
T2 噬菌体						
引物	1.31	1.32	0.67	0.70	0.98	1.92
产物	1.33	1.29	0.69	0.70	1.02	1.90
A—T 共聚物	1.99	1.93	<0.05	<0.05	1.03	40

核苷酸顺序的酶促复制

我想引证的第四方面的证据是从最近对于 DNA 的碱基顺序及其复制的研究中得到的。我已经谈到,我们相信 DNA 是遗传密码;4 种核苷酸组成一种 4 个字母的文字,它们的顺序拼成信息。现在,我们还不了解这种顺序;Sanger 已经做出了蛋白质中肽的顺序,正在做核酸顺序方面的工作。这个问题是比较困难的,但并不是不可解决的。

有关我们最近测定核酸顺序的工作情况,将在别的文章中详细叙述[31],这里只概述一下这些工作。脱氧核糖核苷酸是酶促合成的,其中的一种脱氧核苷三磷酸是用 ^{32}P 来标记的;其他 3 种底物未经标记。这种放射性磷原子附着在脱氧核糖 5 位-碳原子上,成为底物分子和链的延伸末端的核苷酸分子之间起反应的桥梁(见图 8)。在合成反应结束时(大约形成 10^{16} 个二酯键),分离出 DNA,并把它用酶降解,就可得到大量的 3′-脱氧核苷酸。很明显(见图 8),原来吸附在脱氧核苷三磷酸底物 5 位-碳原子上的磷原子,现在吸附到了在 DNA 链合成过程中与它起反应的那个核苷酸的 3 位-碳原子

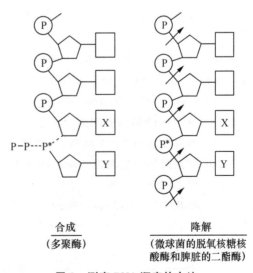

合成
(多聚酶)

降解
(微球菌的脱氧核糖核酸酶和脾脏的二酯酶)

图 8 测定 DNA 顺序的方法

上。由纸电泳分离出来的每种 3′-脱氧核苷酸的³²P 含量,就是衡量在 DNA 合成过程中,4 种有效核苷酸中的每一种与特异性底物起反应的相对频率的尺度。在这个过程中,每种情况下,用不同的标记底物进行 4 次实验,就能得到 16 种可能的二核苷酸(紧挨着的)顺序的相对频率。

迄今为止,已经用 6 种来源不同的天然 DNA 样品作引物,进行了研究。结论如下:

(1) 每种情况下都有 16 种可能的二核苷酸顺序。

(2) 每种情况下,这些顺序的相对频率的图形都是一致的、可以重复的,而且不能从 DNA 的碱基组成来预言。

(3) 酶促复制过程与 A—T 和 G—C 的碱基配对有关。

(4) 最重要的是,这些频率清楚地表明了酶促复制过程产生具有相反方向的两条链,这两条链完全符合 Watson 和 Crick 的模型。

从这些研究和预先讨论过的范围来看,在酶促复制过程中,能作为有效引物的任何一种 DNA 样品的二核苷酸频率,都应当能得到,这就为译解 DNA 密码提供了线索。不幸的是,这种方法不能提供有关三核苷酸频率的线索,但我们确信,随着分析工作中酶学工具和分离工作中层析技术的发展,在这方面可以迈出第一步。

DNA 合成需要 4 种三磷酸盐和 DNA

DNA 合成需要有 4 种脱氧核苷三磷酸和 DNA,这在前面已经谈到,现在我们可以认为这种需要是形成氢键第五方面的证据。不加 DNA 就没有形成氢键的模板;4 种三磷酸盐都不加,就会因为在模板中一个碱基没有通过氢键配对,而使合成反应立即停止。

摘　　要

概述了 DNA 复制的酶促途径以及从大肠杆菌中纯化出的 DNA 合成酶的性质。关于这种酶作用的特异性和普遍性指的是它能在一条 DNA 模板的指导下,催化合成一条新的 DNA 链;DNA 模板的指导作用是由 A—T 和 G—C 通过氢键形成碱基对的规律来支配的。这个结论是从下列实验观察中得出的:

(1) 酶促合成的 DNA 具有双链特性,它来源于一条单链分子。

(2) 碱基类似物替换天然碱基的情况。

(3) 化学组分的复制。

(4) 核苷酸(紧挨着的)顺序的复制,以及两条链方向的相反平行。

(5) DNA 合成必须要 4 种脱氧核苷三磷酸(A、T、G、C)和 DNA 都存在。

参 考 文 献

[1] Avery, O. T., MacLeod, C. M., McCarty, M., 1944. *J. Exptl Med.*, **79**, 137; Hotchkiss, R.

D. , 1957 in the Chemical Basis of Heredity, McElroy, W. D. , and Glass, B. , Eds. (Johns Hopkins Press, Baltimore), 321.

[2] Hershey, A. D. 1953. *Cold Spring Harbor Symposia Quant. Biol.* , **18**, 135.

[3] Beadle, G. W. 1957. In The Chemical Basis of Heredity, McElroy, W. D. , and Glass, B. Eds. (Johns Hopkins press, Baltimore), 3.

[4] Chargaff, E. , 1955. In Nucleic Acids, Chargaff, E. , and Davidson, J. N. Eds. , (Academic press, New York), **1**, 307-371.

[5] Watson, J. D. , and Crick, F. H. C. , 1953. *Nature*, **171**, 737; 1953. *Cold Spring Harbor Symposia Quant. Biol.* , **18**, 123.

[6] Wilkins, M. H. F. , 1957. *Biochem. Soc. Symposia* (Cambridge, Engl.), **14**, 13.

[7] Feughelmen, M. , Langridge, R. , Seeds, W. E. , Stokes, A. R, Wilson, H. R. , Hooper, C. W. , Wilkins, M. H. F. , Barclay, R. K. , and Hamilton, L. D. , 1955. *Nature*, **175**, 834.

[8] Kornberg, A. , 1957. in The Chemical Basis of Heredity, McElroy, W. D. , and Glass, B. Eds. , (Johns Hopkins Press, Baltimore), 579; 1959. *Revs. Modern Phys.* , **31**, 200.

[9] Kornberg, A. , 1951. in Phosphorus Metabolism, McElroy, W. D. , and Glass, B. Eds. (Johns Hopkins Press, Baltimore), 392; 1957. *Advances in Enzymol.* , **18**, 191.

[10] Koshland, D. E, Jr. , 1954. in The Mechanism of Enzyme Action; McElroy W. D. and Glass, B. Eds. , (Johns Hopkins Press, Baltimore), 608.

[11] Kornberg, A. , Lehman, I. R. , and Simms, E. S. , 1956. *Federation Proc.* , **15**, 291; Kornberg, A. , 1957-1958. Harvey Lectur, **53**, 83.

[12] Lehman, I. R. , Bessman, M. J. , Simms, E. S. , and Kornberg, A. , 1958. *J. Biol. Chem.* , **233**, 163.

[13] Bollum, F. J. , and Potter, V. R. , 1957. *J. Am. Chem. Soc.* , **79**, 3603; Harford, C. G. , and Kornberg, A. , 1958. *Federation Proc.* , **17**, 515; Bollum, F. J. , 1958. *Ibid.* , **17**, 193; 1959 *Ibid.* , **18**, 194.

[14] Bessman, M. J. , Lehman, I. R. , Simms, E. S. , and Kornberg, A. , 1958. *J. Biol. Chem.* , **233**, 171.

[15] Adler, J. , Lehman, I. R. , Bessman, M. J. , Simms, E. S. , and Kornberg, A. , 1958. *Proc. Natl. Acad. Sci.* USA, **44**, 641.

[16] Schachman, H. K. , Lehman, I. R. , Bessmen, M. J. , Adler, J. , Simms, E. S. , and Kornberg, A. , 1958. *Federation Proc.* , **17**, 304.

[17] Lehman, I. R. , 1959. *Ann. N. Y. Acad, Sci.* , **81**, 745.

[18] Sinsheimer, R. L. , 1959. *J. Mol. Biol.* , **1**, 43.

[19] Lehman, I. R. , Sinsheimer, R. L. , and Kornberg, A. , unpublished observations.

[20] Bollum, F. J. , 1959. *J. Biol. Chem.* , **234**, 2733.

[21] Weygand, F. , Wacker, A. , Dellweg, H. , 1952. *Z. Naturforsch.* , **7b**, 19; Dunn, D. B. , and Smith, J. D. , 1954. *Nature*, **174**, 305; Zamenhof, S. and Griboff, G. , 1954. *Ibid.* , **174**, 306.

[22] Heinrich, M. R. , Dewey, V. C. , Parks, R. E. Jr. , and Kidder, G. W. , 1952. *J. Biol.*

Chem., **197**, 199.

[23] Bessman, M. J. Lehman, I. R. Adler, J., Zimmerman, S. B., Simms, E. S., and Kornberg, A., 1958. *Proc. Natl. Acad. Sci.* USA, **44**, 633.

[24] Wyatt, G. R., and Cohen, S. S., 1953. *Biochem. J.*, **55**, 774.

[25] Sinsheimer, R. L., 1954. *Science*, **120**, 551; Volkin, E., 1954. *J. Am. Chem. Soc.*, **76**, 5892; Streisinger G., and Weigle, J., 1956. *Proc. Natl. Acad. Sci.* USA, **42**, 504.

[26] Sinsheimer, R. L., 1956. *Proc. Natl. Acad. Sci.* USA, **42**, 502; Jesaitis, M. A., 1957. *J. Exptl. Med*, **106**, 233; 1958. *Federation Proc.*, **17**, 250.

[27] Flaks, J. G., and Cohen, S. S., 1959. *J. Biol. Chem.*, **234**, 1501; Flaks, J. G., Lichtenstein, J., and Cohen, S. S., 1959. *Ibid.*, **234**, 1507.

[28] Kornberg. A., Zimmerman, S. B., Kornberg, S. R., and Josse, J., 1959. *Proc. Natl. Acad Sci.* USA, **45**, 772.

[29] Lehman, I. R., Zimmerman, S. B., Adler, J., Bessman, M. J., Simms, E. S., and Kornberg, A., 1958. *Ibid.*, **44**, 1191.

[30] Radding, C. M., Adler, J., and Schachman, H. K., 1960. *Federation Proc.*, **19**, 307.

[31] Josse, J., and Kornberg, A., 1960. *Ibid.*, **19**, 305.

蛋白质遗传密码的一般性质[①]

弗朗西斯·克里克(F. H. C. Crick)[②]　莱斯利·巴奈特(F. R. S. L. Barnett)

S. 布里纳(S. Brenner)　瓦特·托宾(R. J. Watts-Tobin)

(英国　剑桥 Cavendish 实验室,1961 年)

现在有许多间接证据说明,蛋白质多肽链上的氨基酸顺序,是由遗传物质核酸的某个特殊部分中碱基的顺序决定的。因为自然界中常见的氨基酸有 20 种,但常用的碱基只有 4 种,因此推测,4 种碱基的顺序,以某种方式为氨基酸的顺序编码。从本文报道的遗传实验,再结合以前别人的工作可以看出,遗传物质具有以下几种普遍性:

(1) 3 个碱基一组(不太可能是 3 个碱基的倍数)编码一个氨基酸。

(2) 密码是不重叠的(见图 1)。

(3) 碱基的顺序是从固定起点解读的,这就决定了,一段很长的碱基顺序是如何以三联体的形式被正确解读的。没有特异性逗号来说明如何选择正确的三联体。如果起点被一个碱基替换了,那么解读出来的三联体也就被替换了,这样就产生了错误。

(4) 密码是简并的,一般说来,即某个特定的氨基酸可以由几个碱基三联体中的一个来编码。

---

　①　王斌译自 F. H. C. Crick，F. R. S. Leslie Barnett，S. Brenner and R. Watts-Tonin. General nature of the genetic code for proteins. **Nature**. 1961，192(4809)：1227-1232。

　②　弗朗西斯·克里克(Francis Harry Compton Crick, 1916—2004),英国分子生物学家、物理学家、神经学家。他因与沃森在 1953 年发现了核酸分子的双螺旋结构及其在生物信息传递中的重大意义,与沃森、威尔金斯(Maurice Wilkins)共同获得 1962 年诺贝尔生理学或医学奖。

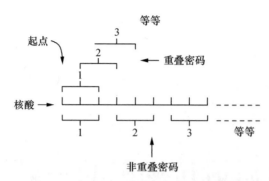

图 1　重叠密码和非重叠密码差异的图示

垂直短线表示核酸的碱基。图中的情况是以三联体密码来说明的。

密码的解读

说明遗传密码是不重叠的有关证据（见图 1），不是来自我们的工作，而是从 Wittmann[1]、Tsugita 和 Fraenkel-conrat[2] 用亚硝酸诱发 TMV 产生的突变体的研究中得到的。在一个重叠的三联体密码中，改变一个碱基，一般将使多肽链上 3 个相邻的氨基酸发生改变。他们还研究了病毒蛋白质中产生的改变，结果说明用亚硝酸处理病毒的 RNA，通常处理一次，只有一个氨基酸发生改变，在极少情况下，有两个氨基酸发生改变（可能是由于亚硝酸在一段 RNA 上分别两次脱氨基作用造成的），发生改变的这两个氨基酸，在多肽链上的位置是不相邻的。

Brenner[3] 以前曾指出，如果密码是通用的（即整个自然界都相同），那么重叠的三联体密码是不可能有的。而且，已经详细研究过的、不正常的人类血红蛋白，只有一种氨基酸发生了改变[4]。新近的实验结果基本上排除了重叠类型的所有简单密码。

如果密码是不重叠的，那么必然有某种排列方式可以表示出，沿着连续的碱基顺序，如何选择正确的三联体（或者四联体，或者任何一种可能的几联体）。有一种意见认为，每 4 个碱基一组。另一种意见认为，就像在 Crick、Griffith 和 Orgel[5] 的不分组密码子中的情况那样，某些三联体表达一个意思，而另一些三联体则没有意义。从一个固定点开始，一次按 3 个（或 4 个、或任何几个）碱基的顺序进行工作，这样就可能作出正确的选择，得知那种排列方式是正确的。这是可能做到的事情，我们也赞成这种做法。

实　验　结　果

噬菌体 T4 能侵染大肠杆菌的许多菌株，我们的遗传实验结果，是在噬菌体 T4r_Ⅱ 区域的顺反子 B 上做出来的。这个著名的系统是由 Benzer[6,7] 开拓的。r_Ⅱ 区域由相邻的两组基因组成，这两组基因也可以叫做两个顺反子，即顺反子 A 和顺反子 B。野生型噬菌体在大肠杆菌 B（这里叫它 B）和大肠杆菌 K12(λ)（这里叫它 K）上都能生长，如果一个噬菌体丧失了其中任何一组基因功能,它就不能在 K 上生长,这样的一个噬菌体,在 B 上形成一个 r 噬菌斑。已知这两组基因的许多点突变,其行为就是这样的。在这个区域中,还发现有一些缺失突变。还有一些突变叫做渗漏突变,这种类型的突变体能表现出部分功能,也就是说它们能在 K 上生长,但在 B 上形成的噬菌斑不是真正的野生型。我们在本文中报道的是关于顺反子 B 的 B1 片段中的突变体 P13(现在我们叫它 FC0)的研究工作。突变体 P13 最初是用吖啶黄处理产生的[8]。

以前我们曾主张[9],吖啶(如吖啶黄)是通过插入或缺失一个或几个碱基起到诱变作用的。支持这种看法最有力的证据就是吖啶诱发产生的突变体很少是渗漏突变体;这些突变体在这个基因功能上几乎完全丢失。自从我们的短讯发表以来,对我们以前的证据又补充了两方面的实验资料:① 我们检查了用吖啶黄诱发产生的 126 个 r∥ 突变体,其中只有 6 个是渗漏突变体(用碱基类似物诱发产生的突变体,大约有 1/2 是渗漏突变体);② Streisinger 发现[10],用碱基类似物诱发产生的、噬菌体 T4 的溶菌酶突变体,通常是渗漏突变体,而用吖啶黄诱发产生的所有溶菌酶突变体,这种功能都完全丢失了。

如果用吖啶诱发的一个突变体,是通过插入一个碱基形成的,那么,通过缺失一个碱基将使它回复成野生型。我们研究了 FC0 的回复突变体,发现了回复通常不是原来的突变发生回复,而是在遗传图上与它邻近的一个点上发生了第二个突变。也就是说,是通过同一个基因的抑制基因发生突变而产生回复的。在一种情况(也可能两种情况)下,它可能回复成真正的野生型,但至少在另外 18 种情况下,所产生的野生型,实际上是具有野生表现型的一种双重突变体。另外一些研究者[11],用 r∥ 突变体也发现了类似的现象,Jinks[12] 还对 h∥ 基因的一些抑制基因进行了详细分析。

在图 2 中的 a 行,表示出了 FC0 的 18 种抑制基因的遗传图。可以看出,这些抑制基因,虽不是都非常靠近 FC0,但都是在这个基因的 B1 片段上,它们分布在顺反子 B 大约 1/10 的区域中。它们不全是在不同的位点上,我们发现它们总共分布在 8 个位点上,其中大部分都坐落在这些位点的两个连锁丛中,或在其附近。

抑制基因总是一种非渗漏 r 型。即它在 B 上形成 r 噬菌斑,而在 K 上则不能生长。这是该基因完全缺失的表现型,说明这种功能丢失了。如果抑制基因很快就发生回复突变,以致无法对它进行研究,这种情况除外。

我们曾经谈到,每一个抑制基因突变体在 K 上都不能生长。因此,我们可以用研究 FC0 回复突变的方法来研究每个抑制基因的回复突变。发现在少数情况下,这些突变体确实是回复成了原来的野生型,但通常都是通过形成双重突变体来回复的。图 2 中的 b~g行,说明诱发产生的突变体是这些抑制基因的抑制基因突变体。所有这些新形成的抑制基因突变体也都是非渗漏的 r 突变体,进行遗传作图时,除了一个位点在 B2 片段上,其他都在 B1 片段上。

我们用两个新的抑制基因突变体再次重复了这个过程,得到了基本相同的结果,示于图 2 的 i 行和 j 行。

除了原来的 FC0 之外的所有突变体都能自发产生。但是,我们利用吖啶黄诱发产生了一批突变体(如 FC7 的抑制基因突变体)。我们得到的这些抑制基因突变体与自发产生的突变体,抑制基因的谱系大致相似(见图 2 中的 h 行),而且所有的这些突变体都是非渗

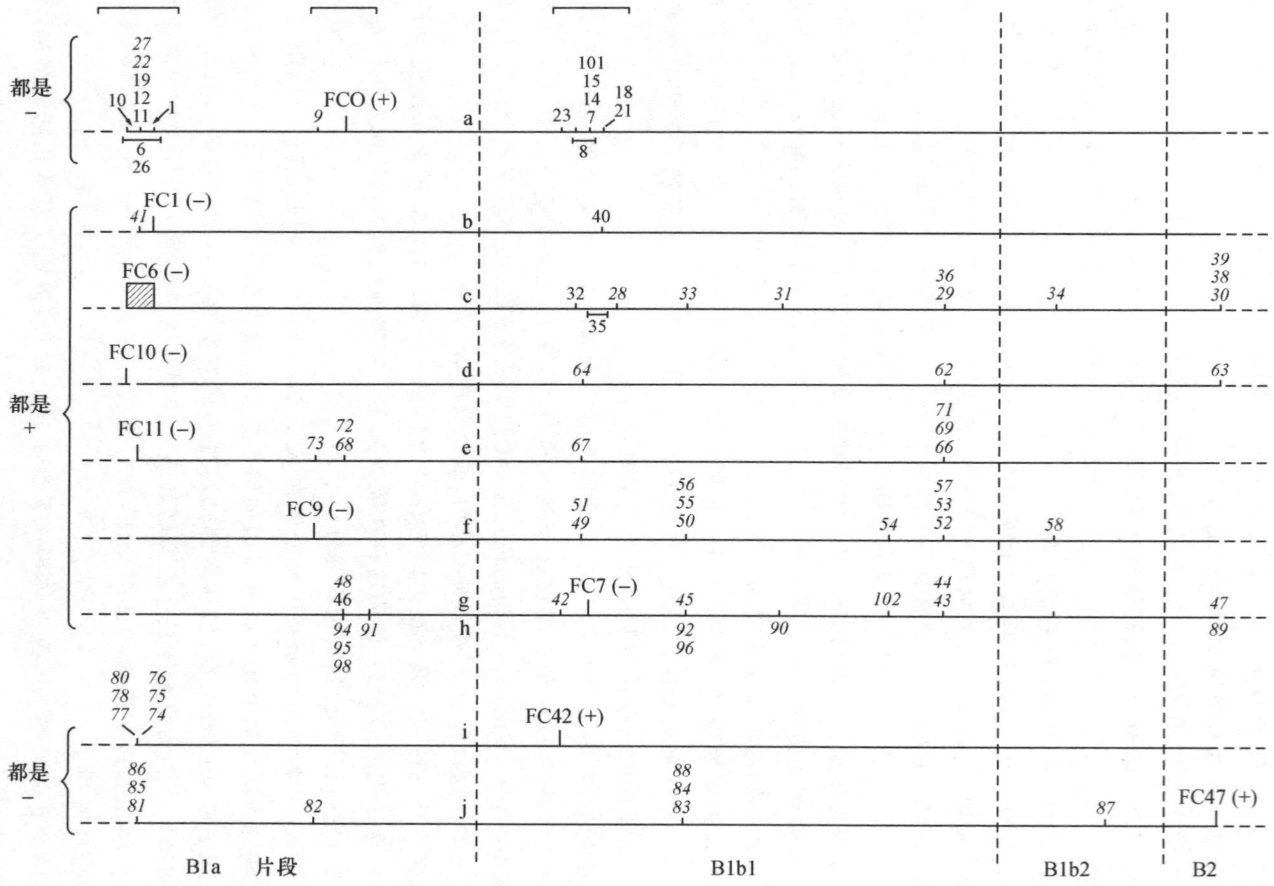

图 2 顺反子 B 左端的一个推测图

这个图只是说明大致情况，图中示出了 FC 系统突变体的位置。在图的上方，用指号括起来的区域中的位点次序，尚不清楚。用斜体字标出的突变体，只是确定了其大体位置。每一条线表示从一个突变表示出从一个突变体（在线上用粗线标出）探察出来的那些抑制基因。

漏的 r 型。我们还用少部分突变体进行了试验,发现用吖啶黄处理,可以使回复突变率增加。

我们总共有 80 种独立的 r 突变体,如 FC0 的所有抑制基因突变体、抑制基因的抑制基因突变体,以及抑制基因的两次抑制基因突变体。这些突变都在这个基因的一个局部区域中,而且都是非渗漏的 r 突变体。

双重突变体(含有一个突变及这个突变的抑制基因突变)在 K 上能形成在 B 上所形成的多种类型的噬菌斑。其中有些噬菌斑与野生型噬菌体产生的噬菌斑并无区别;有些则能区分开,但比较困难;另一些噬菌斑则非常相似于 r 型,因此,与野生型产生的噬菌斑很容易区分。

在少数的几个例子中,我们检查到,通过互补试验完全可以区分表现型,因为这两个突变体各自的表现型都是 r 型,当把它们放在一起则是野生型或假野生型的,但必须是在遗传物质的相同部分放在一起才行。如果用不同病毒的两个这样的突变体同时侵染 K,则不可能出现这种情况。

概 要 说 明

我们对所有这些事实的解释,都是以本文开头提出的理论为根据的。虽然我们尚无直接证据说明顺反子 B 形成一条多肽链(可能是通过一种 RNA 中间物),但我们假定是这样的。为了证实这种看法,我们设想一串核苷酸碱基是从顺反子 B 左端上的起点开始,每 3 个一组,依次解读的。例如,我们推断 FC0 突变体是通过在野生型顺序中,插入一个多余的碱基造成的。那么,在 FC0 右边所有三联体的解读沿着一个碱基发生移格,因此产生错读。这样,所假设的由顺反子 B 产生的这种蛋白质的氨基酸顺序,从这个点开始全部改变。这就说明了为什么这个基因的功能丧失了。为了使这种解释更简便,我们提出 FC0 的一个抑制基因突变(例如 FC1)是由于缺失一个碱基造成的。因此,当噬菌体中只有一个 FC1 突变时,那么从 FC1 向右的所有三联体都将错误解读,导致这种功能的丧失。然而,当这两种突变出现在同一段 DNA 中时,如在假野生型的双重突变体 FC(0+1)中那样,虽然在 FC0 和 FC1 之间三联体的解读将发生改变,但余下的基因将回复原来的正确解读。这样就可以解释,为什么这类双重突变体大都没有真正的野生型表型,而常常呈假野生型。因为根据我们的理论可以看出,它们与野生型的氨基酸顺序有很小的一部分是不同的。

为了方便起见,我们把最初的 FC0 突变体用＋表示(这种选择纯粹是为了方便),我们认为它是由于插入了一个碱基形成的突变体。FC0 的抑制基因突变体则用－表示。这些抑制基因的抑制基因突变体同样也用＋表示,最后这类突变体的抑制基因突变体,也用－表示(见图 2)。

双重突变体

现在我们不禁要问,从我们的 80 种突变体中,把任何两种突变放在同一个基因中,所形成的双重突变体具有什么特性呢？显然在某些情况下，我们已经知道了答案，因为在分离这些突变体的过程中，已经得到了具有一个＋和一个－的一些双重突变体。但是通过鉴定知道，用这种方法没有得到由一个＋与另一个＋组成的双重突变体，由一个＋与一个－组成的许多双重突变体，至今尚未进行鉴定。

现在，我们的理论明确的预言：由＋和＋（或－和－）组成的所有双重突变体都是 r 表现型，而且在 K 上不能生长。表 1 列出了用这种方法得到的 14 个双重突变体，进一步证实了这种预见。

乍一看，具有＋和－类型的所有双重突变体都应该是野生型或假野生型的，但实际情况还要复杂一些，必须考虑得更周密些，原因就在于下述事实，如果密码是由三联体组成，那么任何一条长的碱基顺序都能以一种方式正确解读，但是，也可以以两种不同的方式错读（在错误点上起读），错读的方式取决于解读骨架是向右转移一个位置，还是向左转移一个位置。

表 1　具有 r 表现型的双重突变体

－和－	＋和＋	
FC(1＋21)	FC(0＋58)	FC(40＋57)
FC(23＋21)	FC(0＋38)	FC(40＋58)
FC(1＋23)	FC(0＋40)	FC(40＋55)
FC(1＋9)	FC(0＋55)	FO(40＋54)
	FC(0＋54)	FC(40＋38)

如果我们以一个位置为准，把解读骨架向一个方向转移用→标记，向相反的方向转移用←标记，那么我们可以确定，按照惯例，我们的＋总是在箭头记号的头部，而－总是在尾部，并示于图 3。

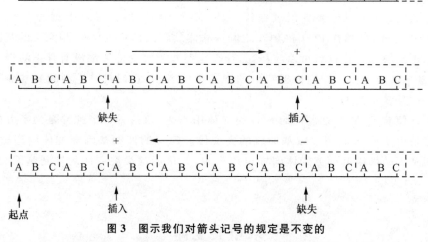

图 3　图示我们对箭头记号的规定是不变的

字母 ABC 各表示核酸中一个不同的碱基，为了方便起见，用 ABC 碱基重复顺序来表示（这样编码出来的一条多肽链，各个氨基酸都是相同的）。假定密码是以三联体形式编码的。虚线表示假想的解读骨架，它表示碱基顺序从左边开始，每 3 个一组，进行解读。

现在的问题是我们的抑制基因突变为什么不会扩大到这个基因全部区域中？最简单的推测是解读骨架的这种转移所产生的某些三联体密码子是不能解读的,例如,可能是无意义密码子,或链终止密码子,或者由于蛋白质结构的复杂性,以某些别的方式不能解读。这意味着,所说的 FC0 抑制基因必须在一个一定的区域内,所以,由 FC0 和它的抑制基因之间解读骨架发生转移所产生的三联体密码子都是能解读的。但是,由于任何顺序都存在两种可能的错误,因此,我们可以期望,由一个→转移所产生的不能解读的三联体密码子,在一个←转移所产生的突变中,也可能在遗传图的不同位置上出现。

检查这些抑制基因的突变谱系(在每种情况下分别用箭头←或→表示)看出,在我们的区域中(而不是在它的外面),当→转移在任何地方都是可以解读时,而←转移(从 FC0 附近的位点开始),只在一个比较小的范围内是可以解读的,这种情况示于图 4。在我们的区域左部,FC0 和 FC1 之间,或 FC9 和 FC1 之间,如果发生一个←转移,那么必定会有一个或一个以上的三联体密码子是不能解读的,在 FC21 基因丛右边的区域也有类似的情况。

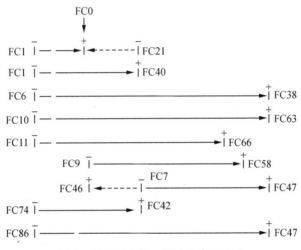

图 4 这是图 2 的一种简化表示形式

每一条线相当于从一个突变体(在其名字底下划一横线标出)得到的抑制基因突变体。箭头记号表示到目前为止已经发现的抑制基因突变的范围。最末端的突变体,在图上标出了它们的名字。

向右的箭头记号用实线表示,向左的箭头记号用虚线表示。

因此,我们预料,含有一个+和一的双重突变体,如果含有一个→转移,那么它将是一个野生型或假野生型;但如果这样的一个双重突变体,含有一个"←"转移,箭头记号穿过一个或两个禁忌位置,由于这样会产生一个不能解读的三联体密码,因此,它将是一个 r 表现型。

我们用 28 个例子检验了这种预见,结果示于表 2。我们预料,这 28 个例子中,将有 19 个是野生型或假野生型,有 9 个是 r 表现型。在所有情况下,我们的预料都是正确的。我们认为这有力地证实了我们的理论。在获得这些特异的实验结果之前,首先创立理论,这是很重要的。

表 2 含有"+和-"类型的双重突变体

− \ +	FC41	FC0	FC40	FC42	FC58[①]	FC63	FC38
FC1	W	W	W		W		W
FC86		W	W	W	W	W	
FC9	r	W	W	W	W		W
FC82	r		W	W	W	W	
FC21	r	W			W		W
FC88	r	r			W	W	
FC87	r	r	r	r			W

① 从 FC58(或 FC34)产生的双重突变体在 K 上形成清晰的噬菌斑。

W 表现型为野生型或假野生型;

W 这种野生型或假野生型双重突变体是用来分离抑制基因突变体的;

r 表现型。

对这个理论的确切陈述

我们曾经说过,到目前为止的证据好像都支持三联体密码学说,但这样解释太简单了。如果用 5 个碱基一组进行编码,确实也可以获得同样的结果。况且,我们的记号+和-也不一定只表示一个碱基的插入或缺失。

不难看出,我们符号的意义如下所示更为确切:

$$+ 表示 +m, 系数 n$$
$$- 表示 -m, 系数 n$$

这里 n(正整数)是编码比例,即编码一个氨基酸的碱基数目,m 是碱基的任何一个整数,可以是正的,也可以是负的。

还可以看出,我们选择的解读方向是任意的,而且在任何一个方向上,也就是说正如通常所画的,不论起点是在基因的右边,还是在左边,遗传物质的解读都将得到大致相同的结果。

三重突变体和编码比例

上面给出的抽象叙述,对于了解密码的普遍性来说是很必要的,但幸运的是,我们有可靠证据说明编码比例实际上是 3 或 3 的倍数。

这些证据是在创建具有+、+、+或-、-、-类型的三重突变体时获得的。必须注意的是不能让箭头记号穿过←转移不能解读的区域,这可以通过选择适当的突变体来避免。

到目前为止,我们已检查了 6 个例子,全列于表 3,在所有情况下,这些三重突变体都是野生型或假野生型的。

表3　具有野生型或假野生型的三重突变体
FC(0＋40＋38)
FC(0＋40＋58)
FC(0＋40＋57)
FC(0＋40＋54)
FC(0＋40＋55)
FC(1＋21＋23)

通过了解其中一个三重突变体,例如FC(0＋40＋38),就可以了解这一结果的显著特性。这3个突变本身都具有相似的类型(＋)。我们之所以能这样说,不单单是从分离它们的方法来看的,而且还因为当其中的每一个突变体与突变体FC9(一)发生组合时,所形成的双重突变体都

产生野生型或假野生型的表现型。但是当其中任何两种突变结合在一起时(不管是同种突变还是两种不同的突变),所形成的双重突变体都具有 r 表现型,而且在 K 上不能生长,也就是说这个基因功能丧失了。即使3个突变都出现在同一个基因中的三重突变体,也只能部分地回复功能,并形成一个可以在 K 上生长的假野生型噬菌体。

如果编码比例是3,或是3的倍数,我们预期的情况就应该是这样的。

我们之所以能发现这种编码比例,这依赖于下述事实:在我们的呈野生型的混合突变体中,至少其中有一个,在其一条多肽链上,最低限度插入或缺失了一个氨基酸,但对这种基因产物的功能并没有太大影响。

这种情况是很幸运的。我们之所以能使之发生这些变化,并对这样大的一个区域进行研究,可能是因为这部分蛋白质对于其功能的表达不是必须的。Champe 和 Benzer[13]在他们研究 r_II 区域互补作用的工作中,曾经提到过这种情况。用一种特异的试验(先在 K 上进行复合侵染,然后涂在 B 上)就可以分别测定出顺反子 A 和顺反子 B 的功能。有一种特异的缺失,称为1589(见图5),横跨在顺反子 A 的右端和顺反子 B 的左端。虽然1589除去了 A 的功能,但使 B 的功能还有相当程度的表达。顺反子 B 由1589所缺失掉的区域,就是产生我们所有 FC 突变体的区域。

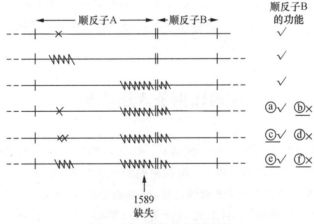

图5　1589 缺失结果的梗概

上面两条线分别表示没有1589缺失、但在顺反子 A 中有一个突变或一个缺失,并不妨碍顺反子 B 的功能表达。第三条线表示,虽有1589缺失,顺反子 B 的功能还能表达。其他情况在文章中进行讨论,其中某些情况下,顺反子 A 中的一种改变,妨碍了顺反子 B 的功能表达(当1589缺失也存在的情况下)。按照引证文献的习惯,这些情况分别以ⓐⓑ等表示。对于ⓐⓑ两种情况,在本文中没有讨论。√表示有功能;×表示没有功能。

把两个基因连接在一起

我们利用 1589 缺失进一步证实了碱基顺序是从一个固定起点,一组一组地解读的。通常,顺反子 A 中的一种改变(可能是吖啶诱发的一种缺失突变体,或别的突变体)不妨碍顺反子 B 的功能表达。反之,顺反子 B 中的改变也都不抑制顺反子 A 的功能。这暗示在这两个顺反子之间有一个区域,这个区域把这两个顺反子隔离开,使它们的功能可单独表达。

我们认为 1589 缺失导致这个隔离区的丢失,因此这两个局部受损的顺反子就被连接在一起了。实验表明,情况确实是这样的,因为顺反子 A 左端的一个改变,如果和 1589 缺失同时发生,那么就可以抑制顺反子 B 的功能表达。这些结果示于图 5。突变体 P43 或 X142(这两个突变体经吖啶处理,都能强烈地发生回复)虽然都在顺反子 A 中,但当两个顺反子连接在一起的情况下,这两个突变体必有一个将抑制 B 的功能。X142 S1 的情况也是这样的(见图 5ⓑ),X142 S1 是 X142 的一个抑制基因突变体。它们(X142 和 X142 S1)的双重突变体,具有 + 和 − 的类型,这个双重突变体本身是假野生型的,当与 1589 缺失同时发生时,顺反子 B 的功能仍能表达(见图 5ⓒ)。我们曾用这种方法检验了 Benzer[7] 所列出的 10 个缺失突变,这些缺失全都发生在 1589 缺失的左边。发现其中有 3 个(386、168、221)能抑制顺反子 B 的功能表达(见图 5ⓕ),而其他的 7 个则不妨碍顺反子 B 的功能表达(见图 5ⓔ)。我们猜想,这 7 个缺失突变中的每一个都已经丢失了一些碱基,这些碱基的数目正好是 3 的倍数。缺失的长度不是随机的,缺失的碱基数目常常是编码比例的一个整数倍,这是有理论根据的。

如果最终搞清楚 1589 缺失产生的蛋白质,一部分是顺反子 A 的蛋白质,另一部分是顺反子 B 的蛋白质,这两部分蛋白质以某种多肽链连在一起,而且在某种程度上具有完整的顺反子 B 蛋白质的功能,这将是不足为奇的。

编码比例是 3 还是 6?

还要说明编码比例是 3,而不是 3 的倍数。以前对编码比例相当粗略的估计[10,14](显然是不可靠的)表明,编码比例接近 6。根据我们的理论来看,这暗示了在 FC0 中的变化不是一个碱基,而是两个碱基(或更确切地说,碱基的数目是偶数)。

我们还有另外一些证据说明,上述估计是不可靠的。第一,在我们用吖啶黄诱发产生的 126 个突变体中(见前文),有 4 个独立的突变体是在 FC9 位点上,或在 FC9 位点附近。通过选择一种适当的配对方式,我们了解到,其中有两个是 + 的,两个是 − 的。第二,我们用肼诱发产生的两个突变体[15](X146 和 X225),是在 FC30 位点上,或在 FC30 位点附近。我们了解到这两个突变体都是一样的。

这样看来,除非吖啶和肼都是引起偶数个碱基的缺失或插入才行,这些证据支持编码比例是 3。但是,由于对这些诱变剂的作用,还没有详细弄清,因此,我们尚不能肯定编码比例不是 6,尽管编码是 3 的可能性更大。

我们有一些初步的结果说明,另一些由吖啶诱发产生的突变体,常常由于紧挨着的抑制基因突变而发生回复,但还太粗糙,因此不能在这儿报道。在顺反子 B 另一端 B9a 片段上,有一个突变体,叫做 P83。把 P83 的一些抑制基因突变体的放大图示于图 6,它们出现的范围比 FC0 的抑制基因突变体出现的范围要短,大约占 B 顺反子距离的 5%。正如所预料的一样,双重突变体 WT(2+5)是 r 表现型。

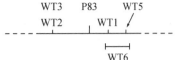

图 6　P83 及其抑制基因突变体
WT1 等的遗传图

这个区域在顺反子 B 右端附近的 B9a 片段中。至于这个图与其周围别的图形关系如何,到目前为止尚不清楚。

密码是简并的吗?

如果密码是三联体密码,那么共有 64 种(4×4×4)可能的三联体。如若这 64 种三联体中,只有 20 种表示 20 氨基酸,其余的 44 种都是无意义的,从我们的结果来看,这似乎是不太可能的。如果确实是这样的话,那么出现 FC0 系统突变体的那个区域(约为顺反子 B 的 1/4),应当比我们观察到的要小得多,因为那样在很近的距离上,偶尔一次移码突变,就会形成一次无意义的解读。这种争论取决于我们前面所假定的、由顺反子 B 产生的那种蛋白质的大小。这种蛋白质的大小我们尚不清楚,但从顺反子 B 的长度可以看出,这种蛋白质可能大约含有 200 个氨基酸。这样看来,密码可能是简并的,即一般说来,由一个以上的三联体编码一个氨基酸。如果确实是这样的,那么关于编码问题的一个最主要的疑难问题也就可以解释了。这个疑难问题就是在不同的微生物中,DNA 的碱基组成,可能差异很大,但它们蛋白质的氨基酸组成,差异并不十分明显[16]。但是我们还不能确切地说出,有多少三联体是编码氨基酸的,有多少三联体还有别的功能。

将来的发展

我们的理论引导出一种明确的预见,预料人们将能测定具有"+和-"类型的双重突变体产生的假野生型的氨基酸顺序。从传统的理论来看,由于一个基因只在两个地方发生变化,因此应当只有两个氨基酸发生改变。相反,我们的理论则预言:和两个突变之间的基因区域相对应的多肽链上的一串氨基酸,都将发生改变。噬菌体的溶菌酶就是在这个区域中,它是可以用来检验这种假说的一种很好的蛋白质,目前 Dreyer[17] 正在对它进行化学研究,Streisinger[10] 正在对它进行遗传学研究。

最近在莫斯科举行的生化会议上,我听了 Nirenberg 的报告,不禁大吃一惊,Nirenberg 和 Matthaei[18] 把多聚尿苷酸(这是一种碱基全为尿嘧啶的 RNA)加到一种能合成蛋白质的无细胞系统中,已经合成了多聚苯丙氨酸(这是一种所有残基全为苯丙氨酸的多肽）。这暗示了一段尿嘧啶顺序能为苯丙氨酸编码,我们的工作说明,它可能是一种尿嘧啶的三联体。

通过各种化学或酶学方法合成具有限定或部分限定顺序的多聚核糖核苷酸,这是可能的。如果是这样的话,产生特异的多肽链也是可能的,那么编码问题将由于实验的推动而得到广泛的说明。实际上,现在已有很多实验室,包括我们的实验室在内,已经在做这方面的工作了。假定如我们的结果所揭示的那样,编码比例确实是 3,而且如果整个自然界密码都是相同的话,那么遗传密码问题将在一年之内得到解决。

参 考 文 献

[1] Wittman, H. G. , Symp. 1, Fifth Intern. Cong. Biochem. , 1961. for refs. (in press).

[2] Tsugita, A. , and Fraenkel-Conrat, H. , 1960. *Proc. Nat. Acad. Sci.* , USA, **46**, 636；*J. Mol. Biol.* , (in press).

[3] Brenner S. , 1957. *Proc. Nat. Acad. Sci.* , USA, **43**, 687.

[4] For refs. see Watson, H. C. , and Kendrew, J. C. , 1960. *Nature*, **190**, 670.

[5] Crick, F. H. C. , Griffith, J. S. , and Orgel, L. E. , 1957. *Proc. Nat. Acad. Sci.* , USA, **43**, 416.

[6] Benzer, S. , 1959. *Proc. Nat. Acad. Sci.* , USA, **45**, 1607. for refs. to earlier papers.

[7] Benzer, S. , 1961. *Proc. Nat Acad. Sci.* , USA, **47**, 403；see his fig. 3.

[8] Brenner, S. , Benzer. S. , and Barnett, L. , 1958. *Nature*, **182**, 983.

[9] Brenner, S. , Barnett, L. , Crick, F. H. C. , and Orgel, A. , 1961. *J. Mol. Biol.* , **3**, 121.

[10] Streisinger, G. (personal comnmnication and in press).

[11] Feynman. R. P. , Benzer, S. , Freese, E. (all personal communications).

[12] Jinks, J. L. , 1961. *Heredity*, **16**, 153, 241.

[13] Champe, S. , and Benzer, S. (personal communication and in preparation).

[14] Jacob, F. , and Wollman, E. L. , 1961. Sexuality and the Genetics of Bacteria. Academic Press, New York, Levinthal, C. (personal communication).

[15] Orgel. A. , and Brenner, S. (in preparation).

[16] Sueoka, N. , *Cold Spring Harb. Symp. Quant. Biol.* (in press).

[17] Dreyer, W. J. , 1961. Symp. 1, Fifth Intern. Cong. Biochem. , (in press).

[18] Nirenberg, M. W. and Matthaei, J. H. , 1961. *Proc. Nat. Acad. Sci.* , USA, **47**, 1588.

大肠杆菌无细胞系统蛋白质合成对天然或合成多聚核糖核苷酸的依赖作用[①]

马歇尔·尼伦伯格（M. W. Nirenberg）[②]　海因里斯·马太（J. H. Matthaei）

（美国　国立健康研究所，1961 年）

从大肠杆菌得到了一个稳定的无细胞系统，它使 ^{14}C-缬氨酸快速地掺入进蛋白质中去，这样来合成蛋白质是需要能量的。L-氨基酸混合物能促进合成，而 RNA 酶（RNAase）、嘌呤霉素和氯霉素则显著地抑制合成[1]。本文叙述了这个系统的一个新特性，即：即使有 sRNA 和核糖体存在，氨基酸的掺入还需要模板 RNA。而且还说明，加入模板 RNA 促进氨基酸掺入，其很多特性与从头开始蛋白质合成的特性是相似的。在这个系统中，天然的 RNA 和合成的多聚核苷酸一样有活性。这种合成的多聚核苷酸可能为由一种氨基酸组成的"蛋白质"编码。在这些资料中，有一部分已在以前的报道中发表过[2,3]。

材料和方法

酶提取液是按以前介绍的方法制备的[1]，并在某些方面有所改进。对数期早期收集

---

① 王斌译自 M. W. Nirenberg, J. H. Matthaei. The dependence of cell-free protein synthesis in *E. coli* upon naturally occurring or synthetic polyribonucleotides. **Proc. Nat. Acad. Sci. USA.** 1961，47(10)：1588-1602.

② 马歇尔·尼伦伯格（Marshall Warren Nirenberg，1927—2010），美国分子生物学家。他因破译遗传密码及其在蛋白质合成中的功能，与 R. W. Holley、H. G. Khorana 共同获得 1968 年诺贝尔生理学或医学奖。

的大肠杆菌 W3 100 菌体，经过洗涤，再按以前报道的做法[1]，在 5℃，用铝粉（湿细胞重量的两倍）研磨 5 分钟将细胞破碎，加入和铝粉等重量的缓冲液进行抽提，缓冲液（标准缓冲液）成分如下：

Tris　pH7.8　0.01 mol/L；　　　Mg(Ac)$_2$　0.01 mol/L；

KCl　　　　0.06 mol/L；　　　巯基乙醇　0.006 mol/L。

然后经 20 000×g 离心 20 分钟，去掉铝粉和未破碎的菌体。轻轻取出上清液，加入 DNA 酶（DNAase）（3 微克/毫升，华盛顿生化制品公司出品），使悬液的黏度迅速降低，再经 20 000×g 离心 20 分钟。吸出上清液，用 30 000×g 离心 30 分钟，除去抽提液中的细胞碎片。吸出液体层（S-30），在 105 000×g 离心 2 小时，使核糖体沉降。再吸出上清液（S-100），而靠近沉淀的部分溶液要小心地倒出，弃去。将核糖体重悬于标准缓冲液中，经过洗涤，再于 105 000×g 离心 2 小时。弃去上清液，将此核糖体悬浮在标准缓冲液中（W-Rib）。将 S-30、S-100 和 W-Rib 等各部分分别在 60 倍体积的标准缓冲液中（5℃）透析过夜。分成小份贮存于－15℃。

有时，新鲜的 S-30 在 35℃保温 40 分钟。每毫升反应混合物所含成分的微克分子数如下：

Tris　　　　pH7.8　80；　　　20 种氨基酸每种为　0.075；

Mg(Ac)$_2$　　　　8；　　　ATP（钾盐）　　　2.5；

KCl　　　　　50；　　　PEP（钾盐）　　　2.5；

巯基乙醇　　　　9；　　　PEP 激酶　　　15 微克/毫升。

反应混合物经过保温后，在 5℃、60 倍体积的标准缓冲液中透析 10 小时，透析期间换一次缓冲液。将保温过的 S-30 部分分成小份贮存在－15℃待用（称之为保温过的 S-30）。

用酚提取法制备 RNA 时，所用的酚必须是刚蒸馏出来的。rRNA 是用按上述方法新鲜制得的、洗过的核糖体来制备的。制备 rRNA 时，进行酚处理前，在核糖体的悬液中加入 0.2％SDS 溶液（SDS 用 Crestfield 等人的方法[4]重结晶过）。悬液在室温下振荡 5 分钟。通过 SDS 处理，可能得到较多的 RNA；但省去这一步也能得到很好的 RNA 制品。用 SDS 处理后，将悬浮于标准缓冲液中的核糖体，加入等体积的水饱和酚，悬液在室温下用力振荡 8～10 分钟。1 450×g 离心 15 分钟后，吸出水相。按同样方法，将水相再用酚提取两次，每次用 1/2 体积的水饱和酚。最后水相冷却到 5℃，加入 NaCl，最终浓度达 0.1％。在－20℃边搅拌边加入两倍体积的乙醇，使 RNA 沉淀。悬液用 20 000×g 离心 15 分钟，倒掉上清液，RNA 沉淀溶于最低浓度的标准缓冲液（不加巯基乙醇），并在一个玻璃 Potter-Elvehjem 匀浆器中缓缓搅匀（通常所用的缓冲液体积约为原来核糖体悬液体积的 1/3）。乳白色的 RNA 溶液在 5℃用 100 倍体积的标准缓冲液（不加巯基乙醇）透析 18 小时。中间换透析液一次。透析后，RNA 溶液在 20 000×g 离心 15 分钟，弃去沉淀。此 RNA 溶液中，蛋白质含量不到 1％，可将它分成小份，贮存在－15℃备用。

sRNA 是用上述的酚提取法，从 105 000×g 上清液中制备的。sRNA 也贮存于－15℃。将 RNA 样品与 0.3 mol/L 的 KOH 在 35℃一起保温 18 小时，然后中和，并在标准缓冲液中透析（不加巯基乙醇）来制备碱降解的 RNA。将 RNA 与结晶 RNAase（2 微克/毫升,华盛顿生化制品公司出品)在 35℃保温 60 分钟,来制备酶降解的 RNA 样品。RNAase 是用上述的 4 次酚提取来破坏的。最后一次酚提取后,样品在不加巯基乙醇的标准缓冲液中透析。RNA 样品与经两次重结晶的胰蛋白酶(20 微克/毫升,华盛顿生化制品公司出品)一起在 35℃保温 60 分钟。溶液用酚处理 4 次,并按同样方法进行透析。

所用的同位素标记氨基酸、它们的来源和各自的比活性如下:

同位素标记氨基酸	比活性(毫居里/毫克分子)	来源
U-^{14}C-甘氨酸	5.8	
U-^{14}C-L-异亮氨酸	6.2	
U-^{14}C-L-酪氨酸	5.95	
U-^{14}C-L-亮氨酸	6.25	
U-^{14}C-L-脯氨酸	10.5	
L-组氨酸-2(环)-^{14}C	3.96	芝加哥核公司
U-^{14}C-L-苯丙氨酸	10.3	
U-^{14}C-L-苏氨酸	3.9	
L-蛋氨酸(甲基-^{14}C)	6.5	
U-^{14}C-L-精氨酸	5.8	
U-^{14}C-L-赖氨酸	8.3	
^{14}C-L-天门冬氨酸	1.04	
^{14}C-L-谷氨酸	1.18	Volks
^{14}C-L-丙氨酸	0.75	
D-L-色氨酸-3^{14}C	2.5	新英格兰核公司
^{35}S-L-胱氨酸	2.4	Abbott 实验室
U-^{14}C-L-丝氨酸	0.2	芝加哥核公司

本实验中所用的其他材料及方法,可参阅[1],全部实验都有一个重复。

结　果

核糖体 RNA(rRNA)的促进作用

前篇文章[1] 中已证明,在这个系统中加入 DNAase 20 分钟后,氨基酸的掺入显著降低。从本研究的目的出发,把预先和 DNAase 及反应混合物的其他各种成分经过保温处理的 30 000×g 上清液部分(保温过的 S-30 部分)用于很多实验中。

图 1 表示,用保温过的 S-30 部分作实验时,加入纯化过的大肠杆菌 sRNA 对 ^{14}C-L-缬氨酸掺入蛋白质的促进作用。加入大约 1 毫克 sRNA 可起到最大的促进作用,在有些实验中,浓度增加 5 倍,对该系统的促进作用并不再增加。除非另有特指外,在所有的反

应混合物中都要加入 sRNA。

图 2 证明了即使在反应混合物中 sRNA 处于最大的促进浓度时，加入大肠杆菌 rRNA 制品也能显著地促进 ^{14}C-缬氨酸掺入蛋白质。当使用低浓度的 rRNA 时，rRNA 浓度和 ^{14}C-缬氨酸掺入蛋白质之间是一种直线关系。将 sRNA 浓度提高 3 倍以上，也不能代替加入 rRNA 的效果。

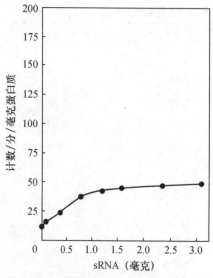

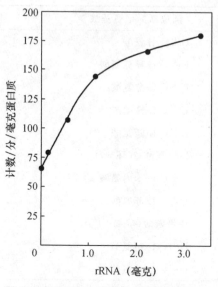

图 1　大肠杆菌 sRNA 对氨基酸掺入蛋白质的促进作用

　　表 1 详细记载了反应混合物的组成。样品在 35℃ 保温 20 分钟，反应混合物含有 4.4 毫克保温过的 S-30 蛋白质。

图 2　在有 sRNA 存在时，大肠杆菌 rRNA 对氨基酸掺入蛋白质的促进作用

　　反应混合物的详细组成见表 1。样品在 35℃ 保温 20 分钟，反应混合物含有 4.4 毫克保温过的 S-30 蛋白质和 1.0 毫克大肠杆菌 sRNA。

图 3 详细说明了 rRNA 在促进 ^{14}C-缬氨酸掺入蛋白质中的作用。在无 rRNA 存在的情况下，用保温过的 S-30 部分作实验时，^{14}C-缬氨酸掺入蛋白质的数量比用 S-30（在贮存于 -15℃ 前，未经保温处理）时低得多，而且 30 分钟后几乎全部停止。在 rRNA 浓度低时，掺入蛋白质的氨基酸数量最大值与加入的 rRNA 数量成正比，这说明 rRNA 的作用是化学作用，而不是催化作用。实验中，即使当 sRNA 处于最大促进浓度时，加入 rRNA，也可以使掺入蛋白质的氨基酸总量增加 3 倍以上。在反应过程的任何时间加入 rRNA，经过进一步保温后；都可以使掺入蛋白质的 ^{14}C-缬氨酸增加。

rRNA 促进氨基酸掺入的特性

表 1 列出了加入 rRNA 促进 ^{14}C-L-缬氨酸掺入蛋白质的一些特性。在每毫升反应混合物中加入 0.15 μmol 的氯霉素或 0.20 μmol 嘌呤霉素，氨基酸的掺入就受到强烈抑制。而且，掺入作用还需要 ATP 和一个产生 ATP 的系统，每毫升中加入 10 微克 RNAase，掺入作用就受到强烈的抑制。加入等量的 DNAase，并不影响由于加 rRNA 促进的掺入作用。把 rRNA 制品放在沸水浴中 10 分钟，不会破坏它的 ^{14}C-缬氨酸掺入活性，相反，常常

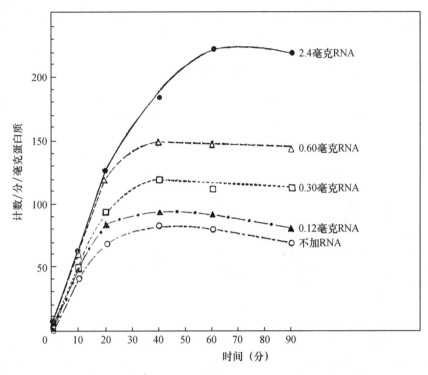

图3 ^{14}C-L-缬氨酸掺入蛋白质对 rRNA 的依赖

反应混合物的组成和保温条件见表1。反应混合物含有大肠杆菌 sRNA 0.98 毫克和保温过的 S-30 蛋白质 4.4 毫克。

见到还能稍微增加它的活性。但是把这些 RNA 制品放在沸水浴中更长一些时间,会产生白色沉淀。在冰浴中将悬液冷却,沉淀会立刻溶解。

表 1 的资料还说明:在有 rRNA 存在的条件下,加入 20 种 L-氨基酸的混合物,可以进一步促进氨基酸掺入蛋白质,这表明发生的是无细胞的蛋白质合成作用。

表1 ^{14}C-L-缬氨酸掺入蛋白质的特性[①]

实验编号	附加成分	脉冲数/分/毫克蛋白质
	−rRNA	42
	+rRNA	204
1	+rRNA,加 0.15 μmol 氯霉素	58
	+rRNA,加 0.20 μmol 嘌呤霉素	7
	+rRNA,在 0 时脱蛋白	8
	−rRNA	35
	+rRNA	101
	+rRNA,−ATP、PEP、PEP 激酶	7
2	+rRNA,+10 微克 RNAase	6
	+rRNA,+10 微克 DNAase	110
	+煮沸过的 rRNA	127
	+rRNA,在 0 时脱蛋白	8

（续表）

实验编号	附加成分	脉冲数/分/毫克蛋白质
3	−rRNA	34
	−rRNA，−20 种 L-氨基酸	21
	＋rRNA	99
	＋rRNA，−20 种 L-氨基酸	52

① 反应混合物含有下列成分（μmol/mL）：

Tris	pH7.8	100；	ATP	1.0
Mg(Ac)₂		10；	PEP 钾盐	5.0
KCl		50；	PEP 激酶（晶体）	20 微克。
巯基乙醇		6；		

$Mg(Ac)_2$ ...

20 种 L-氨基酸（缬氨酸除外）每种各为 0.05；
GTP、CTP 和 UTP 各为 0.03；
^{14}C-L-缬氨酸　0.015（约为 70 000 脉冲数）；
表中的＋rRNA 表示加 3.1 毫克大肠杆菌 rRNA 和 1.0 毫克大肠杆菌 sRNA；"−"号表示不加；
在实验 1、2、3 中分别加入保温过的 S-30 蛋白质 3.2、3.2 和 1.4 毫克；
在实验 3 中加入 4.4 毫克洗过的核糖体蛋白质；
总量为 1.0 毫升。
样品于 35℃保温 20 分钟，用 10% TCA 脱蛋白和洗沉淀，用 Siekevitz[22]的方法计数。

对反应中依赖于 rRNA 的产物，分别用羧肽酶和 1-氟代-2，4-二硝基苯进行了羧基-和氨基-末端分析。（这些分析由 Frank Tietze 博士承担。）发现有 4％的放射性从羧基末端释放出来，有 1％放射性结合在氨基末端上，其余的 ^{14}C 标记在中间。当用 S-30 部分（未经 DNAase 处理）进行反应时，得到了同样的结果。保温后，把从反应混合物中分离到的蛋白质沉淀用 HCl 彻底水解，通过纸层析证明，掺入到蛋白质中的 ^{14}C 标记氨基酸是缬氨酸。

本文的很多实验中，用加入 DNAase 减低黏度来制备酶部分。当使用非 DNAase 制备的酶提取液时，rRNA 也能促进 ^{14}C-缬氨酸的掺入作用。

在有洗涤过的核糖体存在的情况下，rRNA 能更有效地促进氨基酸掺入蛋白质。表 2 的资料表明：依赖 rRNA 的氨基酸掺入作用必须要有核糖体和 105 000×g 上清液。只把 105 000×g 上清液加在 rRNA 制品中，氨基酸掺入蛋白质的作用不能发生，这表明 rRNA 制品中不含有完整的核糖体。加热煮沸虽然可以破坏核糖体的活性，却不能破坏 rRNA 制品的活性，这也证实了上述结论。

表 2　在只有核糖体或只有 105 000×g 上清液时，rRNA 不能促进^{14}C-L-缬氨酸掺入蛋白质①

附加成分	脉冲数/分
全部	51
全部＋2.1 毫克 rRNA	202
全部−核糖体	17
全部−核糖体＋2.1 毫克 rRNA	20
全部−上清液	36
全部−上清液＋2.1 毫克 rRNA	45
全部在 0 时脱蛋白	25

① 反应混合物成分和保温条件见表 1；
核糖体（W-Rib）为 0.86 毫克蛋白质；
105 000×g 上清液（S-100）部分为 3.3 毫克蛋白质。

表 3 列出了 rRNA 对 7 种不同氨基酸的掺入作用的影响,加入 rRNA 能增加每种被测氨基酸的掺入作用。

表 3　rRNA 促进氨基酸掺入的特异性[1]

14C-氨基酸	附加成分	脉冲数/分/毫克蛋白质
14C-L-缬氨酸	全部	25
14C-L-缬氨酸	全部＋rRNA	137
14C-L-苏氨酸	全部	31
14C-L-苏氨酸	全部＋rRNA	121
14C-L-蛋氨酸	全部	121
14C-L-蛋氨酸	全部＋rRNA	177
14C-L-精氨酸	全部	49
14C L 精氨酸	全部＋rRNA	224
14C-L-苯丙氨酸	全部	77
14C-L-苯丙氨酸	全部＋rRNA	147
14C-L-赖氨酸	全部	36
14C-L-赖氨酸	全部＋rRNA	175
14C-L-亮氨酸	全部	134
14C-L-亮氨酸	全部＋rRNA	272
14C-L-亮氨酸	全部在 0 时脱蛋白	6

[1] 反应混合物的组成和保温条件见表 1。20 种 L-氨基酸的混合物,包括除了加入反应混合物中的 14C-氨基酸外的所有(另外 19 种)氨基酸。反应混合物含有 4.4 毫克保温过的 S-30 蛋白质。样品在 35℃,保温 60 分钟,加入的 rRNA 为 2.1 毫克。

当用其他聚阴离子,如 poly(A),高聚鲑精子 DNA,或高分子量的葡萄糖羧酸多聚体时,就见不到像 rRNA 出现的那种效应(表 4)。用胰蛋白酶预处理 rRNA,并不影响它的生物活性。但用 RNAase 或碱处理 rRNA,就会使其促进活性完全丧失。由此看来,活性因素可能是 RNA。

表 4　rRNA 的对照实验[1]

实验编号	附加成分	脉冲数/分/毫克蛋白质
1	全部	54
	全部＋2.4 毫克 rRNA	144
	全部＋2.0 毫克 Poly(A)	10
	全部＋2.0 毫克鲑精子 DNA	41
	全部＋2.0 毫克聚葡萄糖羧酸	49
	全部＋2.4 毫克 rRNA,0 时脱蛋白	7
2	全部	39
	全部＋2.0 毫克 rRNA[2]	150
	全部＋2.1 毫克 rRNA(预先与胰蛋白酶一起保温过)[2]	166
	全部＋2.0 毫克 rRNA(预先与 RNAase 一起保温过)[2][3]	47
	全部在 0 时脱蛋白	8

（续表）

实验编号	附加成分	脉冲数/分/毫克蛋白质
3	全部	20
	全部＋1.2 毫克 rRNA	82
	全部＋1.2 毫克碱降解 rRNA③	21
	全部在 0 时脱蛋白	7

① 反应混合物的组分和保温条件见表 1。在实验 1、2 和 3 中，分别加入保温过的"S-30"蛋白质 4.4、3.2 和 4.4 毫克。分别加入大肠杆菌 sRNA 2.4、0.98 和 0 毫克。

② rRNA 是按材料和方法中规定的方法，在酶降解后，用酚抽提脱蛋白制备得到的。

③ rRNA 的毫克数指的是降解前 RNA 的浓度。

用 Spinco E 型超速离心机测定了 rRNA 制品的沉降特性（见图 4A），具有 S-30、S-50 或 S-70 核糖体性质的颗粒，在这些制品中未曾发现。第一个峰的 S_{20}^W 是 23、第二个是 16、第三个小峰是 4。用胰蛋白酶预处理，对 S_{20}^W 的峰值没有显著的影响（见图 4C），若用 RNAase 处理则会完全破坏这些峰（见图 4B），这也附带证实了主要成分是高分子量的 RNA 这一看法。

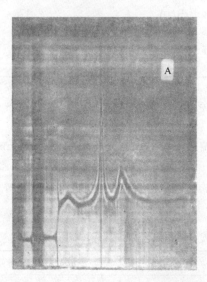
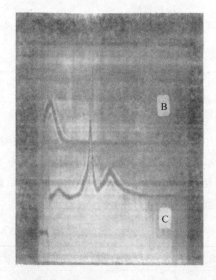

图 4　大肠杆菌 rRNA 制品的沉降特性

A. 未经处理的；B. 用 RNAase 降解了的；C. 用胰蛋白酶降解了的。样品的制备和降解见材料和方法。水解前，A 中 RNA 浓度为 9.8 毫克/毫升；B 中为 11.5 毫克/毫升；C 中为 10.5 毫克/毫升。照片是在一个装有暗线光学照相设备的 Spinco E 型超速离心机中拍摄的。

最初，rRNA 的分步提取是用蔗糖线性梯度的密度梯度离心来做的。其中一个试验的结果示于图 5。RNA 指导的氨基酸掺入活性不取决于在 260 纳米的吸光率。相反，活性似乎是集中在 No.5（分步收集的编号）部分，它在离管底约 1/3 处。这些结果进一步说明了活性与 sRNA 部分无关，因为 sRNA 主要集中在接近管顶的 No.11 部分。另外，在 sRNA 存在的条件下，分析了所有的氨基酸掺入情况，发现即使加入更多的 sRNA，也不能促进[14]C-L-缬氨酸掺入蛋白质。

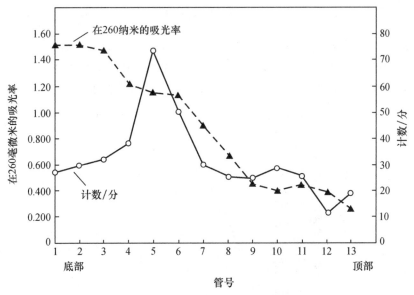

图 5　rRNA 的蔗糖密度梯度离心

从管底到管顶蔗糖线性梯度的浓度从 20% 到 5%[23]。蔗糖溶液（总量 4.4 毫升）含有：Tris pH7.8，0.01 mol；Mg(Ac)₂ 0.01 mol；KCl 0.06 mol。每管顶部铺 0.4 毫升 rRNA（4.6 毫克），用 Spinco L 型离心机，Spinco SW-39 水平转子，在 3℃，38 000×g，离心 4.5 小时，刺穿离心管底，以每管 0.30 毫升分步收集[24]。

每部分取样 0.025 毫升，用水稀释到 0.3 毫升，测定 260 纳米的吸光率，取 0.25 毫升来分析氨基酸的掺入。反应混合物所含的成分见表 1。加入 0.7 毫克大肠杆菌 sRNA 和 2.2 毫克保温过的 S-30 蛋白质。对照加 0.25 毫升 12.5% 的蔗糖来代替其他各部分，脉冲计数为 79 次/分。从每个值中减去这个数。总体积为 0.7 毫升。样品在 35℃，保温 20 分钟。

从不同菌种得到的 RNA 的效应

表 5 表示不同来源的 RNA 对[14]C-缬氨酸掺入蛋白质的促进作用。用 Crestfield 等人[4]的方法制备的酵母 rRNA 在促进掺入作用上，要比等量的大肠杆菌 rRNA 有效得多。用这个方法制得的酵母 rRNA 分子量约为 29 000 道尔顿，它几乎没有氨基酸受体活性[7]。通过酚提取制备的烟草花叶病毒（TMV）RNA，分子量约为 1 700 000 道尔顿，能很有效地促进氨基酸掺入作用。用未经 DNAase 处理过大肠杆菌的酶提取液作实验时，也观察到加入 TMV RNA 对氨基酸掺入有显著的促进作用。这个工作的详细情况将在以后发表。

表 5　从不同菌种制备的 RNA 对氨基酸掺入的促进作用[①]

附加成分	脉冲数/分/毫克蛋白质
不加	42
+0.5 毫克大肠杆菌 rRNA	75
+0.5 毫克酵母 rRNA	430
+0.5 毫克 TMV RNA	872
+0.5 毫克 Ehrlich 腹水肿瘤微粒体 RNA	65

① 反应混合物组分和保温条件见表 1。反应样品含有 1.9 毫克保温过的 S-30 蛋白质。

合成的多聚核苷酸对氨基酸掺入的促进作用

图 6 的资料表明：每毫升反应混合物中加入 10 微克的多聚尿苷酸 Poly(U)能显著地促进^{14}C-L-苯丙氨酸的掺入。苯丙氨酸的掺入几乎完全依赖于加进 Poly(U)。加入 Poly(U)后，经过很短的延迟期，在大约 30 分钟以内，掺入作用以直线速度上升。

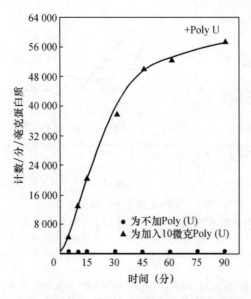

图 6 Poly(U)对 U-^{14}C-L-苯丙氨酸掺入的促进作用

反应混合物组成和保温条件见表 1。每毫升反应混合物加 0.024 μmol 的 U-^{14}C-L-苯丙氨酸（约为 500 000 次脉冲计数/分）和 2.3 毫克保温过的 S-30 蛋白质。

表 6 的资料还表明：测定过的其他多聚核苷酸都不能代替 Poly(U)。随机混合的腺苷酸和尿苷酸的多聚体（Poly A-U，比例为 2/1 和 4/1）在这个系统中是无活性的，这就更肯定了 Poly(U)有绝对的特异性。一种 Poly(U)和 Poly(A)的溶液（形成三链螺旋）完全没有活性，这说明要有活性必须是单链的。表 6 的实验还说明了 UMP、UDP 或 UTP 不能促进苯丙氨酸掺入。

表 6 多聚核苷酸促进苯丙氨酸掺入的特异性[①]

实验编号	附加成分	脉冲数/分/毫克蛋白质
	不另加其他成分	44
	+10 微克 Poly(U)	39 800
	+10 微克 Poly(A)	50
	+10 微克 Poly(C)	38
1	+10 微克 Poly(I)	57
	+10 微克 Poly(A-U)(2/1 比例)	53
	+10 微克 Poly(U)+20 微克 Poly(A)	60
	在 0 时脱蛋白	17

（续表）

实验编号	附加成分	脉冲数/分/毫克蛋白质
	不另加其他成分	75
	＋10 微克 UMP	81
2	＋10 微克 UDP	77
	＋10 微克 UTP	72
	在 0 时脱蛋白	6

① 反应混合物组分见表 1。反应混合物含有 2.3 毫克保温过的 S-30 蛋白质。每份反应混合物加 0.02 微克分子 U-¹⁴C-L-苯丙氨酸（约 125 000 脉冲数/分）。样品在 35℃，保温 60 分钟。

表 7 的资料表明了核糖体、100 000×g 上清液、ATP 以及一个产生 ATP 的系统，都是依赖 Poly(U) 的苯丙氨酸的掺入所必需的。嘌呤霉素、氯霉素和 RNAase 能抑制掺入；但加入 DNAase 不会抑制掺入。不加其他 19 种 L-氨基酸的混合物，也不会抑制苯丙氨酸的掺入，这说明 Poly(U) 只促进 L-苯丙氨酸的掺入。这个结论被表 8 的资料所证实。Poly(U) 对其他 17 种放射性氨基酸的掺入几乎无促进作用。我们对每种标记的氨基酸分别进行了测定，这些资料证实了表 8 的结果，并将在以后的文章中发表。

表 7　依赖于 Poly(U) 的苯丙氨酸掺入的特性①

附加成分	脉冲数/分/毫克蛋白质
－Poly(U)	70
不另外加其他成分	29 500
－100 000×8 上清液	106
－核糖体	52
－ATP、PEP 和 PEP 激酶	83
＋0.02 μM 嘌呤霉素	7 100
＋0.31 μM 氯霉素	12 550
＋6 微克 RNAase	120
＋6 微克 DNAase	27 600
－氨基酸混合液	31 700
在 0 时脱蛋白	30

① 反应混合物的组分见表 1。除了特别指出的一个实验外，其他的样品中都加 10 微克的 Poly(U)。只测定核糖体和 100 000×g 上清液的两个处理，分别加入 0.7 毫克 W-rib 蛋白质和 1.3 毫克 S-100 蛋白质，其他的每份反应混合物加入 2.3 毫克保温过的 S-30 蛋白质。每个反应混合物加入 0.02 μM U-¹⁴C-L-苯丙氨酸（比活性＝10.3 mCi/mmol，约 125 000 脉冲数/分）。样品在 35℃，保温 60 分钟。

表 8　Poly(U) 促进氨基酸掺入的特异性①

实验编号	¹⁴C-氨基酸的存在情况	附加条件	脉冲数/分/毫克蛋白质
		在 0 时脱蛋白	25
1	苯丙氨酸	不另加其他成分	68
		＋10 微克 Poly(U)	38 300

（续表）

实验编号	¹⁴C-氨基酸的存在情况	附加条件	脉冲数/分/毫克蛋白质
2	甘氨酸、丙氨酸、丝氨酸、天门冬氨酸、谷氨酸	在 0 时脱蛋白	17
		不另外加其他成分	20
		＋10 微克 Poly(U)	33
3	亮氨酸、异亮氨酸、苏氨酸、蛋氨酸、精氨酸、组氨酸、赖氨酸、酪氨酸、色氨酸、脯氨酸、缬氨酸	在 0 时脱蛋白	73
		不另外加其他成分	276
		＋10 微克 Poly(U)	899
4	³⁵S-半胱氨酸	在 0 时脱蛋白	6
		不另外加其他成分	95
		＋10 微克 Poly(U)	113

① 反应混合物的组分见表 1。不加未标记的氨酸混合物。每种标记的氨基酸用量为 $0.015~\mu M$。标记氨基酸的比活性见材料和方法部分。每份反应混合物加 2.3 毫克预先保温过的 S-30 部分。所有样品在 35℃，保温 30 分钟。

我们对反应产物做了部分鉴定，结果见表 9。反应产物与真正的多聚 L-苯丙氨酸的物理特性很相似，与很多其他的多肽和蛋白质不同，在 100℃用 6 mol/L HCl 处理时，反应产物和多聚体都不被水解，而在 120～130℃，用 12 mol/L HCl 处理 48 小时，则完全水解。

表 9　反应产物和多聚 L-苯丙氨酸的特性比较

处理	反应产物	多聚 L-苯丙氨酸
6 mol HCl 100℃ 8 小时	部分水解	部分水解
12 mol HCl 120～130℃ 48 小时	完全水解	完全水解
用 33％ HBr（在冰醋酸中）提取	溶解	溶解
用下列溶剂提取		
水、苯、硝基苯、氯仿、N，N-二甲基甲酰胺、乙醇、石油醚、浓磷酸、冰醋酸、二氧杂环己烷、酚、丙酮、醋酸乙酯、吡啶、乙酰苯、甲酸	不溶①	不溶①

① 不溶，表示产物在 100 毫升溶剂中（24℃），溶解小于 0.002 克。提取是在 5 毫升溶剂中加真正的多聚 L-苯丙氨酸 0.5 毫克和反应混合物的 ¹⁴C-产物（1 800 次脉冲/分）。悬液在 24℃，用力振荡 30 分钟，离心。将沉淀涂布在滤膜上并测定放射性。

多聚 L-苯丙氨酸在很多溶剂中是不溶的[25]，但能溶于 33％ 的 HBr（在冰醋酸中）。反应产物和真正的多聚 L-苯丙氨酸表现出一样的溶解性。根据反应产物的特殊溶解性对它进行了纯化。具体做法是：保温后，将反应混合物脱蛋白，沉淀下来的蛋白质按通常的 Siekevitz 方法洗涤[22]。把含有加入的多聚 L-苯丙氨酸载体的干燥蛋白质沉淀，再用 33％ HBr（在冰醋酸中）来提取，弃去大量的不溶性物质。向溶液中加水，使多聚苯丙氨酸沉淀出来，并用水洗涤数次。用这个程序能回收因加入 Poly(U) 而掺入进蛋白质中去的 ¹⁴C-L-苯丙氨酸总量的 70％。用 12 mol HCl 把纯化过的反应产物全部水解，然后进行纸电泳，证明反应产物含有 ¹⁴C-苯丙氨酸。除此而外无其他放射性的点。

讨 论

本研究证明,无细胞系统氨基酸的掺入需要模板 RNA。在这个系统中,加入 sRNA 不能代替模板 RNA。另外,密度梯度离心实验表明了在 rRNA 制品中,有活性的部分要比 sRNA 沉降得快得多。必须注意 rRNA 与 sRNA 在性质上是不同的,因为在 sRNA 中含有假尿嘧啶、甲基化鸟嘌呤等碱基,而 rRNA 中却没有[5]。

在我们分离的 rRNA 中,大部分 RNA 可能没有模板活性,在促进氨基酸掺入作用上,TMV RNA 的活性是等量的大肠杆菌 rRNA 的 20 倍。此外,对 rRNA 的初步分级分离表明,总的 RNA 中只有一部分是有活性的。

必须强调,rRNA 不能代替核糖体。这说明,核糖体全然不是由加入的 RNA 装配起来的。虽然已经知道总的 RNA 中有一部分是作为蛋白质合成的模板,并称之为信使 RNA[12~14],至于 rRNA 的功能仍然是个谜。也许有一部分 RNA,对于从核糖体小亚基来合成有活性的核糖体是不可缺少的[15~21]。

rRNA 可能是一个亚基的集合体,经过适当的处理后可以解离[6~8]。大肠杆菌核糖体经酚提取,可以得到两种类型的 RNA 分子,S_W^{20} 分别为 23 和 16(见图 4),分子量分别相当于 1 000 000 和 560 000[9,10]。经过煮沸,这些 RNA 降解成为沉降系数为 13.1、8.8 和 4.4 的产物,相应的分子量分别为 288 000、144 000 和 29 000。虽然从这些降解产物的沉降分布来看,各类分子是高度均一的,但这些观察并不排除各亚基通过共价键互相连接的可能性[8]。初步证据表明了在我们的系统中,亚基可能是有活性的,因为把大肠杆菌 rRNA 煮沸 10 分钟,再经 105 000×g 离心 60 分钟,得到的上清液是有活性的。用 Spinco E 型超速离心机分析煮沸过的 rRNA,看到有一个分散的峰,沉降系数为 4～8,这个峰与在蔗糖密度梯度离心实验中(用未煮过的 RNA 制品)常看到的那个比 sRNA 稍重的、有活性的小峰,是同种物质(见图 5)。

在我们的系统中,rRNA 浓度低时,掺入到蛋白质中去的氨基酸与加入的 rRNA 量成正比,这说明 rRNA 是起化学作用而不是催化作用。相反,sRNA 是以催化形式起作用[11]。

结果表明 Poly(U)含有合成某种蛋白质的遗传信息,这种蛋白质具有多聚 L-苯丙氨酸的许多特性。这种合成与加入天然模板 RNA 所得到的无细胞蛋白质合成是非常相似的,即既需要核糖体,也需要 100 000×g 的上清液,并受嘌呤霉素和氯霉素的抑制。由此看来,苯丙氨酸的密码可能是一个或多个尿苷酸基团。至于编码是单个的、还是三联的或其他类型,至今尚未确定。多聚尿苷酸看来是起合成模板或信使 RNA 的作用。这种稳定的、无细胞大肠杆菌系统能很好地合成与加入的 RNA 带有的有意义信息相对应的任何一种蛋白质。

摘　要

从大肠杆菌得到一个稳定的、无细胞系统。在这个系统中，掺入到蛋白质中去的氨基酸的数量取决于所加入的热稳定的模板 RNA。sRNA 不能代替模板 RNA。另外，氨基酸掺入既需要核糖体，也需要有 105 000×g 上清液。掺入的氨基酸数量和加入 RNA的量之间的关系，说明了模板 RNA 是起化学作用而不是起催化作用。依赖于模板 RNA的氨基酸掺入还需要 ATP 和一个产生 ATP 的系统，它受 L-氨基酸完全混合物的促进，受嘌呤霉素、氯霉素和 RNAase 的显著抑制。加入一种合成的多聚核苷酸——多聚尿苷酸，能特异性地使 L-苯丙氨酸掺入进蛋白质，形成多聚 L-苯丙氨酸。多聚尿苷酸可能起到合成模板，或者叫 mRNA 的功能。本文还简单讨论了这些发现的含义。

附　注

从最近的实验看出，所需要的多聚尿苷酸和掺入的 L-苯丙氨酸分子数之比，接近1：1。关于为苯丙氨酸编码所需要的尿苷酸残基数目以及模板所起的化学数量作用，至今尚未得到直接证据。正如 Poly(U) 为 L-苯丙氨酸的掺入编码一样，Poly(C) 特异地支配着 L-脯氨酸掺入到能被 TCA 沉淀的产物中去。有关这些发现的全部资料将在以后发表。

参 考 文 献

[1] Matthaei, J. H., and Nirenberg, M. W., 1961. *Proc. Nat. Acd. Sci.* USA, **47**, 1580.

[2] Matthaei, J. H., and Nirenberg, M. W., 1961. *Biochem. & Biophys. Res. Comm.*, **4**, 404.

[3] Matthaei, J. H., and Nirenberg, M. W., 1961. *Fed. Proc.*, **20**, 391.

[4] Crestfield, A. M., Smith, K. C., and Allen, F. W., 1955. *J. Biol. Chem.*, **216**, 185.

[5] Davis, F. F., Carlucci, A. F., and Roubein. I. F., 1959. *ibid.*, **234**, 1525.

[6] Hall, B. D., and Doty, P., 1959. *J. Mol. Biol.*, **1**, 111.

[7] Osawa, S., 1960. *Biochim. Biophys. Acta*, **43**, 110.

[8] Aronson, A. I., and McCarthy, B. J., 1961. *Biophys*, J., **1**, 215.

[9] Kurland, C. G., 1960. *J. Mol. Biol.*, **2**, 83.

[10] Littauer, U. Z., and Eisenberg, H., 1959. *Biochim. Biophys. Acta*, **32**, 320.

[11] Hoagland, M. B., and Comly, L. T., 1960. *Proc. Nat. Acd. Sci.*, USA, **46**, 1554.

[12] Volkin, E., Astrachan, L., and Countryman, J. L., 1958. *Virology*, **6**, 545.

[13] Nomura, M., Hall, B. D., and Spiegelman, S., 1960. *J. Mol. Biol.*, **2**, 306.

[14] Hall, B. D., and Spiegelman, S., 1961. *Proc. Nat. Acd. Sci.*, USA, **47**, 137.

[15] Bolton, E. T., Hoyen, B. H., and Ritter, D. B., 1958. in Microsomal Particles and Protein

Synthesis，ed. Roberts，R. B. ，（New York：Pergamon Press），p. 18.

[16] Tissieres，A. ，Watson，J. D. ，Schlessinger，D. ，and Hollingworth，B. R. ，1959. *J. Mol. Biol.* ，**1**，221.

[17] Tissieres，A. ，Schlessinger，D. ，and Gros，F. ，1960. *Proc. Nat. Acd. Sci.* USA，**46**，1450.

[18] McCarthy，B. J. ，and Aronson，A. I. ，1961. *Biophys. J.* ，**1**，227.

[19] Hershey，A. D. ，1954. *J. Gen. Physiol.* ，**38**，145.

[20] Siminovitch，L. ，and Graham，A. F. ，1956. *Canad. J. Microbiol.* ，**2**，585.

[21] Davern，C. I. ，and Meselson，M. ，1960. *J. Mol. Biol.* ，**2**，153.

[22] Siekevitz，P. ，1952. *J. Biol. Chem.* ，**195**，549.

[23] Britten，R. J. ，and Roberts，R. B. ，1960. *Science*，**131**，32.

[24] Martin，R. ，and Ames，B. ，1961. *J. Biol. Chem.* ，**236**，1372.

[25] Bamford，C. H. ，Elliott，A. ，and Hanby，W. E. ，1956. Synthetic Polypeptides（New York：Academic Press），p. 322.

蛋白质合成的遗传调节机制[①]

弗朗索瓦·雅各布(F. Jacob)[②]　　雅克·莫诺(J. Monod)

(法国　巴斯德研究所,1961 年)

在细菌中,酶的合成受到一种双重的遗传控制。一种所谓的结构基因决定着蛋白质的分子组成;另外一些有特殊功能的遗传决定子被称为调节基因和操纵基因,它们通过细胞质成分的中间产物或阻遏物,来控制蛋白质的合成速度。某些特定的代谢物可使阻遏物失活(诱导)或激活(抑制)。这种调节系统是通过一种短命的中间产物(或称为信使)的基因直接在合成水平上起作用的,这种信使的出现与蛋白质合成场所——核糖体的出现是偶联的。

引　言

据现代最普遍接受的含义,基因这个词指的是一段 DNA 分子,它自我复制出来的特异性结构能通过尚不清楚的机制,翻译成一条特定结构的多肽链。

---

① 王斌译自 F. Jacob, J. Monod. Genetic regulatory mechanisms in the synthesis of proteins. **J. Mol. Biol.** 1961, 3: 318-356.

② 弗朗索瓦·雅各布(Francois Jacob, 1920—),法国生物学家。因与雅克·莫诺一起发现了细胞中通过对转录的反馈抑制控制酶的合成数量,并提出了操纵子假说,与雅克·莫诺、André Lwoff 共同获得 1965 诺贝尔生理学或医学奖。

结构基因决定着蛋白质结构的多重性、特异性和遗传稳定性,顾名思义这种结构是不受环境条件或作用物控制的。然而,很早就知道,在一个细胞中,各种蛋白质的合成,在特定的外界因素影响下,可受到刺激或抑制,最常见的是:合成不同的蛋白质,依外界条件不同,其合成速率会有很大的变化。而且,从对这类影响的研究中,清楚地了解到它们的作用对于细胞的生存来说是很重要的。

过去曾经提出过,也证明了这些影响一方面可能是基因的互补作用造成的,另一方面也可能是由于决定着蛋白质最终结构的一些化学因子引起的。这个观点至少有一部分是与结构基因的观点相矛盾的,而且至今尚无实验证据。本文中,我们将简要地讨论这些相反的证据。至少暂时还要严格的遵循结构基因假说。我们假设:一个基因中,所含的 DNA 信息对决定一种蛋白质的结构既是必须的、也是足够的。除了结构基因外,其他作用物在促进或抑制蛋白质合成方面的选择性影响必定是控制结构信息从基因到蛋白质的传递速率。由于蛋白质是在细胞质中合成的,而不是在遗传水平上直接合成,因此这种结构信息的传递必然与基因合成的一种中间产物有关。这种假说中的中间产物我们称之为结构信使。那么,信息传递的速率,即蛋白质合成的速率,可能依赖于基因合成信使的活性,或依赖于信使在合成蛋白质中的活性。这个简图有助于说明与本文有关的两个问题。假定一种作用物能正向或反向特异地改变蛋白质合成的速率,我们不禁要问:

(1)这种作用物是通过控制信使的活性,在细胞质水平上起作用,还是通过控制信使的合成,在遗传水平上起作用呢?

(2)这种影响的特异性是取决于从结构基因传递到蛋白质的信息的性质呢?还是取决于某种特定的控制因素呢?(这种因素并不说明蛋白质、基因或信使的结构。)

从难易程度来看第一个问题还是较容易的。第二个问题则不好直接说明。这个问题概括起来说就是:基因组只带有结构基因呢?还是还带有其他决定子呢?这些决定子根据所给的条件来控制蛋白质合成的速率,但不决定任何一种蛋白质的结构。这两种看法是否能统一起来还得不到证明,我们考虑实验例子时,希望使这两种看法含义明确化,希望证明它们确实是统一的。

蛋白质合成受特异性作用物控制的最好系统是酶适应的例子。适应在这里的含义包括酶的诱导(即酶的形成受底物的选择性的刺激)和酶的抑制(即由一种代谢物引起酶形成的特异性抑制)。只有少数几个诱导和抑制系统在生化和遗传学上已被证明可用于讨论我们这里感兴趣的问题。我们将从这少数系统中推而广之。各溶源系统中,噬菌体的蛋白质合成虽然遵循着不同的规律,但可以用相似的方法进行分析,这一事实又给了我们鼓舞。因此,我们将连接地讨论某些诱导、抑制和各溶源系统。

最好在开头把我们要获得的一些主要的结论讲一下,这些结论是:

(1)从抑制蛋白质合成而不是激活蛋白质合成的意义上看,这些系统的控制机制都是负控制。

(2)除了经典的结构基因外,这些系统中,还包括有另两类在控制机制中完成特异性功能的遗传决定子(调节基因和操纵基因)。

(3)控制机制是在遗传水平上起作用,即通过调节结构基因的活性起作用。

酶的诱导和阻遏系统

酶的诱导现象概述

60 多年前就知道,某些微生物的酶只有在它们的特异性底物存在时才能形成(Duclaux,1899;Dienert,1990;Went,1901)。后来 Karstrom(1938)把这种效应叫做酶促适应,它已成为很多实验和推测的主题。很长时间以来,酶促适应与生长群体中自发变异的选择不能明确区分。也有人认为,获得一种新的酶促特性的机制,或者是酶促适应,或者是选择作用。直到 1946 年,才证明在细菌中适应酶系统是受分散的、特异的、稳定的(即遗传的)决定子所控制的(Monod 和 Audureau,1946)。在细菌中,已经发现和研究了很多种诱导系统。事实上,按一般规律,在这些细菌中,作用于胞外底物的酶是可诱导的。要在较高等生物组织或细胞中研究这种现象是很困难的,但在很多例子中,已经十分清楚地得知这种现象也是存在的。尽管不是一条规律,但也经常发现一种底物不止诱导形成一种酶,而是诱发形成相继卷入到底物代谢中去的几种酶(Stanier,1951)。

从对大肠杆菌乳糖系统的研究中,弄清了诱导效应最基本的特性(Monod 和 Cohn,1952;Cohn,1957;Monod,1959),并且已从生物化学和生理学的观点将这些基本特性总结于对这个系统的简略讨论中。后面我们将转向对这个系统的遗传学分析。

大肠杆菌的乳糖系统

在大肠杆菌(和某些别的肠道细菌)中,乳糖和其他 β-半乳糖苷的代谢过程是通过水解转葡糖基酶 β-半乳糖苷酶的作用来完成的。这种酶可从大肠杆菌分离到,随后结晶出来。对这种酶的特异性、被离子的激活作用以及转葡糖基酶对水解酶活力,都进行了详细研究(参看 Cohn,1957)。我们只需提一下对本讨论意义重大的那些性质。此酶专一地作用于半乳糖环上未被取代的 β-半乳糖苷。当这个配基基团是一个相当大的疏水基团时,酶活性和亲合力受糖苷配基部分性质的影响都是最大的。底物的半乳糖苷键中用硫代替氧,就完全失去水解活性,但是硫代半乳糖苷和同源的氧代化合物,对酶的位点仍能保持着大致相同的亲和力。

按现有的方法分离到的 β-半乳糖苷酶会形成各种聚合体(多数是六聚物),聚合体的每个基本单位的分子量是 135 000。每个单位有一个末端基团(苏氨酸),也有一个酶的位置(用对硫代半乳糖苷的平衡透析来测定的)。至于单体是否也有这样的活性,还是只在体内存在,还不能确定。以邻位-硝基苯-β-D-半乳糖苷作底物,用 Na^+(0.01 M)作激活物质,在 28℃,pH7.0,六聚物分子的周转率为 240 000 克分子/分。在大肠杆菌中,失去 β-半乳糖苷酶活性的突变体,在仅有乳糖做碳源时不能生长,这个事实表明了大肠杆菌中只有一种同源的 β-半乳糖苷酶,而不能形成别的能代谢乳糖的酶。

然而,具有 β-半乳糖苷酶的活性,对于完整的大肠杆菌细胞利用乳糖来说还是不够的。底物进入细胞还需要与 β-半乳糖苷酶不同的另一成分(Monod,1956;Rickenberg

等,1956;Cohen 和 Monod,1957;Pardee,1957;Képès,1960)。通过测定同位素标记的硫代半乳糖苷进入完整细胞的速率和/或在细菌细胞中累积的水平,可以测出这种成分的存在和活性。对这种主动的渗透过程的分析看出,它是遵从经典的酶动力学原则的,能测定出其 K_m 和 V_{max}。由于这个系统只对半乳糖苷(β 或 α),或硫代半乳糖苷是有活性的,因此是高度特异性的。它表现出的亲和性谱系(I/K_m)与 β-半乳糖苷酶很不相同。因为这个渗透系统,像 β-半乳糖苷酶一样是可以诱导的(见下面),所以可以在体内研究它的形成,而且它总是与蛋白质合成偶联的。根据这些标准,这个特异性渗透系统无疑与在诱导过程中形成的一种特异性蛋白质(或几种蛋白质)有关,人们把这种特异性蛋白质叫做半乳糖苷透性酶。不能生成 β-半乳糖苷酶的突变体仍能富集半乳糖苷,而失去半乳糖苷透性酶的突变体仍能合成半乳糖苷酶,这些事实说明这种透性酶与 β-半乳糖苷酶是不同的,而且功能上是各自独立的。后一类突变体(叫做隐蔽突变体)也不能利用乳糖,因为胞内的半乳糖苷酶要通过特异的渗透系统才能全部到达底物上。

诱导生成的这种蛋白质(或这些蛋白质),据推测可能与半乳糖苷透性酶的活性有关,但直至今日,还不能对它进行离体的鉴定。去年,对能完成

乙酰·辅酶 A＋硫代半乳糖苷→6-乙酰硫代半乳糖苷＋辅酶 A

这个反应的一种蛋白质进行了鉴定,并从有半乳糖苷存在条件下培养的大肠杆菌的提取液中纯化了这种蛋白质(Zabin 等,1959)。在这个系统中,这种酶的作用还很不清楚,因为,在体内一种游离的共价乙酰化合物的形成根本不涉及渗透过程。另一方面:① 不能形成 β-半乳糖苷酶、但仍保留有半乳糖苷透性酶的突变体,还保留有半乳糖苷乙酰基转移酶;② 不能生成透性酶的突变体也不能形成乙酰基转移酶;③ 透性酶、乙酰基转移酶都缺陷的突变体回复了生成透性酶的条件,同时就恢复了形成乙酰基转移酶的能力。

这些相关性有力地提出了半乳糖苷乙酰基转移酶是与渗透过程有关的,尽管它在体内的作用尚不清楚,看来它总是与其他几种蛋白质(对于这个系统是特异性的或非特异性的)有关。不管哪一种情况,这里我们感兴趣的不是渗透机制,而是 β-半乳糖苷酶、半乳糖苷透性酶和半乳糖苷乙酰基转移酶作用的控制机制。因此,正如我们将见到的,最重要的一点是半乳糖苷乙酰基转移酶和半乳糖苷酶都遵循着同种控制[①]。

酶的诱导和蛋白质的合成

在没有半乳糖苷的培养基中培养出来的野生型大肠杆菌细胞,每毫克干重约含有 1～10 个单位的半乳糖苷酶,也就是说每个细胞平均含有 0.5～5 个活性分子,或者说每个类核体含有 0.15～1.5 个分子。在一种含有适当诱导物的培养基中培养出来的细胞,每毫克干重平均有 10 000 个单位的半乳糖苷酶。这就是诱导效应。

---

① 道理以后会清楚。重要的是考虑下述假说是否有证据,假说认为:半乳糖苷酶和乙酰基转移酶活性可能与相同的基本蛋白质单位有关。因此我们应该正视下列观察:(1) 有些突变体能形成半乳糖苷酶而不形成乙酰基转移酶,或者相反;(2) 纯化过的乙酰基转移酶没有半乳糖苷酶活性;(3) 这两种酶的特异性是完全不同的;(4) 用分步沉淀的方法很容易把这两种酶全部分离开;(5) 乙酰基转移酶是高度耐热的,在同样条件下半乳糖苷酶却是很不稳定的;(6) 半乳糖苷酶抗血清不能沉淀乙酰基转移酶;乙酰基转移酶抗血清也不沉淀半乳糖苷酶。

因此,对于"半乳糖苷酶和乙酰基转移酶的活性与同一种蛋白质有关"这个问题的争论是没有理由的。

这种比活性的显著增加,是与全"新"酶分子的合成有关,还是与原来就存在的蛋白质前体物的活化或转变有关,这是一个很重要的问题,在这方面已经做了大量的实验工作。免疫学和同位素方法相结合,已证实诱导形成的这种酶:(1)它与在非诱导细胞中存在的所有蛋白质都不相同(Cohn 和 Torriani,1952);(2)它的大部分硫(Monod 和 Cohn,1953;Hogness 等,1955)或碳(Rotman 和 Spiegelman,1954)不是从原有的蛋白质中得到的。

因此,诱导物引起产生的酶分子,完全是从头合成的,这些酶分子的特异性结构,以及他们的成分来源都是新的。对另外几种诱导系统的研究,完全证实了这个结论,现在可以认为这个结论只是这种效应的定义的一部分。在这里我们将用诱导这一术语来表示由合成酶蛋白的诱导物所引起的激活作用。

诱导的动力学

接受(还是临时的)这种结构基因的假说,我们就可以考虑到诱导物是怎么促进从基因到蛋白质的信息传递速率的。这可以通过促进信使的合成或活化信使来做到。如果信使是一种稳定的结构,在蛋白质合成中起着催化模板的功能,根据诱导物是在遗传水平上起作用或在细胞质水平上起作用,我们预料就会有不同的诱导动力学。

在适当的实验条件下进行测定时,半乳糖苷酶的诱导动力学已弄清楚是十分简单的(Monod 等,1952;Herzenberg,1959)。在一种生长培养物中添加适当的诱导物,酶活性增加的速率与该培养物中总蛋白质增加成正比;也就是说,用总的酶活性对培养物群体作图时,得到的是线性关系(见图 1)。这条直线的斜率 $P=\dfrac{\Delta Z}{\Delta M}$ 是合成反应的差示速率,按定义它是用来衡量这个效应的。把直线延长可以看出,在加入诱导物后约 3 分钟(在 37℃)开始形成酶(Pardel 和 Prestidge,1961)。去掉诱导物(或加入一种特异性的抗诱导

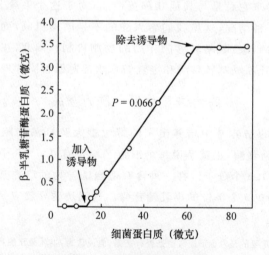

图 1 诱导酶合成的动力学

差示作图表示在大肠杆菌生长培养物中 β-半乳糖苷酶的累积是细胞群体增加的函数。因为横坐标和纵坐标都是用相同的单位(蛋白质的微克数)表示的,所以直线的斜率给出的是在诱导物存在时,半乳糖苷酶占合成总蛋白质的部分数(P)(Cohn,1957)。

物,见下面叙述)在同样短的时间内会造成酶合成的停止。合成反应的差示速率,随着诱导物浓度而变化,对不同种的诱导物达到不同的饱和值。因此诱导物的作用方式与在一个酶系统中一种可以解离的活化剂的作用方式是(动力学上)一样的。由于活化剂的加入或除去随之而来的活化和失活是很快的。

从这些动力学研究恰好得出了相反的结论:诱导物不能活化一种稳定的、能够在细胞内累积的中间产物的合成(Monod,1956)。除了蜡状芽孢杆菌(*Bacillus cereus*)的青霉素酶之外,已经做过适当研究的大多数的或全部的其他系统(Halvorson,1960)都已观察到类似的诱导动力学。Pollock 的著名工作表明,在培养基中去掉诱导物(青霉素)之后,酶的合成会以递减的速率持续一段较长的时间。这种效应显然与"细胞和青霉素经过短暂接触后即不可逆地保留有微量青霉素"这个事实是有关的(Pollock,1950)。因此,这个系统的独特行为与"从细胞群体中去掉诱导物,受诱导的合成反应就停止"这一规律是不矛盾的。一个细胞可以合成比它带有的诱导物分子多得多的酶分子,从这个意义上,Pollock 和 Perret(1951)利用这个系统,说明诱导物是起催化作用的。

诱导的特异性

诱导效应的最显著特性之一就是它的极端特异性。一般来说,只有酶的底物,或与正常底物十分相似的物质才能对这种酶有诱导活性。这一点明确地提出了诱导物的分子结构和酶催化中心的结构之间的相关性与诱导机制有着特异关系。为了说明这种相关性,并且进而说明诱导物的作用机制,所提出的假说主要有两类:

(1)在酶合成中,诱导物作为"局部模板",推测它是作为催化中心的模板;

(2)诱导物通过与以前形成的酶(或称前酶)特异性的结合而起作用,因此以某种方式促进酶分子的进一步合成。

这些经典的假说不需要详细地讨论,因为现在似乎已证实,所讨论的这种相关性,事实上并不是诱导机制所特有的。

表 1 列出了经测定认为可作为半乳糖苷酶的诱导物和这种酶的底物(或特异性抑制物)的一些化合物。请注意以下几点:(1)每种化合物都具有一个完整未被取代的半乳糖苷基团;(2)很多化合物,它们不是底物(如,硫代半乳糖苷类),却是很好的诱导物(例如,异丙基-硫代半乳糖苷);(3)酶的亲和性和诱导能力之间没有相关性(参看硫代苯基半乳糖苷和蜜二糖)。

随着诱导物不同,所形成的酶是否可能有不同的特异性,这一点也应予以考虑,对此进行了相当周密的测定,得到的都是负结果(Monod 和 Cohn,1952)。

那么是否测定过的各种半乳糖苷在诱导能力和底物活性或亲和性参数之间根本没有定量的相关性呢?然而,事实是只有半乳糖苷能诱导半乳糖苷酶,这种酶的结合位点是与半乳糖环结构互补的。因此,前面的结果不能完全排除"这种相关性是诱导机制的一个必要因素或结果"这一可能性。

正如我们以后将谈到的,已发现某些半乳糖苷酶结构基因(Z)突变体,不能合成正常的酶,而合成一种新的蛋白质,它的免疫学性质与正常酶相同,但它完全没有任何酶促活性。当用平衡透析进行测定时,这种无活性的蛋白质表现出对半乳糖苷没有亲和性,换句话说,它已失去了特异性的结合位点。在一个携带正常和突变基因的二倍体中,在不同浓度的诱导物存在时,正常的半乳糖苷酶和这种无活性的蛋白质都能形成,而且数量很接近(Perrin,Jacob 和 Monod,1960)。

从这些发现以及前面的发现可以说明:诱导机制不包含"诱导物的分子和酶的结合位点在结构上存在着特异相关性"的意思,对这种看法不必怀疑。

另一方面,半乳糖苷酶和乙酰基转移酶的诱导是完全相关的,这可以从表 1 得到说明。从表 1 不仅可以看出,同种化合物同时作为两种酶的诱导物时,可能有诱导活性,也可能没有诱导活性;而且还可以看出:在不同的诱导物存在时,或者在同种诱导物的不同浓度下,合成的半乳糖苷酶和乙酰基转移酶绝对数量虽然变化很大,但相对数量不变。在这两种极不相同的酶蛋白的诱导过程中,质量和数量上的明显相关性有力地说明了这两种酶的合成受一种共同的控制因素的直接支配,诱导物与这种控制因素是相互作用的。在某种意义上,这种相互作用必定与诱导物的立体特异结合有关,因为诱导在空间上是有特异性的,还因为没有任何诱导活性的某些半乳糖苷,在活性诱导物存在时可以充当诱导作用的竞争性抑制物(Monod,1956;Herzenberg,1959)。这说明了与半乳糖苷酶或乙酰基转移酶都不同的一种酶,或一种其他蛋白质,它可作为诱导物的受体。以后我们将转向验证这种诱导受体的难题。

表 1　各种半乳糖苷对半乳糖苷酶和半乳糖苷乙酰基转移酶的诱导作用①

化合物	浓度（克分子）	β-半乳糖苷酶			半乳糖苷乙酰基转移酶	
		诱导值	V	I/K_m	诱导值	V/K_m
β-D-硫代半乳糖苷类						
（异丙基） 10^{-4}		100	0	140	100	80
（甲基） 10^{-4}		78	0	7	74	30
10^{-5}		7.5	—		10	
（苯基） 10^{-3}		<0.1	0	100	<1	100
（苯乙基） 10^{-3}		5	0	10 000	3	—
β-D-半乳糖苷类						
（乳糖） 10^{-3}		17	30	14	12	35
（苯基） 10^{-3}		15	100	100	11	—
α-D-半乳糖苷						
（蜜二糖） 10^{-3}		35	0	<0.1	37	<1

化合物	浓度（克分子）	β-半乳糖苷酶			半乳糖苷乙酰基转移酶	
		诱导值	V	I/K_m	诱导值	V/K_m
β-D-葡萄糖苷（苯基）	10^{-3}	<0.1	0	0	<1	50
（半乳糖）	10^{-3}	<0.1	—	4	<1	<1
甲基-β-D-硫代半乳糖苷	(10^{-4})					
＋						
苯基-β-D 硫代半乳糖苷	(10^{-3})	52	—	—	63	—

① 纵行诱导值指的是野生型大肠杆菌 K12 培养在以甘油做碳源、并加入了指定克分子浓度的各种半乳糖苷的培养中，所得到的培养物中酶的比活性。给出的值是以与异丙基-硫代半乳糖苷为 10^{-4}M 时（这时，实际上每毫克细菌中 β-半乳糖苷酶约为 7 500 单位，半乳糖苷乙酰基转移酶约为 300 单位）所得的值的百分比来表示的。V 行指的是对半乳糖苷酶而言，每种化合物的最大底物活性，给出的值是以与苯基半乳糖苷所得活性的百分比来表示的。I/K_m 表示对半乳糖苷酶而言，每种化合物的亲和性。给出的值是用与苯基半乳糖苷所得到的值的百分比来表示的。在半乳糖苷乙酰基转移酶的情况中，只给出了 V/K_m 相对值，因为这种酶的亲和性低，阻碍了常数（I）的单独测定（从 Monod 和 Cohn，1952；Monod 等，1952；Buttin，1956；Zabin 等，1959；Képès 等未发表的结果计算出来的）。

酶 的 阻 遏

正向酶促适应（即诱导）已经知道 60 多年了，而反向适应（即酶合成的特异性抑制）是 1953 年在发现色氨酸合成酶的形成受到色氨酸和某些色氨酸类似物的选择性抑制时才被发现的（Monod 和 Cohen-Bazire，1953）。其后不久，还观察到这种效应的另一些例子（Cohn 等，1953；Adelberg 和 Umbarger，1953；Wijesundera 和 Woods，1953），在随后的几年中，对几个系统进行了详细研究（Gorini 和 Maas，1957；Vogel，1957a、b；Yates 和 Pardee，1957；Magasanik 等，1959）。这些研究揭示了，这种后来被 Vogel（1957a、b）叫做阻遏的效应，虽然与诱导效应恰好相反对称，但二者是十分类似的。

酶的阻遏与诱导一样，在连续的代谢过程中，一般不是与一种酶而是与一系列的酶有关。诱导能力是对负责降解外来底物的分解代谢酶的衡量标准，而阻遏能力是对与主要代谢产物，诸如氨基酸或核苷酸的合成有关的组成酶的衡量标准①。阻遏与诱导一样，是有高度特异性的，但是诱导物一般是代谢过程的底物（或底物的类似物），而阻遏代谢物一般是这个代谢过程的产物（或产物的类似物）。

这种效应抑制酶的合成，但不抑制酶的活性（直接地或间接地），这在第一个例子的研究中已经搞清楚了（Monod 和 Cohen-Bazire，1953），并用同位素参入实验最后证实了

① 某些作用于外源底物的酶受到阻遏作用的控制。大肠杆菌的碱性磷酸酶不受磷酸酯的诱导，却受正磷酸盐的阻遏。假单孢杆菌（*Pseudomonas*）的脲酶受铵的阻遏。

（Yates 和 Pardee，1957）。强调这一点是很重要的，因为酶的阻遏不能与另一种叫做"反馈抑制"或"返回抑制"的不同效应相混淆，这种反馈抑制也同样经常出现，而且可以和阻遏发生在同一个系统中。Novick 和 Szilard 所发现的这种反馈抑制效应（Novick，1955），是通过代谢过程的最终产物，来抑制反应组成序列中早期的一个酶活性（Yates 和 Pardee，1959；Umbarger，1956）。我们将用阻遏单独命名酶合成的特异性抑制①。

阻遏的动力学和特异性

通过去阻遏而激活的酶合成的动力学和诱导的动力学是一样的（见图 2）。当野生型

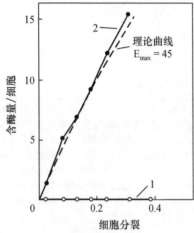

图 2　精氨酸对鸟氨酸-氨甲酰基
转移酶的阻遏

需要组氨酸和精氨酸的大肠杆菌培养在一个加组氨酸 1 微克/毫升及精氨酸 6 微克/毫升（曲线 1）或加组氨酸 10 微克/毫升及精氨酸 5 微克/毫升（曲线 2）的恒化器中。菌体先在过量的精氨酸中培养到对数生长期，洗涤菌体后，再接种于上述培养基。理论曲线是根据细胞分裂 4 次后，每个细胞所含酶量的恒定数值计算出来的（Gorini 和 Maas，1958）。

大肠杆菌被培养在含有精氨酸的培养基中时，只形成微量的鸟氨酸-氨甲酰基转移酶。一旦从生长培养基中去掉精氨酸，酶合成的差示速率会增加约 1 千倍，而且在重新加入精氨酸之前保持不变；加入精氨酸，酶的合成会立即降回到受阻遏的水平。这种阻遏代谢物这里起的（动力学上）应该是酶系统中一种可以解离的抑制物的作用。

阻遏作用的特异性提出了一些很有意义的问题。一般来说，一个组成系统的阻遏代谢物是这个系统的终产物。例如，除了其他种类的氨基酸外，L-精氨酸阻遏有关精氨酸生物合成系统中的酶。精氨酸本身对这个系统早期的酶，例如特别是鸟氨酸-氨甲酰基转移酶，是没有特异性亲和力的。这时，精氨酸是这种酶蛋白的一种"安慰"阻遏代谢物，就像半乳糖苷是突变了的（无活性的）半乳糖苷酶的"安慰"诱导物一样。但是，通过这个系统本身，精氨酸可能被转化，成为这种酶的中间产物或底物，这也是一种应该考虑的可能性。Gorini 和 Maas（1957）证明了这个系统晚期的一种酶有缺陷的突变体中，它的鸟氨酸-氨甲酰基转移酶受精氨酸阻遏的程度和野生型是一样的，因而排除了上述的可能性。而且，在不能把中间产物转化成精氨酸的突变体中，这个系统中的鸟氨酸和其他任何一种中间产物，都无阻遏活性。因此，阻遏代谢物作用的特异性并不依赖于酶位点的特异性构型，这是十分清楚的。

同样的结论也适用于组氨酸合成途径中的各种酶，不管是野生型还是缺少其中一种酶的各种突变体，这个合成途径都受组氨酸存在的阻遏。Ames 和 Garry（1959）的工作

---

①　也许我们会回想起，葡萄糖和其他碳水化合物能抑制很多作用于各种底物的诱导酶的合成这一众所周知的事实（Dienert，1900；Gale，1943；Monod，1942；Cohn 和 Horibate，1959）。这种非特异性的"葡萄糖效应"可能与特异性代谢产物阻遏效应有关，但这种关系还不清楚（Neidhardt & Magasanik，1956a，b）。本文将不讨论葡萄糖效应。

证明了在这个系统中,在一定的培养条件下,不同的酶合成的速率在数量上随着恒定的比例而变化,但在缺少其中一种酶的各种突变体和野生型中,不同酶合成的比例是相同的。这里还是与乳糖系统的情况一样,几种完全不同的酶(虽然功能上是有关的)受到一种共同机制的控制,通过这种机制,阻遏代谢物与酶能特异性地互相影响。

总而言之,阻遏和诱导虽然结果相反,但效应似乎很相似,都是控制酶蛋白合成的速率,都是高度特异性的。但是,这两种情况下,这种特异性与所控制的酶的作用(或结合)特异性都没有关系。诱导和阻遏的动力学是一样的。功能上有关的各种酶常常可由同一种底物或代谢物来同时诱导或同时阻遏,而且在数量上能达到同样的程度。

诱导和阻遏明显的相似性说明了这两种效应代表着基本相似的机制的两种不同表现形式(Cohn 和 Monod,1953;Monod,1955;Vogel,1957a、b;Pardee,Jacob 和 Monod,1959;Szilard,1960)。这也暗示了,或者在诱导系统中,诱导物是作为一种内在阻遏物的拮抗物,或者在阻遏系统中,阻遏代谢物是作为一种内在诱导物的拮抗物。这并不是一个神秘不可测的问题,而是向我们提出一个十分恰当的问题,即当诱导物和阻遏物都被除去时,在这两种类型的适应系统中,会发生什么情况呢? 事实上,这正是我们在下面将试图回答的主要问题。

调 节 基 因

因为诱导作用或阻遏作用的特异性与受控制的酶的结构特异性无关,又因为不同的酶合成的速率似乎是受到一种共同因素的控制,所以推测这种因素不受结构基因本身的控制或阻遏。正如我们现在将看到的,这一结论从对能把诱导或阻遏的系统转变成组成系统的某些突变的研究中,得到了证实。

乳糖系统中的表现型和基因型

假定这种结论是正确的,那么影响控制系统的突变应该没有结构基因的等位基因的行为。为了检验这种预见,必须证明它们的结构基因是一样的。研究得最透彻的例子是大肠杆菌的乳糖系统,现在我们就来谈谈这个系统。在这个系统中,已经得到六类表现型不同的突变体。目前,我们将只考虑其中的 3 种,并用记号表示和规定如下:

1. 半乳糖苷酶突变

$Z^+ \rightleftharpoons Z^-$ 表示合成有活性的半乳糖苷酶能力的丧失(有诱导或无诱导)。

2. 透性酶突变

$Y^+ \rightleftharpoons Y^-$ 表示形成半乳糖苷透性酶能力的丧失。大多数(但不是全部)这类突变体同时丧失了合成有活性的乙酰基转移酶的能力。我们的讨论仅限于这种乙酰基转移酶缺陷的亚类。

3. 组成型突变

$i^+ \rightleftharpoons i^-$ 表示在不加诱导物时能大量合成半乳糖苷酶和乙酰基转移酶(Monod,1956；Rickenberg 等,1956；Pardee 等,1959)。

前两类突变对半乳糖苷酶或乙酰基转移酶是特异性的：半乳糖苷酶缺陷突变体形成的乙酰基转移酶的量是正常的；反过来,乙酰基转移酶缺陷突变体形成的半乳糖苷酶的量也是正常的。相反,已经观察过的上百次组成型突变,都对半乳糖苷酶和透性酶(乙酰基转移酶)有影响[①]。这些表现型有 8 种可能的组合,而且在大肠杆菌 ML 和 K12 中都已观察到了。

在大肠杆菌 K12 中,通过重组对这 3 种类型的每种突变体多次反复出现的相应位点,已经进行了遗传作图。图 3 也标出了以后将讨论到的某些其他突变(O 突变)的位点。

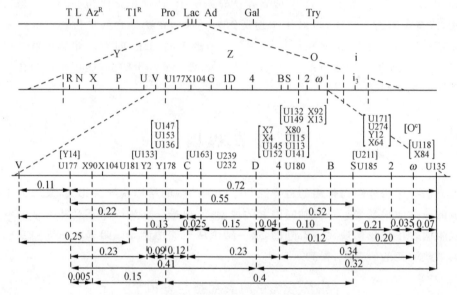

图 3　大肠杆菌 K12 乳糖区域的遗传图

上方的那条线表示 Lac 区域和其他已知记号的相对位置。中间的那条线表示带有 y、z、o 和 i 四个位点的 Lac 区域的放大图。下面的那条线表示 z 和 o 位点的放大图,线下给出的重组频率是用 Hfr-Lac_A^- ad^+ S^s × F^- Lac_B^- ad^- S^r 双因子杂交,从 Lac^+ ad^+ S^r 重组体/ad^+ S^r 重组体的比例计算出来的。估计 z 基因的总长度为 0.7 作图单位,也就是说,对于约有 1 000 个氨基酸的 β-半乳糖苷酶单体来说,它约有 3 500 个核苷酸对。

正如所见到的那样,所有这些位点都局限于染色体的很小的片断——Lac 区域中。所有这些突变都是非常接近的,这就提出了一个问题：它们是属于一个功能单位呢？还是属于几个独立的功能单位呢？要进行这种功能分析,必须研究杂合二倍体中各种遗传结构的生化表达。直到最近,在大肠杆菌中才使用了过渡二倍体；在这种细菌中,最近发现了

---

① 这一发现的意义还在研究中,为了分离组成型突变体,当然必须采用选择培养基,这种程序可能有利于双重突变体,在这个过程中半乳糖苷酸和透性酶的组成型是独立发生的。因此可以从 i^+ z^+ y^-(即不产透性酶)菌株中选择 $i^+ \to i^-$ 的突变体。分离到 50 株 i^+ z^+ y^- 突变体,并进一步选出"隐藏组成"型 i^- z^+ y^-,再经 y^- 回复突变,得到 50 个 i^- z^+ y^+ 的组成型菌株。这 50 个菌株被证实了透性酶都是组成型的。

一种新的基因转移类型（性导），因而开辟了得到稳定的、带有染色体不同小片断的二倍体（或多倍体）菌株的可能性。在这个过程中，细菌染色体的一些小片断参入到性因子 F 中去了。这种新的复制单位可以通过接合作用进行传递，然后加到受体细菌的正常基因组中去，因而使受体细菌变成了二倍体。把这些单位分离出来，其中有一个携带了完整的 Lac 区域（Jacob 和 Adelberg，1959；Jacob，perrin，Sanchez 和 Monod，1960）。为了命名这些二倍体的遗传结构，染色体的等位基因用正常方式书写，而附着在性因子上的那些等位基因，要在前面写上字母 F。

把我们的注意力转向 Z 和 Y 突变体类型的行为，首先可以注意到：具有 Z^+Y^-/$F_{Z^-Y^+}$ 或 Z^-Y^+/$F_{Z^+Y^-}$ 结构的二倍体都是野生型的，都能够发酵乳糖，形成的半乳糖苷酶和乙酰基转移酶的量都正常，Z^- 和 Y^- 突变体之间这种完全的互补作用，说明它们属于独立的顺反子。相反，各种 Y^- 突变体之间没有互补作用，这说明它们都属于同一个顺反子。大多数 Z^- 突变体之间也没有互补作用。某些具有 $Z_a^-Z_b^+$/$F_{Z_a^+Z_b^-}$ 结构的二倍体，合成半乳糖苷酶的量减少了，但是，互相不互补的突变体配对与互相互补的突变体是重复的，再次说明，这只涉及一个顺反子，这和人们预料的是一致的，因为半乳糖苷酶单体只有一个单一的氨基末端基团。应该重新提到的是顺反子内的部分互补作用现已观察到好几个例子（Giles，1958），并被（推测）解释为与蛋白质的一种聚合状态有关。

Z 基因突变影响半乳糖苷酶的结构。这可从下面的事实看出，大多数 Z^- 突变体不能合成有活性的酶，却能合成另一种蛋白质，这种蛋白质能把与特异性抗体结合的真正半乳糖苷酶（野生型的）置换出来（Perrin，Bussard 和 Monod，1959）。在不同的 Z^- 突变体（命名为 Cz_1，Cz_2 等）合成的蛋白质之中，有些能与所用的血清起完全的交叉反应（即能使 100% 的特异性抗半乳糖苷酶的抗血清沉淀下来），而另一些只有不完全的反应。因此，不同的 Cz 蛋白质，不仅与野生型的半乳糖苷酶不同，而且彼此也不同。正如我们已经提到的，Z^+/Z^- 组成型二倍体能合成野生型的半乳糖苷酶，同时也能以同样的速率合成修饰过的蛋白质（Perrin 等，1960）。这些观察证实了"Z 区域（或顺反子）含有 β-半乳糖苷酶的结构信息"这种结论。目前，在 Y 区域还没发现既能抑制又能在某种程度上修饰乙酰基转移酶结构的突变，但是，根据 Y 突变体的性质来看，认为"Y 区域并不代表（至少其中一部分）乙酰基转移酶蛋白质结构基因"的假说，似乎是正确的。

i^+ 基因和它的细胞质产物

现在我们注重来讨论组成型（i^-）突变。这些突变最显著的特征是：它们总是同时影响两种不同的酶蛋白，正如我们刚才所见到的，这两种酶蛋白是由不同的结构基因各自决定的。事实上，大多数的 i^- 突变体要比受诱导的野生型细胞合成更多的半乳糖苷酶和乙酰基转移酶，但是十分引人注目的是：在组成型突变细胞中，与在受诱导的野生型中，半乳糖苷酶与乙酰基转移酶的比例是一样的，这有力地说明 i 基因控制的机制和那种通过诱导物和酶相互作用的控制机制是一样的。

对 i^+Z^-/Fi^-Z^+ 或 i^-y^+/Fi^+y^- 这种结构双杂合体的研究表明（见表 2，第四行和第五行）：可诱导的 i^+ 等位基因对组成型是显性的；还表明，相对于 y^+ 和 Z^- 来说，可诱导的 i^+ 等位基因在反位中是有活性的。

表2　调节基因突变体的单倍体和杂合二倍体合成半乳糖苷酶和半乳糖苷乙酰基转移酶的情况[1]

菌株编号	基因型	半乳糖苷酶		半乳糖苷乙酰基转移酶	
		不诱导	诱导	不诱导	诱导
1	$i^+ z^+ y^+$	<0.1	100	<1	100
2	$i_6^- z^+ y^+$	100	100	90	90
3	$i_3^- z^+ y^+$	140	130	130	120
4	$i^+ z_1^- y^+ / Fi_3^- z^+ y^+$	<1	240	1	270
5	$i_3^- z_1^- y^+ / Fi^+ z^+ yū$	<1	280	<1	120
6	$i_3^- z_1^- y^+ / Fi^- z^+ y^+$	195	190	200	180
7	$\Delta izy / Fi^- z^+ y^+$	130	150	150	170
8	$i^S z^+ y^+$	<0.1	<1	<1	<1
9	$i^S z^+ y^+ / Fi^+ z^+ y^+$	<0.1	2	<1	3

[1] 细菌培养在以甘油做碳源的培养基中,诱导时,加入 10^{-4} M 的异丙基-硫代半乳糖苷。表中数值是用这些菌株与经诱导的野生型菌株的酶活百分比来表示的(绝对值,见表1注)。Δizy 指的是整个 Lac 区域都缺失。可以看出在 F 因子上带有其中一个结构基因(z 或 y)的野生型等位基因的那些菌株,要比单倍体形成相应的酶多。推测这是由于在每个染色体上存在 F-Lac 单位的几个拷贝。在 i^+ / i^- 杂合体中,从未诱导细胞所得的值,有时比单倍体对照还高,这是由于在群体中存在大量 i^- / i^- 的同源重组体造成的。

因此,i 突变属于一个独立的顺反子,这个顺反子通过一种细胞质成分,控制 y 和 Z 的表达。可诱导的等位基因相对于组成型的等位基因是显性的,这意味着前者相当于 i 基因的活性形式。那些携带 izy 区域缺失的二倍体菌株的行为与 i^- 相似(见表2,第七行),这一事实证实了上述看法。但是,必须考虑到对 i^+ 基因功能有以下两种不同的解释:

(1) i^+ 基因决定着一种阻遏物的合成,这种阻遏物在 i^- 等位基因中是没有的,或者是没有活性的。

(2) i^+ 基因决定着一种能破坏诱导物的酶的合成,这种诱导物是通过一条独立的途径产生的。

第一种解释是最直接的,它的最大优点是提出了控制作用的基本机制可能与诱导和阻遏系统的机制是一样的。有几种证据都说明这种解释是正确的。

首先,我们提出这样一种事实,在 $i^- z^+ y^+$ 类型突变体中,组成型的 β-半乳糖苷酶的合成不受硫代苯基半乳糖苷的抑制,但已证明(Cohn 和 Monod,1953)这种硫代苯基半乳糖苷是外源半乳糖苷诱导作用的一种竞争性抑制物(见前面的叙述)。

直接的特异性证据来自对乳糖系统一个特殊突变体的研究,这个突变体(i^S)失去了合成半乳糖苷酶和透性酶的能力,但它与所有的 z^- 和 y^- 突变体重组时,得到的都是 Lac^+ 类型,因此它不是缺失。在与 $z^- i^-$ 菌株杂交时,后代都是 i^- 的;而在与 $z^- i^+$ 菌株杂交时,后代都是 i^+ 的,这说明此突变与 i 区域是紧密连锁的。最后弄清楚了,在组成型 i^S / i^+ 二倍体中,i^S 是显性的:这种二倍体既不合成半乳糖苷酶也不合成乙酰基转移酶(见表2,第八行和第九行)。

这种特殊的性质看来是极难说明的,除非明确采用十分特异的假说,即假设突变体 i^S 是 i 的一个等位基因,在这个位置上阻遏物的结构再也不能被诱导物所拮抗。如果这种假设是正确的,那么预料通过回复到野生型($i^S \rightarrow i^+$)和使 i 基因失活(可能更经常),也就是说获得组成型条件($i^S \rightarrow i^-$),都可以使 i^S 突变体回复代谢乳糖的能力。事实上,在突变

体 i^S 的群体中，Lac$^+$ 回复突变体的 50% 确实是 i$^-$（隐性的）类型的组成型（另一些回复突变体也是组成型的，但属于以后将谈到的 O^c 类型）。显然，按照 i 基因控制着一种破坏诱导物的酶的合成这一假说，是不可能了解这种特殊突变体的性质的（Willson，Perrin 和 Monod，1961）。

如果接受 i$^+$ 基因控制一种胞内阻遏物的合成这一结论，现在我们可以考虑：这种底物在细胞质中的出现问题，以及它的化学性质问题。

把 i$^+$ 和 z$^+$ 基因引入只有失活的（z$^-$ 和 i$^-$）等位基因的细胞的细胞质中，研究 i$^+$ 和 z$^+$ 基因表达的动力学和条件，业已获得了有关上述问题的重要说明。Lac 片断从雄性细胞到雌性细胞的有性转移，为这种研究提供了一个适合的实验系统。应该想到，大肠杆菌的接合主要包括雄性染色体（或染色体片段）转移到雌性细胞中去这样一个过程。这种转移是有方向的，总是从这个染色体的一端开始，而且这是一种渐进的过程，在一对指定的交配细胞中，接合开始后，每个染色体片断都在一个十分精确的时间内进入受体细胞（Wollman 和 Jacob，1959）。这种接合似乎不涉及任何细胞质的混合，因此，事实上，合子继承了雌细胞的全部细胞质，而从雄性细胞接受的只是染色体或染色体片断。为了用合子来研究半乳糖苷酶的合成，因此必须提供使未交配的亲本就不能形成这种酶的条件。这种情况就是：在链霉素（Sm）存在的情况下，诱导型的、能形成半乳糖苷酶、但对链霉素敏感的雄性细胞（♂ z$^+$ i$^+$ Sm^S）和组成型的、不产半乳糖苷酶但抗链霉素的雌细胞（♀ z$^-$ i$^-$ Sm^r）之间发生的交配。因为：（1）对 Sm 敏感的雄性细胞在有 Sm 存在的条件下不能合成这种酶；（2）雌性细胞在遗传上是无产酶能力的；（3）接受了 z$^+$ 基因的大多数合子，并不变成对 Sm 敏感（因为直至很晚期，只有一小部分 Sm^S 基因转移到合子中）。在无诱导物条件下，做的这样一个实验的结果示于图4。可见随着z基因的真正进入，半乳

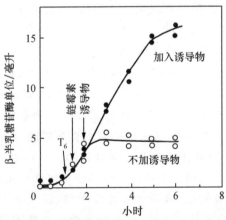

图 4 可诱导的产半乳糖苷酶的雄性细胞和组成型的、不产半乳糖苷酶的雌性细胞之间发生接合作用，形成的部分合子合成半乳糖苷酶的情况

雄性（Hfri$^+$ z$^+$ T6^{S}S^S）和雌性（F$^-$ i$^-$ z$^-$ T6^{r}S^r）细菌分别培养在含有甘油作碳源的合成培养基中，然后在不含诱导物的同种培养基中混合（时间为 0）。在这种杂交中，接受了雄性细胞的 Lac 区域的第一批合子，在第 20 分钟形成。根据整个群体酶活性的数量，可以决定酶合成的速率，在箭头表示出的时间加入链霉素和噬菌体 T6，用以防止进一步形成重组体，并防止对雄性亲本的诱导。可以看到，在没有诱导物情况下，在第一批 z$^+$i$^+$ 片断进入后的 60～80 分钟，酶的合成停止，但是加入诱导物就能重新恢复（Pardee 等，1959）。

糖苷酶的合成几乎立刻就开始了。后面我们将更精确地分析 z 基因的表达。这里要强调的重点是:在开始的一段时间,合子的行为和一个组成型细胞相似,在没有诱导物的情况下,也能合成酶。然而,大约 60 分钟以后,半乳糖苷酶合成的速率降到零。假如在这时加入诱导物,能使酶的合成重新达到最高速率。换句话说,我们亲眼看到合子细胞从原来的 i⁻ 表现型回复成了 i⁺ 表现型。这个实验清楚地说明:可诱导的状态与 i⁺ 基因控制合成的一种细胞质物质的存在(并达到足够水平)是有关的。[还要指出:用一个携带 Lac 区域缺失的雌性菌株,代替这种 i⁻ z⁻ 的等位基因,也可以得到同样的结果(Pardee 等,1959)]。

假如在 z⁺ 基因进入前几分钟,将 5-甲基色氨酸加入到交配过的细胞中去,就不能形成半乳糖苷酶,因为这种化合物通过反馈抑制作用,抑制色氨酸的合成,因此阻断了蛋白质的合成。假定阻遏物是一种蛋白质,或假定它是由一种特异的酶形成的,并受到 i⁺ 基因的控制,那么它的积累在这种情况下也应该受到阻断。反过来,假定这种阻遏物不是一种蛋白质,它的合成不需要 i⁺ 基因所控制的一种特异性酶的预先合成,那么在 5-甲基色氨酸存在时,它也可以积累,已知(Gros,未发表的结果)5-甲基色氨酸不能抑制能量的转移或核苷酸的合成。

Pardee 和 Prestidge(1959)的结果表明:在这些条件下,阻遏物不能积累,因为在加入 5-甲基色氨酸后 60 分钟,再加入色氨酸会立即和完全重新恢复酶的合成,但只有在诱导物存在时才行;换句话说,当蛋白质的合成受到阻断时,合子细胞的细胞质已经从组成型转变成了可诱导状态。用氯霉素作为阻断蛋白质合成的作用物,也能得到了同样的结果,用其他的基因转移系统也重复了这个结果(Luria 等,未发表的结果)。

从这个实验得出结论,阻遏物不是蛋白质。这又一次反驳了 i⁺ 基因控制着一种能破坏诱导物的酶的假说。这里我们要强调一下:这个结论并不是说阻遏物的合成与酶无关,而只是说有关的酶不受 i⁺ 基因控制。对了解阻遏物本身的化学性质而言,这些实验尚不充分,因为它们仅能排除蛋白质的候选资格。然而,从这些实验可以推测,阻遏物可能是 i⁺ 基因的初步产物,再进一步推测,这样一种初步产物可能是一种多核苷酸。

结束这一部分之前,还必须指出:在几个诱导系统中都发现了组成型突变体;事实上,不管在那里都是由于采用了适当的选择技术才寻找到它们[大肠杆菌的淀粉麦芽糖酶(Cohen-Bazire 和 Jolit,1953);蜡状芽孢杆菌的青霉素酶(Kogut,Pollock 和 Tridgell,1956);大肠杆菌的葡糖苷酸酶(F. Stoeber,未发表的结果);半乳糖激酶和半乳糖转移酶(Buttin,未发表的结果)]。任何一个诱导系统都应该可能产生组成型突变体,这有力地表明,某种功能的丢失就会发生(或至少经常发生)这种突变。在大肠杆菌半乳糖系统中,已经发现这种组成型突变是多效的,能影响连续的 3 种不同的酶(半乳糖激酶、半乳糖转移酶、UDP-半乳糖差向异构酶),而且这种突变体是发生在与相应的结构基因不同的一个位点上(Buttin,未发表的结果)。

从所评论的这些观察得出的主要结论可以总结为:规定了一类新的基因,我们将把它叫做调节基因(Jacob 和 Monod,1959)。调节基因不为它所控制的蛋白质提供结构信息。调节基因的特异性产物是一种细胞质物质,这种细胞质物质抑制从一种(或多种)结构基因到蛋白质的信息传递。与经典的结构基因不同,一个调节基因可以控制几种不同的蛋白质的合成，一个基因一种蛋白质的规律对调节基因并不适用。

诱导和阻遏之间的极度相似性，说明这两种效应代表同种机制的不同表现形式。如果这是真实的，而且假定上述的结论也是有确实证据的，预期将发现阻遏系统的遗传控制也与调节基因有关。

阻遏系统中的调节基因

从几种阻遏系统的组成或去阻遏突变体得到的证据，应验了上述预见。为了分离这种突变体，可把某些正常阻遏代谢物的类似物用作特异性的选择因素，因为除了作为阻遏代谢物之外，它们不能代替代谢物。例如，在蛋白质合成中，5-甲基色氨酸不能代替色氨酸（Munier，未发表的结果），但是，它阻遏色氨酸合成系统的酶（Monod 和 Cohen-Bazire，1953）。正常的野生型大肠杆菌，在有 5-甲基色氨酸存在时不能生长。对 5-甲基色氨酸完全有抗性的稳定突变体，看来其中大部分原来是色氨酸系统组成型的[①]。这些菌株的性质表明：它们是由于一个调节基因 R_T 的突变引起的（Cohen 和 Jacob，1959）。在这些突变体中，色氨酸合成酶以及至少还有与这个系统前面步骤有关的另外两种酶，合成速率是相同的，色氨酸的存在对它们并无影响；而在野生型中，所有这些酶都受到色氨酸的强烈阻遏。事实上，在色氨酸存在时突变体形成的酶，要比无色氨酸存在时野生型形成的酶还要多（这和下述情况完全一样：$i^- z^+$ 突变体在无诱导物时形成的半乳糖苷酶，要比野生型在饱和浓度的诱导物存在条件下形成的酶还要多）。突变体从培养基中聚集色氨酸的能力未受到损害，它们的色氨酸酶的活性也没增加。因此阻遏代谢物对色氨酸敏感性的丢失，不能归结为是细胞把色氨酸破坏了，或是排泄出去了。只能是反映了控制系统本身的破坏。对 R_T 突变的几个回复突变进行了遗传作图。发现它们都位于染色体的同一小区域内，与 Yanofsky 和 Lennox（1959）证实的、合成这个系统各种酶的基因丛，相距很远。Yanofsky（1960）的工作又证明：这些基因（包括两个顺反子）中，有一个是色氨酸合成酶的结构基因，据可靠推测，这个基因丛中的另一些基因，决定着这个系统中前面的各种酶的结构。由此看来，R_T 基因是控制几种不同蛋白质合成的速率，而不是决定它们的结构。因为它的位置离结构基因很远，因此只有通过一种细胞质中间产物才能起到这种作用。为了证实它是一个调节基因，必须证实组成型（R_T^-）等位基因就是相当于这个基因（或基因产物）的失活状态，即是隐性的。这种情况下，不能用稳定的杂合子。但是 ♂R_T^- × ♀R_T^+ 杂交得到的一些过渡（有性）杂合体对 5-甲基色氨酸是敏感的，这表明可阻遏的等位基因是显性的（Cohen 和 Jacob，1959）。

在精氨酸合成系统中，大约有 7 种酶同时受精氨酸阻遏（Vogel，1957a，b；Gorini 和 Maas，1958）。控制这些酶的特异性基因（即可能是结构基因）分散在染色体的不同位点上。已经得到一些抗刀豆氨酸的突变体，在这种突变体中，其中有几种（也可能是全部）酶同时被去抑制。这些突变发生在与这些结构基因位点距离很远的一个位点上（靠近 Sm^r）。对这种显性的相关性，还未做分析（Gorini，未发表的结果；Maas 等，未发表的结果）。

[①] 对 5-甲基色氨酸的抗性也可能由另外的机制引起，但与我们这里讨论的问题无关。

碱性磷酸酶的情况更有趣,因为与这种蛋白质相对应的结构基因已经得到了很好的证实,证据就是在这个位点上的各种突变都会造成所合成的磷酸酶发生改变(Levinthal,1959)。这种酶的合成受正磷酸盐的阻遏(Torriani,1960)。已分离到了一些在正磷酸盐存在时能合成大量酶的组成型突变体。这些突变发生在与结构基因不等位的两个位点上,所有的测定都证明这种组成酶与野生型(可阻遏的)酶是一样的。这两个位点的组成型等位基因都被证明相对于野生型是隐性的。相反,结构基因(P基因)的突变不影响调节机制,因为在正磷酸盐存在时,由P基因突变体形成的改变了的(无活性的)酶,和野生型酶受到相同程度的阻遏(Echols等,1961)。

阻遏物、诱导物和辅阻遏物的相互作用

综合上述观察,可以看出,毫无疑问,阻遏和诱导一样也是受特异性的调节基因控制的,在这两类系统中,调节基因都是通过一种基本相似的机制进行操纵的,换句话说,就是通过控制一种胞内物质的合成来进行操纵的。这种胞内物质能抑制从结构基因到蛋白质的信息转移。

因此,很明显,在阻遏系统中能抑制酶的合成的那些代谢物(如色氨酸、精氨酸、正磷酸盐),本身是没有阻遏活性的,只有通过与在调节基因控制下合成的一种阻遏物互相作用才有阻遏活性。它们的作用最好说成是对受遗传控制的阻遏系统的一种激活作用。为了避免用词上的混淆,我们将把阻遏代谢物称为辅阻遏物,仍旧把调节基因的细胞质产物叫做阻遏物(或主阻遏物)。

阻遏物和辅阻遏物(在阻遏系统中)或阻遏物和诱导物(在诱导系统中)之间相互作用的性质确实是个难题。单纯作为一种形式上的叙述,人们可以把诱导物认为是阻遏物的拮抗物,把辅阻遏物认为是阻遏物的激活物。为了说明这种拮抗作用或激活作用,可以提出各种各样的化学模型。我们不准备讨论这些假说,因为目前还没有证据可以支持或否定任何一种特异的假说。但必须指出,不管哪一种模型,必须说明诱导物或辅阻遏物的结构特异性,要说明这一点,只有假设这种相互作用和一种立体特异受体有关。阻遏物不是一种蛋白质,这一事实引起一个极大的困难,因为与小分子形成立体特异复合物的能力,好像是蛋白质的一种特性。如果一种蛋白质(可能是一种酶)和这种特异性有关,而这种蛋白质的结构假定又是由一个结构基因决定的,那么这个基因的突变将造成失去被诱导(或被阻遏)的能力。这类突变体(具有多效的、隐性的、并且能被其他结构基因突变体互补的这些明确可预见特性)在乳糖系统中尚未见到;但受控制的酶本身(半乳糖苷酶或乙酰基转移酶)起诱导酶作用的可能性已被排除。

可以想象,在合成氨基酸的阻遏系统中,这种作用是由担负主要功能(这些主要功能丧失就会致死)的酶,例如活化酶,同时承担的。但这在大多数诱导系统的情况中似乎是难以想象的。通过这些观察仍不能排除的一种可能性是阻遏物本身合成诱导蛋白质,然后阻遏物再与诱导蛋白质结合,这样,诱导酶的遗传失活将与阻遏物本身结构改变是偶

联的，而且一般表现为是调节基因的组成型突变[①]。在这里谈到这种可能性，只是用来作为我们已简短分析过的这个进退两难的问题的一种解释，问题的解决还取决于对阻遏物化学结构的鉴定。

在温和噬菌体系统中的调节基因和免疫性

某些基因的潜在功能，或者可以表达出来，或者受到特异性的抑制，最突出的一个例子就是温和噬菌体系统中的免疫现象（Lwoff，1953；Jacob，1954；Jacob 和 Wollman，1957；Bertani，1958；Jacob，1960）。

这种所谓的温和噬菌体，它的遗传物质可以下述两种状态中的一种在寄主细胞内存在。

1. 营养体状态

噬菌体基因组自主地增殖。在这个过程中，全部的噬菌体组分都合成了，最终的结果导致寄主细胞溶菌，并释放出有侵染性的噬菌体颗粒。

2. 原噬菌体状态

通过两种遗传成分作为一个单位进行共同复制的方式，使噬菌体的遗传物质附着到细菌染色体的一个特异位置上去。这种寄主细胞就叫做是溶源的。只要噬菌体基因组处于原噬菌体状态，就不产生噬菌体颗粒。为了使溶源细菌产生噬菌体，噬菌体的遗传物质必须经过从原噬菌体到营养体状态的转变。在溶源细菌正常生长期间，这种转变极少发生。但是，含有某几种原噬菌体的溶源菌培养物，经过紫外线、X 射线或能改变 DNA 代谢的各种化合物的处理，可以诱发这种转变（Lwoff，Siminovitch 和 Kjeldgaard，1950；Lwoff，1953；Jacob，1954）。

通过对因突变而改变了产生噬菌体颗粒所需的步骤之一的、某些缺陷噬菌体基因组的研究可以看出：至少存在两组不同的病毒功能，它们都与合成特异性蛋白质的能力有关（Jacob，Fuerst 和 Wollman，1957）。某些早期功能看来是噬菌体基因组的营养增殖所预先需要的（至少在 T 系偶数列的烈性噬菌体中是这样），现在已经知道，这些早期功能与一系列新酶的合成有关（Flaks 和 Cohen，1959；Kornberg，Zimmerman，Kornberg 和 Josse，1959）。一组晚期功能与组成噬菌体外壳的结构蛋白质的合成有关。这些不同的病毒功能的表达，仿佛在某种意义上是与一连串的过程等同的，因为某些早期功能的缺陷突变，也可能导致不能完成噬菌体增殖的几个后期步骤（Jacob 等，1957）。

相反，在原噬菌体状态下，病毒的功能是不表达的，而且在溶源细菌中噬菌体外壳的蛋白质组分是测不出来的。另外，如果一种噬菌体颗粒的基因组已经以原噬菌体状态存在于溶源细菌中，那么这种溶源细菌就会对这种噬菌体颗粒表现出显著的特异的免疫特性。用同源噬菌体颗粒侵染溶源细胞时，这些颗粒吸附到细胞上，并把它的遗传物质注

[①] 假定，当这种突变体失去了形成其有关诱导蛋白质能力时，这种阻遏物仍有活性，那么，这种模型就可以解释乳糖系统中调节基因 i^s（显性）突变体的性质。

入细胞,但细胞仍能存活。注入的这种遗传物质不表现它的病毒功能,它不能起始外壳蛋白质成分的合成,也不能进行营养体的增殖。在细菌的细胞增殖过程中,它仍是不起作用的,并不断被稀释(Bertani,1953;Jacob,1954)。

因此,在溶源细菌中,噬菌体基因功能的抑制不仅适用于原噬菌体,也适用于其他的同源噬菌体基因组。它只取决于原噬菌体的存在(而和原噬菌体刺激造成的、细菌基因的永久性变化无关),因为要使细菌重新变得对噬菌体敏感,必须(也只需)去掉原噬菌体。

有两种解释可考虑用来说明这些免疫性的相互关系:

(1)原噬菌体占据并封阻了寄主染色体上的一个位点,在某种意义上说,这个位点是同源噬菌体营养增殖所特异需要的。

(2)这种原噬菌体产生一种细胞质抑制物,妨碍了起始营养增殖所需要的一些反应(推测是一种特异性蛋白质的合成)的完成。

要在这两种可选择的假说中作出抉择,可以通过研究宿主的二倍体(溶源特性是杂合的)来达到。分离到一个性因子,它攫取了一小段细菌染色体,这个染色体小片段带有控制乳糖发酵的基因(Gal)和原噬菌体 λ 的附着位点。带有 $Gal^-\lambda^-/FGal^+\lambda^+$ 或 $Gal^-\lambda^+/FGal^+\lambda^-$ 结构的二倍杂合体,对于 λ 噬菌体超感染是免疫的,结果表明免疫性对非免疫性是显性的,而且是通过细胞质进行表达的(Jacob,Schaeffer 和 Wollman,1960)。

对溶源(λ^+)和非溶源(λ^-)细胞发生接合的过程中所形成的过渡合子的研究,也得到了同样的结果。在 $\delta\lambda^+ \times \female\lambda^-$ 的杂交中,由雄性染色体携带的原噬菌体转移进非免疫的受体,从而引起向噬菌体营养状态的转移,使噬菌体在合子中增殖,并发生溶菌,释放出噬菌体颗粒。这种现象被称为合子的诱导(Jacob 和 Wollman,1956)。但是,在反向杂交 $\delta\lambda^- \times \female\lambda^+$ 中,不会发生合子的诱导。这种由雄性染色体携带的非溶源特性转移进免疫受体,不能引起原噬菌体的发育,产生的这种合子对 λ 噬菌体的超感染是免疫的。

用溶源和非溶源的雄性和雌性细胞进行正反交,所得的相反结果与乳糖系统中用可诱导和不能诱导的细胞进行正反交得到的结果,是完全类似的。在这两种情况中,决定因子显然都是合子细胞质的来源,而且必然得出如下结论:溶源细菌的免疫性是起因于一种细胞质成分,在这种成分存在时,病毒的基因就不能表达(Jacob,1960)。

在乳糖系统中,我们曾经用来解释调节基因产物的两种假说,同样也适用于在溶源细菌中保证得到免疫性的细胞质抑制物。这两种假说是:

(1)这种抑制物是一种特异性的阻遏物,它阻止起始噬菌体营养增殖所需要的一种(或多种)早期蛋白质的合成。

(2)这种抑制物是一种酶,它能破坏由非溶源细胞正常合成的、为噬菌体的营养增殖所特异需要的一种代谢物。

对第二个假说提出争议的有几方面的论据(Jacob 和 Campbell,1959;Jacob,1960)。首先,对于所给的一个细菌菌株,已知有多种温和噬菌体,其免疫图像各不相同。根据第二种假说,这些噬菌体中的每一种,在营养增殖时都特异地需要由非溶源细胞正常产生的一种代谢物,推测各种代谢物互不相同。第二个争论是由下列事实引起的:像乳糖系统的阻遏物一样,在有氯霉素存在时,(即在没有蛋白质合成时)能合成与免疫性有关的抑制物,在有氯霉素存在的情况下进行 $♂λ^+ × ♀λ^-$ 杂交,不发生合子的诱导,并发现在重组体中原噬菌体能正常传递。

为了说明溶源细菌中的免疫性,我们采用了和在适应酶系统中同样类型的解释。根据这种解释,原噬菌体控制着一种细胞质阻遏物,这种细胞质阻遏物能特异地抑制一种(或几种)对起始噬菌体营养增殖所必需的蛋白质的合成。在这个模型中,不论是通过侵染还是通过接合,将噬菌体的遗传物质引入非溶源的细胞,都将引起特异性阻遏物的合成和噬菌体营养增殖所需要的早期蛋白质合成之间发生一场竞争。寄主细胞的命运如何?是通过溶源化存活下来呢?还是因噬菌体增殖导致溶菌呢?这要看条件是有利于阻遏物的合成,还是有利于那种蛋白质的合成。如果培养条件的改变(如在低温下侵染,或有氯霉素存在)有利于阻遏物的合成,就会导致溶源化,若有利于那种蛋白质的合成,就会导致溶菌。以紫外线诱发现象为例,可通过下列途径来理解:可诱导的溶源细菌暴露于紫外线或 X 射线,将短暂地破坏调节系统,例如,阻碍阻遏物的进一步合成。假定阻遏物是不稳定的,那么它在细胞内的浓度将降低,并达到很低的水平,足以使早期蛋白质能够合成。于是噬菌体的营养增殖便被不可逆转地起始了。

通过对免疫性的遗传分析,进一步增进了对溶源系统和适应系统之间相似性的认识。从遗传图上看,λ 噬菌体的基因组可能包括两部分(见图 5):一是中心片断——C 区域,它含有一些决定子,这些决定子控制着与溶源化有关的各种功能(Kaiser,1957);这个连锁群的另一部分含有一些控制病毒功能的决定子,即与噬菌体的各种蛋白质有关的结构基因。某些温和噬菌体菌株虽然免疫图像不同,但仍然能够进行遗传重组。在这样的杂交中,特异性免疫图像的差异是受 C 区域的一个小片段 im 控制的(Kaiser 和 Jacob,1957)。换句话说,一个原噬菌体,在它的 C 区域含有一个小片段 im,这个 im 片段控制着对带有同源 im 片段的噬菌体基因组有特异活性的阻遏物的合成。

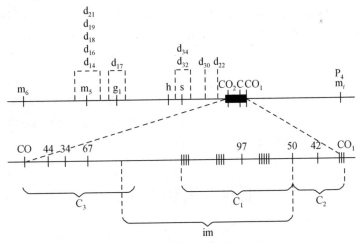

图 5　λ 温和噬菌体连锁群的图示

图中表示各个标志的直线排列。图中符号指的是各种噬菌斑的大小、类型和寄主范围的标志。符号 d 指的是各种缺陷突变体。用粗线表示的是 C 区域,在下方是它的放大图。数字表示相对应的各种 C 突变。这个 C 区域可以再分成 3 个功能单位,C_1、C_2 和 C_3;控制免疫性的那个片段定名为 im。

在 im 区域,有两类突变,它们的性质与影响适应酶系统调节基因的各种突变是极相似的。

(1) 某些突变($C_1^+ \rightarrow C_1$)引起在单一侵染中溶源化能力的完全丧失。所有的 C_1 突变都位于 im 片段的一小段上的一个基因丛中,在互补试验中,它们的行为属于同一个顺反子。

用 C_1 和 C_1^+ 噬菌体进行混合感染,可得到带有 C_1 和 C_1^+ 两种原噬菌体的双溶源无性系。这些双溶源无性系发生分离时,会产生只带有 C^+ 类型的单溶源细胞,但不会产生只带有 C_1 类型的单溶源细胞。这些发现表明了野生型等位基因对突变体 C_1 等位基因是显性的,而且通过细胞质表达出阻止突变体基因组进入原噬菌体状态。因此,C_1 突变的性质与适应系统隐性组成突变体的性质是相似的。这些证据说明,C_1 位点控制着与免疫性有关的阻遏物的合成,还说明 C_1 突变相当于这个位点(或它的产物)的失活。

(2) 发现有一种突变($ind^+ \rightarrow ind^-$),引起原噬菌体丧失可诱导性,即溶源菌经过紫外线、X 射线或化学诱导物处理引起噬菌体营养增殖的这种能力丧失了。这种突变是位于 C_1 片段上。突变体等位基因 ind^- 对野生型等位基因 ind^+ 是显性的,因为双溶源性的 $\lambda ind^+ / \lambda ind^-$ 或结构为:$Gal^- \lambda ind^+ / FGal^+ \lambda ind^-$ 或 $Gal^- \lambda ind^- / FGal^+ \lambda^+ ind^+$ 的二倍杂合子,都是不可诱导的。另外,λind^- 突变体表现出一种独特的性质。如果带有一个野生型原噬菌体的溶源细菌 $K12(\lambda^+)$,经紫外线照射整个群体便会溶菌,并释放出噬菌体。在照射前或照射后立即用 λind^- 突变体侵染这种细胞,将完全抑制噬菌体的产生和溶菌作用。

ind^- 突变体的性质好像在各个方面,都与以前叙述过的乳糖系统中 i^s 突变体的性质很相似。对 ind^- 突变体的独特性质只能用同一种假说来解释,即 ind^- 突变通过产生更多的阻遏物或产生更有效的阻遏物的方式,在数量上或质量上影响阻遏物的合成。如果这种推测和 C_1 突变能使一种活性阻遏物的产生能力丢失的假说都是正确的,那么,$C_1 ind$-双重突变体就会丢失在野生型噬菌体侵染溶源菌时,抑制噬菌体增殖的能力。这是已经观察到的事实。很明显,认为 C_1 位点控制着一种破坏代谢物的酶合成的这种假说,是不能解释 ind^- 突变体的性质的(Jacob 和 Campbell,1959)。

总之,对溶源系统的分析揭示了在这些系统中,病毒基因的表达是受一种细胞质阻遏物控制的,而这些阻遏物的合成又受病毒基因组一个特殊的调节基因控制。这种阻遏物能阻遏哪些蛋白质的合成,这一点尚未证实,但这些蛋白质很可能就是起始噬菌休整个营养增殖过程早期的酶。鉴于这些蛋白质对不同类型的诱导条件十分敏感,看来噬菌体的阻遏系统完全可以与酶适应系统相匹敌。

操纵基因和操纵子

操纵基因是阻遏物作用的部位

在前面的章节中,我们已讨论过的证据表明了从结构基因到蛋白质的信息传递是受特异的阻遏物控制的,阻遏物由调节基因合成。我们现在应当考虑下一个问题,即阻遏物作用的部位和模型。

关于这个问题,阻遏物最重要的性质是它作用所特有的多效性和特异性。在大肠杆菌乳糖系统中,i 基因的突变不影响任何其他系统,所以,阻遏物是具有高度特异性的;这些突变又同时影响着半乳糖苷酶和乙酰基转移酶,而且在数量上达到相同的程度,所以阻遏物又是多效的。

阻遏物操纵作用的特异性指的是,它通过与该系统的一个具有适当(互补的)分子构型的部分,形成立体特异结合而起作用。而且必须假定,当这一部分与阻遏物结合时,从基因到蛋白质的信息流动就会被中断。这个控制部分,我们将称之为操纵基因(Jacob 和 Monod,1959)。我们应当引起对下述事实的注意,一旦能够证实一种特异性阻遏物确实存在,那么,上面规定的那种操纵基因成分的存在,随之也就是必然的了。因此,我们的问题不是研究操纵基因是否存在,而是研究在信息传递系统中,它在哪里以及如何介入的问题。

从上面的考虑立即得到一个重要的预示——任何一种有关操纵基因性质的假说,它的特异的互补构型必定受遗传决定;因此,有些突变能改变或取消操纵基因对阻遏物的特异性亲和力,但不会降低它起始信息传递的活性。这些突变也必然影响到操纵基因本身,将引起一种(或多种)蛋白质的组成型合成。这些突变将用来定义一个操纵基因位点,它与调节基因在遗传学上是不同的(即它的突变应该没有调节基因的等位基因的行为);这种突变体特有的、可预期的性质是组成型的等位基因对野生型应该是显性的,因为(实际上还是一种假说)在一个二倍体细胞中,对阻遏物敏感的操纵基因的存在,并不妨碍对阻遏物不敏感的操纵基因的操纵作用。

组成型操纵基因突变

至今,具有上面预料那些性质的组成型突变体,已在两个受阻遏物控制的系统,即在大肠杆菌的 λ 噬菌体和 Lac 系统中发现了。

在 λ 噬菌体系统中,由于这些突变体在免疫细菌中能进行营养发育,而在野生型细菌中则是溶源的,因此很容易挑选,而且已对这类突变体进行了鉴定。这一特性意味着这些突变体(ν)对溶源细胞中的阻遏物是不敏感的。事实上,用这些突变体颗粒侵染溶源细胞时,也诱发了野生型的原噬菌体的发育,产生的噬菌体群体是一种 ν 和 ν⁺ 颗粒的混合物。这和预料是一致的,据推测原噬菌体发育的起始只依赖于由烈性噬菌体颗粒所提供的一种或少数几种早期酶蛋白的形成(Jacob 和 Wollman,1953)。

在 Lac 系统中,已经分离到一些显性的组成型(O^c)突变体,分离方法是在 Lac 区域二倍体的细胞中选择组成型,因而,实际上是除去了隐性的(i^-)组成突变体(Jacob 等,1960a)。通过重组试验,把这种 O^c 突变在 Lac 区域的位置进行了遗传作图,它位于 i 和 z 位点之间,顺序是(Pro)yzoi(Ad)(见图 3)。这类突变体的某些特性列于表 3。首先,我们只讨论这种突变对半乳糖苷酶合成的影响。值得注意的是无诱导物时,这些菌株合成的半乳糖苷酶的量是 i^- 突变体合成量的 10% ~ 20%,即是未经诱导的野生型细胞的 100 ~ 200 倍(见表 3 的第三行和第七行)。在有诱导物存在时,它们合成的酶量最高。因此,它们只是部分组成型突变[当饥饿条件下,它们在无诱导物存在时也形成最大量的半乳糖苷酶,这一情况除外。(Brown,未发表的结果)]。这里很重要的一点是这种酶具有 O^c/O^+ 结构的二倍体细胞组成型酶的特性(见表 3)。因此 O^c 等位基因是显性的。

表 3　用单倍体和杂合二倍体的操纵基因突变体合成半乳糖苷酶、交叉反应
物质（CRM）以及半乳糖苷乙酰基转移酶[①]

菌株编号	基因型	半乳糖苷酶		交叉反应物	
		非诱导	诱导	非诱导	诱导
1	$O^+ z^+$	<0.1	100	—	—
2	$O^+ z^+ / FO^+ z_1^-$	<0.1	105	<1	310
3	$O^c z^+$	15	90	—	—
4	$O^+ z^+ / FO^c z_1^-$ [②]	<0.1	90	30	180
5	$O^+ z_1^- / FO^c z^+$	90	250	<1	85

菌株编号	基因型	半乳糖苷酶		半乳糖苷乙酰基转移酶	
		非诱导	诱导	非诱导	诱导
6	$O^+ z^+ y^+$	<0.1	100	<1	100
7	$O^c z^+ y^+$	25	95	15	110
8	$O^+ z^+ y\bar{u} / FO^c z^+ y^+$	70	220	50	160
9	$O^+ z_1^- y^+ / FO^c z^+ y\bar{u}$	180	440	<1	220
10	$i^+ O^o_{84} z^+ y^+$	<0.1	<0.1	<1	<1
11	$i^+ O^o_{84} z^+ y^+ / Fi^- O^+ z^+ y^+$	1	260	·2	240
12	$i^s O^+ z^+ y^+ / Fi^+ O^c z^+ y^+$	190	210	150	200

　　① 培养细菌用甘油做碳源。注明诱导的就加 10^{-4} M 的异丙基硫代半乳糖苷。表中半乳糖苷酶和乙酰基转移酶的数值是用与诱导的野生型酶活性百分比表示的。CRM 值是用半乳糖苷酶抗原的当量表示的。注意：与性因子携带的等位基因相对应的蛋白质产生的量，常常比受诱导的单倍体野生型产生的量要多得多。推测这是由于每个染色体上存在几个 F-Lac 因子拷贝造成的。单倍体或双倍体的各种 O^c 突变体，特别在非诱导培养物中，产酶绝对值随着培养条件的不同，会有很大变化。

　　② 原文此处有误。——译者注

　　如果 O^c 突变体的组成性是由于操纵基因丧失了对阻遏物的敏感性造成的，那么 O^c 菌株对 i^+ 基因的 i^s（显性的）等位基因合成的、发生了变化的阻遏物的存在也应该是不敏感的（见前面的有关叙述）。具有 $i^s O^+ / Fi^+ O^c$ 结构的二倍体的组成型行为（见表 3 的第十二行）表明，上述情况是确实的，这也是对这两种突变（i^s 和 O^c）的影响所做解释的有力证明。另外，根据这种解释，可以预料到在 i^s 细胞的群体中，O^c 突变体如同 Lac^+ 的回复突变体一样（见前面的有关叙述）也经常出现。

　　因此，我们推断这种 $O^+ \rightarrow O^c$ 突变相当于操纵基因的一种特异的、接受阻遏物结构的修饰作用。我们认为这种突变是在操纵基因的位点上，即在与操纵基因的结构有关的遗传片断上，而不是在操纵者本身上。

操　纵　子

　　现在转到另一个问题上来，我们注意到 O^c 突变（和 i^- 突变类似）是多效的，它同时而且在数量上以同样程度影响着半乳糖苷酶和乙酰基转移酶的合成（见表 3 的第七行和第八行）。由此看来，控制着这两种蛋白质合成的这个（或这些）操纵基因是受同一个决定因子控制的[①]。

---

　　① 我们再重申一下，在这个系统中，不管如何系统地筛选突变体，都未能分离到任何一种类型的非多效性突变体。

对这个情况有两种可供选择的解释必须考虑：

（1）一个操纵基因控制着 z—y 遗传片段或其细胞质产物的全部特性；

（2）这个操纵基因位点的特异性产物能够在细胞质中与 z 和 y 顺反子的产物结合，从而控制着这两个结构基因的表达。

第二种解释暗示了这个操纵基因位点的突变在行为上应当就像 z 和 y 顺反子中的一个独立的顺反子的行为一样。相反，第一种解释则需要这些突变在功能上的行为，就像是它们同属于这两个顺反子一样。因此，对这两种选择性的解释，通过测定 O 等位基因的转移效应是可以区别的，而与操纵基因作用的任何一种特殊物理模型都是无关的。所谓测定 O 等位基因的转移效应，就是测定在 O^+/O^c 二倍体中，这两种结构基因的组成型对诱导型的表达，杂合基因对这两种结构基因中的一种或两种的表达。

从各种结构二倍体得到的结果示于图 3。首先，我们注意到了具有 $O^+z^+/FO^cz_1^-$ 或 $O^+z_1^-/FO^cz^+$（见表 3 的第四行和第五行）结构的二倍体，在有诱导物存在时，由 z^+ 等位基因产生的正常的半乳糖苷酶和由 z^- 等位基因产生的改变了的蛋白质（CRM）都能形成，而在无诱导物存在时，只能产生与 O^c 顺位的 z 等位基因相对应的蛋白质。因此，O^c 对反位的 z 等位基因没有影响。或者反过来说，即使在反位上有 O^c 存在，与 O^+ 相连的 z 等位基因的表达还是对阻遏物十分敏感的。可以说 O 位点行为和 z 记号属于同一顺反子。但正如我们已经知道的，O^c 突变对乙酰基转移酶同样有影响，乙酰基转移酶属于和 z 无关的并与操纵基因位点不相邻的另一个顺反子。表 3 中，第八行和第九行的结果证实了：O→y 关系和 O→z 关系一样，这就是，O^c 等位基因的影响可以向外延伸到顺位上的 y 等位基因。例如，在 $O^+z^+y^+/FO^cz^+yu$ 二倍体中，半乳糖苷酶是组成型的，乙酰基转移酶是诱导型的，而在 $O^+z^+yu/FO^cz^+y^+$ 二倍体中，两种酶都是组成型的。

对这些观察，由第一种解释和第二种解释所得到的推断是矛盾的，因此，产生了一种新的推断，即操纵基因控制着整个 ozy 遗传片段或它的细胞质产物的全部特性（Jacob 等，1960a；Képès，Monod 和 Jacob，1961）。

由此可以得到另一个推论：某些 O 片段上的突变，可以通过使整个 ozy 片段失活的方式来改变操纵基因，造成合成半乳糖苷酶和透性酶的能力都丢失。

这些 O^c 突变体对 O^+ 或 O^c 应是隐性的，而且它们不能被 $o^+z^+y^-$ 或 $o^+z^-y^+$ 突变体所互补。已分离到恰好具有这些性质的几个点突变体（Jacob 等，1960a）。正如预料的那样，它们在遗传图上都紧挨着 O^c（见图 3）。有趣的是：发现在这些突变体中，i^+ 基因是有功能的（见表 3 的第十一行），这清楚地表明，不仅 i 和 O 突变体不是等位基因，而且控制着 z 和 y 基因表达的 O 片段并不影响调节基因的表达。

总之，ozy 遗传片段的整体或协调表达暗示了控制这种表达的操纵基因（见图 6）。

（1）或者与这些基因本身相连（见图 6，Ⅰ）；

（2）或者与连锁的 z 和 y 基因的细胞质信使相连。

在第二种情况下，必需假定这些基因形成一种和 ozy 片段整体结构相对应的单一的完整颗粒，而且作用上也和一个整体一样（见图 6，Ⅱ）。

在第一种情况下，事实上操纵基因应当与 O 位点一致，它直接控制着这些基因的活性，即结构信使的合成。

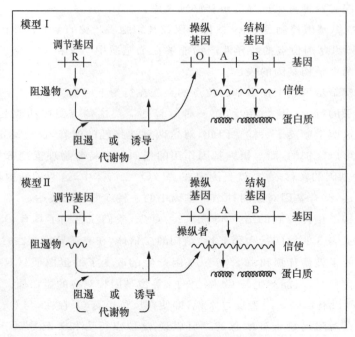

图 6　蛋白质合成的调节模型

　　这两种模型与到目前为止我们所讨论过的观察都是不矛盾的。在下一部分中,我们将讨论操纵基因(即与阻遏物相互作用的特异部位)是在遗传上,还是通过细胞质起作用的。这两种情况中,尽管 ozy 片段起码含有两个独立的结构基因,这两个结构基因分别控制着两种独立的蛋白质,但 ozy 片段在信息传递中都是以一个单位起作用的。这种协调表达的遗传单位,我们把它叫做操纵子(Jacob 等,1960a)。

　　迄今为止,这样一种遗传表达单位的存在,只在 Lac 片段中得到了证实。正如我们已经见到的,在 λ 噬菌体系统中,当说明有一个操纵基因存在时,λ 噬菌体的 ν 突变体不能明确定义一个操纵子(因为由这个操纵基因所控制的结构基因的数目和功能是未知的)。然而,有很多迄今为止用经典遗传学理论不能解释、甚至有冲突的观察,用操纵子理论立即便可解释。在细菌中,已经很清楚地知道,控制着和代谢途径有关的各种酶的合成的一些基因,常常发现是紧密连锁的,形成一个基因丛(Demerec,1956)。为了说明遗传结构和生化功能的这种明显相关性,已提出了各种不十分令人信服的假说(Pontecorvo,1958)。因为现在已确定,在这些代谢系统中,同时发生的诱导或同时发生的阻遏一般都是成功的。这样看来,很可能这种基因丛代表着协调表达的一些单位,即操纵子。

　　我们已经提到过,相继卷入大肠杆菌半乳糖代谢的两种诱导酶,即半乳糖激酶和 UDP-半乳糖转移酶,能同时被半乳糖诱导,或被安慰诱导物 D-岩藻糖所诱导(Buttin,1961)。控制着这些酶合成的基因(即可能是结构基因)是紧密连锁的,它们在大肠杆菌染色体上形成一个基因丛(Kalckar,Kurahashi 和 Jordan,1959;Lederberg,1960;Yarmolinsky 和 Wiesmeyer,1960;Adler,未发表的结果)。发生在这个染色体片段上的某些点突变,使细菌失去了合成这两种酶的能力。这些多效性的丧失突变是不能由任何一种专一性(结构的)丧失突变来补足的,这种现象显然与一个基因一种酶的假说是直接矛盾的。假设这些连锁的结构基因组成受同一个操纵基因控制的一个操纵子，而且这些多效的突变就是这个操纵基因位点的突变，那么上面所说的相关性就可以得到解释，所说的那种矛盾也就解决了。

我们还讨论了沙门氏杆菌中，控制着和组氨酸合成有关的酶合成的共阻遏系统。这个系统包括 8 个或 9 个反应步骤。催化其中 5 个反应的酶已被鉴定出来了。分别决定着这些酶的基因在沙门氏杆菌的染色体上形成一个紧密的连锁群。这些基因中，每一个基因发生突变都会造成合成一种酶的能力的丧失；然而，发生在这个基因丛一端的某些突变，会使全部酶的合成能力都同时丧失，而且这些突变是不能由任何一种专一性的突变来补足的（Ames，Garry 和 Herzenberg，1960；Hartman，Loper 和 Serman，1960）。这会使人想起，在这个反应系统中，在任何一种条件下，各种酶合成的相对速率是恒定的（参看前面的有关叙述）。假定这个基因丛组成一个操纵子，受一个与 g 顺反子相连的操纵基因的控制，那么上述所有的这些值得注意的发现都可以得到解释。

控制着代谢反应中几个连续反应的酶的各个基因组成基因丛的规律，一般来说不适用于细菌以外的生物（Pontecorvo，1958）。也不是对所有的细菌系统都适用，即使已知发生共阻遏、并受同一调节基因控制的系统，也不一定都适用，控制精氨酸生物合成的各种酶就是一个明显的例子。在这样的情况下，就要假设有几个相同或相似的操纵基因位点，分别对一种独立的信息传递系统的阻遏物是敏感的。

很清楚，当一个操纵基因只控制一个结构顺反子表达时，操纵子的概念是不适用的，事实上，遗传学-生物化学测定也难以证实这种控制着操纵基因的遗传片段与结构顺反子本身有什么不同[①]。因此，如果在实验上可能把这个概念扩大到分散的（与丛集是相反的）遗传系统上，那将是不可思议的。应该注意很多酶蛋白显然是由两种（或两种以上）不同的多肽链组成的。预期这样的蛋白质将常被发现是由两个（或多个）相邻而且协调表达的结构顺反子（形成一个操纵子）控制着。

结构基因表达的动力学和结构信息的性质

在这一部分中我们要讨论的问题是阻遏物-操纵基因系统，是通过控制结构信息的合成，在遗传水平上起作用呢？还是通过控制信使的蛋白质合成活性，在细胞质水平上起作用呢（见图 6）？我们将分别把这两种想到的模型，定名为遗传操纵基因模型和细胞质操纵者模型。

只从细胞质单位所应该达到的大小来看，包括几个结构基因的协调表达单位的存在，在事实上看来与细胞质操纵者模型难于统一。假定信息是一种多核苷酸，取编码率为 3，如果一个操纵子控制着平均分子量（单体）为 60 000 道尔顿的 3 种蛋白质的合成，那

---

① 必须指出的是操纵基因位点和直接相邻的结构顺反子之间作用上的差别，只是建立在下述事实基础上的，即操纵基因突变可以影响受连锁顺反子控制的几种蛋白质的合成。这不排斥操纵基因位点实际上是和它相邻的结构顺反子的一部分的可能性。假如真是这样，可以预料某些组成型的操纵基因突变，可能涉及受这个相邻的顺反子控制的一种蛋白质的结构改变。目前，尚无可靠证据足以肯定或否定这种假设。

么与它相对应的单位信息分子量应当约为 1.8×10^6；然而我们已经知道，包括 8 个以上结构顺反子的操纵子，实际上也是存在的。另一方面，从大肠杆菌和其他细胞的 RNA 看来，多核苷酸分子的分子量都不超过 10^6。

这些异议看来是可以澄清的；从我们所了解的现有情况来看，这方面的证据太少，不能排除细胞质操纵者模型，也不能肯定遗传操纵基因模型的可靠性。然而，看来采用遗传操纵基因模型似乎更有利，而且它暗示的某些特异性的预料已被实验所证实。

这些含义中最直接、可能也是最明显的就是结构信息必须由一种十分短命的中间产物来携带，这种中间产物在信息传递过程中快速形成、快速消失。这是诱导的动力学所要求的。正如我们已经见到的，加入诱导物，或除去辅阻遏物，在短短的几分钟之内便可刺激酶合成达到最高速率，而除去诱导物，或加入辅阻遏物，在同样短的时间内，就会阻断酶的合成。这样的动力学与以前的假说是矛盾的，以前认为阻遏物通过和操纵基因相互作用，控制着稳定的合成酶模板的合成速率（Monod，1956；1958）。因此，假说遗传操纵基因模型是可靠的，应该可以期望结构基因表达的动力学与诱导的动力学是基本相同的：一个新基因注入另一个感受态细胞中去，事实上应该导致以最大速率立即合成相应的蛋白质；随着这个基因的去除，蛋白质的合成也将随之而停止。

半乳糖苷酶结构基因表达的动力学

在细胞中加入基因，或从细胞中除去基因，要比诱导物的加入或除去更难完成。但还是可以做到的。在大肠杆菌的雄性 Hfr 和雌性 F^- 的接合中，可以只注入基因，而不发生细胞质的混合。在一个雌、雄混合群体中，各对细胞不是在同一时间接合的，但是用适当的遗传学方法，可以相当精确地测定出一个指定基因在何时注入。z^+（半乳糖苷酶）基因从雄性细胞进入不产半乳糖苷酶（z^-）的雌性细胞，继之，在合子中酶的合成很快就发生了（参考前面有关叙述）。当群体中，酶合成的速率成为时间的函数时，考虑到随着时间的增加，含有 z^+ 的合子数目也增加了，进而发现（见图 7）：① 酶的合成在 z^+ 基因进入 2 分钟内开始；② 每个合子的酶合成速率是恒定的，而且至少在基因进入 40 分钟后，才达到最大值（Riley，Pardee，Jacob 和 Monod，1960）。

这些观察表明了 z^+ 基因能快速形成结构信使，而且不累积下来。这可用下述两种方式中某一种来解释：（1）结构信使是一种短命的中间产物；（2）结构信使是稳定的，但是这个基因快速形成少数信使分子，此后就停止作用了。

假定第二个假设是正确的，那么在酶开始合成后，去掉这个基因，应该不妨碍酶的继续合成。可以用去除基因的实验来验证这种可能性，其作法是在注入前把雄性染色体用 ^{32}P 标记；随后注入未标记的雌性细胞中去，并给充足的时间（25 分钟）让 Z^+ 基因表达，然后将合子冷冻使 ^{32}P 衰变不同的时间。在溶化后立刻测定群体中半乳糖苷酶合成的速率。发现酶合成的快速下降是衰变 ^{32}P 原子的函数。假如在冰冻前 z^+ 基因有较长的表现时间（110 分钟），则观察到形成酶的能力或 Z^+ 记号的生存能力都不下降。这是我们所期望的，因为到那时，大多数 Z^+ 基因已完成了复制，而且这个观察还提供了一种与 ^{32}P 蜕变的间接效应无关的内在控制。

因此，这个实验表明，即使 Z^+ 基因已经开始表达后，其完整性仍是酶的继续合成所

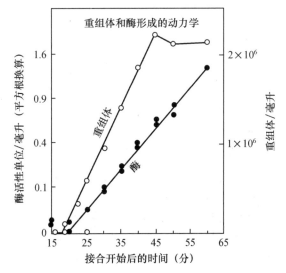

图 7 诱导型、能产生半乳糖苷酶的雄性细胞和组成型和不产半乳糖苷酶的雌性
细胞之间，通过接合形成的部分合子的酶形成动力学

在实验条件下，只有合子能形成酶。在适当的选择性培养基上，对重组体计数，测定带有 z^+ 记号的合子数的增加。在整个群体中，酶形成后随即就测定酶活性。可以看出，酶随着时间的平方成直线增加。因为合子数目随着时间的增加成直线增加，所以从 z^+ 基因进去的时间起，每个合子酶合成的速率显然是不变的（Riley 等，1960）。

需要的，正如所预料的那样——可能信使分子是一个短命的中间产物（Riley 等，1960）。

对注入和去除实验的解释都建立在一个假设的基础上，假设认为观察到的这些效应不是由于在接合过程中，和遗传物质一起导入的（稳定的）细胞质信使分子所造成的。正如我们已经注意到的，有充分证据说明，在接合过程中不发生细胞质的转移，连小分子的转移都没有。再进一步，假设在合子中，酶的合成是由于以前形成的信使分子，而不是基因的活性引起的，那么对下面的两点就很难解释：① 酶合成的开始和基因的进入（在接合实验中）之间在时间上的完全一致性；② 酶形成的能力和 Z^+ 基因的遗传生存能力（在去除实验中）的平行行为。

因此，这些实验看来似乎表明，一个结构基因表达的动力学与诱导-阻遏的动力学是完全相似的。正如所预料的，可能在合成蛋白质过程中，操纵基因是控制着合成一种短命信使的基因的活性，而不是控制着一种已经合成了的（稳定的）信使分子的活性。

在这一点上，回顾一下用烈性噬菌体（ϕ_{11}、T2、T4）侵染大肠杆菌，在 2～4 分钟内，就能使细菌蛋白质合成（特别是包括 β-半乳糖苷酶）随之发生抑制，这是很有意义的（Cohen，1949；Monod 和 Wollman，1947；Benzer，1953）。另一方面，已知噬菌体的侵染，引起细菌核体迅速而显著的溶解，但是对以前形成的细菌 RNA 似乎不发生大的破坏（Luria 和 Human，1950）。从这些情况来看，烈性噬菌体对特异的细菌蛋白质合成的抑制作用可能主要是由于细菌 DNA 的解聚作用引起的。这个结论也暗示，细菌基因的完整性是细菌蛋白质的继续合成所需要的。在证明这种解释的过程中，我们注意到了用 λ 噬菌体侵染大肠杆菌，并不引起细菌核体的破坏，β-半乳糖苷酶的合成几乎能一直持续到溶菌的时间（Siminovitch 和 Jacob，1952）。

碱基类似物的结构效应

从另一个完全不同类型的实验得出的结论,也认为结构信使是一种短命的中间产物,并进一步提示,这种中间产物是一种核糖核苷酸。已知细菌细胞能把某些嘌呤和嘧啶类似物掺入到核糖核酸和脱氧核糖核酸中去,还发现某种(或某些)蛋白质的合成可以被某些这样的类似物所抑制。解释这些效应的机制之一,认为可能是因为某些类似物掺入到结构信使中去了。如果确实是这样,就可能看到,在一种类似物存在时,形成的特异性蛋白质的分子结构发生了变化。事实上已经发现,在 5-氟尿嘧啶(5FU)存在的情况下,大肠杆菌合成的 β-半乳糖苷酶和碱性磷酸酶的分子性质发生了明显的改变。就以 β-半乳糖苷酶的情况来说,酶活性与抗原的效价之比下降了 80%。在碱性磷酸酶的情况下,热失活的速率(这种蛋白质通常是高度抗热的)大大增加(Naono 和 Gros,1960a,b;Bussard,Naono,Gros 和 Monod,1960)。

完全可以认为这种影响不可能仅仅是细胞中 5FU 的存在造成的,必定反映了这种类似物以某种方式掺入到和这个信息转移系统有关的一种组分中去了。不管这个组分本身是什么,这种效应的动力学本身也必定反映了 5FU 掺入这个组分的动力学。加入 5FU 就开始合成不正常的酶,从这种意义上看,5FU 效应最显著的特点是即时性,而且此后合成的酶分子群体中,异常程度并不随着时间的增长而增加。例如,在半乳糖苷酶的情况下,加入这种类似物在 5 分钟内就合成异常的酶,此后酶活性与抗原效价的比保持不变。在碱性磷酸酶的情况下,在 5FU 存在时,合成的异常蛋白质的热失活曲线是单一的,这表明这种分子群体是均匀异常的,而不是由正常和异常分子组成的一种混合物。很清楚,如果与这种效应有关的这种组分是稳定的,就可以预期,在 5FU 存在时形成的分子群体是异种的,而异常的分子部分会逐渐增加。由此可见,这种有关的组分必定迅速形成,又迅速被破坏。

现在还应该注意,除了结构基因合成的信使外,这种信息传递系统可能还涉及与信息的正确翻译有关的其他组分,例如与氨基酸转移有关的 RNA。5FU 的这种影响可能是由于它掺入某种转移 RNA 引起的,而不是由于掺入信使本身引起的。综观上面讨论的各种实验结果,有力地说明了 5FU 的影响反映了信使本身周转率很高。

信使 RNA

先暂时接受上述结论,然后让我们考虑,一种细胞成分需要具备什么样的性质,才能使它与结构信使一样呢? 根据一般的推测和上面讨论的结果,应具有下列条件:

(1) 它必须是一种多核苷酸。

(2) 就分子量来说,它们可能是十分不同的,但假定编码比率是 3,那么平均分子量将不低于 5×10^5 道尔顿。

(3) 它的碱基组成应该反映出 DNA 的碱基组成。

(4) 至少短暂地、或在某些条件下,应该发现它与核糖体是偶联的,因为已有理由证实核糖体是蛋白质合成的场所。

(5) 它应该有很高的周转率,特别是它在不到 5 分钟内就应该被 5FU 饱和。

很快就搞清楚了,用经典方法已经辨认出来的细胞 RNA 都不符合这些特定的条件。人们常常推测核糖体 RNA(rRNA)可能代表蛋白质合成的模板,它们分子量非常接近。但在不同种类中,rRNA 的碱基组成是相似的,而且不能反映出 DNA 中碱基比例的变化,此外,在生长细胞中,它似乎是十分稳定的(Davern 和 Meselson,1960)。它掺入 5FU 只与纯增加成正比。

转移 RNA,或(sRNA)不能反映 DNA 的碱基组成。它的平均分子量比信使所要求的分子量(5×10^5 道尔顿)要低得多。可能除了末端的腺嘌呤和胞嘧啶外,它的碱基掺入速率(包括特异性的 5FU)不比核糖体 RNA 的高。

然而,有一种 RNA,看来各种性质都符合上面提出的条件。这种 RNA 首先由 Volkin 和 Astrachan(1957)在受噬菌体侵染的大肠杆菌中发现,最近发现在正常的酵母(Yčas 和 Vincent,1960)和大肠杆菌(Gros 等,1961)中也存在。

这种 RNA(我们把它叫做信使 RNA 或 mRNA)仅约占总 RNA 量的 3%;通过柱分离或沉降可以把它和其他 RNA 分离开(见图 8)。它的平均沉降速度系数是 13,相当于最小分子量是3×10^5道尔顿,但是,据推测这种分子根本不是球形的,所以分子量可能要高

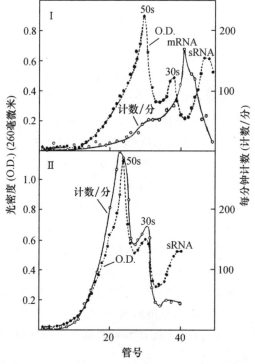

图 8   在信使 RNA 中,尿嘧啶的掺入和周转情况

把大肠杆菌在肉汤中培养到对数生长期,再与[^{14}C]-尿嘧啶一起保温 5 秒钟。经离心、洗涤、再悬浮于同体积、但含有 100 倍以上[^{12}C]-尿嘧啶的同种培养基中。把一半细菌收集、冰冻(Ⅰ图);剩下的一半在 37℃,保温 15 分钟,再收集、冰冻(Ⅱ图)。冰冻样品用铝粉研磨,用含 10^{-4}克分子 Mg 的 Tris 缓冲液(2-氨基-2-羟甲基丙烷-1:3-二醇)抽提,再用 DNase 处理,用于蔗糖梯度。3 小时后,连续取样测定放射性和在 260 纳米的吸光率。可以看出(Ⅰ图),5 秒钟以后,只有 mRNA 被标记了;还可看出(Ⅱ图)以后尿嘧啶掺入 mRNA 完全是重新开始的(见 Gros 等,1961)。

得多。^{32}P尿嘧啶或5FU掺入这种RNA的速度是极快的,发现不到30秒就可达到半饱和状态,这表明它的合成速度比任何其他RNA要快几百倍。从预先标记过的细胞中这种RNA放射性的消失情况可以得知,它的半衰期是很短的。较高浓度的Mg^{2+}(0.005 M),有利于这种RNA和70S核糖体颗粒的结合,当Mg^{2+}浓度较低时,它发生沉降,但与核糖体颗粒无关(Gros等,1961)。

Volkin和Astrachan发现的一个最著名的事实,是在T2噬菌体侵染过的细胞中,这种RNA的碱基组成反映了噬菌体(而不是细菌的)DNA的碱基组成。根据这个事实推断,这种RNA的出现是要开始合成噬菌体DNA的预兆。这种RNA性质和一种短命的结构信使性质之间的一致性证实了,在受噬菌体侵染的细胞以及正常细胞中,事实上这种RNA的作用是把遗传信息从噬菌体DNA传递到蛋白质合成中心上来。这个推论暗示了同一种蛋白质合成中心,在细胞未受侵染时,合成细菌的蛋白质,在细胞受到侵染后,它可以根据噬菌体DNA提供的新结构信息,经过mRNA,来合成噬菌体蛋白质。最近对T4侵染过的大肠杆菌所作的观察,有力地支持了这种解释(Brenner等,1961)。

未受侵染的大肠杆菌细胞,在含有^{15}N的培养基中进行培养,然后用噬菌体侵染,再悬于^{14}N培养基中。侵染后,它们经短时间的^{32}P或^{35}S脉冲处理,并在密度梯度中分析核糖体,有以下发现:

(1)侵染后测不出有rRNA被合成。

(2)侵染后形成的标记mRNA与侵染前形成的未标记的核糖体颗粒结合了。

(3)发现新形成的(即由噬菌体决定的)蛋白质(根据它的^{35}S含量来鉴定),在可溶性蛋白质中出现之前,它是与70S核糖体颗粒结合在一起的。

这些观察证明噬菌体蛋白质是由细菌受侵染前形成的细菌核糖体来合成的,并与噬菌体决定的mRNA有关。因为在细菌的核糖体中不可能具备噬菌体蛋白质的结构信息,所以它必定是噬菌体mRNA所提供的。

Lamfrom(1961)的实验最近由Kruh、Rosa、Dreyfus和Schapira(1961)重复出来了。这些实验直接表明在血红蛋白的合成中,种的特异性是由一种含可溶性RNA的部分决定的,而不是由核糖体决定的。Lamfrom所用的重建系统,含有一个种(兔子)的核糖体和另一个种(羊)的可溶性部分,发现通过这个系统离体形成的血红蛋白,部分地属于用来制备可溶性部分的那个种的类型特性。当然,这还不能确切地证明"在血红蛋白结构上的种间差别是由基因决定的,而不是由细胞质决定的",但是,这个推测看来相当可靠。总之,Lamfrom的实验无疑地证明:不能认为是核糖体完全地决定着(假如果真能决定的话)蛋白质的特异性结构。

对遗传操纵基因模型和细胞质操纵者模型的选择问题,在这一部分中我们已进行了讨论。正如我们已经见到的,遗传操纵基因模型和一种中间产物的行为有关,这种中间产物是十分特殊、而又特异的,并担负着从基因到蛋白质的信息传递任务。这些预见是通过大量的证据得到的,从这些证据推测,所讨论的那种中间产物与一种特殊的RNA是一致的。即使这种一致性被直接实验证实了,还需要通过直接的实验来证实这种"mR-NA"的合成是通过阻遏物-操纵基因的相互作用,在遗传水平上进行控制的。

结　　论

　　总结本文前面各部分所得结论的一个简便方法就是把它们组织到一个设计的模型中去,把在蛋白质合成的控制中起到特异性作用的那些主要成分具体表现出来;这些主要成分分别叫做结构基因、调节基因、操纵基因、操纵子以及细胞质阻遏物。这样的一种模型可能如下所述:

　　蛋白质的分子结构是由特异的成分——结构基因决定的。它们通过形成一种它们本身的细胞质转录抄本,即结构信使而起作用,从这种结构信使再合成蛋白质。由结构基因合成信使是一个连续的复制过程,复制只能在 DNA 链的某些位点上起始,几个连锁的结构基因的细胞质转录可能是依赖于同一个起始点或叫操纵基因。这些协调表达其活性的基因形成一个操纵子。

　　操纵基因能和具有适当(互补的)顺序的某个特定(RNA)部分进行可逆结合(由于具有一种特殊的碱基顺序)。通过这种结合阻断细胞质转录的起始,因此阻断整个操纵子中由结构基因形成信使的过程。和一个特定的操纵基因起作用的这种特异性阻遏物(RNA?)是由一个调节基因合成的。

　　在某些系统中(诱导酶系统),阻遏物能与某些小分子特异性地结合。这种被结合的阻遏物对操纵基因是没有亲和力的,因此这种结合引起操纵子的活化。

　　在另一些系统中(阻遏酶系统),阻遏物本身是无活性的(即它对操纵基因无亲和力),它只有通过和某些特异性的小分子结合才能被活化。因此这种结合导致操纵子的抑制。

　　结构信使是一种不稳定的分子,它在信息传递过程中受到破坏。因此,信使合成的速率本身又控制着蛋白质合成的速率。

　　这个模型意在能简便地概括和表达在蛋白质合成的控制中,起特异性作用的各种因子的性质。为了具体地说明这些不同因子的作用,我们不得不引用一些纯属推理的假设。让我们把实验证实的结论和这些推论明确区分一下。

　　(1)这些结论最肯定的地方是确有调节基因存在,它控制着从结构基因到蛋白质的信息传递速率,但它们本身不给予蛋白质任何信息。这方面的证据是结构基因上的突变能反映在蛋白质上有所改变,却不改变调节机制。能改变调节机制的突变并不改变蛋白质,突变位点作图也不在结构基因上。结构基因服从一个基因一种蛋白质的基本原则,而调节基因可以影响几种不同的蛋白质的合成。

　　(2)调节基因通过一种特异的细胞质物质起作用,这种细胞质物质的效应是抑制结构基因的表达,这一点从下述几个方面已得到明确证实:基因的转移效应;按细胞质来源看,在遗传学上一致的一些合子表现出不同的性质;无调节基因(或无调节基因产物)会导致以最大速率无控制地合成蛋白质。

　　(3)在 Lac 系统(以及 λ 噬菌体溶源系统)的情况下,通过调节基因显性突变体的特性已证实,调节基因的产物是直接作为一种阻遏物(不是间接地作为一种胞内诱导物或其他活性物的拮抗物）起作用的。

（4）阻遏物化学上与 RNA 的一致性，这只是根据证明它不是一种蛋白质而做出的一种逻辑推论。

（5）操纵基因是阻遏物作用的部位，它的存在是从阻遏物的存在和作用特异性推测出来的。发现操纵基因控制着几个相邻结构基因的表达。换句话说，证明操纵子是遗传表达的一个协调单位，这有力地揭示了操纵基因与控制着对阻遏物敏感性的遗传片段是一致的。

操纵基因代表几个结构基因的细胞质转录起始点，这只是一个纯粹的推测，意在说明操纵基因控制着形成一个操纵子的一组连锁基因的整体性。目前，关于这个问题还没有证据说明任何一种推测是建立在操纵基因的分子机制基础上的。

（6）在这个模型中，有关阻遏物与诱导物或辅阻遏物的相互作用的推测是根据最不充分、而且最含糊的。诱导物与阻遏物的特异性结合可以造成阻遏物的失活，这一想法看来是很有道理的，但是它也引起了一种我们已经指出过的困难。因为在阻遏物和诱导物之间发生的这种反应必定是立体特异反应（二者都是这样），所以，推测反应应该需要一种特异的酶；至今，在遗传学上或生物化学上都没有发现这种酶存在的证据。

（7）认为结构信使是一种不稳定的中间产物，这是这个模型最新最特殊的含义之一；让我们回顾一下，只要认为控制系统是在遗传水平上起操纵作用，那么诱导的动力学就需要具有这种特性的结构信使。这就产生了信息传递机制的一个新概念，在信息传递中，蛋白质合成中心（核糖体）根据它们通过 mRNA 从基因接受的特异性指令，合成不同的蛋白质，核糖体起非特异性组分的作用。

从动力学研究和分析研究都有证据支持对信息传递的这一新解释，即使这个模型中所包括的一些其他推测，将来也可能弄清楚是错误的，但这种解释本身也还是具有重要意义的。

这些结论完全适用于得出这些结论的细菌系统；而且，两种类型（诱导和阻遏）的适应酶系统和噬菌体系统都遵循着和同种必需成分有关的同种控制，这一事实有力地证明了蛋白质合成的阻遏遗传调节的普遍性。

人们不知道是不是全部的、或大多数的结构基因（即大多数蛋白质的合成）都服从于阻遏调节。在细菌中，事实上已作过一些研究的所有酶系统，业已证实对诱导或阻遏效应都是敏感的。老的观念认为这些效应只是非主要酶的特性，这肯定是错误的［当然，这些效应只有在天然的或人工的条件下才能被检查出来，这样以至于使研究中的系统至少一部分是非主要的（安慰的）］。能去除这种控制的突变（如组成型突变）结果，说明了控制的生理学重要性。乳糖系统的组成型突变体，合成的 β-半乳糖苷酶可以达到其总蛋白质的 6%～7%。磷酸酶系统的组成型突变体中，总蛋白的 5%～6% 是磷酸酶。用其他组成型突变体也得到了相似的数值。很清楚，如果细胞中控制着酶蛋白合成速度的 2个或 3 个以上的控制系统受到破坏，那么这种细胞很快就会死亡。

高等生物组织中诱导和阻遏效应的发生，已经观察到了很多例子，但到目前为止，对这些系统中的任何一个都还不能进行详细分析（主要困难是安慰性控制条件不好确定）。已经反复指出（和在微生物中研究的情况相似），酶的适应性为解释高等生物组织内和器官间的生化协调性,提供了一个有价值的模型。在微生物中,适应效应主要是负的(阻遏),而且由功能上特异的基因控制着,在遗传水平上起操纵作用,这些证据看来大大地扩大了这种解释的可能性。化学生理学和胚胎学的根本问题就是要弄清:为什么在组织细胞的基因组中不是在所有的时间、所有的潜在遗传性都表达呢?有机体的存活需要很多(在一些组织中则是大多数)潜在遗传性不表达出来,也就是说受到抑制。对恶性肿瘤最合适的描述是其一种或几种控制生长的系统受到了破坏,这种破坏无疑是在遗传上引起的。

按照严格的结构概念来看,基因组被认为是用于建立各种细胞组分的各个独立分子行动计划的一个嵌合体。然而,在这些计划的实施中,协调显然是生存所不可缺少的。调节基因、操纵基因以及结构基因活性的阻遏调节等发现,揭示了基因组不仅含有一系列的行动计划,而且还含有蛋白质合成的一个协调程序和控制其实施的方式。

参 考 文 献

[1] Adelberg, E. A., and Umbarger, H. E., 1953. *J. Biol. Chem.*, **205**, 475.

[2] Ames, B. N., and Garry, B., 1959. *Proc. Nat. Acad. Sci.*, Wash., **45**, 1453.

[3] Ames, B. N., Garry, B, and Herzenberg, L. A., 1960. *J. Gen. Microbiol.*, **22**, 369.

[4] Benzer, S., 1953. *Biochim. Biophys. Acta.*, **11**, 383.

[5] Bertani, G., 1953. *Cold. Spr. Harb. Symp. Quant. Biol.*, **18**, 65.

[6] Bertani, G., 1958. *Adv. Virus Res.*, **5**, 151.

[7] Brenner. S., Jacob, F. and Meselson, M., 1961. *Nature*, **190**, 576.

[8] Bussard, A., Naono, S., Gros, F., and Monod, J., 1960. *C. R. Acad. Sci.*, Paris, **250**, 4049.

[9] Buttin, G., 1956. *Diplôme Et. sup.*, Paris.

[10] Buttin, G., 1961. *C. R. Acad. Sci.*, Paris, (in press).

[11] Cohen, G. N. and Jacob, F., 1959. *C. R. Acad. Sci.*, Paris, **248**, 3490.

[12] Cohen, S. N. and Monod, J., 1957. *Bact. Rev.*, **21**, 169.

[13] Cohen, S. S., 1949. *Bact. Rev.*, **13**, 1.

[14] Cohen-Bazire, G. and Jolit, M., 1953. *Ann. Inst. Pasteur*, **84**, 1.

[15] Cohn, M., 1957. *Bact. Rev.*, **21**, 140.

[16] Cohn, M., Cohen, G. N. and Monod, J., 1953. *C. R. Acad. Sci.*, Paris, **236**, 746.

[17] Cohn, M. and Horibata, K., 1959. *J. Bact.*, **78**, 624.

[18] Cohn. M. and Monod, J., 1953. In Adaptation in Micro-organisms, 132. Cambridge University Press.

[19] Cohn, M., and Torriani, A. M., 1952. *J. Immunol.*, **69**, 471.

[20] Davern, C. I., and Meselson, M., 1960. *J. Mol, Biol.*, **2**, 153.

[21] Demerec, M., 1956. *Cold Spr. Harb. Symp. Quant. Biol.*, **21**, 113.

[22] Dienert, F., 1900. *Ann. Inst. Pasteur*, **14**, 139.

[23] Duclaux, E., 1899. Traité de Microbiologie. Paris: Masson et Cie.

[24] Echols, H., Garen, A., Garen, S., and Torriani, A. M., 1961. *J. Mol. Biol.*, (in press).

[25] Fiaks, J. G., and Cohen, S. S., 1959. *J. Biol. Chem.*, **234**, 1501.

[26] Gale, E. F., 1943. *Bact. Rev.*, **7**, 139.

[27] Giles, N. H., 1958. Proc. Xth Intern. Cong. Genetics, Montreal, **1**, 261.

[28] Gorini, L., and Maas, W. K., 1957. *Biochim. biophys. Acta*, **25**, 208.

[29] Gorini, L., and Maas, W. K., 1958. In The Chemical Basis of Development, Baltimore. Johns Hopkins Press. p. 469.

[30] Gros, F., Hiatt, H., Gilbert, W., Kurland, C. G., Risebrough, R. W. and Watson, J. D., 1961. *Nature*, **190**, 581.

[31] Halvorson, H. O., 1960. *Advanc. Enzymol.*, (in press).

[32] Hartman, P. E., Loper, J. C., and Serman, D., 1960 *J. Gen. Microbiol.*, **22**, 323.

[33] Herzenberg, L., 1959. *Biochim. biophys. Acta.*, **31**, 525.

[34] Hogness, D. S., Cohn, M., and Monod, J., 1955. *Biochim. biophys. Acta.*, **16**, 99.

[35] Jacob, F., 1954. Les Bactéries Lysogènes et La Notion de provirus. Paris: Masson et Cie.

[36] Jacob, F., 1960. Harvey Lectures, 1958—1959, **54**. 1.

[37] Jacob, F., and Adelberg, E. A., 1959. *C. R. Acad. Sci.*, Paris, **249**, 189.

[38] Jacob, F., and Campbell, A., 1959. *C. R. Acad. Sci.*, *Paris*, **248**, 3219.

[39] Jacob, F., Fuerst, C. R., and Wollman, E L., 1957. *Ann. Inst. Pasteur*, **93**, 724.

[40] Jacob, F., and Monod, J., 1959. *C. R. Acad. Sci.*, *Paris*, **249**, 1282.

[41] Jacob, F., Porrin, D., Sanchez, C., and Monod, J., 1960a. *C. R. Acad. Sci.* Paris, **250**, 1727.

[42] Jacob, F., Schaeffor, P., and Wollman, E L., 1960b. In Microbial Genetics, Xth Symposium of the Society for General Microbiology, 67.

[43] Jacob, F., and Wollman, E. L., 1953. *Cold Spr. Harb. Symp. Quant. Biol.*, **18**, 101.

[44] Jacob, F., and Wollman, E. L., 1956. *Ann. Inst. Pasteur*, **91**, 486.

[45] Jacob, F., and Wollman, E. L., 1957. In The Chemical Basis of Heredity, Baltimore: Johns Hopkins press, 468.

[46] Kaiser, A. D., 1957. *Virology*, **3**, 42.

[47] Kaiser, A. D., and Jacob, F., 1957. *Virology*, **4**, 509.

[48] Kalckar, H. M., Kurahashi, K., and Jordan, E., 1959. *Proc. Nat. Aoad. Sci.*, Wash., **45**, 1776.

[49] Karstrom, H., 1938. *Ergebn. Enzymforsch.*, **7**, 350.

[50] Képès, A., 1960. *Biochim. biophys. Acta*, **40**, 70.

[51] Képès, A., Monod, J., and Jacob, F., 1961. In preparation.

[52] Kogut, M., Pollock, M., and Tridgell, E. J., 1956. *Biochem. J.*, **62**, 391.

[53] Kornberg, A., Zimmerman, S. B., Kornberg, S. R., and Josse, J., 1959. *Proc. Nat. Acad, Sci.*, Wash., **45**, 772.

[54] Kruh, J., Rosa, J., Dreyfus, J. C., and Sehapira, G., 1961. *Biochim. biophys. Acta*, (in press).

[55] Lamfrom, H., 1961. *J. Mol. Biol.*, **3**, 241.

[56] Lederberg, E., 1960. In Microbial Genetics, The Xth Symposium of the Society of General Microbiology. p. 115.

[57] Levinthal, C., 1959. In Structure and Function of Genetic Elements, Brookhaven Symposia in Biology, p. 76.

[58] Luria, S. E., and Human, M. L., 1950. *J. Bact.*, **59**. 551.

[59] Lwoff, A., 1953. *Bact. Rev.*, **17**, 269.

[60] Lwoff, A., Siminovitch, L., and Kjeldgaard, N., 1950. *Ann. Inst. Pasteur*, **79**, 815.

[61] Magasanik, B., Magasanik, A. K., and Neidhardt, F. C., 1959. In A Ciba Symposium on the Regulation of Cell Metabolism. London: Churchill, p. 334.

[62] Monod, J., 1942. Recherches sur la Croissance des Cultures Bactériennes Paris: Hermmann; 1955 *Exp. Ann. Biochim. Méd,*, XVII. Paris: Masson et Cie, 195.

[63] Monod, J., 1956. In Units of Biological Structure and Function, 7. New York: Academic Press.

[64] Monod, J., 1958. *Rec. Trav. Chim. des Pays-Bas*, **77**, 569.

[65] Monod, J., 1959. *Angew. Chem.*, **71**, 685.

[66] Monod, J., and Audureau, A., 1946. *Ann. Inst. Pasteur*, **72**, 868.

[67] Monod, J., and Cohen-Bazire, G., 1953. *C. R. Acad. Sci.*, Paris, **236**, 530.

[68] Monod, J., and Cohn. M., 1952. *Adv. Enzymol.* **13**. 67.

[69] Monod, J., and Cohn, M., 1953. In Symposium on Microbial Metabolism. VIth Intern. Cong. of Microbiol., Rome, 42.

[70] Monod, J., Pappenheimer, A. M., and Cohen-Bazire G., 1952. *Biochim. biophys. Acta*, **9**, 648.

[71] Monod, J., and Wollman. E. L., 1947. *Ann. Inst. Pasteur*, **73**, 937.

[72] Naono, S., and Gros, F., 1960a. *C. R. Acad. Sci.*, Paris, **250**, 3527.

[73] Naono, S., and Gros, F., 1960b. *C, R. Acad. Sci.*, Paris, **250**, 3889.

[74] Neidhardt, F. C., and Magasanik, B., 1956a. *Nature*, **178**, 801.

[75] Neidhardt, F. C., and Magasanik, B., 1956b. *Biochim. biophys. Acta*, **21**, 324.

[76] Novick, A., and Szilard, L., in Novick, A., 1955. *Ann. Rev. Microbiol.*, **9**, 97.

[77] Pardee, A. B., 1957. *J. Bact.*, **73**, 376.

[78] Pardee, A. B., Jacob, F., and Monod, J., 1959. *J. Mol. Biol.*, **1**, 165.

[79] Pardee, A. B., and Prestidge, L. S., 1961. In preparation.

[80] Pardee, A. B., and Prestidge, L. S., 1959. *Biochim. biophys. Acta*, **36**, 545.

[81] Perrin, D., Bussard, A., and Monod, J., 1959. *C. R. Acad. Sci.*, Paris, **249**, 778.

[82] Perrin, D., Jacob, F., and Monod, J., 1960. *C. R. Acad. Sci.* Paris, **250**, 155.

[83] Pollock, M., 1950. *Brit. J. Exp. Pathol.*, **4**, 739.

[84] Pollock, M., and Perret, J. C., 1951. *Brit. J. Exp. Pathol.*, **5**, 387.

[85] Pontecorvo, G., 1958. Trends in Genetic Analysis, New York: Columbia University Press.

[86] Rickenberg, H. V., Cohen, G. N., Buttin, G., and Monod, J., 1956. *Ann. Inst. Pasteur*, **91**,

829.

[87] Riley, M. , Pardee, A. B. , Jacob, F. , and Monod, J. , 1960. *J. Mol. Biol*, **2**, 216.

[88] Rotman, B. , and Spiegelman, S. , 1954. *J. Bact.* , **68**, 419.

[89] Siminovitch, L. , and Jacob, F. , 1952. *Ann. Inst. Pasteur*, **83**, 745.

[90] Stanier, R. Y. , 1951. *Ann. Rev. Microbiol.* , **5**, 35.

[91] Szilard, L. , 1960. *Proc. Nat. Acad. Sci.* Wash. , **46**. 277.

[92] Torriani, A. M. , 1960. *Biochim. biophys. Acta*, **38**, 460.

[93] Umbarger, H. E. , 1956. *Science*, **123**, 848.

[94] Vogel, H. J. , 1957a. *Proc. Nat. Acad Sci* Wash. , **43**, 491.

[95] Vogel, H. J. , 1957b. In The Chemical Basis of Heredity, Baltimore: Johns Hopkins Press, 276.

[96] Volkin, E. , and Astrachan, L. , 1957. In The Chemical Basis of Heredity, Baltimore: Johns Hopkins Press, 686.

[97] Went, F. C. , 1901. *J. Wiss. Bot.* , **36**, 611.

[98] Wijesundera, S. , and Woods, D. D. , 1953. *Biochem. J.* , **55**, viii.

[99] Willson, C. , Perrin, D. , Jacob, F. , and Monod, J. , 1961. In preparation.

[100] Wolhnan, E. L. , and Jacob, F. , 1959. La Sexualite des Baetéries: Prais: Masson et Cie.

[101] Yanofsky, C. , 1960. *Bact. Rev.* , **24**, 221.

[102] Yanofsky, C. , and Lennox, E. S. , 1959. *Virology*, **8**, 425.

[103] Yarmolinsky, M. B. , and Wiesmeyer, H. , 1960. *Proc. Nat. Acad. Sci.* Wash. , (in press).

[104] Yates, R. A. , and Pardee, A. B. , 1956. *J. Biol. Chem.* , **221**, 757.

[105] Yates, R, A. , and Pardee, A. B. , 1957. *J. Biol. Chem.* , **227**, 677.

[106] Yčas, M. , and Vincent, W. S. , 1960. Proc. *Nat. Acad, Sci.* Wash. , **46**, 804.

[107] Zabin, I. , Képès, A. , and Monod, J. , 1959. *Biochem. Biophys, Res. Gomm.* , **1**, 289.

核酸的分子构型[①]

莫里斯·威尔金斯(M. H. F. Wilkins)[②]

（1962 年）

　　核酸基本上是简单的,它是非常基本的生物学过程——生长和遗传的基础。核酸分子结构及其功能关系的单纯性,说明了基本生物学现象的单纯性,搞清楚了生物学现象的本质,从而能用大分子结构首次广泛地阐明生命过程。只有通过从遗传学到氢键立体化学,把生物学、化学和物理学的研究进行史无前例的结合,才能弄清楚这些物质。在这里我将不讨论它的全部内容,但将集中谈谈我所工作的领域,并说明 X 射线衍射分析是怎样作出贡献的。我将介绍本人研究的一些背景,因为我想在找到这类通常比总的评论更有意义的解说方面我并不是孤立的。

早期的背景

　　1938 年我在剑桥经受过 X 射线结晶学方面的一些训练,取得了物理学学位。以后在 Cavendish 还受到 J. D. Bernal 关于 X 射线衍射的影响。我开始在伯明翰由 J. T. Ran-

---

　　① 梁宏译自 M. H. F. Wilkins. The molecular configuration of nucleic acids. **Nobel Lectures Physiology or Medicine**,1942-1962：754-782。（童克忠校。）

　　② 莫里斯·威尔金斯(Maurice Hugh Frederick Wilkins, 1916—2004),英国物理学家和分子生物学家。他因在 DNA 结构研究工作方面的突出贡献,与克里克、沃森共同获得 1962 年诺贝尔生理学或医学奖。

dall 领导从事研究工作,研究发光和电子如何移入晶体。我在剑桥的同时代人感兴趣的主要是元素粒子,但是我更感兴趣的是固态组织以及依赖于该组织的特殊性质。这可能是我把兴趣放在生物大分子和大分子结构,同其如此重要地决定生命过程的高度特异性质怎样发生联系的一个先兆。

战争期间,我从事于制造原子弹的工作。当战争结束时,同许多其他人一样,我寻找一个新的研究领域。部分地由于原子弹,我对物理学失去了一些兴趣。所以当我拜读 Schrödinger 的《生命是什么》一书时,就感到十分有趣,并为生命过程是由一种高度复杂的分子结构所控制的概念所打动。感到对这些问题进行研究较之固态物理学前程更为远大。当时,许多杰出的物理学家,诸如 Massy、Oliphant 和 Randall(以后我得悉 Bohr 的观点同他们一样)相信,物理学能对生物学作出重要的贡献,他们的忠告鼓励我转向生物学。

我到苏格兰 St. Andrews 的物理系工作,在那里 Randall 邀我参加他已经开始的一项生物物理研究课题。在 Muller 用 X 射线照射实验改变遗传物质的鼓舞下,我想研究超声的效应或许是有意思的,但结果并不十分令人鼓舞。

然后,把生物物理工作转到伦敦皇家学院,Randall 在那里取得了惠斯登物理学讲座的职位,并在医学研究会的协助下,为物理系建立了一个不寻常的实验室,在这个实验室里,生物学家,生物化学家和其他科学家同物理学家并肩工作。他建议我用紫外线显微镜研究细胞核酸的量。该工作取法 Caspersson 的工作,但用反射显微镜来消色差。当时,Caspersson 和 Brachet 的工作已使科学界一致公认核酸具有同蛋白质合成相关联的重要的生物学作用。然而,DNA 本身可能就是遗传物质这一思想仅只暗示而已。DNA 在染色体里的功能被假定为同蛋白质染色体丝的复制有联系。Avery、MacLeod 和 McCarty 证明细菌通过 DNA 能在遗传上转化的工作发表于 1944 年,但即使在 1946 年尚几乎为人们所不知,或者纵然知道,其重要性也往往不为人们所重视。

通过显微镜观察细胞里面的染色体,确实令人神往,但我开始感到,作为一个物理学家,研究从细胞中分离出来的大分子,或许对生物学贡献更大些。在这一点上我得到了来自 Stanley 病毒实验室的 Gerald Oster 的鼓励,并使我对烟草花叶病毒颗粒感兴趣。正如 Caspersson 曾经指出,能用紫外线显微镜寻找分子中吸收紫外线的基团的位置,和测定细胞内的核酸量。Bill Seeds 和我研究了 DNA、蛋白质、烟草花叶病毒、维生素 B_{12} 等。当我检验准备作紫外二色性研究的 DNA 分子束的时候,在偏光显微镜下看到极其均匀的纤维在交叉尼古尔之间有明显光吸收。我发现当我操作 DNA 凝胶时,这种纤维并非人为地产生。我每次用玻璃棒接触凝胶和移去玻璃棒时,就带出细细的几乎看不清的 DNA 纤维,就像一根蜘蛛网的细丝。纤维的完整和均匀一致,说明在这些纤维中的分子是有规律地排列的,我立刻想到这种纤维或许是 X 射线衍射分析研究的绝妙对象。我把它们送交 Raymond Gosling,他那里有我们唯一的 X 射线装备(从战争留下的放射照相部分制造),并且他正用此仪器从公羊精子头部得到衍射照片。在 W. L. Bragger 领导下受过训练,并从事于 X 射线衍射工作的 Randall 指导了这项研究。Gosling 很快得到了非常鼓舞人心的衍射图像(见图 1)。取得这次成功的原因之一是我们使纤维保持在湿润状态。我们记得,为了从蛋白质得到精细的 X 射线图像,Bernall 把蛋白质晶体保存在它的母液中,看来有可能所有水溶性生物大分子的构型都决定于它们的水的环境。我们用 Signer 和 Schwander 制备的 DNA 得到很好的衍射图像。Singer 还把 DNA 带到伦敦一次有关核酸的 Faraday 学会讨论会上，慷慨地分赠给大家，使所有的工作人员使用他们的不同技术，都可以研究它。

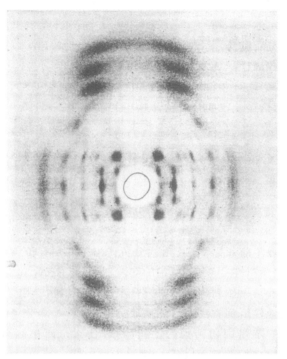

图 1   本实验得到的第一批 DNA X 射线衍射的照片之一
此照片可与以后图 10 照片相比较（R. Gosling 摄影，signer 提供 DNA）。

遗传物质是一种纯化学物质，其分子结构特别简单

从 1946 年到 1950 年，有许多证据说明遗传物质是 DNA，而不是蛋白质或核蛋白。例如，发现一组染色体的 DNA 含量是恒定的，尽管 DNA 分子的核苷酸顺序是复杂的，而某一物种的 DNA 具有恒定的组成。曾设想遗传信息存在于 4 种核苷酸组成的、顺序复杂的多核苷酸分子中。细菌转化的巨大意义现已得到普遍公认：Hershey 和 Chase 证明细菌噬菌体 DNA 把病毒遗传信息从亲本带给后代，有助于在概念上完成一种十分重大的革命。

已知遗传物质是具有非常特异的化学结构的 DNA，而不是特异性很差的核蛋白，用分子结构来阐明遗传信息的前景变得更为明朗。有许多证据说明 DNA 是一种磷酸脱氧核糖在一个带有 $3'$—$5'$ 键的多核苷酸链上，有规则地重复的多聚物。Chargaff 发现了一个重要的规律：尽管沿着多核苷酸链上的碱基顺序是复杂的，不同的 DNA，其碱基组成显著不同，但腺嘌呤和胞嘧啶的数目总是相等。鸟嘌呤和胞嘧啶的数目也总是相等。DNA 在电子显微镜里看起来像一根均匀一致的不分枝的细线，其直径为 20 埃。Signer、Caspersson 和 Hammursten 用流动双折射测定表明，DNA 中碱基的平面同线状分子的

长度大致成直角。它们用紫外二色性测定得到相同的结果,并看出精子头部 DNA 碱基明显的平行性。早些时候,Schmidt 和 Pattri 在光学方面研究了精子头部遗传物质,发现遗传物质非常有次序。Astbury 作了先驱性的 DNA 纤维 X 射线衍射的研究,并找到 DNA 非常规律的证据;他把强烈的 3.4 埃,反射正确地解释为由于平面的碱基彼此连在一起的结果。Gulland 和 Jordan 在电位滴定分析方面的研究指出,碱基是由氢把它连接起来,而 Gulland 的确设想到,多核苷酸链或可由这些氢链联结成多链胶束。

这样,对一个纯粹的化学物质作出具有深刻含义的生物活性的结论,与物质本性的许多边缘知识的显著增长是相符的。与此同时,我们开始从 DNA 获得详尽的 X 射线衍射资料。这是能提供恰当地说明分子立体构型的唯一的资料。

把 DNA X 射线衍射同建立分子模型结合起来

一旦从 DNA 纤维得到了良好的衍射图像,它就引起人们巨大的兴趣。在我们的实验室里,Alex Stokes 提出了一个从螺旋 DNA 衍射的理论。Rosalind Franklin(她经历了一生的顶峰以后,于数年前死去)对 X 射线分析作出了非常有价值的贡献。在剑桥,研究生物大分子结构的医学研究会实验室,我的朋友 Francis Crick 和 Jim Watson 对 DNA 结构深感兴趣。Watson 是一位到剑桥来研究分子结构的生物学家。他从事于细菌噬菌体繁殖的工作,并敏锐地领悟到有巨大可能性通过发现 DNA 的分子结构,或可揭示这一问题。Crick 正从事于螺旋蛋白质结构的工作,并对什么东西控制蛋白质的合成感兴趣。Pauling 和 Covey 通过他们发现蛋白质 α-螺旋指出,在它自己的活动中建立精确的分子模型,是一个有力的分析工具。来自 DNA 的 X 射线资料不是那么完整,以致只能在没有立体化学的有力帮助下推导 DNA 结构的详细情景。显然,DNA 的 X 射线的研究需要建立确切的分子模型来作为补充。在我们的实验室里,我们集中精力在扩大 X 射线资料,Watson 和 Crick 则在剑桥建立分子模型。

DNA 分子规则性的反论

DNA X 射线衍射图像是如此清晰,表明 DNA 分子是极有规则的,它是如此有规则,以致可以结晶。图像的形状清楚地表明分子是螺旋的,分子线里面的多核苷酸链有规则地缠绕。但已经知道,不同大小的嘌呤和嘧啶沿着多核苷酸链排列成不规则的顺序。为什么这样一种不规则的排列能得到一种高度规则的结构?这一反论提供了解决 DNA 结构问题的线索,而 Watson 和 Crick 的结构假说解决了问题。

DNA 分子的螺旋结构

Watson 和 Crick 发现了 DNA 分子结构的要害,即:如果 DNA 里面的碱基由氢键成对地联合,腺嘌呤和胸腺嘧啶配对以及鸟嘌呤和胞嘧啶配对的总的大小是相同的。就是说,尽管碱基对的顺序是不规则的,但含有这些碱基对的 DNA 分子却是高度规则的。这些碱基对见图 2。连接碱基同脱氧核糖的键之间的距离对两种碱基对来说,的确是相同的(大致在 0.1 埃以内),这些键同连接脱氧核糖的 C_1 原子的线所呈的角度也的确是相同的(大约在 1°以内)(见图 2)。其结果是,如果两个多核苷酸链由碱基对相连,对两种碱基对来说,两个链之间的距离是相同的,并由于键同 C_1—C_1 线之间的角度对所有碱基都是相同的,分子的脱氧核糖和磷酸部分的几何学的确能成为规则的。

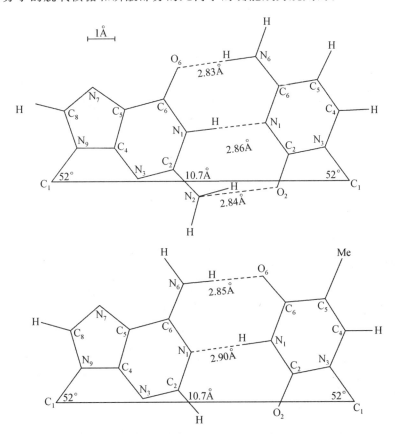

图 2　Watson-Crick 碱基对(由 S. Arnott 修订)

上面:氢键连接鸟嘌呤与胞嘧啶。下面:氢键连接腺嘌呤与胸腺嘧啶。两种碱基对 C_1—N_3 和 C_1—N_9 键之间的距离为 10.7 埃,所有这些键同 C_1—C_1 线成 52°角。(图中 Å 即埃)

　　Watson 和 Crick 建立这种二链分子模型,链呈螺旋,其主体如 X 射线资料所示。在模型中,一个多核苷酸链同另一个多核苷酸链相互盘绕,一个链上的原子排列同另一个链上的原子排列方向相反。由于这一结果,如果从上向下转动,这两个链是相同的,且分子的每一个核苷酸都具有相同的结构,其所处环境也相同。唯一不规则的是碱基的排列。一个链上的排列能毫无限制地变化,但碱基配对要求一个链上的腺嘌呤同另一个链上的胸腺嘧啶相连接,鸟嘌呤同胞嘧啶相连接。因此,一个链上的排列由另一个链上的排列决定,就是说,彼此是互补的。

　　B 型 DNA 分子的结构见图 3。碱基彼此堆积,其间相距 3.4 埃,其平面几乎同螺旋轴垂直. 碱基扁平的一边不能同水分子结合, 因此, 把 DNA 放在水中, 其碱基相互吸引。这种疏水结合, 以及碱基的氢键结合, 使 DNA 结构保持稳定。

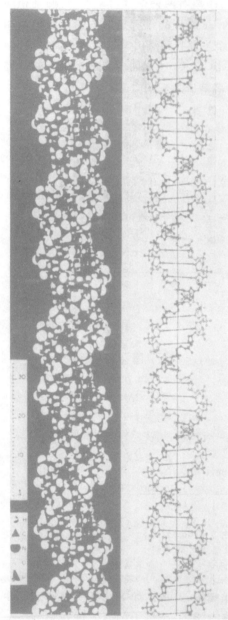

图 3

左边: B 构型 DNA 的分子模型原子大小相当于 Von der Waals 直径。

右边: 相当于模型的图解可清楚地看到由氢键连接碱基的两个多核苷酸链。

Watson-Crick 关于 DNA 复制和信息从一个多核苷酸转移到另一个多核苷酸的假说

对遗传物质来说, 重要的是能够精确无误地复制自身; 否则生长就会失调, 生命不能发生, 有益的类型不能通过自然选择保存。碱基配对提供了自我复制的手段 (Watson 和 Crick)。看来它也是蛋白质合成不同时期信息转移的基础。

遗传信息用 4 个字母编码在沿着多核苷酸链上的 4 个碱基的顺序之中。这个信息可以从一个多核苷酸链转移到另一个多核苷酸链。一个多核苷酸链起一个模板作用, 核苷酸在模板上排列, 从而建成一条新链。倘若所形成的两链分子完全有规则, 碱基配对就保证新链的顺序对亲本链的顺序是精确无误地互补的。如果这两个链接着分开, 新链能起模板作用, 又形成一个新链; 它同原始的链是相同的。大多数 DNA 分子有两个链, 显然复制过程能重新制造这样一个分子。它也能把信息从一个 DNA 链转移到另一个 RNA 链 (信使 RNA 的合成就是如此)。

碱基配对也使一条多核苷酸链同另一条多核苷酸链的互补顺序之间进行特异性的连接成为可能。这种特异的相互作用或许是氨基酸连接一个多核苷酸链的必不可缺部分的一种方法, 一个蛋白质的氨基酸顺序就在这上面编码。在这种情况下, 氨基酸连接一个转移 RNA 分子, 而这个 RNA 某部分多核苷酸链同编码链配对。

自从 1953 年 Watson 和 Crick 首次介绍了碱基对以后, 已提供了许多关于嘌呤和嘧啶大小和氢键长度的新资料。碱基配对最新图解 (归功于 S. Arnott) 见图 2。现在我们对 C_1 原子间的距离采用 10.7 埃, 以代替原先采用的 11.0 埃值,主要原因是有关 N—H···N 的新资料,证明这段距离在环状氮原子之间比不呈环状的原子间要短些。碱基对的氢键直线性极好,而键的长度同晶体中发现的一样(它们的长度变动约 0.04 埃)。

碱基对惊人的精确性反映了 DNA 复制的精确无误。然而,人们怀疑这种精确性为什么如此之大,因为破坏碱基对致使其完整性明显降低,所需要的能量大概不会大于一个量子的热能。或许可以解释其精确性。复制是一种包括许多碱基对的协作的现象,在任何情况下都必须强调,碱基配对的特异性取决于碱基同脱氧核糖连接起来的键彼此间的关系得到正确安排。这种安排可能是由 DNA 多聚酶决定的。不管这过程的机理如何,双螺旋的每一个核苷酸的几何学和周围环境的正确安排,必然导致精确的复制。如果质子的互变异构变化牵涉到氢的结合或碱基的化学改变,就会产生复制过程的错误。这些错误相当于突变。

DNA 螺旋结构的普遍性和稳定性

当我们进行了初步的 X 射线研究以后,我的朋友 Leonard Hamilton 给我送来了人的 DNA,这是他同 Ralph Barclay 从一个患有慢性骨髓性白血病病人的白细胞中提取出来的。他正在研究人的核酸代谢同癌的关系,并制备 DNA 以便比较正常人白细胞和白血病患者白细胞的 DNA。此 DNA 的 X 射线图像很好。这样就开始了一项经过多年才告结束的协作,我们在协作中使用了 Hamilton 的 DNA,以许多种盐的形式来确立双螺旋结构的可靠性。Hamilton 从各种各样的生物和不同的组织制备 DNA。这就得以证明精子和细菌噬菌体的惰性遗传物质和正缓慢或快速分裂、或正分泌蛋白质的细胞都有双螺旋的 DNA(Hamilton 等)。正常组织和癌组织的 DNA 之间,或由我的同事 Geoffery Brown 把小牛胸腺 DNA 分离成不同碱基成分的碎片,都没有发现 DNA 结构的差异。

同 Harriet Ephrussi-Taylor 协作,我们还进行肺炎球菌有转化活性的转化因素的研究,并观察转化 DNA 的结构。至今发现对双螺旋 DNA 唯一的例外是一些很小的细菌噬菌体,它们的 DNA 是单股。但是,我们早就发现那些腺嘌呤含量特别高的 DNA、或有葡萄糖和羟甲基胞嘧啶连接的 DNA,其结晶不同。

DNA 结构决非假象

看来单从 DNA 作 X 射线衍射研究尚嫌不足。显然,人们将试图探讨完整细胞的遗传物质。分离出来的 DNA 结构同活体条件下多数与蛋白质结合在一起的 DNA 结构或许有所不同,这一点是可能的。光学研究表明精子头部分子有着明显的次序,因而它们是 X 射线研究的良好对象,而绝大多数细胞的染色体却是复杂的对象,很少看到有秩序的结构。Randall 几年来一直对这一问题感兴趣并开始了 Gosling 关于公羊精子的研究。

看来由 Schmidt 发现的、在光学上具有高度各向异性的棒状头足纲精子是 X 射线研究的极好材料。Rinne 在研究自然界许多分支的液体结晶时，早就对这种精子作过衍射照相；但大概他的技术不大恰当，致使他得出核蛋白是液体结晶的错误结论。我们的 X 射线照片（Wilkins 和 Randall）清楚地证明精子头部的物质是立体的，即它是结晶体而非液体结晶。衍射图像（见图 4）同 DNA 的情况（见图 5）很相像，这说明提纯的 DNA 的纤维结构基本上不是假象。我在那不勒斯动物站工作时，发现有可能给精子头部的纤维定位。一束束自然定向的精子，其完整、湿润的精球产生了良好的衍射图像。Watson 给我的 T2 细菌噬菌体也得到了类似的 DNA 的图像。

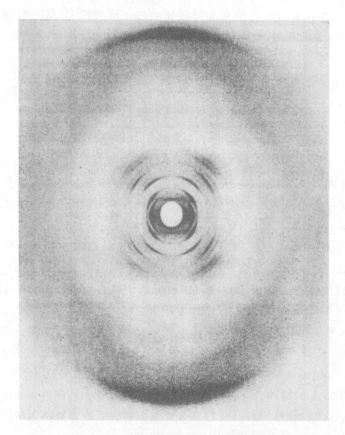

图 4　头足纲精子 X 射线衍射图像
精子头部的 DNA 分子有其纵轴。多核苷酸间相距 3.4 埃，符合图像顶部和底部的强烈衍射。图像中央部分的明显反射说明分子是晶体排列。

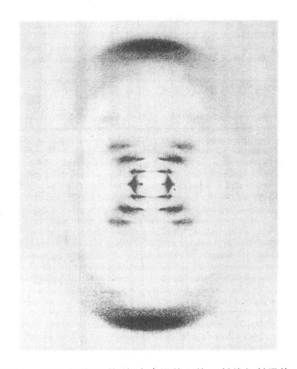

图 5　DNA 纤维(B 构型)在高湿件下的 X 射线衍射照片

纤维是垂直的。3.4 埃反射在顶部和底部。中央区域反射产生明显的 X 型的角度,相等于螺旋分子多核苷酸链斜度的恒定角度(H. R. Wilson 摄影,Hamilton 提供 DNA)。

DNA 的 X 射线衍射图像及分子的各种构型

X 射线衍射是能得到有关 DNA 分子构型非常详尽知识唯一的一项技术。光学技术尽管对补充 X 射线分析有价值,但它提供的资料,主要在键和基团定位方面,其局限性大得多。X 射线资料分两个阶段对推导出 DNA 结构作出了贡献。第一个阶段,提供有助于确立 Watson-Crick 模式的资料;第二个阶段,证明 Watson-Crick 的设想在其主要方面是正确的,设想包括模式的重新调整和改进。

X 射线研究(如 Langridge 等、Wilkins)证明 DNA 分子的突出之处,在于它们有大量的不同构象,其中绝大多数能有几种晶体形状。决定分子构象和晶体形状的主要因素是纤维的水含量和盐含量以及用于中和磷酸基的阳离子(见表 1)。

我将扼要地谈一下 DNA 的主要构型。在所有情况下,都能用同样基本的 Watson-Crick 结构来令人满意地说明衍射资料。这比单研究一种构型更为令人信服地证实这种结构的正确性。基本做法是调整分子模型,直至从模型计算的衍射强度同所观察的结果相符(Langridge 等)。

表 1　各种 DNA 纤维的小结

分子构型	每转螺旋核苷酸对数	分子中碱基对的斜角	盐	必需的相对温度和条件	晶体等级	结晶度	分子位置	单位细胞大小			
								a(埃)	b(埃)	c(埃)	β
A	11.0	20	Na K Rb	75%	单斜	结晶	$0,0,0$　$\frac{1}{2},\frac{1}{2},0$	22.24	40.62	28.15	97.0
B	10	$\simeq 0$	Li	66%纤维中 3% 的 LiCl	正交	结晶	$0,0,\frac{1}{6}$　$\frac{1}{2},\frac{1}{2},\frac{1}{6}$	22.5	30.9	33.7	—
			Li	75%~90%	正交	半结晶	$0,0,\frac{1}{8}$　$\frac{1}{2},\frac{1}{2},-\frac{1}{8}$	24.4	38.5	33.6	
			Li Na K Rb	92%	六边形	半结晶	$0,0,0$　$\frac{1}{3},\frac{2}{3},\frac{1}{6}$　$\frac{2}{3},\frac{1}{3},-\frac{1}{6}$	46.0	—	34.6	
B₂	9.9	0?	Na	75% 压力下	四边形	半结晶	$0,0,0$　$\frac{1}{2},\frac{1}{2},\frac{1}{4}$	27.4	—	33.8	
C	9.3	−5	Li	44% 无 LiCl	正交	半结晶	$0,0,\frac{1}{8}$　$\frac{1}{2},\frac{1}{2},-\frac{1}{8}$	20.1	31.9	30.9	—
			Li	仅某些样品 44%。纤维中无 LiCl	六边形	半结晶	$0,0,0,$ 或 $\frac{1}{2}$　$\frac{1}{3},\frac{2}{3},\frac{1}{6},$ 或 $-\frac{1}{3}$　$\frac{2}{3},\frac{1}{3},-\frac{1}{6},$ 或 $\frac{1}{3}$	35.0	—	30.9	—

就大多数 X 射线资料而言,它只提供 DNA 衍射束的强度,而不提供衍射束的相。因此不能直接得出它的结构。如若 X 射线资料的解答足以把一个结构中的绝大多数原子分开,则除非假定这个结构是由已知其平均大小的原子组成,否则就只能在不用立体化学设想的情况下推导其结构。然而,单用 X 射线不能对 DNA 的大多数原子一一定位(见图 7)。所以,作了更广泛的立体化学设想,从这些设想得以建立分子模型。这些设想多数都无可选择,但只有一种选择,即:氢键在一对碱基上的排列,必须用 X 射线资料来确立这种设想的可靠性。换言之,必须确立所提出的这个结构是独一无二的。近年来我们的多数工作是这种性质。可以有理由肯定 DNA 结构是正确的,X 射线资料必须尽可能广泛地搜集。

B　构　型

图 5 说明当分子被水分开,并在很大程度上彼此独立行为时,DNA 的一根纤维在高

湿度下的衍射图像。我们没有在这些条件下深入研究 DNA。这种图像可以改进,但它们有理由很好地规定下来,而它们的许多特征非常清楚地说明分子有一规则的结构。已知构型为 B(见图 3),这是在活体看到的,并且证明,当 DNA 溶于水的时候,也是如此。每一圈螺旋有 10 对核苷酸。为什么这个数字必须是整数,这一点无明显的结构上原因,如确实如此,它的重要性至今尚不清楚。

当 DNA 结晶时,结晶过程使分子受到限制,并能使它特别有规则。还有,纤维微晶体中分子的周期性排列使衍射图像分裂成相当于各晶体面的强烈反射(见图 6)。仔细测定

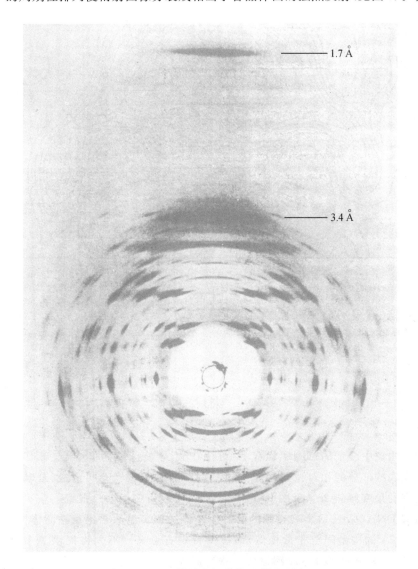

——1.7 Å

——3.4 Å

图 6　DNA 微结晶纤维的 X 射线图像
总强度的分布与图 4 相似,但由于分子在晶体中的规则排列,衍射分裂成明显的反射。明显反射扩及小至 1.7 埃的位置(N. Chard 摄影,L. D. Hamilton 提供 DNA)(图中 Å 即埃)。

反射位置和推导晶体的晶格使得在立体上鉴定反射的方向成为可能。大多数纤维物质的衍射图像同图5相似,其衍射数据是平面的。相反,DNA结晶纤维得到相当完全的立体数据。这些数据得出从所有角度观察这个分子样子的资料,并可同从单晶体得到的资料相比较。可以使用诸如立体傅立叶合成(见图7)这些技术,并使结构测定有理由予以信赖。

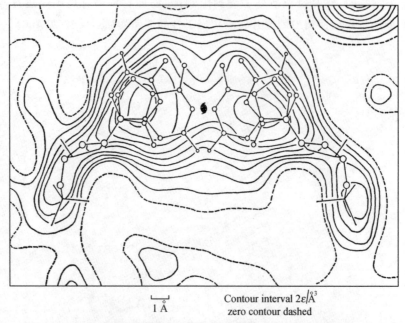

Contour interval $2\varepsilon/\overset{\circ}{A}{}^3$
zero contour dashed

$1\overset{\circ}{A}$

图7　傅立叶合成图

　　表示DNA B构型里面一个碱基对平面上电子密度的分布。分布相当于一个平均碱基对。图中看出碱基对的形状,但没有解决一个碱基对里面的各个原子(正在修订傅立叶合成,因而此图尚待改进)(由S. Arnott提供)。(图中Å即埃)

A　构　型

　　在这个构象中分子的每圈螺旋有11对核苷酸,螺旋间距为28埃。碱基和核苷酸的脱氧核糖及磷酸部分的相对位置和定位同B构型的情况显然不同,特别是碱基对要从对螺旋轴垂直的角度倾斜20°(见图8)。

　　A构型DNA(见图1)是观察到的第一个结晶类型。虽然它不是在活体中看到的,但因为螺旋RNA的构型同它非常相似,而显得特别有意义。不久将提供A构型DNA的充分报道,图9为A构型DNA图像的一张好照片。

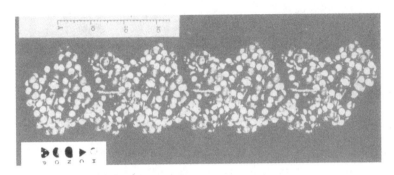

图 8　A 构型的 DNA 分子模型

（可以看到碱基对同水平面倾斜 20°）

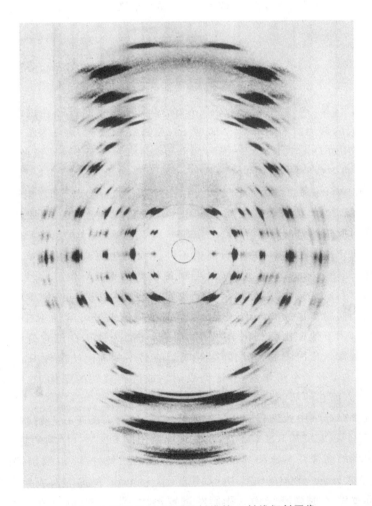

图 9　A 构型 DNA 微结晶纤维的 X 射线衍射图像

（H. R. Wilson 摄影，L. D. Hamilton 提供 DNA）

C 构 型

可以把这种构型看做是由于部分干燥而形成的一个假象。螺旋为非整数,每一圈约有 $9\frac{1}{3}$ 对核苷酸。螺旋叠在一起形成一个半结晶结构,一个分子里面这一个核苷酸同另一个核苷酸的位置之间没有什么特别的关系。个别核苷酸的构象则同 B 型极相似。B 和 C 衍射图像间的差别可用核苷酸在螺旋上的不同位置来说明。类型间比较更肯定了结构的正确无误。在某种程度上,存在的问题好像是正试图通过观察其影子来推导折叠位置的结构:如果位置的构象有一点改变,它的结构就更清楚。

RNA 分子的螺旋结构

与 DNA 相反,RNA 得到的衍射图像不好,尽管包括我们自己在内的各研究工作者为此付出了很大的努力。有许多例子表明 RNA 具有螺旋区,即 RNA 溶液的光学特性使人强烈地想到(如 Doty),RNA 分子的各部分像 DNA 那样,碱基彼此连接,结构是螺旋的;以及合成的多核糖核苷酸的 X 射线研究使人设想 RNA 像 DNA(Rich)。RNA 衍射图像(Rich 和 Watson)总的方面同 DNA 相像,但因为定位紊乱和漫射而不能清楚地辨别其图像的性质。重大的困难是在 3.3 埃和 4 埃处出现强烈的子午线反射。用一个螺旋结构不可能对此进行解释。

在早期的工作中,许多 RNA 制剂都很不纯。我们想更纯的植物病毒 RNA 可能得到较好的图像,但结果并非如此。然而,当制备核糖体 RNA 和可溶性 RNA 成为可行时,我们感到结构分析的前景就好得多了。我们决定集中研究可溶性 RNA,这在很大程度上是由于我们实验室里的 Geoffrey Brown,正在制备大量可溶性 RNA 中一种高度纯净的转移 RNA,用于他在物理和化学方面的研究,还因为他正在把它分级分离成专门用于把特殊氨基酸掺入蛋白质的各种转移 RNA。有另一些理由使这种 RNA 引人注目:对一个核酸来说,这个分子小得出众,有证据表明它或许有规则的结构,它的生化作用是重要的,并在许多方面它的功能是了解的。

我们发现要在纤维中找到转移 RNA 十分困难,然而借助于一台解剖显微镜,在大气干燥的情况下,小心地层开 RNA 凝胶,我发现能制出同 DNA 一样高的具双折射的纤维。但这种纤维得到的图像并不比用其他种 RNA 得到的图像好些,以及当提高纤维的含水量时,分子就迷失方向。Watson,Fuller,Michael,Spencer 和我本人成年累月地工作,想制出更好的标本供 X 射线研究用。我们的进展不大,直到 Spencer 发现了一种标本,除通常漫射的 RNA 图像外,还得到一些微弱但明显的衍射环。这种标本是一种被密封在一个小室内作 X 射线研究的 RNA 凝胶,并且他发现凝胶由于漏气而慢慢变干。衍射环是如此明显,使我们几乎可以肯定,它们是由于结晶不纯造成的非真实的衍射,这在生化制剂 X 射线研究中是常见的。一个 RNA 样品由于混有 DNA 而得到了和 DNA 非常相似的环。因此我们对环就不抱很大希望了。但数周后 Spencer 排除了所有其他的可能性，看来很明显，环是 RNA 本身形成的。他通过控制慢慢地干燥得到了更加明显的环，以及 Fuller 用我们改良过的方法展开 RNA，并采用 Brown 使凝胶慢慢浓缩的方法，使 RNA 定位而不破坏它的结晶性。这些纤维得到清清楚楚的衍射图像，并且当纤维成水合物时仍然排列整齐。看来我在早些时候使用过的把纤维尽最大可能拉长的办法，破坏了结晶性。如果不是这样做，就可以先使材料慢慢结晶，再把它们拉长以得到排列整齐的微晶体和 RNA 分子。单分子要得到良好的排列显得太小了，除非通过结晶把它们聚集起来。很出乎意料的是在我们试验过的所有不同类型的 RNA 中，分子量最小的转移 RNA 排列得最整齐。

转移 RNA 的衍射图像十分清楚，排列整齐良好（Spencer、Fuller、Wilkens 和 Brown）。这些改进揭示了 RNA 和 A 构型 DNA 图像惊人地相像（见图 10）。于 3.3 埃和 4 埃处的两个反射难题得到了解决（见图 11），在 RNA 图像中反射到二层线上的位置同 DNA 的情况不同；其结果是，如图像定向不好，3 个反射就重叠，从而给人产生 2 个反射的印象。无疑地 RNA 有一与 A 构型 DNA 几乎相同的规则的螺旋结构。RNA 与 DNA 图像间的差别只是这两个结构间的小异而已。

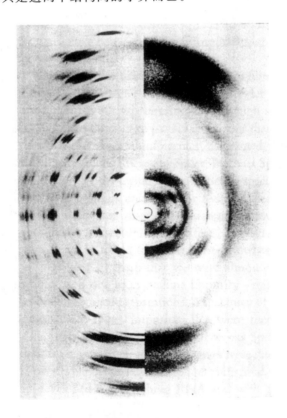

图 10　A 构型 DNA 纤维(左)和转移 RNA 纤维(右)X 射线衍射图像的比较

这两种图像的强度总分布很相似，但因为在这两种情况下晶体里的分子装配不同，其明显的结晶反射的位置就不同(W. Fuller 和 M. Spencer 摄影，G. L. Brown 提供 RNA)。

RNA 结构与 DNA 结构相像的一个重要原因，是 RNA 必须具有在很大程度上或全部互补的碱基顺序。分子的核苷酸数目大约为 80 个。与 X 射线结果相符的最简单的结构是一个单个的多核苷酸链自己反过来折叠，通过碱基配对，链的一半同另一半相连。这种结构见图 12。必须强调指出，当我们肯定螺旋结构为正确时，却并不知道链的两端是否在分子的末端。这个链可以在分子的两端同有些地方沿着螺旋的链端折叠。已知氨基酸连接到以胞嘧啶-胞嘧啶-腺嘌呤结尾的链末端上。

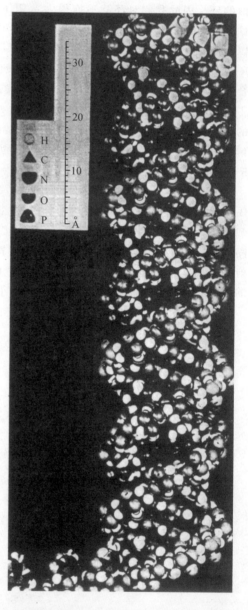

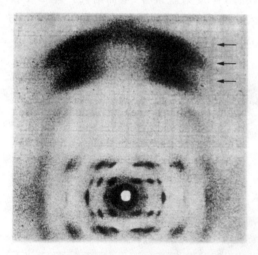

图 11　转移 RNA 的衍射图像
　　表明在 3.3 埃和 4 埃区衍射分解成用箭头表示的三层线，并与 A 构型 DNA 图像相符（Fuller 和 M. Spencer 摄影，G. L. Brown 提供 DNA）。

图 12　转移 RNA 分子的分子模型和图解

RNA 分子结构与功能的关系

　　分子模型的建立说明在一个转移 RNA 分子末端形成折叠的核苷酸数必须是 3 个或 3 个以上。在我们的模型中，折叠由 3 个核苷酸组成，这 3 个核苷酸各具有 1 个不配对的碱基。或许是这样一种情况：碱基三联体是分子同密码 RNA 多核苷酸链必要部分相连接的部分。而所连接的那个密码多核苷酸链的一定部分，又决定氨基酸在一个蛋白质多肽链上的顺序。相信一个密码 RNA 的三联体相当于一个氨基酸，转移 RNA 的三联体则通过氢键和碱基对的形成特异地把它自己同密码三联体相连接。但必须强调指出，这些资料是推测出来的。

我们假设，转移 RNA 分子的那一部分同连接氨基酸与 RNA 的酶起特异的相互作用；但我们不清楚它是怎样发生的。同样，对于与 DNA 复制有关的酶同 DNA 相互作用的途径或 DNA 复制的情景，我们都所知甚微。在转移 RNA 分子中存在互补碱基顺序，使人设想它或许像 DNA 那样自我复制；但至今支持这种意见的证据不足。病毒和核糖体 RNA 的衍射图像证明这些分子也具有螺旋区；其功能也不肯定。

就 DNA 来说，发现其分子结构立刻得出复制的假说。这要归功于 DNA 结构的简单性。在多数情况下，分子结构和功能的直接关系似乎不多。得出 RNA 分子的螺旋构型对阐明 RNA 功能向前迈了一步；但是在形成有关 RNA 功能的充分描述前，为了确定碱基顺序，以及更多地了解各种 RNA 如何在核糖体中相互作用，可能需要更完整的结构资料。

用 X 射线衍射分析确定转移 RNA 碱基顺序的可能性

核酸的生物特异性看来完全是由它们的碱基顺序决定的，对这些顺序的测定很可能是当代核酸研究的最基本的问题。要使 X 射线衍射进行碱基顺序测定行之有效，一个 DNA 分子的碱基数目就太多了，然而，转移 RNA 的碱基数却不是那么多。有两次观察说明，用 X 射线对转移 RNA 进行完全的结构分析是可能的。我们在转移 RNA X 射线图像中看到分开的点（见图 13），每个点相当于一个 RNA 单晶体。我们估计其大小约为 10

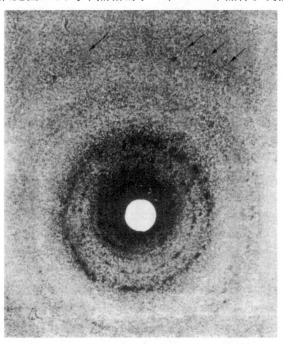

图 13　排列不整齐的转移 RNA 的衍射图像
看到具有相当于从 RNA 单晶体反射的点的衍射环，箭头指向从平面反射到约 6 埃的距离。

微米,通过用偏光显微镜观察看到很可能是晶体的双折射区,证明这是对的。要使晶体增大几倍而足以作单晶体 X 射线分析无多大困难。

第二个鼓舞人心的观察是从 DNA 得到的 X 射线资料,几乎完全限于解决不定向的 DNA 纤维晶体。DNA 的强度资料说明 DNA 的温度因子($B=4$ 埃)同简单的化合物相同。这就看出,DNA 晶体具有很完整的结晶性,而一旦能得到 DNA 的单晶性,强度资料必能适用于精确测定 DNA 所有的原子位置(非周期性碱基顺序除外)。

我们正在研究获得 DNA 单晶体的可能性,但更值得注意的问题是,获得在晶体完整性方面同 DNA 相等的转移 RNA 的单晶体,从而可以分析碱基顺序。目前,RNA 晶体的完整性要比 DNA 差得多。但是,我们大多数实验所用的 RNA 是对不同氨基酸特异的 RNA 混合物。我们很少使用只对一种氨基酸十分特异的 RNA。我们希望或许能得到这种只有一种分子的 RNA 的良好制剂。我们可以指望这种 RNA 形成的结晶像 DNA 那样的完整。如能做到这一点,直接分析分子的全部结构,包括碱基顺序和在螺旋端的折叠,将毫无障碍。我们或许过于乐观,但 X 射线衍射分析在核酸和蛋白质领域内新的和有些出乎意料的成功使我们有理由持乐观态度。

参 考 文 献

[1] Caspersson, T., 1941. *Naturwiss.*, **29**, 33.

[2] Brachet, J., 1942. *Arch. Biol. Liege*, **53**, 207.

[3] Avery, O. T., MacLeod, C. M., and MeCarty, M., 1944. *J. Exp. Med.*, **79**, 137.

[4] Signer, R., and Schwander, H., 1949. *Helv. Chim. Acts.*, **32**, 853.

[5] Hershey, A. D. and Chase, M, 1952. *J. Gen. Physiol.*, **36**, 39.

[6] Chargaff, E., 1950. *Experientia*, **6**, 201.

[7] Signer, R., Caspersson, T., and Hammarsten, E., 1938. *Nature*, **141**, 122.

[8] Schmidt, W. J., 1937. Die Doppelbrechung von Karyoplasma, Zytoplasma, und Metaplasma, Borntraceger, Berlin.

[9] Pattri, H. O. E., 1932. *Z. Zellforsch. Mikroskop. Anat.*, **16**, 723.

[10] Astbury, W. T., 1947. Symp. Soc. Exptl. Biol., I. Nucleic Acid, Cambridge Univ. Press, p. 66.

[11] Gulland, J. M. and Jordan, D. O., 1947. Symp. Soc. Exptl. Biol., I. Nucleic Acid, Cambridge Univ. Press.

[12] Gulland, J. M., 1947. *Cold Spring Harbor Symp. Quant. Biol.*, **12**, 95.

[13] Watson. J. D. and Crick, F. H. C., 1953a. *Nature*, **171**, 737.

[14] Watson. J. D. and Crick, F. H. C., 1953b. *Nature*, **171**, 964.

[15] Hoogsteen, K., 1959. *Acta Cryst.*, **12**, 822.

[16] Hamilton, L. D., Barclay, R. K., Wilkins, J. H. F., Brown, G. L., Wilson, H. R., Marvin, D. A., Ephrussi-Taylor, H. and Simmons, N. S., 1959. *J. Biophys. Biochem. Cytol.*, **5**, 397.

[17] Rinne, F., 1933. *Trans. Faraday Soc.*, **29**, 1016.

[18] Wilkins, M. H. F. and Randall, J. T., 1953. *Biochim. Biophys. Act.*, **10**, 192.

[19] Langridge, R., Wilson, H. R., Hooper, C. W., Wilkins, M. H. F. and Hamilton, L. D., 1960. J. *Mol. Biol.*, **2**, 19.

[20] Wilkins. M. H. F., 1961. *J. Chim. Phys.*, **58**, 891.

[21] Doty, P., 1961. Biochem. Soc. Symp., **21**, 8.

[22] Rich, A., 1959. in A Symposium on Molecular Biology (Ed. Zirkle), Univ. Chicago Press, 47.

[23] Rich, A. and Watson, J. D., 1954. *Nature*, **173**, 995.

[24] Spencer, M., Fuller, W., Wilkins, M. H. F. and Brown, G. L., 1962. *Nature*, **194**, 1014.

噬菌体、大肠杆菌素和大调节现象[①]

萨尔瓦多·卢瑞亚(S. E. Luria)[②]

（美国　麻省理工学院，1969 年）

有关噬菌体生长、突变和重组方面的早期工作，有幸能为分子生物学发展到它目前这种令人满意的状况提供一条通路。今天，不必再细述这些早期工作的情况了，在这些早期工作中，我很幸运地与 Max Delbrück 和 Alfred Hershey 进行了友好且成功地协作。由此去研究系统发育的原因是一个更困难的问题。这个问题把早期的噬菌体工作引导到对病毒繁殖、基因复制、基因功能及其调节等方面的现代知识水平上来了。最使我满意的是我的学生和同事们在这些工作中起到了重要的作用，以及我本人也获得了与许多科学探险家们进行协作的经验。

噬菌体的研究已在很多方面形成分支，每一分支都为分子生物学大厦做出了部分贡献。最著名的一个分支是基因的功能及其调节。在这个领域中，噬菌体研究做出的主要贡献是由 André Lwoff 和 F. Jacob 进行的溶源性研究，这些工作导致 F. Jacob 和 J. Monod 提出了操纵子理论的模型。从这一理论考虑，调节现象关系到单个基因或基因组的功能。在本篇演讲中，我想讨论在细胞调节的某些方面与大调节现象有关的几种途径。这里所说的大调节现象，意思是功能上的改变能影响到活细胞的某些主要生命过

① 王斌译自 S. E. Luria. Phage, colicins, and macroregulatory phenomena, **Nobel Lectures Physiology or Medicine**, 1963-1970：426-436。

② 萨尔瓦多·卢瑞亚(Salvador Edward Luria, 1912—1991)，美国微生物学家。因和 Max Delbrück、Alfred Hershey 在噬菌体分子生物学方面的开拓性工作，共同获得 1969 年诺贝尔生理学或医学奖。

程，如 DNA、RNA、蛋白质的合成、能量的代谢、细胞膜的选择透性功能。

对青霉素、链霉素等抗菌素的研究，对以某种方式（克分子）作用于细胞过程的一些化学因素的研究，为阐明细菌细胞壁生物合成，或细菌蛋白质合成的机制等问题，都曾起到过重要的作用。当一种因素（如噬菌体），或某种别的大分子化学因素以单一颗粒的形式起作用，造成一种主要的细胞功能改变时，情况就更复杂化了。因为一些扩增机制必定介于各个单位因素和有关细胞受到影响的成分之间。对一种病毒因素来说，扩增机制可能就是病毒复制或其遗传潜能的表达。对一种蛋白质因素（如一种细菌素）来说，扩增机制必定是某些细胞结构或某些细胞控制系统功能整体性的一种改变。在这两种情况中，弄清这些因素对主要的细胞过程的作用模型，就可能揭示这个细胞机器在功能上的重要性。

在我的实验室中，我们通常是用噬菌体和细菌素来探索细菌细胞的大调节现象的。在这个领域中，除了遗传转录的调节研究外，其他方面还没有很大的进展。因此，即使是一种对目前工作的叙述，至少在说明"我们正在探求什么"这一点上还是有价值的。

噬菌体和大调节现象

噬菌体具有作为细胞功能控制者的潜在作用，早期工作就观察到：受了照射的噬菌体 T2，在失去它的复制能力之后，仍保留其杀死寄主和进行干扰的能力[1]，细菌不是全部破碎而是死亡。几年后，对噬菌体在引起致死作用前形成侵染作用的生化途径，可以根据生理学机制（即在大分子合成水平上的特异性抑制）来解释。现在我们知道，某些烈性噬菌体，包括 T 系偶数列大肠杆菌噬菌体，能造成它们寄主细胞的蛋白质、RNA 和 DNA 合成的迅速停止。其他噬菌体在这些过程中造成的影响不那么猛烈，或较为短暂。但我们对这些抑制机制的了解进展得很慢，慢得出乎意料。

噬菌体侵染和寄主的 DNA 合成

让我们举例说明噬菌体侵染对寄主 DNA 的影响。T 系偶数列噬菌体的情况看来应该是最简单的。这些噬菌体的 DNA 中没有胞嘧啶[2]，只有羟甲基胞嘧啶（HMC），这些噬菌体 DNA 决定着一种酶——脱氧胞苷三磷酸酶——的产生，这种酶能破坏寄主 DNA 的一种特异性前体物，即 dCTP（见 Cohen 的总结[3]）。细菌受到侵染后，其 DNA 很快被破坏，变成酶溶性的断片，最终变成单个的核苷酸。已知在细菌 DNA 中，双链的断裂就会停止细菌 DNA 的复制[4]，但在导致这样的断裂中，噬菌体的作用还不清楚。噬菌体 T4 的某些突变体不能把寄主 DNA 转变成酸溶性产物[5]，但还能发生初步的断裂，使寄主 DNA 断成大的断片。与这些断裂有关的核酸酶，对含有胞嘧啶的 DNA 是特异性的；尚未发现噬菌体哪个基因的突变能防止寄主 DNA 的断裂。

枯草杆菌 φe 噬菌体的情况更引人感兴趣，这在我们的实验室中，已由 David Roscoe

和 Menashe Marcus 研究过了。ϕe 是一种在其 DNA 中含有羟甲基尿嘧啶（HMU），而不含有胸腺嘧啶的噬菌体，在侵染过程中，有一系列酶的改变，这些酶的变化使 DNA 合成途径从合成细菌类型的 DNA 转变到合成噬菌体类型的 DNA[6]。这些酶是一种 dUMP 羟甲基化酶；一种胸苷三磷酸核苷酸水解酶（dTTPase）；一种胸苷酸合成酶抑制物；一种 dTMP 核苷酸酶；一种 dCMP 脱氨基酶；可能还有一种脱氧核苷酸激酶。ϕe 噬菌体侵染后几分钟寄主 DNA 合成就停止了。Roscoe[7] 曾经指出，寄主的 DNA 仍是完整的，或者至少双链的断裂不会发生到在数目上可以测出来的程度。在有胸腺嘧啶存在的条件下，采用胸腺嘧啶缺陷的寄主细胞，或者采用 dTTPase 缺陷的突变噬菌体，就可以避免酶与 dTTP 合成之间的这种干扰作用。在这些条件下，产生的噬菌体 DNA 中至少 10%（也可能是 20%）的 HMU 被胸腺嘧啶代替了；但寄主 DNA 的合成仍被停止。因此我们认为，必定还有某种和这种停止有关的更特异的机制存在。这种机制可能不是因为 HMU 核酸酶抑制了寄主 DNA 合成酶，因为有一种噬菌体的突变体，它在决定 dUMP 羟甲基化酶或 dTTPase 能力上都是缺陷的，但它也能使细菌的 DNA 合成停止。此外，噬菌体侵染后，寄主 DNA 合成的停止需要蛋白质合成；由此看来，噬菌体有一些特异的、能抑制细菌 DNA 合成的功能。目前，我们正试图证实这种噬菌体功能，它可能是在自我复制的水平上，或在一些尚未认识的调节水平上发挥作用。

寄主蛋白质和 RNA

现在我们来讨论噬菌体侵染对 RNA 和蛋白质合成的影响。至少在 T 系偶数列噬菌体中，寄主蛋白质合成的停止看来是 mRNA 合成停止的次级作用[8]。然而，直接影响已有信使的翻译，也是可能的，无疑这些影响和某些动物病毒侵染的影响是一样的。

一年前，发现[9] 至少某些噬菌体（包括 T 系偶数列和 T7 大肠杆菌噬菌体[10]）引起 RNA 聚合酶的改变，使其特异性发生变化，在这一重大发现之前，对 RNA 合成停止的模型一直不清楚。噬菌体基因的极早期位点（侵染后立即转录的那些位点[11]）的转录需要一种聚合酶成分——σ 因子，这种因子可能也是细菌基因的转录所需要的，它在噬菌体侵染后受到破坏或发生了改变。然后，由于一些新的因子的出现，使噬菌体其他基因得到转录，这些新的因子赋予寄主聚合酶稳定的核心酶以新的特异性[12]。一种合乎情理的推测是：σ 因子使聚合酶具有一种识别启动子的特异性，引起它在特异的 DNA 位置上起始 mRNA 的合成。

在这种情况下，大调节现象不是在某种纯调节机制的水平上引起的，而是在本身操纵机构的水平上引起的。噬菌体通过改变 RNA 聚合酶的特异性停止全部基因位点的表达。

哈佛大学 R. Losick 和我的学生 A. L. Sonenshein 一起证实了这种调节不是噬菌体侵染所特有的。Sonenshen 和 Roscoe[13] 观察到：枯草杆菌 ϕe 噬菌体，当它侵染处在孢子形成过程中的细菌时，它不能生长，也不能表达其功能。据此，Losick 和 Sonenshein 推断：孢子形成和很多蛋白质合成的停止以及一些新蛋白质的出现是有关的，临界步骤可能是在 RNA 聚合酶特异性上有变化，这和大肠杆菌经 T 系偶数列噬菌体侵染后见到的情况类似[9]。事实上他们已成功地证实了[14]，有一种类似于σ的因子，是营养细菌细胞的RNA聚合酶的一部分，它在孢子形成过程中发生了改变，或被除去了，这样导致该细菌聚合酶的模板特异性有所改变。更明显的是在试管中，把大肠杆菌的σ因子加入这种枯草杆菌聚合酶的核心酶中，便可恢复它原来的活性！

值得注意的是在对孢子形成的这种研究中，使用噬菌体不是研究它在细胞中引起的变化，而是作为一种探索手段，去揭示和一种细菌的细胞周期中主要分化有关的一种调节现象——从营养生长到孢子形成在合成上的变化。RNA聚合酶变化与更普遍的大调节变化之间的关系，为解决高等生物的分化问题，提出了一种有意义的假说[12,15]，它可能为研究细胞分化问题提供新途径。

大调节和大肠杆菌素

下面我将讨论另一个大调节的途径，为了能进一步搞清细菌细胞的功能机构，近来我们已转向研究这一途径。这涉及某些大肠杆菌素作用模型的研究。虽然大肠杆菌素研究的历史与噬菌体研究的历史是紧紧交织在一起的，但是详细说明这条迂回的道路是很有益处的，目前，我对大肠杆菌素的兴趣就在这方面。Iseki和Sakai[16]发现的由温和噬菌体引起的沙门氏杆菌体细胞抗原转变，也来源于对噬菌体的研究。1956年，Hisao Ueteke博士到我的实验室来，和我一起研究了由ε噬菌体引起的从抗原10到抗原15的转变[15,17]。1960年，Takahiro Uchida博士从Uetake的实验室来到麻省理工学院（M.I.T,）参加我的工作，使这种协作又继续了下去。幸运的是抗原转变的问题引起我的同事Phillips Robbins博士的注意。Robbins和他的同事是如何在生化水平上解决这个问题，以及在这个过程中是如何发现和阐明在多糖合成中类脂载体的作用[18]，这些问题不需要在这里详细叙述了。然而，因这个工作的关系，引起了我对膜的兴趣，特别是对细菌细胞质膜的某些显著特性的兴趣。

在细菌细胞中，细胞膜是仅有的细胞器。它含有酶和一些别的组分，它不仅在渗透和主动运输中起作用，而且在细菌细胞壁的大分子成分[如肽聚糖和其他多糖（包括肠道细菌的脂多糖）]的生物合成中也起作用。另外，细胞质膜是末端呼吸机构的场所，在DNA复制过程以及在细胞分裂时，细胞质膜对DNA拷贝的分离也可能起到一种决定性的作用[19]。这个重要结构的功能，至今还不清楚。据推测，为了功能上的有效性，一个指定的生化过程中有关的每一组酶和载体分子，应该是按精确的形式彼此紧挨着排列在适当的位置上。我们不知道是否这种超分子结构完全是由各种成分的内在性质来决定的，而这些成分在离体情况下是能改变功能结构的（就像用单体蛋白质来装配病毒的外壳或细菌的鞭毛一样）；或者是否在一个生长细胞的膜中，这种预先存在的分子组织的构型在有规律地添加新的功能成分时，起到某种作用——引发作用或甚至是催化作用，例如，使无活性的前体物转变成有活性的成分。在某些复合病毒[20]蛋白质外壳的装配中，对这样一些酶促步骤的出现，已有一些提示性的证据。一种更引人感兴趣的可能性是：膜的结构可能不仅起到规定位置的作用，而且还可以起到活性组分（例如，通过传递构型的信号）的作用。这可以提供另一种水平的细胞功能调节。

这就是大肠杆菌素有趣的地方。大肠杆菌素是蛋白质类抗菌素，它能杀死大肠杆菌型细菌的敏感菌株，它是由这类细菌的另一些带有相应的遗传决定子或叫大肠杆菌素源因子的菌株所产生的。很早就知道，一些大肠杆菌素能停止敏感细胞大分子成分的合成[21]。一个主要的进展是发现了不同的大肠杆菌素引起不同的生化变化[22]，通过用胰酶从细胞受体上把大肠杆菌素降解掉，可以使某些大肠杆菌素的致死作用得到逆转[22,23]。这种来自外界的作用，并结合大肠杆菌素致死的单击动力学，可以表明在细胞被膜表面的一种单一的大肠杆菌素分子，通过细胞被膜本身的扩增机制，可以起到抑菌或杀菌的效能。因此，Nomura[22]主张：一种附着在适当受体上的大肠杆菌素，通过引起细胞质膜的某种特异成分的功能改变，作用于一个特异性的生化靶子上。Nomura[22]和我[24]曾经考虑到作为一个整体来看，扩增机制可能是通过细胞膜的构型改变来传递的。Changeux 和Thiery[25]基于对膜蛋白之间变构作用的考虑，以一种更特异性的方式提出了相同的看法。

Nomura[22]识别大肠杆菌素作用的 3 种类型是：

（1）DNA 合成停止，DNA 被断裂，这是大肠杆菌素 E2 的典型作用。

（2）抑制蛋白质合成，这是大肠杆菌素 E3 的特性，这种作用可以追溯到是 30S 亚基某种成分上的特异性改变[26]。

（3）大分子合成全部停止，这是很多大肠杆菌素（E1、K、A、I）的共同作用机制。

在大肠杆菌素 E2 和 E3 的情况中，生化效应的大小完全取决于增殖能力，而致死作用（根据失去生长能力来确定）是严格单击动力学类型的。因此，存在着一些问题，诸如观察到的特异性效应，到底是初级的还是次级的。然而，对大肠杆菌素 K 和 E1 来说，致死效应和抑制增殖能力与初级效应之间具有很好的相关性，观察到的生化现象与初级效应之间可能具有更直接的关系。

一个大肠杆菌素分子怎样抑制所有大分子的合成呢？一个重要的发现（F. Levinthal 和 C. Levinthal，私人通信）是当大肠杆菌素 E1 与在严格无氧条件下培养的大肠杆菌起作用时，蛋白质或核酸的合成是不受抑制的；放入空气，引起了一种迅速的但可逆的抑制。观察到的上述现象，与 RNA 和蛋白质合成的抑制是同时发生的，并没有前后顺序，这一事实使 Levinthals 提出了大肠杆菌素 E1 的初级作用，是在氧化磷酸化（一种细胞质膜的功能）上起作用的。ATP 水平严重下降，几乎达到 0。

根据这些情况，再加上我们对细菌膜中的大调节机制的兴趣，我和我的合作者打算协作弄清大肠杆菌素的作用与膜性质（如透性和输送）改变的相关性。我打算只做关于大肠杆菌素 E1 和 K 方面的工作，对此我有一些成功的把握。

我和 Kay Fields 首先对用大肠杆菌素处理过的大肠杆菌细胞[27]，在 β-D-半乳糖苷输送和积累方面可能发生的改变进行了研究。结果表明，依赖能量的积累过程受到严重抑制，而邻位-硝基苯基半乳糖苷（ONPG）的输送速率（用完整细胞的半乳糖苷酶水解 ONPG 的速率来测定）几乎不受影响。因此，ONPG 是透不过细胞的。α-甲基葡萄糖苷的积累（靠磷酸烯醇丙酮酸而不是靠 ATP[28]来推动）对大肠杆菌素 E1 或 K 都是不敏感的，这证明在受大肠杆菌素抑制的细胞中（糖原）酵解能继续进行。

当我们用受大肠杆菌素处理过的细胞来继续进行葡萄糖命运的研究时，出乎意料地发现了一个我们所期待的证据——膜透性的一种特异改变[29]。用大肠杆菌素处理过的这种细胞,向培养基中分泌出几乎达 1/3 的葡萄糖衍生碳源,例如 6-磷酸葡萄糖、1,6-二磷酸果糖,二氢丙酮磷酸盐和 3-磷酸甘油酸盐。其他中间产物的分泌量测不出来。此外,葡萄糖分解代谢的主要快速产物是丙酮酸盐而不是乙酸盐和 CO_2。这并不是由于丙酮酸盐的渗漏引起的,而是因为当大肠杆菌素处理过的细胞,乳酸脱氢酶的水平高时,丙酮酸盐可以转变成乳酸盐。这个分解代谢反应产生丙酮酸盐,而不产生乙酸盐。这反映了丙酮酸盐氧化作用直接或间接地受到特异性的抑制。

还了解到,对能量代谢的影响要比对刚才说的那种氧化磷酸化作用的抑制更为复杂。如果在适当条件下,而不是在严格无氧条件下,把大肠杆菌在葡萄糖中发酵培养,它的蛋白质和核苷酸的合成对大肠杆菌素抑制作用的敏感性与需氧细胞中是一致的。在不完全缺氧条件下,即使受空气强烈抑制的氯高铁血红素缺陷的突变体,对大肠杆菌素也是敏感的。

这些观察揭示了,这些大肠杆菌素的早期效应可能是一种(可逆的)细胞质膜的变化,这种变化需要有氧存在,通过限制 ATP 的利用效力,使依赖 ATP 的生化过程发生阻断。这可能是由于 ATP 的形成减少了,或 ATP 的分解增加了。另外,不管剩余的 ATP 水平有多高,生物合成的过程也要受阻,其中部分原因可能是由于 AMP 的积累,而使 AMP/ATP 的比值升高造成的[30]。事实上,AMP 激酶热敏感的一种大肠杆菌突变体,在高温下的行为与受大肠杆菌素抑制的细胞十分相似[31]。

在进一步探索大肠杆菌素对膜的影响的工作过程中,一位客人 David Feingold,去年在我们的实验室中研究了在有羰基氰化物 m-叶绿素腙(CCCP)——能促进 H^+ 渗透的氧化磷酸化作用的一种强解偶联剂——存在时,大肠杆菌素 E1 对细菌吸收质子的影响[32]。大肠杆菌素本身不能引起对质子的渗透性增加;事实上,用洗过的正常的细胞观察到,它能防止缓慢的 pH 值上升。即使经低倍数的大肠杆菌素处理,也能使细菌变得对 CCCP 敏感,以至于只要在细菌悬浮液中加入小至 10^{-6} M 的 CCCP 时,几乎立即发生平衡。这样看来,在大肠杆菌中;大肠杆菌素 E1 的作用很像缬氨霉素对革兰氏阳性细菌的效应[32]。Hirata 等人[33]也分别得到了类似的发现。Feingold 实验室正在研究这种大肠杆菌素的效应,是抑制能量代谢的次生作用呢?还是对渗透性的一种特异效应呢?例如当 K^+ 和 H^+ 通过 CCCP 的作用彼此接近时,K^+ 能与 H^+ 发生交换,从而改变 K^+ 的渗透性。

耐大肠杆菌素的膜突变体

另一些观察使我们能将细菌对大肠杆菌素的反应与细菌被膜的功能特性结合起来。我和 Rosa Nagel de Zwaig[34]一起研究了一类耐某些大肠杆菌素的细菌突变体,它们能吸附大肠杆菌素,但不受抑制。在其他几个实验室中,也研究了相似的耐性或抗性突变体。膜对大肠杆菌素的作用与所预料的一致,我们满意地发现:我们测定过的所有耐性突变体,都有一些膜的缺陷。某些类型的突变体是很脆弱的,以至于很多菌体在生长过程中自发溶解了,仿佛这些细胞被膜的合成是缺陷的。像肠道细菌其他的被膜缺陷突变体一样,这些耐性突变体对脱氧胆酸盐也是十分敏感的,可能是因为这些突变体的被膜变得易受这种表面活性剂的影响。更有趣的是,还有一类耐性突变体,对很多有机染料,主要是阳离子染料,如吖啶、溴化乙啶以及亚甲基蓝,都是非常敏感的。我们可以证明,对染料的这种敏感性,是因为突变体细胞快速地摄取染料造成的,而正常细胞对这些染料几乎无透性。因此,这种耐大肠杆菌素的突变与膜透性的一种特异性改变是相关的①。

正常细菌和耐性突变体细胞被膜的一些初步分析研究,并没有揭示出它们之间有任何的明显差异。肠道细菌细胞被膜在化学上是极复杂的,对它了解得还很少。即使发现有化学变化,也不容易确定它们是否直接与所研究的现象有关。上述情况确实存在,例如,在大肠杆菌素处理过的细菌中报道了有磷脂组分的变化[35]。然而,令人鼓舞的是有关某些大肠杆菌素的研究和耐大肠杆菌素突变体的研究,都已集中到我们所注意的焦点上,即大肠杆菌素作用的位点与细菌膜功能之间的相关性。目前,这种关系还只是推理性的,并无可靠根据。但是,这些观察是非常鼓舞人心的,它增强了我们的信心,这就是对大肠杆菌素的研究,可以在膜的水平上揭示出控制着细菌细胞的某些主要功能是如何形成的。

跋

目前大肠杆菌素研究的状况与早在20世纪40年代噬菌体研究的情况之间,有着有趣的相似之处。在这两种情况中,都是由先驱的研究者先提出现象,再由一个工作小组,对有关的新目标进行检验。在噬菌体研究中,目标是要得到增殖的基本现象,希望病毒的增殖将有助于阐明遗传物质的复制。在大肠杆菌素的研究中,目标是要揭示细菌细胞质膜的功能,推测某些发现可能有助于阐明细胞膜功能的普遍性问题。在这两种情况中,都是使用简单的细菌系统,通过突变体来研究各自的遗传学和膜学规律。

如同25年前噬菌体研究的情况一样,今天从事大肠杆菌素研究的人员甚少,他们互相协作,对成功充满信心地开展工作——但也有点担心,成功可能也会使这个平静的研究领域转变成一种臃肿的学院式研究[37]。还是如同噬菌体研究一样,我们知道,只有当我们正在研究的这些问题具有可靠的生化手段时,才能使问题得到圆满解答。这个问题可能和已弄清楚的基因功能和复制一样,是一门新颖的生物化学课题。今后也许我们能再次发现某个意义深远的、鼓舞人心的重大问题。

参 考 文 献

[1] Luria, S. E., and Delbrück, M., 1942. *Arch. Biochem.*, **1**, 207.

[2] Wyatt, G. R., and Cohen, S. S., 1952. *Nature*, **170**, 1072.

[3] Cohen, S. S., 1961. Virus-induced Enzymes, Columbia University Press, New York.

---

① 近来,以温度敏感的耐性突变体得到的某些发现说明,细胞被膜的行为和敏感位点与耐性位点嵌合体的行为一样,完全取决于合成各个位点时的温度[36],这些发现不能支持那种认为"大肠杆菌素作用的扩增机制是由于细菌细胞被膜整个构型变化引起"的朴素想法。

[4] Cairns, J., and Davern, C. I., 1966. *J. Mol. Biol.*, **17**, 418.

[5] Kutter, E. M., and Wiberg, J. S., 1968. *J, Mol. Biol.*, **38**, 395.

[6] Aposhian, H. V., 1968. in H. Fraenkel-Conrat (Ed.), *Molecular Basis of Virology*, Reinhold, New York, 497.

[7] Roscoe, D. H., 1959. *Virology*, **38**, 527.

[8] Kaempfer, R, O. R., and Magasanik, B., 1967. *J. Mol. Biol.*, **27**, 453.

[9] Burgess, R. R., Travers, A. A., Dunn, J. J., and Bautz, E. K. F., 1969. *Nature*, **221**, 43.

[10] Summers, W. C., and Siegel, R. B., 1969. *Nature*, **223**, 1111.

[11] Hosoda, J., and Levinthal, C., 1968. *Virology*, **34**, 709.

[12] Travers, A. A., 1969. *Nature*, **223**, 1107.

[13] Sonenshein, A. L., and Roscoe, D. H., 1969. *Virology*, **39**, 205.

[14] Losick, R., and Sonenshein, A. L., 1969. *Nature*, **224**, 35.

[15] Britten, R. J., and Davidson, E. H., 1969. *Science*, **165**, 349.

[16] Iseki, S., and Sakai, T., 1953. *Proc. Japan Acad.*, **29**, 121.

[17] Uetake, H., Luria, S. E., and Burrous, J. W., 1958. *Virology*, **5**, 68.

[18] Wright, A., Dankert, M., and Robbins, P. W., 1965. *Proc. Natl. Acad. Sci. USA*, **54**, 235.

[19] Ryter, A., Hirota, Y., and Jacob, F., 1968. *Cold Spring Harbor Symposia Quant. Biol.*, **33**, 669.

[20] Wood, W. B., Edgar, R. S., King, J., Lielausis, I., and Henninger, M., 1968. *Federation Proc.*, **27**, 1160.

[21] Jacob, F., Siminovitch, L., and Wollman, E., 1952. *Ann. Inst. Pasteur*, **83**, 295.

[22] Nomura, M., 1963. *Cold Spring Harbor Symposia Quant. Biol.*, **28**, 315.

[23] Reynolds, B. L., and Reeves, P. R., 1963. *Biochem. Biophys. Res. Communs.*, **11**, 140.

[24] Luria, S. E., 1964. *Ann Inst. Pasteur*, **107**, 67.

[25] Changeux, J. P., and Thiery, J., 1967. *J. Theoret, Biol.*, **17**, 315.

[26] *Koniskey, J., and Nomura, M.*, 1967. *J. Mol. Biol.*, **26**, 181.

[27] Fields, K. L., and Luria, S. E., 1969. *J. Bacteriol.*, **97**, 57.

[28] Kundig, W., Ghosh, S., and Roseman, S., 1964. *Proc. Natl. Acad. Sci. USA*, **52**, 1067.

[29] Fields, K. L., and Luria, S. E., 1969. *J. Bacteriol*, **97**, 64.

[30] Atkinson, D. E., 1966. *Ann. Rev. Biochem.*, **35**, 85.

[31] Cousin, D., 1967. *Ann. Inst. Pasteur*, **113**, 309.

[32] Harold, F. M., and Baarda, J. R., 1969. *J. Bacteriol.*, **96**, 2025.

[33] Hirata, H., Fukui, S., and Ishikawa, S., 1969. *J. Biochem.*, **65**, 843.

[34] Nagel de Zwaig, R., and Luria, S. E., 1967. *J. Bacteriol.*, **94**, 1112.

[35] Cavard, D., Rampini, C., Barba, E., and Polonovski, J., 1968. *Bull. Soc. Chem. Biol.*, **50**, 1455.

[36] Nagel de Zwaig, R., and Luria, S. E., 1969. *J. Bateriol.*, **99**, 78.

[37] Stent, G. S., 1969. *Science*, **166**, 479.

核糖核酸指导的脱氧核糖核酸合成[①]

霍华德·特敏(H. M. Temin)[②]

(美国　威斯康星大学 McArdle 实验室,1972 年)

一

　　现代生物学的主要目标是研究遗传信息在分子结构内是如何编码的,以及在生物系统中如何从一种分子传递到另一种分子。揭示控制这种传递的规律,对于了解动物和植物体内胚细胞如何分化成上百种不同类型的细胞,以及正常的健康细胞如何变成癌细胞,都具有重要的意义。

　　最近 20 年来,已经知道在所有活细胞内,遗传信息都编码在由两条 DNA 长链构成的双螺旋分子内。每种生物的遗传信息都是由 4 个字母(即 4 种不同的碱基)的文字写成的。在正常细胞内,遗传信息短句(单个基因)从 DNA 转录到密切相关的单链 RNA 分子上,然后,代表一个基因的一段 RNA 链再被翻译成一种特异的蛋白质,蛋白质是由 20 个字母(即 20 种不同的氨基酸)的文字构成的。细胞分裂时,DNA 双链中每一条链上的遗传信息都进行复制,从而保证子代细胞具有亲代的全部遗传性状。

---

　　①　王斌译自 H. M. Temin. RNA-directed DNA synthesis. **Scientific American**,1972,226(1):25-33.

　　②　霍华德·特敏(Howard Martin Temin, 1934—1994),美国肿瘤学家。他因发现了逆转录酶,挑战了分子生物学的中心法则,与 Renato Dulbecco、David Baltimore 共同获得 1975 年诺贝尔生理学或医学奖。

DNA 双螺旋结构的发现人之一克里克（F. Crick），最初提出的假说认为，遗传信息可以从核酸传到核酸，从核酸传到蛋白质。但是，遗传信息一旦传到蛋白质，就不可能逆向得到它。也就是说，遗传信息不能从蛋白质传到蛋白质，也不能从蛋白质传到核酸。这些概念简称为分子生物学的"中心法则"。根据中心法则，遗传信息连续地从 DNA 传到 RNA，从 RNA 传到蛋白质（见图 1）。尽管克里克的原始公式并不排斥遗传信息从 RNA 到 DNA 的逆向传递，但自然界中的生物体似乎并不需要这样一种逆向传递，而且，有很多生物学家认为，一旦揭示出这种逆向传递，就会动摇中心法则。

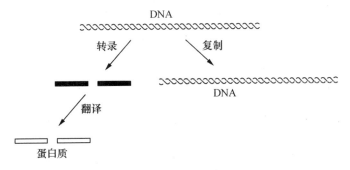

图 1　中心法则

最初由克里克提出的分子生物学的"中心法则"认为：生物体内遗传信息可以从 DNA 传递到 DNA，或者从 DNA 到 RNA 再到蛋白质，但不能从蛋白质传到蛋白质，也不能从蛋白质到它们的 DNA 和 RNA。虽然 Crick 最初提出的公式没有排除遗传信息从 RNA 到 DNA 的逆向传递，但许多分子生物学家认为，将来一旦发现这样一种逆向传递，就会动摇中心法则。

下面我介绍一下最初揭示出遗传信息从 RNA 传递到 DNA 的有关实验。这些实验不仅有力地证明了遗传信息的逆向传递确实存在，而且也只有用逆向传递才能解释一大类动物病毒的反常行为，这些动物病毒的遗传信息编码在 RNA 分子上，而不是在 DNA 分子上。这类病毒中有许多能诱发动物致癌。虽然目前尚未证实这些病毒与人癌有关，但是，揭示这类病毒在活细胞内将遗传信息从 RNA 传递到 DNA 的机制，有可能为统一两种过去似乎是互不相干的人类致癌假说，即遗传假说和病毒假说作出贡献。

病毒分为两大类，即由 DNA 组成基因组（或者说整套基因）的病毒和由 RNA 组成基因组的病毒。在病毒感染的细胞中，DNA 病毒能进行复制，产生新的 DNA，并把遗传信息从 DNA 传递到 RNA，再从 RNA 传到蛋白质。大多数的 RNA 病毒，例如引起脊髓灰质炎的各种病毒、普通感冒病毒和流感病毒，则直接把 RNA 复制成新的 RNA，并把遗传信息从这些 RNA 分子传递到蛋白质，在它们的 RNA 复制过程中，不直接涉及 DNA。

近几年来，已经清楚，各种 RNA 肿瘤病毒（又称白血病病毒或劳斯氏病毒）是通过另一种信息传递方式进行复制的。劳斯氏病毒除了能用在细胞或 DNA 病毒中发现的信息传递方式外（从 DNA 到 DNA、DNA 到 RNA、RNA 到蛋白质），还能利用从 RNA 到 DNA 的信息传递方式。劳斯氏病毒与其他 RNA 病毒不同，不是把信息从 RNA 传到 RNA。由于在劳斯氏病毒复制中存在 RNA 到 DNA 的信息传递方式，因此，有人建议把病毒分为三大类：DNA 病毒、RNA 病毒和 RNA-DNA 病毒（见图 2）。

61 年前，劳斯氏在洛克菲勒医学研究所发现了 RNA 肿瘤病毒的原型——鸡的劳斯氏肉瘤病毒。实际上，早在劳斯氏之前，哥本哈根的 V. Ellerman 和 O. Bang 已经发现了

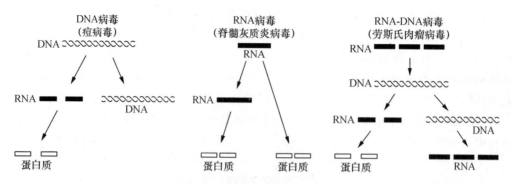

图 2　病毒可以分为三大类

　　(1) DNA 病毒(左边的)，它的基因组(或者说整套基因)是由 DNA 组成的；(2) RNA 病毒(中间的)，它的基因组是由 RNA 组成的；(3) RNA-DNA 病毒(右边的)，它是最近发现的、基因组由 RNA 和 DNA 交替组成的病毒。图中括号内为各类病毒的原型肿瘤病毒。图解表示每一类病毒复制时所特有的信息传递方式。

RNA 肿瘤病毒，但由于这种病毒能引起鸡的白血病，又比劳斯氏肉瘤病毒更难对付，因此，他们没有对这种病毒进行深入的研究。Rous 研究了在 Plymouth 种鸡身上移植肿瘤，开始他观察到，通过移植细胞，可使肿瘤移植。1911 年他又发现，用无细胞滤液仍然可以使肿瘤移植。一般都认为能通过无细胞滤液进行传播的疾病都是由病毒引起的。现在，用 Rous 发现的病毒后代进行研究工作的实验室遍布世界各地。但当时大家还不相信 Rous 的发现。过了 10 年，Rous 自己也停止了肿瘤的研究工作。大约过了 30 年，美国纽约市 Bronx 区的退役军人医院的 L. Gross 发现了 RNA 肿瘤病毒引起小鼠白血病，这样劳斯氏(Rous)病毒的研究才普遍开展起来。

　　现在已经知道，和劳斯氏病毒同一大类的病毒或它的亲缘病毒，不仅能在雏鸡和小鼠身上引起肿瘤，而且在大鼠、仓鼠、猴子以及各种动物身上，也能引起肿瘤。从蛇类等非哺乳动物中也分离出了这类病毒。但是，到现在为止，还没有发现真正的人类劳斯氏病毒。看来，这类病毒的某些种，例如某些"辅助病毒"并不致癌。

二

　　20 世纪 50 年代，随着细胞培养法开始应用于动物病毒学研究，对劳斯氏肉瘤病毒的组织培养也发展起来了。首先由 R. A. Manaker 和 V. Groupé 在 Rutger 大学开拓了应用组织培养物研究劳斯氏肉瘤病毒的研究工作，随后，H. Hubin 和我在加利福尼亚理工学院也进行了这方面的研究工作。其方法就是把病毒悬液加到由鸡胚体壁细胞形成的稀薄的细胞培养物中，劳斯氏肉瘤病毒能感染某些细胞，并把它们转化成肿瘤细胞。这些转化了的肿瘤细胞，在形态和生长特性上都与正常细胞不同，结果就产生了变异细胞群。用劳斯氏肉瘤病毒感染由火鸡、鸭、鹌鹑及大鼠得来的细胞，更进一步发展了这种试验方法。用其他转化的病毒也建立起了类似的试验方法。

　　转化细胞群数目与加到细胞培养物中的有感染性的病毒颗粒数成正比。这为测定劳斯氏肉瘤病毒提供了一种迅速、而且重复性也好的试验方法。这种试验法的利用导致以下发现,即在与细胞相互作用的方式上,劳斯氏肉瘤病毒与当时已经研究过的其他病毒是不同的。多数病毒的增殖与细胞的分裂是对抗的。换言之,病毒引起感染细胞死亡。而感染劳斯氏肉瘤病毒的雏鸡细胞,不仅存活下来了,而且继续分裂并产生新的病毒颗粒(见图3)。当用劳斯氏肉瘤病毒感染大鼠细胞时,细胞和病毒间的相互作用与上述情况有所不同,大鼠细胞转化成了癌细胞,这些细胞仍能分裂,尽管可以证明,这些转化了的细胞中有病毒基因组(DNA)存在,但不产生劳斯氏肉瘤病毒。如果雏鸡的正常细胞和大鼠的转化细胞发生融合,即可引起劳斯氏肉瘤病毒的形成。

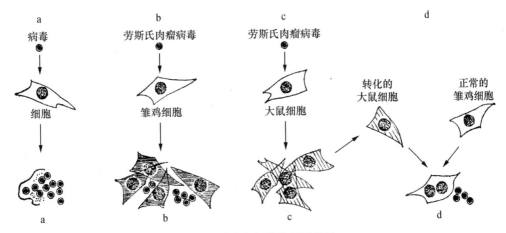

图3 病毒与细胞的相互作用

由于大多数病毒与细胞分裂是对抗性的,因此,病毒与细胞的相互作用,通常导致感染细胞的死亡(a)。但劳斯氏肉瘤病毒以不同的方式与细胞相互作用,因此,感染劳斯氏肉瘤病毒的雏鸡细胞,不仅活下来了,而且转化成了能继续分裂并产生新病毒颗粒的癌细胞(b)。感染劳斯氏肉瘤病毒的大鼠细胞,转化成能分裂的癌细胞,但不产生新的病毒颗粒(c)。把转化的大鼠细胞与正常的雏鸡细胞融合,可以诱发劳斯氏肉瘤病毒颗粒的形成(d)。

20世纪60年代初期,发现抗菌素放线菌素D,可以用来阐明在RNA病毒感染的细胞内遗传信息的传递方式。这种抗菌素能抑制以DNA为模板的RNA合成,但不影响以RNA为模板的RNA合成。因此,除了与病毒基因组有特殊关系的RNA外,这种抗菌素停止了RNA病毒感染的细胞中其他一切RNA的合成。用这一新方法,很容易确定,哪种RNA分子对于病毒是特异的。

当我把放线菌素D加到形成劳斯氏肉瘤病毒的细胞培养物中,发现这种抗菌素抑制了全部RNA的合成。而正像我们所期待的那样,以一种RNA病毒基因组为模板复制RNA,可以无阻碍地连续进行(见图4)。这一结果首次直接证明了,劳斯氏肉瘤病毒复制的分子生物学与其他RNA病毒是不同的。从观察到上述结果的时候起,放线菌素D能抑制劳斯氏病毒的复制被公认为是这些病毒的确定特性之一。放线菌素D的实验向我们揭示了,劳斯氏肉瘤病毒可能通过一种DNA中间物而进行复制,这种假说被称为DNA前病毒假说。

我和J. P. Bader在美国国立癌症研究所中所作的进一步实验表明,如果在细胞接种劳斯氏肉瘤病毒之后,立即抑制细胞的DNA合成,就能保护细胞不被感染。抑制剂有:

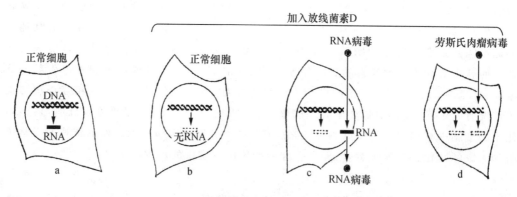

图4　RNA 的合成

在正常细胞中，以 DNA 为模板合成 RNA(a)。加入抗菌素放线菌素 D 会抑制这一合成(b)。由于放线菌素 D 并不影响以 RNA 为模板合成 RNA，因此，在大多数 RNA 病毒感染的细胞中，这种抗菌素不抑制与病毒基因组有关的 RNA 分子的合成(c)。在产生劳斯氏肉瘤病毒的细胞中，放线菌素 D 能抑制所有 RNA 的形成(d)。这一发现是说明劳斯氏肉瘤病毒与其他 RNA 病毒复制的分子机制不同的第一个直接证据。放线菌素 D 的实验使作者提出了 DNA 前病毒假说，假说主张像劳斯氏肉瘤病毒这样的劳斯氏病毒是通过一种 DNA 中间物进行复制的。

氨甲蝶呤、氟代脱氧尿嘧啶核苷、阿拉伯糖胞嘧啶核苷。这些实验似乎支持了认为感染细胞必须以 RNA 为模板合成新病毒 DNA 的想法。但是这种解释是很含糊的，因为劳斯氏肉瘤病毒的增殖需要细胞在被感染之后能正常分裂。因此，在感染之后抑制 DNA 的合成，就会抑制劳斯氏肉瘤病毒的增殖，因为这不仅封阻了新病毒 DNA 的合成，而且也抑制了细胞的正常分裂。

<h1 style="text-align:center">三</h1>

为了解决这个问题，我采用了以劳斯氏肉瘤病毒感染静态（或称为不分裂的）细胞培养物的方法。培养物中的细胞繁殖需要血清中的某些特殊因子，如果从培养基中去掉血清，细胞就停止分裂。如果将这种培养细胞暴露于劳斯氏肉瘤病毒中，细胞就会被感染，但是，在重新加入血清并使细胞再次分裂之前，并不发生病毒的增殖和细胞形态变化。在静态细胞中，加进 DNA 合成的抑制剂，由于这些细胞不合成 DNA，因而并不死亡。在静态细胞中，同时加入劳斯氏肉瘤病毒和 DNA 合成抑制剂，细胞既不死亡，也不被感染（见图5）。

如果这时去掉 DNA 合成的抑制剂，加入血清，能促使细胞重新分裂。我们发现细胞依然不被感染，这些细胞不转化成肿瘤细胞，也不产生病毒。这些实验支持了下述假说，即细胞被劳斯氏肉瘤病毒感染之后，就合成新的病毒 DNA，这种病毒 DNA 合成不同于细胞正常的 DNA 合成。显然，这种新的病毒 DNA 是以病毒 RNA 为模板合成的。

我的学生 D. E. Boettiger，为了解决劳斯氏肉瘤病毒复制问题，又发展了上述研究。Rochester 大学医疗和牙科学校的 P. Balduzzi 和 H. R. Morgan 也独立地进行了这方面的研究。另一些研究人员发现，如果将 DNA 组分胸腺嘧啶的类似物——5-溴代脱氧尿嘧啶，掺入到 DNA 中去，DNA 即敏化，以至于能被光失活。在同样的条件下，光不能使

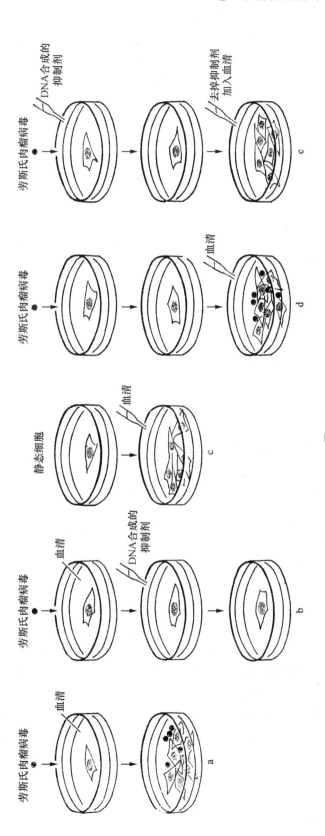

图 5

作者和 J. B. Bader 在美国国立癌症研究所所进行的实验，支持了下述假说，认为用劳斯氏肉瘤病毒感染细胞，需要以 RNA 为模板合成新的病毒 DNA。把病毒加到正常生长的细胞培养物中，细胞转化为癌细胞，这种癌细胞能进行分裂并产生新的劳斯氏肉瘤病毒（a）。如果在细胞接种了劳斯氏肉瘤病毒之后，立即加入细胞 DNA 合成的抑制剂，细胞免受感染（b）。作者在后来的实验中，使用了静态的（或者说不分裂的）细胞培养物，当在培养物中加入血清时，细胞开始正常分裂（c）。但是，如果这种静态细胞先暴露于劳斯氏肉瘤病毒，虽然细胞受到感染，但直至重新加入血清使细胞重新分裂之前，并不产生病毒颗粒和形态变化（d）。当细胞同时暴露于劳斯氏肉瘤病毒和 DNA 合成的抑制物时，细胞没有死亡，也没有被感染；当把 DNA 合成的抑制物除去并加入血清时，细胞正常分裂，不被感染，不发生转化，也不产生病毒。

正常的、含胸腺嘧啶的 DNA 失活。因此,Boettiger 在有 5-溴代脱氧尿嘧啶存在的情况下,使静态细胞与劳斯氏肉瘤病毒接触,然后再用光照射这些细胞,光照并不杀死细胞,而且这一处理反而保护细胞免受病毒的感染。重新加入血清,使细胞能够分裂,但这些细胞并不发生转化,也不产生病毒(见图 6)。

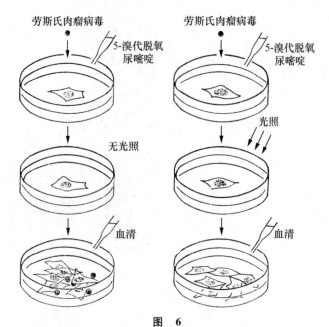

图 6

作者的学生 D. E. Boettiger(Rochester 大学的 P. Balduzzi 和 H. R. Morgan 也独立地进行了这些实验)所做的实验说明,在有 5-溴代脱氧尿嘧啶(DNA 组分胸腺嘧啶的一种类似物)存在的情况下,用劳斯氏肉瘤病毒感染静态细胞,当 5-溴代脱氧尿嘧啶参入 DNA,DNA 即敏化,致使在光照下失活。左图是对照,处理过的细胞开始不经过光照,在加入血清之后,这些细胞重新分裂,同时转化成了癌细胞,并开始产生病毒颗粒。右图,另一组处理过的细胞经过光照,细胞未被杀死,这种处理保护了这些细胞免受病毒的感染,重新加入血清,使这些细胞能够分裂,但它们不能发生转化。

Boettiger 进行的与此有关的一个实验表明,细胞被劳斯氏肉瘤病毒感染后的失活速率取决于感染每个细胞的病毒数目。当感染每个细胞的病毒数目增加时,他发现感染增加了对光失活作用的抵抗能力。我们对这些实验的解释如下:感染细胞的每种病毒,产生一种新的特异 DNA,侵入每个细胞的病毒数目越多,产生新病毒 DNA 的分子也就越多。看来这一实验有力地排除了下述假说,即感染病毒引起某种原有的细胞 DNA 的新合成。

遗憾的是,到目前止,谁也没能确切证明:在劳斯氏肉瘤病毒感染的细胞中存在新合成的 DNA。要检查这些期望存在的新的微量病毒 DNA,现在所用的这些技术显然是太粗糙了。但是,已有报道说用转化细胞取得了一定的结果。方法之一就是把感染细胞的 DNA 分子同标记的病毒 RNA 混合,观察两种分子的单链是否会结合成双链杂种分子。当 DNA 中的碱基顺序与 RNA 中的碱基顺序互补时,这种杂种分子是很容易产生的,这说明 DNA 和 RNA 带有相同的遗传信息,因而每种分子都能够由另一种分子转录产生。

迄今为止,已经报道过的杂交实验结果引起了激烈地争论。虽然有些实验(最著名的是洛杉矶加利福尼亚大学的 M. Baluda 和 D. P. Nayak 等的一些实验)好像说明感染细胞中存在与病毒 RNA 互补的 DNA,但是,这个结果还没有被普遍承认。找到一种中间物病毒 DNA,是稳固确立 DNA 前病毒学说最重要的证据。

与此同时,各种不同类型的实验都为这一假说提供了有力的证据。1969 年,曾写过关于细菌病毒博士论文的 S. Mizutani,来到我们实验室进行博士学位后的进修。我们决定提出这样一个问题:以病毒 RNA 为模板合成前病毒 DNA 的酶(一种蛋白质)的来源是什么? Mizutani 发现,在有蛋白质合成抑制物存在的条件下,用劳斯氏肉瘤病毒处理静态细胞培养物,细胞仍能受到感染,我们认为这个实验说明,能以病毒 RNA 为模板合成 DNA 的酶,在细胞受到感染之前就已经存在了。

不久前,有人分离出了病毒颗粒(这种真正的病毒颗粒与细胞内病毒所具有的形态是不同的),以及发现了 RNA 聚合酶,这种酶催化由 4 种不同的核糖核苷三磷酸合成 RNA。1967 年,普林斯顿大学的 J. Kates 和 B. R. McAuslan 以及 Roswell Park 研究所的 W. Mungon、E. Paoletti 和 J. T. Grace 在一种大型 DNA 病毒——痘病毒中,发现了 RNA 聚合酶。另外有人在一种肠道呼吸道病毒(一种双链 RNA 病毒)中发现了另一种 RNA 聚合酶。因此,我们决定,在劳斯氏肉瘤病毒颗粒中寻找能以病毒 RNA 为模板的 DNA 聚合酶。经过几个月的初步实验,我们成功地证明了在纯化的劳斯氏肉瘤病毒颗粒中,存在一种 DNA 聚合酶。

在讨论这个结果之前,我想先暂离本题描述一下劳斯氏肉瘤病毒的结构(见图 7)。劳斯氏肉瘤病毒颗粒的直径约为 100 纳米,比引起脊髓灰质炎的病毒颗粒大些,比引起天花的病毒颗粒小些,劳斯氏肉瘤病毒颗粒是由含脂被膜(由细胞膜凹陷而成)、内膜以及含有病毒 RNA 和某些蛋白质的类核(或叫核心)构成的(见图 8)。

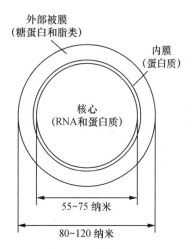

图 7　RNA-DNA 病毒颗粒结构模式图

为了证明劳斯氏肉瘤病毒确实含有一种能以 RNA 为模板合成 DNA 的聚合酶,我们先用去垢剂处理病毒颗粒,使它的含脂被膜发生破裂,然后,在这种已经裂解的病毒中加进构成 DNA 的原材料——4 种脱氧核糖核苷三磷酸。其中一种脱氧核糖核苷三磷酸带有放射性标记。

当混合物在 40℃保温时,放射性标记就掺入到不溶于酸的物质中,这种不溶于酸的物质通常作为鉴定 DNA 的物质,它对碱和能破坏 RNA 的核糖核酸酶是稳定的;相反,能破坏 DNA 的酶,也能破坏这种物质,使它成为碎片。我们用核糖核酸酶(一种能破坏 RNA 的酶)预处理已经裂解的病毒颗粒进行重复实验时,只产生极少量的 DNA,或不产生 DNA,这说明合成 DNA 需要用完整的病毒 RNA 作为模板(见图 9)。

1970 年 5 月在休斯敦举行的第 10 届国际肿瘤会议上,我报告了这些结果之后,我们得知麻省理工学院的 D. Baltimore 独立地用小鼠白血病病毒颗粒作材料也发现了同样的现象。记述这些发现的两篇文章同时发表在 1970 年 6 月 27 日出版的一期英国科学周刊《自然》上,这两篇文章的发表引起了大量的研究工作,其高潮尚未出现。

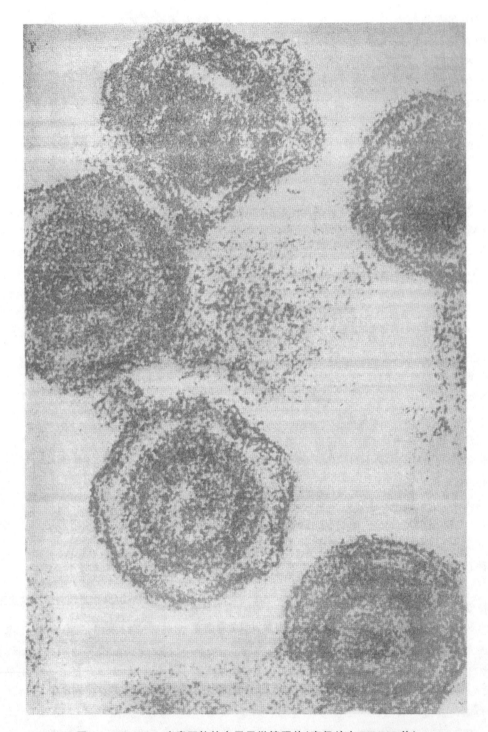

图 8　RNA-DNA 病毒颗粒的电子显微镜照片（直径放大 700 000 倍）

RNA-DNA 病毒是一种动物肿瘤病毒，在这种病毒中，除了有正常细胞和别的病毒所用的正常的遗传信息传递方式以外，它还能把遗传信息从 RNA 传递到 DNA。在电子显微镜超薄切片中看到的这种特殊的 RNA-DNA 病毒颗粒，能引起小鼠产生白血病，它和本文中所讨论的劳斯氏肉瘤病毒在结构和功能上都是十分相似的。图 7 就是这种类型的病毒颗粒的结构模式图。

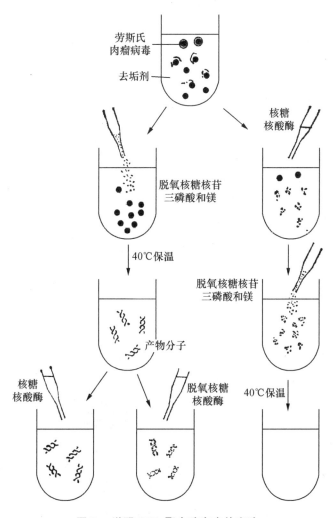

图 9　说明 RNA 聚合酶存在的实验

　　作者和他的同事 S. Mizutani 的实验(麻省理工学院的 D. Baltimore 也独立地进行了这一实验),证明了在 RNA 肿瘤病毒中存在一种能以 RNA 为模板合成 DNA 的聚合酶。Mizutani 和作者进行的实验,先用去垢剂处理纯的劳斯氏肉瘤病毒颗粒,使其含脂被膜破碎,然后在已经裂解的病毒颗粒中加入构成 DNA 的材料——4 种脱氧核糖核苷三磷酸,将混合物进行保温,带有放射性标记的那种脱氧核糖核苷三磷酸参入不溶于酸的物质,这种物质在有核糖核酸酶(一种能分解 RNA 的酶)存在的条件下是稳定的,但能被脱氧核糖核酸酶(分解 DNA 的酶)破坏形成碎片。用核糖核酸酶预处理过的已经裂解的病毒颗粒进行重复试验时,不产生或者产生极少量的 DNA,这说明合成 DNA 需要有完整的病毒 RNA 作为模板。

四

　　在我们早期的文章中,把这种新的病毒酶叫做依赖于 RNA 的 DNA 聚合酶,因为 RNA 是模板,而 DNA 是产物。后来,我们和别人都发现,这种酶也可以用 DNA 为模板合成 DNA。因此我们决定把"依赖"这个词换成"指导"。所以现在我们把这种酶叫做 RNA 指导的 DNA 聚合酶。这个更正过的新名,没有指出酶的来源和它与其他聚合酶的关系。《自然》杂志最先把这种酶单独称为逆转录酶,由于它的含义不明确,我不喜欢这个名字,但它已得到了广泛地传播。

后来的这些研究都证实了最初的发现,即 RNA 肿瘤病毒颗粒含有一种 DNA 聚合酶系统,用去垢剂处理病毒颗粒,可以使该酶系统得到活化,这个酶系统对核糖核酸酶是敏感的。这种病毒颗粒酶只有 DNA 聚合酶的功能,而没有 RNA 聚合酶的功能。正像我们已经指出的那样,其他一些无关的 RNA 病毒也都含有一种 RNA 聚合酶。

如果将 RNA 指导的 DNA 聚合酶分离出来,除去蛋白质,就可以在超速离心机中用蔗糖密度梯度离心法测定这些 DNA 分子的大小。这些分子极微小,它们的长度小于人们预计的病毒 RNA 一个完整拷贝应有长度的十分之一。它们为什么这样小,原因尚不清楚。分离出来的 DNA 在硫酸铯密度梯度中离心(硫酸铯能根据 RNA 和 DNA 密度的不同把它们分开),我们发现这种产物具有 DNA 所特有的密度(见图 10)。进一步的鉴定(例如,用专门作用于单链或双链的特异酶进行处理)证明,这种 DNA 聚合酶系统的产物是双链 DNA。从这些研究可以推断,病毒颗粒 DNA 聚合酶系统合成小片段的双链 DNA。

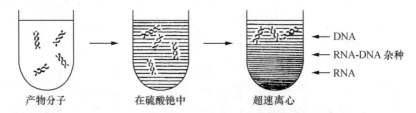

**图 10　在 RNA 指导的 DNA 聚合酶系统中合成的 DNA 产物的硫酸铯密度梯度离心
(硫酸铯根据 RNA 与 DNA 密度的不同把它们分开)实验**

从这个实验发现,产物具有 DNA 的密度。根据这一结果再结合其他发现,可以得出以下结论:劳斯氏肉瘤病毒颗粒的 DNA 聚合酶系统能合成小片段的双链 DNA。

很多研究人员业已证明,RNA 指导的 DNA 聚合酶系统合成的 DNA,具有与病毒 RNA 互补的碱基顺序(见图 11)。这个结论是从退火实验和杂交实验得出来的。处理由病毒颗粒聚合酶反应得到的标记 DNA,使 DNA 的双链解离;将单链 DNA 加到未标记的病毒 RNA 中,将混合物保温,使互补的链能形成杂种复合物。然后再将混合物在硫酸铯密度梯度中超速离心,大约 DNA 产物总量的一半所形成的带,具有 RNA 或者 DNA-RNA 杂种分子的密度特性,而不具有 DNA 的密度特性。这一实验是很特异的,它说明了病毒颗粒的 DNA 聚合酶把病毒 RNA 的碱基顺序复制成 DNA 的碱基顺序。但是,这一实验仍未证实有类似的复制过程在劳斯氏肉瘤病毒感染的细胞中发生。

C. Todaro 所领导的小组在美国国立癌症研究所以及 J. M. Coffin 在威斯康星大学我的实验室所进行的实验,证明了在病毒颗粒的核心中有病毒 DNA 聚合酶存在(见图 12)。用去垢剂处理劳斯氏肉瘤病毒颗粒破坏它的被膜,然后将已经裂解的病毒在蔗糖密度梯度中离心。发现大部分病毒 RNA、大约 20% 的蛋白质以及大部分 RNA 指导的 DNA 聚合酶活力,都一起沉降在核心部分(核心这个术语指的是比整个病毒颗粒密度较

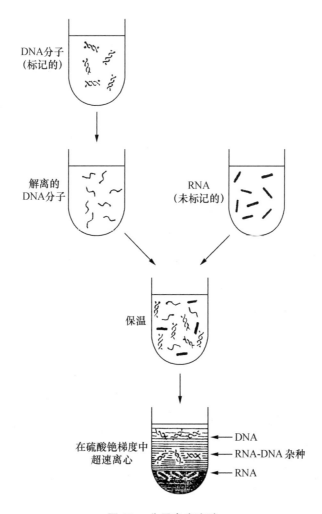

图 11　分子杂交实验

　　分子杂交实验表明,病毒颗粒中,RNA 指导的 DNA 聚合酶系统的 DNA 产物,把病毒 RNA 碱基顺序复制成为 DNA 的碱基顺序。从病毒颗粒的 DNA 聚合酶反应中产生的标记 DNA,首先经过处理使双链解离。然后,将单链的 DNA 与未标记的病毒 RNA 混合,混合物在高温下保温,使互补链形成杂种复合体。如果把这种退火得到的混合物在硫酸铯密度梯度中超速离心,结果约有一半的产物DNA 形成一个具有 RNA-DNA 杂种分子密度特性的带。

　　大的那部分结构)。进一步的研究指出,当病毒颗粒受到更严重的破坏时,病毒 DNA 聚合酶就能和病毒 RNA 分开,并被提纯出来。纯化的酶能在各种各样的模板上(例如,合成的 DNA、天然的 DNA、RNA、DNA-RNA 杂种)合成 DNA。

　　很多实验室的研究得出了一个普遍性结论,即劳斯氏病毒 DNA 聚合酶与上述的其他 DNA 聚合酶是十分相似的,后者是在大家更熟悉的那些生物系统中存在的,并能催化以 DNA 为模板的 DNA 合成。换言之,劳斯氏病毒 DNA 聚合酶能以 RNA 作为模板合成 DNA,这并不是它的独特性质(几年前首先由 Sloan-Kettering 研究所的 S. L. Huang和 L. F. Cavalieri 提出)。至于在劳斯氏病毒复制中 RNA 指导的 DNA 合成所起到的那种显著的生物学作用,至今来说还是独一无二的。

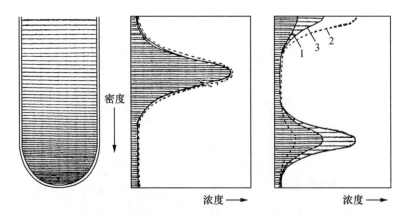

图 12　J. M. Coffin 在作者的实验室所做的工作证明,劳斯氏肉瘤病毒的
核心中存在病毒 DNA 聚合酶

中图的曲线表示整个病毒颗粒各种放射性标记组分的密度分布。右图的曲线表明用去垢剂处理使病毒颗粒的被膜裂解之后,离心测定相同组分的密度分布。裂解病毒颗粒的大部分病毒 RNA (曲线 1),约 20％的蛋白质(曲线 2)和大部分 RNA 指导的 DNA 聚合酶活性(曲线 3)沉降在一起,其密度高于整个病毒颗粒的相应组分,说明这些组分集中在病毒颗粒的核心中。

　　我的实验室做的进一步工作表明,在纯化的劳斯氏肉瘤病毒颗粒中,还含有另外一些与 DNA 复制有关的酶,其中最罕见的一种是多聚核苷酸连接酶,它能修复 DNA 分子的断裂。有一种十分有吸引力的假说认为:这种连接酶的功能是把病毒 DNA 和宿主细胞的染色体 DNA 连接起来,从而病毒基因组和细胞基因组就整合在一起了。整合之后,该病毒的遗传信息将随着宿主细胞遗传信息的复制而复制,并从亲代细胞传递给子代细胞。肉瘤病毒的病毒颗粒还含有很多作用完全不清楚的其他的酶。我们不知道它们是参与病毒的整个生活史呢,还是在病毒颗粒形成时偶然混进来的杂质。

五

　　在 RNA 肿瘤病毒颗粒中,第一次发现了 DNA 聚合酶之后,又检查了很多其他的 RNA 病毒,以了解它们是否含有类似的 DNA 聚合酶系统。最初发现原来属于 RNA 肿瘤病毒类的全部病毒都含有这样的酶系统。这类 RNA 病毒,既包括引起肿瘤的劳斯氏病毒,也包括不引起肿瘤的劳斯氏病毒。更有趣的是,发现有两类与 RNA 肿瘤病毒不属同一类的病毒,也含有这种 DNA 聚合酶系统。其中之一是绵羊髓质脱失性脑炎病毒,它能引起绵羊发育缓慢的神经疾病。在绵羊髓质脱失性脑炎病毒颗粒中确定了存在 DNA 聚合酶后,K. K. Takemoto 和 L. B. Stone 在美国国立卫生研究所的工作指出,这种病毒能引起培养中的小鼠细胞癌化。因此,绵羊髓质脱失性脑炎病毒现在可以认为是转化的劳斯氏病毒。另一类被发现具有 DNA 聚合酶系统的病毒是“泡沫”病毒,或叫做合胞体形成病毒。这些从猴子和猫身上分离出来病毒,还不知道它们与哪种特殊的疾病有关,但常常是细胞培养物中的污染物。到现在为止,还没证实它们具有引起肿瘤和癌化的能力。

在 RNA 肿瘤病毒中存在的 DNA 聚合酶,不仅说明了这些病毒如何引起受它们感染的细胞的稳定癌化,而且解释了某些病毒的潜伏现象,即病毒在感染机体之后随即消失,而数月或数年后又重新出现的现象。一种 RNA 病毒一旦把它的遗传信息传递给 DNA,它就在细胞内潜伏起来,并由复制和修复细胞 DNA 的细胞酶系统来复制。以后,当受到某种激活作用时,又能以有感染力的病毒颗粒形式重新出现(见图 13)。

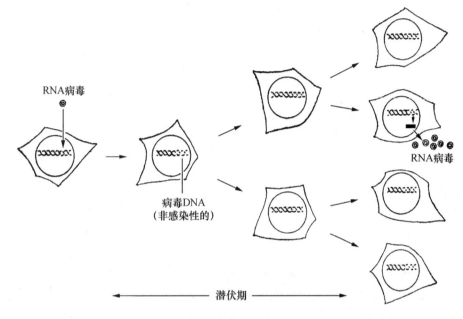

图 13 RNA 病毒的潜伏现象

RNA 病毒感染机体后的潜伏现象,可能和存在于这些病毒核心中的 DNA 聚合酶系统有关。RNA 病毒将其遗传信息传递给细胞核中的 DNA 之后,就在细胞中潜伏起来,它借助于复制和修复细胞 DNA 的细胞酶系统来完成其本身的复制,以隐蔽的形式留在细胞中(左中、右中)。数月或数年后,由于某种激活作用可引起有感染性的 RNA 病毒颗粒的重新出现(右上)。

大约一年之前,报道了在人的肿瘤细胞中发现了依赖于 RNA 的 DNA 聚合酶,这一报道引起了普遍的重视。根据上面谈到这方面工作的大部分研究结果,现在得出的普遍性结论是在适当的条件下,所有 DNA 聚合酶都能把遗传信息从 RNA 转录到 DNA。目前,我们还没有公认的标准来确定这样的合成是否具有生物学意义,以及是否与劳斯氏病毒有关。

我们实验室曾采用了稍微不同的方法来研究细胞内 RNA 指导的 DNA 合成问题。我们曾用去垢剂的激活作用和核糖核酸酶的敏感性,来作为在各种动物细胞中粗查 DNA 聚合酶的指标。我们在细胞中寻找和在病毒核心中类似的 DNA 聚合酶系统。Coffin 曾在正常的、未受感染的大鼠胚细胞中发现了这样的 DNA 聚合酶系统。到目前为止,我们还不清楚这一发现的全部意义,但是它说明除了肿瘤细胞和被病毒感染的细胞外,正常细胞中也存在对核糖核酸酶敏感的 DNA 聚合酶系统。

多年来,我一直有这样一个想法,即 RNA 指导的 DNA 合成在正常的细胞过程,尤其是和胚细胞分化有关的过程中,起着重要的作用。这个思想发展到形成前病毒假说(见图14)。它的大概意思是在正常细胞中,DNA上有一些区段可以作为合成RNA的模板,而这种RNA反过来又是合成DNA的模板。合成的这种DNA,以后又与细胞DNA整合。DNA的某些区段可能通过这种方式进行扩增。再借助其他一些方法可以使这种扩增DNA发生变化,在不同的细胞中,这种扩增DNA发生的变化是不同的。这种差异可以用作区分不同细胞的手段。

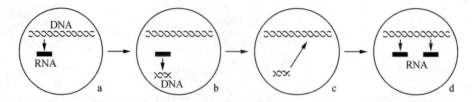

图14　前病毒假说

　　作者提出的前病毒假说,具体体现了下述设想:RNA指导的DNA合成,可能在正常的细胞过程中起着重要作用。根据这一观点来看:a. 在正常细胞中,DNA的某些区段能作为合成RNA的模板;b. 这些RNA反过来又作为合成DNA的模板;c. 这样合成DNA以后与细胞DNA发生整合;d. 由于重复这一过程而引起的某些DNA区段的扩增,这种扩增作用以及扩增DNA变化的其他过程,在胚胎的细胞分化中共同起着重要作用。

　　那么,这方面工作对预防和治疗人体癌症有什么普遍意义呢?我们只能这样推断,某些生物系统能利用以前未被发现的方式,即RNA到DNA的方式传递遗传信息。这种新的遗传信息传递方式,在引起肿瘤的病毒中首先发现,这只是有趣的巧合。但我们不能说RNA指导的DNA合成是这类病毒的独特性状。RNA指导的DNA合成的发现,是否意味着我们现在已有了简单的生化方法可以测定以下问题:(1)新发现的人类病毒是否和引起动物肿瘤及细胞癌化的RNA病毒属于同一大类;(2)在人类癌细胞中寻找与这些病毒有关的遗传信息。现在我们还不能说,RNA指导的DNA合成的抑制剂对人癌会有什么效果。在引起动物肿瘤的劳斯氏病毒中,新病毒DNA的合成看来只是在癌化初期(而不是在以后)是重要的。

　　对于人癌的了解来说,这一发现最重要的意义可能就是它消除了关于癌症起源的病毒学说和遗传学说之间的矛盾对立。过去,一种学说认为,基因是由DNA构成的,而且只有突变才能使它发生改变;另一种学说则认为,大多数已知的动物致癌病毒却是由RNA构成的,因此在那个时候,很难设想病毒学说和遗传学说会有共同之点。现在,我们已有充分证据说明,致癌RNA病毒能从病毒RNA转录出DNA来,我们很容易推导出以下假说:与病毒RNA有关的因子与细胞基因组结合,并遗传下去,在将来某一时期被激活,从而引起"自发"癌。旨在检验这一假说的实验,目前正在世界各地的许多实验室中进行。

列文虎克（A. van Leeuwenhoek，1632—1723）。

列文虎克的显微镜。

在孟德尔之前，遗传之谜一直困扰着人类。古希腊的希波克拉底提出"泛生论"，接着亚里士多德又提出与之不同的理论。17 世纪时，荷兰科学家列文虎克使用其最新的显微镜观察到胚胎细胞，此后提出"先成论"；18 世纪法国科学家雷莫（Réaumur）又提出"渐成论"。两派理论的支持者之间的争吵持续了数十年。

布丰（G. Buffon，1707—1788）。

18 世纪布丰强调了环境对遗传的影响，这个思想后来被拉马克（J-B de Lamarck，1744—1829）发展。但此时的遗传学仍然没有从本质上超越经验加臆想的水平，直到 19 世纪之前，遗传学都一直没有实质性的进展。

19 世纪后期，人们对遗传学的兴趣日益增加，一批有名望、有影响力的生物学家，如达尔文、海克尔（E. Haeckel，1834—1919）、德弗里斯（H. de Vries，1848—1935）、魏斯曼（A. Weisman，1834—1914）纷纷提出了各种遗传学说，但这时的生物学家主要把遗传作为进化论的一个问题来研究。

达尔文。

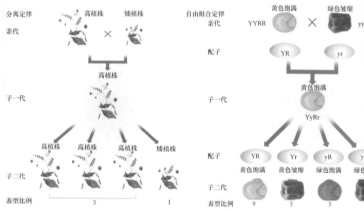

▼ 历经 8 年的大量试验，孟德尔发现了生物遗传的基本规律，并得到了相应的数学关系式。人们分别称他的发现为"孟德尔第一定律"（即分离定律）和"孟德尔第二定律"（即自由组合定律），它们揭示了生物遗传的基本规律。

▲ 所有关心遗传学的科学家都无法合理解释性状代代相传的现象。所以当孟德尔开始他的豌豆杂交试验时，其实是在探寻生物学中最古老问题的答案。

▲ 1865 年，孟德尔在当地的自然科学学会上宣读了他的论文《植物杂交的试验》（*Experiments in Plant Hybridization*）。图为孟德尔与会时的合影。

▶ 1866 年，孟德尔在布隆《自然科学会学报》（*Journal of the Society of Natural Science*）上发表论文《植物杂交的试验》。图为该论文手稿的第一页。孟德尔的研究具有革命性的意义，总结出了著名的遗传规律，推翻了所有旧的遗传学理论。载有孟德尔新发现的会刊被寄往 115 个单位的图书馆，包括英国皇家学会和林奈学会。但几乎所有人都不能理解它的重要意义。直到 1884 年孟德尔去世，他和他的遗传规律也未能引起科学界的注意。

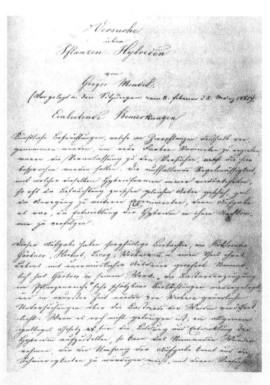

1900 年是遗传学史乃至生物学史上划时代的一年，科学家"重新发现"了孟德尔遗传规律。从此，孟德尔遗传规律得到了科学界的重视和公认。

▲ 德弗里斯（H. de Vries，1848—1935）用月见草、玉米、罂粟等植物为试验材料进行杂交试验，得出了与孟德尔豌豆杂交试验一致的结果。

▼ 1905 年，将孟德尔理论介绍到英国去的遗传学家贝特森，首先使用了"遗传学"（genetics）一词，次年举行的第三届国际杂交和植物育种大会（后又称为第三届国际遗传大会）正式接受了该名词，从此，遗传学作为一门独立的学科发展起来了。1908 年，约翰森（W. L. Johannsen，1857—1927）又创造了"基因"（gene）一词，代替孟德尔提出的意义比较宽泛的"因子"（factory）。

▲ 贝特森。

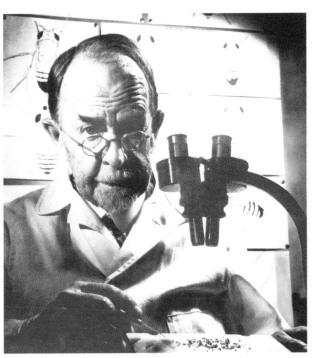

◀ 摩尔根一开始并不相信孟德尔的理论，1910 年他发现了白眼突变果蝇后，也做了和孟德尔豌豆实验一样的交配实验，其结果与孟德尔遗传规律一致。

摩尔根的三大弟子: 布里奇斯 (C. B. Bridges, 1889—1938)、斯特蒂文特 (A. H. Sturtevant, 1891—1971)、缪勒 (H. J. Muller,1890—1967)。他们最初都是作为学生进"蝇室"的,后来成了摩尔根的得力助手和合作伙伴。

▶摩尔根在哥伦比亚大学生物系给学生上课时认识了布里奇斯,非常欣赏布里奇斯的细心,并很快正式录用他为助手。后来,布里奇斯发现了很多突变型果蝇和 X 染色体不分离现象。

▲ 斯特蒂文特 1910 年开始到"蝇室"工作,那时他还是哥伦比亚大学生物系的本科生。到"蝇室"工作不到两年,他就对如何根据基因交换率的大小确定基因在染色体上排列顺序的问题发表了重要意见,后来又画出了最早的基因连锁图。摩尔根认定他是从事遗传学研究的优秀人才,就一直把他留在身边。

◀ 1912—1921 年期间,缪勒在"蝇室"学习和工作。他的想象力和推理能力都很强,又精于巧妙的实验设计。在摩尔根的学生中,缪勒的名声最大,他在研究 X 射线照射诱发生物基因突变方面取得了重大成就,并获得 1946 年的诺贝尔生理学或医学奖。

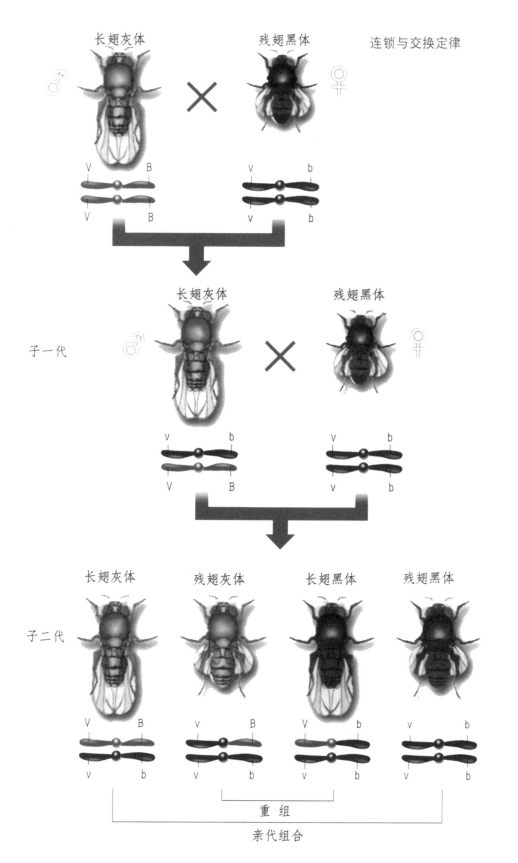

長翅灰体　　　　　　　　残翅黑体　　　　　連锁与交换定律

♂ × ♀

V　　　　B　　　　　　　v　　　　b

V　　　　B　　　　　　　v　　　　b

子一代　　　　　　　　長翅灰体　　　　　残翅黑体

♂ × ♀

v　　　　b　　　　　　　v　　　　b

V　　　　B　　　　　　　v　　　　b

子二代　　長翅灰体　　　残翅灰体　　　長翅黑体　　　残翅黑体

V　　　B　　　v　　　B　　　V　　　b　　　v　　　b

v　　　b　　　v　　　b　　　v　　　b　　　v　　　b

重　组

亲代组合

▲　摩尔根小组用果蝇作试验材料，不但证明了孟德尔两大定律的正确性，而且揭示出遗传学的第三个基本定律——基因的连锁与交换定律。科学地解释了孟德尔此前不能解释的遗传现象。

20 世纪后，科学家们转向用脉孢菌（*Neurospora crassa*）作为遗传学的研究材料。比德尔（G. W. Beadle, 1903—1989）研究了脉孢菌的基因作用方式，提出了"一个基因一个酶"学说，为生化遗传学奠定了基础，也因此获得 1958 年诺贝尔生理学或医学奖。

1963 年，麦克林托克（B. McClintock, 1902—1992），美国最杰出的细胞遗传学家。20 世纪 30 年代她在玉米中发现了基因在染色体上的转移现象（又称为跳跃的基因，多称为转座基因）。她很长一段时间被科学界误解并打入冷宫，直到 1983 年获得诺贝尔生理学或医学奖。图为麦克林托克在实验室里研究玉米。

在埃弗里(O.T.Avery,1877—1955)之前，蛋白质一直被认为是遗传学的基础而DNA只是蛋白质的一种不怎么重要的附属品，直到埃弗里证明DNA才是真正的遗传学基础。当时，由于埃弗里提纯的DNA之中还有0.02％的蛋白质，所以还有一些人对此结论提出质疑。

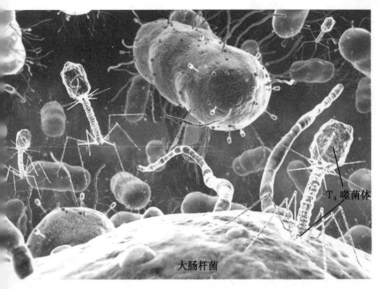

大肠杆菌

T_4 噬菌体

T_4 噬菌体侵染大肠杆菌的示意图。直接对分子遗传学的诞生作出重大贡献的是对噬菌体的研究。1952 年赫尔希（A. Hershery,1908—1997）和蔡斯（M. Chase,1927—2003）利用噬菌体侵染大肠杆菌的实验，证实了遗传物质是 DNA，而不是蛋白质。

▲ 1953 年，美国的沃森（J. D. Watson，1928—　）（左）和英国的克里克（F. Crick，1916—2004）共同提出了 DNA 分子的双螺旋结构模型，标志着遗传学的发展进入了分子遗传学时代。

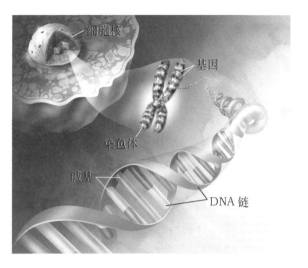

▲ 现在，基因已经以一种真正的分子物质呈现在人们面前，科学家可以更深入地探索基因的结构和功能。

▲ 威尔金斯（M. H. F. Wilkins, 1916—2004），英国物理学家和分子生物学家，因他在 DNA 结构研究工作方面的突出贡献，与克里克、沃森共同获得 1962 年诺贝尔生理学或医学奖。图为新西兰庞加罗阿市（Pongaroa）为纪念威尔金斯而竖立的雕塑作品。

▲ 特敏（H. M. Temin, 1934— 1994），美国肿瘤专家。他发现了逆转录酶，挑战了分子生物学的中心法则，与杜尔贝科（R. Dulbecco，1914—　）、巴尔的摩（David Baltimore，1938—　）共同获得 1975 年诺贝尔生理学或医学奖。

今天，通过数代科学家的研究，已经使生物遗传机制——这个使孟德尔魂牵梦绕的问题建立在遗传物质 DNA 的基础之上。人们已经开始向控制遗传机制、防治遗传疾病、合成生命等更大的造福于人类的工作方向前进。然而，所有这一切都与圣·托马斯修道院那个献身于科学的修道士的名字相连。

► 基因工程的操作流程示意图。如今，基因治疗、基因药物、人类基因组计划等遗传学名词开始频频出现在人们的生活中。

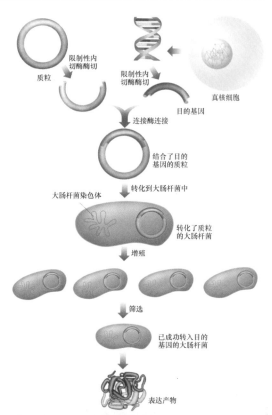

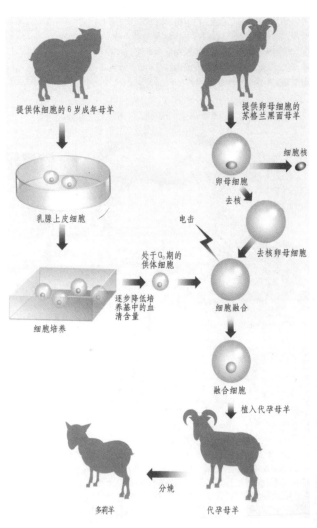

▲ 多莉羊的克隆过程示意图。多莉羊的成功证明通过遗传操作，可以大规模复制动物的优良品种，但同时，这项技术也在科学界、政界、宗教界引发了一场激烈的讨论。

▲ 通过杂交育种获得的各种西红柿。

附　　录

·Appendix·

　　学术上的百家争鸣的确需要有政治上的民主来保证。你问政治和科学应该是一种什么样的关系和位置，我常说在谈论事情"应该"怎样以前，先要问一下事实到底"是"怎样。这才是真正的客观态度。

　　　　　　　　　　　　　　　　　——于光远

Meteorologische Beobachtungen

Jahr 1878
Monat October
Beobachtungs-Station Brünn
Beobachter ...

附录 1

百家争鸣是发展科学的必由之路^①

嘉　　宾：于光远
策　　划：李存富　中国科学院网站主编
主持人：张　琨　中国科学院网站编辑
　　　　　王　卉　《科学时报》记者

主持人：1956 年 8 月 10 日至 25 日，由中国科学院和高等教育部联合在青岛召开遗传学座谈会。这次会议曾经被学术界认为是贯彻"百家争鸣"方针的典范，是我国生物科学、特别是遗传学发展的一次历史性转折。五十年过去了，今天重新回顾青岛遗传学座谈会及其以后的历程，使我们更清楚地认识到"百家争鸣"方针在发展科学、繁荣学术上的巨大威力，同时也更加认识到贯彻这一方针的必要性。8 月 20 日，科学在线栏目组就此在于光远先生家中进行了访谈。我们首先请于老简要介绍一下这次会议的历史背景，以及李森科事件。

于光远：青岛遗传学会议是我在中宣部科学处时做的一件工作，是我们的部长陆定一指派我去做的。在这之前，陆定一认为需要纠正党对俞平伯在《红楼梦研究》中的错误：开展对俞平伯的批判，是过火了。他在中南海怀仁堂做了一次演讲，演讲的内容写成报告，呈送中央，得到党中央的批准。于是想开一个会议落实这个政策。陆定一提出这个任务，在党内就派我去工作。

陆定一提出"百家争鸣"是一个一般性问题，而且讲的是《红楼梦》的事情，怎么样变成遗传学问题呢？这就需要说清楚遗传学问题的来龙去脉。

事情起源于苏联，特别是苏联的斯大林时代。本来遗传学方面有争论，分两派，一派

◀ 孟德尔的实验记录。（朱作言/摄）

---

① 本文原载于 2006 年第 17 期"科学新闻"。

是"孟德尔派",一派是"摩尔根派",后来又出了一个李森科。李森科不是遗传学家,他是搞农业科学的。他冒充生物学家,1948年做了一个论生物科学的报告,得到了斯大林的大力支持,采取一系列在苏联消灭遗传学的措施。李森科被吹捧为苏联生物学界首席代表人物。

在中国又是怎么样的呢?新中国成立以后提出向苏联老大哥学习,一边倒地学苏联。这时候在北京农业大学发生乐天宇事件。

主持人: 在遗传学界推行米丘林学说,可以说是全盘"苏化"的表现,带有浓厚的政治色彩,是把学术问题政治化,您觉得这种情况的发生,是一种历史的偶然,还是有一定的必然性?这种学术问题政治化的倾向,当时其他学科领域也有体现吗?

于光远: 不错,事情是这样的。在那个时代,我们中国共产党和毛泽东把学术问题和政治问题结合起来,认为二者不能分开。《红楼梦》问题就是一个例子。这不是一种历史的偶然,而是有一定的必然性。这种学术问题政治化的倾向,当时在其他学科领域也有表现。

主持人: 当时关于遗传学的争论都造成了哪些严重后果?请您举几个例子。

于光远: 后果是明显的。但是准确地说不是当时关于遗传学的争论造成了什么严重后果,而且争论是必要的。因为在有关遗传学的问题中存在政治干预学术的严重现象,需要通过讨论或者争论才能够解决。要举什么例子的话,李森科就是现成的一个。

主持人: 苏联在1948年8月召开了全苏农业科学院会议,这对我国当时农业研究有哪些直接影响?

于光远: 说起1948年苏联召开的农业科学院会议,这个会议对中国直接影响很大。李森科在1948年8月全苏列宁农业科学院会议上的报告和结论,在1949年8月就被译成中文,以单行本大量发行。当时中国生物学界和农学界的科学家基本上很不了解苏联科学的情况,在党政领导大力要求向苏联学习的号召下,绝大多数科学家都抱着认真学习的态度。当然,遗传学家和遗传育种学家们对李森科主义的内容要敏感得多。因为它的批判矛头直接对准着他们所熟悉的孟德尔和摩尔根的学术思想,大力宣传他们所不能同意的、而却为李森科所颂扬的拉马克的获得性能够遗传的假说等。

在这里不妨介绍几位中国的遗传学家。他们的学问不是从苏联学来的。他们是陈桢、李汝祺、谈家桢、李景均、李竞雄、蔡旭、鲍文奎。他们都曾先后在哥伦比亚大学和加州理工学院的摩尔根的实验室学习和工作过,或在康奈尔大学农学院学习和研究过。

主持人: 1952年4月,中国科学院支部召开大会,讨论"乐天宇同志所犯的错误"。接着,政务院科学卫生处会同中国科学院就乐天宇问题连续召开三次"生物科学工作座谈会"。中央人民政府农业部、中国科学院遗传选种实验馆、中国科学院植物分类研究所、中国科学院编译局、中国科学院达尔文主义研究班以及北京大学、清华大学、北京农业大学等学术机构和相关行政部门都派人出席了这些座谈会,竺可桢等科学泰斗和谈家桢等中国经典遗传学界头面人物也奉命与会。这些座谈会规格之高,在新中国学术史上是少见的,无疑反映出当局对乐天宇问题是何等重视。请您具体谈谈当时的情况。

于光远: 乐天宇同志与我在延安时就认识,他是延安自然科学院生物系主任。新中国成立以后他任北京农业大学校长,同时兼党委书记。他是一个党员,自以为比其他的同志政治上高明,其实并不是那样。北京农业大学本来集中了一批有名的教授,比如俞大绂、汤佩松等。乐天宇读到李森科《论生物科学现状》这本书,明白了苏联消灭遗传学的政策和措施,便立刻在农业大学雷厉风行地行动起来。

乐天宇调入中国科学院遗传选种实验馆任馆长以后,与科学家很难相处,其作风仍与大家格格不入。中央了解有关情况后,甚为不满,指示应对乐天宇进行批评。承办这件事的单位是中宣部科学卫生处。当时这个单位与政务院文委的科学卫生处合署办公。为了批评和处理乐天宇的问题,科学卫生处与中国科学院共同商定,于1952年4月至5月,由中国共产党科学院支部开会批评乐天宇。支部大会认为,乐天宇犯错误的性质是:严重的无组织无纪律,严重地脱离群众的学阀作风,以及学术工作上的严重的非马克思主义倾向。支部大会决定给乐天宇留党察看一年处分。5月31日,中国科学院副院长竺可桢宣布,撤销乐天宇所担任的遗传选种实验馆馆长职务。乐天宇随即离开科学院,到华南农垦局工作,后又到中国林业科学研究院工作。

主持人:上面提到的这些座谈会形成的会议决议中说:"我们可以说旧遗传学的思想是反动的,但不能说信服旧遗传学的学者就一定是政治上的反动分子。这是很明白的事。所以,我们反对用米丘林生物科学作为一根打人的鞭子,用米丘林生物科学作为护身的符咒,掩盖自己的无知。"那么在后来实际执行中为什么又会出现学术问题政治化的倾向?

于光远:是的,党中央宣传部对乐天宇的批评是比较全面的,一方面是批判和消灭遗传学,一方面是反对科学工作中的简单粗暴态度。不过,需要说明的是,在处理干涉育种家的工作中,并未涉及有关遗传学上的是与非。而党内的"左倾"表现的基本态度没有解决。对后来实际执行中又出现学术问题政治化的倾向就不奇怪了。

主持人:1955年10月,在北京召开的"纪念米丘林诞生100周年"的大会上,对我国植物学家胡先骕先生进行了批判,是不是从这次批判以后,我国的生物学家就不敢再公开发表不同于李森科的科学见解了?

于光远:您说的那个在北京举行的"纪念米丘林诞生100周年"的大会,我记不得了。胡先骕是我国植物学的奠基人之一。1913年留学美国,在加州大学农学院的森林系读森林植物学和农学。在美国留学期间,曾与留美学人共同创办《科学》月刊和对促进中国现代科学发展有重要影响的团体"中国科学社"。1916年底获学士学位后回国。先在他故乡江西省任庐山森林局副局长,对当地的植物资源进行过较详细的考察,发表了调查报告。就是这位植物学界的权威编写了一本《植物分类学简编》教材,于1955年3月,由高等教育出版社出版发行。顾名思义,这是一本关于植物分类学的书,只是因为其中有一段批评了李森科主义和歪曲植物分类学的内容,而遭到厄运。

主持人:1953年斯大林逝世后,到1956年苏联的政治形势发生了重大变化,其中最引人注目的是赫鲁晓夫取代了斯大林的地位,以及李森科被迫辞职,苏联的政治形势变化对我国有哪些影响?

于光远:斯大林去世后,从1954年起,在苏联的报刊上陆续发表批评李森科的文章,最后导致李森科被迫辞职。可是不久赫鲁晓夫重蹈斯大林覆辙。

网友:在我国贯彻"百家争鸣"的方针时,遇到过什么阻力吗?

于光远：当然有。百家争鸣实质上就是学术自由，而学术自由又是同政治上的民主分不开的。百家争鸣怎么能够没有阻力？

主持人：1957 年的反右扩大化对学术界有过什么影响？

于光远：1957 年的反右派运动本身（并不是什么扩大化）对学术界就是一个很大的打击，而且不仅对学术界是如此，可以毫不夸大地说对整个知识分子群体都是如此。

主持人：学术上的百家争鸣需要什么样的政治民主来保障？或者说政治和科学应该是一种什么样的关系和位置？

于光远：你提的问题正是我想说的。学术上的百家争鸣的确需要有政治上的民主来保证。你问政治和科学应该是一种什么样的关系和位置，我常说在谈论事情"应该"怎样以前，先要问一下事实到底"是"怎样。这才是真正的客观态度。

主持人：科学研究需要百家争鸣，百家争鸣又必须以科学研究为基础，两者要相辅相成，才能推动科学的繁荣发展？

于光远：对。可以这么说。

主持人：自然科学与哲学的关系应该是怎样的？

于光远：还是一句老话："哲学是自然科学和社会科学、人文科学的总结。"

主持人：作为"双百方针"的见证人和受益人，您能谈谈对"双百方针"的体会吗？

于光远：在这里我们还是讲"百家争鸣"吧，"百花齐放"涉及形象思维的问题。我对文学是外行，只是有一点兴趣，并且只是去争取，我只是喊出一句话，我希望成为"21 世纪的文坛新秀"。可是我自己都不知道做到了没有。我今天不想把问题弄得太宽了。

主持人：方舟子先生在 2000 年第十一期的《书屋》上发表了一篇题为"从'绝不退却'到'百家争鸣'——遗传学痛史"的文章，文中说道："如果我们按官方的定义，将'百家'理解为不同的派别，那么科学的发展，并不是必然要经由百家争鸣。对还没有定论的科学问题，固然免不了会有两家、多家的争鸣，但对已有定论的科学问题，一家独鸣也属正常。在 20 世纪 50 年代，对遗传学的一些基本问题，早已有了定论，若无政府的干预，本来就应该只有摩尔根学派的一家独鸣。米丘林主义乃是政府人为树立的伪科学学派，本无争鸣的资格。如果我们将'百家'理解为个人，那么也绝不是人人都有在科学问题上争鸣的资格。想在科学领域争鸣，首先要遵循科学的标准，使用共同的科学语言。用穆勒的比喻，即是不能用巫术的语言到医学领域、用占星术的语言到天文学领域争鸣。片面地强调百家争鸣，就有可能为伪科学开方便之门。实际上'百家争鸣'到今天仍然是伪科学者试图插足科学领域的一大借口。对科学研究横加政治迫害是一种犯罪，对伪科学研究加以政治支持也是错误的。如果非要为发展科学找一条必由之路的话，那就是：让科学按自己的规则，独立自主地发展。"您对这番话怎么看？

于光远：我基本上是赞同方舟子这番话的。我在这里之所以没有使用"完全"而使用"基本"这个词，是因为百家争鸣可以从朝后与朝前两头看。朝后看是用百家争鸣排除阻碍，为真理开路。但是百家争鸣不是目的，当找到了真理，那就可以一家独鸣，没有必要再去排除已经排除了的——也就是不再存在阻碍了。我认为方舟子说他觉得"在 20 世纪 50 年代，对遗传学的一些基本问题，早已有了定论，若无政府的干预，本来就应该只有摩尔根学派的一家独鸣，米丘林主义乃是政府人为树立的伪科学学派，本无争鸣的资格"。对方舟子这段话我有这样一点意见:我认为问题还是出在"本来"和"应该"这两个概念的使用上。那时阻碍还没有排除,还需要使用百家争鸣的武器,那时还做不到已经取得定论的共识。但是我还是欣赏方舟子的这篇文章,因为他针对人们中的流行观念,破除百家争鸣高于一切的观念。我不知道我的这个说法是否站得住脚。

主持人:作为青岛遗传学会议的当事人之一,您在其中是什么样的角色?发挥了怎样的作用?

于光远:上面我已经进过,是陆定一部长指派我以遗传学为突破口,抓落实党的"百家争鸣"方针的工作,团结科学家。我就让我们科学处同志帮助我组织这项工作,请中国科学院生物学学部和高等教育部出面召开会议。地点就在中国科学院设在青岛的一个疗养所。时间是1956年8月10日到25日。在开这个会之前,去了几位同志负责调查研究。调查的结果写成一份材料,介绍遗传学和遗传学问题的有关情况,提供给参加会议的领导同志参考。材料由我指定孟定哲、黄舜娥和黄青禾负责编写,最后写出《关于米丘林生物学与孟德尔、摩尔根主义论争的一些材料》。材料分三部分:① 遗传学两派的历史和基本观点,由孟庆哲负责;② 米丘林遗传学在中国的传播情况,由黄舜娥负责;③ 苏联生物学界两派争论的历史情况,由黄青禾负责。材料初步整理好,经科学处内部多次讨论后定稿。讨论过程中,给大家印象最深、思想震动最大的是材料的第三部分。因为大家过去对于遗传学问题的一般争论情况比较了解,而对于苏联生物学界两派争论的历史则知之甚少。黄青禾整理的这部分材料,是到北京图书馆,查阅了大量有关苏联历史上的报刊,摘录了不少过去不知道的重要资料,经过汇集整理,而后得出来的。科学处的工作人员通过研究讨论,认识到不能把李森科同米丘林之间画等号,李森科是打着米丘林的旗号,贩卖他自己的主张。我们当时并不能否定李森科代表着一个学派,但是,通过一些事例可以看出他反对科学的遗传学的反科学态度,以及他夸大自己的研究成果和弄虚作假的丑恶面目。更令人不能容忍的是,李森科借助政治势力,打击、迫害遗传学家的恶劣做法。这些认识,对我们以后坚决不容许在中国再出现批判遗传学的现象,起了相当大的作用。这个小册子在青岛遗传学座谈会上发给有关领导同志后,所得到的反映,也大致如此。到1985年,商务印书馆出版的《百家争鸣——发展科学的必由之路》一书中,这份材料以"1935—1956年苏联生物学界的三次论争"为标题,收入该书作为附录。这是我们读到最早的关于苏联批判遗传学的中文历史资料。做好了这些准备工作之后,我就带领科学处的几位分工负责的同志去青岛。这几位同志是苗青禾、黄舜娥(他们是学农业科学的)、孟庆哲(他是学动物学的)、李佩珊(她是学基础医学的)。一到青岛,他们就开始筹备青岛遗传学座谈会的工作。

这次会议的参加者人数很多,大约有一百三十人。座谈会由中国科学院生物学地学部副主任、胚胎学家童第周主持。中国科学院副院长竺可桢、高教部农林教育司副司长周家炽和我都参加了会议的领导工作。参加座谈会的有生物学和遗传学的两派代表人物,如李汝祺、谈家桢、余先觉、戴松恩、李竞雄、胡先骕、祖德明、梁正兰、李播等。座谈会还邀请了一些刚由美国回国不久的遗传学家或核酸化学家,如施履吉、王德宝、沈善炯;也邀请了三位刚由苏联归国的留学生瞿中和(学摩尔根遗传学)和赵世绪、周嫦(学李森科主义)。赵世绪后来是中科院院士。周嫦是武汉大学教授,不再相信李森科主义了,她的丈夫也是中科院院士。

为了使座谈会的谈论时间充分,会议每天只开上午半天,下午可以参加或不参加,大家愿意来或者不愿意来都自由。而我利用这个时间,在疗养所的咖啡屋,以党中央宣传部的名义回答大家提出的问题。不管问题怎么提都可以,我都给以答复。结果到咖啡屋的人挺踊跃,纷纷向我责难。我平心静气地一一答复。在青岛遗传学座谈会期间,我主要的工作其实就在下午的咖啡屋。不过在上午的正式会议上,我作了两次演讲,科学处的同志还做了记录。会后会议出了一本速记记录,我不主张把我的发言收进去。因为我主张会议是科学家的会议,我不是遗传学家,或者农业学家,不应将我的讲话记录收进去。但后来正式印行时,把我的两次演说作为附录收进去了。

这次座谈会的目的是体现政策的会议,两派的不同学术见解可以自由发表,可以交锋。但是,要想借助这一次座谈会,彻底解决几年来积累起来的学术上的是与非和情绪上的对立,是不可能的。不同的学术见解是多年形成的,要转变看法,必须有一定的时间。各位学者在会上的发言记录代表着各自当时的观点,研究科学政策与科学史的学者可以从中找到有用的资料。但是,无论如何,体现"百家争鸣"方针的目的是达到了,冲破了过去几年来"一派独鸣"的局面。在座谈会最后一天的晚宴上,许多原来的遗传学家都喝了不少酒,十分兴奋。遗传育种学家李竞雄上台发言的第一句话,就是"我是一个摩尔根主义者!"遗传学家谈家桢也举杯痛饮,喝得酩酊大醉。他们的心情,代表着这一批学者精神上的解放。

在1957年4月29日,《光明日报》发表李汝祺题为"从遗传学谈百家争鸣"的文章。他说:在学术方面,是非曲直,唯有通过争辩才能搞得清清楚楚,所谓真理愈辩愈明就是这个道理。他还说,在过去学习苏联的过程中,只许一家独鸣,这在遗传学方面表现得最为突出,其后果如何是大家所熟悉的。一家独鸣只能引起思想僵化……在不知不觉中就会变成思想懒汉。这种懒汉思想,在强调向科学进军的领导,应该说是一种障碍,因为我们所需要的是独立思考、独出心裁。显而易见,为了使科学家的思想开放,就必须把百家争鸣继续下去。他还谈到,真理只有一个,遗传学也只有一个,将来应该只有"家",没有"派"。当时的毛泽东读到这篇文章后,十分赞同,建议《人民日报》转载这篇文章,把标题改为"发展科学的必由之路",把原来的标题改为副标题,并为之写了一篇"《人民日报》编者按":"这篇文章载在4月29日的光明日报,我们将原题改为副题,替作者换了一个肯定的题目,表示我们赞成这篇文章。我们欢迎对错误做彻底的批判(一切真正错误的思想和措施都应批判干净),同时提出恰当的建设性的意见来。"

青岛遗传学座谈会的影响很大,因为受到会议的影响,在1956年听不到反对意见。第二年,1957年夏天以后开始了反右派,事情就有了反复。这一点就不说了吧。

网友:今天回过头来看,您觉得自己当初的认识有没有存在时代局限?表现在哪儿?

于光远:我自己的局限性当然有的,这一点我也不想说了。我今天所回答的问题,主要的根据是李佩珊写的《科学战胜反科学——苏联的李森科事件及李森科主义在中国》。这是我的老同事李佩珊生前发表的最后一部著作。这部著作是2002年1月开始在《科学新闻》第1期上连载,至第15期结束。此书在2004年10月由当代世界出版社出版。而李佩珊在2004年2月逝世,可以说这本书是她的一部遗著。今天写的一些事情,主要都是根据她这本书的。李佩珊同志是科学处工作人员中,在新中国成立后最早和我接触的一个同志。那时她在协和医学院做研究生党支部的工作。她到当时的中宣部我住的地方——西四牌楼北大红罗厂找到了我,请我到协和医学院给专家们讲政治课。我给他们讲了自然辩证法。当时给我讲课的报酬是用美元计算,当然给我的是人民币。后来我就把她调来中宣部科学处。因此,现在她写的这本书所讲的情况,我感觉特别亲切。我今天回答你们网上的这次访问,在一定意义上也可以看做是我对她的纪念。

附录 2

"百花齐放，百家争鸣"的提出

龚育之　刘武生

《光明日报》5月7日发表的陆定一《"百花齐放，百家争鸣"的历史回顾》一文，记述了重要史实，发表了精辟见解。我们在这里根据历史文献，对定一同志的文章作一些补正。

一

"百花齐放，推陈出新"，是毛泽东1951年为中国戏曲研究院成立的题词。1942年毛泽东即曾为延安平剧研究院成立题过"推陈出新"四个字。1951年的题词，一是对象扩大了，从京剧（平剧）扩大到整个戏曲；一是内容增加了，新添上"百花齐放"四个字。毛泽东1956年4月28日在政治局扩大会议上说："百花齐放"是群众中间提出来的，不晓得是谁提出来的。（座中有人插话：是周扬提出来的。）有人要我写字，我就写了"百花齐放，推陈出新"。据我们了解，周扬对人说过，"百花齐放"是戏曲会议上提出来的，他认为很好，向毛泽东报告了。

"百家争鸣"，是毛泽东1953年就中国历史问题的研究提出来的。定一同志的文章讲了这个背景中的一个重要情况：郭沫若、范文澜两位马克思主义历史学家关于中国古代历史分期问题的争论。1953年中央决定要中宣部就中国历史问题、中国文字改革问题、语文教学问题组织三个委员会加以研究，7月26日中宣部提出三个委员会的名单，8月5日中央予以批准，毛泽东还对各个委员会主任的人选批了意见。当时，中国历史问题研究委员会主任向毛泽东请示历史研究工作的方针，毛泽东说要百家争鸣。这个精神在中国历史问题研究委员会的会议上传达了。1956 年 4 月的政治局扩大会议上，1957 年 3 月的全国宣传工作会议上，当事人都曾讲到这个情况。刘大年是这个委员会的成员，前年在纪念《历史研究》创刊三十周年时，也讲到这个情况。

当然，50 年代初这两个口号都只是分别向一个领域提出，而且"百家争鸣"这个口号并没有公开宣传。

二

把"百花齐放，百家争鸣"确定为我们党在科学文化工作中的一条基本方针，对它的意义加以系统的论述，并突出地加以宣传和贯彻，是 1956 年的事情。

党中央作出这个决策，是在政治局扩大会议讨论毛泽东《论十大关系》报告的过程中。

毛泽东的报告是 4 月 25 日作的。报告中已蕴涵了这样的意思，但还没有展开，没有讲到这两个口号。

讨论报告时，陆定一发言，提出对于学术性质、艺术性质、技术性质的问题要让它自由。陆定一在这年 1 月的知识分子问题会议上就曾说过：在学术、艺术、技术的发展上，我们不要做"盖子"；"学术问题、艺术问题、技术问题，应该放手发动党内外知识分子进行讨论，放手让知识分子发表自己的意见，发挥个人的才能，采取自己的风格，应该容许不同学派的存在和新的学派的树立（同纵容资产阶级思想的自由发表严格区别开来）。他们之间可以互相批评，但批评时决不要戴大帽子。"在政治局扩大会议上，陆定一又讲了这些意见，并且谈到知识分子会议开过后，在一次各地宣传部长都来参加的会议上，他还讲过不能同意"巴甫洛夫是社会主义的，魏尔啸、西医是资本主义的，中医是封建的"，"摩尔根、孟德尔是资产阶级的，李森科、米丘林是社会主义的"这样的说法，把资本主义和封建主义的帽子套到自然科学上去是错误的。

讨论报告时，还有人发言，讲到毛泽东"百花齐放"题词所起的作用和成立历史研究委员会时毛泽东提出"百家争鸣"的情况，建议在科学文化问题上要贯彻这两个口号。

4 月 28 日毛泽东在政治局扩大会议上作总结发言。他在发言的第五点中说："百花齐放，百家争鸣"，我看这应该成为我们的方针。艺术问题上百花齐放，学术问题上百家争鸣。讲学术，这种学术可以，那种学术也可以，不要拿一种学术压倒一切，你如果是真理，信的人势必就会越多。

"百花齐放，百家争鸣"方针的正式宣布，是在随后举行的最高国务会议上。

5 月 2 日毛泽东在最高国务会议上作《论十大关系》的报告。各方人士发言之后，毛泽东又一次发言，其中说中共中央的政治局扩大会议上还谈到一点就是"百花齐放，百家争鸣"。他说：现在春天来了嘛，一百种花都让它开放，不要只让几种花开放，还有几种花不让它开放，这就叫百花齐放。百家争鸣是诸子百家，春秋战国时代，两千年前那个时候，有许多学说，大家自由争论，现在我们也需要这个。他还说：在中华人民共和国宪法范围之内，各种学术思想，正确的，错误的，让他们去说，不去干涉他们。李森科、非李森科，我们也搞不清。有那么多的学说，那么多的自然科学。就是社会科学，这一派，那一派，让他们去说，在刊物上、报纸上可以说各种意见。

5月26日陆定一代表中共中央在怀仁堂向知识界作题为《百花齐放，百家争鸣》的讲话。讲话一开始就说："中国共产党对文艺工作主张百花齐放，对科学工作主张百家争鸣，这已经由毛主席在最高国务会议上宣布过了。"陆定一讲话，是当时党中央对这个方针作出的最详尽、最透彻的阐述。这个讲话公开发表过，是人们比较熟悉的，但是许多青年同志不了解，他们如果看看这篇讲话，是会增加对于前人的探索和努力的了解的。至于毛泽东上述发言的内容，《关于建国以来党的若干历史问题的决议注释本》中《"百花齐放，百家争鸣"方针》一条作过介绍。

<h1 style="text-align:center">三</h1>

在这期间，毛泽东还有几封与"百家争鸣"有关的信件，收集在《毛泽东书信选集》中。

一是1956年2月19日毛泽东给刘、周、陈、彭真、小平、陈伯达、定一写的一封信。当时在中国讲学的一位苏联学者向中国陪同人员谈到他不同意毛泽东《新民主主义论》中关于孙中山的世界观的论点。毛泽东就此事写了这封信："我认为这种自由谈论，不应当去禁止。这是对学术思想的不同意见，什么人都可以谈论，无所谓损害威信。""如果国内对此类学术问题和任何领导人有不同意见，也不应加以禁止。如果企图禁止，那是完全错误的。"

这里明确了在学术问题上可以同任何领导人争鸣这样一个重要问题，这也就是在学术讨论中，在真理面前人人平等的问题。

还有一封是1956年4月18日毛泽东给中宣部副部长张际春的信。信写在一份谈话记录上，记的是东欧一位党的负责干部谈他们国内遗传学家对过去强制推行李森科学派的反映。毛泽东的信说："此件值得注意，请中宣部讨论一下这个问题。讨论时，邀请科学院及其他有关机关负责同志参加。陆定一同志回来，请将此件给他一阅。"以后，陆定一建议中国科学院和高等教育部8月在青岛召开了遗传学座谈会，贯彻"百家争鸣"方针。李汝祺教授参加这次座谈会后写了《从遗传学谈百家争鸣》，登在《光明日报》上，毛泽东1957年4月30日给胡乔木写信，要求《人民日报》转载此文替编者写了一个按语，并将此文原题改为副题，替作者换了一个题目：《发展科学的必由之路》。

"发展科学的必由之路"——这是对百家争鸣方针的简明而深刻的概括。

<h1 style="text-align:center">四</h1>

毛泽东展开论述"百花齐放，百家争鸣"，是在1957年2月《关于正确处理人民内部矛盾的问题》和3月《在中国共产党全国宣传工作会议上的讲话》中。宣传会议期间，中宣部汇集了有关思想工作的一些问题（共三十三个），印发供参加会议的同志们参考。毛泽东看了这份材料，画了许多圈圈道道，还作了若干简短的批注。

在有人认为党校有特殊性，不能允许非马列主义的思想争鸣这个问题旁边，毛泽东批道:"似乎不很对,何必怕争鸣?"

在有人认为经典著作不许怀疑这个问题旁边,毛泽东批道:"不许怀疑吗?"

在党的政策是否允许争论这个问题旁边,毛泽东批道:"为什么不允(许)争论呢?"

在党员在理论上怀疑或反对马克思列宁主义的个别原理是否允许,如果根本怀疑马克思列宁主义的哲学、经济学或社会主义理论可否留在党内这个问题旁边,毛泽东批道:"前者是肯定的,后者是否定的。"

在如何克服马克思列宁主义教学中的教条主义这个问题旁边,毛泽东批道:"就是允许批评、争论。"

这些批注,有重要的思想内容,表现了信心和气魄,对那两篇讲话,是重要的补充。

五

回顾三十年,人们都感到,1956 年是建国以来我国历史上极其重要的一年,是中国的马克思主义者为建设有中国特色的社会主义而进行探索,在思想上收获十分丰富的一年。进入 1956 年,预计全国范围的社会主义改造即将完成。在中国社会主义应当建设成一个什么样子,已经摆上我们的工作日程。苏联对斯大林的批判,更引起我们以外国经验为鉴戒,去思索我们的社会主义应当采取怎样的方针,不应当采取怎样的方针。我们自己在过去七年中也积累了许多成功的和不很成功的经验。请看:1 月毛泽东在最高国务会议上关于中国人民应该有一个远大规划,在几十年内努力改变经济和科学文化落后状况的讲话;周恩来在知识分子问题会议上关于我国知识分子已经成为工人阶级一部分和号召向科学进军的讲话;4 月毛泽东《论十大关系》的讲话和"双百方针"的提出;7 月周恩来《专政要继续,民主要扩大》的讲话;9 月刘少奇、周恩来、邓小平在党的"八大"上关于国内主要矛盾、积极稳妥的经济建设方针和执政党建设的报告,陈云在"八大"上关于社会主义经济有主体、有补充的体制的发言;还有这一年中已在逐步酝酿的关于社会主义社会人民内部矛盾的学说和翌年 2 月毛泽东《关于正确处理人民内部矛盾的问题》的讲话。这里提出了多少重大和新颖的理论问题!所有这些探索和创造,都是为了形成一套新的建设社会主义的方针。1957 年 3 月毛泽东在一个讲话提纲中写道:"采取现在的方针,文学艺术、科学技术会繁荣发达,党会经常保持活力,人民事业会欣欣向荣,中国会变成一个大强国而又使人可亲。"这表达了全党和全国人民的愿望。

应该说,十一届三中全会以来我们党为建设有中国特色的社会主义所作的探索和努力,是 1956 年的探索和努力的继续和发展。

1957 年以后,历史经历了严重曲折。其间也有积极的经验,而错误东西的积累终于导致十年"文革"的内乱。1956 年的许多努力,或遭批判,或被扭曲。代价是沉痛的,教训是深刻的。所以,我们一方面要了解 1956 年的思想理论财富,接续 1956 年的努力;另一方面更要研究 1956 年的努力未能贯彻下去的原因,总结经验教训,使我们今天的努力有更高的自觉和更新的开拓,并且坚持到底,真正把我们的国家建设成为一个强大而又可亲的社会主义国家。

附录 3

前事不忘,后事之师

——苏联 20 世纪 40 年代的自然科学批判运动

孙小礼

苏联 40 年代在自然科学领域的批判运动,是举世瞩目的历史事件。这一事件不是孤立的,是与第二次世界大战以后苏联在意识形态方面的整个斗争形势相联系的,更与苏联哲学领域所开展的对资产阶级思想的批判有密切的联系。

1945 年,苏联出版了 Г. Ф. 亚历山大洛夫所著的《西欧哲学史》,这是一本试图运用马克思主义观点写成的西欧哲学史教科书。当时这本书在苏联哲学界曾博得大多数人的好评,苏联科学院哲学研究所建议为此书颁发斯大林奖金。但是苏共中央不同意哲学研究所对这部书的评价,并要求哲学所对《西欧哲学史》一书进行讨论。哲学研究所于 1947 年 1 月召开讨论会,然而苏共中央认为这次讨论会在组织和方法方面都不能令人满意,于是苏共中央委员会决定重新组织一次讨论会。1947 年 6 月,苏共中央政治局委员、书记处书记日丹诺夫,按照斯大林的指示,亲自主持召开了这次规模很大的关于《西欧哲学史》一书的讨论会。日丹诺夫在其总结性的长篇发言中,指责《西欧哲学史》一书缺乏党性原则,犯了客观主义,美化剥削阶级思想家等错误。苏联的这次讨论会实际上不单是对《西欧哲学史》这一部书的批判,而是直接关系到那一时期苏联哲学工作的方针和政策,其影响当然也不局限于哲学界。可以说,日丹诺夫的讲话也是在自然科学领域发动对资产阶级思想进行广泛批判的一个动员令。

在日丹诺夫的长篇发言中,专有一节是讲这个任务的:

现代资产阶级科学供给宗教和神学以新的论证,这是必须无情揭破的。例如,英国天文学家爱丁顿关于宇宙的物理常数的学说简直像毕达哥拉斯的数字神秘主义，他从数学公式中得出了如同宗教启示录中的数字 666 那样的一些宇宙的"重要常数"。爱因斯坦的许多门徒不了解认识的辩证过程，不了解绝对真理与相对真理的关系，而把研究有限的宇宙领域运动规律所得出的结果运用到无限的宇宙上去，而说出什么宇宙的有限，宇宙在时间与空间上的止境这类的话。而天文学家米恩甚至计算出了宇宙是二十亿年以前创造的。对于这些英国的学者，可以用他们伟大的同胞、哲学家培根所说的话来批评："他们把自己在科学上的无能拿来诬蔑宇宙"。

同样，现代资产阶级原子物理学家的康德主义怪想，使他们得出什么电子有"意志自由"的结论，使他们企图把物质描写成为只是某种波的总和，还导致其他一些鬼话。

这里是我国哲学家活动的巨大领域，他们应当分析和总结现代自然科学的成果，他们应当记得恩格斯的指示："甚至随着自然科学领域中每一个划时代的发现，唯物主义也必然要改变自己的形式。"（见恩格斯：《费尔巴哈和德国古典哲学的终结》，《马克思恩格斯全集》第 14 卷）

除了我们，除了马克思主义已经获得胜利的国家的哲学家们，还有谁能够领导反对腐朽的和卑鄙的资产阶级思想的斗争？除了我们，还有谁能给资产阶级思想以致命的打击？[①]

日丹诺夫的这番话，听起来气势颇盛，好像也言之成理，其实大多似是而非。这"非"，不单非在具体例证的判断上，尤其在对现代自然科学发展的总体形势及其同哲学关系的根本性质的判断上；不单在这篇讲话本身，尤其在这篇讲话引起的后果上。

这里需要考察和说明几个问题：第一，日丹诺夫所举的那些自然科学例证，究竟是怎么回事？第二，日丹诺夫发言之后，苏联在自然科学领域是怎样开展对"资产阶级思想"的批判的？第三，日丹诺夫的这番话和随后展开的批判，反映出苏联当时在对待自然科学以及自然科学和马克思主义哲学的关系上采取了怎样的指导方针？

（一）关于日丹诺夫所列举的自然科学事例

对于第一个问题，这里多费一点篇幅来介绍有关的背景情况，如一些科学历史知识和西方典故等。让我们依序从日丹诺夫在上面这段讲话中提到的人物和论点说起。

1. 关于毕达哥拉斯

毕达哥拉斯（Pythagoras，约前 580—前 500）是古希腊的数学家和哲学家。相传毕达哥拉斯学派的著名格言是："一切都是数。"即认为一切事物最后均可归结为数的关系，是数构成了宇宙的秩序与和谐，灵魂则是一种自行活动的数。对世界的这种看法固然有神秘主义的一面，但是毕达哥拉斯学派是西欧科学史上算术、几何、音乐、天文这"四艺"的创建者；勾股弦定理：直角三角形的斜边（弦）的平方等于另两个直角边（勾、股）的平方和，即以毕达哥拉斯命名。哥白尼曾经宣称：毕达哥拉斯的天文概念是他的日心说的先

[①]　这一段话引自日丹诺夫《在关于亚历山大洛夫著"西欧哲学史"一书讨论会上的发言》中文本，李立三译，人民出版社 1954 年版，笔者依据俄文原文作了一些校正。

驱。由于毕达哥拉斯学派对于事物的数量关系的着力追求,深刻地影响着后来的科学家,影响着数学、天文学乃至整个近代科学的进展,以致有人把毕达哥拉斯学派称为精密科学之父。对于这样一个学派,只看到其数字神秘主义的一面而予以全部否定,是片面和不当的。

2. 关于神秘数字 666

这是基督教《圣经·新约全书》的最后一卷——约翰启示录中第十三章末尾出现的一个数字。这篇启示录大约写于公元 68—69 年,有许多神秘怪诞的叙述和预言。据认为,这些叙述和预言是针对当时罗马统治者对基督徒的迫害,用寓言的形式写出,说明上帝终将战胜一切。数字 666 是罗马皇帝尼禄的代号。公元 64 年罗马城发生大火,尼禄皇帝把这场火灾嫁罪于基督教徒,对基督徒大肆迫害。公元 68 年各地发生叛乱,罗马各军团拥立加尔巴为皇帝,元老院决定处死尼禄。尼禄逃离罗马,有人说他以短剑自刎,有人说他到了希腊。公元 69 年他在希腊被逮捕,按元老院的裁决被处死。但是人们谣传尼禄并没有死,只是受了伤,害怕他哪一天又回来重新统治罗马,给基督教徒带来恐怖。约翰启示录第十三章的开头一段说:"我又看见一个兽从海中上来,有十角七头,……我看见兽的七头中,有一头似乎受了死伤,那死伤却医好了,全地的人都稀奇跟从那兽。……又有权柄赐给他,可任意而行四十二个月,……"在这一章的末尾说:"在这里有智慧。凡有聪明的,可以算计兽的数目。因为这是人的数目,他的数目是 666。"在第十七章中约翰预言"羔羊"(代表上帝的信徒)"与那兽争战,必得胜"。

古犹太人常把字母表示成数目字,并用数字来进行密语。据研究启示录的学者们考证,约翰启示录中也用了这种数字密语,"尼禄皇帝"(希伯来文是 Nero Caesar)所包含的字母若用约定的数目字来表示,其数字之和正好是 666。

3. 关于爱丁顿

爱丁顿(A. S. Eddington,1882—1944),从 1913 年至 1944 年任英国剑桥大学天文学教授和天文台台长,还先后任英国皇家天文学会会长、物理学会会长、数学协会会长,并于 1938—1944 年任国际天文学联合会主席。他在相对论、宇宙学、恒星内部结构理论和恒星动力学等领域都有创造性的贡献。1919 年他率领天文观测队到西非的普林西比岛观测日全食,第一次证实了爱因斯坦广义相对论所预言的引力弯曲现象。爱丁顿的主要学术著作有《恒星运动与宇宙结构》(1914)、《相对论的数学理论》(1923)、《恒星内部结构》(1926)等。爱因斯坦称赞《相对论的数学理论》一书是阐述相对论的最好的著作之一。

爱丁顿在宇宙学的研究中,特别重视一些物理常数,在他较晚的著作《膨胀的宇宙》(1933)和《质子和电子的相对论》(1936)等著作中对此有所论述。例如,他认为需要依靠宇宙常数(爱因斯坦引进的一个宇宙学项)来说明宇宙的膨胀,还算出宇宙常数 $\lambda = 9.8 \times 10^{-55}$ cm^{-2};他得出电子的荷质比(经邦德修正)$e/m = 136/137$。对爱丁顿的许多计算方法和数字结果,在科学家中间是有争议的,事实上后来大都被否定和修改了。这类数字的算出、修改或否定,都是科学研究范围内的事情,取决于计算方法是否有充分的逻辑根据，数字结果与观测、实验事实是否相符，而与宗教启示录的神秘数字 666 并不相干。

4. 关于宇宙的有限和无限

人类的宇宙概念是发展着的。古代宇宙就是人所见到的大地和天空，哥白尼时代的宇宙不外乎太阳系，后来扩展到银河系，进而扩展到河外星系、星系团，……现在，天文观测的时空区域，时间尺度已达到上百亿年，空间尺度已达到上百亿光年（光年是光在真空中一年时间所走的距离，是天文学中常用的距离单位，1 光年＝94 605 亿千米）。

宇宙学是现代天文学的一个分支，它根据大量的天文观测资料，运用现代物理学理论和数学工具，通过建立宇宙模型，从整体上研究大尺度的天体系统的结构特征、运动形态和演化方式。理论上的宇宙模型是否正确，要看它能否合理地解释已经观测到的天文事实，并要经受新的天文观测事实的检验。

过去以牛顿力学和欧几里得几何学为基础，提供了一种无限的宇宙图像，即无限的物质布满无限的空间，空间无论沿前后、左右、上下哪一方向走下去，都永无终点。这种三维的无限空间概念，已为人们普遍接受，人们习惯地以为它是唯一可能的空间概念。然而这种无限的宇宙模型早就受到了事实的挑战。例如，1826 年德国天文学家奥伯斯指出：静止、均匀、无限的宇宙模型会导致一个矛盾，即我们无论从哪一个方向观看天空，都会碰到发光的天体，所以就不会出现黑夜，而这个推论与黑夜存在的事实相矛盾，这个矛盾称为奥伯斯佯谬。19 世纪的科学家曾经给出一种解释，即宇宙空间弥漫着尘埃，来自远处的星光会被尘埃所吸收，所以出现黑夜。但是，后来物理学的研究表明，一个物体的吸收本领与发射本领成正比，尘埃是吸收体也是发射体，因此奥伯斯佯谬并未解决。

爱因斯坦于 1917 年发表的论文《根据广义相对论对宇宙学所作的考察》。是现代宇宙学的开端。他从理论上指出无限空间模型与牛顿理论之间存在着难以克服的内在矛盾。因为如果物质布满整个无限空间，无限远处的引力场就不会变为零，但是，运用牛顿理论讨论局部的天体运动时，总是假定引力场在无限远处变为零，这是不可缺少的条件。所以，要克服这一矛盾，必须或者修改牛顿理论，或者修改无限空间模型，或者两者都加以修改。

爱因斯坦为了克服这一矛盾，抛弃了传统的欧几里得几何平直空间的无限性，运用非欧几里得几何弯曲空间概念，建立了一种有限无边的宇宙模型。这一宇宙模型就其空间广延来说是有限的，同时又是一个没有边界的闭合的连续区。过去人们把无限与无边（或无界）看做一回事，其实这是两个不同的概念。所谓无边，就是没有边界可以超出。无边而有限的空间是存在的，可以设想的。例如：圆就是一个一维的有限无边空间，圆周的长度是有限的，而沿着一维的圆周运动，永远也遇不到终点。球面是一个二维的有限无边空间，球面的面积是有限的，而在二维的球面上运动，也永远遇不到边界。依次类推，可以想象三维的有限无边空间，空间的体积是有限的，在三维的空间运动，同样永远遇不到边界。习惯于欧几里得空间概念的人们，难以接受宇宙有限的观点。他们通常有这样一个论据：如果宇宙是有限的，那么，界限以外又是什么？这个论据是建立在有限即有边界的概念上的。对于有限无边的空间模型，这种论据就无从提出了。

爱因斯坦还假定宇宙间的物质是均匀分布的，宇宙在大尺度上的形态特征是不随时间变化的,即静态的。为了使这种静态的有限无边的宇宙模型与引力场方程相符合,爱因斯坦在方程中引入了一个具有斥力性质的因子,叫做宇宙常数项,使得在宇宙尺度上引力与斥力相抵消。但是 1929 年英国天文学家哈勃发现:星系的距离越远,其光谱线的红移量越大(称为哈勃定律),即越远的星系退行速度越大。这就意味着宇宙在膨胀,是动态的而非静态的。爱因斯坦的静态宇宙模型被认为与星系谱线红移的观测事实不符。此后,爱因斯坦本人决定取消他所引进的宇宙常数项,但是爱丁顿、德西特等天文学家则认为这一宇宙常数项可能有新的物理意义而不主张轻易予以抛弃。对于这个宇宙常数项一直有着不同的看法,围绕着宇宙常数等于零是否合理的问题,始终存在争议,至今没有定论。

按照宇宙膨胀模型,星系相互作分离的运动,宇宙空间的星系应当越来越稀。反推回去,现在观测到的一切星体应是从某种密集状态中产生,经历一段时间的膨胀而达到现在的状态。所谓宇宙年龄,就是从那一特定时刻到现在的时间间隔,这是可以根据哈勃定律估算出来的。英国天文学家米恩曾算出宇宙年龄为二十亿年。这个数字早被否定。根据新的观测数据,修正了哈勃定律中的哈勃常数,后来估算出的宇宙年龄是二百亿年。

近几十年来,又建立了好多种宇宙模型,而以大爆炸宇宙模型影响最大,因为它能说明的观测事实最多,它也较好的根据宇宙的膨胀解释了奥伯斯佯谬。当然它也存在着一些未能解决的困难。关于宇宙的膨胀则可能有两种前景:一种是永远膨胀下去,意味着宇宙的无限性;一种是到某一时刻膨胀停止,变成收缩,意味着宇宙可能是有限的。总之,宇宙的有限无限问题,在现代宇宙学中乃属不同的假说,都在经受着检验。

日丹诺夫所讲的无限宇宙,实际上是把传统的欧几里得空间概念的无限性视为绝对真理。他对从爱因斯坦开始的现代宇宙学中空间概念的更新和宇宙有限模型和无限模型的科学探讨,一概斥之为给宗教提供论证。其实,就科学与宗教的宇宙观念的比较而言,有限的宇宙不一定同宗教有联系,无限的宇宙不一定同神祇不相容。天主教教义认为宇宙有限,佛教教义则认为宇宙无限。把宇宙有限概念等同于宗教的宇宙观,就把问题简单化了。

5. 关于电子有"意志自由"

20 世纪的物理学深入到原子、电子的微观世界,发现微观粒子的运动具有与宏观物体显然不同的规律性。在研究宏观世界的经典物理学中,只要知道物体的初始运动状态,即知道物体的位置、速度以及作用于物体的力,便可根据牛顿力学方程决定这一物体的未来的运动状态,计算出任一时刻物体的位置。宏观物体的运动服从牛顿力学规律,也就是服从经典力学的决定论。电子等微观粒子的运动却不同了。在描述微观粒子运动的量子力学中,用波函数表示粒子的状态,量子力学方程给出的波函数解,只能作几率的解释,它不能告诉我们在某一时刻粒子的位置,而是告诉我们在这一位置上可能遇到粒子的几率,所以称为几率波。这种情况的发现,曾经被一些人认为是决定论的破产。

康德的二律背反的第三条是:"世界上存在着自由;世界上没有自由,一切都是必然的。"在电子运动中，决定论既然被认为破产，必然性失效了，电子就被认为具有"意志自由"了。这种说法当然是不对的。因为在电子运动中，失效的只是决定论的一种形式——经典力学的形式，而不是整个决定论。量子力学的运动方程同经典力学的运动方程相对应，都是规律的反映，不是什么非决定论的东西。量子力学方程的波函数解的几率性质，说明了微观粒子运动规律的统计性质。这里呈现了决定论的新形式——统计的形式，物理学家们称之为统计决定论。统计规律性和统计决定论，开拓了人们对客观规律性认识的新视野，是 20 世纪物理科学的新飞跃。事实上，近些年来所发现的"混沌"现象，当前日益活跃的"混沌"研究，又把人们对决定论的认识发展到了一个更新的水平。如果只是抓住人们认识进程中曾经出现过的电子具有"意志自由"之类的说法大做文章，而不去注意科学发展的新飞跃和它对哲学发展的新启迪，那就是离开了科学的主流和根本。

6. 关于物质的波动性

光是粒子还是波，在历史上有过长时期的两个学派之争。在 19 世纪，光的波动说曾占优势。20 世纪的物理学研究证明，光具有波粒二象性，既有波动性又有粒子性，而且发现电子等微观粒子都具有这种二象性，即微观物质粒子具有波动性。对于物质的波动性的发现，是 20 世纪物理学的一项重要成就，提出物质波概念的物理学家德布罗意因此而获得 1929 年诺贝尔物理学奖。这一成就说明人类对物质的认识的深化。

波有一个重要特性就是叠加性，称为波的叠加原理，即波和波叠加仍是波。从数学上看，即线性波动方程的一些解的和仍是这个波动方程的解。换句话说，波动方程的解可以表示成一系列波的总和。日丹诺夫斥责把物质描写成波的总和是"鬼话"，无非以为这样就意味着物质消失了，变成波了。这种批评只是表明批评者对于物质的波动性和波的物质性缺乏了解。

日丹诺夫发言中列举的例证是怎么回事，就谈到这里。其中谈到的一些看法，是作者的看法，学术界仍可能有不同的见解。总之，都属于科学讨论的问题，不是可以由简单武断的批判来判定是非的。

（二）介绍苏联各自然科学领域的批判运动

日丹诺夫发言之后，苏联自然科学领域开展批判"资产阶级思想"的情况，下面分几个方面，大体上按实际的发展过程，作一介绍。

1. 冲向现代物理学的第一波

批判"资产阶级自然科学"的浪潮，第一波冲向了现代物理学。这是因为：物理学同哲学的关系最密切；批判"物理学的"唯心主义已经形成传统，20 年代以来这方面的批判没有间断过；日丹诺夫发言中所举的例证都属于物理学（包括天体物理学）范围。

对物理学三大学派的批判

物理学的三大学派：相对论的创建者爱因斯坦的学派，量子力学的创建者玻尔为代表的哥本哈根学派①，爱丁顿、金斯的剑桥学派②，成了被批判的主要目标。他们都是（尤其是前两派）现代物理学最重大理论成就的创建人，这些成就显然属于恩格斯所说应当使唯物主义获取新形式的那种等级的成就；这些科学家又都兼而为哲学家，有许多重要的哲学见解和哲学著作。他们从自己的科学实践和科学创造中进行哲学思索，同时也是在自己周围的社会环境和哲学环境的影响下进行哲学思索。在他们的哲学见解中难免会有许多因袭的东西，但是，真正有价值的、属于他们自己的东西，无疑是那些有创造性的内容。但是，在批判中，注意力都集中在前一方面，而不在后一方面——有价值、有创造的方面，甚至把后一方面的许多内容，当做因袭的东西予以鄙弃和否定。

从对三大学派，即外国物理学家的批判，发展到对苏联本国物理学家的批判；从对苏联物理学家马尔科夫《论物理知识的本质》一文的批判，发展到对发表这篇文章的苏联杂志《哲学问题》及其主编凯德洛夫的批判；从哲学的批判，发展到对所谓"世界主义"的政治批判。这种发展很能说明当时批判的逻辑和气氛。

马尔科夫的文章《论物理知识的本质》

在 1947 年的《西欧哲学史》讨论会上，凯德洛夫建议创办一个哲学杂志。苏共中央接受了这一建议，决定出版《哲学问题》，并任命凯德洛夫为主编。显然这个杂志本是响应日丹诺夫号召的产物。凯德洛夫是一位出身于化学家的哲学家，他的主要研究领域是自然科学的哲学问题，他主编这个杂志，很注意发表研究自然科学哲学问题的文章。《哲学问题》1947 年第 2 期上发表了理论物理学家 M. A. 马尔科夫的文章《论物理知识的本质》。作者撰写这篇文章的本意，也是响应日丹诺夫号召，力图运用辩证唯物主义观点来分析现代物理学、特别是量子力学的基本理论和基本概念。他从认识论和方法论的角度指出，认识微观世界的困难在于，人是宏观的存在物，只拥有宏观的科学实验和在经典物理学中制定的诸如时空、能量等概念。关于微观世界的知识是来自宏观仪器的显示，它把我们不理解的微观世界的语言翻译成可理解的宏观物理学的语言。因此，量子力学，作为微观世界的理论，在用宏观力学的术语描述微观粒子的行为时，不可避免地带有自己的特点。他认为量子力学能够提供关于微观世界的充分和准确的知识。在文章中，马尔科夫一方面批评机械唯物主义抹杀量子力学认识的特点，一方面批评唯心主义片面夸大主观作用而否认微观粒子的客观实在性。

马尔科夫文章的发表在苏联哲学界和自然科学界引起了重视，也引起了争议。《哲学问题》1948 年第 1 期接着发表了若干篇讨论文章，还加了《关于马尔科夫文章的讨论》的编者按。一场有关物理学哲学问题的讨论正在展开。

但是，情况陡然发生变化，讨论很快中止了。发生这个变化的背景是 1948 年 8 月全苏农业科学院会议的召开，会上李森科作了报告，把在自然科学领域的粗暴批判推向最高潮。关于这个最高潮，在下一节中还要专门介绍。同这个最高潮的批判调门相比，马

---

① 量子力学的创建者有玻尔、薛定谔、海森堡等人。根据丹麦物理学家玻尔的倡议，1921 年在哥本哈根大学成立了理论物理研究所，玻尔为该所领导人，培养了不少杰出的物理学家，这里曾经是世界物理学、特别是量子力学最活跃的学术中心，被称为哥本哈根学派。

② 爱丁顿和金斯(J. Jeans. 1877—1946)都是在英国剑桥大学任教的著名物理学家和天文学家，他们在宇宙学和物理学方面曾被称为剑桥学派。

尔科夫等科学家以及态度较为科学的哲学家所写的批判文章都合不上调了。《哲学问题》编辑部为此受到严厉的指责。编辑部被改组，凯德洛夫的主编职务被解除。

由于改组，使得《哲学问题》不能如期出版。《哲学问题》1948 年第 3 期拖延到 1949 年 7 月才出版。改组后的编辑部发表了《关于马尔科夫〈论物理知识的本质〉一文讨论的总结》，指责原编辑部在发表马尔科夫的文章和组织讨论的时候，"没有把物理学家和哲学家引导到日丹诺夫在讨论亚历山大洛夫著作时所指引的道路上去"。总结认为：马尔科夫犯错误的原因"在于破坏了科学的布尔什维克党性的原则，在于不加批判地接受现代资产阶级学者的物理学理论"。总结断言："马尔科夫在玻尔观点影响之下倾向唯心主义，表现了一部分苏维埃物理学家的世界主义动摇，马尔科夫只不过是他们的传声筒。马尔科夫没有用马克思列宁主义的伟大思想武装起来，没有承继俄国自然科学和哲学的唯物主义传统，因而在反动的唯心主义哲学面前奴颜婢膝地低下了自己的头。这就是马尔科夫坚持其错误观点的全部毒害与危险。"

这个总结，结束了关于马尔科夫文章的学术讨论，而把有关物理学问题的哲学批判进一步推向政治批判。

2. 对世界主义和对凯德洛夫的批判

"世界主义"是当时政治批判抨击的目标。它被认为是"最反动的英美帝国主义势力"的"意识形态的武器"。而对"世界主义"的批判，却指向苏联的文艺家、哲学家和自然科学家。这种批判的代表作，是 1949 年 3 月《文学报》上发表的《论苏联哲学中的世界主义"理论"》。作者是该报主编、哲学家米丁。批判主要针对凯德洛夫，还涉及另外一些哲学家，把这些人称为"一个搬运世界主义思想"的"哲学家集团"。

据说，在凯德洛夫的科学活动中，世界主义哲学得到了完整的理论表现。什么样的表现呢？从米丁对凯德洛夫的批判看：

一是为"世界哲学"的思想辩护。

凯德洛夫曾说："考察世界哲学思想的发展……首先，不应该从个别国家而应该从一定的社会时代出发。因为世界哲学是人类的思想，我们不能把它当做是多多少少独特地、各自为政地发展起来的个别民族哲学的单纯的凑合。"批判者认为，凯德洛夫从这样的观点出发，抛弃了俄罗斯社会思想发展的一切民族性和独创性。"对俄罗斯民族文化采取了虚无主义态度"，"蔑视本国的杰出的科学家"，——"正是这两点驱使凯德洛夫犯了最重大的政治错误"。

二是否认科学发明权的意义。

针对当时为俄罗斯科学家争发明权的狂热中出现的过分做法[①]，凯德洛夫指出："这些人有时从很好的动机出发，企图把有些发现归在这个或那个俄罗斯科学家的名下，但

[①]　关于这种狂热，我们举一个事例：有些著作曾经为了突出俄罗斯科学家罗蒙诺索夫在发现物质守恒定律中的贡献，不惜把世界公认的这一定律的发现者、法国科学家拉瓦锡说成是"剽窃者"！应该指出，重大科学发现往往是许多国家、许多世代的科学家共同努力的成果；不同的科学家先后或同时独立地作出某种科学发现的事例并不少见。在"西欧中心"思想影响下，东方各民族的贡献常常被忽视和埋没。实事求是地对这些民族的科学贡献给予客观评价，是必要的。但是，如果"为了爱国主义"而抛弃科学态度，那就走向了邪路。

是这些发现不但不是他们所能完成的,而且根本不可能在那时完成。"凯德洛夫还说,伟大的俄国化学家门捷列夫是"科学中的国际主义者","在评价这个或那个科学家的科学功绩的时候,他提出的并不是与科学无关的什么考虑,像科学家的国籍之类,而是极其客观的规范。"批判者认为,这是把爱国主义者门捷列夫"诬蔑为世界主义者";在"向一切媚外现象进行尖锐斗争"的时期,凯德洛夫的言论,"对于一切出卖祖国科学利益的人,对于一切不爱自己祖国、不爱社会主义文化的坏坏子,是一种'理论基础'"。

三是维护"伟大的国际科学家的团结原则",为"统一的世界的科学"而斗争。

批判者认为,凯德洛夫的这种"说教"是"骇人听闻"的,同马克思列宁主义没有一点共同的地方。"阶级社会中没有也不可能有'统一的世界的科学',没有也不可能有'统一的世界的自然科学'"。"伟大的国际科学家的团结原则"之类的话,是有利于美国间谍的呓语,"苏联科学家同爱丁顿之流的神秘主义者和唯心主义者能有什么'国际团结'呢?"

批判者还特别指责凯德洛夫对现代物理学的态度,说他的态度与某一部分物理学家中间的"物理学的唯心主义"及世界主义的出现是有直接联系的。米丁文章断言:"有一个明显地充满着世界主义情绪的苏联物理学家集团,许多年来在他们的活动中完全以西方科学家马首是瞻。""他们从未放过哥本哈根或剑桥物理学派方面所说的任何一句话"。而"凯德洛夫以他的'科学'活动来支持和感召这个集团,供给他们'理论的'、哲学的武器。他不但不坚决反对'物理学的唯心主义',反而企图为海森堡、玻尔及其追随者的哲学观点'辩白'"。因为凯德洛夫曾在其著作《恩格斯与自然科学》一书中写道:"应该指出,创造新理论和完成科学上的杰出发现的那些物理学家,像玻尔和海森堡,自己常常不是发展那些一贯的唯心主义和不可知论的观念的。"

凯德洛夫被引用在这里的这些话,并非什么发人之所未发的深刻理论,不过是一些平实的、合乎理性的通常见解。然而在那一阵大批判狂热中,不但被指责为错误,而且上到那么高的纲。现在的青年学者,对于这样的大批判的阵势,大概是很陌生的了。但是,当年正是这样的大批判逻辑和语言在盛行,正是这样的大批判文章被封为样板。那时"学习苏联",就包括介绍和学习这样的文章。我国出版的以日丹诺夫发言为首篇和主体的《苏联哲学问题》一书,就收入了米丁这篇文章。

8 年之后,1957 年《哲学问题》杂志发表社论《关于自然科学哲学问题的研究》,总结 10 年来这方面工作的经验和教训。在回顾对马尔科夫论文的批判时,社论说:"这篇文章包含了一系列可以争论的甚至错误的论点,但是对它的批判具有这样一种'一棍子打死'的性质,以致至今回忆起来都像是一次'不许涉及'新问题的阴森警告。"

马尔科夫文章的全文,在中国一直未能见到,只能从批判它的文章中见到被引用的片言断句。发表马尔科夫文章的那期《哲学问题》,因为"出了问题",据说当时就不易找到。1980 年,马尔科夫在《哲学问题》上重新发表了一篇题目相同的文章,并且声明,这篇文章基本上重述了过去文章的观点。一场学术讨论竟被推迟了 30 年!

3. 批判现代生物学掀起的最高潮

1948 年 7 月 31 日至 8 月 7 日苏联农业科学院会议的召开(下面简称生物学会议),李森科所作的报告《论生物科学的现状》以及关手报告的决议在会上通过,使苏联在自然科学领域对所谓"资产阶级思想"的批判达到了最高潮。

这次生物学会议和李森科对现代遗传学的批判，震惊了世界。其震荡之激烈，不仅超过其他自然科学领域的批判，而且超过哲学和文艺方面的批判。哲学和文艺的思想纷争的激化，人们还比较容易理解，自然科学上不同学派的争论，竟然激化到如此程度，竟然发展到用如此尖锐的哲学批判和政治批判以及党的决定和行政手段，来强制推行一个学派，压制和铲除另一个学派，这是人们始料不及也难以理解的。

应当说明，日丹诺夫在哲学讨论会上的发言中没有提到生物学方面的问题，1948 年 8 月生物学会议召开时，日丹诺夫已近逝世。会议的准备过程同日丹诺夫有无关系或是怎样的关系，现在也不清楚。我们无意把这次会议归咎于日丹诺夫。但是，从指导思想来说，这次会议是日丹诺夫主持的关于哲学和文学艺术的一系列会议以及联共中央关于意识形态问题的一系列决议在自然科学领域的一个发展，则是没有疑义的。

关于遗传学争论的一些历史情况

生物界有遗传现象，这是人们早就注意到的，但是，直到 19 世纪中叶以后，才有对于"生物怎样遗传"的真正的科学研究。奥地利生物学家孟德尔（G. Mendel，1822—1884）自 1856 年起，选用豌豆进行了系统的杂交实验，跟踪观察性状在后代的分布情况，对实验结果作了仔细的统计分析，总结出遗传的基本规律，并提出了遗传因子概念（后来被称为基因），于 1866 年发表了这项研究成果，即后来出版的《植物杂交实验》一书。1900 年荷兰、德国和奥地利的三位生物学家，在不同的地方用不同的植物进行杂交实验，都证实了孟德尔的遗传定律，于是孟德尔的工作在生物学界受到极大的重视，并且成为遗传学研究的起点。人们公认，孟德尔的学说对 20 世纪遗传学的发展乃至整个生物学都有深刻的影响。

德国的生物学家魏斯曼（A. Weismann，1834—1914）曾提出种质学说。他通过对水螅性细胞的观察，区分种质和体质，认为种质是细胞核中含有的一种特殊物质，是连续的、不变的，能代代相传以保持种族的延续，而体质则是临时的、可变的，对种的延续没有影响。种质也被认为就是基因。

美国遗传学家摩尔根（T. H. Morgan，1866—1945）与他的学生一起于 1908 年开始用果蝇进行遗传实验。他们不但得到了与孟德尔相似的结果，而且从细胞水平上阐明了孟德尔学说。摩尔根通过实验证明，基因是存在于细胞中的染色体上、呈直线排列的遗传单位。摩尔根因建立遗传的染色体学说而获得 1933 年诺贝尔生理学医学奖。他著有《孟德尔遗传学机制》（1915，与学生合著）、《基因论》（1926）、《胚胎学与遗传学》（1934）等科学著作。

孟德尔、魏斯曼、摩尔根都是对现代遗传学作出重要贡献的代表人物。然而他们的学说——孟德尔、摩尔根学说，或简称摩尔根遗传学，与在苏联形成的米丘林学说在学术观点上存在着根本性的分歧。

米丘林（И. В. Мичурин，1855—1935）是苏联农艺学家，一生从事果树研究。在十月革命以后，他的研究工作得到苏联共产党和苏维埃政府的大力支持，原来的一块小苗圃发展成为全苏果树栽培和植物育种的研究中心。他曾培育出三百多种新型果树，于 1935 年逝世前一星期被选为苏联科学院院士。在米丘林的早期著作中就曾对孟德尔学说有过批评,他以为孟德尔从豌豆实验中得出的结论,对于果树杂交是不适用的。

在人类探索生物学规律的历史进程中,对于像遗传这样极其复杂和微妙的现象,产生不同的解释和理论,是很自然的。出现了米丘林学派与摩尔根学派的争论,本是不足为奇的。两派的争论主要集中在这样两个重要问题上:一是是否存在特殊的遗传物质?一是怎样看待环境对有机体遗传性的影响?

米丘林学派认为遗传是生物有机体的一种特性,细胞的每一个有生命的部分都有遗传性,基于这种观点,不承认染色体或基因是特殊的遗传物质。他们以果树嫁接为例,将苹果的芽子接在梨树上,所生的苹果有梨的形状和味道,而这种新型苹果不管用无性方法繁殖或用种子繁殖都可以在后代遗传下去,可见在没有发生染色体或基因传递的情况下,遗传性发生了变异,由此证明并不存在特殊的遗传因子或遗传物质。但是,摩尔根派的科学家指出,凭借这种试验并没有排除对其结果作其他解释的可能性,因此不能就此否定特殊遗传物质的存在。

环境对遗传性影响问题的争论焦点是后天的获得性能不能遗传,即由环境条件的改变引起的生物体的变异能不能遗传给后代?在历史上,法国科学家拉马克(1744—1829)是最早承认获得性遗传的,不过他认为能遗传的获得性必须是双亲所共有的,进化论的创立者达尔文则根据一些实例认为有的变异是能遗传的,有的变异不能遗传。米丘林学派力图证明获得性是遗传的,因为他们认为生物体内任何活质都具有遗传性,生活条件的改变,能通过代谢过程使遗传性发生变异,如果这种变异影响到生殖系统就是可以遗传的。摩尔根学派认为基因有很强的稳定性,外界环境条件能使生物体的外部表现多样化,却不易改变内在的遗传本性。魏斯曼曾用连续几代割掉老鼠尾巴的实验(割掉尾巴的老鼠的后代仍有完整的尾巴),否定获得性遗传。他们认为只有用具有强烈刺激作用的物理因素(如X射线、宇宙射线等)和化学因素(如秋水仙精、芥子气等)产生基因突变才能遗传。

在苏联也有摩尔根学派的许多优秀学者,曾任农业科学院院长的瓦维洛夫便是一位代表人物。米丘林虽然与他有不同的学术见解,但与瓦维洛夫始终保持着良好的友情。瓦维洛夫曾给予米丘林许多工作上、特别是物质上的帮助,并鼓励米丘林写出著作。他还亲自为1924年出版的第一部米丘林著作写了序言。1933年4月8日米丘林在第一次出版的《米丘林五十年工作总结》上的亲笔题词是这样写的:"给最尊敬的农业科学院院长 Н. И. 瓦维洛夫。纪念我们的友谊。"1935年瓦维洛夫带头提名米丘林为苏联科学院院士,并获得了通过。米丘林逝世的第二天(1935年6月8日),瓦维洛夫在《真理报》上发表了题为《功勋》的悼文。这些情况说明,米丘林和瓦维洛夫在学术观点上虽有对立,但是两人在工作关系上是正常的,融洽的,个人之间是十分友好和相互尊重的。后来情况逐渐发生变化,学术争论与哲学批判、政治斗争挂钩,才使两派关系日益紧张起来。

1930年年底,在苏联哲学界开展反对德波林派的斗争中,批判过德波林派把摩尔根遗传学冒充为马克思列宁主义,指责魏斯曼的种质说、摩尔根的基因论等是违反辩证唯物主义的,是"生物学中的孟什维克化的唯心主义"。对瓦维洛夫领导的植物育种研究所,也在一篇批判文章中给扣上了"反革命的研究所"的帽子。

由于1932年苏联纠正在自然科学领域中把马克思列宁主义简单化的做法,使这次批判没有继续下去。

1935 年，李森科先后当选为乌克兰科学院院士和全苏农业科学院院士。他的主要成绩是提出了一年生植物的阶段发育理论和在生产上推广春化处理方法。起初李森科在遗传问题上也是持摩尔根学派观点的，他的阶段发育说符合孟德尔遗传规律，也是受基因支配的。他对瓦维洛夫的工作很推崇。瓦维洛夫也称赞李森科的工作，认为阶段发育说对育种是有用的。

但是李森科在 1935 年 2 月全苏集体农民突击队员大会上作题为《春化处理是增产的有力措施》的讲话时，他的调子变了，他把旧科学一概称为"资产阶级科学"，把对推广春化处理技术有不同意见的人斥为"阶级敌人"。斯大林出席了这次大会，对李森科的讲话连连称赞，给以喝彩。

1935 年 6 月以后李森科和瓦维洛夫开始在遗传与育种问题上有了争论，争论一直持续到 1940 年。李森科自 1936 年起明确反对摩尔根遗传学，否定基因概念，坚持主张外界环境条件在有机体遗传性的形成和改变中起着决定性的作用。瓦维洛夫等人则根据自己的研究工作，不断地提出反驳意见。两派观点相持不下。

在这场学术争论中，李森科虽然给摩尔根学说扣上了"烦琐哲学""不可知论"等帽子，然而一些哲学家如米丁等人还是采取了中立的态度，没有明确地支持一派，批判一派。米丁曾援引米丘林的话："我毫不否认孟德尔定律的价值。相反的，我不过是坚持对它加入一些修正和补充。"哲学家们承认孟德尔-摩尔根学说揭示了某些遗传方面的规律，也认为在他们的学说中有唯心主义影响。

1937 年以后，遗传学的争论逐步上升为"阶级斗争"，又同"肃反"相联系。瓦维洛夫被报纸点名批判为"人民的敌人的帮凶"，1938 年瓦维洛夫被撤职，由李森科接任农业科学院院长职务。1940 年 8 月瓦维洛夫以间谍罪被捕，于 1943 年惨死于狱中。

但是直到第二次世界大战以后，摩尔根学派依然活跃在苏联，大学课堂里仍然讲授摩尔根学说。在 1947 年莫斯科大学生物系召开的学术会议上，宣读了反对李森科观点的论文。1940 年李森科接替瓦维洛夫兼任遗传研究所所长以后，该所摩尔根派研究人员曾指控李森科不给予他们工作的条件，曾要求政府出面干涉，要求脱离李森科的领导。1946 年苏联科学院曾考虑另设第二个遗传研究所——遗传学和细胞学研究所，没有得到政府批准。

日丹诺夫的儿子、联共中央宣传部科学处处长尤·日丹诺夫曾对李森科的作风有所批评，并且赞同哲学家米丁和摩尔根派中某些党员科学家的观点，认为米丘林派和摩尔根派都有部分正确的东西，试图将两派的方向调和起来。

1948 年 8 月的生物学会议

1948 年 8 月的生物学会议，作为第二次世界大战以后苏联在意识形态领域批判"资产阶级思想"的总部署的一个组成部分，是在联共中央的支持和斯大林的亲自过问下召开的，目的在于彻底批判和战胜孟德尔摩尔根主义，结束两派争论。

会议规模很大，有近千人参加，但是却没有让摩尔根派的学者在会前有所准备，他们临会时才得到参加会议的通知。会议的整个内容就是讨论李森科的长篇报告《论生物科学的现状》。李森科在报告中称孟德尔、魏斯曼、摩尔根为"现代反动实验遗传学的鼻祖",给摩尔根遗传学说扣上了"反动的""唯心主义的""形而上学的"三项帽子。而同时宣称米丘林学说是"辩证唯物主义的"、是"科学的生物学的基础""米丘林方向是唯一科学的方向""未来属于米丘林"。他批评说,在大多数学校的遗传学讲坛上,还在讲授孟德尔摩尔根主义,"而为布尔什维克、为苏维埃的现实所培养起来的米丘林学说,科学中的米丘林方向,在高等学校中则处于暗淡无光的地位"。他点名批判了一批苏联生物学家,说他们是"魏斯曼的追随者","孟德尔、摩尔根的信徒","不加批判地接受了唯心主义遗传学",依附于"反动生物学的头目们"。

李森科在报告的结论中说:这次会议是"苏维埃生物学"对"孟德尔摩尔根主义"取得"全面胜利"的会议,是"最后结束"遗传学中从 30 年代开始的、拖得太长了的争论的会议,是"最后粉碎""资产阶级形式遗传学"的会议,是"生物科学的有历史意义的里程碑"。

在这次会议上专门通过了《关于李森科〈论生物科学的现状〉报告的决议》,会议以"决议"形式完全批准"这一对于现代生物科学状况有正确分析的报告"。"决议"中写道:"在生物学中已划出两条正面对立的路线,一条是进步的、唯物主义的米丘林路线,另一条是反动的、唯心主义的魏斯曼(孟德尔摩尔根)路线。"用会议文件方式把科学中的两个学派强行划归为政治上、哲学上的两条对立的路线,这真是 20 世纪科学史上骇人听闻的事件。

特别值得注意的是,这次会议得到斯大林的直接过问和他对李森科的全力支持。在讨论李森科的报告时,会场上曾有人写纸条问:"党中央对这一报告的态度如何?"李森科当众念了这一纸条,然后非常得意的宣告:"党中央委员会审查了我的报告,并且批准了它。"1953 年 3 月 8 日,斯大林逝世的第三天,李森科在《真理报》上发表悼念文章《科学的泰斗》,其中说道:"我,作为一个生物学家,特别清楚地知道,斯大林同志抓住了具体审查最重要的生物学问题的时机。他直接校阅了《论生物科学的现状》的草稿,详细地向我解释他修改的地方,指示我讲演中的个别地方应该怎样讲解。斯大林同志关心地注视着全苏列宁农业科学院八月会议的工作结果。"

在 1948 年庆祝十月革命 31 周年的大会上,莫洛托夫在庆祝报告中说道:"关于生物学问题的科学讨论是在我党指导性的影响下进行的。这里,斯大林同志的指导思想也起着决定作用。"他还说:"遗传理论的讨论,提出了同以唯物主义原则为基础的真正科学反对科学上的唯心主义残余(例如认为后天获得性不能传给后代的魏斯曼的遗传不变说之类)的斗争有关的各项深刻和基本的问题。""这一斗争在李森科领导下进行不是偶然的,他在我们共同提高社会主义农业方面的贡献是人所共知的"。

哲学家米丁在会后撰写了《米丘林生物学的胜利》一文,他说:"由于有斯大林的亲身过问和极深刻的提纲式的指示,米丘林科学获得了完全的胜利,并且在我国取得了它应有的地位。"

在这次会议期间,《真理报》先后用了十五版篇幅,刊登了几乎全部的会议文件。会议一结束就于 8 月 12 日发表了题为《更高地举起先进的米丘林生物科学的旗帜!》的长篇社论。社论说:"李森科作的《论生物科学的现状》的报告,是联共(布)中央批准的,它体现了布尔什维克党的路线。"社论还特别提出:应该感谢斯大林同志,是他拯救了米丘林学说。

在苏联，关于遗传学的两派长期相持的学术争论问题，就是通过这次会议，以斯大林和党中央的名义作了"结论"，宣告米丘林学说的"胜利"，其实就是李森科派的"胜利"。

尤·日丹诺夫等人的检讨

在会议准备期间，尤·日丹诺夫就受到了批评。他在 1948 年 7 月 12 日给斯大林写了一封检讨信。在会议结束的那一天即 8 月 7 日，《真理报》全文刊登了这封信。

尤·日丹诺夫在信里检讨说：

由于在讨论会上作了关于现代达尔文主义中争论问题的演讲，我犯了一系列严重错误。

1. 作报告本身就是一个错误……

2. 我的报告中的根本错误在于引导生物学中的两个正在斗争的方向调和起来。

从我到科学处工作的第一天起，就有形式遗传学的代表来向我申诉，说他们获得的一些栽培物的具有优良品质的新品种，没有运用到生产中去，并遭到李森科院士的拥护者的阻碍……

我的错误在于，当决定袒护这些实际上是"糖衣炮弹"的实践结果时，我没有对孟德尔摩尔根遗传学在方法论上的根本缺陷，给予无情的批评。我承认，这是办事的事务主义态度，是单纯地追求实际利益。

生物学中不同方向的斗争常常表现了吵闹和起哄的不健康的形式。然而，我以为，除了吵闹和起哄以外，什么内容也没有。

这些原因使我产生了想调和争论双方，消除分歧，强调团结，而不是强调分开的想法。但是，在科学上，如同在政治上一样，原则是不能调和的，而只能战胜，斗争不能用掩盖矛盾的办法，而应该用揭发矛盾的办法来进行。在事务主义和狭隘实际主义的基础上产生的想调和原则的企图和对争论的理论意义认识不足，把我引导到了折中主义的道路上。

3. 我对李森科院士的尖锐和公开的批评是一个错误……

4. 列宁屡次指出，承认某一现象的必要性，本身就包含有陷入客观主义的危险。我在很大程度上是：不论好的或坏的，都凭良心说话。我不但没有给这些反科学的观点以致命的打击，……相反地，我却错误地为自己提出了探索它们在生物学理论发展中的地位和在它们中间寻找"合理的内核"的任务……

尤·日丹诺夫在这封信中所检讨的错误内容和他所作的相当奇特的说明，都反映出当时对于斯大林直接支持的李森科，不容许有任何批评。对于与李森科不同的学术观点只能"战胜""斗争"，毫无学术争论可言。

另一位科学家奥尔培里，是科学院院士，主持生物学部工作，也在 1948 年 8 月 24—26 日的苏联科学院主席团会议上作了检讨，刊登在 1948 年第 9 期的《苏联科学院通报》上。他在检讨中说："我表现了过分容忍和自由主义，过分长期地维护染色体理论和形式遗传学自由发展的可能性，在这方面我个人遵循了下述原则：我认为，必须尊重不同的意见，不应该排斥那些和自己科学观点有分歧的人，必须为了最终地得到正确的、真正的结果而保证科学争论的可能性，保证不同观点、不同意见和不同研究方法争论的可能性。"奥尔培里所遵循的原则，本是科学工作领导人应该具有的科学态度，然而却只能被当做

"错误"加以检讨。

当时，凡是曾经反对过或不赞成李森科观点的共产党员都在各种会议进行检讨。例如，在8月会议上，李森科的一位追随者德米特里耶夫叫嚷："我认为提高科学的最重要的条件之一，就是完全消除在科学上直到现在还被叫做'学派'的'单干户'"，一位科学家反驳说："国家计划委员会农业计划局局长德米特里耶夫同志在这里说，不应该有学派，（李森科插话：'很对！'）我不知道米丁院士出席没有，恐怕他没有尽到责任，乌拉佐夫院士昨天在《文学报》上发表了一篇文章题为'爱护学派'……（笑声，这是对支持李森科的《文学报》主编米丁的讥讽），我想我们应该爱护科学上的学派，在苏联有很多这样的学派，我们不能仅有一个科学学派。"但是，在会议的最后一天，这位要求爱护学派的科学家检讨说："正当党中央委员会在生物科学的两条路线之间划清了一条界线的时候，我作了前天的发言，这就使我不配作一个共产党员和苏维埃科学家。"又如，一位共产党员科学家曾声明自己既不是摩尔根主义者，也不都赞成李森科，他检讨说："不肯走到头，只采取中间立场，似乎不配作一个布尔什维克科学家。"还有一位共产党员生物学家被要求在党的会议上作检讨和公开表态反对染色体理论，他拒绝这样做。别人就引证莫洛托夫，说莫洛托夫在十月革命节的庆祝大会上都讲了。他当然不同意用领导人莫洛托夫的话来压他，他反驳说："为什么你认为莫洛托夫会比我更懂得遗传学呢？"结果这位生物学家被开除党籍，撤销工作，后来被调到一个地质研究所去做实验。

一系列粗暴的行政措施

当时，不仅以党的名义为学术争论作结论，用党的纪律来要求党员科学家按照党的决议选择自己的学术观点，而且还采取了极其粗暴的组织和行政措施，强行支持一派，压制另一派。这种作法突出地表现在苏联科学院主席团扩大会所通过的决议，其中包括十二条具体内容.施行对摩尔根学派的种种压制。

决议的第一条就是解除奥尔培里院士所任生物学部的院士秘书职务，同时吸收李森科院士参加生物学部的工作。第二条是解除施马尔毫森所任进化形态研究所所长职务，因为他是在8月会议上坚持不赞成李森科观点的一位主要代表人物。第三条是解散细胞学、组织学与胚胎学研究所所属的由杜比宁通讯院士领导的细胞遗传学实验室；封闭这个研究所的植物细胞学实验室；结束进化形态研究所的形态发生学实验室。因为他们都是按照摩尔根学说进行研究工作的。此外，还决定重新审查生物学部1948—1950年的科学研究计划；重新审查生物学部各研究所学术委员会和《生物学》杂志编辑委员会的成分，清除魏斯曼摩尔根遗传学的拥护者，并以米丘林生物学的代表来补充；重新审查生物学部所属各机构的组织、工作方向和干部组成；重新审查出版计划，以保证出版米丘林生物学的著作；重新审查生物学部培养研究生的计划，培养干部应服从米丘林生物学的利益等等。

苏联高等教育部也采取了一系列相应措施：在高等学校中开除了一批反对李森科观点的教授和讲师，关闭摩尔根学派的实验室，取消摩尔根学派的课程，销毁教科书，撤销一切非米丘林方向的研究计划。

其他有关部门也相继采取类似的作法。生物学方面的各杂志编辑部、各研究机构、教学机构都进行了改组，换上了一批李森科派的代表或追随者。凡在学术上持有与李森科不同观点的科学家都被撤销了领导职务，许多人还被剥夺了工作的权力，甚至失去了基本的经济收入。

李森科就是靠这种强制手段取得了"胜利"。据说，就在 8 月会议闭幕之后，李森科到季米利亚捷夫农学院去讲课的那一天，一间很大的教室中，都是一些坐小汽车来的人在"听课"，学生们只好在教室外面拉线听。李森科穿过夹道欢迎的队伍时，军乐队高奏"胜利进行曲"。1948 年 9 月 29 日，苏联最高苏维埃主席团发布命令，授予李森科列宁勋章，庆祝他的 50 寿辰。接着，10 月 2 日，苏联科学院等五个单位在莫斯科召开了"社会主义劳动英雄，斯大林奖金两次获得者，全苏列宁农业科学院院长特·德·李森科 50 寿辰和科学活动 25 周年庆祝大会"。

历史的发展证明，李森科获得的荣誉是虚假的，他依靠 8 月会议所取得的"胜利"，其实就是一场依靠行政力量讨伐摩尔根学说的"闹剧"，这是发生在社会主义苏联的一出严重损害了科学事业、严重损害了马克思主义形象的丑剧和悲剧。

李森科派的"胜利"虽然一度堵塞了苏联科学家沿着孟德尔—摩尔根方向进行遗传学研究的道路，然而毕竟不能阻挡世界遗传学的长足进步。20 世纪 40 年代以后，正当李森科猛烈抨击摩尔根学说，否认存在特殊的遗传物质的时候，西方科学家多年来所寻找的基因的有机化学实体已经得到了答案，即脱氧核糖核酸，简称 DNA。1953 年建立起 DNA 双螺旋结构的分子模型，表明遗传学已进入分子水平。以后又掀起了探讨遗传密码的热潮，至 70 年代基因工程的产生及其愈来愈多的成功应用，都说明孟德尔—摩尔根学说是经过实践检验和不断发展着的科学学说。

4. 批判浪潮继续冲向各门自然科学

继生物学会议掀起批判"资产阶级科学"的最高潮之后，又通过一系列会议，使批判的浪潮冲向了自然科学的许多领域。这里逐一作些介绍。

全苏物理学家会议的筹备和预演①

全苏农业科学院会议之后，联共中央书记处责成苏联高等教育部和苏联科学院筹备召开一次全苏物理学家会议。于 1948 年 12 月 17 日成立了会议的组织委员会，任命高等教育部副部长 A. B. 托普奇耶夫为组织委员会主席，物理学家 A. Φ. 约飞为副主席。还成立了一个筹备小组，由高等教育部社会科学教育局局长 H. C. 舍甫佐夫担任小组领导人。

在高等教育部部长 C. B. 卡夫塔诺夫给苏联部长会议主席伏罗希洛夫的信中，可以看出会议的宗旨：

> 苏联高等教育部和苏联科学院认为，在高等学校的物理教学中，在理论物理学研究领域中，存在着严重的缺点。在许多院校中物理学教程完全脱离辩证唯物主义。B. И. 列宁的天才著作《唯物主义和经验批判主义》远没有被物理学教师在教学过程中加以充分的利用。我们的某些科学家不是彻底揭穿敌视马克思列宁主义的流派，而他们自己往往就站在这些唯心主义流派的立场上。

———————————

① 参阅《准备已久突然停开的全苏物理学家会议》，A. C. 索宁著，柳树滋编译，载《自然辩证法研究》1991 年第 1、2 期，原文载《Природа》1990 年第 1、2、3 期。

提供给苏联读者的有关量子力学和相对论的著作,基本上是由资产阶级学者撰写的。我国理论物理学家只是对这类资产阶级著作加以翻译。在苏联的物理学教科书中没有提供在辩证唯物主义基础上对现代物理学成就的系统阐述。在阐述像质量和能量这类基本的物理学概念时存在着许多混乱之处。在教科书中,俄罗斯和苏维埃科学家在发展物理学上的作用阐述得非常不够,书中充满五光十色的外国学者的名字,……会议的目的在于清算物理学家工作中的缺点,并制定克服这些缺点的措施。

信中还指名提到一些物理学家,"某些物理学家(朗道、约飞)在西方面前奴颜婢膝","卡皮查院士在卫国战争时期鼓吹露骨的世界主义","我国的某些物理学家不是批判国外创立的物理学理论的唯心主义观点,而是无批判地接受这些理论和在我国宣传它们(弗仑克尔、马尔科夫)"。

组织委员会预定了一些报告和发言,由科学院院长 С. И. 瓦维洛夫作主要报告,题目是《关于现代物理学和苏联物理学家的任务》。瓦维洛夫在报告中指出几百年来作为世界观的哲学同关于自然界的最普遍规律的物理学之间的不可分割的联系,物理学家应当成为一个哲学家和一个好的哲学家。但是大多数物理学家还不是好哲学家。例如在 Л. Д. 朗道和 Е. М. 栗夫席兹的大型理论物理学教程中,没有看到对基本物理学问题的充分的哲学分析,作者们仅限于重复这样的话:"理论物理学给自己规定的目的是找到物理规律,即确立物理量之间的联系。"甚至可以把这句没有多少意义的话解释为作者所持马赫主义、实证主义立场的宣言。又如 Я. И. 弗仑克尔的巨著《统计物理学》中,问题的哲学方面大概是有意地回避了,……

在瓦维洛夫的报告中,玻尔、海森堡、薛定谔、爱丁顿、金斯等人都被称为"物理学唯心主义者"。他指出,"我们的物理学家很少发表,至少在报刊上很少发表自己对现代物理学所揭示的一系列最重要现象的哲学见解。同敌视我们的意识形态的斗争十分薄弱,这种意识形态同具体的科学成就一起钻进来,并且在一系列场合下偷偷地对我国物理学家进行催眠"。

报告中专门有一部分谈论 М. А. 马尔科夫的文章《论物理知识的本质》,瓦维洛夫虽然对马尔科夫有所批评,说他有教条主义,把量子力学看成了封闭的完备的理论,但是他认为马尔科夫最先从辩证法立场提出了一系列微观世界物理学的方法论问题。

在结束语中,瓦维洛夫号召对新物理学进行认真的哲学思考,开展反对唯心主义意识形态的斗争,重新评价以往俄国的物理科学,为恢复俄罗斯和苏维埃物理学家的声望而斗争。

瓦维洛夫的这个报告,使会议的组织者很不满意。在 1949 年 2 月 16—18 日组织委员会的讨论会上,瓦维洛夫受到很多批评和责难。哲学副博士 И. В. 库兹涅佐夫说:"瓦维洛夫对资产阶级哲学的状况仍未给出尖锐的、抨击性的批评,以显示出日丹诺夫式的特征。"哲学家马克西莫夫和舍甫佐夫等人坚持对弗仑克尔作更加尖锐的批评,还要求在报告中加进对福克的批评。还有人提议把对塔姆和列昂托维智的批评也补充进去。他们指责报告没有揭示现象的社会根源,马克西莫夫认为"现在世界主义者是帝国主义资产阶级的直接代理人"。

　　会议主持人舍甫佐夫要求瓦维洛夫采纳发言者的意见，对报告进行修改，使报告具有更大的战斗精神。

　　但是，瓦维洛夫提交的第二份报告并没有什么实质性的修改，只是做了极少量的政治性的补充。如指出《联共（布）历史简明教程》对于形成物理学家的世界观的作用等，并把报告的题目改为《现代物理学的意识形态和苏联物理学家的任务》。于是，围绕这份报告，在组织委员会上进行了更加激烈的讨论。

　　在组织委员会的安排下，大多数人的发言是按照会议组织者的意图，指控苏联物理学中的唯心主义和世界主义。在国外杂志上发表文章和在国外出版著作的意图都被指责为世界主义，卡皮查、弗仑克尔、朗道、塔姆、约飞等人都指名为世界主义者。批判涉及组织委员会副主席约飞，委员会为坚持"原则性"，主张在报告中应保留这一处对约飞的批判。

　　哲学教授 M. Э. 奥梅里亚诺夫斯基在题为《科学的伪造者（关于现代物理学唯心主义）》的发言中，除了对玻尔、海森堡等外国科学家的观点一一作了哲学批判外，还特别批评了弗仑克尔，说他的近著《统计物理》中的"声学"概念，是为了描述"实验材料"而杜撰出来的东西，是向马赫及其现代英美走狗伸出了手。

　　马克西莫夫在会上作了关于"物理学唯心主义"的长篇发言，对相对论和量子力学加以批判和否定，宣称爱因斯坦是马赫主义者，还对弗仑克尔猛烈抨击。他的发言只得到极少数人的支持，而引起组织委员会大多数成员和被邀请到会的学者们的惊讶和不满。人们纷纷发言批评马克西莫夫，认为他不懂相对论和量子力学，还对他说："如果您以列宁和马克思的名义发表自己的错误见解，那么您就在妨碍我们的斗争，而不是帮助我们斗争。"

　　马尔科夫的文章《论物理知识的本质》是会议批评的重点。马尔科夫发言对自己的文章作了进一步的解释，详细地回答了批评者的意见，他力图说明量子力学原理的基础是唯物主义的。马尔科夫的观点得到了一些物理学家的支持，B. Л. 金兹堡明确认为马尔科夫的文章是哲学文献中的重大进展。

　　组织委员会主席托普奇耶夫发言对会议进行引导："应当更多地批评马尔科夫文章中的缺点。你们是怎么考虑的？我们用三个月讨论这个问题是偶然的吗？"他还直言不讳地说明，会议的组织者对事实的实质、认识论和方法论的细节不感兴趣。运动已经开始了，需要有牺牲者。

　　塔姆和福克对托普奇耶夫作了反驳。塔姆指出，马克西莫夫等人对马尔科夫的批评不客观，事实上他们在号召拒绝量子力学。福克认为在马尔科夫的文章和他的发言中绝没有任何对物理学唯心主义的支持。

　　塔姆和福克的立场受到了围攻。组织委员会成员 Б. M. 伍尔发言说："我们必须遵循上面教导的法则，即主要危险是放弃斗争的倾向。如果说到物理学中的情况，那么我们同机械唯物主义、同力学化的斗争是积极的……而同物理学唯心主义则不作斗争，或看相反地……在我们物理学家中偷偷地宣传它。因此很自然，对于我们来说主要的危险乃是唯心主义的歪曲渗入到我们之中并在我们这里流行，……应当燃起反对这种危险的火焰。"

马尔科夫和弗仑克尔在以后一系列会议中就成了斗争的对象,即所谓运动中的"牺牲者"。

会议的组织者从一开始便想吸引国内权威的物理学家也参加到这次批判运动中来,但是他们或者拒绝到会,或者拒绝发言,而福克、塔姆、约飞等人即或发言,其内容也不符合组织者的期望。只有少数哲学家和物理学教授当了这次批判运动的主力。

组织委员会工作了三个月,从 1948 年 12 月 30 日到 1949 年 3 月 16 日共召开了 42 次讨论会。这 42 次讨论会就是全苏物理学家会议的预备和预演。会议定于 1949 年 3 月 21 日在莫斯科召开。但是这个会议没有如期召开,以后再也没有召开。

是谁能够取消这个经联共中央书记处委托筹备了三个月的全苏物理学家会议呢?当时只有斯大林才有这种权力。据说事情的经过是这样的:在 1949 年春的一次会议上,贝利亚问科学家库尔恰托夫,说相对论和量子力学是唯心主义,必须抛弃它们,这种说法对不对?库尔恰托夫对此回答说:"我们正在制造原子弹,它的作用是以相对论和量子力学为基础的。如果抛弃了它们,那么也就必须抛弃原子弹。"贝利亚对这个回答深感不安,他说,最主要的事情是原子弹,而其他的一切都是无稽之谈。看来,是他同斯大林进行了联系,使斯大林取消了这次会议。

会议虽然没有召开,对物理学唯心主义和世界主义的批判斗争并没有停止。

巴甫洛夫生理学会议

巴甫洛夫(1849—1936)是苏联生理学家,他研究高级神经活动,提出"条件反射"概念,因对消化生理的研究成就获得 1904 年诺贝尔生理学医学奖,著有《消化腺机能讲义》(1897)。

1950 年 6 月 28 日至 7 月 4 日由苏联科学院和苏联医学科学院联合召开了巴甫洛夫生理学会议。搬用 1948 年 8 月生物学会议的模式,像只承认遗传学的米丘林学派那样,只承认生理学中的巴甫洛夫学派。这次会议宣称只有巴甫洛夫学说是唯一正确的,其他的生理学学说都遭到了批判。德国生理学家魏尔啸(又译微耳和,1821—1902)是细胞病理学的创始人,他创办《病理解剖学、生理学及临床医学记录》刊物,著有《细胞病理学》一书,对生理学、病理学的发展有很大影响。然而魏尔啸学说在会上被全盘否定,还称之为"伪科学"。

会议点名批判了当时正在从事研究工作的一批生理学家以及心理学家、病理学家、精神病学家,说他们的研究走上了"违背巴甫洛夫方向的错误道路",称他们为"唯心主义的科学家"。会议指责一些科学家想在生理学研究中建立他们自己的"学派"或"小学派",是"毫无理由的倾向"。对于一些比较年轻的生理学研究人员也进行了批判,说本来期望他们"发展"巴甫洛夫学说,然而他们"不仅没有和伪科学、和反巴甫洛夫的潮流进行斗争,反而在某些基本问题上竟然也离开了巴甫洛夫的思想,还致力于修改巴甫洛夫的许多重要原则",这些都是对巴甫洛夫学说采取了对抗态度。

会议通过了决议,认为巴甫洛夫学说是"社会主义的""辩证唯物主义"的生理学学说,提出要在巴甫洛夫学说的基础上改造生理学、心理学和医学。总之,这次会议的目的,就是要把苏联的生理学研究通通纳入巴甫洛夫学说的框架,不允许存在任何不同于巴甫洛夫学说的观点、思想和学派。事实证明,这种专横的做法,是不利于开展正常的生理学研究的，也不利于真正发展巴甫洛夫学说。

勒柏辛斯卡娅"新细胞学说"会议

在 1950 年和 1952 年，苏联医学科学院和苏联科学院生物学部曾两度召开会议，一方面批判魏尔啸的细胞学说，认为它是"阻碍科学进步的最虚伪、最唯心、最反动的"，"在社会主义已经胜利了的国家不应当再有反动的魏尔啸理论的存在"；一方面讨论和承认勒柏辛斯卡娅的新细胞学说，肯定其"细胞起源于生活物质"的结论是符合辩证唯物主义的。

勒柏辛斯卡娅生于 1871 年，早年从事革命，是苏联共产党员，曾两次被流放西伯利亚。她于 1919 年开始细胞学的研究工作，从 1949 年起成为苏联医学科学院实验生物研究所生命物质发展部的领导人。勒柏辛斯卡娅在其主要著作《细胞起源于生活物质》一书中写道："在过去一百年当中，科学上和政治上都是反动的德国学者魏尔啸的细胞学说统治着生物学界"，"魏尔啸理论成了魏斯曼—摩尔根学说的基础。"她认为魏尔啸理论中"细胞从细胞产生"的观点是反动的、有害的，因为这是违背辩证唯物主义的规律的。

勒柏辛斯卡娅在书中强调说，为了要打倒反动的魏尔啸理论，必须依靠事实。她进行了一系列的实验。例如，她以蝌蚪的血液做实验，观察卵黄球的各种不同的发展阶段，并得出结论说："是一幅卵黄球演化成细胞的图画。"她还作了这样的水螅实验：将水螅放在乳钵中捣碎，再反复用离心机分离；约一小时后，在显微镜下观察到溶液中有针尖般的闪光小点，然后小点逐渐增大而成为团聚体；再以水螅的食物剑水蚤的提取物作成含营养的培养基，在适当的温度下，团聚体能在 24 小时内发展成为细胞。

勒柏辛斯卡娅的这些实验和她的结论，起初曾受到来自苏联同行的怀疑和反对，然而并没有因此展开科学的研究、检验和讨论。李森科是坚决支持勒柏辛斯卡娅的结论的，他在为《细胞起源于生活物质》所写的序言中说："当然，那些在自己的科学思想里还没有除去形而上学的科学工作者，不仅会不承认勒柏辛斯卡娅理论的前提和结论，而且因为不同意她工作的理论见解，他们会连她工作的实际部分的确实性也否定了的。但我完全相信，对于有真正的发展理论和辩证唯物主义观点的科学工作者，勒柏辛斯卡娅的实际材料是完全可以接受的。""可以确信，勒柏辛斯卡娅的工作的科学实际意义是只会与年俱增的。"在科学中，理论见解都是要经受实验检验的，怎能仅以是否具有辩证唯物主义观点作为判断是非的标准呢？李森科在这里宣扬哲学代替科学的谬论。然而，正是在李森科的支持下，《细胞起源于生活物质》一书获得了斯大林奖金一等奖。

斯大林逝世以后不久，一些科学家重新审查了勒柏辛斯卡娅的工作。例如，有两位科学家（马卡洛夫和库兹洛夫）重复进行水螅实验，他们发现，原来勒柏辛斯卡娅所描述的现象实际上是一种物理-化学过程，并不是形成细胞的生物过程。1955 年，另有两位科学家（辛金和米克海洛夫）撰写和发表了题为《"新细胞学说"和它的事实基础》和《论"新细胞学说"》两篇论文，郑重地宣告："新细胞学说"缺乏令人信服的事实基础。

尽管李森科利用权势，从哲学上为勒柏辛斯卡娅的工作打了保票，然而终究经不住实验事实的检验，喧嚣一时的勒氏新细胞学说，不得不在事实面前承认失败，宣告死亡。后来，苏联科学院院长涅斯米扬诺夫把这件事称为苏联科学中根据不足，却大吹大擂的一个典型例子。

勒柏辛斯卡娅的"新细胞学说"早已销声匿迹,然而它给科学史留下了宝贵的经验教训。

太阳系演化问题会议

1951 年 4 月 16 日至 19 日,苏联科学院数学物理学部召开了关于太阳系演化问题的讨论会。会议规模相当大,有天文学家、物理学家、地质学家、地球物理学家和地球化学家,以及数学家等三百多人参加了会议。

施密特院士在会上作了"地球和行星的起源问题"的报告,报告中对资本主义国家的天体演化学、乃至整个科学作了这样的评价:"不管天文台如何多,不管新事实累积的进展如何巨大,资本主义国家中的天体演化学家的理论思想却只是无力地陷入绝境,这究竟是怎么搞的呢? 这个原因在于资产阶级科学的总危机,资产阶级科学在这个或那个有限的部门中还有能力做一点积极的工作,但已经不能解决最重要的原则性问题了。"

会议通过的决议也说:"近几十年来,外国的天体演化学已走入了思想混乱的状态,显明地反映出腐朽的资本主义社会的矛盾。虽然曾提出了不少的天体演化假说,但大多数都与事实脱节,和科学没有任何共同之处,并带有公然的唯心主义色彩……"

在会议上就是用这样的论调批判、拒绝和否定了在资本主义国家中先后提出的各种天体演化假说。和别的会议略有不同的是,会上没有直接批判苏联的学者,虽然在太阳系演化问题上,苏联学者之间也有不同的观点。费申柯夫院士就提出了与施密特院士截然对立的假说,他们各自都认为自己的假说是坚持辩证唯物主义观点的。在会议的决议中也写道:"天体演化学在苏联,继承了俄罗斯的唯物主义传统,完全在另一个基础上发展起来。"决议称赞苏联学者克服了形式主义和不可知论,"日益自觉地熟练地运用了最先进的唯一正确的辩证唯物主义方法论"。

化学结构理论问题讨论会与共振论批判

1951 年 6 月 11 日至 14 日,由苏联科学院化学部召开了有机化学中化学结构理论问题全苏讨论会,有全苏各地的研究机构和高等学校的科学家四百多人参加了会议,除了化学家外,还有一些物理学家和哲学家也参加了会议。

尤·日丹诺夫为 1951 年出版的《布特列洛夫选集》写了一篇评介(布特列洛夫是 19世纪俄国化学家,他于 1861 年明确地提出了"化学结构"概念,对于推进化学结构理论曾作出重要贡献),评介中说:"联共(布)中央委员会关于意识形态问题的决议,以及关于哲学和生物学问题的讨论,激励了广大的苏联有机化学家们。拥护化学科学的唯物论基础,维护俄罗斯和苏维埃科学家在有机化学领域内的发明权,反对从资产阶级化学家中间传来的唯心主义和不可知论的影响,这样一种积极的斗争是展开了。"

这次讨论会的召开正是为了进行这样一种斗争。会议的批判对象是 20 世纪 30 年代由美国化学家鲍林提出的共振论、英果尔德在英国发展起来的中介论,认为共振论和中介论的基本概念是错误的,在方法论上是唯心主义的、机械论的,在量子力学上是没有根据的,在化学上是没有用处的。会议还点名批判了共振论在苏联的追随者和继承者、苏联科学院通讯院士苏尔金、加特金娜等人。

在会议上,苏联科学院化学部委员会主席切列宁院士代表化学部委员会作了一个长篇报告,题为《有机化学中化学结构理论的状况》。报告一方面详细论述了布特列洛夫的化学结构理论在化学发展中的革命地位和作用。一方面对共振论的概念和方法作了系统的批判。在讨论报告时，苏尔金、加特金娜等人都按照报告的论点作了检讨性的发言。

但是在会议最后一天通过的决议中，虽然说："讨论会同意苏联科学院化学部委员会所作的报告的基本论点"，同时又说："必须指出报告中的许多严重缺点，例如，报告中没有说明化学理论问题中的思想歪曲与生物学和生理学中的敌对理论是密切联系的，他们联合组成了反动的资产阶级思想反对唯物论的斗争的统一战线……"

决议还说："理论有机化学的最重要的任务便是创造性地、发展布特列洛夫学说，……化学结构理论的发展，必须在辩证唯物论的世界观基础上，在坚决地与化学中唯心的与机械的理论作斗争中进行。"

1951 年，会议之后不久，《布尔什维克》杂志发表了哲学家凯德洛夫的长篇文章：《反对有机化学中的唯心论和机械论》。文章按照会议决议的调子，对会议报告的缺点进行了批评，对苏尔金、加特金娜等人的检讨也进行了批评，并且作出如下的概括："机械地把高级的运动形态归为低级的运动形态，并最终归为量子力学，是被利用来直接卫护和宣传科学中的唯心的蒙昧主义。从这个例子里我们看到，同一类型的、发生于反动的资产阶级科学的各种部门之中的、唯心的机械的倾向：生物学中的魏斯曼—摩尔根主义、物理学中的薛定谔、狄拉克以及其他的'物理学的'唯心论观点、有机化学中鲍林和英果尔德的观点是如何密切地相互关联。这一切都是同一个服务于资产阶级思想以宣传唯心论和僧侣主义的伪科学的理论的锁链的各个环节。"

看来，凯德洛夫的这篇文章是忠实于日丹诺夫指示的。他还特别提出，存在着"现代反动的资产阶级科学体系"。这样，就把整个西方世界的科学作为一种"反动"体系，同苏联的"先进"科学体系针锋相对地尖锐对立起来。

对控制论和其他学科的批判

在这一时期，除了通过以上一系列会议对"资产阶级科学"发动进攻外，还利用舆论工具在报刊上对其他一些学科也开展了批判，尤其突出的是对于控制论的批判。

控制论是第二次世界大战以后，由美国科学家维纳于 1948 年建立的，其著作《控制论，或关于动物和机器中控制和通讯的科学》的出版标志这门科学的诞生。现已人所共知，控制论和信息论、系统论一起，对于推动 20 世纪科学技术的进步，对于促进自然科学与社会科学的相互结合以及对于哲学思想的发展都起了重要的作用。然而，这门有重大意义的新学科，一度在苏联遭到全盘否定和猛烈批判。

1953 年，在苏联《哲学问题》杂志第五期上登载了一篇题为《控制论为谁服务》的文章，作者署名为"唯物主义者"。文章把控制论斥为"资产阶级伪科学""唯心主义伪科学"，"是为反动的资产阶级服务的"。

在 1954 年出版的《简明哲学辞典》中，设有"控制论"这一条目，释文就是从哲学上和政治上对控制论痛加批判。一开头就把控制论定义为"一种反动的伪科学"，"是现代机械论的一种形式"，并且解释说："控制论和 17、18 世纪的旧机械论不同，它认为心理、生理现象和社会现象不是同最简单的机械相类似，而是同电子机器和电子仪器相类似，它把大脑的活动同计算机的工作等量齐观，把社会生活和电信系统混为一谈，就其本质来说，控制论的目的是要反对唯物主义辩证法，反对巴甫洛夫所论证的现代科学的生理学，反对马克思主义关于社会生活规律的科学观点。这种机械论的形而上学的伪科学跟哲学中、心理学中和社会学中的唯心主义气味相投。"释文的结尾是:"控制论不仅是帝国主义反动势力的思想武器,而且也是实现他们的军事侵略计划的手段。"

此外,对土壤学和数学等学科也有过比较集中的批判。

在土壤学方面,批判了"反动的"英美土壤学,批判了"在西欧和美国所盛行的农业地质学和农业化学的路线",同时竭力宣扬苏联威廉斯院士及其学派的"进步的"土壤学,认为威廉斯的土壤学和米丘林学说一起,为农业生物学的发展奠定了科学基础。

在数学方面,对数理逻辑和数学基础中的逻辑主义、直觉主义和形式主义,都作为数学唯心主义思想进行了批判,同时认为只有俄罗斯和苏维埃的数学家的成就才体现了辩证法和唯物论的传统。

*　　　　　*　　　　　*

这里我们应该指出,在声势浩大的批判运动中,苏联的许多科学家保持了冷静的科学态度,继续坚持正确的观点,虽然一些人被迫作检讨,却并不轻易在学术问题上无限上纲,随意作政治或哲学的结论。例如,在化学结构讨论会上,在对共振论的一片批判声中,许多科学家仍然强调运用现代物理学及其实验和理论的方法来研究化学结构是正确的,肯定量子化学在理论化学中的作用。还发生过"切林拆夫事件"。切林拆夫教授是发动批判共振论的,他提出一种"新的结构理论"。会上科学家们敢于明确指出他的这种理论"既与实验事实矛盾,也与量子化学的普遍原则矛盾,是没有科学性的,应该予以抛弃"。尽管切林拆夫指责这些科学家是共振论的直接拥护者,他仍然陷于孤立,没有能够成为化学界的李森科。像这样的一些情况,在当时是难能可贵的。

(三)40年代苏联对待自然科学的指导思想和以后的纠正

以上我们回顾了自日丹诺夫在哲学讨论会上发言之后,在苏联自然科学界批判所谓"资产阶级思想"的情况。从所发生的一系列触目惊心的事件中,可以看出,在那一时期苏联对待自然科学有以下几个指导思想。

一、一切事物,包括自然科学在内,都具有阶级性。忘记了自然科学所反映的自然规律无论在什么政治制度下都是同一的这样一个基本事实,主观地硬把自然科学划分为社会主义的和资本主义的两大对立的体系。并且认为只有社会主义的科学是先进的、唯物主义的和辩证法的,而资本主义的科学是反动的、唯心主义的和形而上学的,只能为资产阶级的利益服务。

二、所谓"资产阶级科学的总危机"。从当时的"资本主义总危机"这样一个(现在看来需要重新研究的)经济上和政治上的总判断出发,推断出资本主义国家中的一切现象,包括自然科学研究在内,都处于危机之中。以为科学已陷于混乱状态,甚至陷入绝境,不能有所作为。无视在资本主义发达的国家中自然科学仍有生命力,并在蓬勃发展这样一个实际存在的现实。

三、在自然科学中坚持布尔什维克党性原则。党性是阶级性的集中表现,所以必须要在一切知识部门,包括在自然科学中都贯彻党性原则。坚持苏维埃科学的党性原则,就是要对自然科学中的资产阶级思想进行"无情的揭破",并给予"致命的打击"。

四、反对世界主义和宣传爱国主义。在"反对世界主义"的口号下，反对苏联的科学家们研究和讲授在西方国家发展起来的新的科学理论，即反对"奴颜婢膝地拜倒在西方资产阶级科学面前"。在"爱国主义"的口号下，强调"保卫俄罗斯科学家在自然科学上的发明权"，以致几乎在自然科学的各个部门中都宣称"俄罗斯第一"，都要找出代表"先进的唯物主义传统"的俄罗斯科学家，而西欧的科学家则被说成是"剽窃者"或"唯心主义者"。

正是在这样一些错误思想的指引下，在 1948 年以后的相当长的一个时期中，苏联在自然科学方面施行了极"左"的指导方针。对于资本主义国家的科学一概加以排斥，采取了不屑一顾，甚至嗤之以鼻的轻蔑态度，把许多重要的科学成就斥为"资产阶级科学""伪科学"。

马克思、恩格斯曾经明确地认为科学是一种在历史上起推动作用的、革命的力量。他们对于自然科学中每一种新的理论，都给予极大的关注，对于自然科学中每一个新的发现，都感到衷心的喜悦。恩格斯还说过，科学家是虔诚的宗教徒，但在他的科学研究范围内，却是不屈不挠的唯物主义者。为了建立辩证唯物主义的世界观，马克思和恩格斯都曾花费不少时间和精力，孜孜不倦地钻研过数学和各门自然科学，以便从中吸取辩证的和唯物的思想。马克思、恩格斯当年对于自然科学和自然科学家的看法，以及他们对于自然科学与辩证唯物主义哲学的关系所采取的态度，在 20 世纪以后，直至今天，都是非常正确的。日丹诺夫的发言和苏联那一时期对待自然科学的方针，与马克思、恩格斯的认识和态度相比，真是相去十万八千里！

自然科学是探求和揭示自然规律的。技术的运用和发展与各国的经济、政治利益相联系，会显示出国别的不同情况。可是对自然科学的理论研究来说，任何一门科学理论的进步都是世界各国学者前仆后继、共同奋斗的结果。科学的理论成就具有国际性，是全人类的共同财富。只承认俄罗斯科学家的贡献，只强调俄罗斯科学家的"发明权"，贬低西欧各国科学家的研究成果，抹杀或否定他们的发明，这种作法是违反历史的、极不实事求是的。只把俄罗斯科学说成是具有唯物主义传统的，而把资本主义国家的科学一律斥为唯心主义和形而上学的，这也是不符合实际、不能令人信服的。

20 世纪以来，自然科学的各个领域都有突飞猛进的发展，新思想、新发现、新理论不断涌现。例如，相对论和量子力学的提出，分子生物学的建立，电子计算机的出现和应用，控制论等新学科的诞生等等，这些都使人类的智慧展现出新的水平，为辩证唯物主义哲学提供了丰富的思想源泉。脱离 20 世纪科学发展的这个主流对自然科学的重大成就视而不见，只是抓住科学家们在科学探索过程中出现的某些结果或某些提法，以证明资本主义国家的科学仍然在坚持唯心主义，为宗教服务，就只能像日丹诺夫的发言和苏联一系列会议的决议那样，对科学作出片面的不符合实际的错误判断。固然，20 世纪以后宗教仍在利用科学为神学教义作辩护，在自然科学中仍然有唯心主义和形而上学观点存在，但是，这些绝不是科学发展的主流。夸大这些现象，认为西方科学已处于"混乱"和"危机"的境地，认为马克思主义哲学的任务就在于抡起大棒批判"资产阶级思想"，而别无其他，这真是"一叶障目，不见泰山"，陷入错误的片面认识和估计中了。

苏联科学正是由于否认和拒绝世界先进成就而一度处于孤芳自赏的封闭状态。当时真正受到致命打击的其实一点也不可能是西方科学,而是苏联境内的一批符合世界科学潮流的研究方向和一批正在从事探索研究的科学家。粗暴无理的批判和行政组织措施,使苏联科学的某些领域不能不蒙受惨重损失,从而明显地拉大了与世界先进水平的差距,造成了落后的局面。

当然,事情总是在变的。苏联对于自然科学的指导思想后来也逐渐发生了变化。

1950 年斯大林的著作《马克思主义与语言学》一书出版。由于书中明确认为语言学不是上层建筑,不具有阶级性,这就在苏联开始破除一切事物都具有阶级性的错误观点,并且引起了对自然科学的性质的讨论。根据斯大林关于上层建筑的定义,科学家们提出自然科学本身不是上层建筑。因此,从这个时候起,在苏联就不像以前那样强调自然科学的阶级性和党性原则了。

在 1953 年斯大林逝世以后,不但对于自然科学的指导思想有了更加明显的变化,而且对于 1948 年以来在自然科学各个领域的批判,也陆陆续续地进行了纠正。

自 1954 年起,在苏联报刊上发表了一系列文章和报告。如,1954 年《真理报》发表的《论科学中的批评、革新精神和教条主义》,1955 年《文学报》发表的《科学中的学派》,1956 年苏共第二十次代表大会以后苏联科学院院长涅斯米扬诺夫所作的长篇报告,1957 年《哲学问题》杂志的社论等等,都是对 1948 年以后在自然科学指导思想方面的纠正。从这些文章、报告中可以看到这样一些变化:一、不提自然科学的党性原则、不提资本主义科学(或资产阶级科学)和社会主义科学;二、认为"不能把同敌对思想、同阶级敌人作斗争的方式和方法搬用到苏联学者对各种问题的学术讨论中来";三、反对"对待自然科学的积极成就的虚无主义态度";四、在学术上开始提倡不同的学派。

涅斯米扬诺夫在其报告中指出:"用压制科学上的反对者,贴标签以及类似的不科学的方法来解决科学上的争论问题的习气,曾经在生物学中扎下了根","米丘林方向的活动者不应该妨碍生物学研究的其他实验方向"。1956 年李森科辞去了农业科学院院长职务,并且受到了批判(由于赫鲁晓夫再次支持李森科,此后苏联的生物科学仍然有重大的反复和曲折)。前面提到被解除职务的奥尔培里院士恢复了研究工作并承认以他为首的生理学学派应有在科学中走独立道路的权力。

在物理学方面,1955 年《哲学问题》杂志在关于相对论讨论的一篇总结性文章中批评了过去"对待现代物理学上最重要理论之一(指相对论)的恶劣的虚无主义观点"。著名物理学家福克院士撰文点名指出某些批评是对科学的无知。1957 年《哲学问题》的社论也明确承认该刊过去对马尔科夫文章的批判"采取了不应有的尖锐态度"。

对于 1951 年的化学结构理论问题讨论会重新作了评价,认为会议"没有任何根据地给现代化学发展中有巨大意义的量子论概念和量子力学计算方法投上阴影",而同时又"不公平地根本怀疑共振论的创始人之一、卓越的进步学者鲍林教授的全部研究的科学价值"。鲍林后来被选为苏联科学院的外国院士。

1955 年以后,在苏联肯定了控制论作为一门新兴科学的重要成就,并且开始大力加以提倡。《哲学问题》发表社论批评了过去对数理逻辑的攻击,指出"它是现代科学中最重要的研究工具之一"。

1958 年召开了全苏自然科学哲学问题讨论会。会议学术秘书撰文批评了过去一些哲学家对待自然科学的错误态度："否认例如量子力学、相对论、控制论以及研究遗传学的生物物理学派和生物化学学派等的有价值的科学成果，仿佛这些成果都是跟辩证唯物主义相对的"。在这次会议通过的决议中写道："在我们这个时代里，不分析量子力学和基本粒子理论的成果，不考虑生物学、生物化学、生物物理学、高级神经活动学说、心理学以及其他科学领域中的发现，哲学的进一步发展是不可能的。"决议还指出："实践是理论的正确性和科学真理的可靠性的最高准则。科学上的争端归根到底是靠实验、技术和生产来解决的。"

1960 年苏联《共产党人》杂志在一篇文章中明确地认为："没有'资本主义'科学和'社会主义'科学之分，自然科学作为对周围世界的规律的正确反映和理解的结果，就其实质是统一的。"

＊　　　　＊　　　　＊

前事不忘，后事之师。

我们现在重温苏联的这一段曲折历史——从日丹诺夫的哲学讨论会发言，到对自然科学各个领域的"资产阶级思想批判"，再到斯大林逝世以后在对于自然科学的指导思想和方针方面的逐步纠正，是为了从中吸取经验教训，以避免重蹈历史的覆辙。

科学发展有其自身的规律，不认识甚至有意违反规律，必然要遭受惩罚，损失是惨重的。

科学研究是探索，探索离不开科学讨论。而正常的积极的科学讨论必须靠"双百方针"来开路。

附录 4

从遗传学的发展看两派之争

任元彪

　　遗传学上的两派之争已经成为历史。但它所表现的科学与社会关系的复杂性将会长久地引起人们的一再关注。全面清楚地认识这一复杂事件的一个基本方面，是从纯粹遗传学的角度弄清两派到底争论了一些什么问题、以何种方式进行了争论、今天的科学作了什么样的评判、产生了什么新问题。

一、两派争论的基本问题

（一）有没有专门的遗传物质

　　李森科（1898—1976）在《什么是米丘林遗传学》一文中明确地说："在有机体中和细胞中，没有什么特殊的遗传物质。"[①]甚至在更早时他就以更不容置疑的口吻说："问题的本质在于'遗传物质'是摩尔根主义者杜撰出来的，它在自然界中并不存在。"[②]否定有专门的遗传物质存在，是"米丘林遗传学"在争论中表达得最为明确的一个遗传学观点了。它认为，"有机体内存在有各种各样的执行着不同功能的器官；但是根本没有，也不可能有专门负责'遗传'的遗传器官，就如同没有专门的生命器官一样。把有机体的遗传性与

[①]　李森科：《什么是米丘林遗传学》，见傅子祯译《农业生物学》，科学出版社 1956 年版，第 429 页。
[②]　李森科：《品种内交配和孟德尔分离"定律"》，见傅子祯译《农业生物学》，科学出版社 1956 年版，第 249 页。

某种特殊的物质联系起来,并企图在有机体内找寻这种'物质'的观点,是没有根据的"。[①]

"米丘林遗传学"主张,生物的每一部分都与遗传相关,要说某一部分是遗传物质,那就所有部分都是遗传物质。用李森科等人的说法就是:"遗传物质存在在一切细胞的活质中。"[②]

类似这样的观点在遗传学建立以前是很常见的。从古希腊希波克拉底(Hippocrates of Cos,前 460—前 377)的泛生论到达尔文(Charles Darwin,1809—1882)"暂定的泛生论假说"都认为,汇集到生殖细胞形成胚胎发育为下一代的微小单位来自于生物体的每一个部分。

然而,遗传学正是在克服这种错误认识的基础上,在寻找和认识专门遗传物质的努力中建立和发展起来的。这种寻找和认识在早期是从两个相互分离的方面进行的。一方面,从海克尔(E. H. Haeckel,1834—1913)的"原生体之交替发生说"、耐格里(K. Nageli,1817—1891)由"分子团"的不同结合排列组成决定遗传性状的"种质"之假说到德弗里斯(H. de Vries,1848—1933)1889 年提出"泛子"概念,泛生论中负责遗传的物质在整个体内循环的观念被逐步否定。到 1892 年魏斯曼(A. Wisman,1834—1914)提出"种质论",专门负责遗传的种质与一般生长的体质被彻底地截然区分开来了。另一方面,植物育种学家们不是用完整的大统一理论而是用系统的实验,使存在着控制遗传性状的特殊因子的潜在观念一步步明确起来。1764 年前后,科尔罗伊德(J. G. Koelreuter,1733—1806)创立了系统杂交法,并使用回交法;1826 年,萨叶里(W. Saiery,1763—1853)确立了性状独立分配和显性概念;1837 年,盖特纳(C. F. von Gaertner,1772—1850)发现杂交子一代一致性规律和子二代的孟德尔式分离现象;1863 年,诺丹(C. Naudin,1815—1899)证明正反交子一代都一样,从而得到了在遗传上两个亲本等价的概念,并对性状的独立分配作出了合理解释,还能够预言子二代分离、杂种类型的几率性。在达尔文提出泛生论的前一年——1865 年,孟德尔(Gregor Mendel,1822—1884)用更为完备的实验和定量研究及统计方法,发现了生物遗传性状的独立分配和自由组合定律,并用遗传因子的假设作了合理的解释。1900 年德弗里斯等 3 人不约而同地重新发现孟德尔定律,这就标志着从理论和实验两方面的努力合流,也标志着遗传学的诞生。

与此同时,19 世纪后期细胞学揭示了细胞核在受精中的关键作用、减数分裂现象、染色体的传递和组合行为。这不仅使德弗里斯和魏斯曼否定泛生论找到支持,而且在孟德尔定律重新发现后马上使一位二十多岁的研究生萨顿(W. S. Sutton,1877—1916)想到,控制生物性状的遗传因子肯定就在染色体上。摩尔根(T. H. Morgen,1866—1945)等人的工作,则进一步证明了遗传因子——基因在染色体上线性排列。1915 年,摩尔根等 3 人共同出版的划时代著作——《孟德尔遗传机理》,标志着形式遗传学的建立已经完成。从这个时候起,忽视孟德尔遗传现象的普遍性和否定遗传因子是生殖细胞结构中的物质性实体已不再可能了。摩尔根和他的助手到 1925 年已在果蝇上鉴别了 100 个不同的基因。1933 年,摩尔根获诺贝尔奖。到两派之争在我国全面兴起的 1953 年,沃森(J. D.

[①]　见童第周著《生物科学与哲学》,中国社会科学出版社 1980 年版,第 118 页。
[②]　见李佩珊等编《百家争鸣——发展科学的必由之路》,商务印书馆 1985 年版,第 63 页。

Watson,1928——　　　）和克里克（F. Crick,1916——　　　）已发现了基因的双螺旋分子结构。到今天．以基因为材料的基因工程已几乎是妇孺皆知的常识了。

（二）遗传是怎样产生的

遗传学是研究生物遗传和变异的。在发现孟德尔定律等遗传规律的基础上得出生物性状是由特定的遗传因子控制的假设,是遗传学开始成为一门科学的起点。从这个起点上开始,遗传学家们进而寻找遗传因子的物质实体,发现它就是存在染色体上的基因;再进而研究基因的存在状态、组成和结构,研究它怎样实现遗传信息的保存、传递,研究基因的复制和表达机制……所有这些,都是在对遗传与变异的这样一种理解基础上进行的:遗传物质——基因被准确复制并在下一代得到表达就是遗传;基因的缺失、错位、重排及其他改变就是变异。

"米丘林遗传学"因为否定基因或其他专门遗传物质的存在,当然反对这种用基因在上下代之间传递遗传信息的遗传学解释,否认生物遗传依赖于遗传物质的复制并将拷贝传递给子代。而认为遗传是在个体发育过程中重新获得的。李森科认为,在个体发育过程中,外界条件通过对有机体代谢作用的影响而转化为内在的遗传性。换句话说,遗传就是外界环境在有机体内的反应。李森科有这样一个定义:"关于遗传性我们认为是生物体为了自己的生活,自己的发育需要一定条件,并对某些条件发生一定的反应的特性。"[1]因此,"米丘林遗传学"相信温度的改变会使冬小麦变春小麦,或者使春小麦变冬小麦,相信环境条件的改变可以使小麦直接产生黑麦,相信燕麦产生出燕麦草,松树变为云杉,鹅耳枥变榛子,向日葵产生列当等等。这种把遗传看成是对外界条件的反应的观点,实际上已经取消了遗传的基本含义。任何人都知道,所谓遗传是指在不同环境下的上下代之间仍能保持不变的特性。"种瓜得瓜,种豆得豆"。如果环境一变就会种瓜得豆,就不会有遗传了。

（三）获得性遗传及生物与环境的关系

把遗传看成是对外界条件的反应的观点,必然会得出获得性遗传的结论。而获得性遗传的观念又反过来被用于支持"米丘林遗传学"的遗传观点。在维护获得性遗传及整个遗传观点的时候,李森科及"米丘林学派"的一般人都是从生物与环境的关系问题上进行论战的。李森科等人认为,否定获得性遗传,主张基因的改变才能改变遗传的观点,显然否定了环境对生物遗传的影响。

其实,遗传学从来没有否认环境对生物性状表现和遗传的影响。任何遗传学家都明白,特定基因只是规定着特定性状的发育可能性,至于生物能否将这个可能的性状发育实现,那是需要环境条件的,性状是遗传和环境互作的结果。遗传学家还明白,环境不仅能影响基因的表达和性状发育,而且能影响和改变基因本身。外界环境对生物变异的这两种不同影响早在魏斯曼的"种质论"中就清楚地区分开来了:环境作用于体质所发生的性状表现差异仅影响在当代而不能遗传;环境作用到种质上表现的差异就成为可遗传的

---

[1]　见童第周著《生物科学与哲学》,第 116 页。

变异了。这就清楚地揭示了笼统的获得性遗传观念为什么错误和在那种意义上可以被认为是正确的。为了让人们清楚地认识环境对生物遗传的不同影响，排除笼统的获得性遗传观念，丹麦生物学家约翰逊（Wilhelm Johannsen，1857—1927）在 1911 年专门表述了基因型和表型这两个概念。不同环境一定会使不同个体的表型不同但不一定会使基因型不同；反过来表型的改变不一定会遗传，只有基因型改变才会遗传。

可以看见，"米丘林遗传学"混淆了表型中的正常差异和遗传上的变异，从而将科学上已经分清并深入研究的问题还原为笼统的生物与环境的关系问题并使已经解决的获得性遗传问题复活。

（四）整体与局部、偶然与必然等问题

除去有没有专门的遗传物质这个具体的遗传学问题以外，"米丘林遗传学"在遗传学上挑起的争论大都是些笼统、含混、概念不清的问题，或者是些混合着哲学观念和常识、离具体遗传学问题较远的非遗传学问题。前者如生物与环境的关系问题、遗传性的定义问题——不是让人去深入研究具体的遗传机制从而理解遗传现象，而是试图用遗传性是生物体对外界条件发生反应的特性这样模糊的定义去把握遗传。后者如整体与局部、偶然与必然等问题。

"米丘林遗传学"指责遗传学强调专门的遗传物质在遗传中的特殊作用而轻视生物体其他部分对遗传的影响，认为这是一种缺乏整体观念的机械论表现。在"米丘林遗传学"家们看来，不是从生物在不断进化、生物的遗传特性在不断被环境改变这样一个总事实中得出环境能够改变遗传的结论而是去研究细胞核中极其微小的染色体、研究其上的基因对遗传的决定性影响，这显然是只重局部不看整体的方法，因而是一种错误的方法，只能得出错误的研究结果。

如果只能在一般问题上打转转而不能深入到具体专门问题，那就表明我们还处在前科学阶段。因为任何一门科学都必然将最初的原始问题转化、分解为越来越多的具体的专门问题。停留在笼统原始的水平上问遗传是什么而不是深入到具体的遗传规律和遗传机制的研究中去，这是遗传学建立以前的前科学阶段才应有的状况。以为知道生物进化的总事实就可以对遗传问题下最后的结论，甚至指责研究具体遗传问题是局部的机械方法，这就完全不是在从事科学问题研究而是在进行哲学争论了。遗传学家们事实上也没有把整体与局部、偶然与必然等问题的抽象讨论看做遗传学问题。

（五）"米丘林遗传学"提出的各种现象

"米丘林遗传学"提出用于否定遗传学理论的现象粗略地可以分为两类。一类是摩尔根时代的基因理论已经成功地作了合理解释的现象。例如，不符合孟德尔定律的连锁遗传，被当做是融合遗传的多基因决定的连续变异、并显性等非显性形式的遗传现象等等。这些现象之所以被作为问题提出来，只是因为对基因理论的不承认和不理解。

"米丘林遗传学"提出的另一类现象，是还没有被遗传学承认或接受的那种现象。如春小麦冬小麦互变、花粉蒙导、嫁接杂种等。没有被接受的原因有两个：一是缺乏严格系统的科学实验证实；二是像春化作用等并非"米丘林遗传学"发现的现象尽管存在，但"米

丘林遗传学"加给它的遗传学意义却让人难以接受。

从 20 世纪 30 年代到 50 年代、60 年代,"米丘林遗传学"流行了几十年,从 50 年代、60 年代到 90 年代的今天又过了几十年。"米丘林遗传学"高潮时期广泛报道的各种现象没有获得严格的科学实验证实。还没有任何一项"米丘林遗传学"的公式、定律、原理、经典实验被遗传学家不无怀疑地予以接受和承认。

二、遗传学中今天的争论问题

（一）DNA 和 RNA 谁是第一信息源

按照沃森和克里克提出的中心法则,DNA 是 RNA 的模板,它携带和储存的遗传信息被 RNA 转录后合成蛋白质,从而表现为生物性状。然而很快就发现了反转录现象,即以 RNA 为模版合成 DNA 的行为。病毒里只有 RNA 没有 DNA 的事实也不符合中心法则。当 T. Cech 发现 RNA 自身具有酶的剪切功能后,问题就更引人注意了。因为生物酶是一切生物性状表现的关键物质。如果 RNA 是酶,那么它在生物性状表现中的地位就要让人重新思考了。

如果广泛存在于细胞质中的 RNA 是第一信息源,那么遗传学现在肯定的遗传机制是否真的没错? 种质与体质的界限是否会被打破? 对"米丘林遗传学"的否定是否可能被推翻? 科学上引发的这些问题的确会引起争议。不过,以下几点是我们预测争论结果时可以依靠的出发点。第一,大多数生物是以 DNA 为信息载体的,这一基本事实无法改变;第二,不管原始的起源怎样,经过多少亿年的进化所形成的生物遗传机制是确定的,不会因为我们发现了 RNA 在起源上先于 DNA 而发生根本改变;因此,第三,RNA 在起源上先于 DNA 不会从根本上否定遗传学的基础,RNA 和 DNA 在信息传递和表达中的作用和功能的进一步认识,只会丰富和发展遗传学理论而不是从根本上推翻它。

（二）关于非孟德尔式遗传

非孟德尔式遗传的存在,已是遗传学家们广泛承认的事实。典型实例是原生动物表面构型的非核酸式遗传现象。T. M. Sonneborn 和 J. Beisson 对草履虫表面构型的许多研究都发现,并不改变核基因而只是人工改变草履虫的表面结构也能遗传。例如,将草履虫的纤毛人工倒位后,曾经维持到 800 个细胞世代而没有回到正常表型。Sonneborn还在 1963 年发现草履虫的口沟畸变也有纤毛倒位一样的非核酸式遗传。我国原生动物学家张作人先生也从 1964 年起连续发表了几篇这方面的论文。他和助手在纤毛虫细胞还未发育分离为两个个体之前的早期切去细胞质,结果发现,细胞核仍然分裂为 2,但不再分离为两个不同个体,而是形成 2 核骈连体或 2 核背连体,这种人工形成的骈连体或背连体也可以遗传。

这种非孟德尔式遗传现象的确对现有的遗传理论提出了挑战。但遗传学家们都知道,这种现象只存在于原生动物。这种单细胞体既是一个性细胞又是一个正常的生物个体,担负着其他生物由各种组织和细胞分别承担的各种功能。因而它的例外是不难理解的,不应把它看成具有根本否定遗传学理论性质的现象。许多遗传学家解释说,这种非核酸式遗传可能是基因产物蛋白质互相识别配合所决定的。即旧的蛋白质形成的结构与新生蛋白质互相自我配合形成同样的结构。尽管这还不是最后的解释,但遗传学家们有理由相信这种极少的事例是不能与孟德尔定律的普遍性相比较的。何况纤毛原生动物的其他特性仍是孟德尔式的呢?

还有一种争论,那就是从细胞核与细胞质的关系中去否定细胞核的重要性,从而否定孟德尔式遗传。尽管还没有从细胞质中找出可以动摇现在的遗传理论的现象来,但总有人认为这是一个问题。尤其因为在细胞发育中受精卵的最初启动靠的是 mRNA 而不是 DNA,于是总有人以此对 DNA 和细胞核在遗传中的地位提出质疑。这个问题有点类似于 RNA 和 DNA 谁是第一信息源问题。仅仅从下一代的最初启动看,RNA 的确在前。但遗传是上下代之间的问题。受精卵内的 mRNA 是上一代储存的,是卵母细胞发生时由 DNA 转录的。这就无法否认 DNA 在遗传中的基本地位。

(三)关于远缘杂交

按照染色体基因理论,远缘种间由于染色体的数目、结构和功能都不同,因此很难配对形成可以正常发育的后代。但是,远缘杂交方面的工作尤其在近年来时有报道。上海生化所周光宇先生的工作就比较引人注目。她宣称:光学显微镜观察中,人、鼠细胞融合后从染色体上看的确只有鼠染色体,人的染色体可能被分解而看不见了;但是在分子水平的分析中发现后代细胞中有少数人的基因存在。不久前她们发表的一项工作称:高粱同小麦杂交后,在染色体上看只有小麦染色体而没有高粱染色体,但能够看到个别的高粱性状。周光宇解释说,这种现象是一种天然基因工程——在天然授粉中,虽然不能实现远缘种间染色体的正常配对,但在一个种的整套染色体被保留而另一个种的整套染色体被融解的情况下,后者的部分基因片段被吸收嵌合进前者的整套染色体中。

不能否认大自然本身在各种水平上进行着无数的"试验"。但"天然基因工程"的假说还没有提供具体机制的说明,不能使大家信服。过去人们从事过这样的转化试验,但介导到细胞中去的基因并未嵌合到基因组中去,有时这种基因游离在细胞质中也可以表达好几代,但最后都消失了,并未形成真正的杂种。因此,人们怀疑"天然基因工程"假说,甚至怀疑实验的可靠性。

围绕这一问题的争论中有一点是特别引人深思的,那就是许多坚持远缘杂交存在的人和否认这种现象的真实性与可靠性的人都把这看成是"米丘林遗传学"主张。然而,"天然基因工程"假说本身就表明,远缘杂交的存在并不推翻基因理论。这就表明,今天研究远缘杂交同"米丘林遗传学"用远缘杂交来否定遗传学理论两者的学术意义有了根本的不同。

三、生物学问题的复杂性

（一）生物学问题的特殊性

生命现象比起物理和化学现象来的确要复杂得多，以至于始终有人相信生命中有一种用物理或化学规律不能解释的超然力量起支配作用。这种不可能被科学解释的特殊力量常被称为"灵气"、"活力"。后来演变为杜里舒（Hans Driesch，1867—1941）的现代"隐得来希"（entelechy）、柏格森（Henri BergSon，1859—1941）的"显性"原理（emergence principle）等等。

另一方面，科学总是有例外的，任何科学理论都会遇到不能解释的现象。由于生物学的特殊复杂性，它的异常现象尤其不能避免。这就使生命科学试图用物理和化学的规律及语言去描写和认识生命现象的努力格外困难。生机论错误观念的影响和异常现象的格外普遍，两者共同作用的结果是生物学领域中各种反主流的科学和非科学观点、流派格外容易流行。

生物学问题的特殊性还在于，那些不懂具体科学问题的人也很容易参与争论，从而进一步导致不正确观点的流行。现代数学、物理等领域中的问题由于远离人们的日常经验，一般不懂的人是不会贸然加入争论的。生物学中最复杂的问题也都与人们的日常经验相联系，一般人都很容易以为自己也能够判定科学上的是非而加入争论。

另外更有一层特殊性存在。由于生命现象的复杂性，生物学的发展不像数学、物理、化学等学科那样成熟和完备，现代科学方法和现代实验手段还没有引入某些研究工作，有相当多的领域还水平很低，有些仍带着博物学的味道。但是。遗传学从孟德尔开始，细胞学也在19世纪后期，进入了比较严格的实验科学阶段，摩尔根等人的工作更把遗传学发展成为理论性和实验性都很强的现代科学门类。这就使生物学内部的情况更加复杂起来。那些没有专门进行过遗传学研究训练而在发展水平较低的领域工作的科学家不能理解现代遗传学；而他们又偏偏可能对遗传问题感兴趣——因为生命是一个整体，遗传是贯穿各方面的一个中心问题。这就为反对遗传学理论的生物学派别的产生创造了某种"学术"基础。

（二）"米丘林遗传学"提出的问题的长久性

现在很难看到"米丘林遗传学"的研究工作和文章，大学里也几乎没有这方面的课程了。被视为"米丘林遗传学派"的人很难得有仍明确坚持"米丘林遗传学"的了。他们有的完全接受了现代遗传学理论，并在其规范下从事研究工作；有的在实际上遵从现代遗传学的规范，承认基因的存在和基本功能，只是在离开遗传学具体问题而在与哲学观念联系紧密的一般观念层次上才倾向于"米丘林遗传学"；完全坚持对遗传学的基本不接受态度的只是年纪已大，不能完成现代遗传学训练，无法掌握现代遗传学理论和方法，只能停留在三四十年代原有水平上的极个别人。凭他们所熟悉的简单、粗糙的不严格方法，是很难作出有影响的工作的。因此，"米丘林遗传学"作为一个有影响的学派已经消亡。

然而，"米丘林遗传学"所提出的问题却具有某种长久性。不管 DNA 在遗传上的作用多么重要，又多么清楚地被揭示出来，人们总可以像"米丘林遗传学"那样强调遗传与其他物质有关；不管遗传机制已被揭示得多么清楚，总有人会对遗传问题提出这样或那样的疑问；喜欢居高临下对科学家讲话的人永远可以告诫遗传学家们应该重视环境对生物遗传的影响；不能搞科学研究工作的人永远会在你研究细胞核时说你没注意研究细胞质，在你研究细胞质时说你没注意研究细胞核……

"米丘林遗传学"所提出的问题之所以具有某种长久性，一方面是由于科学永远不会完结，永远有问题存在。另一方面是由于这些问题并不着眼于批评某个具体的实验可能出错或某个基因定位不准确，并不去问基因怎样复制或基因的表达如何调控这样的针对性问题，而是停留在最笼统、最原始的水平，换句话说它并不进入具体的科学而是站在科学之外。这样，它可以置科学的语言、方法和事实于不顾。反过来，科学只解决一个个含义确定的具体问题，这种含混笼统的回答问题的语言和方法也是它不熟悉的。

有一个实例很有助于说明"米丘林遗传学"所提出的问题的长久性及其根由。在"米丘林遗传学"的流行早已过去、基因工程早已成为现实的 80 年代后期，有一位持着遗传学建立起来之前的旧观念的著名原生动物学家仍然宣称："基因就是上帝"———一种虚构的圣物，仍然坚持对遗传学理论的根本否定态度。他并不像一般"米丘林遗传学"家那样跟运动、赶时髦，而是有他的严格实验，可以被科学界接受和承认的研究工作。总之，他不是"米丘林遗传学"家。他持类似于"米丘林遗传学"的观念是受他所从事的研究领域的工作性质影响。他的研究工作属于实验胚胎学时代的水平，对早已进入细胞器内部、进入染色体、进入分子水平的现代遗传学他难以理解和接受。因而他始终坚持融合遗传、获得性遗传的旧观念。从这种旧观念出发，他以特例来否定通常现象的存在，用原生动物的非核酸式遗传来否定普遍存在的基因控制的遗传方式的存在。从维护自己的旧观念出发，他拒绝现代实验方法，拒绝看电镜，甚至他带的博士生也只能用手持放大镜工作。以至于像基因这样公认的科学事实他可以断然否定。可见，即使是真正的科学家，如果不努力从现代科学的发展中学习先进的东西，也容易在科学认识上犯"米丘林遗传学"类似的错误。

（三）坚持"双百方针"必须用科学方法

百家争鸣应该允许各种角度、各种水平的各种观点自由表达。包括"米丘林遗传学"观点在内的从具体遗传学问题到与遗传问题相联系的哲学问题、方法论问题的讨论都会有助于遗传学的发展。然而，"米丘林遗传学"的流行除了社会政治方面的原因外，学术方面的一个原因是没有掌握好争鸣中的科学方法。

首先，应该区分争论问题的不同性质。遗传学上两派之争中的许多问题并不是科学问题，它们大多是与科学问题有联系的哲学问题，有些甚至是纯粹的哲学问题或政治问题。那些属于前科学阶段的原始笼统问题在今天已不再是科学问题了，因为它们早已被转化成为各种具体的科学问题———它们是层次清晰的，有具体含义的，而不是笼统的、含混的。硬要让科学家从具体的科学问题退回到笼统的原始问题上去争论，是科学上的一种倒退行为。科学问题是在已有科学基础上产生的。不了解科学的发展和已有成果也就不知道科学所面临的困难,因而提不出科学问题。这样,只有懂得科学、进入科学的人才能提出科学问题。

其次,不同性质的问题的争论方式应该是不一样的。对于哲学问题和涉及科学的一般问题,我们很难要求得到像自然科学理论那样严格的实验证明。在这里,对术语的辨析、逻辑分析等是我们判断某种观点时非常重要的内容。但对于科学问题的争论则要求用科学事实、科学实验进行严格的检验。那些不能经受实验检验的模糊的东西或实验不严格、不系统的简单粗糙的东西在科学上是没有意义或被怀疑的,因而是不被科学接受的。

最后,尽管科学问题也允许各种观点争论,但最后的判决权应该在科学手中。非科学家、非专业人员可以提出不同的问题,使科学家受益。但问题的解决必须由科学事实和科学实验而不是由权威、哲学教条或政治理论去完成。

略 语 表

ADP adenosine diphosphate　腺苷二磷酸

AMP adenosine monophosphate；adenylic acid　腺苷一磷酸；腺苷酸

ATP adenosine triphosphate　腺苷三磷酸

CDP cytidine diphosphate　胞苷二磷酸

CMP cytidine monophosphate；cytidylic acid　胞苷一磷酸；胞苷酸

CTP cytidine triphosphate　胞苷三磷酸

DNA deoxyribonucleic acid　脱氧核糖核酸

DNAase deoxyribonuclease　脱氧核糖核酸酶，DNA 酶

DNP dinitrophenol　二硝基苯酚

GDP guanosine diphosphate　鸟苷二磷酸

GMP guanosine monophosphate；guanylic acid　鸟苷一磷酸；鸟苷酸

GTP guanosine triphosphate　鸟苷三磷酸

IDP inosine diphosphate　肌苷二磷酸

IMP inosine monophosphate；inosinic acid　肌苷一磷酸；肌苷酸

ITP inosine triphosphate　肌苷三磷酸

OD opticai density　光密度

Poly(A) polyadenylic acid　多聚腺苷酸

Poly(U) polyuridylic acid　多聚尿苷酸

PEP phosphoenolpyruvate　磷酸烯醇丙酮酸

RNA ribonucleic acid　核糖核酸

mRNA messenger RNA　信使 RNA

rRNA ribosomal RNA　核糖体 RNA

sRNA soluble RNA　可溶性 RNA

tRNA transfer RNA　转移 RNA

RNAase ribonuelease　核糖核酸酶,RNA 酶

rpm revolutions per minute　每分钟转数

TCA trichloroacetic acid　三氯乙酸

TMV tobacco mosaic virus　烟草花叶病毒

Tris buffer　三羟甲基氨基甲烷缓冲液

UDP uridine diphosphate　尿苷二磷酸

UMP uridine monophosphate；uridylic acid　尿苷一磷酸;尿苷酸

UTP uridine triphosphate　尿苷三磷酸

UV ultraviolet　紫外线

SDS sodium dodecyl sulfate　十二烷基硫酸钠